Sicherungsarbeiten im Landschaftsbau
Grundlagen Lebende Baustoffe Methoden　Hugo Meinhard Schiechtl

フーゴー・マインハルト・シヒテル＝著

生態工学の基礎
生きた建築材料を使う土木工事
伊藤直美＋ペーター・マテー＝訳　佐々木寧＝監修

築地書館

ごあいさつ

　Sicherungsarbeiten im Landschaftsbau - Grundlagen Lebende Baustoffe Methoden - が、「生態工学の基礎 - 生きた建築材料を使う土木工事 - 」と日本語に訳され出版されることになりました。

　夫 Hugo Meinhard Schiechtl（フーゴー・マインハルト・シヒテル）になりかわり家族一同大きな喜びをもって迎えています。残念ながら夫は 2002 年に 80 才で永眠し、翻訳書の完成を見ることはできませんでしたが、存命であれば大喜びしたことでしょう。

　日本においても翻訳書により Sicherungsarbeiten im Landschaftsbau が紹介され、実り多い成果がもたらされることを確信しています。

2004 7 14

アグネス・シヒテル

読者の皆様へ

　本書は、Hugo Meinhard Schiechtl 氏の《Sicherungsarbeiten im Landschaftsbau》München, 1973 の全訳です。著者が主にチロル地方を拠点に研究をされたことを念頭におき、翻訳作業を進めました。

翻訳にあたって植物名、地名など、多くのカタカナを使用したため、以下のように訳させていただきました。

1. 人名については、「氏」を付けることで、人名であることを示しました。使用文献検索のため、訳文中のカタカナとオリジナルの人名対応表を文献目録の後に追加しました。
2. 地形を表す地名（川、湖、谷など）については、ドイツ語（その他）の発音に近い音をカタカナで表記し、初めて使用した箇所には（　）入りで、川、湖、谷などの別を示しました。
3. 植物名については、日本と共通の植物は和名を表記しましたが、和名のない植物は属名あるいは仮名としました。巻末に対照一覧表を付記しました。語尾が -etum, -ion の植物名は、植物社会学（ZM 学派）の群落単位、群集、群団名です。本文で詳細な情報が必要な箇所には、学名を併記しています。学名を使用する場合は斜体としました。

脚注は原書の翻訳ではなく、参考にできる事柄を集め、訳者独自に作成しました。一部は著者にお会いした時に、直接ご説明頂いたものです。その場合は注のあとに「（著者）」を付けました。

　原書では、表以外の図、グラフ、写真には、全て Abbildung（付図）として、通し番号が付けられています。訳語はそれぞれ区別するべきところですが、原書との比較・参照ができるように、全て「図」とし、通し番号を付けたもので表記しました。

　また、本書のページは、比較・参照のために、原書のページとほぼ合わせてあります。

　付録に関しては、活用性を良くするために、原書にはない項目もあります。付録項目に関し、原書の翻訳ではない項目については、その冒頭部にその旨を示しました。

　翻訳には不行き届きな箇所も多いかと思われます。機会を見つけて訂正していきたいと思っていますので、読者の皆様からのご指摘を頂けると幸いです。

お問い合わせは Email : arkkk 15 jasmine. ocn. ne. jp（堀田）まで宜しくお願い致します。

訳者　伊藤直美　ペーター・マテー

監 修 者 序 文

　旧建設省の「多自然型川づくり」に始まり、土木・建築の世界でも「エコロード」、「ビオトープづくり」など、環境の回復を目標とした事業が進められてきた。この流れを受け継ぎ、2003年4月の自然再生法成立につながっている。こうした環境重視の考え方が、行政の施策に取り込まれてきたこと自体、画期的な変化であった。また、その手本となるべく欧米の文献・資料も精力的に数多く紹介され、今や環境と自然の再生は市民権を得た感がある。一方で、行政や実務現場では、実施施行する上での基本的手法・具体的技術が必要である。導入から日が浅い我が国では、環境と自然再生の技術蓄積は、未だ熟成しているとはいい難い。この本の著者シヒテル氏は多くの時間を実務畑に費やしてきた研究者で、1900年代の欧州各地で試行されてきた多自然、あるいは近自然工法、自然再生の技術、その施行経験をこの本に集大成している。欧州の技術者間でバイブル的技術書として活用されてきた。本はその後、英語、伊語他にも訳され、広く世界で利用されてきている。時代的には第二次世界大戦前後（1930年代以降）の技術であり、年代的には古い技術とも言えるが、文献知識と施行・工事事例、技術者経験を緻密に凝縮した本書は、現代にもそのまま通じる貴重な技術書であるといえる。生きた植物素材を使った緑化・安定化工法は、セメントや鉄材などを、十分に使うことができなかった当時、苦肉の策であったのかも知れない。険しいアルプスの山々に囲まれたオーストリア、チロル地方では、斜面の防災・安定工は不可欠の土木工事であるが、その一方で、美しい自然と景観を護り、維持しようとする精神が貫かれている。その後、新たな知見を加えた技術ハンドブック Ingenieur Biologie, Handbuch zum ökologischen Wasser- und Erdbau (1986), Bauverlag GmbH＊も Begemann, W., Schiechtl, H. M.によって刊行されている。

　自然再生の時代に入った我が国の技術者にとっても、この本はきわめて新鮮な示唆を与えてくれるはずである。本書は植物生態学、あるいは植物社会学(ZM学派)の知識基盤の上で語られている。多数の植物名や群落・群集名が記載されており、その多くは日本に生育しない植物である。その点で、読者には理解しづらい点が多いかも知れない。しかし、同じ分類群（属や科）、類似のハビタットを有する植物群として見れば、違和感なく応用できる内容である。

　本書に多用される芝草 Rasen は、日本でいう人工的な和芝や洋芝の単一種の芝地とは異なり、在来種中心の多種草地の意味合いが強いことから、ここではあえて芝草あるいは草地という訳語を使用した。また、本文中で多用されるbiotechnischer, Ingenieurbiologie は、直訳するとバイオテクノロジーや生物工学であるが、わが国でのバイオテクノロジーは遺伝子工学を意味することから、ここでは生態工学とした。本文中の図版や写真に、かすれや不鮮明な部分があるが、原本が古いことや、スキャニングも我々自身が行い、編集しているためで御容赦願いたい。

　我々は欧州での環境政策調査・研究（1995年―1998年＊＊）を続ける中で、この著書に出会い、著者シヒテル氏に直接お会いし、細部の内容についても議論してきた。その後、邦訳の構想以来すでに7年の歳月を費やしてしまった。その間、不幸にも著者シヒテル氏は2002年6月に永眠、この邦訳本をお届けすることが出来ず、墓前に供えることとなり残念である。ここにご冥福をお祈りします。　　　　　　　　　　2004年1月　埼玉大学工学部建設工学科

教授　佐々木　寧

＊高橋 裕監訳、三浦裕三・藤井和 訳「河川・法面工法にみる工学的生物学の実践」1997.彰国社.
＊＊調査の成果は以下のレポートにまとめられている
　　21世紀の環境デザイン　環境の世紀を目前にして
　(1)　河を以って河を制す(1996年)　　　本編及びビデオ2本
　(2)　豊かな住環境をめざして(1998年)　本編、資料集4冊及びビデオ4本
　(3)　農林業の新しい道(2000年)　　　　本編、資料集3冊及びビデオ4本

目次

目次		5
はじめに		7
研究の範囲について		8
A　緑化工事・植栽のための品種の選択		9
1　植物社会学的な観点から見た植物種の選択		9
2　生態学的な観点からなされる植物選択		10
3　増殖力による品種選択		13
3.1　播種（種蒔き）		13
3.1.1　木本植物		13
3.1.1.1　野外における木本の播種		13
3.1.1.2　苗圃（植木畑）での苗木育成のための木本の播種		13
3.1.2　草本植物		15
3.1.2.2　種子配合の選択と播種量		34
3.2　挿し木		35
3.2.1　挿し木の形態		36
3.2.2　挿し木の大きさ		36
3.2.3　枝の種類		37
3.2.4　生長促進剤		39
3.2.5　挿し木の適切な増殖時期		39
3.2.6　耐寒性の調査		44
3.2.7　挿し木の有効な植え込み方法		44
3.2.8　若枝の挿し木による増殖についてのこれまでの研究		45
3.3　根挿し		49
3.4　根茎挿し木、根茎切り播き		50
3.5　茎（稈）挿し法		52
3.6　むかご		52
3.7　取り木		52
3.8　根の分割と株分		53
3.9　無性増殖で増殖可能な植物リスト		54
4　生態工学上の特性による植物種の選択		55
4.1　メカニカルな負荷に対する抵抗力による品種の選択		55
4.2　土壌を固定する植物種		64
4.3　根の引っ張り強度による種の選択		73
4.4　水辺を浄化する植物の能力		74
5　植物の環境構築力に応じた種の選択		74
6　植物の大きさや生長量に応じた種の選択		75
7　種苗や種子の由来に応じた種の選択		79
8　緑化工事の目的に応じた種の選択		80
9　将来の利用法、美しさ、色彩の華やかさに応じた種の選択		81
B　最も適した生態工学的工法の選択		82
1　緑化工事の目的に応じた方法の選択		82
2　建築上の必要条件に応じた方法の選択		82
3　術的・エコロジー的な効率に応じた方法の選択		83
4　植物社会学的な観点による方法の選択		84
5　最適な季節に応じた方法の選択		92
C　緑化工事の維持・管理		94
1　土壌改良		94
2　その他の生長促進のための処置		102
3　法的な規則、管理計画		104
D　緑化工事の費用		105
E　緑地及び景観工の方法		107
1　生きた植物と建材を用いた保全工事		107
1.1　斜面の緑化工事（土木における生態工学的建築法）		107
1.1.1　安定工法		107
1.1.1.1　編柵工		107
1.1.1.2　コルドン工法		111
1.1.1.3　斜面粗朶束埋め込み工法		114
1.1.1.4　溝工		115
1.1.1.5　苗木敷設工		116
1.1.1.6　ブッシュ敷設		119
1.1.1.7　列状植栽ブッシュ敷設工		124
1.1.1.8　挿し木の移植		125
1.1.2　補強施工とガリ侵食保全施工の組み合わせ		129
1.1.2.1　まくら木緑化工法		129
1.1.2.2　石積み壁緑化		132
1.1.2.3　籠積み緑化工法		133
1.1.2.4　斜面格子緑化法		135
1.1.2.5　矢来柵（パリサーデ）工法		136
1.1.2.6　ガリ侵食ブッシュ敷き詰め工法		136
1.1.3　植物による排水		138
1.1.3.1　『ポンプ』植物による排水		138
1.1.3.2　芝草張り排水溝		139
1.1.3.3　生きた植物粗朶束埋め込み排水工法		140
1.1.3.4　生きた植物幹による排水工法		142
1.1.3.5　生きた植物材利用の排水溝		142
1.1.3.6　乾燥壁面と法尻礫石排水工法		143
1.1.4　表面保護工法		144
1.1.4.1　枝伏せ工		144
1.1.4.2　芝草張り		146
1.1.4.3　芝草播種		149
1.1.4.3.1　干し草屑播種		150
1.1.4.3.2　通常播種		152
1.1.4.3.3　吹きつけ工法		153
1.1.4.3.4　乾燥播種		156
1.1.4.3.5　マルチング播種工法		156
1.1.4.4　発泡播種		166
1.1.4.5　シードマット施工		167
1.1.4.6　芝草用格子状石		167
1.1.5　補足工法		168
1.1.5.1　木本の播種		168
1.1.5.2　根茎の挿し木と根茎切片の植え込み		170
1.1.5.3　根株及び株の株分け植え付け		170
1.1.5.4　先駆植物植栽		171
1.1.5.5　根鉢植栽		174

1.1.5.6	ペーパーポット植栽	174	2.2.5	石の設置	204
1.1.5.7	切り込み植樹法、またはV字切り込み植樹法	176	2.2.6	捨石工事	205
1.1.5.8	穴植え	177	2.2.7	石詰め	205
1.1.5.9	芝草覆い植栽法	179	2.2.8	籠積工	205
1.1.5.10	発泡植栽	179	2.2.9	敷石	206
1.2	水辺での生きた植物による保全工事		2.2.10	杭の壁	206
	（水辺での生態工学的工法）	180	2.2.11	厚板と丸太材の補強張り	207
1.2.1	底部の保護と持ち上げのための横断構造物	180	2.2.12	生きていない材料を使用した編柵工	207
1.2.1.1	生きた植物の堰	180	2.2.13	生きていない材料を使う枝伏せ工	207
1.2.1.2	生きた植物を使用した底部保全のための床止め工法	181	2.2.14	枝マットと粗朶束マット	207
1.2.1.3	矢来柵（パリサーデ）工法	183	2.2.15	枝基礎床工法	207
1.2.1.4	ブラシ状・くし状に配置した生きた植物の柵	183	2.3	落石保護用構造物	208
1.2.1.5	ガリ侵食のブッシュ敷き詰め工	183	2.3.1	捕獲壁	208
1.2.2	河岸保護のための帯状建造物	183	2.3.2	金属製落石防止ネット	208
1.2.2.1	ヨシの植栽	183	2.4	防風構造物	209
1.2.2.1.1	ヨシの根株移植	183	2.4.1	柵	209
1.2.2.1.2	ヨシの地下茎と新芽植栽法	184	2.4.2	防風柵	209
1.2.2.1.3	ヨシの茎植え	184	2.4.3	土壌の覆い	209
1.2.2.2	ヨシを入れた蛇籠	185	2.4.4	灌水	210
1.2.2.3	編柵工	186	2.4.5	化学薬品を用いた安定工法	210
1.2.2.4	粗朶束工	186	2.5	雪害保護や雪崩防止のための構築物	211
1.2.2.5	生きた植物による導流工	187	2.5.1	風構築物：吹き溜まり柵（＝雪の柵）	211
1.2.2.6	緑化籠工	188	2.5.2	防雪壁	212
1.2.2.7	淵（深み）保護のための護岸構築物を含んだ枝伏せ工	188	2.5.3	風の通過用屋根	212
1.2.2.8	挿し木の移植と継ぎ目植樹工	188	2.5.4	犬走り	212
1.2.2.9	石の護岸建造物への播種	188	2.5.5	バリケード構築物	213
1.2.2.10	切芝草施工	188	2.6	土地形成作業	213
1.2.2.11	シードマット施工	188	2.6.1	崩壊箇所や切土箇所の法面造成	215
1.2.2.12	護岸を行わない岸への播種	189	2.6.2	急斜面の緩斜面化	215
1.2.2.13	護岸植栽	189			
1.2.3	河岸の破損箇所を修繕するための植栽工	189			
1.2.3.1	枝を入れた捨石工法（1965）	189	表		
1.2.3.2	ブッシュ工による横堤	189	表1	立地の判断	11
1.2.3.3	格子ブッシュ工法	191	表2	市場で入手できる芝用の種子リスト	14
1.2.3.4	枝基礎床工法	192	表3	アルプス地域で土砂の堆積に対して	
2	生きていない材料や建材を使用した保全工事	193		抵抗力のある重要な植物のリスト	61
2.1	補強工事	193	表4	自然発生的な先駆植物の根の量	67
2.1.1	杭うちと矢来柵	193	表5	自然発生的な先駆植物の芽の量：根の量の割合値	67
2.1.2	テラス形成と犬走り工法	193	表6	根の強度	73
2.1.3	グラス枝敷設工	194	表7	土壌改良剤のリスト	96
2.1.4	柵	195	表8	吹き付け工法、乾燥播種、マルチング播種工法の応用領域	154
2.1.5	クライナー壁	196	表9	1㎡に芝草の播種を行うために必要な材料の概算値	155
2.1.6	斜面のトラス（構脚）	197	表10	ローレンツ氏による底部に起伏をつけた排水溝に、	
2.1.7	斜面の杭格子	198		安全性を補足した場合の深さと幅の測定値	202
2.1.8	籠積工	198			
2.1.9	壁	200	付録		
2.1.10	敷石と石の堆積	200		文献目録 および 著者名対応表	217
2.2	排水工事、ガリ侵食地の保全工事、護岸工事	200		専門用語の解説	231
2.2.1	排水溝	200		索引	237
2.2.2	浸透式排水溝	203		植物名索引	247
2.2.3	グラス枝敷き詰め工法	203			
2.2.4	起伏の多い樹木、起伏の多い樹木の束を吊るす	204			

はじめに

　1948 年、私はチロル州の暴れ川治水、及び雪崩防止工事担当局からの依頼で、オーストリアのアルプス地方でしばしば災害が起きる斜面を、きるだけ効果的かつ経済的に保全する工事方法を探していた。この工事には素材として植物を使うことが課題であった。

　その際、1930 年代に同じ目的のために尽力した、多くの先輩方の研究を参考にした。なかでもドイツのザイフェルト氏、クリューデナー氏、オーストリアでは暴れ川治水工事の専門家W. ハッセントイフェル氏、河川工事の専門家シュテルヴァグ・カリオン氏、ケラー氏、ヴァルトル氏、シャウベルガー氏、ローゼンアウアー氏、プリュックナー氏、イタリアのA. ホフマン氏、米国のクレーベル氏やホルトン氏といった先輩方であった。どのような植物を選択すべきであるかという問題に関しては、H. ガムス氏とE. アイヒンガー氏が貴重な提案を行っていた。

　私の研究目的は、工事の方法論を探すことであった。そのため、まず生態工学的な見地から、チロル地方の植物区系の中で、我々が使用できる植物の特性や、能力を調査することが重要であった。私の調査は、当時インスブルック市の暴れ川治水工事や雪崩防止工事を担当し、地域建設事業の責任者であったヴィルヘルム・ハッセントイフェル氏や、チロル地方の部門長であったローベルト・ハンペル氏の支援のもとに進められた。

　私はこの調査を様々な野外地だけでなく、I. ラッシェンドルファー氏＝ノイヴィンガー氏と共に、インスブルック大学の植物研究所の研究室でも行った（アルトゥア・ピゼック博士、ヘルムート・ガムス博士）。

　これまで行われた緑化工事を再検討すると、不成功に終わったの工事の原因は、おおよそ次のとおりであった。

1. 斜面造成（起伏をならすこと）の不足
2. 工事方法が適していなかったこと
3. 工事の時期が不適当であった（植生のリズム）
4. 植生学・生態学な観点だけでなく、特に多くの植物種の生態工学的な適性を無視して、不適当な植物を選択してしまった
5. 貯蔵が長すぎたり、方法が間違っていたために植物が乾燥してしまった
6. 工事後の管理不足
7. 緑地の初期段階（先駆段階）から次の段階への移行時期を間違えたり、やり過ごしてしまった

　私は、この暴れ川や雪崩防止のための緑化工事を担当して、自ら工事を計画し実行したが、その際、理解ある上司のおかげで思い切った試みができたことは、この研究にとって大きな利点だった。実験室での試験だけでなく、実際の工事現場で実験を行うことができたので、実践で起こる多くの問題に、迅速な解決策を見つけることができた。

　これら初めの 10 年間に行われた調査実験の成果は、1958 年に出版された拙著『緑化工事の基礎』[2]にまとめたが、間もなく絶版となってしまった。

　オーストリアにおける緑化工事の研究は、この時期暴れ川や雪崩防止の工事のために発展したが、次の段階は、特に道路工事のために発展したと言えるだろう。チロルの道路工事でも、アルヴィン・ザイフェルト氏が、今までにはない新しい考え方を提案し、1945 年からは特にチロルの道路工事長、宮廷顧問官のレオ・ファイスト氏[3]が、新しいアーヘンゼー（湖）国道や、とくにインスブルックからブレンナー峠までのチロルの高速道路において、大規模で難しい緑化工事計画を実施した。

　15 年ほど前から、私は生態工学者として研究分野を広げ、新しい知識や経験を得ながら、いくつかの工事方法を発見した。

　この著書にはこれらの貴重な経験を、つまり緑地・景観工事を計画し、実行するための全てを記そうと意図した。ここでは、技術的・生態学的な機能が優先される保全研究に重点をおいており、景観建築学的な考慮は、その次に位置付けている。

1973 年、3 月、インスブルックにて

フーゴー・マインハルト・シヒテル

---

[2] 独語名： Grundlagen der Grünverbauung
[3] ＝Hofrat, Dipl.Ing.

研究の範囲について

　研究の範囲は、主にアルプス地域に限られ、ここではチロルに集中している。しかしこれは、中部ヨーロッパの更に広い地域、地中海地方ならびに南北アメリカで得られた経験や調査に基づいている。

　私の調査は、1948年から1972年にかけての24年間にわたって、様々な工事現場で行ったものである。1907年までさかのぼった過去の工事に関しては、方法や研究の領域が明記されているものに限り参考にした。

　しかし、ここに挙げた成果は、近隣の地域だけではなく、さらに広い地域に応用できる。植物はアルプス地域、アルプス地方以外の中部ヨーロッパ、地中海の北部地域ないし山岳地帯、大部分の北ヨーロッパ、西ヨーロッパ、東ヨーロッパに限った範囲から選択された。もちろんここに挙げていないものの中にも、工事に適した植物種が多くある。

　この著書に記した保全工事法の適用範囲は、無制限である。なぜならば、これらの工事方法は、地球の全ての地域から集められた生態工学的な工事の経験から成り立っているからである。

A 緑化工事・植栽のための品種の選択

(物名の学術記述はF. エーレンドルファー氏の『中部ヨーロッパの維管束植物リスト』[3]（1967）による。)

これまでの緑化工事では、適切な植物種を使用しなかった、という理由で失敗を繰り返している。

低地で、風化しやすい土壌（レス土壌、フリッシュ、石英の千枚岩、粘板岩、ヴェルフェナー層、ライブラー層、ケセナー層など）の場合は、すぐに初期群落から次の段階の群落へ移行することができるので、（トゥーアマン氏による《風化しやすい》岩石("eugeogene" Gesteine)、1849）、品種の選択よりも、それをどの様に導入するかという方法の選択が重要である。

とはいえ、すぐに遷移してしまう短命の初期段階の群落にも、迅速な成果をもたらす、最適な植物が優先的に選ばれなければならない。

それに対して非常に重要なのは、計画した持続群落を考えて、適切な植物種を選択することである。また高地や極端な環境の土地では、最終群落に移行するまで長い歳月（10年以上）がかかるので、持続群落とともに初期段階の群落もよく考えて選択をしなければならない。

生態工学ではこうした工事を考える際、環境条件の同じ生育地を持つ植物のみを使うことを原則としてきた。植物を選択する際、この大まかな原則を使うためには、植物社会学的・生態学的な知識を応用させる必要がある。そのために、時間を浪費したり高価な器具を使用しなくても、様々な植物社会学的な方法を応用して、その土地を判断できる方法を挙げたいと思う。

大規模な緑化工事を計画するときは、はじめに植物社会学的な基礎調査を行い、さらに次のような広い観点から植物の選択するようにする。

1. 生態学的な観点から
2. 植物の増殖力、適した増殖期、苗木の種子の産出地に応じて
3. 植物の生物的な能力に応じて
4. 植物の環境構築力に応じて
5. 植物の生長力に応じて
6. 使用する種子の産出地に応じて
7. 緑化工事の目的に応じて
8. 工事後、生長した植物の利用法、植物の美観に応じて

1 植物社会学的な観点から見た植物種の選択

これまで自然の植生は、立地条件の似ている場所と比較することしかできなかった。アルプス地域では、ラッシェンドルファー氏（1954）による『崩壊地の類型』[4]が、気候領域、高度、地盤岩石の分類をしており、大変参考になる（第4章参照のこと）。また山岳地帯では高度が大きな影響を及ぼすので、平地や丘陵地に比べ、当然分類は複雑になる。また、チェルマック氏（1940）が林業に取り入れた生育範囲の分類、ルブナー・ラインホルズ氏（1953）による森林地域に関する優れた研究成果もとても参考になる。さらに、該当する地域の自然供与についての地図、つまり地質学的な地質図、土壌図、気候図、そして特に潜在自然植生図と現存植生図が作られた（シュリューター氏（1970）参照）。

緑化工事に適した植物を選ぶときに特に重要なのは、その未熟土壌における先駆群落、次の群落への遷移、さらにその地に適した最終群落が、何であるかを知ることである（ブーフヴァルト氏/エンゲルハルト氏（1969）第4巻、140ページ以下も参照）。

工事に適した植物を考える際、近隣にある同じ環境条件か、あるいは少なくとも条件の似ている立地を、植物社会学的に考察すれば正確な結果を得ることができ、あまり時間がかからない。いくつもの考察を重ねれば、工事に使用すべき植物種を容易に求めることができる。

例

前述の東アルプスの研究領域で、緑化工事に使用された植物の、初期段階から目標とされた最終段階までを把握するために、これまでの緑化工事の内、日付のわかるものについて、植物社会学的な調査を試みた。現時点で106例が手元にあるが、年数や立地がそれぞれ異なるので、最終的な結論を書くには十分とはいえないが、そこから明らかになった成果を部分的にも公表したいと思う。

この106例は、2年から14年経過した緑化工事のものである。ここに出現する植物を種類数に応じて分類するとこのようになった。

木本　28種

低木　41種

草本、イネ科植物　329種

隠花植物　82種

　　　（シダ類、ヒカゲノカズラ属、トクサ属、コケ植物、地衣類）

計　480種

この480種の内、緑化工事時に使用されたのは124種だけであった。調査した土地のほとんどが5年以上前に緑化されたので、残っている工事用植物を調べると、その品種の耐久性を推察することができる。これらの立地において、自然発生的に356種の植物種が増えたことから、自然の遷移が可能になり、急激に植生が豊かになったことが分かる。さらに、ここで調査した工事現場のほとんどは、実際にはその後、何の管理も行われていなかった（中には後に1、2回鉱物性の複合肥料が施肥された工事現場も数カ所あった）。隠花植物と日陰を好む草本植物の数の多さは注目に値する。

実際に作業を始めると、価値の高い適切な植物の種子は、専門業界でも手に入らないことが分かった。

木本植物の場合は、種苗栽培園と栽培契約を結んだり、いくつかの小さな栽培園に依頼したり、野生の植物を使用することで、この問題を解決することができる。イネ科植物や草本植物に関しては、場合によっては自然にあるものを収穫したり、干し草屑を集めたり、走出枝（匍匐枝）を増殖して入手することもできる。しかし、広大な土地での作業を行うとなると、このような種子や種苗の調達方法では間に合わない。

そのため、商用の種子の品目数は減らすべきではなく、緑化工事と

---

[3] 独語名：Liste der Gefäßpflanzen Mitteleuropas
[4] 独語名：Typisierung der Blaiken

いう特別な目的のためにも増やされるべきである。特にアルプス地域の乾燥地帯、準乾燥地帯の生育範囲で緑化工事を行うためには、こうした要求が高まるべきであろう。

なぜならば、多くの種類から成り立つ生態系は、少ない種類から成り立つ生態系よりも常に安定し、健全であるからである。従って、外部からの刺激に対しても抵抗力がより強い。少ない種類から成り立つ生態系は、しばしばバランスを失いやすく、いたるところで地面がむき出しなので、その動態をコントロールし、現在の状態を維持するためには、人間が介入しなければならない。

これらのことから、緑化工事の目的が草地であれ、低木林であれ、森であれ、できるだけ早い時期に種類の多い状態を目指す必要がある。例外の措置をとるのは、技術的、経済的、あるいは景観的な要求が対立する場合のみとするべきであろう。

2 生態学的な観点からなされる植物選択

土壌水分、土壌の栄養含有量、気温、日照など、植物が必要とする条件を知ることはとても重要である。H. ガムス氏（1939、1940、1941）は、暴れ川治水工事、雪崩防止工事、河川や小川の護岸工事、アルプスの道路斜面工事を行うために、この分野に大きな貢献をした。これらの環境条件は、アルプス山麓や平地ではアルプス地域よりたいてい単純である。この地域に関する文献も発表されている（エレンベルク氏、1963、1968；LUX1964；DIN 18918/1972 など）。

植物が必要とする条件が知りたい場合、立地すべての要因を正確に測る必要はない。なぜなら通常、ある一つの要因が、生態学的に決定的となるのは、最低ラインを越えてしまうか、あるいはひどい過剰となってしまう時であるからだ（ルンデゴルト氏、1954）。また、一つの要因が他の要因によって、―少なくとも部分的に―補われることもある。例えばむき出しの崖崩れの起きやすい斜面では、光が欠乏することは希なので、その他の環境要因が問題となってくる。立地の状態を正確に確認するために行われる植物の計測は、今のところまだ離散的に行われているだけである。正確な計測には、長時間を必要とし、出費も嵩むので、大学の研究所や研究企業に残された課題である。また、最近の一研究では、生態学的に同じ価値を持つ、小さな空間を把握しようとしている。この研究はこの小さな空間を捉えることで、最終的には、ある一定の植生単位の、生態学的な定義をしようとするものである（フリーデル氏（1961、1962）；プルッツァー・チェルヌスカ氏、1965）。フリーデル氏はこのために『エコグラフィー』という概念を作った。

比較的大きな空間の生態については、景観生態学が取り組んでおり、地図が作られている。

一般に緑化工事を行う場合、現場のすべての要因を事前に分析することはできない。そのため、簡単で迅速に現場を判断できる有効な方法が必要である。

我々が再緑化しようとする土壌は、ほとんどの場合、土壌学上の意味での土壌ではなく、生命を持たない土壌（無機土壌）である未熟土壌のこと。DIN[5] 18915 によると表土（Oberboden）。しかし緑化を行うために重要なのは、これらの土壌を物理的（粒径、空気の含有量、水分含有量、密度）、そして化学的（栄養分含有量、有機物の含有量、pH値）に判断することである。大きな面積の緑化工事や、土壌が極端に偏っている場合（例えば坑道爆破による廃石、鉱業のボタ山、産業廃棄物など）には、事前の土壌調査はどうしても必要である。条件の悪さや重要性に応じて、簡単な調査方法で済ますか、研究所に大規模な土壌調査を依頼することになる（DIN 18915 参照）。

通常は、十分によく空気を含んだ土壌の方が、密な土壌よりも良いとされる。空気が入ると土壌中の団粒化が促進される。密な土壌はそれに対して、極端に乾燥しているか、極端に湿っている。あるいは、その両方が目まぐるしく入れ変って存在する。石灰質の未熟土壌は、石灰を含まない土壌よりも暖かく感じ、珪酸塩の土壌や密で粘土を含んだ土壌は冷たく感じる。

広域的な気候状況は、長年にわたる観測から判断されるため、我々がにわかに測定したからといって目的にかなうデータがすぐに入手できるわけではない。

そのため適切なデータを早急に手に入れるには、同じ高度で近くの観測所の資料を利用すると良い。ヴァルター・リート氏（1969）の『世界の気候グラフ』[6]には、それぞれの局の気候データがすでにグラフの形で表されている。さらに詳しい資料が必要なときは、気象庁で入手できる。

それに対して、局地的な気候状況についての情報を入手するには、現存する植生を観察すると良い。

緑化する傾斜地内で、斜面造成や地ならし作業の後に残った起伏は、局地的気候変化を引き起こすので、植物種選択には注意が必要である。広面積であったり、標高が高かったりすると、その差は重要である。そのため、一つの傾斜地内でも、いくつかの部分に分け、それぞれ異なる植物種を使用し、異なる種子配合をしなければならないこともある。自然の植生が、様々な部分に分けられるのと同様に、人工的な緑化工事にも、植物を選択する場合は、細分化されるべきである。大きなプロジェクトには、植栽プランや播種計画、さらにその図面が必要となる。

生物的要因は、時には有用であるが（植生周辺に日陰を作るなど）、ほとんどの場合有害であり、植生がまだ初期段階の時から影響を及ぼしかねない。生物的要因とは、例えば家畜の放牧による草の採食、踏圧（立ち入り）、車の走行（オフ・ローディング）、火入れや人間による様々な利用のことである。それに対して、植生が初期段階を過ぎ、ある程度密になった時や、すでに多層になったところでは、隣接する植物との競争が、生長に影響を及ぼすようになる。

こうした有害な生物的な要因が取り除けない場合は、植物を選択する際に、そのことを十分考慮しなければならない。

表1は、迅速に大まかな立地判断をするために使用できる。この表を利用すると、その立地において、どの程度工事が難しいかということを、分かりやすい基本値の形で表すことができる。

例

保全する土地は、粒径30mm以上が15%、10〜30mmが45%、1〜10mmが20%、1mm以下が10%のよく空気を含んだドロマイトの土砂の斜面。栄養分はかなり少なく、pH値は7.6である。

それゆえ、土壌の状態は「悪い」で4と評価される。

この土地は、平均的なアルプス周辺気候の東側斜面にあり、日の出から午後の早いうちまで日照があり、標高580m、年平均1,300mmの降水量があり、夏の降水量が最も多い。風は少なく、年平均気温は 7.8℃。気温が氷点下になるのは年間95日。積雪期間は約80日。

それ故、気候の状況は「適している」で2と評価される。

この土地は、平均で 28 度傾斜している。しばしば雷雨、ならびに降雹、落雷があることを考慮しなければならない。

---

[5] Deutsche Industrie-Norm ドイツ工業規格

[6] 独語名：Klimadiagramm − Weltatlas

表 1　立地の判断

判断の領域	評価枠	影響を及ぼす要因
土壌の状態	1＝大変よい	粒径配分（微粒子含有量）
	2＝よい	水分透過性
	3＝ふつう	保水能力
	4＝悪い	土壌湿度、含水率
	5＝大変悪い	土壌反応（ph値）
		生産力（特に栄養分含有量）
		有毒物質含有量
		表層土の厚み
気候	1＝とても適している	降水量と分布
	2＝適している	湿度
	3＝ふつう	乾期の長さと頻度
	4＝適していない	蒸発しやすさ（風、日射）
	5＝全く適していない	氷点下になる頻度
		積雪期間
		平均気温と気温の変動
		日照状態（日射量と方位）
侵食のおそれ	1＝とても小さい	勾配（土地の傾き）
	2＝小さい	悪天候の傾向（落雷、雷雨、
	3＝ふつう	降雹、洪水）
	4＝高い	風（頻度、強さ、突風の多さ）
	5＝とても高い	土壌の緊縛力
		（粒径分布、粒の性質、粘土成分含有量）
		土壌湿度氷点下になる頻度
		崖崩れの危険（地滑りなど）

それ故、侵食のおそれは「ふつう」で 3 と評価される。
　立地判断のための基本値は 4、2、3（つまり悪い/適している/ふつう）である。
　そこで、深く根を張り、すばやく生長し、栄養分をあまり必要とせず、ドロマイト土壌でも繁茂するような植物を選ぶことになる。

　この表は適切な工事方法（特に播種方法）を選択する場合にも、有効に使うことができる。

　次にあげる生態学的な序列からは、他の植物種と比べたときの水分や気温、土壌酸度に対する要求についての情報を得ることができる。このような生態学的な序列に注意を払うと、かなり的確な選択をすることができる。最も重要なものの内いくつかをここに引用すると；

ヤナギ属(Salix)、乾燥の程度に応じた序列（弱乾燥→耐乾燥）
平野と水辺：
　タイリクキヌヤナギ（*Salix viminalis*）-フラギリス・ヤナギ（*fragilis*）、シネレア・ヤナギ（*cinerea*）（停滞水）、*myrtilloides*、*repens*（黒泥[7]）、*triandra*-セイヨウシロヤナギ（*alba*）、*rubens*-ペンタンドラ・ヤナギ（*pentandra*）（黒泥）、-クロヤナギ（*nigricans*）-ムラサキヤナギ（*daphnoides*）-シロヤナギ（*Salix elaeagnos*）-カプレア・ヤナギ（*caprea*）-コリヤナギ（*purpurea*）
山林と山岳地帯：
　ペンタンドラ・ヤナギ（*Salix pentandra*）（黒泥）、シネレア・ヤナギ（*cinerea*）（停滞水）-クロヤナギ（*nigricans*）、ムラサキヤナギ（*daphnoides*）、*myrtilloides*、*repens*（黒泥）、*appendiculata*（高湿度を必要とする）、*hegetschweileri-glaucosericea*、スイスヤナギ（*helvetica*）、ホコガタヤナギ（*hastata*）、*aurita*（黒泥）、*mielichhoferi*、*foetida*、*breviserrata*、アルペンヤナギ類（*alpina*）、*glabra*（高湿度を好む）、*laggeri-waldsteiniana* -シロヤナギ（*Salix elaeagnos*）-*purpurea* ssp. *lambertiana* – コリヤナギ類（*purpurea* ssp. *purpurea*）
亜高山帯と高山帯：
　Salix hegetschweileri、*mielichhoferi*-クサヤナギ（*herbacea*）-*reticulata-glaucosericea*、スイスヤナギ（*helvetica*）、*foetida*-ホコガタヤナギ（*hastate*）-*breviserrata*、アルペンヤナギ類（*alpina*）、*glabra-waldsteiniana-retusa-serpyllifolia*

---

[7] 有機物含有量が 15〜30％（泥炭より少ない）。

ヤナギ属(Salix)、土壌酸度の程度に応じた序列（弱酸性→強酸性）：
　Salix glabra（特にドロマイト土壌で）-*waldsteiniana*-シロヤナギ（*elaeagnos*）、コリヤナギ（*purpurea*）-ムラサキヤナギ（*daphnoides*）-*retusa*、*breviserrata*、アルペンヤナギ類（*alpina*）、*serpyllifolia*（すべて主にカルボナート（珪酸塩）土壌で）、セイヨウシロヤナギ（*alba*）、*rubens*、*triandea-appendiculata*-カプレア・ヤナギ（*caprea*）-クロヤナギ（*nigricans*）-ホコガタヤナギ（*hastata*）、タイリクキヌヤナギ（*viminalis*）、*hegetschweileri*-スイスヤナギ（*helvetica*）、*glaucovirens*、ペンタンドラ・ヤナギ（*pentandra*）（黒泥又は 泥炭地）-シネレア・ヤナギ（*cinerea*）（停滞）、*aurita*（黒泥土壌）-*repens*、*myrtilloides*（泥炭土壌）-クサヤナギ（*herbacea*）（雪の小谷）

ヤナギ属（Salix）、気温に応じた序列（温→寒）：
　タイリクキヌヤナギ（*Salix viminalis*）、フラギリス・ヤナギ（*fragilis*）、セイヨウシロヤナギ（*alba*）-*rubens*-シネレア・ヤナギ（*cinerea*）、*myrtilloides*、*aurita-triandra-glabra-mielichhoferi*、*hegetschweileri*、*appendiculata*、*laggeri*、*glaucovirens*、スイスヤナギ（*helvetica*）-ホコガタヤナギ（*hastata*）、*breviserrata*、アルペンヤナギ類（*alpina*）-*foetida*、*waldsteiniana*- *retusa-reticulata*-クサヤナギ（*herbacea*）

ヤナギ属（Salix）、日陰の量に応じた序列（少→多）：
　シロヤナギ（*Salix elaeagnos*）-セイヨウシロヤナギ（*alba*）、*rubens*-コリヤナギ（*purpurea*）、タイリクキヌヤナギ（*viminalis*）-ペンタンドラ・ヤナギ（*pentandra*）-ムラサキヤナギ（*daphnoides*）-カプレア・ヤナギ（*caprea*）-*triandra*-クロヤナギ（*nigricans*）

ハンノキ属（Alnus）、湿度・温度の低下に応じた序列（高→低）：
　バルバータハンノキ（*Alnus barbata*）-ヨーロッパハンノキ（*glutinosa*）-ヤマハンノキ（*incana*）-ミヤマハンノキ（*viridis*）

シャジクソウ属（Trifolium）、土壌酸度の程度に応じた序列（弱酸性→強酸性）：
　セイヨウツメクサ（*Trifolium thalii*）- セイヨウアカツメクサ（*rubens*）、セイヨウヤマツメクサ（*montanum*）-セイヨウツメクサ（*badium*）-アカツメクサ（*pratense*）-シロツメクサ（*repens*）、タチオランダゲンゲ（*hybridum*）-セイヨウツメクサ（*pallescens*）-コメツブツメクサ（*dubium*）、セイヨウヤマツメクサ（*montanum*）、セイヨウツメクサ（*alpestre*）-ベニバナツメクサ（*incarnatum*）、オオバノアカツメクサ（*medium*）-セイヨウミヤマツメクサ（*alpinum*）

シャジクソウ属（Trifolium）、温度の低下に応じた序列（高→低）：
　ベニバナツメクサ（*Trifolium incarnatum*）-セイヨウアカツメクサ（*rubens*）、セイヨウツメクサ（*dubium*）-オオバノアカツメクサ（*medium*）、セイヨウツメクサ（*alpestre*）-セイヨウヤマツメクサ（*montanum*）、アカツメクサ（*pratense*）-シロツメクサ（*repens*）-タチオランダゲンゲ（*hybridum*）-セイヨウツメクサ（*thalii*）、ssp. *nivale*）-セイヨウミヤマツメクサ（*alpina*）-セイヨウツメクサ（*badium*）、セイヨウツメクサ（*pallescens*）

シャジクソウ属（Trifolium）、湿度の低下に応じた序列（高→低）：
　タチオランダゲンゲ（*Trifolium hybridum*）-セイヨウツメクサ（*badium*）-シロツメクサ（*repens*）、セイヨウツメクサ（*pallescens*）、セイヨウツメクサ（*thalii*）、セイヨウミヤマツメクサ（*alpinum*）-アカツメクサ（*pratense*）-ベニバナツメクサ（*incarnatum*）-オオバノアカツメクサ（*medium*）、セイヨウヤマツメクサ（*montanum*）-コメツブツメクサ（*dubium*）、セイヨウツメクサ（*alpestre*）、セイヨウアカツメクサ（*rubens*）

フキ属（Petasites）、湿度・温度の低下に応じた序列（高→低）：
　Petasites hybridus-albus-paradoxus

ノガリヤス属（Calamagrositis）、耐乾性に応じた序列（弱耐乾性→強耐乾性）：
　ノガリヤス（*Calamagrostis varia*）、イワノガリヤス（*villosa*）、ノガリヤス（*arundinacea*）-ホツスガヤ（*pseudophragmites*）-ノガリヤス（*lanceolata*）

低木、水分の要求に応じた序列（強→弱）：
　クロウメモドキ（*Rhamnus frangula*）（黒泥）、ミヤマハンノキ（*Alnus viridis*）、セイヨウカンボク（*Viburnum opulus*）、セイヨウニワトコ（*Sambucus racemosa*）、セイヨウクロニワトコ（*Sambucus nigra*）、セイヨウハシバミ（*Corylus avellana*）、セイヨウサンザシ（*Crataegus monogyna*）、ミズキ（*Cornus sanguinea*）、スイカズラ（*Lonicera xylosteum*）、センニンソウ（*Clematis vitalba*）、ガマズミ（*Viburnum lantana*）、カニーナバラ（*Rosa canina*）、セイヨウマユミ（*Euonymus europaeus*）、セイヨウイボタ（*Ligustrum vulgare*）、クロウメモドキ（*Rhamnus catharticus*）、ホソバグミ（*Hippophae rhamnoides*）、セイヨウビャクシン（*Juniperus communis*）、クロトゲザクラ（*Prunus spinosa*）、ザイフリボク（*Amelanchier ovalis*）

塩水の噴霧に耐える(例えば解氷剤)木本植物(G.ザウアー氏、1967も参照)

耐塩性にとても優れているもの:
ギョリュウ種、セイヨウメギ(Berberis darwinii)(凍結には耐えられない)

耐塩性に優れているもの:
スイカズラ(Lonicera xylosteum)、ミヤマスグリ(Ribes alpinum)、ハマナス(Rosa rugosa)、ナガバクコ(Lycium hamilifolium)、プラタナスカエデ(Acer platanoides)、セイヨウカジカエデ(Acer pseudoplatanus)、オオムレスズメ(Caragana arborescens)、ヤナギラン(Elaeagnus angustifolia)、セイヨウトネリコ(Fraxinus excelsior)、ホソバグミ(Hippophae rhamnoides)、セッコウボク(Symphoricarpus albus laevigatus)、セイヨウハルニレ(Ulmus glabra)

適度な耐塩性のあるもの:
コブカエデ Acer campestris、ヨーロッパハンノキ Alnus glutinosa、カプレア・ヤナギ Salix caprea、セイヨウハルニレ Ulmus minor

耐塩性のないもの:
セイヨウイヌシデ(Carpinus betulus)、ミズキ(Cornus sanguinea)、セイヨウハシバミ(Corylus avellana)、セイヨウサンザシ(Crataegus oxyacantha)、セイヨウサンザシ(Crataegus monogyna)、ヨーロッパブナ(Fagus sylvatica)、セイヨウイボタ(Ligstrum vulgare)、アメリカクロミズザクラ(Prunus serotina)、カニーナバラ(Rosa canina)、セイヨウヤブイチゴ(Rubus fruticosus)、セイヨウニワトコ(Sambucs racemosa)

土壌の塩分に耐性のある草本植物

耐塩性に優れているもの:
アッケシソウ(Salicornia stricta)、スパルティナグラス(Spartina townsendii)、チシマドジョウツナギ(Puccinellia maritima)、ハマニンニク(Elymus arenaria)、カモジグサ(Agropyron littorale)、カモジグサ(A. junceum)、チシマドジョウツナギ(Puccinellia distans)、オオハマガヤ(Ammophila arenaria)、バルチカオオハマガヤ(A. baltica)、コリネフォルスガヤ(Corynephorus canescens)、オオウシノケグサ(Festuca rubra ssp. littoralis)、イグサ(Juncus gerardi)、コヌカグサ(Agrostis alba ssp. maritima)、スズメノヤリ(Scirpus maritimus)、スズメノヤリ(S. lacustris)、アレナリアスゲ(Carex arenaria)

耐塩性が平均的なもの:
セイヨウミヤコグサ(Lotus corniculatus)(塩素酸塩にも耐えられる)、セイヨウミヤコグサ(Lotus uliginosus)、イガマメ(Onobrychis viciaefolia)、コメツブツメクサ(Trifolium dubium)、ムラサキウマゴヤシ(Medicago sativa)、モメンヅル(Anthyllis vulneraria)、セイヨウノコギリソウ(Achillea millefolium)、欧州キク(Chrysanthemum leucanthemum)、シバムギ(Agropyron repens)、ハイヌカグサ(Agrostis stolonifera)、オオカニツリ(Arrhenarherum elatius)、カラスムギ(Avena sativa)、スズメノチャヒキ(Broms erectus)、スズメノチャヒキ(B. intermis)、ギョウギシバ(Cynodon dactylon)、カモガヤ(Dactylis glomerata)、トールフェスク(オニウシノケグサ)(Festuca arundinacea)、フェスク(F. capillata)、ウシノケグサ(F. ovina)、ヒロハノウシノケグサ(F. pratensis)、オオウシノケグサ(F. rubra)、ドクムギ(Lolium italicum)、ホソムギ(L. perenne)、ヨシ(Phragmites communis)、スズメノテッポウ(Alopecurus bulbosus)、スズメノテッポウ(A. utriculatus)、ヌマガゼクサ(Catabrosa aquatica)、ドジョウツナギ(Glyceria plicata)、ヘルジウムグラス(Hordeum nodosum)、トラガス(イガグラス)(Tragus rasemosus)

適度な耐塩性があるもの:
オオスズメノテッポウ(Alopecurus pratensis)、ルピナス(Lupinus polyphyllus)、コメツブウマゴヤシ(Medicago lupulina)、スズメノカタビラ(Poa annua)、タチイチゴツナギ(P. nemoralis)、ヌマイチゴツナギ(P. palustris)、オオスズメノカタビラ(P. trivialis)、カニツリグサ(Trisetum flavescens)

草本植物、石灰分の必要性に応じて

石灰質の土壌を好むもの:
イブキカモジ(Agropyron caninum)、モメンヅル(Anthyllis vulneraria)、ヤマカモジグサ(Brachypodium pinnatum, silvaticum)、ヒメコバンソウ(Briza media)、スズメノチャヒキ(Bromus erectus, inermis)、ハマチャヒキ(Bromus mollis)、ノガリヤス(Calamagrostis varia)、タマザキフジ(Coronilla varia)、ギョウギシバ(Cynodon dactylon)、クシガヤ(Cynosurus cristatus)、コウライウシノケグサ(Festuca duriuscula)、フェスク(glauca, valesiaca, sulcata)、モメンヅル(Hippocrepis comosa)、レンリソウ(Lathyrus silvester)、セイヨウミヤコグサ(Lotus siliqusus)、ルピナス(Lupinus albus)、ウマゴヤシ(Medicago falcata)、ムラサキウマゴヤシ(Medicago sativa)、コメガヤ(Melica ciliata)、シロバナシナガワハギ(Melilotus albus)、シナガワハギ(Melilotus offifinalis)、イガマメ(Onobrychis viciaefolia)、アワガエリ(Phleum phleoides)、ミツバグサ(Pimpinella saxifraga)、オオバコ(Plantago media)、コイチゴツナギ(Poa compressa)、オランダワレモコウ(Sanguisorba minor=Poterium sanguisorba)、コウボウ(Sesleria varia)、ナガハネガヤ(Stipa capillata)、ナガホネガヤ(Stipa pennata)、セイヨウツメクサ(Trifolium alexandrinum, badium)、セイヨウヤマツメクサ(Trifolium montanum)、セイヨウカニツリグサ(Trisetum distichophyllum)、カニツリグサ(Trisetum flavescens)

土壌を選ばないもの:
セイヨウノコギリソウ(Achillea millefolium)、シバムギ(Agropyrum repens)、コヌカグサ(Agrostis alba)、ハイヌカグサ(Agrostis tolonifera)とオニヌカボ(Agrostis gigantea)を含む、ヌカボ(A. tenuis)、オオカニツリ(Arrhenatherum elatius)、スズメノチャヒキ(Bromus racemosus)、欧州キク(Chrysanthemum leucanthemum)、コリネフォルスガヤ(Corynephorus canescens)、カモガヤ(Dactylis glomerata)、ヒロハノコメススキ(Deschampsia caespitosa)、コスズメガヤ(Eragrostis minor)、ムラサキニワホコリ(Eragrostis pilosa)、ウシノケグサ(Festuca ovina)、ヒロハノウシノケグサ(Festuca pratensis)、オオウシノケグサ(Festuca rubra)、ヒトツバエニシダ(Genista sagittalis)、シラゲガヤ(Holcus lanatus)、レンリソウ(Lathyrus pratensis)、ドクムギ(Lolium italicum)、ホソムギ(Lolium perenne)、セイヨウミヤコグサ(Lotus corniculatus)、スズメノヤリ(Luzula nemorosa)、コメツブウマゴヤシ(Medicago lupulina)、アワガエリ(Phleum pratensis)、ヘラオオバコ(Plantago lanceolata)、セイヨウオオバコ(Plantago major)、スズメノカタビラ(Poa annua)、イチゴツナギ(Poa chaixii)、ナガハグサ(Poa pratensis)、オオスズメノカタビラ(Poa trivialis)、タチイチゴツナギ(Poa nemoralis)、エノコログサ(Setaria viridis)、セイヨウツメクサ(Trifolium alpestre)、コメツブツメクサ(Trifolium dubium)、タチオランダゲンゲ(Trifolium hybridum)、セイヨウヤマツメクサ(Trifolium montanum)、アカツメクサ(Trifolium pratense)、シロツメクサ(Trifolium repens)、ソラマメ(Vicia faba)、クサフジ(Vicia pannonica)、オオヤハズエンドウ(Vicia sativa)、ビロードクサフジ(Vicia villosa)

石灰分を含まない酸性の土壌を好むもの:
ヒメヌカボ(Agrostis canina)、スズメノテッポウ(Alopecurus geniculatus)、オオスズメノテッポウ(Alopecurus pratensis)、ハルガヤ(Anthoxanthum odoratum)、ノガリヤス(Calamagrostis arundinacea)、イワノガリヤス(Calamagrostis villosa)、コメススキ(Deschampsia flexuosa)、シラゲガヤ(Holcus mollis)、セイヨウミヤコグサ(Lotus uliginosus)、ルピナス(Lupinus luteus)、ルピナス(Lupinus polyphyllus)、ムーアグラス(ヌマガヤ)(Molinia caerulea)、クサヨシ(Phalaris arundinacea)、オオスズメノカタビラ(Poa trivialis)、セイヨウミヤマツメクサ(Trifolium alpinum)、ベニバナツメクサ(Trifolium incarnatum)、オオバノアカツメクサ(Trifolium medium)

中央—北アメリカ大草原の草本植物の耐乾燥性による生態学的な序列の例として、数年にわたる干ばつの後にR.クナップ氏(1965)が行った観察の成果を引用して；

乾燥に対しても広く生育域を持ったもの
  カモジグサ(Agropyron smithii)　　(最も干ばつに対して抵抗力を持つ)
  モスキートグラス(アゼガヤモドキ)(Bouteloua gracilis)
  バッファローグラス(Buchloe dactyloides)
  モスキートグラス(アゼガヤモドキ)(Bouteloua curtipendula)
  ネズミガヤ(Mühlenbergia cuspidata)
  ネズミノオ(Sporolobus cryptandrus)

初期に損害を受けてから生育したもの
  ネズミノオ(Sporolobus heterolepis)
  ハネガヤ(Stipa spartea)

干ばつの年の後に侵入したもの
  フェスク(Festuca octoflora)
  ムクゲチャヒキ(Bromus commutatus)
  ウマノチャヒキ(Bromus tectorum)
  ミノボロ Koeleria cristata
  メリケンカルカヤ(Andropogon gerardi)　　(軽い損害を受ける)

干ばつの年の後に損害を受け減少したもの
  ヌカキビ(Panicum scribnerianum)
  ヌカキビ(Panicum wilcoxianum)
  スパルティナグラス(Spartoma pectinata)
  ハマニンニク(Elymus canadensis)
  メリケンカルカヤ(Andropogon scoparius)
  ナガハグサ(Poa pratensis)　　(重大な損害を受ける)

調査地が生態学的に定義されている場合、生態学的系列と並んで、植物社会学的な調査も、植物を選択する際有効である。実際の工事には、膨大な文献がある中、10種類の異なる草地群集における、それぞれの植物種の割合を示したクナップ氏の表105(1965)を参考にすると良い。さらにオーバードルファー氏(1962)や、アイヒンガー氏(1967)を参考にすると良い。

生態学的に適応幅の広い植物種は一般に良いとされる。そのような植物種を利用することで、不適切な植物種選択をしてしまう危険を避けることができるからである。それゆえ、例えばコリヤナギ(Salix purpurea)が、緑化工事に最も適したヤナギということになる。生態学的に適応幅が広いということは、栄養分、土中湿度、気温に対する要求が低く、そのため広大な土地に分布できるということである。そのような広域適応種には、次のようなものがある:

高木:
ヤマハンノキ(Alnus incana)、シダレカンバ(Betula pendula)、ヨーロッパカラマツ(Larix europaea)、オウシュウアカマツ(Pinus silvestris)、ヨーロッパクロヤマナラシ(Populus nigra)、ハリエンジュ(Robinia pseudaccacia)、カプレア・ヤナギ(Salix caprea)

低木:
ミズキ(Cornus sanguinea)、セイヨウイオタ(Ligustrum vulgare)、スイカズラ(Lonicera xylosteum)、カニーナバラ(Rosa canina)、コリヤナギ(Salix purpurea)、クロヤナギ(nigricans)、シロヤナギ(eleaagnos)、セイヨウクロニワトコ(Sambucus nigra)

草本植物：
　フキタンポポ（*Tussilago farfara*）、アカツメクサ（*Trifolium pratense*）、シロツメクサ（*Trifolium repens*）、セイヨウミヤコグサ（*Lotus corniculatus*）、カモガヤ（*Dactylis glomerata*）、セイヨウノコギリソウ（*Achillea millefolium*）、ヨウシュイブキジャコウソウ（*Thymus serpyllum*）、ヤナギタンポポ（*Hieracium murorum*）、クロウメモドキ（*Fragaria vesca*）、オオウシノケグサ（*Festuca rubra*）、モメンヅル（*Anthyllis vulneraria*）、セイヨウタンポポ（*Taraxacum officinalis*）、オオカニツリ（*Arrhenatherum elatius*）、ヤエムグラ（*Galium mollugo*）、ヘラオオバコ（*Plantago lanceolata*）、コヌカグサ（*Agrostis alba*）、アキノキリンソウ（*Solidago virgaurea*）、ミヤマウラジロイチゴ（*Rubus idaeus*）、欧州キク（*Chrysanthemum leucanthemum*）、シラタマソウ（*Silene vulgaris*）、マンテマ（*Silene nutans*）、エゾイラクサ（*Urtica dioica*）、ウツボグサ（*Prunella vulgaris*）、シロバナシナガワハギ（*Melilotus albus*）、シナガワハギ（*Melilotus officinalis*）、マツムシソウ（*Scabiosa columbaria*）、クワガタソウ（*Veronica latifolia*）、ヒロハノマンテマ（*Melandryum album*）、スズメノヤリ（*Luzula nemorosa*）、ハルガヤ（*Anthoxanthum odoratum*）、ホソムギ（*Lolium perenne*）、ナガハグサ（*Poa pratensis*）、シラゲガヤ（*Holcus lanatus*）など。

　反対に生態学的に適応幅の狭い植物種もある（狭域適応種）。適応幅が狭くても、これらの植物の中には、特定の場所では他の植物で代用できず、緑化用として価値の高いことがあるので、簡単に切り捨ててしまうわけにはいかない。

狭域適応の植物種、例えば：
　ヤナギ類（*Salix globra*）、スイスヤナギ（*Salix helvetica*）、ヤナギ類（*Salix breviserrata*）、ヤナギ類（*Salix aurita*）、ヤナギ類（*Salix waldsteiniana*）、ヨーロッパハンノキ（*Alnus glutinosa*）、ミヤマハンノキ（*Alnus viridis*）、アンシナータ・マツ（*Pinus uncinata*）、ヨーロッパシラカンバ（*Betula pubscens*）、ナナカマド（*Sorbus aria*）、ホソバグミ（*Hippophae rhamnoides*）、ガマズミ（*Viburnum lantana*）、ザイフリボク（*Amelanchier ovalis*）、タマザキフジ（*Coronilla emerus*）、アルペンローズ（*Rosa pendulina*）、コメススキ（*Deschampsia flexuosa*）、タンポポモドキ（*Leontodon incanus*）、ニガヨモギ（*Artemisia absinthium*）、ハリモクシュ（*Ononis spinosa*）、ヒロハノハネガヤ（*Lasiagrostis calamagrostis*）、カモメヅル（*Cynanchum vincetoxicum*）、クルマバゲンゲ（*Dorycnium germanicum*）、セイヨウガラシ（*Bicsutella laevigata*）など。

3　増殖力による品種選択

　実際に使用する植物の第一の前提条件は、増殖しやすいということである。
　植物の栽培方法は繁殖方法をもとに確立されている。それをまとめると：
有性繁殖：播種—植え付け—野生の実生苗[8]、群落ごとの移植、例えば、切芝草やヨシの根株など
無性繁殖：枝挿、埋枝[9]、埋幹（枝全体）[10]、根挿、根茎挿、根茎切り挿き（匍匐茎切り挿き）[11]、茎（稈）挿[12]、むかご、取木、株分け

3.1　播種（種蒔き）
3.1.1　木本植物

　経済的に考えると、全ての植物が播種増殖に適しているわけではない。それゆえ木本植物は、しばしば無性増殖で増やす。例えば、ヤナギやポプラなどは種子に被覆がなくすぐに乾燥してしまうため、発芽が数日に限られてしまう。そのため播種増殖には適していない。
　ラッシェンドルファー氏は、種子を冷蔵庫の氷塊の中で保存することによって、約4カ月間保存することに成功した。

---

[8] 自然に生えているものを苗として採る。Sämling（実生苗）とは区別する。
[9] 長さ40cmまで、太さ1cmまでの枝をほとんど全長にわたって挿す方法。
[10] 約2mの長い先端の着いた幹を土中に挿す方法。
[11] ヨシなどを砕いたものを播く。それから根が出てきて増殖する。
[12] 中が空洞になっている茎（Halm）を挿し木する方法。

　ローメダー氏（1941）は、種子を低温湿潤の状態で保存するだけでなく、同時に希薄した空気の中で貯蔵する方法を見つけた。これによって種子は発芽力を失うことなく、一年間にわたって保存することができた。

　このように保存方法が発見されても、実際の緑化工事で、ヤナギやポプラは無性繁殖による増殖方法がとられるのが一般的である。無性繁殖が難しい種にのみ例外的な措置がとられる。

　それに反して、ホソバグミ（*Hippophae rhamnoides*）は、自然の植生では、根茎繁殖によって、良く繁殖するのが観察されているのだが、人工的に無性繁殖で増殖するのは難しいことが分かった。枝挿や根繁殖による増殖を試みたが、繰り返し失敗に終わった（ジークリスト氏、1913 も参照）。そこで実際の工事には、自然界で根付いたホソバグミだけが使われる。

3.1.1.1　野外における木本の播種

　以前から、林業では多くの重要な木本が野外播種で増殖されてきた。ほとんどの針葉樹、ナラ、カエデ、トネリコなどがそれにあたる。土地の損傷を植栽によって補修しようとする緑化工事には、木本の播種が再び重要な意味を持ってくる。
　約100年ほど前まで、森は皆伐後にほとんど野外播種によって更新されていた。森林土壌では、この方法ですばらしい成功を収めることができたが、それは法外な量の種を播いた場合だけのことであった。しかし、未熟土壌では特に暴れ川の工事でミヤマハンノキ（*Alnus viridis*）、ヤマハンノキ（*A. incana*）やシダレカンバ（*Betula pendula*）、ヨーロッパシラカンバ（*B. pubescens*）の野外播種が行われたが、それまでの山林播種のように、たくさんの量の種を使って行われたにもかかわらず、ほとんど例外なく失敗してしまった（ハイデン氏、1935）。
　野外播種したシラカンバやハンノキの失敗原因は、第一に斜面の局所気候が植生には適さなかったせいであり、第二には、この木本の実生生長が遅いせいであった。実生の苗木は、まだ十分に植物の生長に適していない土壌で一年も経たないうちに枯死してしまう。
　これに反してシラカンバやハンノキは、雪上播種によって成功を収めることができた。多くの山岳の営林署では、今もなおシラカンバやハンノキにこの方法を用いているが、針葉樹をこの方法で更新させている所はもうない。同じくザイフェルト氏もこの古い方法をあげて、繰り返し成功を報告している。雪上播種とは、すでに溶けかかっている雪の上に、種子を平面的にばらまく方法である。種子は、雪解け水によって発芽に適した場所に押し流される。この雪上播種で成功するには、種子が発芽できるように他の植物がなく、それ以上地滑りなどの起きない安定した土壌が必要である。
　今日では大規模な野外播種や雪上播種の代わりに、ふつうより近代的で、より経済的な方法が考えられている。緑化の初期段階が過ぎた後に目標とする種を植えるために行う『局所播種』、岩や石の多い急斜面には、木本の種子を水に混ぜて吹き付ける吹き付け工法（ハイドロシーディング）という方法がある。

3.1.1.2　苗圃（植木畑）での苗木育成のための木本の播種

　野外で播種からは十分に増殖できない木本は、苗圃で苗を育成する必要がある。また野外播種で増殖できる木本であっても、緑化工事を行うに当たっては植樹と、苗圃での育成が非常に重要である。
　自然の植生から野生の実生苗をとって使用することは、他に植物獲得の手段がない時の解決法としてのみ考えるべきである。植物は自然の植生から掘り出すと、苗床から掘り起こすときよりも、はるかにひどい損傷を受けるし、樹齢や生長もそろっていない。針葉樹は野生のものを使用する場合、十分に大きな土の塊と一緒に掘り取って、移植しないと成功しない。そして野生の苗木のロスは、苗床や苗圃のものより常に高い。
　とはいっても、木本の場合、苗圃でも播種で増殖するのは難しいことが多い。
　例えば、以前はセンニンソウ（*Clematis vitalba*）を確実に増殖するのは難しかった。しかし色々と試みた結果、収穫後すぐに播種した場合か、長期保存した

後でも、播種の前に水に漬けて発芽を促進した時に限り、野外地においても増殖に成功した。この方法は殻の固い他の植物でも成功した。

発芽を促進するため（休眠状態の続いた種子）には、まる一日、ぬるい水に漬けてから種を播くとよい。その水に膨張を促進するための1％程度の抱水クロラールを入れることもできる。

また、自生のツツジ科の植物も増殖が難しい。この植物は根に菌類が共生しないため、緑化工事には使えない。例えば、シャクナゲ（*Rhododendorn*）、エリカ（*Erica*）、カルーナ（*Calluna*）、コケモモ（*Vaccinium*）、ガンコウラン属（*Empetrum*）、ウバウルシ（*Arctostaphylos*）、チョウノスケソウ（*Dryas octopetala*）などである。しかし、後者は石灰質の山岳地帯で、土砂に生育する先駆植物として、大きな役割を果たす。

さらに果肉質の実を付ける木本の多くも、増殖するのが難しい。種子は適切に扱わないと、すぐ発芽せず休眠状態が続いてしまう。それは、例えばセイヨウナナカマド（*Sorbus aucuparia*）、ナナカマド（*Sorbus aria*）、エゾノウワミズザクラ（*Prunus padus*）、クロトゲザクラ（*Prunus spinosa*）、セイヨウサクランボ（*Prunus mahaleb*）、ホソバグミ（*Hippophae rhamnoides*）、ガマズミ（*Vibirinum lantana*）、セイヨウカンボク（*Vibirinum oplus*）、セイヨウクロニワトコ（*Sambucus nigra*）、セイヨウニワトコ（*Sambucus racemosa*）、バラ、セイヨウサンシュユ（*Cornus mas*）、ミズキ（*Cornus sanguinea*）、スイカズラ（*Lonicera alpigena, xylosteum, caerulea, nigra*）、クロウメモドキ（*Rhamnus cathartica, frangula, saxatilis*）、セイヨウイボタ（*Ligustrum vulgare*）、ザイフリボク（*Amelanchier ovails*）、セイヨウサンザシ（*Crataegus monogyna*）などに見られる。

このような問題の解決には、様々な方法がある。それは種子の層の上に砂の層を作って貯蔵すること、凍結させること、実を腐らせること、鶏の飼料にして腸を通過させる処理などである。私自身の実験やローメダー氏の実験からは、芽が出ずに留まってしまう原因は、果肉の中にある発芽を妨げる物質であることが明らかになった。それ故その対策としては、完全に成熟する前に、できるだけ果肉を取り除いてしまうのが最善である。最も確実な方法としては、肉挽き器で挽いてしまい、その後洗い落とすかふるいにかけることである。

表2 市場で入手できる芝草用の種子リスト。省略記号：国名は車両につけられている国際表示に従う。例えばA＝オーストリア。＋＝適している。（＋）＝制限付きで。飼料価値：SS＝非常に低い。S＝低い。M＝中程度。G＝高い。SG＝非常に高い。EU＝ヨーロッパ。EURAS＝ユーラシア。MEU＝中部ヨーロッパ。NE＝北東部。CIRC＝極付近。EMED＝地中海地方東部。SEMED＝地中海地方南東部。AS＝アジア。Pfl＝植物。Pi＝先駆植物

植物学名	生長				匍匐茎		株	立地										
	一年生 二年生 多年生	生長量		迅速な生長	地上	地下		ローム	砂	砂利・礫	腐植土に富む	冷	温	酸性	アルカリ性	中性	カルシウム	痩せている	窒素塩基が多い
		根(cm)	芽(cm)																
Achillea millefolium. L セイヨウノコギリソウ	3	10-90 400まで	15-70 地面を緩く被う				+	+	+	+	+	+	+	+	+	+	+	±	+ 窒素の指標
Agropyron repens シバムギ	3	80	20-150		+			+ 粘土	+	+	+		+	+	+	+	+	±	窒素の指標
Agrostis canina ヒメヌカボ	3	20	20-60 地面を緩く被う	(+)				+ 粘土	+		+ ピート		+					+	
Agrostis giganthea ROTH オニヌカボ	2-3	30	40-100 活力的	若い内は遅い	力強い匍匐茎	+ 短い、太い		+ 粘土 高密度	+	+					+		+		+

植物苗の品質：一般的に知られているような品質基準（先述したように、大きさ、樹齢、栽培方法、有害物質の有無、病気の有無）に加えて、特別な目的に対する適性にも注意しなければならない。例えば種子の産出地や栽培地が、工事で使用する場所と同質の環境条件を備えているか、さらには根と新芽のバランスが良いかなどである。丈夫な低木で植物群を作っているようなものは、ほとんどの場合、ひょろりと背の高いものよりも適している。ホソバグミ（*Hippophae rhamnoides*）やハンノキやマメ科の木本場合は、特に根粒菌の有無に注意しなければならない。根粒菌が乾燥すると、植物の活着は難しくなってしまう。

植物苗の輸送：植物の輸送には、乾燥や温度上昇に注意しなければならない。覆いがあり保冷されない輸送車が手配できない場合は、防水シートや湿った土ないし泥炭腐植土で覆わねばならない。そして、できるだけ湿度の高い時や夕方に輸送するようにする。

植物苗の覆土：1時間以上苗木を貯蔵する時は、土をかぶせなければならない。ユゴヴィッチ氏（1944）によると、苗木の貯蔵は束をといてから、水や雪の中ではなく、湿った土の中に入れるのが最も良い。山岳地帯の工事現場では、雪解けの直後に植え込みをする必要があるため、苗木は秋のうちにすでに運んでおき、その工事現場に覆土しておくことができる。この場合、その苗木は休眠期に入るのを待って栽培園から掘り出して、長い期間、雪で覆われてしまう工事現場に運び、覆土しなければならない。雪の中で繁殖する菌類による害には特に注意しなければならない（例えばヘリポツリチア菌（*Herpotrichia nigra*）、ファシジウム菌（*Phacidium infestans*）など）。針葉樹林は、この菌類の害に対して特に敏感なので、積雪前に適切な殺菌薬を散布しておかねばならない。

3.1.2 草本植物

草本植物の中には、緑化工事に重要な植物が多くある。しかし残念なことに市場に出ている種子の品種は非常に少なく、そのほとんどが農場で栽培される飼料用植物である。（表2参照）。

立地						耐塩性	最高標高山岳地(m)	飼料価値		種指数g単位	播種量kg／ha純粋播種	分布	植物社会学的記述	その他
乾燥	湿潤	湿	洪水	陰 好む	陰 耐性			放牧地	牧草収穫用地					
＋	＋					＋	A1860 2400	M	M	6700		NE－EURAS 亜海洋性；世界中の温暖な亜海洋性気候の地帯	Arrhenatheretalia、Nardetalia、Mesobromion、肥沃な草原、牧草地、半乾燥芝地－砂地芝草、耕作地	匍匐根。土壌を結びつける。土壌水分の過多をきらう。栄養分の指標。好陽性。薬草。
土 glauca	＋	＋	＋			＋	A1500 ヴァリスからグラウビュンデンまで2150	G	G	260		EU、シベリア、北アフリカ、北アメリカ；パタゴニアに持ち込まれた	Agropyron-Rumicion（河岸および雑草の群落）、Artemisietea、Chenopodietea（耕作地）Festuco-Brometea, Mesobromion とErico-Pinion で var. glaucum, var. martimum：Agr. marti.、の群落でBromo-Phleetum aren (Koelerion glauc.)	匍匐根を持つ先駆植物；雑草なので、耕作地の近くでは使用しない。好陽性。南部ではたいてい var. glaucum。市場でも。
		＋ 滲出立地停水			＋		A1140 エンガーディン1800	S	S	20000		NE－EURAS 東欧および地中海諸島にはない	Carici-Agrostidetum (Caricion canescens)湿原、泥炭採掘場、中間湿原、高層湿原だけではない、湿地の森林（ハンノキとイチイからなる）	湿った空所のある土地の先駆植物！市場には2種の亜種が出ている；ssp. canina（湿気の多い立地）；ssp. montana（栄養分の供給が少ない乾燥した立地）＝染色体が倍数。
	＋	＋						G 湿った立地では重要	G	20000	10	EURAS 亜地中海地方；北アメリカ、中国、日本	Calthion、Glycerion、Caricet. fuscae、Molino- Arrhenaheretea、Phragmitetalia、水辺の森、河岸、海岸	他の Agrostis 種よりもずっと大きい。芝草には不適当。

表2（つづき）

植物学名	生長							立地											
	一年生 二年生 多年生	生長量		迅速な生長	匍匐茎		株	ローム	砂	砂利・礫	腐植土に富む	冷	温	酸性	アルカリ性	中性	カルシウム	痩せている	窒素塩基が多い
		根 (cm)	芽 (cm)		地上	地下													
Agrostis stolonifera L. =A.alba L. コヌカグサ	3	30 (60) 節のところで匍匐枝が出る	10-70	+ 数メートルまで	(+)			+ シルト 泥の堆積物 高密度の粘土	+	+	+ ピート					+	±		+
Agrostis tenuis SIBTH. =A. vulgaris WITH ヌカボ	3	50	20-60		+ 根茎は短かい		密ではない	+	+	+	+			+ 適度		+		+	
Alopecurus pratensis L. オオスズメノテッポウ	3		30-100	+		+ 短い	+ 密ではない	+ 粘土	+		+	涼		+		+	(+)		+ 指標
Anthoxanthum odoratum L. ハルガヤ	3	50	30-50					+	+	+ 及び蛇紋石	+ピート			pH5,5			(+)	+ 指標	
Anthyllis vulneraria L. モメンヅル	3	深い	10-50					+ 泥灰石レス土壌	+ 石膏粘土	+	+		+	(+)	+	+	+	+	+
Arrhenatherum elatius (L) et PRESL =Avena elatior L. オオカニツリ	3	深い硬いちぎれにくい	50-180	+	(+) まれ		+ 密ではない	+	+	+	+ 及び未分解腐植		+	(+)	+	+	±		+ 深くまで達する軟土
Avena sativa L. カラスムギ	1		60-150	+				+	+		ピート		+	(+)	+	+	+	+	

立 地							最高標高山岳地 (m)	飼料価値		種子数 g単位	播種量 kg/ha 純粋播種	分 布	植物社会学的記述	その他
乾燥	湿潤	湿	洪水	陰		耐塩性		放牧地	牧草収穫用地					
				好む	耐性									
	+ 一定しないが湿っている	+	+		+	+	A1800、アルブーラ 2700まで	M 少ない	M	11000 — 20000 まで	10	NE-EURAS 今日では世界中の亜海洋性気候の地域；今日ではテキサスでも、ニュー・メキシコ、NZ、AUS、南カリフォルニア、I、CH、E	Agropyro-Rumicion、特に Plantaginetalia、河岸、溝、池の辺縁部、泥で埋まった耕作地	土壌を結びつける。初めの入植植物。放牧に強い絨毯状の草。EUやUSAの涼しく湿潤な北部のゴルフ場に最適な草。＜匍匐ーベント＞＜南ドイツのフィオリン＞ ゴルフグリーンの様々な栽培種
+	+			+			A2200 （グラウビュンデン）	G しかし山岳地域の痩せた牧草地では少ない。Trisetumが生育できない所では最も重要な草本	G	18000	10	NE-EURAS 今日では世界中の亜海洋性気候の地域；アルジェリア、北アメリカ、NZ、AUS、北緯70度までのスカンジナビア	Arrhenateretalia、Nardo-Callunetea、Sedo-Scleranthetea、森林の中の草地、山岳地帯、アルプス地域の湿潤な肥沃地帯、地矮性低木湿原、ブドウ畑、皆伐地域、重点：Festuca-Cynosuretum、Polygono-Trisetion	酸性、やせ地の指標。腐植土を多量に消費する。未熟土壌の先駆植物。森ではやせ地化及び日照があることの指標。しかし窒素分は Deschampsia flexuosa よりも良い。山岳地帯では最も重要な Agrostis。ほとんどの草本と混合できる！
	+ 滲出地や水がたまる場合は弱い 空気湿度	+		+ 半	(+)		アローザ 1900	放牧には耐えられない	G	1100 — 1400 まで	ない	EURAS、北種地方および常緑の地中海地方にはない	Arrhenateretalia- 群落、Calthion、Filipendulo-Petasition、Molinio-Arrhenateretea、河岸の多年生草本の群落、水辺の草地	冬季、晩霜に抵抗力がある。長期にわたる積雪。施肥と補水が必要。施肥と補水を行えば1800mまでのやせた土壌でも生育。土壌水分と土壌栄養分の指標。
+	+	+		+		+	A3045 ベルニーナ 2930	M あまり耐えられない	M	1700		EURAS（南部では山岳地帯のみ）、北アフリカ西部、アナトリア、コーカサス、北アジア、北アメリカ、AUS、タスマニアに導入される；今日では世界中の涼しい地域に広がる	牧草地、放牧地、陽樹林、特に痩せた山地草原。Festuca rubra 又は Agrostis tenuis、Molinio-Arrhenateretea、Nardo-Callunetea、Cariceta curv.、Quercion robur	価値のない雑草である A. aristatum の種子と間違えやすい。中部ヨーロッパで最も早く生長する。冬季に生長。補水や湿地での栽培に耐えられる。やせ地の指標、短命だが、早く種がこぼれる。
+ 所々	+			+		+	1000、スイス 2000 まで	G	G	400			Mesobromion、Crisio-Brachypodion、Xerobromion、Erico Pinion、Molinion、Arrhenatherion	未熟土壌の先駆植物。土壌を結合する。施肥、補水を嫌う。冬の凍結と干ばつに大きな抵抗力を示す。
(+)	+			+		+	A1500 エンガーディン 1800	M	G	300		EU、地中海地方の山岳地帯、北アフリカ、西アジア、北アメリカ、AUSに持ち込まれる、海洋性気候の亜大西洋、亜地中海地方、今日では世界中；非常に寒冷や温熱に抵抗力がある降水量600mm	Arrhenateretalia medioeur.、高地では肥沃な人工荒地でのみ Calamagrosti dionarund、草原；高地では Trisetum で代用する	施肥牧草地の主要草本。未熟土壌の先駆植物。圧縮された重い土壌、水がたまる土壌は避ける。湿地や厳しい気候に弱い。
+	+	+		+		+	1600	S	S	30	90 — 100 まで	EURAS、45〜65度の亜海洋性気候		土壌を非常に乾燥させる。凍結に弱い；湿度の高い標高で上層種として混合する。

表2（つづき）

植物学名	生長							立 地											
	一年生 二年生 多年生	生長量		迅速な生長	匍匐茎		株	ローム	砂	砂利・礫	腐植土に富む	冷	温	酸性	アルカリ性	中性	カルシウム	痩せている	窒素塩基が多い
		根(cm)	芽(cm)		地上	地下													
Brachypodium pinnatum (L)P. B. ヤマカモジグサ	3		60-120			+		+ レス土壌	+	+	+		+	+		+!	+		+
Bromus erectus HUDS スズメノチャヒキ	3	60	30-60 (100)			(+)	+ 密	+	+	+	+		+	+	+	+	+ 南部で	+	+
Bromus inermis LEYSS スズメノチャヒキ	3		30-140	+		+ 中程度から長い	+	+ 粘土	+ 及びレス土壌	+	+		+				+	+	+
Bromus mollis L. =B.hordeaceus L. ハマチャヒキ	1		20-80					+	+		+		±			±			+
Chrysanthemum leucanthemum L 欧州キク	3	深い	30-60 (20-100)					+ 及び粘土 低密度	+	+	(+)		+	±	+	+	±		+
Coronilla varia L. タマザキフジ	3	90	30-120 横たわる					+ (及びレス土壌)	+	+			+			+	+		+
Cynodon dactylon PERS. ギョウギシバ	3		30		+ 100超まで	(+)		+ (粘土) 高密度	+	+	+		+	+		+	±		+(N)
Cynosurus cristatus L. クシガヤ	3		20-60	ゆっくり			+	+ 高密度及び粘土	+		+	涼	+	(+)			+	±	+

立地				陰		耐塩性	最高標高山岳地 (m)	飼料価値		種子数 g単位	播種量 kg/ha 純粋播種	分布	植物社会学的記述	その他
乾燥	湿潤	湿	洪水	好む	耐性			放牧地	牧草収穫用地					
+	+				+		A1600－(2000)	S	S	800		EU（北極圏は除く、北部西部はまばら）、AS適地（砂漠地および原成岩を除く）、北アフリカ、EURAS－大陸性気候、地中海地方南部	Mesobromion、Cirsio-Brachypodion、Festuco-Brometea、Nardetalia、乾燥したMolinioi、Geranion sang、Erico-Pinion、Cephalanthero-Fagion	匍匐根を持つ先駆植物。塩基の指標。森林では土地がやせてきたことの指標、燃焼に強い。焼き畑（山火事）によって促進される。施肥によって弱まる。
+	雨量 700－900 mm 変動的に湿潤					+	1400 エンガーディン 1800	M	M	220		南部、中部EU	Mesobromion、(900mm以上の降水量) Xerobromion、(700-900mm)、Molinion（排水した湿地草原）、Arrhenatheretum、Salvia-Trisetetum、石灰質－半乾燥芝草 南部では片麻岩、蛇紋石などの基盤上でも	集中根型。先駆植物。施肥も補水も耐えられない。土壌水分の過多や日陰を嫌うが、乾燥の熱には非常に抵抗力がある。
+ 及び所々乾燥					+			M	M	300 － 450	50－60	スペイン、北イタリアを含む北・中部EU（生育域の限界はエルザス・ロートリンゲン）、ロシア、コーカサス、温暖なアジア、EURAS－大陸性、結びつきの弱い土壌を好む	Cirsio-Brachypodietum、Arrhenatherion 乾燥、Sysymbrion	匍匐根を持つ先駆植物。乾燥の指標。強い乾燥や寒さに非常に強く、チュニスの気候でも緑を保つ。
+	+						A1000まで サンモーリッツ 1900 に持ち込まれた	S	G	325		EU（北スカンジナビアや南バルカン、H、Iを除く）、西南アジア、日本、北アフリカ、マデイラ、カナリア、北・南アメリカに持ち込まれた	Bromio-Hordeetum、Sysymbrion、Arrhenatherum	乾燥した立地で上層種として混合。牧草地では雑草。やせ地の指標。
+	+					+	A2200	S	S	2600 － 3300		EURAS－亜海洋性気候；今日では世界中の温暖湿潤な気候帯	Arrhenatheretalia、Molinietalia、Mesobromion	柔らかい土壌、冷涼、湿地を嫌う。未熟土壌の先駆植物。牧草地で大量に発生するとやせ地の指標となる。
+					+		A950	S 少し若い	S ヒツジには有害	260		地中海地方南部	Mesobromion、Arrhenatherion、Onopordion、(半人工荒地)	未熟土壌の先駆植物。集中的な施肥や栄養分の供給は避ける。
+			+ 短			+		G	M	1700 － 3500	5－6	世界中の温暖、熱帯気候地帯、USAの南部州、EUR：ブドウ畑地帯	Polygonion avic、Cynosurion、Chenopodietea	先駆植物。低地の砂地を迅速に緑化し結びつける。発芽は遅い。凍結に強いが放牧用の草は冬に茶色になる。
	+ 湿潤な空気	(+)			+	+	A1500 ヴァリス 2000	G	G	1700 － 2000	25－30	EU（北ロシア、スカンジナビア、ステップ地帯を除く）；コーカサス・ポントゥス、亜大西洋気候、(地中海地方南部)	Cynosurion、施肥された継続牧草地、Arrhenatheretion	ローム土壌の指標。特に凍結に弱い。放牧に強い。積雪に対する抵抗力は少ない。最も日陰に対する抵抗力がある。継続放牧及び牧草地に。

表2（つづき）

植物学名	生長						立地											
	一年生 二年生 多年生	生長量		迅速な生長	匍匐茎		株	ローム	砂	砂利・礫	腐植土に富む	冷	温	酸性	アルカリ性	中性	カルシウム	痩せている	窒素塩基が多い
		根 (cm)	芽 (cm)		地上	地下													
Dactylis glomerata L. カモガヤ	3		50 -100 (30 -130)	初めは遅いがその後速くなる			+	指標 及び粘土 深く達する 痩せた石灰質の腐植土は避ける	(+)	+	+	(+) 抵抗力あり 晩霜に弱い	+	(+)		+	±	(+)	+ Nを好む
Deschampisia caespitosa (L) P.B. ヒロハノコメススキ	3	100	30 -80 (150)				+ まばら	+ 及び粘土 及びグライ土、及び偽グライ土	+	+	+ マイルド、未分解土にはむかない	+	+	(+)	(+)	+	±		+
Deschampsia flexuosa (L.) TRIN コメススキ	3	100	30 -70				+	+	+	+	+ 及び未分解腐植及びピート	+						+	
Festuca arundinacea SCHREB. トールフェスク	3	深い	60 -150 (200)	+		+	+	+ 粘土 高密度	+		泥炭質			+		+	+		+
Festuca capillata LAM. (=tenuifolia SIBTH.) フェスク	3	浅い！ もろい	10-23				+	(+)	+		+ ピート	+	+			(+)	+		
Festuca duriuscula ANT. (=F. glauca LAM. =F. cinerea VILL.) コウライウシノケグサ	3								+	+	±				+	+	+		+
Festuca ovina L. (=vulgaris HAYEK) ウシノケグサ	3	50	15-40				+	+ 粘土 レス土壌	+	+	(+) ピート	+	(+)			+		+	±
Festuca pratensis HUDS =F. elatior L. ヒロハノウシノケグサ	3		30 -120	±			+	+ 及び粘土 高密度	+			涼	+	(+)	+	+	±		+

立地							最高標高山岳地 (m)	飼料価値		種子数 g単位	播種量 kg/ha 純粋播種	分布	植物社会学的記述	その他
乾燥	湿潤	湿	洪水	陰 好む	陰 耐性	耐塩性		放牧地	牧草収穫用地					
(+) 干ばつに強い	+	(+) 停水は避ける		(+)	+	+	A1900 2320まで (ベルニーナ)	M	G	900	40	EURAS、地中海地方南部（北極地方は除く）今日では世界中の温暖な地帯：北アフリカ、アメリカ、A US、NZ	Arrhenatheretalia、 Mesobromion、 肥沃な草原、 特にArtemisietea、 Alno-Padionなど	施肥を好む。未熟土壌の先駆植物。放牧に強い。土壌の状態に適合しやすい。
	+ 滲出したり所々湿っている	+	+		+		A2790	山岳地 S M-G	S	4000		NE-EURAS、CIRC、アフリカの山岳地帯、NZ、タスマニア、北アメリカ	Alno-Padion、 湿度の高い Carpinion、Fagion、Calthion、 Filpendulo-Petasition、Molinion、Calluneta、 Arrhenath.、Montio-Cardaminetalia (var. alpina)	水源、地下水の指標。放牧地の雑草。牧草地や森林の所々に現れる湿地の指標。牧草地の雑草。
(+)	+				+		A2270 テッシン680	S ごく若いうちのみ飼料にできる	S	1600		NE-EURAS、CIRC、亜大洋性気候地帯、フエゴ島、日本、北アメリカ	Quercion robur.、 Luzulo-Fagion、 Epilobion angust、 Vacc. Piceetea、 亜高山帯の矮性低木、 Nardo-Callunetea	腐植土を多量に消費する。未分解性植物（モル型植物）。酸性・やせ地の指標。
	+ 滲出したり所々湿っている	+	+		+	+	A1400 ヴァリス 1700	M	M	530 -619		EURAS 亜海洋性気候地帯、地中海地方南部、北緯62度まで、北アフリカ	Potentillo-Fest. arund.、 agropyro-Rumicion、 Molinietalia	洪水に強く土壌を固定する。匍匐根を持つ先駆植物。深根性。密度の高さ、水分の指標。牧草地での雑草。固いブルトの上。
+				+	+			S	S	1700 -2500	35	EURAS南西部、亜大西洋、亜地中海性気候帯	Nardo-Galion、 Thero-Airion、 Quercion rob.、 Castaneta	砂質土壌、酸性の指標。森林ではやせ地化の指標。非常にかわいらしいが芝草の色は美しくない！混合して、極端に軽い土壌で短い芝草をつくる。
+										1700			Festuco-Sedetalia、 Xerobromion、 Seslerio-Festucion、 Koelerion glauc.	北ドイツの低地の砂地で自生する。その他のドイツに広がっている。もっとも市場に出回っているのは、北ドイツのウシノケグサ；公園の芝生に多く使われる；環境への要求が少ない。浅根性。
+				+	+	+	2300 マイラーヒュッテ 2700 (スイス)	G (ヒツジ) ウシ	S	2000	35	EURAS 温暖な気候帯、CIRC；北アフリカ、北アメリカ、AUSに持ち込まれた	Festuco-Brometea、 Sedo-Scleranthetea、 Molino-Arrhenatheretea、 Querc. rob.、 Pinion silv.、 乾燥地の貧養草地	森林地ではやせ地化、および地力低下の指標；海洋性地域でのみ。森林地以外の石灰土壌でも；栽培されるのは、たいていこれではなく、capillataとduriusc.
	+ 及び所々	(+)	+			+	バイエルン 1560 アルプス 2000	S6	S6	500	50-53	EURAS、アメリカに導入される	Molino-Arrhenatheretea、 Mesobromion、 肥沃な草原、肥沃な放牧地、湿地の草原、半乾燥の芝草地、人工荒地の群落.	重たく冷たい土壌を好む。深根性。集中根型。冬に強い。大量に使用すると傷む、500-800mmの降水量。F. arundよりも温暖に弱い。軽い土壌以外の全ての土壌で。

表2（つづき）

植物学名	生長							立地											
	一年生 二年生 多年生	生長量		迅速な生長	匍匐茎		株	ローム	砂	砂利・礫	腐植土に富む	冷	温	酸性	アルカリ性	中性	カルシウム	痩せている	窒素塩基が多い
		根(cm)	芽(cm)		地上	地下													
Festuca rubra L ssp. rubra(L) var. genuine オオウシノケグサ	3	50	20-70	ゆっくり		+ まばら 中程度		+ 粘土	+	+	+ 黒泥状	抵抗力がある 厳しい気候		(+)	+	+	+	+	+
Festuca rubra L ssp. commutata GAUD var. fallax HACK	3		10-60	ゆっくり				+	+	+	+ ピート 粗腐食 (モダー)			+		+		+	(+)
Holcus lanatus L. シラゲガヤ	3		30-160 (100)					+ 及び粘土	+	+	+ 及び 低層湿原 及び ピート	+	+	+ pH4.0 -7.8まで		+			+
Holcus mollis L. シラゲガヤ	3	ゆるく覆う	30-70 (120)		+ 長い 中程度		まばらに生長	+	+ 深い		+ 多少泥炭質、ピートを含む	+ 冬が温暖な地域に	+					+	
Lolium italicum A. BR. =multiflorum LAM. ドクムギ	南では3 1～2年生	80 集中的	30-90 (100)	+!			密に生長	+ 粘土	+		+	寒冷には弱い	+ 適度にマイルド	+			+ しばしば石灰質に乏しい所		+ 施肥を好む
Lolium perenne L. =vulgare HOST ホソムギ	3	120まで	30-70	+!	匍匐茎がのびる	(+) 短い	+	+! 粘土	+			± 凍結には弱い	+ 好む 干ばつには弱い				±		+ 施肥を好む
Lotus corniculatus L. セイヨウミヤコグサ	3	100以上の直根	5-60 一部横たわる					+	+	+ 石が多い	+		+				+ 好む		+

22

立地				陰		耐塩性	最高標高 山岳地 (m)	飼料価値		種子数 g単位	播種量 kg/ha 純粋播種	分布	植物社会学的記述	その他
乾燥	湿潤	湿	洪水	好む	耐性			放牧地	牧草収穫用地					
(+)	+ 指標！			+!		+	バイエルン アルプス 2000まで (グラウビュンデン) 2760	M	G	1000-1100	30	EURAS（スピッツベルゲン、GRまで)、南部では山岳地帯のみ、北アフリカ、北アメリカ	Molino-Arrhenatheretea、特に低地から山岳地帯までの湿潤な草原、、放牧地など、日照が確保できる広葉樹林、針葉樹林	土壌を固定する。特に寿命が長い。干ばつや水分過剰には完全に抵抗できない。
(+)	+				+		A2210まで グラウビュンデン 2700	M	M	1000		標高が中くらいから高い所までの山岳地帯、主に珪酸塩地帯、北部の亜海洋性地帯	Nardetalia、Polygono-Trisetion、Cynosurion	芝草を形成する。酸性の指標。土壌を固定する。過度の放牧や施肥が不足するとNardusによって交代する。
	+	+			+		バイエルン 900 エンガーディン 1900	S	M	2500-3500		EURAS 亜大西洋性－亜地中海性気候帯、諸島、北アメリカに導入される、南EU、Var. notarisii Aschers. et Graeb、Dでは西部の珪酸塩の山岳地帯、今日では世界中の海洋性気候の地帯	Calthion、Arrhenateretalia、Molinion	一部冬でも緑。凍結に弱い。特に条件の極端な立地に：浄化池などの周囲、山羊の放牧場；NとCaの不足の指標。湿潤な年や土壌の質が劣ると大量発生する。
	+ 継続的	+ 時おり			+		1500 エンガーディン 1900	S 良い飼料となる	M	4300まで		EU フエレエルネ諸島まで、亜大西洋性気候帯、珪酸塩地帯	Violo-Quercetum robur.、耕作地や使用目的を変更された草原の先駆植物として、Nardo-Callunetea、特に頻繁：ジーゲナー・ハウベルゲ、耕作しにくい泥炭土壌	石灰分は避ける。造園、耕作地：わずらわしい雑草、H. lanatusよりまれ；条件の極端な立地（浄化池の周囲、山羊の放牧地）。砂地及び酸性の指標。一部やせ地化の指標 H. lanatusより遅く芽吹き、豊かになる。ローラーで駆除する。
(+) 干ばつに弱い	+	(+)		±		+	1700	G	G	470	60-80	野生では地中海地方、オーバーイタリア、南アルプスの谷地、EU西部・南部のみ（特にロンバルディアの水中草原）、北アフリカ、西南アジア、シリア；亜大西洋－亜地中海性気候帯、今日では世界中の海洋性気候帯	Bromo-Hordeetum、、Sisymbrion、Arrhenatherion-段階	気温－5度で凍害を受けて全滅。カリウムが必要。刈り込みをするとその後の生長が非常によい。踏圧に対する抵抗力はまあまあ。補水にはよく耐えるが停水には耐えられない；冬季に緑、持続牧草地には適さない（大量生産をする下水灌漑農場を除く。しかし毎春少しずつ播種を行う）。
(+)	+ 空気湿度を好む	(+) 過湿は不可	+			+	バイエルン 920 ベルニーナ 2300	SG 最も価値が高い	M	470、720 (ショートローテーション)	150	EURAS 温暖な地帯 北アフリカ、北アメリカ、オーストリアに導入される、亜海洋性－亜地中海性気候帯；今日では世界中の海洋性気候帯、気温30-35度以上は危ない	Lolio-Cynosuretum、、Plantaginetea maj.、Plygonion avicularis(重点)	踏圧や切断に強い匍匐根を持つ先駆植物。貫流した土壌を非常に好む。後から再生する能力がある。
+ 適度	+			(+)		+ 及び塩素酸塩	バイエルン 2310 2800	G	G	750-1000	12-15	EURAS 亜海洋性－亜地中海性気候帯	肥沃な草原、放牧地、半乾燥の芝草地、Arrhenateretalia, Mesobromion, Molinion, Seslerietalia, Trifolion medii	土壌をほとんど選ばない。天候の変化に強い。強酸性、水浸しの土壌は避ける。20年まで継続する。KとPの施肥によって非常に促進される。極端な気温に耐えられる；養蜂用植物。

表2（つづき）

植物学名	生長							立地										
	一年生 二年生 多年生	生長量		迅速な生長	匍匐茎		株	ローム	砂	砂利・礫	腐植土に富む	冷	温	酸性	アルカリ性	中性	カルシウム	痩せている	窒素塩基が多い
		根 (cm)	芽 (cm)		地上	地下													
Lotus uliginosus SCHKUHR. セイヨウミヤコグサ	3	短命の直根	30-90			+		+ 高密度 粘土	+		+ 黒泥状	+		+ 適度		+			+
Lupinus albus L. ルピナス	1	直根	20 -100 (180)					+											
Lupinus luteus L. ルピナス	1	100以上	30 -120					+ 軽い		+		+	+						
Lupinus polyphyllus LINDL. =L. perennis L.	3	100以上	100 -150					+	+	+ 石が多い	+	+	+					±	
Medicago falcata L. ウマゴヤシ	3	深く根付く	20-60 (100)					+ 低密度 泥灰石 レス土壌	+	+ 石が多い 及び 砂岩	+ マイルド	弱くはない	+			+	+	+	+
Medicago lupulina L. コメツブウマゴヤシ	1-2 海洋性の 山岳地帯	10-30 (50) 細い直根	10-60					+ 粘土 泥灰石	+	+ 石が多い	+ マイルド		+	(+)		+!		+	
Medicago sativa L. ムラサキウマゴヤシ	3	200(500) イタリアでは 10mまで！ 指の太さの 木質化した 直根	30-90 (120)					好む 低密度	+ 及び深い		+		+				+		+
Melilotus albus MED. シロバナシナガワハギ	(1)-2	70まで 太く鉛直 方向にのび る直根	30-100 (200以上) 木質化する					+ 粘土	+	+ 石が多い	+		+				+	抵抗力がある	+
Melilotus officinallis シナガワハギ	(1)-2	斜め下へ 伸びる直根	30 -100 (200)					+ 及び 粘土	+	+ 石が多い	(+)		+				+ (-)		+

立地							最高標高山岳地(m)	飼料価値		種子数 g単位	播種量 kg/ha 純粋播種	分布	植物社会学的記述	その他
乾燥	湿潤	湿	洪水	陰 好む	陰 耐性	耐塩性		放牧地	牧草収穫用地					
		+ 滲出地			+	+	バイエルン 920 スイス 1000	G	G	1400-2000		亜海洋性－亜地中海性気候帯、今日では世界中の温暖な海洋性気候帯	湿地の草原、湿地の放牧地、水源地、河岸、好湿性植物 Calthion, Molinion、 Salicion、 湿度の高い Arrhenateretea、 Alno-Padion	窒素の指標
								G	G	30	100-150			Fではブドウ畑の栽培に
+					+		1000	G	G	30	100-150	由来は地中海地方西部		
(+)	+			+	(+)		ザンクト・アントン 1400			45		由来は太平洋諸国 北アメリカ	Sambuco- Salicion、 皆伐地域 森林の辺縁部の群落 日照が確保できる群落	未熟土壌の先駆植物
+ 干ばつに強い							バイエルン 1100	G	G		35	EURAS大陸、 亜地中海地方	Festuco-Brometea、 乾燥の指標として Arrhenathereion で Geranion sang、 Brachypodion	木質化するので一面に栽培しないようにする。寿命の長い多年生植物。M. Sativa と組み合わせる＝M. varia＝M. media これらはドイツでウマゴヤシとして入手できる。M. varia と M. falcata の突然発生的な配合種として石灰質の半乾燥の芝草地にしばしば現れる。未熟土壌の先駆植物。
+	+				(+)		バイエルン 1470 スイス 1800	G	G	435-550	18-20	EURAS 亜海洋性－亜地中海性気候帯	Mesobromion、 Caucalion, Lolio-Cynosuretum、、 温暖な Arrhentheretalia 半乾燥の芝草地、乾燥した肥沃な草原 石灰質を好む	先駆植物。土壌や気候に対する要求は非常に少ない。放牧や凍結に強い。P-Kの施肥に非常に反応する。乾燥の指標。
+ 適度					+		バイエルン 815 スイス 1500	G	SG	400-600	35	由来はペルシャ、 今日では世界中で栽培される、 エジプトでは最も重要な飼料用植物	半人工荒地の群落 Mesobromion、 及び乾燥した Arrehnatherion	ペルシャから。今日ではほとんどが M. falcata との雑種個体群の形で。春になってからの乾期に弱い; Iでは1年に3～5回切断する。
+ 抵抗力がある					SG		バイエルン 830 ジュラD 960 スイス 1400	SS	S	570		EURAS大陸、 亜地中海地方	Echio-Meliloteum (Onopordion)	未熟土壌の先駆植物。緑肥、土壌改良; 乾燥に対する抵抗力が非常に強い。木質化するので見た目は美しくない。刈り取り！養蜂用。
+							バイエルン 820 ジュラ 980			570		EURAS、 今日では世界中の温暖な地帯	Echio-Moliloteum、 Tussilaginetum、 Caucalion	養蜂用。薬用植物。虫避け（クマリン）。

表2（つづき）

植物学名	生長								立地											
	一年生 二年生 多年生	生長量		迅速な生長	匍匐茎		株	ローム	砂	砂利・礫	腐植土に富む	冷	温	酸性	アルカリ性	中性	カルシウム	痩せている	窒素塩基が多い
		根 (cm)	芽 (cm)		地上	地下													
Onobrychis viciaefolia SCOP. O. sativa LAM. イガマメ	3 (4〜6年)	100-400 木質化し分枝する	10-70 (100)					+ レス土壌 低密度		+ 石が多い	+ マイルド		+				+	+	+
Phacelia anacetifolia BENTH.	1												+						
Phalaris arundinacea L. クサヨシ	3	深い 匍匐する	50-300	±		+ 中程度〜長い		粘土	+	+	±	+		中富栄養		+	+		+ 泥土に富む
Phleum pratense L. アワガエリ	3	非常にもろい	20-100	±	(+) 短い		+	+! 及び粘土	+		凍結に強い	+					+		+
Pimpinella saxifraga L. ミツバグサ	3	130まで (8-10m!)	15-50					+ 及びレス土壌	+ 低密度	+ 石が多い	+			+ 適度にマイルド			+		+
Pisum sativum L. エンドウ	1	紡錘形の直根	50-200					+ 及び粘土	+										+
Plantago lanceolata L. ヘラオオバコ	3	60	5-50					+	+	(+)	(+)		+			+		+ たいてい深く達する
Poa annua L. スズメノカタビラ	1-3	浅い	2-35	+		+		+ 粘土	+ 高密度		+	+	+	+					+
Poa compressa L. コイチゴツナギ	3		20-40 (80)		+ 長い〜数dm			+ 及び粘土及びレス土壌	+ 石が多い 岩が多い	+ 乏しい及び土壌が乏しい		+ 日照					+	+	+

立地							最高標高 山岳地 (m)	飼料価値		種子数 g単位	播種量 kg/ha 純粋播種	分布	植物社会学的記述	その他
乾燥	湿潤	湿	洪水	陰 好む	陰 耐性	耐塩性		放牧地	牧草収穫用地					
+ 平ら 透水性						+	スイス 2000	G	SG	35-50	45	EMED	Brometalia, erecti、重点 Mesobromion（乾燥の指標として Arrhenath.）	粘土土壌、石灰分の指標；乾燥し不毛な石灰質の丘陵地で最も重要な飼料用植物。価値の高い乾燥地帯の飼料用植物。動物の噛みつき、放牧には弱い。養蜂用、未熟土壌の先駆植物。
												カリフォルニアに由来		観賞用。養蜂用。混合して緑肥用に。
(+) 根が地下水面に達していれば、表面的		+ 及び所々で湿っている立地。しかし停水は不可	+	+		+	1400 ヴァリス 1640 （アントホルツァー湖） D:950		G 若いうち。後に藁	1200 -2000		EUR、西、北、東アジア、北アメリカ（南部はカリフォルニアとバージニアまで）；常緑の地域には生育しない；水面の高低の激しい（約 1/2mの差）水辺；NE-EURAS、CIRC（南アフリカも）	Phalaridetum ar. (Phragmition)、Glycerio-Sparganion、Alno-Padion、Salicion	主に栄養分の高い水辺。匍匐根を持つ先駆植物。土壌を固定する。所々湿っていることの指標。流れの速い水辺の河岸にしばしば生育する。酸素が豊富な水辺。氾濫地域。土壌が圧縮されること、車の走行、ローラーには耐えられない。
干ばつに弱い	+ 空気湿度	(+)		(+) ひどい日陰には弱い			シュティルフザーヨッホ 2650 バイエルン 1650	SG	SG	2000	10-12	NE-EURAS Tとロシアは除く、アルジェ、北アメリカ	Cynosurion、Arrhenatheretalia、放牧地	踏圧、放牧に強い。厳しい気候、長期間の積雪に抵抗力がある。干ばつに弱い。Festuca pratensis とならんで風に強い数少ない高茎草本。放牧によって生長が促進される！
+ 中程度				+ 半分			バイエルン 2320	G 乾燥した石灰質の芝草地でヒツジの放牧用に最も適した草本のひとつ	M	110 -670		NE-EURAS 亜海洋性-亜地中海性気候帯	Xero-Mesobrometea、Nardo-Galio (+Genista sagittalis)、Erico Pinion、Festuco-Brometea	施肥を嫌う。やせ地の指標。乾燥の指標。
	+						ジュラ 980	-	SG	2-7	150	EMED-SEMED（インドまで）に由来		緑肥。上層種の作物。青草飼料。
	+						バイエルン 1860	G	G	600 -650		EURAS-亜海洋性気候帯；今日では世界中の涼しく穏和な気候帯	Molino-Arrhenatheretea、乾燥した芝草地でも	薬用植物。特にガチョウの放牧地。最も化学除草剤に弱い植物のひとつ。
長期にわたる乾燥には弱い	+	(+)		+	(+)		最高3176 グラウビュンデン 2818 ヒマラヤ 3800 バイエルン 2400	G しかし少なめ	G	2000		ほとんど汎存種で、北はラップランドまで、ジャワの山岳地帯、コスタリカ、今日では世界中の温暖な気候帯	歩行用芝草、Planta ginetalia majoris、Polygonion、Cynosurion、Chenopodietea、Secalinetea	特に踏圧に強い。栽培地に付随して現れる。過剰に施肥された放牧地の埋め草。
+							（シャッヘン）1800 ヴァリス 1950			5500 -6500		山地、EURAS、CIRC、北アメリカ	Poa-compressa-Sax. trident...、砂利を覆う植物。Alysso-Sedion、Tussilaginetum、Crisio-Brachypodion、Festuco-Sedetalion	匍匐根を持つ先駆植物。珪酸塩の山岳地帯では見られない。或いは珍しい。

表2（つづき）

植物学名	生長							立 地											
	一年生 二年生 多年生	生長量		迅速な生長	匍匐茎		株	ローム	砂	砂利・礫	腐植土に富む	冷	温	酸性	アルカリ性	中性	カルシウム	痩せている	窒素塩基が多い
		根 (cm)	芽 (cm)		地上	地下													
Poa nemoralis L. =P. nutans GILIB. タチイチゴツナギ	3	浅い	20-90	+		+ ゆるく覆う	+ 中程度の深さに達する	+ 玉石岩	+		+ ムル 粗腐食（モダー）	+ マイルド				+ 及び粘板岩			+
Poa palustris L. =P. serontina EHRH. =Poa fertilis HORT.	3		30-120	±				+ シルト	+	+	+			+ 適度にマイルド					+ 富栄養
Poa pratensis L. ナガハグサ	3	65まで (100) 匍匐根 先駆	13-90 (120)	非常に遅い	+ 中程度			+ 低密度	+	+ 石が多い	±	+	+	+ 適度にマイルド					+
Poa trivialis L. オオスズメノカタビラ	3		30-90		+			+ 粘土 グライ土	+		+			+ 適度 マイルド					+ 施肥を好む 肥えすぎた場所
Puccinellia distans （JAQU.）PARL =Atropis d. Griseb. チシマドジョウツナギ	3		15-50 (80)				+	塩性の粘土											水肥地
Sanguisorba minor SCOP. =Poterium sanguisorba L. オランダワレモコウ.	3		30-60					+	+	+ 石が多い			+	(+) マイルド			+		+
Trifolium badium SIBTH. =Tr. minus SM. セイヨウツメクサ	1-2	20 細い直根	5-35					+ 指標	+	+		マイルド	+	+ 適度			(+)		+

立 地							最高標高山岳地(m)	飼料価値		種子数 g単位	播種量 kg/ha 純粋播種	分 布	植物社会学的記述	その他
乾燥	湿潤	湿	洪水	陰		耐塩性		放牧地	牧草収穫用地					
				好む	耐性									
+	+			(+) 半日陰	+	(+)	ザイザーアルペ 2300 ゼルライン 2380 バイエルン 2000			1700 まで	100	NE－EURAS、CIRC、南部ではどちらかというと山岳地帯の植物	まばらなブッシュ、北欧の森林植物、 Carpinion, Fagion,、 Querc. pub.、 Prunetalia	ローム土壌の指標。やせ地化の指標。雪解け後非常に早く発芽する。非常に強く陰に覆われた公園の芝草地に。一面に空所のない芝草を作る事はできないので、一種類だけでは使用しない。
	+ 所々で	+	+		+	(+)	バイエルン 1500		G	4000 －5200		NE－EURAS、CIRC	流れる水域の河岸、 Phalaridetum、 Phragmition、 Magnocaricion、 Calthion、Alnion	早く発芽する；Agrostis alba より土壌水分の過剰に弱い。晩霜にも抵抗力がある。簡単に駆逐でき、風に弱い。切断にもあまり強くない。施肥が必要。
(+)	+				+	弱い	ゴルナーグラート 3125 バイエルン 2375	G	G	3200 －4500	25	EURAS 大陸、亜地中海のスピッツベルゲン、ノバヤニ・ゼムリアまで、南部では山岳地帯のみ、北アメリカ、モロッコ、アルジェ、マゼラン海峡、フォークランド諸島、AUS	Molino-Arrhenatheretea、 Mesobromion ssp. angustifolia：、 Festuca-Brometea	初めて芝草を作るときによい。最も重要な放牧地、牧草地の低茎草本；早く発芽する。寿命が長い。天候の変化に強い。様々なタイプの継続緑地には、エコロジー的な適応能力がある。
	+ 滲出地	+		+		(+)	バイエルン 1680 2375	G	G	3000 －5500	25	NE－EURAS 亜海洋性気候帯	Calthion、 Filipendulo-Petasition、 湿度の高い Arrhenateretea、、 水源の耕牧地、 果実園、ブッシュ、低層湿原	土壌水分が多いことの指標。空気の乾燥、土壌の乾燥、冬の凍結、長期間の積雪に弱い。放牧に強い。水肥の施肥によって促進される。
	+ 及び所々で湿度が高い						時々Aの谷部まで ハラー・ ザルツブルク シュトラーセ 1000 アフェルス 1500 オーフェンベルク 1500-1900	G	M	4200		EURAS 地中海地方、北アメリカ	塩山では塩生芝草、 塩を含む泉、海岸、水肥(下肥)の貯め場所、牧野過窒素地、厩肥の山、 Blysmo-Junceum compr.、 Juncetalia marti,、 ソロネッツ土壌のステップ地帯、(塩湖)、 Puccinellion martimae	
+ 適度	+						バイエルン 1219 ジュラ 1000 S シュヴァルツ ヴァルト 800	G	G	815 地中海地方に由来するもの 110 －130		亜地中海－亜大西洋性気候帯	Mesobromion、 Festuca-Brometea、 乾燥 Arrhenatheron, Erico-Pinion、 重点 Brometalia erecti	やせ地の指標。乾燥の指標。根に菌を持つ未熟土壌の先駆植物。薬用植物。薬味用植物。北ドイツの低地には少ない。
(+) 抵抗力がある	+					+	バイエルン 800 スイス 1500	G ヒツジ	G	1850 －2000		亜大西洋性(亜地中海性)気候帯 今日では世界中の涼しく穏和な気候帯	肥沃な草原 肥沃な放牧地 温暖な Arrhenatheretum、 Cynosurion (Polygon.-Triseteon) (Bromion racemosi+ Festuco-Brometea)	窒素の施肥を好む。

表2（つづき）

植物学名	生長						立 地										
	一年生 二年生 多年生	生長量		迅速な生長	匍匐茎		株	ローム	砂	砂利・礫	腐植土に富む	冷	温	酸性	アルカリ性	中性	カルシウム	痩せている	窒素塩基が多い
		根 (cm)	芽 (cm)		地上	地下													
Trifolium hybridum L. タチオランダゲンゲ	2-3	力強い直根と数多くの側根 20-40 (80)	20-50 (90)					+ 粘土 高密度	(+) ローム質		+ マイルド	+ 厳しい寒さ	(+)				(+)		+
Trifolium pratense L. アカツメクサ	1-3	80 (200まで) 沢山枝分かれしたカブ状の直根	20-50 (120)					+ 及び粘土 泥灰石 深く達する	+		+	冬に温暖なところ					±		+ 指標
Trifolium repens L. シロツメクサ	3	70	10-50 横たわる		+			+ 及び粘土 高密度	+		±	(+)							+ Nの指標
Trisetum flavescens (L) P. B. =Avena fl. L. カニツリグサ	3		30-80	±			+	+ 及び粘土 多少の深さ	+	+	+ マイルド	+	+ 適度	+			+		+
Vicia sativa L. ssp. obovata GAUD. オオヤハズエンドウ	1		30-60 (100以上) 横たわる又は蔓で這い上がる					+	(+)	(+)		+				±			+
Vicia villiosa ROTH. ビロードクサフジ	1-2	80	30-60 (150まで) 横たわる又は蔓で這い上がる					+ 軽い 低密度 粘りがある 及び粘土	+		+		+ 適度		+				+

| 立地 | | | | 陰 | | 耐塩性 | 最高標高山岳地 (m) | 飼料価値 | | 種子数 g単位 | 播種量 kg/ha 純粋播種 | 分布 | 植物社会学的記述 | その他 |
乾燥	湿潤	湿	洪水	好む	耐性			放牧地	牧草収穫用地					
	＋ 及び 高湿度		＋				バイエルン 970 スイス 2000	G	G	1500 (1100－1600)	15	亜大西洋－亜地中海性気候帯	Bromion racemosi、Molinion も Arrhenatherion の中では高湿度の指標、Agropyro-Rumicion、Calthion	高湿度、厳しい気候を好む。冬季の寒気、早霜、晩霜、長期にわたる積雪、洪水、高湿に抵抗力がある。乾燥や日陰に弱い。先駆植物。
							2270	SG	SG	450－670		NE－EURAS 亜海洋性－（亜地中海性）気候帯、多年生草本の牧草地（貧栄養帯、今日では世界中の冷涼な気候帯	肥沃な草原、肥沃な放牧地、湿の草原）、Arrhenatheretalia、Calthion、Molinion、Mesobromion、および Nardeta （十分に窒素分がある場合）、Trifolion medii	降水量の平均が少なくとも 500mm、石灰質、硫酸塩を好む。停水や乾燥をともなう凍結には弱い。春は放牧に弱い；ウマゴヤシと並んで最も重要な主要植物。飼料用植物、Ca があるとよい。
＋	＋ 耕地では高湿度の指標						2220 スイス 2300	SG 最も重要な放牧地用の植物	G	1250－1700	10	NE－EURAS 亜海洋性－亜地中海性気候帯、今日では世界中の温暖な気候帯	肥沃な放牧地、公園の芝草地、牧草地、庭園、耕作地、立ち入りの激しい草地、飛行場 Cynosurion、Plantaginetalia	空気湿度の高い場所。匍匐根を持つ先駆植物。養蜂用。極端に湿っている、或いは乾燥している土壌にだけは生育しない。寒波による冷害や積雪期間が長すぎることに対して弱い；再生能力が高い。
＋ おおむね非常に抵抗力がある	＋ 滲出地	停水は不可			(＋)		アルブーラ 2500 バイエルン 2375	G	SG 中級山岳地帯で最も重要な草本	2000－3800		南アルプスから地中海まで （亜大西洋性気候）、CIRC	Polygono-Trisetion、Arrhenatherion、山地の肥沃な草原	山岳地の石灰質地域、珪酸塩土壌地帯で最も頻繁に見られる。特に肥えた水辺のローム土壌。冬が非常に寒く、積雪の少ない大陸性気候。非常に切断に抵抗力がある。
	＋					＋	ジュラ 1000 スイス 1600		SG 青草飼料栽培	22	150－200	地中海地方に由来	Secalinetea、Chenopodietea、Brometea	
±							スイス 1700		G 飼料栽培	35	60－70	地中海地方東部、温暖な大陸性気候帯	Papaveretum argent.、Secalinion、特に秋まきライムギの中で	早く播種すれば凍結に強い。

3.1.2.1 種子

すでに前章でも指摘したように、自生の植物種は、種子を採取して育成するべきである。最近までは大規模な種苗会社が、要望に応じて自然のもの（コウボウ *Sesleria varia* など）を採りに行ったが、こうした方法は、今日の労働コストを考えると、もはやほとんど不可能である。

前述した個々の市販植物種に関しては、DIN18917の付録に記した品種リストを参照すると良い。

このリストを作成するための準備作業として様々な播種実験が行われた。これによって野生の植物の、有性生殖による増殖状況が調べられ、緑化工事用の種子を生産するための基礎が作られた。その結果、次の草本植物は増殖しにくいということが明らかになった：

ノガリヤス（*Calamagrostis varia*）、イワノガリヤス（*C. villosa*）、ヒロハハネガヤ（*Achnatherum calamagrostis*）、セイヨウカニツリグサ（*Trisetum distichophyllum*）、インタール（谷）やシュトゥバイタール（谷）の自然の植生からの収穫されたもの、標高650m、インタールのテルフス苗圃の実験では、結果は不十分であった。種子の大部分が不良であったからである。発芽率は10%以下であった。J. カールス氏（1953、1954）によるアルゴイ山脈での播種実験では、ウシノケグサ（*Festuca ovina* ssp. *violacea*）、コウボウ（*Sesleria caerulea*）の発芽は十分であったが、生長が悪すぎた。

それに対して、J. カールス氏によると、標高1,985mの、アルゴイのフュルシーザーでの実験では、次の種類の草本植物がうまく発芽した（発芽率に関しては示されていない）：

モメンゾル（*Anthyllis vulneraria* f. *alpestris*）、欧州ミヤマギク（*Chrysanthemum alpinum*）、ウサギギク（*Doronicum grandiflorum*）、マルバトウキ（*Ligusticum mutellina*）、セイヨウツメクサ（*Trifolium badium*）。

私が行った播種実験（略語について）：
- BG＝インスブルック植物園、由来は不明
- FGT＝テルフス苗圃、標高650m、砂地
- FGI＝イースボーデン苗圃／シュトゥバイタールのテルフェス町、標高1,650m、石灰アルプス
- FGB＝ボーデンシュタイン苗圃／インスブルック市、標高1,650m、石灰アルプス
- 【良】＝実験から緑化工事に十分な結果が得られたもの。
- SH＝標高

ニガヨモギ（*Artemisia absinthium*）：発芽率15%。エッツタール（谷）の収穫。FGT。【良】。生長は良い。（図1参照）

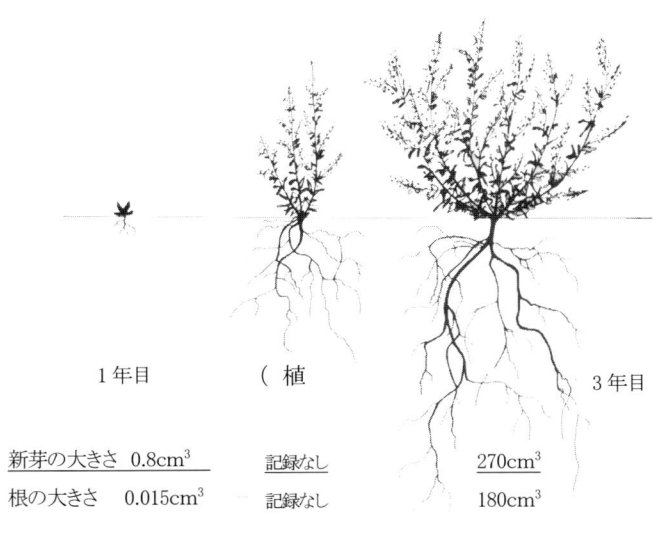

図2 オウシュウヨモギ（*Artemisia vulgaris*） 種子からの大きさと量の生長

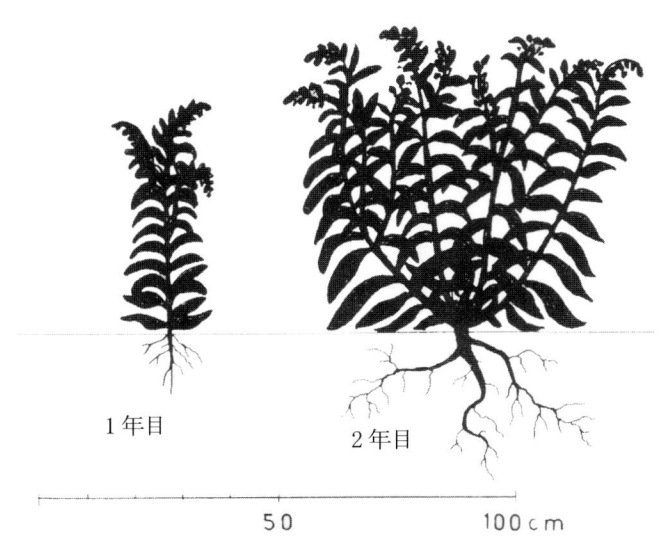

図3 キバナルリソウ（*Cerinthe glabra*） 種子からの大きさの生長

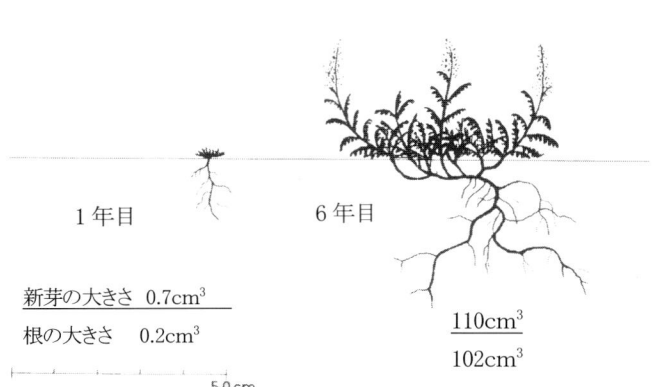

図1 ニガヨモギ（*Artemisia absinthium*） 種子からの大きさと量の生長

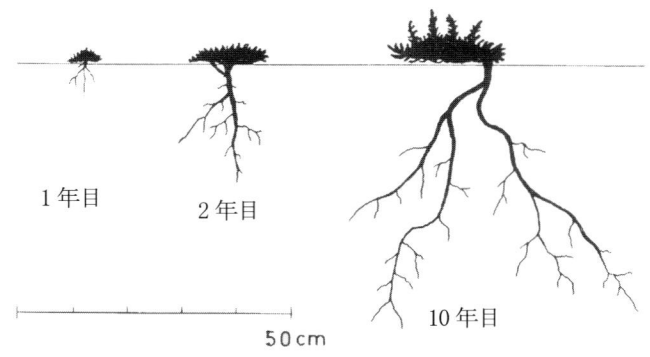

図4 コゴメナデシコ（*Gypsophia repens*） 種子からの大きさの生長

オウシュウヨモギ（*Artemisa vulgaris*）：インタールの収穫。FGT。発芽率20%
【良】。生長は良い（図2参照）。

キバナルリソウ（*Cerinthe glabra*）：ビヒルバッハ（川）のショッターベンケンの収穫。
FGL。直後発芽率70%、1年後15%増加し85%となる。【良】。特に大きな砂利や
ブロック状の石灰石や泥灰石の斜面に良い（図3参照）。

クルマバゲンゲ（*Dorycnium germanicum*）：オーバーインタール（谷）の収穫。
FGT。発芽率80%。水に漬けて発芽を早める処理(浸水法)が必要。【良】。生長
は良い。

コゴメナデシコ（*Gypsophila repens*）：シュトゥバイタールの自然の植分からの収穫
収穫費用はキログラム単位で約1,000オーストリアシリング。FGL。発芽率80%。
【良】。生長は良い（図4参照）。

レンリソウ（*Lathyrus silvester*）：オーバーインタールの収穫。FGT。発芽率65%。
水に漬けて発芽を早める処理が必要。その際抱水クロラールが有効。岩がちで
乾燥のひどい地域に、よく適している。

ヴァング氏（1902）は、それに対してこう書いている。「栄養が乏しく、石灰分を含ま
ない洪積層の砂は、石灰質や玄武岩、花崗岩の砂利と同じような豊かな植生をもた
らす。ただそれはゆっくりとしたテンポで展開される。寒さに対する抵抗力が特徴的
である」とし、増殖に関しては「最も良い増殖法は、1年目の苗を植えることである。
植え込みは、春に始まり、8月の中旬から9月の終わりまで、行うことができる」と書
いている。

しかし、私が行った実験やその後実際の工事で使用した経験から、もっと簡単な
播種を行えることが明らかになった。つまり、多層植栽法の上層種[13]として種子を混

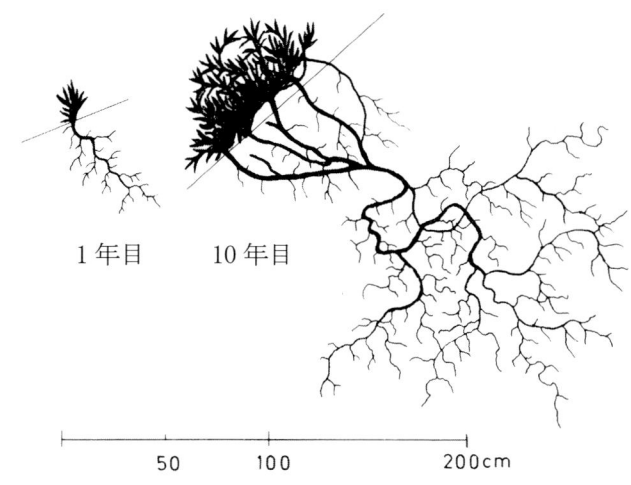

1年目　　10年目

50　　100　　200cm

図6　レンリソウ（*Lathyrus sylvestris*）播種からの大きさの生長

合することである。種子の一部は芽を出さないままになってしまうが、生長はとても
良く、早かった（図5、6参照）。

オレガノ（*Origanum vulgare*）：BG。FGT。発芽率100%。【良】。1年目の生長
は遅く、ほとんどが10～15cm以上にはならない。

フキ（*Petasites paradoxus*）[14]：1949年5月17日の収穫、ルーマー層、土石流、
石灰層、ドロマイト層の砂利、標高1,050m、シュトゥバイタールのテルフェスとプ
ファーラカルペの間の道路を建設するために切土で現れた荒いドロマイト層に、
1949年6月29日に種子を蒔いた。発芽率約80%、栄養分がなく不毛に見える
石灰質やドロマイトの砂利地の緑化にとてもよく適している。フキ（*Petasites
paradoxus*）は大きな植分に生長し、経済的な収穫ができる数少ない植物の一つ
である。ただ、これは主に雪崩の通り道に生長するので、雪解けの時期が異なる
ことによって熟す時期がまちまちになってしまうので問題である。収穫は熟す少
し前に行われなければならないからである。暴れ川の工事現場では、毎年それ
ぞれの小川を見回っている山岳川管理人がこの植分を容易に観察することがで
き、収穫することができる。フキは農村でも様々な呼び方で親しまれている。生長
はとても良く、特に土壌中の根の伸長生長が良い(図7参照)。

タテガタスイバ（*Rumex scutatus*）：シュトゥバイタールの収穫。FGL。菌による
被害で種子の中身が空の例が多く、不稔であったため発芽率10%。栄養分のな
い石灰質やドロマイトの層に適している。生長は良いが一年目はゆっくりである。

ミヤマアキギリ（*Salvia glutinosa*）：インタールの収穫。FGT。発芽率60%。森林
火災の起きた土地や大きな石や岩塊状の土地でも十分な細かい土があれば適
している。生長は良い。

シラタマソウ（*Silene vulgaris*）：シュトゥバイタールの収穫。収穫費用は1キロで
約1,000オーストリアシリング。FGL。発芽率24%。夏の湿度が高いとだいたい受
粉しにくい。石灰質やドロマイト層の砂利地に適している。生長は良いが1年目
はゆっくりである。

ニガクサ（*Teucrium chamaedrys*）：BG。FGT。発芽率95%。有用。生長はゆ
っくりで一年目で10cmになる。

気候の違う土地から得た品種の播種実験：ここに示したものは、ほとんどが蜂蜜
採取用植物である。

ウシノシタグサ（アフリカワスレナグサ）（*Anchusa capensis*）：BG。FGT。発芽率
90%。産出地に適している。生長は良く、密であり1年目には50cmまでになる。

トゲアザミ（*Carthamus tinctorius*）：BG。FGT。発芽率10%。一年生植物として
混合して使用するなら有用である。生長は良く、一年目には高さ1mになる。

アラセイトウ（*Cheiranthus allionii*）：BG。FGT。発芽率100%。産出地に適して
いる。たくさんの花を付けて増殖した二年目のものは、3カ月間にわたって花が
咲く。生長は良く1年目で高さ60cmになる。

図5　種子から育てられたレンリソウ（*Lathyrus sylvestris*）播種から
　　3年（テルフス苗圃、標高600m）

---

[13]多層植栽法で被陰の役割をする上層種を指している。（たとえばクローバー（下層）の上を被う
背の高いライ麦（上層）種のこと）

[14]地元ではBachpletschen、Pletschen、Blaggenと呼ばれている。

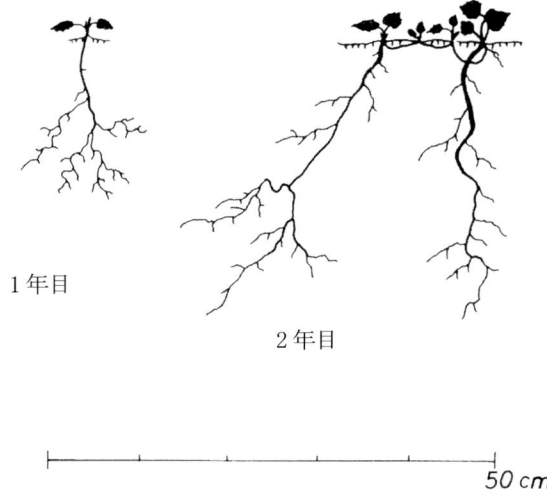

図7 フキの種子からの大きさの生長

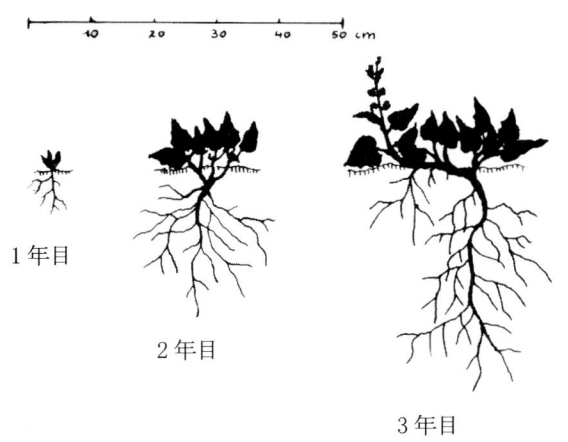

図8 アキギリ(*Salvia glutinosa*)の種子からの大きさの生長

オオルリソウ(**Cynoglossum amabile**):BG。FGT。発芽率 85%。一年生植物。産出地では混合すると有効である。特に多層植栽用として乾燥した地域に有効。生長は良く、高さ75cmになる。

メハジキ(**Leonurus sibiricus**):BG。FGT。発芽率 65%。有用性は高い。多年生植物。密に生長し、一年目に高さ150cmにまでなる。

ゼニアオイ(**Malva mauritania**):BG。FGT。発芽率100%。一年生植物。それゆえ自然の生育地では多層植栽用として、そして美しい花を咲かせ観賞用植物として有効である。生長は良く、高さ100cmになる。

アラセイトウ(**Matthiola bicornis**):BG。FGT。発芽率55%。一年生植物。多層植栽用に適している。生長は良く、高さ50cmになる。

シナガワハギ(**Melilotus caeruleus**):BG。FGT。発芽率 85%。チロル地方では多層植栽用としても有効である。生長は良く、高さ 100cm になるがシロバナシナガワハギ(*Melilotus albus*)や、シナガワハギ(*Melilotus officinalis*)ほど硬く木質化しない。

ハナトラノオ(**Physostegia virginiana**):BG。FGT。発芽率 30%。多年生植物。産出地で有効である。生長は良く一年目には高さ 70cmにまでなる。

アキギリ(**Salvia officinalis**):BG。FGT。発芽率50%。産出地に限り使用できる。適度に生長する。

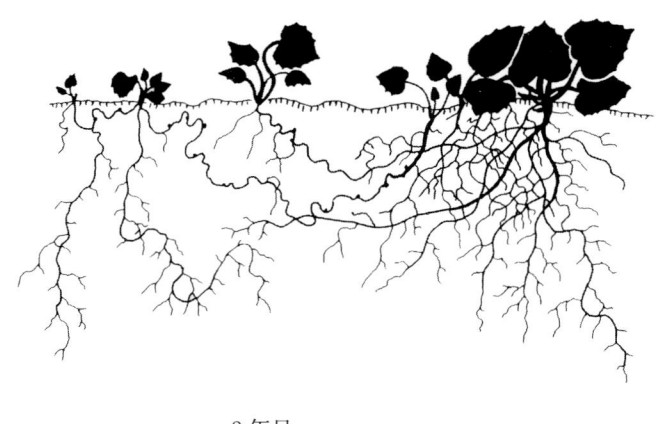

タイム(**Thymus vulgaris**):BG。FGT。発芽率90%。ほとんど使用できない。生長はゆっくり。

ビロードモウズイカ(**Verbascum thapsiforme**):BG。FGT。発芽率100%。二年生植物。ほとんど使用できない。生長は良く、二年目には100cm以上になる。

3.1.2.2 種子配合の選択と播種量

望んだ結果を得るためには、選んだ播種法に適した種子配合をしなければならない。そのためには植物品種やその植物種が必要とするもの、植生の中での状態、生長の特徴などの知識だけでなく、それぞれの立地を正しく判断する必要がある。

種子の配合は、土地の状況や緑化工事の目的に基づいて(80 ページを参照)決められるが、経済性や種子の入手状況にも左右される。

最近の傾向では、種類の少ない単一的な種子配合を行うことが多いが(ベッカー氏 1966、1968、ローマイヤー氏 1968)、緑化工事にそのような単純な配合を応用したり、こうした傾向を誤解して、行き過ぎてしまうことには警告をしておきたい。このような配合は、例えば観賞用の草地やスポーツ用の草地(極端な例としてはゴルフ場の草地など)のように、統一的な芝草が望まれる際に必要である。しかし、これらの芝草は例外なく、常に管理を必要とする管理草地[15]である。

このような理由から道路工事のためには、何年も前から多くの芝草専門家が、できるだけ世話の必要でない芝草(貧養芝草[16]、メンテナンスフリー芝草[17]、矮性芝草)を開発しようとしている。

すでに他の場所でも述べたように、種類の豊富な植生は、種類の少ない植生よりも安定しており、抵抗力が強い。そのため我々は、その土地の条件が極端であればあるほど、種類の豊富な種子配合を、うまく構成しなければならないだろう。種類の豊富な配合に関しては、さらに次のような論拠があげられる。

1. 単一種での生育は常にリスクにさらされている。草地においても林業や農業においても、病気による大量枯死を招く危険を充分にはらんでいるのである(O.ザウアー氏、1966)。
2. 自然界において一種類の植物だけの群落はめったにないので、不適切な環境であることを意味している(例えば潜在的な森林限界線)。
3. 少ない種類の配合で十分に生育可能な牧草地や耕地と、極端な環境の土地を同じに考えてはいけない。
4. 緑化の永続性や耐久性は草地にも求められねばならない。

---

[15] ゴルフ・テニス場などに使用される手入れの必要な芝草。密度が高い。
[16] 栄養の少ない土地に生息できる芝草。
[17] 肥料のいらない芝草。

5. 市場で手に入る種子が常に緑化工事に適しているとはいえない。それは他の目的のために品種改良されたものだからである。

種子を配合する前に、その後どのように利用するか、どのように扱うのか、芝草施工の目的は、何であるかということが分かっていなければならない。ドイツの『道路植樹のための指針（RPf）』、DIN 18917 の『景観工事—芝草』(1972)、スイスの規格 SNV 40671 から 40673、ならびに次のような関連専門文献が、芝草地の利用やその作用によって、種類の区別をしている。

貧養草地（RPf；ローマイヤー氏、1968）、農業的な利用価値のない一般的な緑化と、中央分離帯のための芝草(SNV)、粗放芝草（アイゼーレ氏、1967）、荒れ地芝草（ツュルン氏、1957）、景観芝草(DIN)、牧草地(RPf)、放牧地(RPf)、先駆植物植栽（RPf）[18]、移行植生のための播種(SNV)、次の植生を準備するための播種（ルスティヒ氏、1950）、中間段階の緑化と先駆植物植栽(DIN)[19]、砂利用芝草、走行可能な芝草(SNV)、斜面の安定化を主目的とする芝草(SNV)

スイスの SNV には、道路工事のための様々な配合（VSS 配合）が提案され、DIN 18917 では種子配合の規則が述べられているが、他の全ての著者や PRf は、配合に適した種類のみを挙げている。

種子配合には、できるだけ早く土壌を耕起し、生物的な土壌活性化が促進できるものが望まれる。またスキーヤーの利用や草地の侵入の可能性、雪崩や暴れ川、落石など山岳地帯に起こる極端な状況への抵抗力や再生能力が考慮されなければならないが、ここに提示された配合にはこういった条件は考慮されていない。

上述した SNV に提案された道路用の種子配合と並んで、特にレーマー氏、ハンゼン氏（1964、1967）が、ドイツ連邦共和国の工事の際に立案した種子配合は、多くの種類の種子が市場にでていないために、実現は難しいのではあるが、とても重要である。

ブーフヴァルト氏やドゥットヴァイラー氏（景観保全と自然保護のためのハンドブック[20] 1969、第 4 巻、220 ページ以下）もドイツの状況を考慮し、種子配合の例を提案している。

これまで立案された配合方法に加えて、環境や多様な緑化の目的を考慮して、一つ一つの土地のために、配合方法を見つけることはあまり意味がないだろう。それはこの著書の枠を越えてしまっているだろう。その代わりに、できるだけ多くのデータのあるもので、ヨーロッパの市場に出ている品種のリストを挙げたいと思う。専門家はこれを見て、それぞれの状況に適した配合をすることができる（表 2 参照）。

播種の量

播種量は種子配合された品種の粒数と、草地を施工する場所の条件の良し悪しに合せて決められる。不純物があったり、発芽率が低下してしまったり（100％以下）、吹き飛ばされる、流し去られる、鳥の餌になる、未熟土壌の表面に粗粒が多いなど、色々な状況が考えられるため、いくらかのロスは考えておかなければならない。一方、耕地や肥沃土壌では、斜面に応じて、2倍から4倍の種子量を設計すれば良い。

大まかには、だいたい好条件がそろった土地で草本を配合する場合、10〜20g/m²、条件の悪い土地には 30g/m² が良いとされる。マメ科植物や大粒種（グラム単位 500 粒以下）の場合、播種量は 25〜75g/m² が良いとされる。播種量が多すぎると、少なすぎた場合と同じで、良い結果が出ない。なぜなら生長の遅い多年生の植物種がその他の植物種に抑制されてしまうためである。今だにときどき推奨されていることがあるが、75g/m² 以上は絶対に播種するべきでない。

例えば南フランスの道路斜面の芝草施工には、350g/m²（！）もの播種量が良いとされたことがあった。これは 1 平方メートルにつき 100 万粒以上になってしまい、そのうち 50 万粒以上がセイヨウノコギリソウ（Achillea millefolium）であった！

施工面積が広大であったり、種子が高価である場合も、常に適切な播種量は粒数に基づいて計算される。なぜなら、個々の種類の粒数はとても変化に富んでおり、1 グラムにつき約 30 粒（Vicia の場合）から、20,000 粒（Agrostis の場合）までの種子が存在するからである。この計算は 1 平方メートルにつき 15,000 粒から 60,000 粒の必要量を基礎にしており、これは 1 平方センチメートルにつき 1.5 粒から 6 粒となる。

3.2 挿し木

挿し木による増殖は、未熟土壌の緑化に応用された、最も古い無性繁殖法である。

すでにシュヴァーン氏（1781）が述べているように、「周知のように木本種の中には、根がなくても育てられるものがある。栽培者はこの性質を知っていることを前提とする」。そしてデュイレェ氏は、1826 年に「挿し木で増殖できる木本種の大枝や挿し穂を入手する。ヤナギやハンノキ、ニレ、その他の水辺の木が適している。地面から必要な養分が得られ、さらに枝を増やすことができるように、注意して枝を差し込んだり、大枝を埋め込んだりしなければならない」と薦めている。

リンデマン氏（1952）は、挿し木に影響を及ぼす要因を挙げている：
1. 親株の選択
2. 気温
3. 湿度
4. 増殖基盤
5. 挿し穂（枝）の構成物質含有量と生長促進物質含有量
6. 若枝の種類の選択
7. 化学的生長促進物質
8. 日照の影響（年間リズムと日周リズム）

緑化工事では、これら全ての要因を造園の場合と同じように考慮するのは難しい。緑化工事には、いろいろな種類の低木が大量に必要なので、常に活性の高い親株から挿し穂を得るのはほとんど不可能である。同じく野外では、気温を変化させたり、湿度や増殖基盤を変えたりすることも非常に難しい。

しかし、5 月の乾期までに挿し木が十分に長い根を形成することができるように、緑化工事を秋か早春に行うことはできる。地滑り斜面では、未熟土壌が侵食され易くなったり、過度に水分が補給されることが原因で、根の形成が不十分になったりするので、人工的な補水は例外的にのみ行うべきである。

一般に緑化工事の下準備として、崩壊した部分を法面にする時、地盤の改良は足りないか、あるいはぎりぎり足りる程度にしか行われない。これまで行われてきたように集中的な腐植土化（表層土壌を客土する）を行う必要はないことが分かった。なぜなら、1) ほとんどの先駆植物、特にヤナギの種類は肥沃土を必要としないし、2) 大量の肥沃土があるために結果

---
[18] 土壌が流されないように植物の種を播き、先駆植生を作る。
[19] いくつかの種を混合して播き、次の植生を準備する。
[20] 独語名：Handbuch f. Landschaftspflege und Naturschutz

的に根の形成が減少してしまい、その土壌と底土を結びつけ、表土を十分に固定することができなくなってしまうからである。それに対して栄養分の比率を改善するために、化学肥料を使用することは勧められる。数回にわたって、少しずつ複合肥料を施肥すると最も効果的である。

3.2.1 挿し木の形態

最近数十年間には『鉛筆の太さ』の挿し木が最も良く芽を出し、活着が良いという主張が繰り返されてきた。しかし、これは何らかの根拠に基づいている訳ではなかった。

一方シュヴァーン氏が1781年にすでに書いている。ヤナギは幹から春に切り落とした直径 2～3 Zoll（5.2～7.9cm）！ で長さ 8～12 Schuh（2.53～3.79m！）の枝で増殖することができる（これは木の形態をしたもの）。「ブッシュ状のヤナギは 3 Schuh（94.8cm）の長さがあればよく、そのうち半分を地面の中に挿すことになる」。

ライプウントグート氏とグリューニヒ氏は、1951年にスイスのフリッシュ地帯で実験を行い、緑化工事に適した挿し木の樹齢について調査した。彼らはヤナギ類（*Salix purpurea*、*elaeagnos*、*daphnoides*、*nigricans*、*aurita*）の1年目の木質化していない枝、木質化した枝、2年目と3年目の枝を栽培した。その結果全ての種類において、根を張る可能性は樹齢と直径に応じて増えた。またライプウントグート氏は、年齢の高い挿し穂を入手するには、親株の広大な栽培地が必要なので、現実的には難しく、2年目から3年目のものを使用することで十分であろうと述べている。しかし私はいくつかの緑化工事を行なった経験から、自然のヤナギ群落には、樹齢の高い枝材（20年かそれ以上のもの）の方が、若いものよりたくさんあるのを知っている。つまり山の多い土地、特に町から離れた、あまり家畜に草を採食されていない地域では、まだかなり広大なヤナギの植分がそのまま残っているので、入手に関しての問題はないだろう。

ライプウントグート氏とグリューニヒ氏の実験結果から、発芽や根を張る能力は、生きた組織の中、特に生長点の近く、つまり芽の中に蓄えられている生長促進物質によって左右されているということが推測できる。F.W.ヴェント氏は、挿し木の中に根を形成する物質を発見し、『リゾカリン』と名付けた。この物質は芽の中に蓄えられ、そこから地中の切断面に移動し、そこで溜まって根の形成を誘因する。たいていの場合、こうして力強い根（シロヤナギ *Salix elaeagnos* に特徴的）や非常に大量の根（コリヤナギ *Salix purpurea* など）が切断面に形成される。モーリッシュ氏は1935年に、芽のない節間には根の形成が起こらないことを示した。そこから、挿し木の中に芽の数が多ければ、根の形成も活性化されるということが推測される。それは根の形成が、挿し穂の大きさと長さと確実に関係があることを示している。

アーヘンゼー（湖）のプレツァッハアルム（標高 1,100m）では、以前に起こった小川決壊地帯を柵で囲み、1949年にコリヤナギ（*Salix purpurea*）とムラサキヤナギ（*Salix daphnoides*）の挿し木実験を行った。3年後に出た結果（1951年10月）からも、挿し穂の大きさ・長さと根の形成には、相互関係があることがわかった。

3.2.2 挿し木の大きさ

長い挿し木や太い挿し木は、スタートが良いため、初めの1カ月だけでなく長期間にわたって、良い生長を示すことがわかった。特に根の長さは挿し木の大きさや長さに比例して増えていく（図9、10）。

垂直に植えた挿し木には、それぞれの挿し木の長さによる極端な相違は見られなかった。なぜならリゾカリンは、大部分下方に移動し、切断面に形成された根は、比較的短い挿し木の場合でも、乾燥していない適した深さにまで達するからである。水平に横たえて植えた挿し木の場合、確かに最も深い場所（切断面）に主根と、力強い側根が形成されるが、この挿し木にはその他、土に覆われた全体に根が出てくる。このため全ての根の長さを合計すると、垂直に植えた場合よりも本質的に大きくなる。図10には横たえて植えた挿し木に現れる、典型的な生長形態が示した。1は根を張らせ発芽準備のできているタイプで、3は根付く能力の限界に達してしまっている。ここでは根や芽は一点に集まってきており、明らか

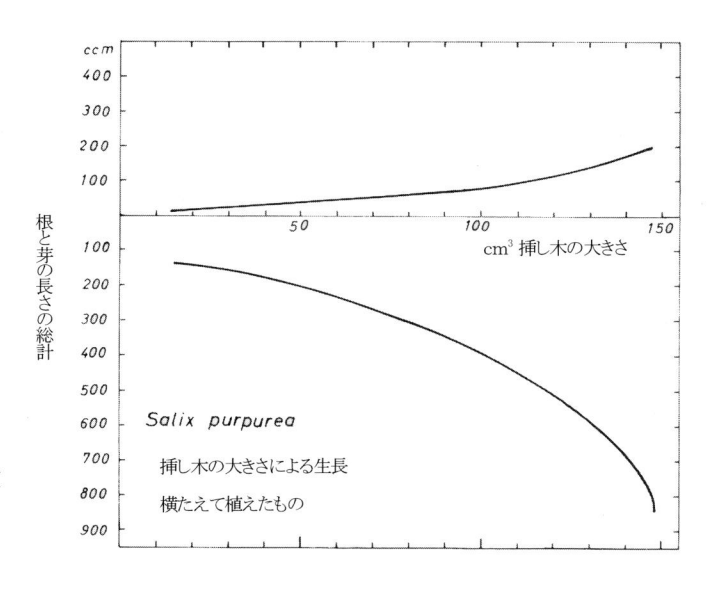

図9 コリヤナギ（*Salix purpurea*）の挿し木の大きさによる生長

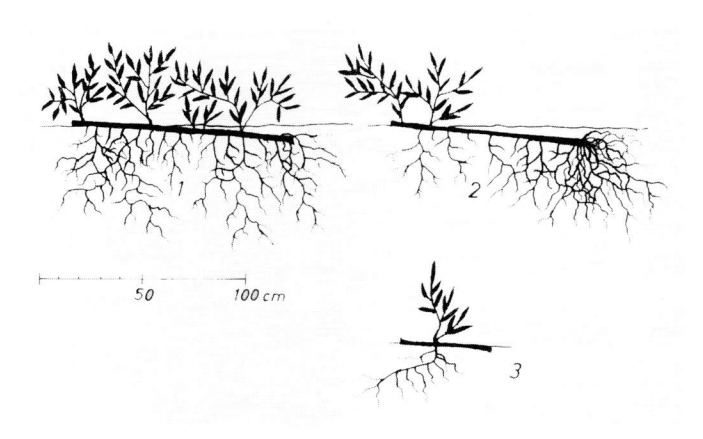

図10 水平に植えた挿し木の典型的な生長形態、コリヤナギ（*Salix purpurea*）

にリゾカリンも切断面のところまで移動していない。そして挿し穂の残りの部分は乾燥してしまう。このようなケースは植生(年間)リズムの中で、不適切な時期に挿し木を行ったときに現れる。2は1と3の中間型を表しており、このタイプはしばしば見られる。

大きさの違いから活着率に最も大きな差が出てくるのは、植生リズムの中で不適切な時期に挿し木を行った場合である。

そうして 14cm³ と 146cm³ の大きさの挿し木からは、全ての根の長さ(枝分かれしたものを除く根の総計)に 1.40mから 8.90mという差が見られた！

この実験後、私は様々な期間をおいて、繰り返し挿し木を掘り出し、一般的に、太くて分枝した大枝を挿し木した場合、生長が良いことを確認した。若枝の先端部分は―特に木質化していないもの―すでに運搬の段階で乾燥してしまった。

理論上、挿し穂の太さの上限はない。例えば図 11 は標高 1,500mのゲルロスバッハ(川)において、直径約 10cmのシロヤナギ(*Salix elaeagnos*)の枝を植えてから半月後の様子を示したものである。

実際に工事を実施するためには、以下のことが当てはまる:挿し木の太さは、採算性(運送の困難さやコスト)と、自然の植分や苗圃からの調達状況によってのみ決められる。そのため腕ぐらいの太さのものから、場合によってはそれ以上のものまで、全ての太さの枝を使うことができる。細い枝や枝の先端部分は、年数を経た太い枝と一緒に植えると良い。できるだけ長く太い挿し穂が好ましいが、自然の蓄えには限界があり、使い尽くしてしまうわけにはいかないので、材料を最も節約できるやり方をしなければならない。

垂直に植えられた挿し木の場合(例えば継ぎ目植樹工)では、挿し木が 30cmの深さにまで達していれば十分である。侵食や土砂の堆積、落石、乾燥、崩落などの影響を受けている斜面の工事には、この長さでは十分とは言えない。このようなところでは挿し木は、約 0.75 から 1.20m の長さ(土壌の状況に応じて)に切断し、主に 1 本ずつ挿し木するのではなく、枝分かれした細枝をたくさん束ねて植え込むようにする。

結果として『工法』が次第に似てくるということになる。これについては後に詳しく述べたいと思う。今日では次のようなものを区別している。

1. 挿し木(太さに応じて枝―若枝―細幹挿し木も)、直径 1〜5cm、長さ 25〜40cm。
2. 埋幹、150cm以上で任意の太さのもの。頂芽を付けたもの。木質のヤナギとポプラのみ。
3. 低木の茂み(ドイツでは『生きた粗朶』):枝分かれした部分全てを含む大枝で、短くとも 50cmの長さのもの。

3.2.3 枝の種類

造園技師にとって挿し穂を選ぶ際、枝の状態も重要である。リンデマン氏(1952)とクメラール氏(1967)によると、ある植物の若い低木林からは古い低木林に比べて、よい挿し木を得ることができる。さらに一つの植物の全ての若枝が、同時に生長しているわけではないので、活着能力も同じではない。パセッカー氏(1949、1954)によると、古い実生[21]は、一種の形質区分を示し、最も生命力のある形質は、幹の根元部分(芽の出る節の部分)に、最も古い形質は枝先に見られるのである。そのような植物は、切り株状に切ってしまうことによって、文字通り若返らせることができる。というのは、根元に出た細枝は再び若い頃の型を取り戻すからである。これらの違いは、多くの種類において外見上にも、葉の形が異なるのではっきりと見ることができる。例えば様々な針葉樹類、セイヨウキヅタ、何種類かの果樹、ヤナギ、そして観賞用植物は、若い段階において古いものとは異なる、縁に切れ込みのある大きな葉を形成する。

古い形質の枝は花を咲かせ、実を形成する能力を持っているが、根を張らせる能力は少ない。それゆえ無性増殖で増やすことの難しい樹種では、枝先よりも親株の根元部分を使うことによって、根の数を増やし活着率を上げることができる。ガルトナー氏(1930)、ウプスハル氏(1932)、パセッカー氏(1949、1954)は、ナシ、リンゴ、クロベ、ヌマスギ、プラタナス、キリ、イチョウの幹の近くに出た、枝や根の挿し木を使うことで、活着率を著しく上げることができた。

ラッシェンドルファー氏(1953)は、ヤナギ類(*Salix appendiculata* と *caprea*)、ヤマハンノキ(*Alnus incana*)、ホソバグミ(*Hippophaë rhamnoides*)を使って、それぞれ同じ親株の幹に近いところと、離れたところの若枝の挿し木を比較栽培し、その結果、ヤナギとヤマハンノキでは、はっきりとした違い、つまり根本に近いものの方が良く根付くということを確認した。一方ホソバグミとヤナギからは、はっきりした違いは見られなかった(図 12)。パセッカー氏(1954)によれば、ヤナギ類(*Salix appendiculata*)とヤマハンノキ(*Alnus incana*)は、根本の部分を挿し木することによって容易に増殖することができる。しかし図 13 が示しているように、これは造園工事の場合であって、野外では同じようには行かないということである。この種を野外で実験した結果、一番良い結果でさえ、実際の工事に必要な最低値に全く達していないからである。そして、この方法を緑化工事に応用するとき一番問題となるのは、親株が非常に消耗してしまうことである。ほとんどの場合、他の種類を選択したり種子から栽培したり、といったコストのかからない方法をとることができるので、緑化工事に根本部分の挿し木を行うことはあまり意味がない。それに対して、造園技師にとってこの根本部分の挿し木は、価値の高い突然変異や純種を獲得するには大きな意味を持っている。

ヨーロッパクロヤマナラシ(*Populus nigra*)では、一年目から三年目の挿し木や苗木、先端に芽を付けた挿し木を使うと、最も良い結果が得られることがわかった。

図11 クロヤナギ(*Salix nigricans*)挿し木(直径約10cm)の発芽と活着

---

[21] 最低 10 年は経過し、苗木から次の段階へ入ったもの。(著者)

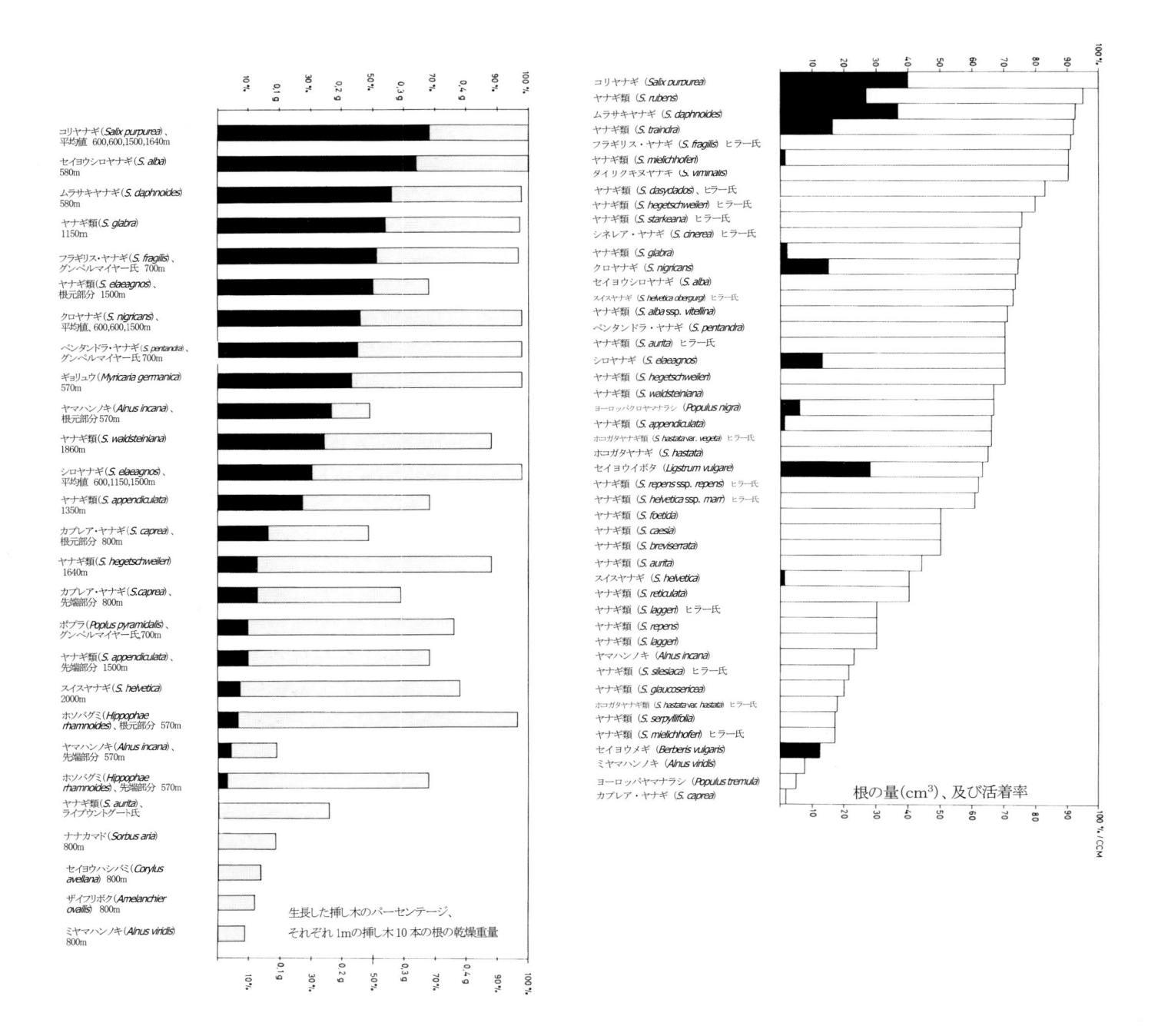

図 12 ラッシェンドルファー氏、グンペルマイヤー氏、ライプウントグート氏、シヒテル（著者）による実験室で挿し木によって増殖したものの生育状況

図 13 ヒラー氏（H）、ラッシェンドルファー氏、シヒテル（著者）による野外で挿し木によって増殖したものの生育状況
（白は活着率、黒は1植生周期後の根の量(cm^3)を示す）

3.2.4 生長促進剤

増殖が難しい植物種の活着率をあげるために用いる生長促進剤については、多くの研究が行われている。

すでに 1949 年には、グンペルマイヤー氏がペンタンドラ・ヤナギ（Salix pentandra）、フラギリス・ヤナギ（S. fragilis）、ポプラ（Populus pyramidalis）を、17～20℃のインドール酸（メルック社製）0,01%基準液に 40～48 時間つけることで、活着率を上昇させることに成功した。ライプウントグート氏とグリューニヒ氏（1951）は合成生長促進剤インドール酸製品ロッシュ 202（ロッシュ社[22]）を使って実験をしたが、彼らが実験をした植物にはあまり効果がなく、そうした合成生長促進剤が、必要不可欠なものではないことがわかった。それらの種類はこの合成生長促進剤を使わなくても、十分に活着したからである。

ヴェットシュタイン氏（1951）はインドール酸ラディクサール[23]を使って実験を行ったが、ヤマハンノキ（Alnus incana）の挿し木を活着させることができなかった。

ハイトミュラー氏（1951/52）はセイヨウハルニレ（Ulmus scabra）で 96%、欧州ハルニレ（Ulmus campestris）で 56%、セイヨウカジカエデ（Acer pseudoplatanus）で 96%、ヨーロッパブナ（Fagus silvatica）で 32%根付かせることに成功し、針葉樹でもヨーロッパカラマツ（Larix laricina）で 56%、ドイツトウヒ（Picea excelsa）で 51%、オウシュウアカマツ（Pinus silvestris）で 28%、ヨーロッパカラマツ（Larix europaea）で 19%を達成した。

ハイトミュラー氏の実験からは、さらに次の様なことも分かった：
- 芽ないし頂芽は活着には欠くことのできないものである。
- 1 年目の挿し穂は古いものよりも長く根を張る。
- 長い挿し木は短いものより活着がよい。
- どんな植物も若いものだけを切って挿した方が活着が良い。

カエデ（Acer）、トウヒ（Picea）、ダグラスマツ（Douglasia）は、先端部分の挿しの方が、マツ（Pinus）やモミ（Abies）は、根本部分の挿し木の方が活着しやすい。

ラッシェンドルファー氏（1953）が生長促進剤を使って行った実験では、ホソバグミ（Hippophaë rhamnoides）、ミヤマハンノキ（Alnus viridis）、ヤマハンノキ（Alnus incana）、ナナカマド（Sorbus aria）、セイヨウナナカマド（S. aucuparia）、ヨーロッパヤマナラシ（Populus tremula）は活着しなかった。

緑化工事では生長促進剤を使用するよりも、活着しやすい品種を選択したり、実生の苗木や実生の移植苗[24]を使用する方がよい。ポプラやヤナギ類（Salix appendiculata）、カプレア・ヤナギ（Salix caprea）のような品種には、きちんと管理をするのであれば、大規模に生長促進剤を使うことが可能であるが、それには生長促進剤の適切な濃度を調べる必要があり、今後さらに実験が必要である。

3.2.5 挿し木の適切な増殖時期

林業や暴れ川の工事に関する文献にはたびたび、緑化の時期を問題にしている。これまでは一般的に春にしか行えないとされていた。しかしそれに対して様々な人が反対意見を唱えていた。例えば、造園技師や農業に携わる人々は、広葉樹は秋に、針葉樹は反対に春に、移植したり植え替えたりするのが良いということを、昔から知っていた。これまで失敗に終わった緑化を再度検討してみると、品種の選択よりも季節を間違えたことが原因であることが多かった。さらに工事に携わる組織の都合上、秋にも緑化工事を行いたいという要望が起こった。

比較的古くから、1 年間の植物の生長経過は、ある内的なリズムによってコントロールされていることが認識されていた。アレクサンダー・フォン・フンボルト氏は南アメリカを旅したとき（1799～1804）、現地では雨期に入る 1 ヶ月も前に、樹木の葉が芽吹き始めることを観察した。彼は樹木が雨期を予告する能力を持つとし、『本能』という言葉で表した。後にフォン・デア・レック氏（1934）と特にブニヒ氏（1939－1951）は、リズムに関連する観察結果を学術的にまとめた。これは原形質の中で確実に決定されている植物リズムである。このリズムは植物の全ての箇所にあり、種子の中にさえ存在するものである。このリズムは長年繰り返される淘汰によって、その地の気候変化に適合している。

グンペルマイヤー氏（1949）が初めて行ったヤナギとポプラの年間リズムについての研究は、ペンタンドラ・ヤナギ（Salix pentandora）とフラギリス・ヤナギ（S. fragilis）、クロヤマナラシ（Populus nigra var. pyramidalis）を使って行われた。彼の研究では、5 月に現れる短期間の植生休眠期と、10 月から 11 月に現れる長期的な休眠期の 2 つの頂点を持つ年間周期があることが明らかになった。

ラッシェンドルファー氏は 1949/50 年に、暴れ川治水や雪崩防止のための緑化工事に重要な植物種について、リズムを解明するために、すでに何度も言及したように挿し木の実験を行った。この実験は、1 ヶ月毎ではなく、3 週間毎に挿し木を切って植えられたため、グンペルマイヤー氏のものより厳密なものであった。

重要な成果として次のようなことが明らかになった。
1. 挿し木による増殖が可能なのは春に限ったことではない
2. それぞれの植物は少しずつ違った独自の植物リズムを持っている
3. 根や若枝の形成は挿し木を切断した時の植生期の状態に左右される。

図 14 はラッシェンドルファー氏が行った実験の成果を詳細に表している。

私は全ての実験を統一させるために、ラッシェンドルファー氏とは異なる表現方法を選んだ。ここでは横座標に切断の日付ではなく、切断された時の植物の植生期状態をとった。k は葉をつけていない時期、Kn は葉芽段階、Bl は花期、Blkn は花芽、vbl は咲き終わり、FrA は結実期、SR は種子の成熟期、Jl は若葉、Sl は夏葉期、G は黄葉期、BF は落葉期を意味している。

植物の根の生長が、季節ではなく植生期の状態に依存しているということを証明するために、私は 1951 年に、シャルニッツのギーセンバッハ（川）渓谷で、コリヤナギ（Salix purpurea）を使って、ちょっとした野外実験を行った。この実験では、まず花期を過ぎた低木からいくつかの挿し木をとり、5 月 28 日に植えた。この挿し木はすでに花穂がとても大きく夏葉が十分に茂っていた。ラッシェンドルファー氏が水辺で栽培した時には、このような挿し木の大部分が乾燥してしまったが、私の実験でも同様に乾燥が始まった。次に、一週間後の 6 月 4 日に、雪崩の雪が消えて出てきた一本の低木から挿し木を切り出して、これをその近くに植えた。この挿し木は雪の下にあったため、まだ葉芽の段階にあった。これらの挿し木は予想通り 100%の確率で根付き、後に枯れてしまったものはなかった。

ラッシェンドルファー氏の研究では、一般に花期の終わりから、種子が成熟するまでの間と、黄葉の始まりから落葉までの間に生長休止期があることがわかった。この時期には水辺で栽培を行っても、挿し木は枯渇してしまう。しかし、固有のリズムを持ついくつかの植物種があることも明らかになった。

表の縦座標には、根と芽（それぞれ 10cm の挿し木 10 本、全体で 1m のもの）の乾量（グラム単位）と、根付いた挿し木のパーセンテージを記し、該当の種が緑化工事に使用可能かどうかという評価を一目で分るようにした。分かり易いように、根の重量は黒の塗りつぶし、芽の重量は波線で表した。実線は活着率を表し、横座標の矢印は最大値が出たところを示している。全ての種類において花期の前から花期の直後までの間に、矢印が示されている。3 本の線、つまり根の発生量、芽の生産量、そして活着率は、ほぼ平行に推移し、少なくとも同じ時期にへこみを示している（図 14）。

実際の工事では挿し木が高い確率で発芽し、根と芽が大量に生産されねばならない。37 ページ以降の図 12、13 で示したことは、図 14 でも示されている。

グンペルマイヤー氏とラッシェンドルファー氏の栽培実験は、温室で行われたため、野外で挿し木をしたときには、活着・発芽しないようなものまでが育ってしまった。そのため、結果として出たリズムのカーブは、直接実際の工事に応用することはできない。そこでラッシェンドルファー氏は、シュミルンタール（谷）のヴィルトラーナーバッハ（川）とテルフスの近くのザーグルバッハ（川）で野外比較実験を行った。その結果からは異なるカーブが得られた。実験したコリヤナギ（Salix purpurea）、シロヤナギ（S. elaeagnos）、クロヤナギ（S.nigricans）は秋にも一つの頂点を示しており、それは春の頂点よりも大きなものであった。

---

[22] スイスの化学メーカー。
[23] 生長促進剤のひとつ。
[24] 栽培園で Sämling（実生の苗木）を一度植え替えたもの。

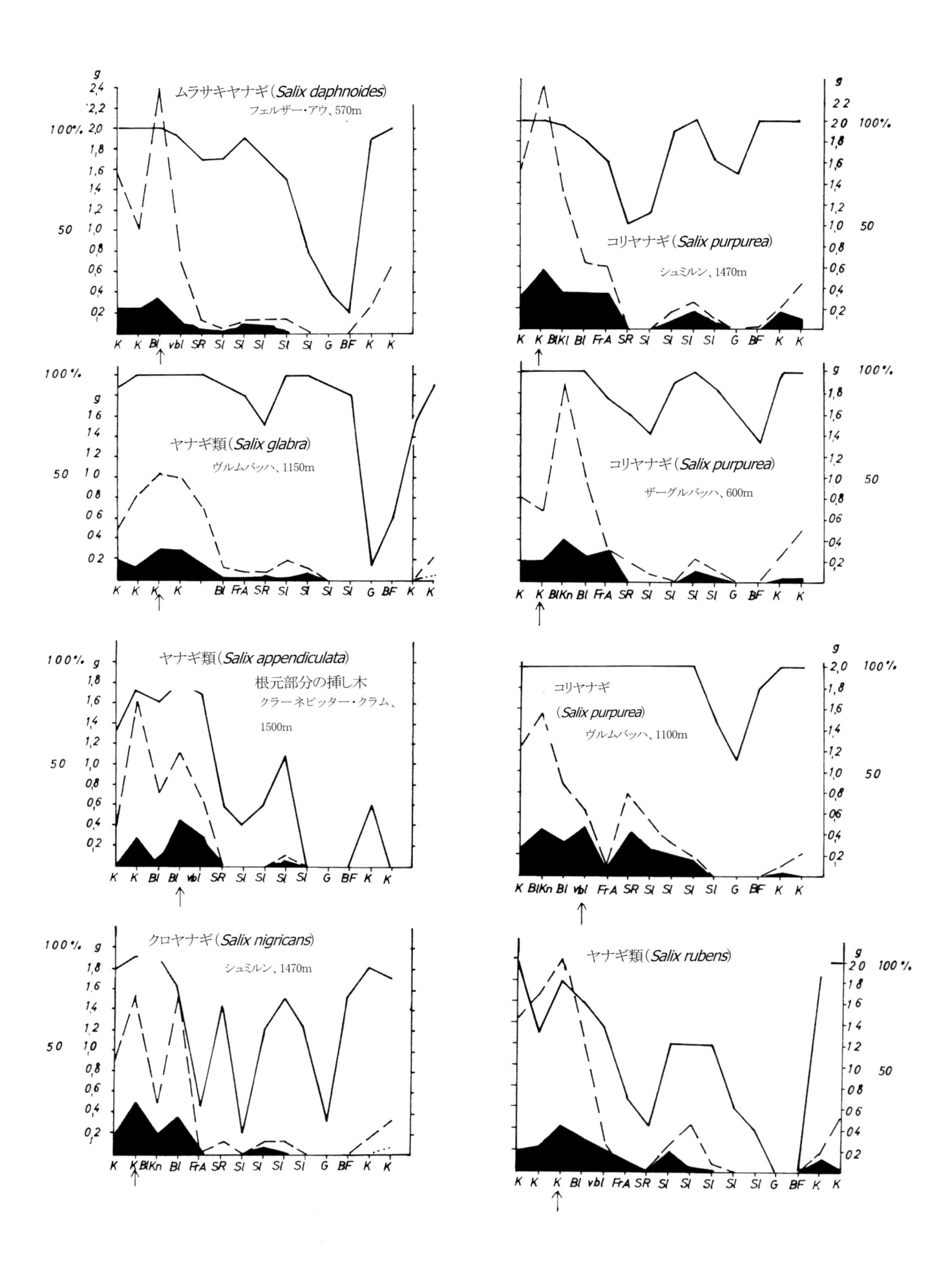

ムラサキヤナギ（*Salix daphnoides*）
フェルザー・アウ、570m

コリヤナギ（*Salix purpurea*）
シュミルン、1470m

ヤナギ類（*Salix glabra*）
ヴルムバッハ、1150m

コリヤナギ（*Salix purpurea*）
ザーグルバッハ、600m

ヤナギ類（*Salix appendiculata*）
根元部分の挿し木
クラーネビッター・クラム、1500m

コリヤナギ（*Salix purpurea*）
ヴルムバッハ、1100m

クロヤナギ（*Salix nigricans*）
シュミルン、1470m

ヤナギ類（*Salix rubens*）

41

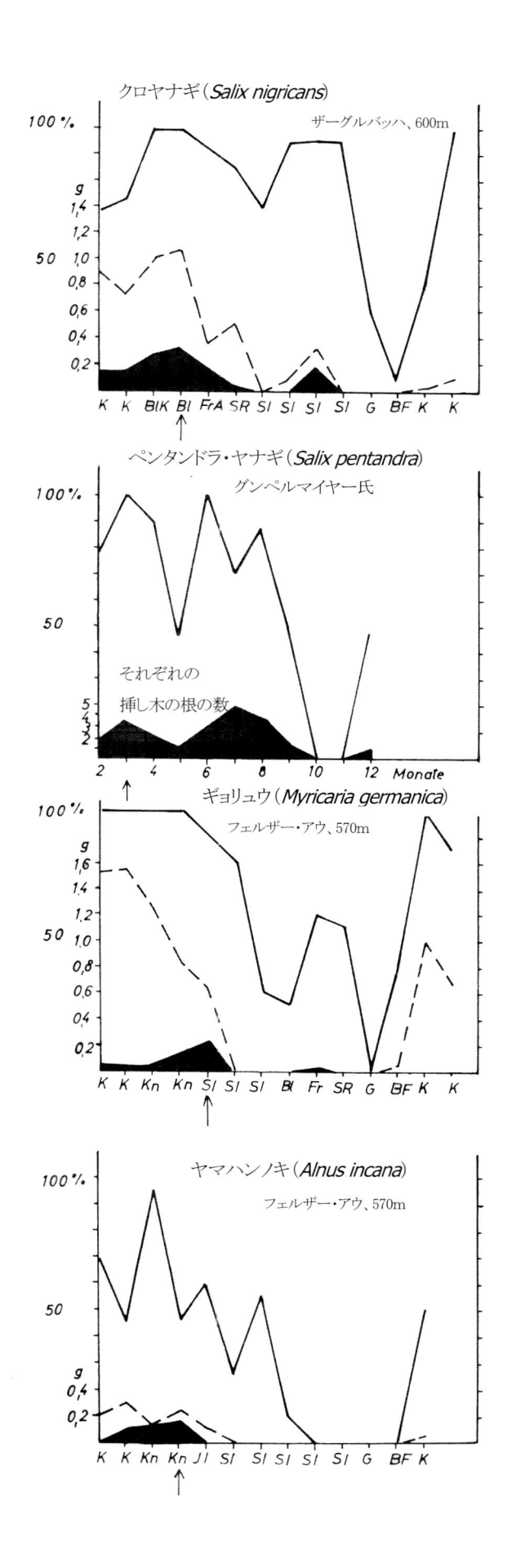

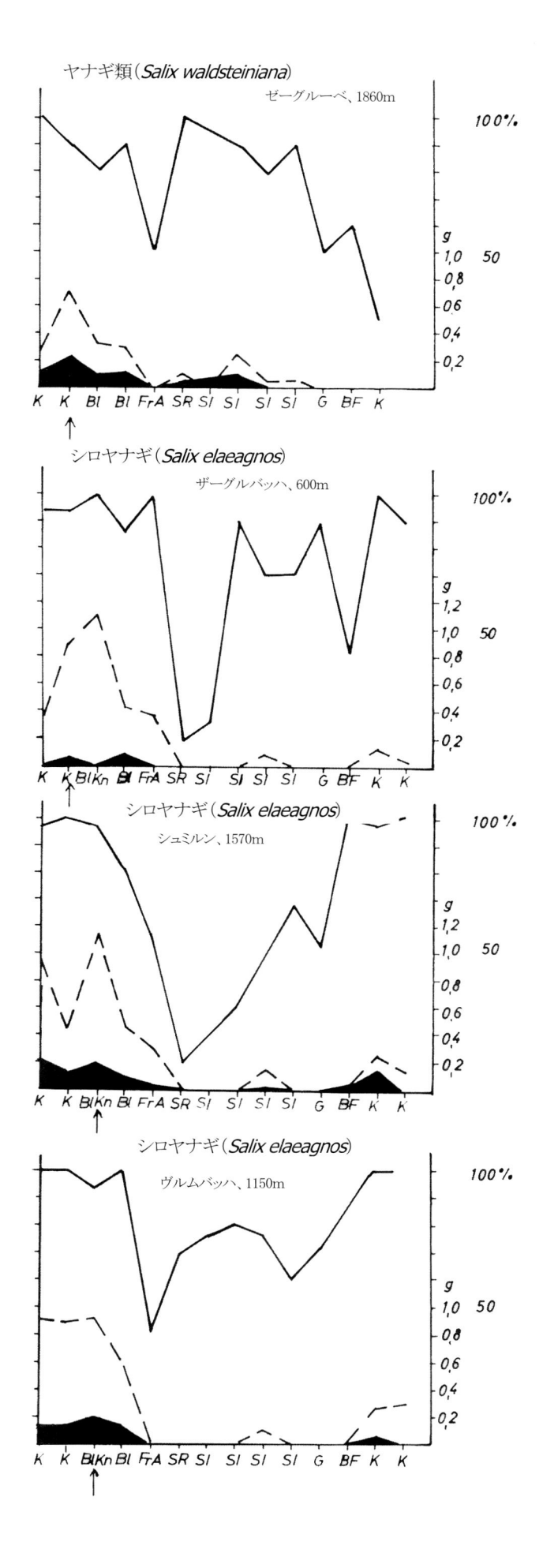

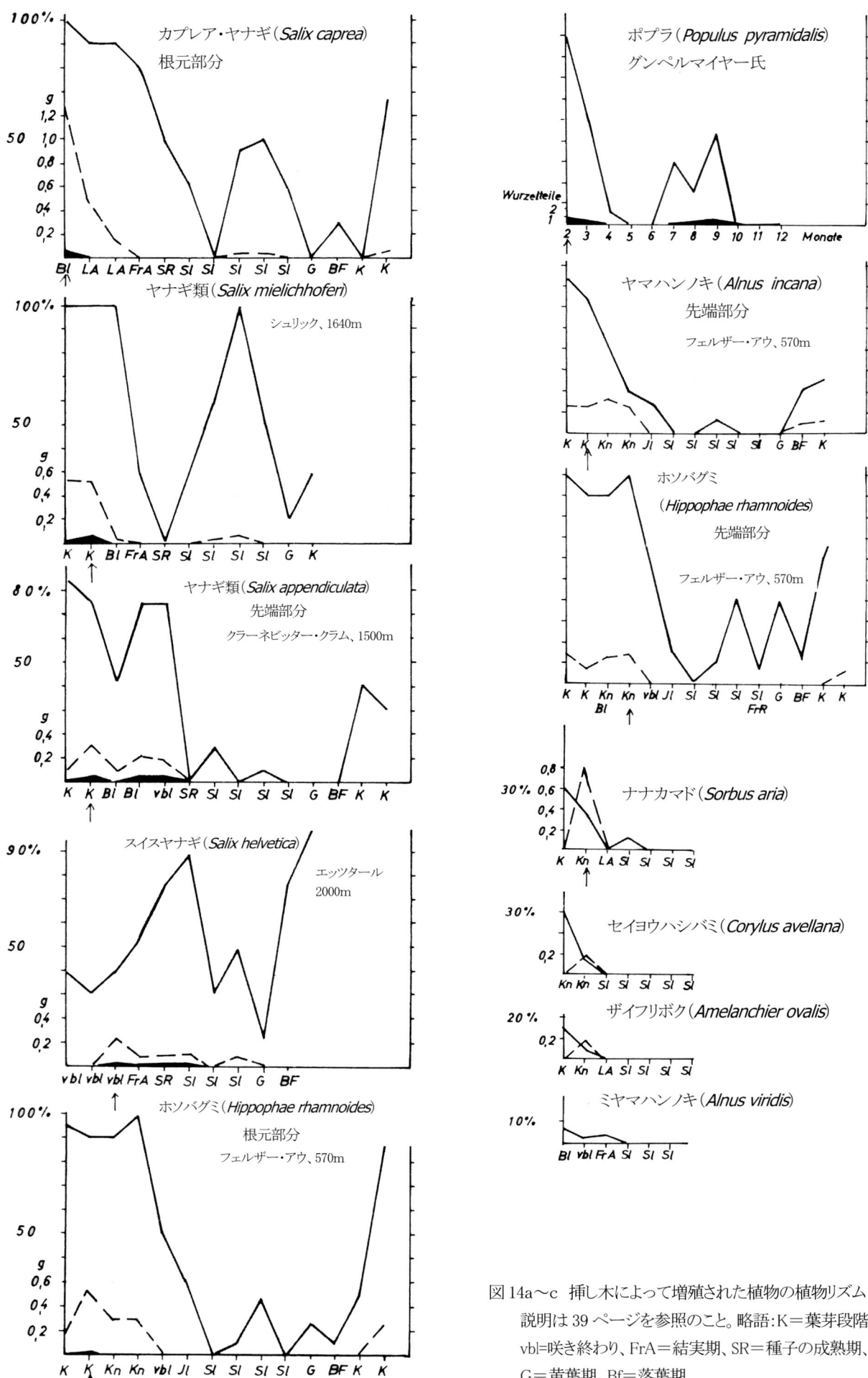

図14a〜c　挿し木によって増殖された植物の植物リズム

説明は39ページを参照のこと。略語：K＝葉芽段階、Bl＝花期、vbl＝咲き終わり、FrA＝結実期、SR＝種子の成熟期、Sl＝夏葉期、G＝黄葉期、Bf＝落葉期

私のアーヘンゼー（湖）のプレツァッハアルムでの実験からは、実際の工事に直接応用できる結果が得られ、3年後になっても、切断時期の植物の状態が、根や芽の生産（生長）量に影響があることがわかった。

プレツァッハアルムでの実験の目的は次のようなものであった。
1. 適切な切断の時期を見つけること、
2. 最適な挿し木の植え方、
3. 適切な（経済的）挿し木の長さ

はっきりした相違をつきとめるために、実験は厳しい気候のむき出しの不毛地—極端に栄養分に乏しく、大粒のドロマイトの砂利地—で行った。ただ実験を妨害する牧畜の侵入を防ぐために、囲いの柵だけが設けられた。スペースや時間が不足していたため、緑化工事に最重要とされていたコリヤナギ（*Salix purpurea*）だけに限って実験を行った。そしてフキ（*Petasites paradoxus*）が周囲にたくさんあったので、これも実験に取り入れた。次のような日程で、私は挿し木を切断した。

4月28日　＝葉が出始めている新芽の頃
5月30日　＝葉はほとんど生長し、種子がもうすぐ成熟する頃
7月 8日　＝夏葉をつけているが、種子がすでに散ってしまった頃
8月 8日　＝黄葉する直前の夏葉の頃
10月24日　＝落葉中

それぞれの切断日にそれぞれ40本の挿し木を苗床に植えた。そして

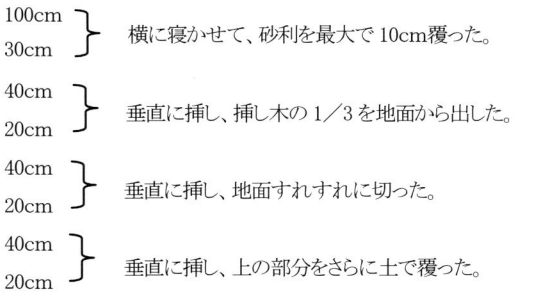

100cm
30cm　　｝横に寝かせて、砂利を最大で10cm覆った。

40cm
20cm　　｝垂直に挿し、挿し木の1/3を地面から出した。

40cm
20cm　　｝垂直に挿し、地面すれすれに切った。

40cm
20cm　　｝垂直に挿し、上の部分をさらに土で覆った。

周囲にあった野生の植物。

評価は1951年の10月、つまり3植生期後に行われた。
結果：年間植物リズムのラインは、水辺で栽培したものとは本質的に異なる形であった。上にも示したように、春よりも秋に高い頂点が現れた。夏にも一度だけ0の地点に到達することがあり、土で覆った20cmの長さの挿し木は、8月8日の時点で100%枯れてしまった（図15）。全般的に見ると、どのラインからも夏の生長休止期は種子が成熟した後に現れることがわかる。図15、16からはさらに詳しいことがわかる。

さらに根が貫通した深さと新芽の伸びた高さが、年間リズムに依存していることがわかった。

この二つの表では、水平に植えられた100cmの長さの挿し木が、極端なラインを示している（この表は、樹齢を修正している。これは切断の時期と植え込み時期が異なるため、10月に植えられた挿し木は4月に植えられた挿し木よりも、ちょうど1植生期分若いということになるからである）。この修正線はそれぞれの図において一箇所ずつ表記されているが、その他のラインでは大きな違いはなかったので表記しなかった。

全てのカーブから、コリヤナギ（*Salix purpurea*）の適切な切断の時期は春の開花までと8月の半ばから始まる秋であることがわかった。この時期黄葉はまだ始まっておらず、低木はまだいっぱいに夏葉をつけている。そのため、この時期に挿し木による増殖を開始することは危険であるように思えるが、私自身が数々の緑化工事の現場で8月に葉が茂っている挿し木を行ったところ、著しい欠損は起こらなかった。この時期、多くの根はまだ生長しているが、芽の生長は次の春にやっと始まる。芽に含まれるリゾカリンによって、根の形成は引き起こされるため、切断の時期にすでに芽が形成されていることは良いことである。8月からがその時期にあたる。

春と秋とどちらに植えるのが良いかという古くからの争点は、この実験によれば秋だということになるだろう。とはいってもそれぞれの工事現場の状況はかなり異なるので、断定することはできない。8月には低木や挿し木の輸送や貯蔵は、できるだけ短縮しなければならないが、ヤナギをかなり離れた植分から調達しなければならないようなときには難しい。このような場合には、涼しい時期になる頃（乾期）に切断することになる。温室栽培で重要な時期である黄葉と落葉の時期は、あまり気にしなくても良い。というのは、挿し木はすぐには芽を出さず、春になってやっと芽吹き始めるからである。それでも私は念のため、葉が変色する時期の一週間はヤナギを切断するのを中断した。しかし、落葉の後（10月、11月、気象状況や工事現場の標高によっては12月の一部）に緑化工事を始める場合でも、春より時間は多くある。なぜなら工事現場までの道には、雪がなく走行可能であり、ヤナギはすでに花が満開なので、2、3週間は作業をする時間が残っているからである。

ゲッツェン北部のゲロルズバッハ（川）の大きな崩壊地では、秋と春の作業の妥協点を見つけることができた。この崩壊地は平均標高1,500mに位置しており、南斜面はすでに3月に雪解けが始まるが、北斜面や窪地では、5月になってようやく始まる。そのため、3月から5月までの間に、南斜面を緑化することができるが、この時期、車で走行することはできない。

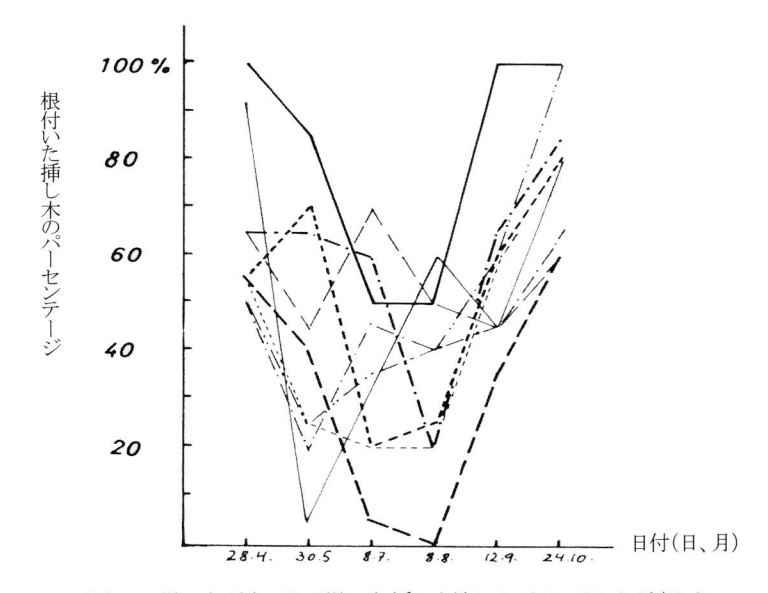

図15　様々な長さ、及び様々な挿し木法におけるコリヤナギ（*Salix purpurea*）の植物リズム、野外実験

――――― 挿し木、1m、横たえたもの
― ― ― 挿し木、30cm、横たえたもの
――――― 野生に生育しているもの
―・―・― 挿し木、40cm、垂直に挿し1/3地上に出したもの
―‥―‥ 挿し木、20cm、垂直に挿し1/3地上に出したもの
―・・―・ 挿し木、40cm、垂直に地面と同じ高さまで挿したもの
―・‥―・ 挿し木、20cm、垂直に地面と同じ高さまで挿したもの
------- 挿し木、40cm、垂直に挿し土で覆ったもの
― ― ― 挿し木、20cm、垂直に挿し土で覆ったもの

ゲロルズバッハで我々はもっと困難な問題にぶつかった。

春に切断したヤナギは、最長でも1週間しか貯蔵できないことが分かった（もちろん覆いをかぶせて日陰に置き、できれば潅水を行う）。すでに3日後には枝の先端は乾燥し、一週間後には太い挿し木も乾燥のせいで斑点が現れ、救いようがなかった。ところが、秋の作業で使ったヤナギの枝が、森の中（半日陰）に偶然残されたことがあった。私はそれを春に発見して観察を続けたところ、5月には発芽し、7月まで生き続けた。その後、他の植物の根が地中にたくさんあったので、競争に負けて更に根を張ることができず、乾燥し始めてしまったが、同じ場所で春（6ヶ月後）に切断したヤナギは、一ヶ月以上も早く枯れてしまったのである！ そこで私は次の年、ヤナギを秋の零度以下になる時期に切断し、工事現場に運んで、覆いをかけて貯蔵した。そのヤナギは次の春3月にはすでに作業に使用することができ、その生育状況は通常より良いものであることが分かった。

切断の方法

低木類は地表面ぎりぎりに、木本類も若いうちは地表面まで、幹の直径が10cm以上になったら、ヤナギの細い枝を得るためによく行われるように、枝分かれの始まる直前の部分で切断すると一番良い。切断はすっぱりと行い、切断面はできる限り小さくしなければならないため、剪定ばさみを用いるか、太い枝にはノコギリを使うことが望ましい。ノコギリや、チェーンソーがよく適している。斧で切り落とすと残った部分がみっともないし、それ以上に枝材の切断面が斜めになって損傷も大きくなり、新芽が出にくくなるので行うべきでない。

運搬

大枝は丸ごと工事現場に運び、そこで初めて短くするなり切断するなりしなければならない（挿し木用に）。それができない場合は、その枝材が運搬中に乾燥しないように保護しなければならない（覆いがあり、暖房のない車で運搬し、防水シートをかぶせ、軽く湿らせておくなどの処置をする）。

貯蔵

生きた枝を貯蔵するときは、発芽しないようにすぐに処置しなければならない。植生休眠期の終わりには、植物は発芽に向かうので、休眠し始めた頃より乾燥しやすい。そのため休眠期の終わり頃には、数日間しか貯蔵できない。また、枝が乾燥や温暖から守られているという条件（日陰で針葉樹の枝や葉を被せたり、湿った土に仮植えするなど）を付けても、長くても一週間しか貯蔵できない。

水があるところでは、低木の束は潅水するか、束にして少なくとも水深20cmのところに置くべきである。水が暖かい場合（15℃以上）は、発芽が促進されてしまうので、短期間しか貯蔵することができない。

休眠期の初めに切断された低木の束は、発芽や乾燥の危険がない限り、つまり適度に涼しく、上に述べたような貯蔵条件が守られる限り、長期にわたって貯蔵することができる。

一般の発芽期を越えて、植生期間中ずっと貯蔵するには、自然界で起こっているかの様に植生休眠期を人工的に維持しなければならない。自然界では、ヤナギの茂みが雪崩の雪の下に埋まり、夏になって雪解けした後に発芽し始めたり、花が咲き始めたりすることがある。このように長期にわたる貯蔵には、冷凍（冷蔵）室や、束全体が沈むくらいの深さの、冷たい水中が適している。

そこで私は例えばインスブルックのゲッツナー通りとイムストのチロル州水力発電所（株）の放水路の緑化のために、ヤナギの枝をすべてイン川の中で3ヶ月間貯蔵した。これらのヤナギは季節が過ぎてしまうところだったので、すぐに切断しなければならなかったが、準備段階の土木工事がまだ進んでおらず、それ以上手を加えることができなかった。そこで枝を大きな束にし、深く静かな水のある突堤の岸に針金で固定して、完全に水中に沈めた。そして夏の間に必要に応じて使用した。イン川の水温は常に15℃以下なので、この貯蔵法は冬と同じ様な効果をもたらし、その上乾燥する危険がないという利点があった。この冷たい水の中で発芽した挿し木は一本もなく、移植後には100％が根付いた。さらに6月や7月、その他無性増殖には適さない時期でも大丈夫であった。

場合によって静止水の中でこうした貯蔵をすると、酸素が不足してしまうこともある。

冷蔵倉庫での植物の貯蔵は一般的に有効であり、造園だけでなく、例えば、常に苗床（苗圃）と植え付け地の気候の差が激しい、山岳地帯の林業用種苗にも使用できる。

クメラール氏（口頭による報告）は、ブルノ（ブリュン）大学林学部で挿し木についての多くの実験を行い、挿し木をポリエチレンの袋に入れ冷蔵庫で貯蔵することによって良い成果をあげた。

私はオーストリアのチロルにあるヴァッテナーリズムの雪研究所（責任者：W. ハッセントイフェル氏）の大きな冷凍室で、二年にわたってヤナギの挿し木の貯蔵可能性について調べた。研究の対象としたのは、セイヨウシロヤナギ（*Salix alba*）、ムラサキヤナギ（*daphnoides*）、シロヤナギ（*elaeagnos*）、コゴメヤナギ（*hastata*）、ヤナギ類（*mielichhoferi*）、クロヤナギ（*nigricans*）、コリヤナギ（*purpurea*）、ヤナギ類（*waldsteiniana*）である。

私は挿し穂を、薄い氷の層で覆うことができるように湿らせた後、二年間貯蔵した。2年後根の活着力は、切断してすぐのものとほとんど変わらなかった。

しかしながら冷凍室での貯蔵に際しては湿度維持を入念に注意しなければならない。なぜなら湿度が維持されないと、霜害が起きて活着力が低下してしまうからである（これは樹皮に茶一黒の斑点が出るのでわかる）。湿度維持には、挿し木の束を湿った吸湿性の紙で包むか、ポリエチレンの袋で包んでしまうと良い。

3.2.6 耐寒性の調査

ポプラの挿し木の耐寒性についての調査が行われたFBVA（ウィーンの工学博士E.ドナウバウアー氏の非公開の口頭報告による）。

1. 枝先の挿し木は−50℃の寒さにまで耐えられる
2. しかしながら、暖かい時期を過ぎるとひどい霜害が現れる（温度上昇による乾燥のため）
3. 挿し木は低温処理をしたときの方がしないときよりも活着が良い。

この結果は、ポプラの挿し木が冷蔵庫のあるところ又は設置できるところなら容易に応用できることを示している。低温処理後、十分に水を供給することが大切である。活着の難しい様々なヤナギの挿し木がこの低温処理で促進されるかどうかについてはまだ研究をしなければならない。

3.2.7 挿し木の有効な植え込み方法

図15、16のカーブにはそれぞれの植え込み方法による顕著な差が見てとれる。水平に植えた挿し木は、垂直に挿した挿し木よりも多量の根や若枝を生産している。そしてそれは100cmのものだけでなく、30cmの長さの挿し木にもいえることである。その理由は、挿し木の全長に根や芽が

出るからである(図10)。そのため一見すると、挿し木の材料を多く使ってしまうように見えるが、緑化される面積、根が張る空間は、枝を水平に植えた場合の方が大きいのである。驚くことには、活着率(図15)も水平に植えた場合、平均より上である。この事実は、実際の工事において重要なことである。というのは、これまで挿し木はできるだけ深く植え込むべきであるとされてきており、そのために作業コストが本質的に上がってしまっていたからである。

ところですでにシュヴァーン氏も次のように書いている(1781)。：「従来のような植え込み方法は効果的でない。…土壌の表面に近いところに横たえて埋める。すると全体にわたって若枝が出てくる」。

プレッツァカルペで行った野生の実生苗を使った実験からは、特に新たな事実は認められなかった。たとえ生育状況が平均的であったとしても(図15、16)、野生のものを使用するときは、質が均一で同種の材料が使えることはほとんどないし、コストは挿し木を使用するより高くついてしまう。また掘り起こす際にひどく傷ついてしまうので、いつでも使用できるとは限らない。

枝を垂直に差し込む方法は、特にダムや導流工などの工事で行う、継ぎ目植樹工において行うことになるだろう。このような場所では、枝を石と石の間に垂直に差し込むしかない。

3つの植え込み方法(土で覆われたもの、地面と同じ高さのもの、1/3を地表に出したもの)によるグラフの曲線は、かなり似かよったものであり、20cmと40cmの挿し木では特に差はなかった。実際の工事では、地表面より30cmの深さに届いていれば十分である。そのため、私は前述の実験をして以来、挿し木を40cmに切り、数cmだけ地面から出るように植え込んだ。こうすると常に良い結果が得られた。

3.2.8 若枝の挿し木による増殖についてのこれまでの研究

どの品種の植物が挿し木で増やせるかという問いに対して、数多くの実験がなされてきたが、古い研究においては全く不明確な報告しかなされていない。デュイレェ氏(1834)は、大まかに『水辺に生える木は容易に移植して増やせる』と書いている。それに対して、若い世代の著者はそれぞれの持論よって、増殖できる植物種を具体的にあげている。

図16 様々な長さ、及び様々な時期に挿し木で増殖されたコリヤナギ(*Salix purpurea*)の生育状況。野外実験。解説は44ページ以降を参照のこと。
- ———— 挿し木、1m、水平に横たえたもの
- ･･････････ 野生に生育するもの
- ──── 挿し木、30cm、水平に横たえたもの
- ············ 挿し木、40cm、垂直に挿し、土で覆ったもの
- ─ ─ ─ 挿し木、20cm、垂直に挿し、土で覆ったもの
- ─･─･─ 挿し木、40cm、垂直に地面と同じ高さまで挿したもの
- ─･･─･･─ 挿し木、20cm、垂直に地面と同じ高さまで挿したもの
- ─･─･─ 挿し木、40cm、垂直に挿し、1/3地上に出したもの
- ──········ 挿し木、20cm、垂直に挿し、1/3地上に出したもの

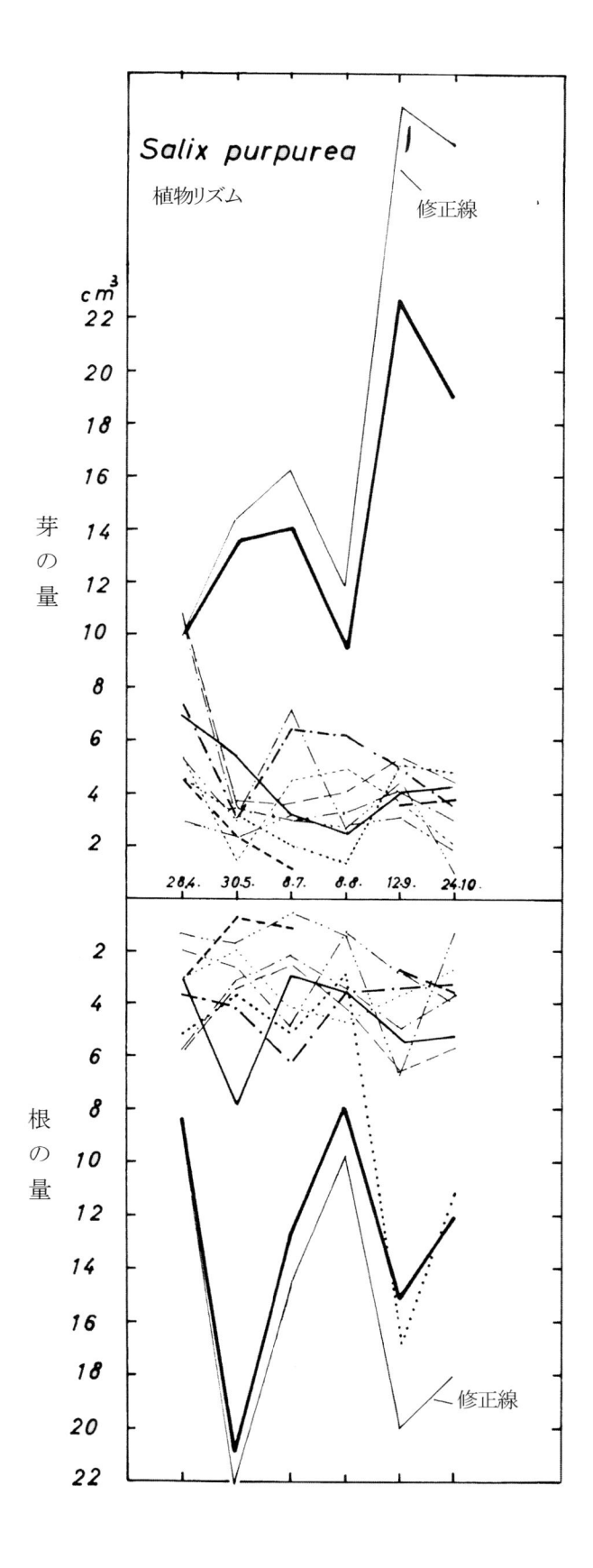

ヴァング氏(1902)は、芽を出す力が強いのでヤナギがよいとしており、特にその中でも 26 種類を適したものとして挙げている。この植物種リストを詳細に見ると、同じ種類のものがいくつかあること、アルプス地域では使用できない種類、挿し木では増殖がきわめて難しい種類(例えばカプレア・ヤナギ(Salix caprea)など)が挙げられている。このヴァング氏のリストはこうした欠点があるにもかかわらず、残念なことにその後も、林業及び暴れ川治水工事の文献に繰り返し引用されている。

1930 年以降になると、この問題と更に正確に取り組もうとする研究が始まった。

治水工事や緑化工事に直接応用したり、細工用のヤナギの栽培のために、このような試みを行ったことのある経験者には、まずシュテルヴァーク・カリオン氏(1936/37)、ケラー氏(1937/38)、クリックル氏(1946)、ブリュックナー氏(1947/48)、ライプウントグート氏/グリューニヒ氏(1951)が挙げられる。とはいえここに挙げた人々の研究成果は、アルプス地域の生態工学的工事には、一部に限ってのみしか価値があるとは言えない。なぜならここに挙げた著者達は、主に『高貴なヤナギ』を使用し、ほとんどが気候や土壌に対する要求の高いヤナギ類(Genera viminalis、daphnoides、caspica、purpurea など)の雑種か、改良品種を使用して工事を行ったからである。そのため、1927 年秋に、レヒタール(谷)で住民の副収入のために作られたコリヤナギ栽培地は、年月の経過と共に枯れてしまったのである。またケラー氏(1937/38)とブリュックナー氏(1947/48)がエンス、エアラウフ、シュヴェッヒャートなどでも河川治水工事に行った工事方法は、我々が自生のヤナギからはめったに入手できないような、長くてまっすぐな枝を使用することを基本としていた。シュテルヴァーク・カリオン氏(1936)はヤナギ(種に関しては特に記されていない)、ホソバグミ(Hippophaë rhamnoides)、セイヨウビャクシン(Juniperus communis)、セイヨウイボタ(Ligustrum)、ポプラ(ここでも種について記載はない)で成功したが、ザイフリボク(Amelanchier)、ハンノキ(Alnus)、スイカズラ(Lonicera)、クロウメモドキ(Frangula alnus)では不成功に終わったと記している。

アメリカ合衆国、特にカリフォルニアではクレーベル氏(1936)が、次の植物種を無性増殖で増やせると記している＊。

　　ヒイラギギク(Baccharis viminea)、ピプラリス(Pipularis glutinosa)、
　　ヤナギ類(Salix hindsiana, lasiolepis)、ケナシヤナギ(S.laevigata)、ヤナギ
　　類(S.llemmonii)、セイヨウシロニワトコ(Sambucus glauca)。

ダルマー氏(1947)は、ホソバグミが挿し木で増殖することができ、一年目のものより 2 年目のものの方が適していると書いている。このことは我々の研究では確認できなかった。

ライプウントグート氏/グリューニヒ氏(1951)は、チューリヒの連邦工科大学の苗床(苗圃)で、ヤナギ類(Salix purpurea、elaeagnos、nigricans、daphnoides、aurita)について調査し、全ての種で良い結果を得た。グンペルマイヤー氏(1949)は、ペンタンドラ・ヤナギ(Salices pentandra)とフラギリス・ヤナギ(Salix fragilis)とポプラ(Populus nigra var. pyramidalis)の活着力を証明した。

トイシャー氏/モントレアル氏(1952)は、ヨーロッパヤマナラシ(Populus tremula)を挿し木で増殖するのが難しいので、フランスでブドウの接ぎ木に用いる大量接ぎ木装置(器具)を使い、ヨーロッパヤマナラシをポプラ(Populus balsamifera)に接ぎ木して、成功した。

緑化工事のためにシュットグラーベン(シュタイアーマルク)で行われた実験では、チョウノスケソウ(Dryas octopetala)が、挿し木では増やせないということが明らかになった。

ラッシェンドルファー氏(1953)は、二年にわたって水辺で実験を行い、62 日毎に評価を下した。図12に調査した根の生産量(10本の挿し木の根=全体で1mの挿し木の乾量)を黒で塗りつぶした。私はグンペルマイヤー氏(1949)によるフラギリス・ヤナギ(Salix fragilis)、ペンタンドラ・ヤナギ(Salix pentandra)、ポプラ(Poplus pyramidalis)、ライプウントグート氏/グリューニヒ氏(1951)によるヤナギ類(Salix aurita)の活着率を表に記した。しかしこれらの著者は、生産量については記していない。この表の配列を見ると、かなり大量の根がコリヤナギ(Salix purpurea)によって生産されていることがよく分かる。試験では亜種の lambertiana が扱われた。実際の工事で明らかになっているように、亜種 purpurea は、発芽や根の生長は多少劣るが、そのかわり乾燥地や標高の高い立地(北チロルでは約 1,900mまで)に耐えられる。

＊ しかしながらクレーベル氏は詳細な活着テストについては述べていない。

芽を出す能力順にするとさらに次の品種が挙げられる。ヤナギ類(Salix alba、daphnoides、glabra、fragilis、elaeagnos)、これらは根元部分を使用、クロヤナギ(nigricans)の平均値、ペンタンドラ・ヤナギ(pentandra)、ドイツギョリュウ(Myricaria germanica)、ヤマハンノキ(Alnus incana)、これらは根元部分を使用、ヤナギ類(Salix waldsteiniana、elaeagnos)の平均値、ヤナギ類(appendiculata)の平均値

さらに次の植物種はかなり限られた範囲ではあるが、実際の工事に使用することのできる種類である。例えばヤナギ類(Salix hegetschweileri)やスイスヤナギ(S. helvetica)は、他のヤナギ種で代用することができない特別の立地には重要である(ミヤマハンノキ(Alnus viridis)で代用することができるが)。ポプラ(Populus nigra var. pyramidalis)は、いずれにしても緑化工事には使用できない。というのは、活着力や萌芽力が園芸的な目的に足りる程度しかないからである。他の全ての植物種(カプレア・ヤナギ(Salix caprea)、ホソバグミ(Hippophae rhamnoides)、ヤマハンノキ(Alnus incana)、ナナカマド(Sorbus aria)、セイヨウハシバミ(Corylus avellana)、ザイフリボク(Amelanchier ovalis)、ミヤマハンノキ(Alnus viridis))を挿し木で増殖することは、あまりに生長が悪いので行えない。同じくヤナギ類(Salix aurita)は、特に湿地だけに見られるので、一般的に使用しない。それでも水分の多い土壌(フリッシュ)や降水量の多いアルプス周辺地帯、ならびに特別な場合として水路(運河)、排水溝、泥炭採掘場などでは重要となってくるかもしれない＊＊。生態学的に適応範囲の広い品種(コリヤナギ(Salix purpurea)、シロヤナギ(elaeagnos)、クロヤナギ(nigricans))からはそれぞれ 4 箇所で産出されたものを実験し、(40 本の挿し木から)平均値を算出した。中には非常に生長の良いものがあった。

ラッシェンドルファー氏の挙げた水辺における栽培の成果と、野外地で得られたもの(図 13)とを比較することはとても興味深い。私はそれぞれの成果を、根の量を乾燥重量ではなく、大きさで測定した。なぜならば乾燥重量で測ろうとすると、鉱物を含んでいるために測定データの精度が悪くなるからである。大まかには図 12 に示す順位であった。個々の種間の差は、野外の方がはっきりすることが分かった。また、萌芽力の弱い木本種を選別することも迅速にできる。

多くのヤナギ類の活着力は、これらの実験後もはっきりしないままであった。私はベルリン工科大学の栽培技術・緑地経営研究所のH. ヒラー氏による「まだ調査されていないヤナギ類の活着力についてテストすべきである」という提案に賛成である。私がチロルでこの目的のために入手したヤナギ類[(Salix hegetschweileri、mielichhoferi、aurita、laggeri、repens)、スイスヤナギ(helvetica)と2 種類のホコガタヤナギ(hastata)変種]に加え、ヒラー氏はドイツの生育地からヤナギ類(Salix elaeagnos angustifolia)(栽培用品種)、フラギリス・ヤナギ(fragilis)、ヤナギ類(dasyclados、starkeana)、シネレア・ヤナギ(cinerea)、ボヘミアのホーエ・タトラ地方からヤナギ類(silesiaca)とスイスヤナギ(helvetica ssp. marrubiifolia)を実験に取り入れた。評価は、挿し木が4 つの異なる野外の土壌で 1 年間生長した後に、活着率と新芽の数と長さについて行われた。それゆえ私の野外実験と比較するためには、活着率(平均値)だけが使える(図 13)。そこにはいくつかの相違点が見られた。ヒラー氏の実験ではヤナギ類(Salix aurita、hegetschweileri、repens)、ホコガタヤナギ類(hastata var. vegeta)、スイスヤナギ(helvetica)が私の実験よりもよく活着し、反対にホコガタヤナギ(hastata var. hastata)、ヤナギ類(mielichhoferi)の活着は悪かった。この相違点は、ヒラー氏の実験で成果のはっきりしないヤナギ類(mielichhofen)の例外をのぞいて、ばらつきの範囲内にある。その上この品種は、土壌が異なることによっても大きな相違を見せた。砂地ではヒラー氏の実験でも40％が根付いたが、低層湿原では全く根付かず、粘土質の土壌では 10％根付いた。これは自然発生的な未熟土壌の入植植物としては不思議なことではない。

図 13 に表されているように、ヤナギ類(Salix breviserrata)のような活着力の小さい品種が緑化工事に有用であるかどうかは、それぞれのケースによって判断しなければならない。通常このような品種は、先ず栽培園で根を出させる方が経済的である。しかし、自然の植分にあるものを使用することも、生態工学的な工事法の目的にかなうことがある。例えばヤナギ類(Salix aurita、reticulata、repens、laggeri、glaucosericeaやおそらくserpyllifolia)、スイスヤナギ(helvetica)、活着率は12％だがその後大量の根を生やすセイヨウメギ(Berberis vulgaris)などである(図 17)。それに対してミヤマハンノキ(Alnus viridis)、ヤマハンノキ(A. incana)、ヨーロッパヤマナラシ(Populus tremula)、カプレア・ヤナギ(Salix caprea)、ホソバグミ(Hippophae rhamnoides)、スグリ(Ribes petraeum)などは、活着力が悪いため実際の緑化工事には適さないとされる。

＊＊シュリューター氏(1967)によると、ハノーファーの Salix aurita は枝敷き詰め工法に適していることが確かめられた。ヒラー氏やクメラール氏の実験からも適しているように思われる。

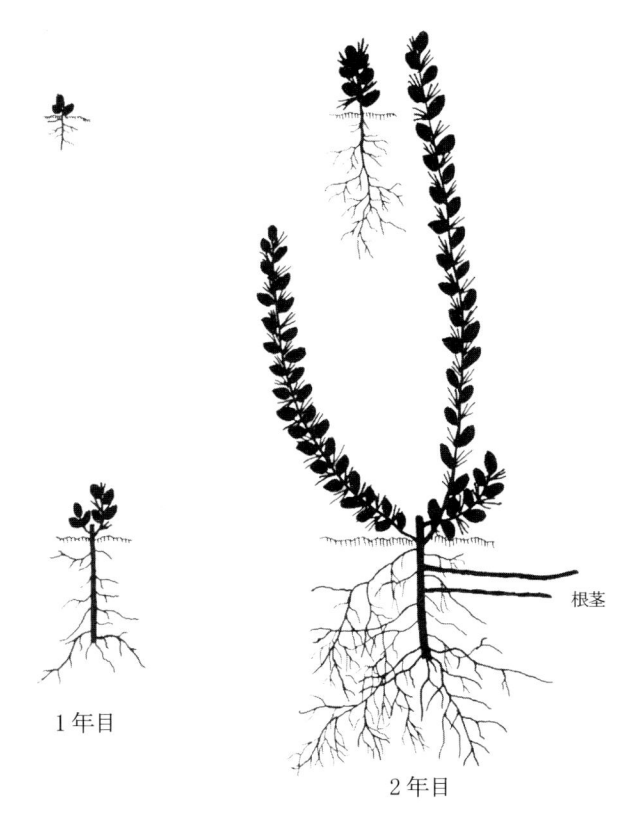

セイヨウメギ(*Berberis vulgaris*);播種から(上)、挿し木から(下)

図17 挿し木で増殖されたセイヨウメギ(*Berberis vulgaris*)の生育状況

J. クメラール氏(1967)は、ヤナギの挿し木による増殖について膨大な実験を行った。彼のブルノ(ブリュン)農業大学(林学部)で栽培されている木本植分の中のヤナギ群落は、中部ヨーロッパの中で最も膨大なものであろう。彼の成果はチロルの実験成果とも十分に合致する。クメラール氏がはるかに多くの種類のヤナギ―特に雑種―を研究したので、ここに彼の活着実験の成果を少々あげておく。クメラール氏の実験は温室で水栽培が行われ、一年目のもの、二年目のもの、そして多年の挿し木で分類した。評価は一ヶ月後に根と新芽の重さの増大によってなされた。

生長のリズムによって様々なタイプがあることがわかった。つまり先ず根を出してから他の部分を出すもの、先ず新芽を出してから他の部分を出すものといった具合である。先ず根を出して、それから新芽を出すヤナギ類には次のようなものがある(クメラール氏による命名法):

Salix alba × babylonica、*S. alba* var. *vitellina*、*S. argentinensis*、*S. babylonica*
S. cordata、*S. elegantissima*、*S. eurasiamericana*、*S. fragilis*、*S. interior*、*S. lasiandra*、*S. matsudana*、*S. matsudana* var. *tortuosa*、*S. myriabeana*、*S. pentandra*、*S. purpurea*、*S. purpurea × viminalis*、*S. speciosa*、*S. triandra*、*S. triandra × viminalis*、*S. viminalis*.

先に芽を出してその後根を生やすヤナギには次のようなものが挙げられる:

S. appendiculata、*S. aurita*、*S. aurita × caprea × repens*、*S. aurita × sileciaca*、*S. aurita × viminalis*、*S. bakko*、*S. bebbiana*、*S. caprea × daphnoides*、*S. discolor*、*S. glabra*、*S. hastata*、*S. japonica*、*S. lutea*、*S. medemii*、*S. ottawa*、*S. oxycarpa*、*S. petiolaris*、*S. planifolia*、*S. pseudomonticola*、*S. repens* var. *rosmarinifolia*、*S. sendaica*、*S. silesiaca*、*S. sirakawensis*、*S. tokyo*.

さらに根の形成状態も、様々なタイプがはっきりと分けられる:
1. 基盤タイプ:根はもっぱら基盤の切断面に形成される(例:*Salix aurita*)。
2. 全体群生タイプ:根は埋め込まれた挿し木全長に大量に形成される。そして常に大量の根が互いに密に出てくる(例:*Salix rigida*, *S. babylonica × fragilis*)。
3. 全体分散タイプ:根は挿し木の全長に形成されるが、それぞれ1本ずつ、あるいは多くても 2、3 本ずつ生える(例:*Salix adenophylla*, *S. schraderiana=bicolor hort*)。
4. 混合タイプ:根は挿し木の全長に形成されるが、挿し穂の切断面に多く集まる(例:*Salix lasiolepis*, *S. aurita × purpurea*)。

我々が、緑化工事に使用するために挿し木の 10%が活着することが最低条件であると考えるならば、クメラール氏の研究によると、次の種類が生物工学的な目的に有用であるということになる(図18):

Salix adenophylla(1 年目のものが最適)、*S. aegyptiaca*(2 年目のものが最適) *S. alba × babylonica*(2 年目のものが最適)、*S. alba × babylonica* はラ・プラタ・ミュンドゥングの新植林で使用され、大きな成果を上げた。それは 6 年後約 6mの高さになった(J. クメラール氏による口頭報告)。*S. alba* var. *vitellina*(1 年目のものが最適)、*S. alba* var. *vitellina × fragilis*(1 年目のものが最適)、*S. arbuscula*(2 年目のものが最適)、*Salix argentinensis*(2 年目のものが最適)、*S. aurita*(1 年目のものが最適)、*S. aurita × purpurea*(年数の経っていないものを使用した)、*S. aurita × silesiaca*(年数の経っていないものを使用した)、*S. aurita × viminalis*(2 年目のものが最適)、*S. babylonica*(2 年目のものが最適)、*S. babylonica × fragilis*(2 年目のものが最適)、*S. caspica*(2 年目のものが最適)、*S. cinerea*(2 年目のものが最適)、*S. cinerea × nigricans*(2 年目のものが最適)、*S. cinerea × viminalis*(1 年目のものが最適)、*S. cordata*(1 年目のものが最適)、*S. cordata ×* ?(1 年目のものが最適)、*S. dahurica*(1 年目のものが最適)、*S. daphnoides*(1 年目のものが最適)、*S. daphnoides × triandra*(1 年目のものが最適)、*S. dasyclados*(1 年目のものが最適)、*S. elegantissima*(1 年目のものが最適)、*S. east lansing*(1 年目のものが最適)、*S. eurasiamericana*(1 年目のものが最適)、*S. fragilis*(1 年目のものが最適)、*S. fragilis × pentandra*(2 年目のものが最適)、*S. incana* var. *angustissima*(2 年目のものが最適)、*S. interior*(1 年目のものが最適)、*S. kangensis*(1 年目のものが最適)、*S. lanceolata*(1 年目のものが最適)、*S. lasiogyne*(1 年目のものが最適)、*S. lucida*(1 年目のものが最適)、*S. mackenziana*(1 年目のものが最適)、*S. matsudana*(1 年目のものが最適)、*S. matsudana* var. *tortuosa*(2 年目のものが最適)、*S. myricoides=americana*(2 年目のものが最適)、*S. piperi*(1 年目のものが最適)、*S. purpurea*(1 年目のものが最適)、*S. purpurea × daphnoides*(1 年目のものが最適)、*S. purpurea × rossica*(1 年目のものが最適)、*S. purpurea × schwerinii*(1 年目のものが最適)、*S. purpurea × silesiaca*(1 年目のものが最適)、*S. purpurea × siuzewi*(1 年目のものが最適)、*S. purpurea × viminalis*(2 年目のものが最適)、*S. rigida*(1 年目のものが最適)、*S. rossica × viminalis*(1 年目のものが最適)、*S. salviaefolia*(1 年目のものが最適)、*S. schwerinii × siuzewii*(1 年目のものが最適)、*S. sitchensis*(1 年目のものが最適)、*S. speciosa*(1 年目のものが最適)、*S. sugayana*(1 年目のものが最適)、*S. tenuifolia*(1 年目のものが最適)、*S. tetrasperma*(1 年目のものが最適)、*S. triandra*(1 年目のものが最適)、*S. triandra × viminalis*(1 年目のものが最適)、*S. turanica*(2 年目のものが最適)、*S. viminalis*(2 年目のものが最適)。

ここで目立つのは、母樹が樹齢一才のときにとった挿し木の活着が良い種が多いことである。緑化工事には多くの場合長い枝が使用されるので、一年目の木は例外的にのみ使われ、その上野外で使用した場合ほとんどが枯れてしまうので、ここで有用であるとされた植物でも実際には適さないものもある。

Salix caprea、*japonica*、*microstochya*、*missouriensis*、*pseudomonticola*、*silesiaca* は十分に根付かないが、その他の全ての種類は園芸用としては十分な活着力を持っている:

Salix arbusculoides、*S. arenaria × caprea*、*S. aurita × caprea × repens*、*S. bakko*、*S. bebbiana*、*S. candida*、*S. caprea × daphnoides*、*S. caprea × viminalis*、*S. daphnoides × silesiaca*、*S. discolor*、*S. elaeagnos*(チロル地方の冬の休眠期に適している)、*S. glabra*(チロル地方ではとても良い)、*S. grandifolia*(チロル地方では冬の休眠期に使用することができる)、*S. hastata*、(チロル地方によく適している)、*S. lapponum*、*S. lasiandra*、*S. lutea*、*S. medemii*、*S. nigricans* var. *continifolia*、*S. ottawa*、*S. oxycarpa*、*S. pentandra*(チロル地方によく適している)、*S. petiolaris*、*S. planifolia*、*S. repens* var. *rosmarinifolia*、*S. rossica**、*S. schraderiana=bicolor hort.*、*S. sendaica*、*S. sericea*、*S. sirakawensis*、*S. tokyo*

---
* *Salix rossica - tardiinundata* は非常に発芽の遅い亜種の一つであり、発芽(萌芽)する前に水の中に入れば、水の停滞する場所に特に適する。雪解けのために洪水が起こる地帯(山岳地帯や温暖地帯の北部)では、このヤナギが最も適していると思われる(クメラール氏による口頭報告)。

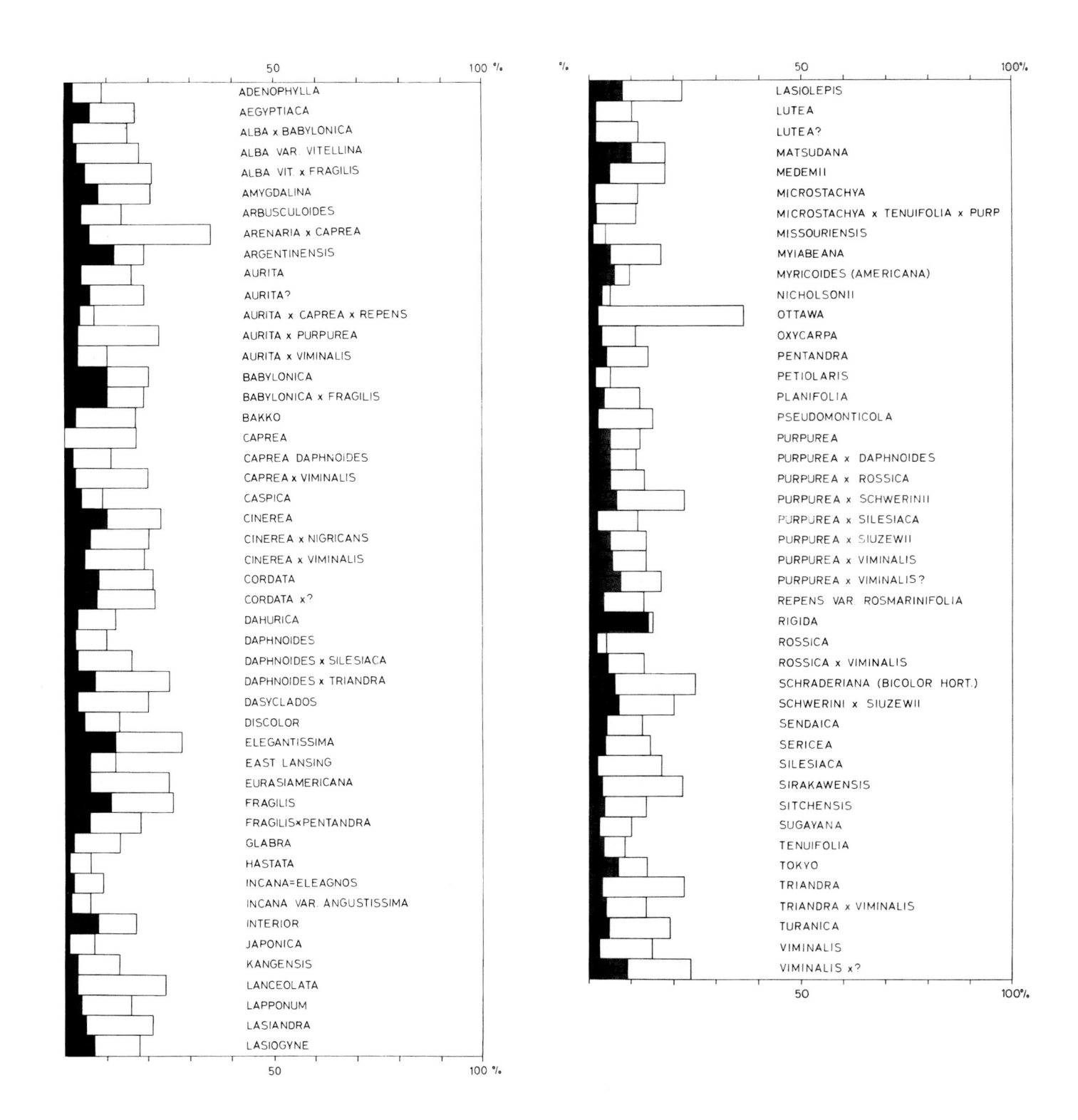

図18 クメラール氏による挿し木で増殖できるヤナギ類。新芽と根量(黒)の挿し穂の大きさに対するパーセント表示

自然立地に生育するヤナギ類だけが適するとしていることが目に付くことだろう。栽培ヤナギは編み細工を作る目的で栽培されており、生態工学的な目的で使用するには、低地で好条件の場所だけにしか使えないためである。

私は、緑化工事には自生のヤナギ類だけで十分であり、それゆえ外来種や栽培品種を使う必要はないと考えている。それでも、クメラール氏によって適する種として挙げられたリストに、多種の外来種を入れたのは、それらをヨーロッパで使用するためではなく、他の生育地域のためにも、研究成果を読者に伝えたかったためである。

ヴィアイテツ氏とペーナ氏(1967)が行ったヤナギ類(*Salix atrocinerea* Brot.)の無性増殖による増殖力の研究によると、この種類のヤナギは生態工学的な目的にも適している。

二人の著者は、毎月25cmの挿し木を100本切り、石英の砂地で16℃から20℃の温度で栽培し、30日後に根の重さを確かめることで評価した。結果は図14に表した我々の曲線とかなりよく似たグラフ、つまり、春にはほとんど100%根付き、夏には根付きが悪く、秋には約80%が根付くものとなった。

ノイマン氏(口頭報告)によると、乾燥地帯の緑化工事には、特にカリフォルニアからカナダにかけて広がるヤナギ類(*Salix interior*)、さらに北アメリカのコゴメヤナギ(*Salix exigua*)、カリフォルニア、ネバダ、ニュー・メキシコ(モジャベ海岸)に生育するヤナギ類(*Salix longifolia*)が適している。なぜなら、それらは無性増殖で増やせるうえ、発根芽を形成するからである。ふつう、無性増殖で増やせる種は、発根芽を形成しないものである。上に挙げた種類は発根芽を形成することによって、すばやく横へ広がっていく(ホソバグミ(*Hippophae rhamnoides*)も参照)。

レンギョウ(*Forsythia suspensa、viridissima*)も同じく生態工学的な目的に有用である。おそらくヨーロッパの北アルバニアに由来する野生種 *europaeana* も有用であるだろう。少なくともこれは耕作地では、簡単に挿し木によって増殖することができる。未熟土壌に関してはまだ研究が十分ではない。

ナガバクコ(*Lycium barbarum=halimifolium*)は多くの野外実験で、挿し木で容易に増やすことができた。実験で使用した挿し木は良く木質化していたが、他のヤナギ種よりはるかに細くて短かった(直径1cm以下で、10cmから15cmの長さ)ので、良い土壌(肥沃土、粘土質の土、レス土壌)では約85%が活着した。ケルンテンの乾燥した未熟土壌では、約20%しか活着しなかった。生長はとても良く、クコの枝の長さは一年目で3/4mになった。

地中海地方では、ときどき次のような種が無性増殖で増やされている：ニワウルシ(*Ailanthus glandulosa*)、ユーカリノキ属(*Eucalyptus*)、クズ(*Puerraria thunbergiana、P. japonica*)。(この地面に横たわる低木のマメ科植物は、米国で特にガリエロージョン(地隙侵食・峡谷侵食)を緑化するため、ダルマチアでは森でのヤギやロバの放牧の負担を軽減させるために栽培されている。これは霜害に弱いので、中部から北部にかけてのヨーロッパでは使用できない。私がテルフス苗圃でダルマチアの材料を使って行った実験では、若枝挿し木の活着率が85%、年間平均枝長5m以上という結果であった！ しかしながら、2度の寒気によって植物は全て壊滅してしまった)。タマリスク(ギョリュウ)(*Tamarix parviflora、gallica、articulata*)、アフリカタマリスク(*Tamarix africana*)。

エトナとヴェスヴ火山では、ウチワサボテン(*Opuntia ficus indica*)の芽を折り取って使用し、古い溶岩流の最初の入植をする(図19)。

長い間地中海地方で栽培され、野生化した様々なマツバギク属は、暑く乾燥し、氷点下になることの全くない海岸地域の斜面で、切り取った新芽を植えて使用される(図29)。生長の早いバヤク菊(*Carpobrotus edule*)、短剣菊(*C. acinaciforme*)が

図19　エトナ火山の新しい溶岩流の上を新芽で覆う
　　　　ウチワサボテンの先駆群落

最も頻繁に使用され、それに加えハナツルクサ(多肉植物)(*Aptenia cordifolium*)、デスピーマ(*Disphyma crassifolium*)、ドロサンテムム(美光)(*Drosanthemum floribundum*)、ドロサンテムム(花弥生)(*D. hispidum*)、ランプランツス(マツバギク類)(*Lampranthus roseus、zeyheri*)など(いずれも多肉植物)も使用される。

3.3 根挿し

根挿しは枝挿しと同じように増殖のために行われるが、一般的に枝挿しより良い結果がでることはない。またこの方法では、植物の形質区分の原則によって、幹に近い部分の挿し穂が、幹から遠い部分の挿し穂より高い活着率をあげ、大量の根を生産する(パセッカー氏、1949、1954)。ときおり侵食によって木や茎がむき出しになってしまうことがあるが、このような場合には、根材を挿し木として活用すると良い。

インスブルッカー・ノルトケッテのボーデンシュタインアルム苗圃(標高1,640m)で、私はヨーロッパヤマナラシ(*Populus tremula*)とヨーロッパクロヤマナラシ(*Populus nigra*)、ヤマハンノキ(*Alnus incana*)、カプレア・ヤナギ(*Salix caprea*)、ミヤマウラジロイチゴ(*Rubus idaeus*)、セイヨウハシバミ(*Corylus avellana*)を使って野外実験を行った(図20)。結果はそれほど思わしいものではなかったが、この苗圃が高地にあることを考慮しなければならない。

3.4 根茎挿し木、根茎切り播き

地下茎で越冬する多年生草本の多くは、地下茎(根茎)から切り出した挿し木によって、採算のとれる無性増殖をすることができる。このことはフキ(*Petasites paradoxus*、*albus*)でも行えることが文献にもしばしば言及されている。

デュムラー氏(1946)は、ある小規模な実験で、フキタンポポ(*Tussilago farfara*)を100%活着させることができた。私は暴れ川の治水工事を行っているテルフス苗圃(標高600m)、シュトゥバイタール(谷)のイースボーデン苗圃(標高1,650m)、及び様々な緑化工事においてフキ(*Petasites paradoxus*)、ヤマブキショウマ(*Aruncus sylvestris*)、カモメヅル(*Cynanchum vincetoxicum*)、セイヨウハシリドコロ(*Atropa belladonna*)、ニワトコ(*Sambucs edulus*)、セイヨウノコギリソウ(*Achillea millefolium*)、ニガヨモギ(*Artemisia absinthium*)を使った。結果は図21から図24に示した通りである。図からは、ここに挙げた全ての植物種が工事に使用可能であり、それどころか一部は、とても適していることが分かった。*Atropa* と *Aruncus* などの根の大きさを、図12と図13の枝挿しで行ったときの、根の大きさと比べてみると良い。

根茎挿し木の場合、挿し木の大きさや長さは、その後の生育状況にほとんど影響を及ぼさないようである。少なくともプレツァッハアルムで行った実験のように、長期にわたる(3年間の)実験では、そのような結果になった。フキ(*Petasites paradoxus*)の場合、挿し木の長さは約10cm、大きさは約15cm³あれば良い結果が出ており、これは実際の工事おいても、経済的で、実行しやすい大きさである。

根茎挿し木の増殖は、若枝挿し木の場合と同じように植物リズムの影響下にある(図25)。

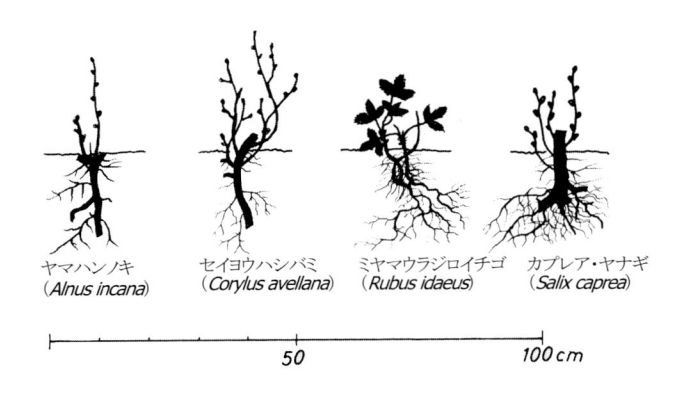

図20 根挿し木によって増殖された植物:
ヤマハンノキ(*Alnus incana*)、セイヨウハシバミ(*Corylus avellana*)、
ミヤマウラジロイチゴ(*Rubus idaeus*)、カプレア・ヤナギ(*Salix caprea*)

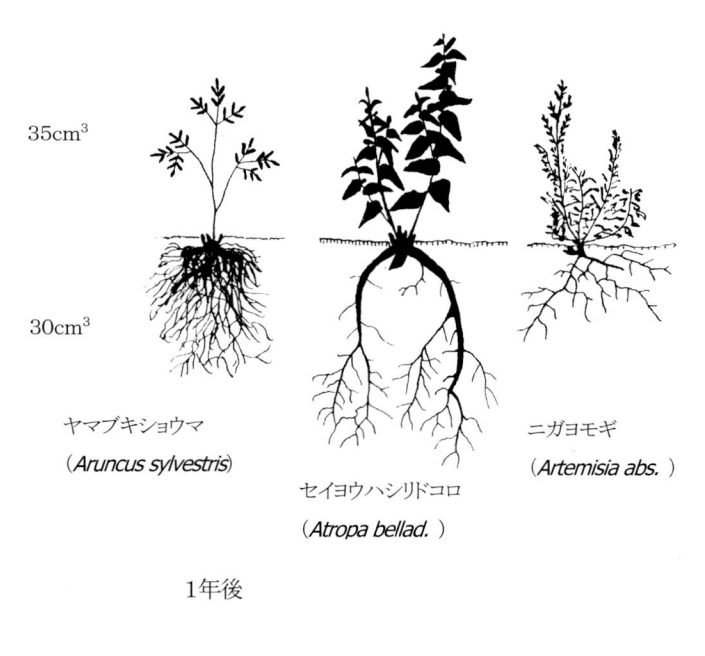

図21 根茎挿し木で増殖された植物の生長状況　野外実験

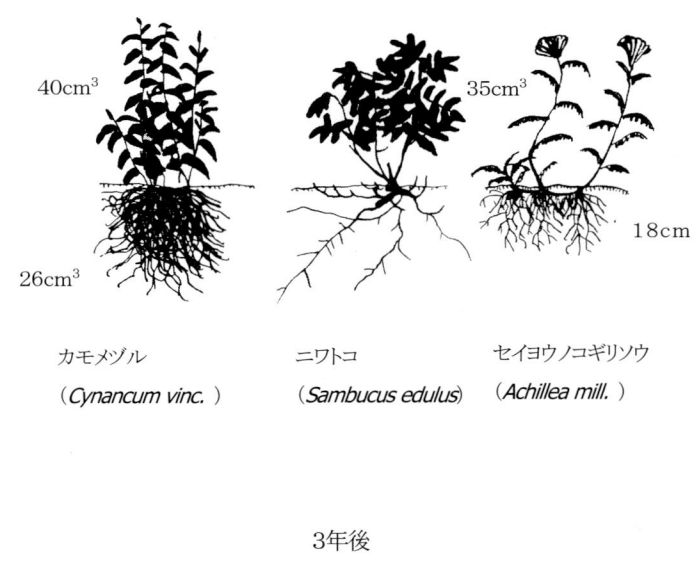

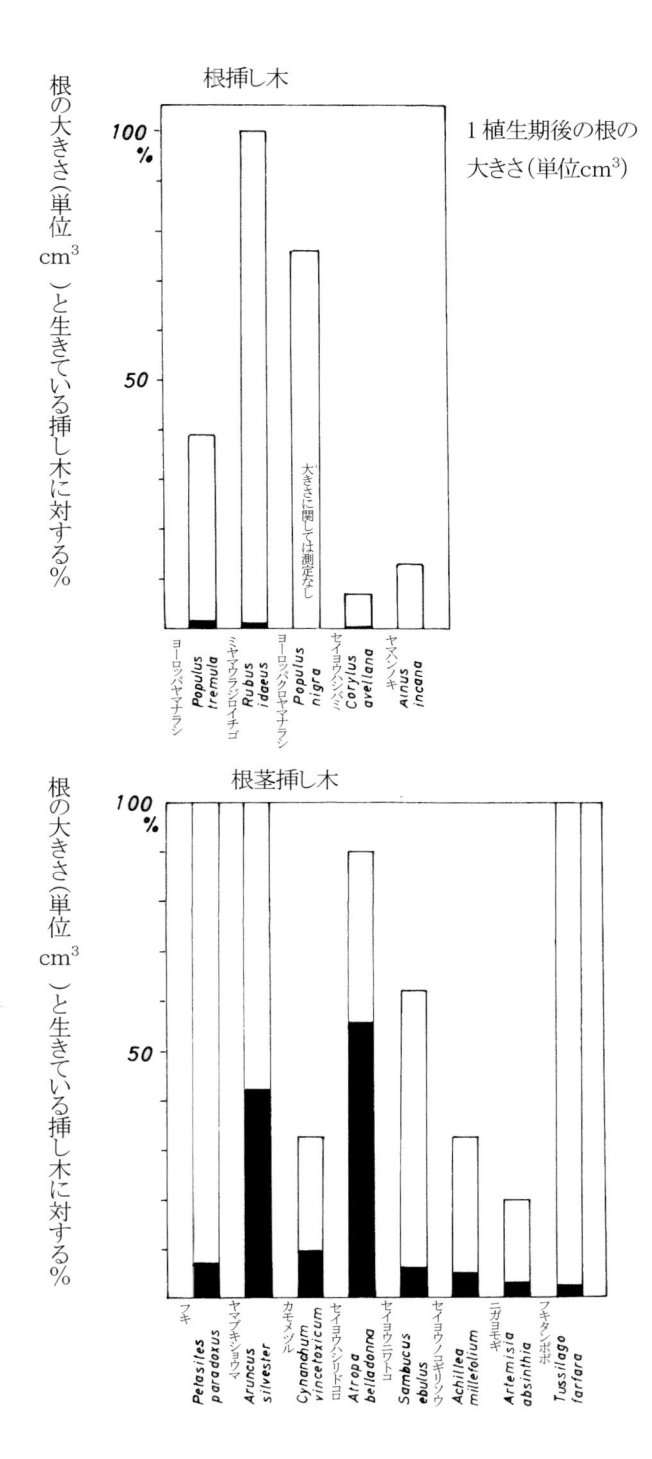

図22 根挿し木と根茎挿し木によって増殖された植物の生長状況
黒:根の大きさ

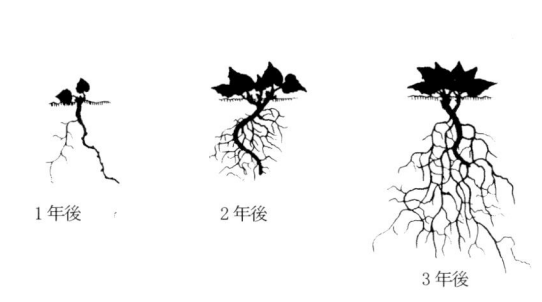

図23 根茎挿し木によって増殖されたフキ（*Petasites paradoxus*）

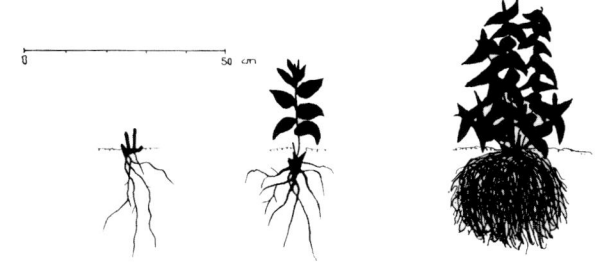

図24 根茎挿し木によって増殖されたカモメヅル（*Cynanchum vincetoxicum*）のその後の生長。標高1,650mの野外実験、挿し木、二年後、三年後

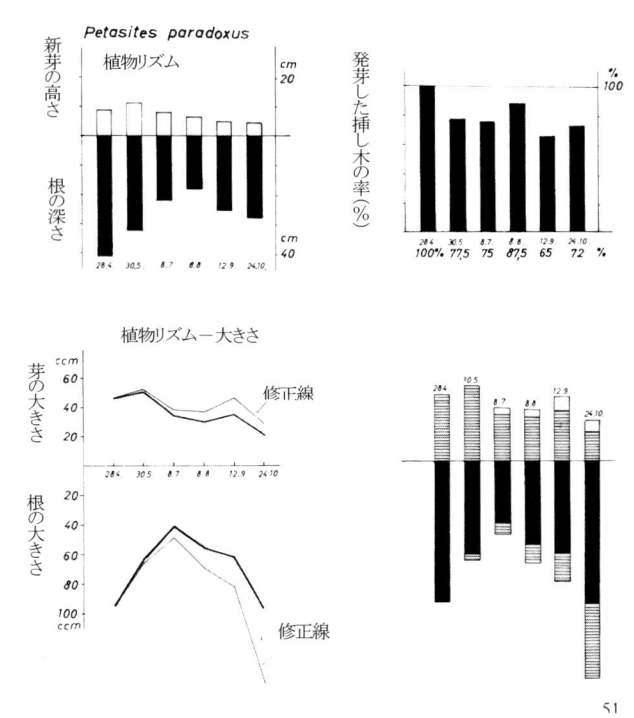

図25 フキ（*Petasites paradoxus*）の根茎挿し木における植物リズム
新芽の長さと根の深さ、大きさ。生長のパーセンテージ

3.5 茎(稈)挿し法

実際の工事には適していないと思われるこの増殖方法は、ここ数年正確な研究や、とりわけE. ビットマン氏が、大がかりに実際の工事に応用したおかげで(1953, 1956, 1957, 1961, 1965)、不確実な播種よりも、はるかに良い増殖方法であることが明らかになった。しかしながら、茎挿し木による増殖は、水辺の植栽工事だけに適用が限られており、緑化工事においても、湿度の非常に高い立地にのみ可能である。海岸に生育するオオハマガヤ(*Ammophila arenaria*)、バルチカオオハマガヤ(*Ammophila baltica*)が、茎挿し木で増殖されており、特に砂丘の工事に用いられている。

経済性を追求するために、今日では挿し木と実生苗の生長の早さを比較することが重要になった。特に品種改良によって問題なく、種子で増殖できるようになった品種において、挿し木と実生苗の生長の早さが問題になった。図 17、24、26、27 は、初めの二年間には、枝挿しの生長が良いが、3年目か遅くとも4年目には、再び実生苗の生長の方が挽回して追い抜くことを示している。一方、根挿しは、常に実生苗よりも生長が悪い。

播種で増殖したフキ(*Petasites paradoxus*)は、さらに根や新しい根茎を形成する。それ以外は、播種と根茎挿しの生長速度はほとんど同じである(図 7、23)。播種による増殖は安上がりであるし、大量の根を消費することなしに、済ますことができるため好まれる。

3.6 むかご

緑化工事に使用できる植物種には、むかごを形成するものはほとんどない。

しかし中には胎生[25]のイヌタデ(*Polygonum viviparum*)やミヤマイチゴツナギ(*Poa alpina* var. *vivipara*)の鱗芽円錐花序、ムカゴイチゴツナギ(*Poa bulbosa*)の塊茎円錐花序など、むかごを形成するものもあり、これを集めて散布することによって増殖の成果を上げている。

私はミヤマイチゴツナギ(*Poa alpina* var. *vivipara*)を使った実験をした。実験条件:イースボーデン苗圃、シュトゥバイタール(谷)のテルフェス市、標高 1,650m。1平方メートルごとに約 100 本の胎生芽。収穫は、茎がすでに緑を失い地面に倒れている時が最も良い。

結果:生長は良く、二年目にはすでに土地全体を覆うように拡がる。しかしながら緑化工事としては、比較的条件の良い泥灰岩、粘土などの土壌で、小さな地滑りが起きた場所や、放牧によって土がむきだしになった場所を保全するなど、限られた範囲でしか使用できない。例えば、柔らかい土壌で放牧をしたときに生じる侵食(アルゴイのシャーフベルク地方、シュレーレンの近くのライブラー層、カッシアナー層、ドロミーテン地方、所々に現れる泥灰層など)をくい止めるため、または芝草面を滑り落ちる雪によって、生じた裸地を迅速に緑化するのにも良い。

その他の植物区系、特に乾燥地帯では、むかごを持つ植物がしばしば生育している。そのような植物は、むかごを大量に得るために栽培することもできる。

3.7 取り木

無性増殖で増やせる木本の中には、枝が下に倒れ地面に付いたところ

---

[25] 一般に植物の種子は母体から脱落した後発芽するが、結実後もしばらく果実が母体にとどまりそこで種子が発芽して、幼植物となる。このような種子を胎生種子という。

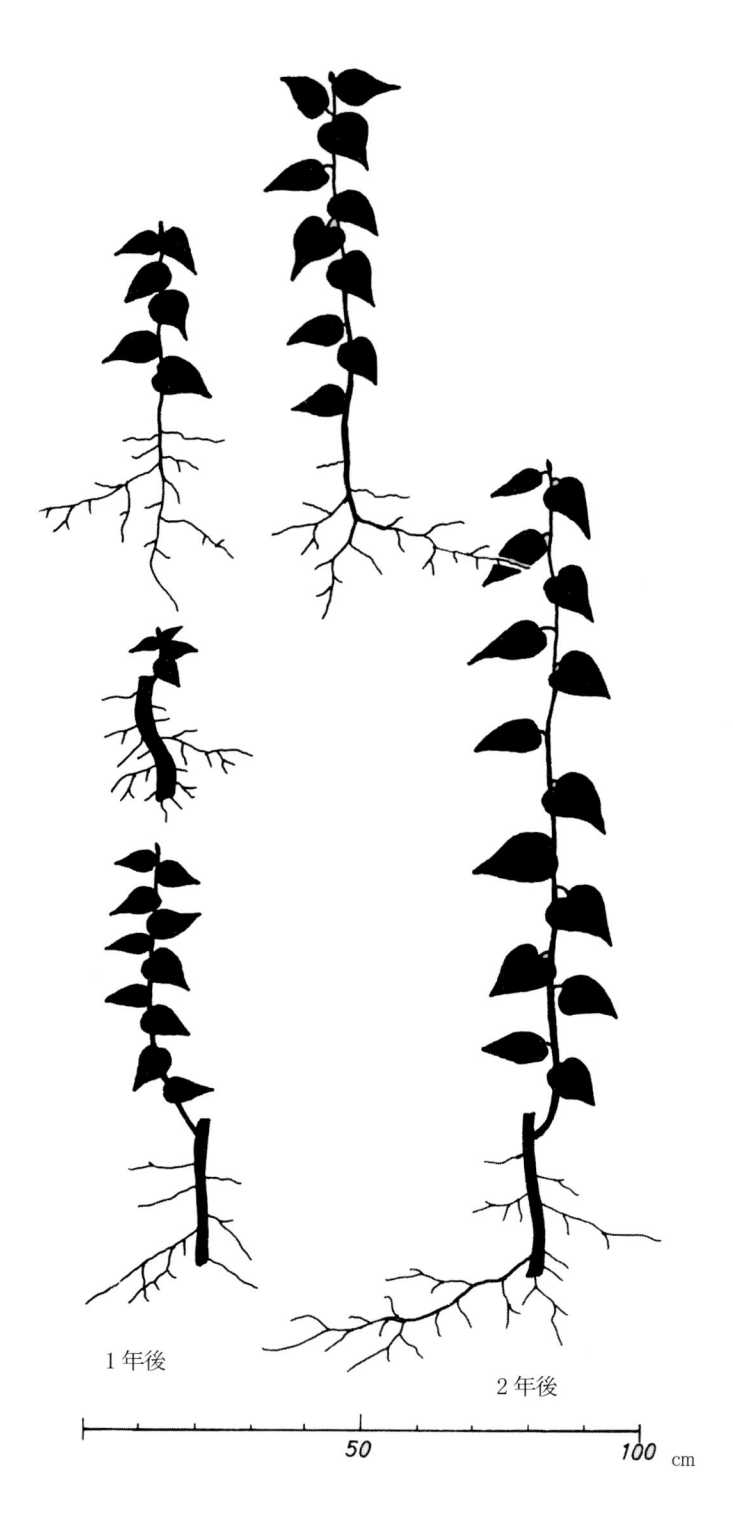

図26 上:ヨーロッパクロヤマナラシの播種からの生長状態、中:根挿しの生長状態、下:枝挿しの生長状態

で根を出すものがある。園芸の分野では一般的にこの特性を利用して、枝を地面に固定し、根が出たところを、親木から切断してもう一つの植物を獲得している。緑化工事では、特に手に入った低木林を、迅速に増殖したい時に、この方法を用いる。

3.8 根の分割と株分け

　侵食や斜面造成作業の際に露出した植物は、分割して再び植えることができる。これは大量の新枝を形成し、土中で根が枝分かれしている植物なら、どんな植物にも行うことができる。とくに低木や、力強く茂み状に生長するイネ科植物や多年生草本などが適している。ヒロハハネガヤ（*Achnatherum calamagrostis*）は、播種ではあまり発芽率が良くないので、もっぱら株分けを行っている。

　かなり前から、匍匐茎（走出枝）を持つ様々なイネ科植物は、一般的に手に入る芝草や種苗栽培園で育てられた芝草を、株分けすることによって増殖されてきた。例えばイタリアではスズメガヤ（*Eragrostis capillaris、cylindrica*）、イワダレソウ（*Lippia repens*）（クマヅヅラ科）、地中海地方全般では、アメリカの乾燥地帯で行われているように、熱帯・亜熱帯のアメリカに自生するイヌシバ（*Stenotaphrum secundatum*）などが株分けされている。アフリカの熱帯地方に由来するチカラシバ（*Pennisetum clandestinum*）も、乾燥地帯において親株を分割して移植することで増殖されることがある。1968年までブラジルには、スズメノヒエ（*Paspalum dilatatum*）などを分割したものを移植することが、唯一の緑化方法とされたところがあった（図28）。

　種子の入手が難しく、匍匐茎を形成する様々な価値の高い栽培種（例えば *Agrostis Cynadon*）は、ゴルフ場などで、はぎ取った薄い芝草を刻んで散布することによって増殖される。

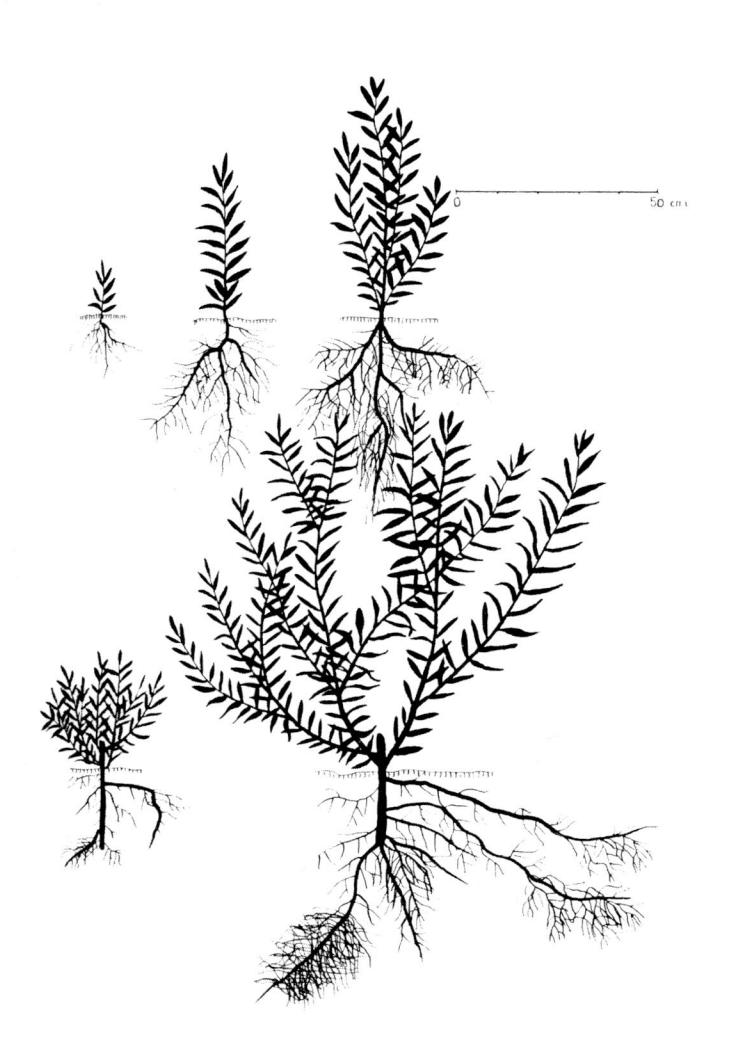

図27　上：イボタノキの播種からの生長状況と　下：挿し木による生育状況

図28　ブラジルにおける走出枝（匍匐枝）の移植によるスズメノヒエ（*Paspalum*）芝草の増殖　（写真：Fa. F. ダンナー氏）

図29　ギリシャで新芽の一部を移植することによって増殖されたツルナ類（多肉植物）

3.9 無性繁殖で増殖可能な植物リスト

これまでの経験から、次に挙げる植物種は、無性増殖させて緑化工事で使用できることが十分に確認されている。

枝挿し（埋幹、埋枝、ブッシュの植え込み、根茎挿し）：

 ヒイラギギク　（*Baccharis viminea*）（北アメリカ）
 キングサリ　（*Laburnum alpinum*）
 キバナフジ　（*Laburnum anagyroides*）
 ナガバクコ　（*Lycium barbarum=halimifolium*）、標高 1,000m まで
 セイヨウイボタ　（*Ligustrum vulgare*）、標高 1,200m まで
 マツバギク類、例えばパヤク菊（*Carpobrotus edule*）、短剣菊（*C. acinaciforme*）、ハナツルクサ（*Aptenia cordifolia*）、デスペーマ（*Disphyma crassifolium*）、ドロサンテムム（美光）（*Drosanthemum floribundum*）、ドロサンテムム（花弥生）*D. hispidum*）、ランプランツス（*Lampranthus roseus*、*L.zeyheri*）全て凍結しない海岸地帯でのみ*
 ドイツギョリュウ　（*Myricaria germanica*）、1,600mまで（オーバーグルグルのロートモース氷河の前方地では 2,300m まで咲いているのを発見した！）
 ウチワサボテン　（*Opuntia ficus indica*）、新芽挿し
 ヨ シ　（*Phragmites communis*）、約 1,400m (1,700m)まで茎(稈)挿しとして
 ピプラリス　（*Pipularis glutinosa*）、（USA）
 クズ　（*Pueraria japonica*、*P.thunbergiana*）、凍結しない地域でのみ
 ヤナギ類　（*Salix alba*）、1,000m (1,300m) まで
 ヤナギ類　（*Salix alba* var. *vitellina*）、1000m (1,200m) まで
 ヤナギ類　（*Salix appendiculata*）、(600m) 1,000～1,800 (2,100m)
 ヤナギ類　（*Salix aurita*）、1,600m まで（南チロルでは 1,700m）
 ヤナギ類　（*Salix caesia*）、1600～2200m
 シネレア・ヤナギ　（*Salix cinerea*）、1,360m まで（チロル）
 ムラサキヤナギ　（*Salix daphnoides*）、300 (500m)～1,800m
 シロヤナギ　（*Salix elaeagnos*）、1,600mまで（ヴァリスでは 1,800m）
 フラギリス・ヤナギ　（*Salix fragilis*）、700m まで
 ヤナギ類　（*Salix glabra*）、580～1,800m (2,100m)
 ヤナギ類　（*Salix glaucosericea*）
 ホコガタヤナギ　（*Salix hastata*）、1,600 (1040)～2,200 (2,400)m
 スイスヤナギ　（*Salix helvetica*）、1,700～2,300m
 ヤナギ類　（*Salix hindsiana*）
 ヤナギ類　（*Salix hegetschweileri*）、1,500～2,000m
 ケナシヤナギ　（*Salix laevigata*）
 ヤナギ類　（*Salix lasiolepis*）
 ヤナギ類　（*Salix lemmonii*）
 ヤナギ類　（*Salix mielichhoferi*）、1,500～1,800m
 クロヤナギ　（*Salix nigricans*）、1,650m (1,800m) まで
 ペンタンドラ・ヤナギ　（*Salix pentandra*）、1,800m (2,100m) まで
 コリヤナギ類　（*Salix purpurea* ssp. *purpurea*）、1,700m (2,450m) まで
 コリヤナギ類　（*Salix purpurea* ssp. *lambertiana*）、1,500m (1,700m) まで
 ヤナギ類　（*Salix repens*）、1,200m (1,700m) まで
 ヤナギ類　（*Salix rubens*）、700m まで
 ヤナギ類　（*Salix triandra*）、1,200m まで（東チロルのマトライ、ブレッターヴァントバッハ（川）では 1600m まで良い成果を上げたが、しかしその後しばらくすると消えてしまった）
 タイリクキヌヤナギ　（*Salix viminalis*）、600m まで（ヴァリスでは 1400m）
 ヤナギ類　（*Salix waldsteiniana*）、2,100m まで
 セイヨウシロニワトコ　（*Sambucus glauca*）、（USA）
 タマリスク　（*Tamarix parviflora*）
 タマリスク　（*Tamarix africana*）
 タマリスク　（*Tamarix gallica*）
 タマリスク　（*Tamarix articulata*）

*ギリシャのレフカス島では、例えばウマゴヤシ（*Medicago arborea*）は、もっぱら枝挿しで栽培され、種子から育てられた場合よりも、力強い生長を示す（H.R. ホフマン氏(Dipl.-Ing.)の報告、於レフカス島）。

根挿し（使用は制限されている）
上記の種に加え、

 ヤマハンノキ　（*Alnus incana*）
 セイヨウメギ　（*Berberis vulgaris*）
 セイヨウハシバミ　（*Corylus avellana*）
 カプレア・ヤナギ　（*Salix caprea*）
 ミヤマウラジロイチゴ　（*Rubus idaeus*）

根茎挿し、走出枝、匍匐枝を形成する根の分割（株分け）：

 ヒロハハネガヤ　（*Achnatherum calamagrostis*）、1,400m まで
 セイヨウノコギリソウ　（*Achillea millefolium*）、2,200m (2,450m) まで
 ヒメヌカボ　（*Agrostis canina***）
 ニガヨモギ　（*Artemisia absinthium*）、1,900m (1,960m) まで
 ノハラヨモギ　（*Artemisia campestris*）、1,300m (1,500m) まで
 オウシュウヨモギ　（*Artemisia vulgaris*）、1,300m (1,500m) まで
 ヤマブキショウマ　（*Aruncus silvester*）、1,500m まで
 セイヨウハシリドコロ　（*Atropa belladonna*）、1,400m まで
 タ ケ　（*Bambus* 種***）
 カモメヅル　（*Cynanchum vicetoxicum*）、1,400m まで
 ギョウギシバ　（*Cynodon dactylon*）、ワイン用のブドウ栽培のできる気候でのみ
 スズメガヤ　（*Eragrostis capillaris***）
 スズメガヤ　（*Eragrostis cylindrica***）
 イワダレソウ　（*Lippia repens***）
 スズメヒエ　（*Paspalum stoloniferum*、*dilatatum* など**）
 チカラシバ　（*Pennisetum clandestinum***）
 フ キ　（*Petasites albus*）、1,600m (1,800m) まで
 フ キ　（*Petasites hybridus*）
 フ キ　（*Petasites paradoxus*）、1,800m (2,200m) まで
 ヨ シ　（*Phragmites communis*）、1,400m (1,700m) まで
 セイヨウニワトコ　（*Sambucus ebulus*）、1,500m (1,700m) まで
 オオツメクサ　（*Spergula pilifera***）
 イヌシバ　（*Stenotaphrum secundatum***）
 クマツヅラ　（*Verbena pulchella***）

以下の種は同じく緑化保全工事にも使用できなくはないだろう。これらの種の無性増殖力は試験で確認されているが、まだ実際の緑化保全工事で使用されたという例はない：

枝挿し

 ダンチク（*Arundo donax*）（茎挿し木）、レンギョウ（*Forsythia suspensa* と *F. viridissima*）、ウマゴヤシ（*Medicago arboreo***）、ヤナギ類（*Salix breviserrata*）、1,700～2400m (3,040m) まで シヒテル（著者）****、*S. adenophylla*（クメラール氏）、*S. aegyptiaca*（クメラール氏）、*S. alba* × *babylonica*（クメラール氏）、*S. alba* var. *vitellina* × *fragilis*（クメラール氏）、*S. argentinensis*（クメラール氏）、*S. atrocinerea*（ヴィアイテツ氏、ベーナ氏、1967）、*S. aurita* × *purpurea*（クメラール氏）、*S. aurita* × *silesiaca*（クメラール氏）、*S. aurita* × *viminalis*（クメラール氏）、*S. babylonica*（クメラール氏）、*S. babylonica* × *fragilis*

**これらのイネ科植物と草本類は、市場で手に入る芝草を、株分けすることによって増殖できる。その際 1:3 から 1:15 の増殖、つまり 1m² の芝草から 3～15m² の面積が植栽される。

***ブラジルでは、これまでの土地に広がったローム土壌（粘土質の土壌）にアスファルト塗装をすることで発電所の設備を侵食から保護していたが、最近数年―ドイツの技術者の提案で―このアスファルト塗装の修復コストがかさむため、鉄道やパイプライン沿いの斜面固定のために、自生する植物を使用してみた。この時、根茎挿し木した様々なタケの種類は、非常に密度の高いローム土壌の上でも実績を上げることが確認された（バウディッシュ氏(Dipl. Ing.)による口頭報告）。また私が提案した、タケのブッシュ敷設工、粗朶束排水管埋め込み法、編柵工で施工したものは、リオ・デ・ジャネイロとサン・パウロを結ぶ高速道路でよく生長している。

****かっこの中に挙げた著者は、実験結果を通して、その種のヤナギが緑化工事に使用できると考えている。

S. caspica(クメラール氏)、S. cinerea × nigricans(クメラール氏)、S. cinerea × viminalis(クメラール氏)、S. cordata(クメラール氏)、S. cordata 雑種?(クメラール氏)、S. dahurica(クメラール氏)、daphnoides × triandra(クメラール氏)、S. dasyclados(クメラール氏、ヒラー氏)、S. elegantissima(クメラール氏)、S. east lansing(クメラール氏)、S. eurasi-americana(クメラール氏)、S. foetida、1,700～2,300m(シヒテル(著者))、S. fragilis × pentandra(クメラール氏)、S. interior(クメラール氏)、S. kangensis(クメラール氏)、S. laggeri 制限付きで(ヒラー氏、シヒテル(著者))、1,900～2,100m、S. lanceolata(クメラール氏)、S. lasiogyne(クメラール氏)、S. lucida(クメラール氏)、S. mackenziana(クメラール氏)、S. matsudana(クメラール氏)、S. matsudana var. tortuosa(クメラール氏)、S. myricoides(クメラール氏)、S. piperi(クメラール氏)、S. purpurea × daphnoides(クメラール氏)、S. purpurea × rossica(クメラール氏)、S. purpurea × schwerinii(クメラール氏)、S. purpurea × silesiaca(クメラール氏)、S. purpurea × siuzewii(クメラール氏)、S. purpurea × viminalis(クメラール氏)、S. retusa(シヒテル(著者))、S. reticulata、約 1,800(1,307)～3,000(3,185)m(シヒテル(著者))、S. rigida(クメラール氏)、S. rossica × viminalis(クメラール氏)、S. salviaefolia(クメラール氏)、S. schwerinii × siuzewii(クメラール氏)、S. sitchensis(クメラール氏)、S. serpyllifolia、1,600～3,100m(シヒテル(著者))、S. speciosa(クメラール氏)、S. starkeana(ヒラー氏)、S. sugayana(クメラール氏)、S. tenuifolia(クメラール氏)、S. tetraspermum(クメラール氏)、S. triandra × viminalis(クメラール氏)、S. turanica(クメラール氏)

根挿し

上にあげた全ての種類と、さらにミヤマウラジロイチゴ(Rubus caesius)、セイヨウヤブイチゴ(Rubus fruticosus)、キイチゴ(Rubus saxatilis)、ルビギノーザバラ(Rosa rubiginosa)、カニーナバラ(Rosa canina)、アルペンローズ(Rosa pendulina)、セイヨウクロニワトコ(Sambucus nigra)、セイヨウニワトコ(S. racemosa)

根茎挿し

ハゴロモギク(Adenostyles alliariae, glabra)、ヤブジラミ(Laserpitium latifolium、panax、siler)、ジンヨウスイバ(Oxyria dygina)、スイバ(Rumex scutatus)、ダンチク(Arundo donax)、イヌタデ(Polygonum cuspidatum, sachalinense)、エゾイラクサ(Urtica dioica)

4 生態工学上の特性による植物種の選択

植物の生体工学的特性とは、特に生態工学的な工事を実際に行うときの必須条件を満たす能力のことである。それには次のものが含まれる。

地滑り地域や侵食によってもたらされるメカニカル(力学的)な負担に対する抵抗力、
植物の根系による土壌結合・安定化能力、
そして、植物の根の十分な強度と剪断強度

4.1 メカニカルな負荷に対する抵抗力による品種の選択

メカニカルな負荷に対する植物の抵抗力は、初めの数年地表の動きは少ない、安定性のある工事形態のところであっても、落石や雪による侵食が起きる可能性があるならば必要である。またブッシュ敷設工、編柵工、粗朶束に用いる植物も、通常よりかなり保護されるとはいえ、落石や侵食の影響を受ける。

オイゲン・ヘス氏(1909)と C.シュレーター氏(1926)によると、アルプスの土砂の上に育つ先駆植物の生長形態は、その土地の風土、一特に土壌の移動などーに適応したものとなっている。また、他にも極端な生育条件に適応したために、正常でない生長形態になっている先駆植物もある。

こうした力学的形態は、その植物種が極端な条件の中で生長したことを示している。それは、頂芽を失っていたり、上に向かって伸びず横に広がっている、横たわった状態で生長しているなど、雪の圧力や剪断力、土壌侵食、土砂の堆積、土壌

面が上下すること、落石などに対しての反応としてあらわれる。

土砂が堆積し、不定根範囲が形成された後でも、最も深い位置にある根が生き続ける品種は、土壌面の揺れ、つまり土砂の堆積と侵食の繰り返しに耐えることができる。それは遺伝学的に若い木本種の場合のみである。そのようなものとして針葉樹の中ではオウシュウアカマツ(Pinus silvestris)やまっすぐな アンシナータ・マツ(Pinus uncinata)が典型的である。オウシュウアカマツ(Pinus silvestris)の場合、根元に土砂が堆積しても、木は枯死することなく 30 年間生き続けられるが、それに対して樹冠の一部までが埋まってしまうと、1～2 回の植生期しか持たない。

土砂の堆積に対してトウヒは耐性がなく、すぐに黄白化し、生長は妨げられ、最終的には枯れてしまう。トウヒはどんな樹齢段階でも、ほんの少しの土砂の堆積にしか耐えられない(図 30、31)。古い下の根の範囲は、上に新しい根が形成されたときに枯れて無くなってしまう。そのため次に侵食が起こると(全ての根がむき出しになって)枯れてしまう。土砂の堆積量が多くなると、乾燥の害はますますひどくなるので、古い木にとっては 2m 程度の土砂の堆積は死を意味する。強烈な土石流がしばしば起こるところでは、トウヒの植分は枯れてしまい、いくつかのトウヒ(ハーゼルトウヒ*)だけが、その後何年間も持ちこたえる。アーヘンゼー(湖)をとりまくカルヴェンデルタール(谷)で、私は 67 年間 70cmから 1.5mの土砂が堆積しても、さらに 84 年間生き続けたハーゼルトウヒを見つけた。そのトウヒは、伸長生長はほとんど止まってしまっていたが、肥大生長は通常より減少していただけだった (図 30)。

F.ファルガー氏(1949)は、未公開の『タンハイマータール(谷)のフローラ』[26]でフィルサルプタール(谷)の死にゆくトウヒの森について報告している。ダムの建設のため 15 年間のうちに、少なくとも 50cmの土砂が堆積した。それ以来そのトウヒは、着生植物の地衣類やコケ植物にどんどんと覆い隠され、次第に枯死してしまう。

*ハーゼルトウヒは、自然の山林に由来する細い樹冠で、ひょろひょろと生長するトウヒを区別してこう呼ぶ。それは特殊な木の構造を持っており Klangholz(響く木)として楽器の製造用、あるいは屋根用のへぎ板として希少価値がある。

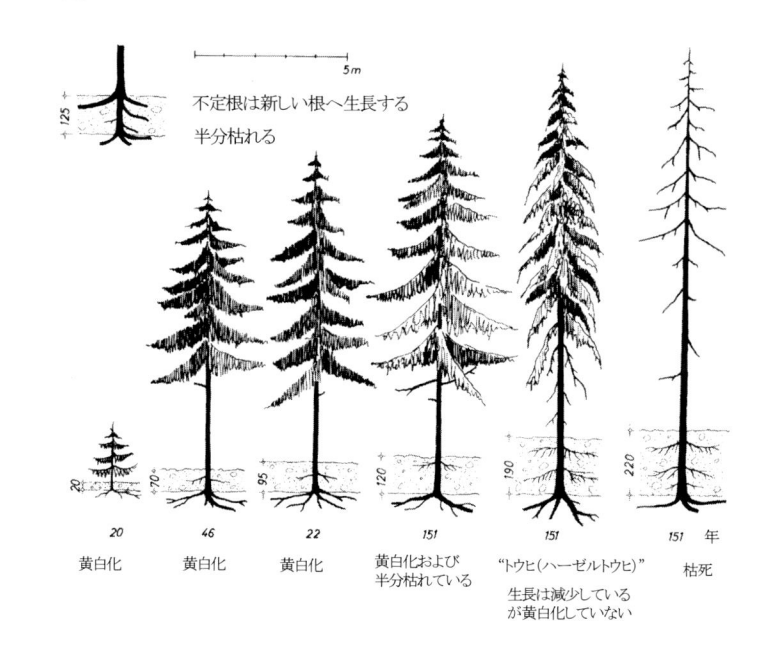

図 30 自然の植分での土砂をかぶったトウヒ

---

[26] 独語名: Flora des Tannheimertales

グナーデンヴァルトのウルシェンライセを示した図31は、同じくオウシュウアカマツ（*Pinus sylvestris*）が、トウヒよりも優勢であることを示している。これらの植分は繰り返し土石流に襲われ、そのためトウヒがマツのために排除されてしまう。しかしながら死にゆくトウヒは少なくとも20年間は持ちこたえ、その間にマツと同じように力強い不定根を形成する。もともとの根と二次的にできた根は、はっきりと区別でき、土砂の堆積は平均1m以上である。伸長生長は、マツの場合でもほとんど抑えられてしまうが、肥大生長はほとんど妨げられない。トウヒの場合肥大生長が減少することから、大きな土石流の襲う時期が特定できるが、オウシュウアカマツ（*Pinus sylvestris*）からは特定することができない。

私はテルフスのザーグルバッハ（川）で、1.15mも土砂が堆積したところから数本のマツを掘り出した。これらのマツは、根元を覆ったエリカ属の低木層が、約10cmの腐植土を生産していたことからも分かるように、かなり長期にわたって土砂に埋められていたのであるが、外見上は肥大生長にも、伸長生長にも影響を受けた様子はなかった。マツは長い間、土砂が堆積したままにならないと、不定根を形成しない（図32）。

これまで観察した中で、最もひどい土砂の堆積は、あるオウシュウアカマツ（*Pinus sylvestris*）の植分で繰り返し起こったものである。これは、頂上の枝だけがやっと土砂の中から顔を出せる、といったくらいのひどい堆積であった。2、3本の木は枯れてしまったが、ほとんどは部分的な害を受けたに過ぎなかった（図33）。

ライン川近くのメヒャーニッヒの鉛鉱山では、浮遊選鉱（浮選）と石英の砂からできた内陸砂丘が樹齢約60年のオウシュウアカマツ（*Pinus sylvestris*）とペトレア・ミズナラ（*Quercus petraea*）の植分を砂で覆った。マツは樹冠まで砂で覆われても約

図31 何度か土砂が堆積したマツ－トウヒの森では、トウヒは枯れてしまったが、マツは生長の減少を被っただけであった

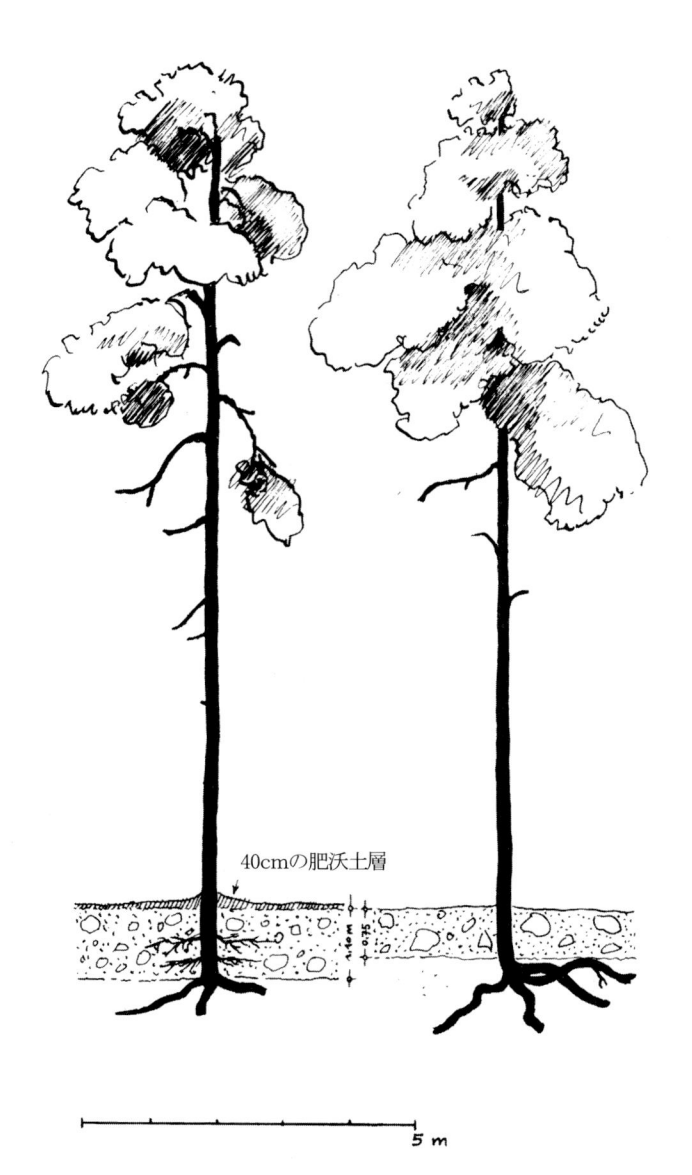

40cmの肥沃土層

図32 土砂が堆積しても、外見上損害を受けていないオウシュウアカマツ（*Pinus sylvestris*）

30年間害を受けなかった。それに対してミズナラは梢には遠くても、枯死し始めてしまった。

ハイマツは他の種のマツとは反対に、全く土砂の堆積に耐えられない。たった数十cm土砂が堆積しただけで、ハイマツ地帯はすべて枯れてしまった（図34）。

それに対して私は、カルヴェンデルタール（谷）の北部でひどく土砂が堆積したアンシナータ・マツ（*Pinus uncinata*）を何度も発見した。それは直っすぐに生長したものと、横たわるように生長したものであった。図35には、エップツィルルで隣同士に生育する二本の *Pinus uncinata* を示しており、広い土砂の堆積地にはセイヨウカジカエデ（*Acer pseudoplatanus*）や、30年前に土砂の堆積が起こる前の森林の一部が残っている。どちらの *Pinus uncinata* にも力強い不定根が形成されていた。

ハイマツは土砂の堆積に対する抵抗力があまりないので、保護林のシモフリマツ地帯はしばしば壊され、土石流は、高木林にまで迫ってしまう。

図33 オウシュウアカマツ (*Pinus sylvestris*) は、2度目に泥の流れの中に埋まってしまった。しかし壊滅的な被害は受けていない！

図34 1mの土砂に埋まったセイヨウナナカマド (*Sorbus aucuparia*) とヨーロッパシラカンバ (*Betula pubescens*)。後ろには土砂が堆積したために枯れてしまったアンシナータ・マツ (*Pinus uncinata*) がある

それからは、モミは樹皮に大きな害を被るので、落石には弱いが、隣の木と樹冠が触れ合うほど密に生長していれば、トウヒに比べ土砂の堆積には、良く持ちこたえることが分かる。

セイヨウビャクシン (*Juniperus communis*) にも、土砂の堆積にはかなりの抵抗力があることを確かめることができた。図36はテルフスのザーグルバッハで50cmの土砂で埋まったビャクシンを示している。もともとの根系および新芽の一部が枯れている。

いくつかの広葉樹は、─少なくともその中の先駆植物は─針葉樹よりも、土砂の堆積に関しては抵抗力が高いとされている。しかし驚くことに、腐植土が必要とされている植物種でも、しばらく持ちこたえることのできる植物もある。例えばヨーロッパシラカンバ (*Betula pubescens*)、セイヨウナナカマド (*Sorbus aucuparia*)、セイヨウカジカエデ (*Acer pseudoplatanus*) である。

カエデは、山林の木本の中で、常に最後まで生き続ける植物種といえる（ツェル氏、シヒテル（著者）、シュタウダー氏、シュテルン氏 (1966) も参照）。

図37は、全長の42%を土砂で埋められた、比較的若いカエデ属の一種であるが、活力には影響がないようである。

私は土砂に埋まったナナカマドを何度も見た。2,200mまでになる中央アルプスでも見ることができる。例えばリューゼンザー氷河では、標高1,800mの植分全体が、土石流だけでなく雪崩にも襲われているが、そこでもナナカマドは観察された。また、北チロルの石灰アルプスでは、標高1,500mのファルツトゥルンタール（谷）後方の土砂流の中に、図34が示しているように、土砂が1mも堆積したが、ナナカマドの一種が、ドロマイト層の土砂地で実をつけ、盛んに生長しているのを観察した。

また同じ図（図34）からは、ヨーロッパシラカンバの抵抗力が、セイヨウナナカマドよりかなり劣ることを示している。土砂がほんの少しだけ堆積したヨーロッパシラカンバ（写真後方）は、まだ害を受けていないが、一方、1m土砂が堆積したもの（前方の左）はすでにひからびている。

キッツビューエルの小川に近い栽培園では、樹齢21年の梅の木を見ることができた。それは50cmの泥を被ったが、それにも関わらず、更に20年生き続け、実をつけた。

キルヒナー氏、レーフ氏、シュレーター氏 (1908) は、ベルナー・オーバーランドの軽い土砂の堆積したクルミの木について叙述している。

ヤナギは、これまで示したどの植物種より優れた能力を持っている。北チロルに自生するほとんどのヤナギ種は、大量の泥の堆積に対して抵抗力があるばかりでなく、堆積や侵食が繰り返し起こっても耐えられる。最も重要なのは、コリヤナギ (*Salices purpurea*)、シロヤナギ (*elaeagnos*)、クロヤナギ (*nigricans*) など、最もよく使われる品種の能力であり、私は何度も土砂の堆積したこれらのサンプルを掘り出した。どれからも活力や生長の減少は見受けられなかった。

図35 ひどく土砂が堆積したアンシナータ・マツ (*Pinus uncinata*)、直っすぐに生長したものと横たわったもの

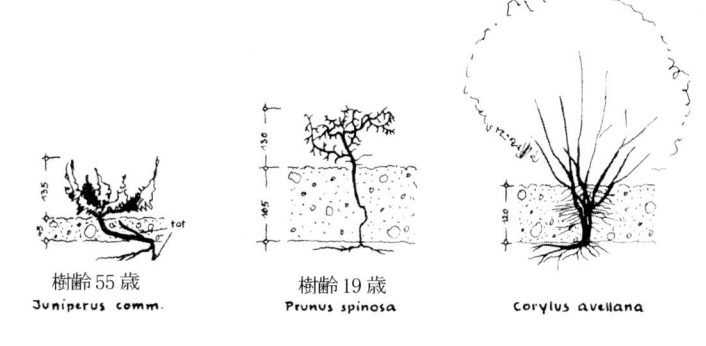

図36 土砂の堆積した低木：セイヨウビャクシン (*Juniperus communis*)、クロトゲザクラ (*Prunus spinosa*)、セイヨウハシバミ (*Colylus avellana*)

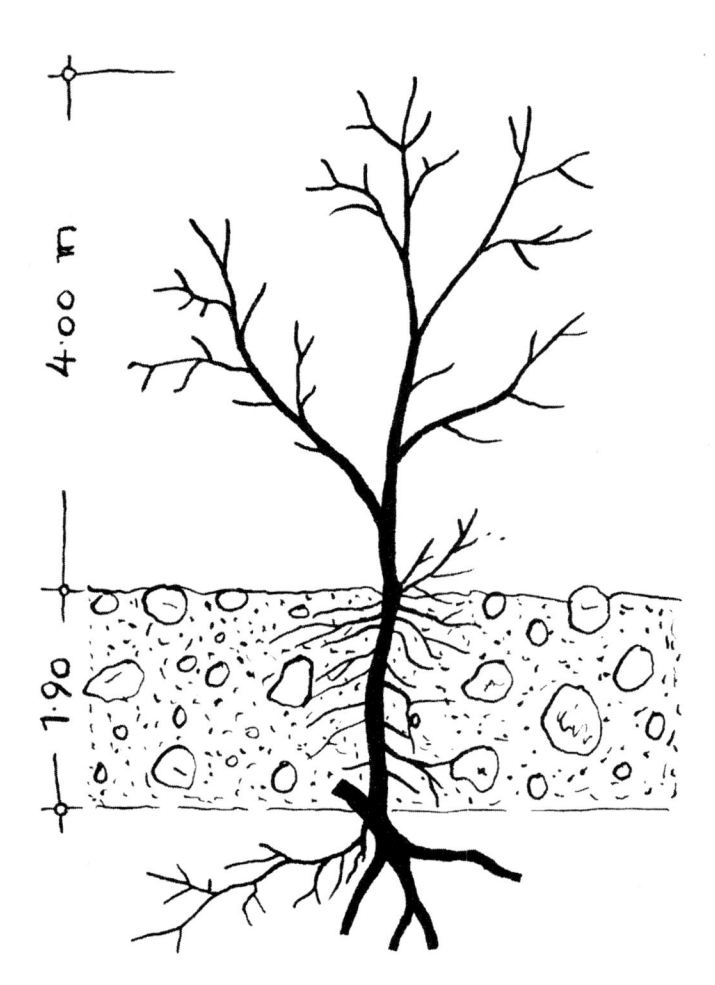

図 37 深く土砂に埋まった若いセイヨウカジカエデ（Acer pseudoplatanus）、全く健全である

図 39 コリヤナギ（Salix purpurea）は土石流によって折られ、土砂に埋まり、後に再び侵食されたが、持ちこたえた

21年
生長の減少は見られない

19年
生長の減少は見られない

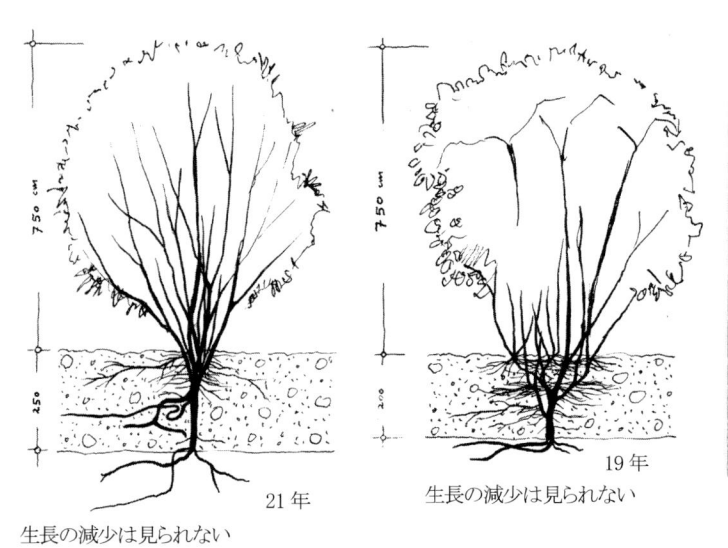

図 38 土砂に埋まったコリヤナギ（Salix purpurea）とクロヤナギ（Salix nigricans）

図 40 一度土砂が堆積し、その後再び地表に現れたシロヤナギ（Salix elaeagnos）の幹から出た不定根

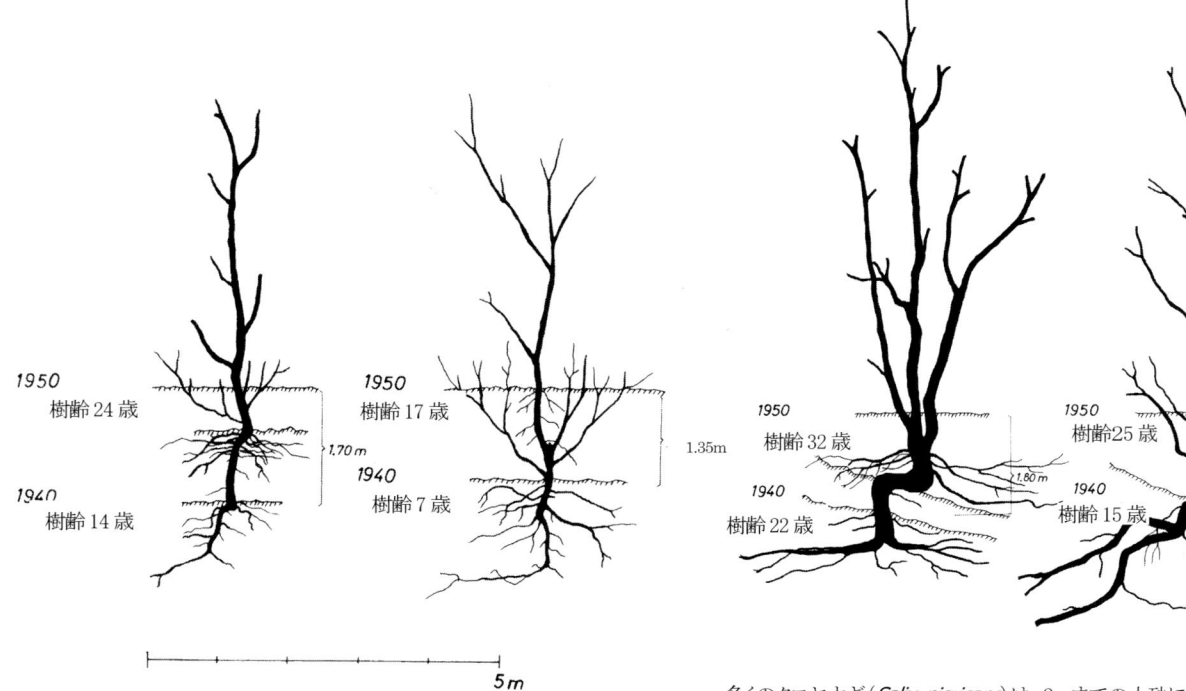

図41 シロヤナギ(*Salix elaeagnos*)の10年間の土砂の堆積

図42 封鎖を開けて空になった砂防ダムの中（土砂のたまる所）に生えたシロヤナギ(*Salix elaeagnos*)。土砂が堆積したが、生長の減少は見られず、根茎からは力強く芽が出ている

多くのクロヤナギ(*Salix nigricans*)は、2mまでの土砂に埋まっていた。これは生長形態が変化していること（小木ではなく茂み状になっていること）から分かる。また比較的若いクロヤナギ(*Salix nigricans*)は、2mの土砂の堆積に持ちこたえる（図38）。

コリヤナギ類(*Salix purpurea* ssp. *lambertiana*)の適応性は、はるか以前から良く知られている。それゆえ、20年の歳月を経た大きな茂みが、2.5mもの高さの泥に覆われても何の影響も受けないことは、驚くべきことではない（図38）。

図39のコリヤナギ(*Salix purpurea*)は、東チロルのマトライで悪名高いブレッターヴァントバッハの土石流によって埋められ、その際地面から出ていた部分は、もぎ取られてしまった。後の洪水の時に、再び地表に現れてから、この植物は再生し不定根を形成し現在もまだ生きている。

同様に土砂が堆積する度に出る、新しい根(ジークリスト氏、1913)は、水辺でも水面が変化することで、しばしば形成される（図40）。

シロヤナギ(*Salix elaeagnos*)は、コリヤナギ(*Salix purpurea*)よりも、水平面の変化に対する抵抗力では優っていると考えている。それは、木のような形態に生長し、根が深く達しているためであろう。

ヤナギ類の場合、マツのように、年輪から土石流の起こった時期を確定できないので、ツィルルのシュロースバッハ（川）で、他の手段を使って日付と土砂の堆積年数を確認した。そこでは1938年に砂防ダムが構築され、その中で土砂が堆積していった場所には何本かのシロヤナギ(*Salix elaeagnos*)が生えていた。1940年にダムが次第に埋まって土砂で一杯になった時、それらのヤナギは場所によっては1.35mから1.80mの深さに埋まっていた。2本のヤナギは、ダムが満杯になる前に土石流にさらされたために鉤型に変形していた（図41）。1950年に暗渠を開けてこのダムが空になった時、ヤナギは再び部分的に地表に出てきていた（図42）。私はそれを完全に掘り出し、樹齢、高さ、堆積している土砂の高さを確認した。最も若いヤナギはダムが土砂で一杯になった時、樹齢7年であり、最も年数の経ったもので22年であった。10年間にわたる土砂の堆積の間、数多くの芽や根が、二次的に形成された。土砂の堆積によって、伸長および肥大生長は減少してはいなかった。

これまで私が観察した中で、植物に害を与えずに堆積した土砂は、最も高いものでテルフスのザーグルバッハで見られた3.4mになる例であった（図43）。樹齢は確実ではないが、だいたい35年であった。土砂は一度の流れで運ばれたようである。

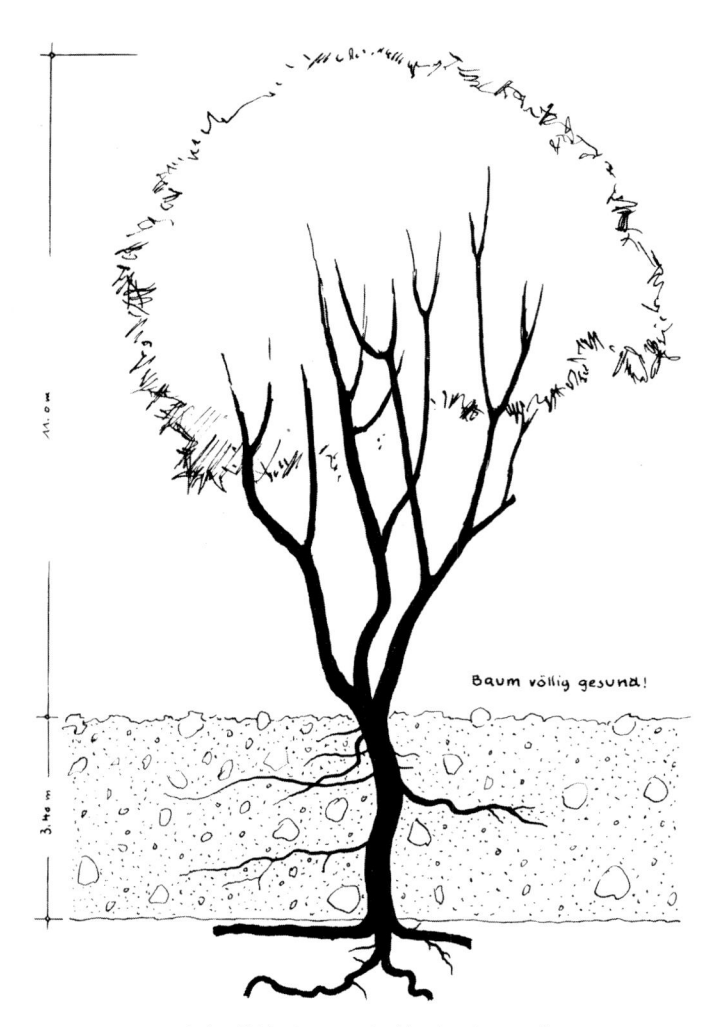

図43 土砂の堆積したシロヤナギ（*Salix elaeagnos*）

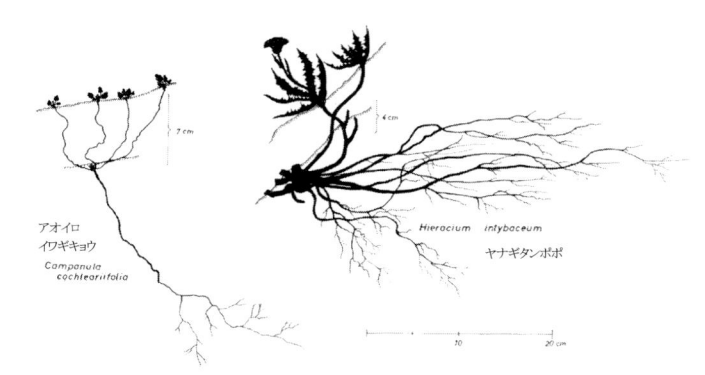

図45 土砂を被ったアルプスの先駆草本植物

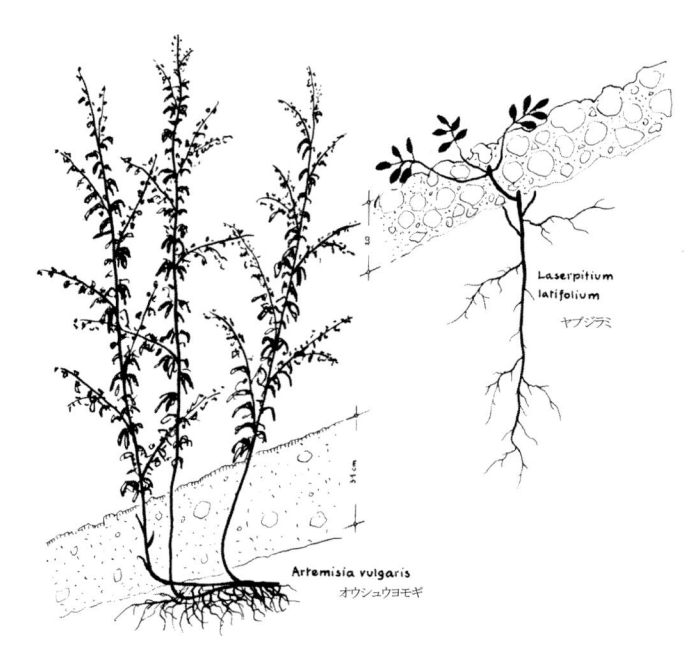

図46 土砂を被った先駆草本植物

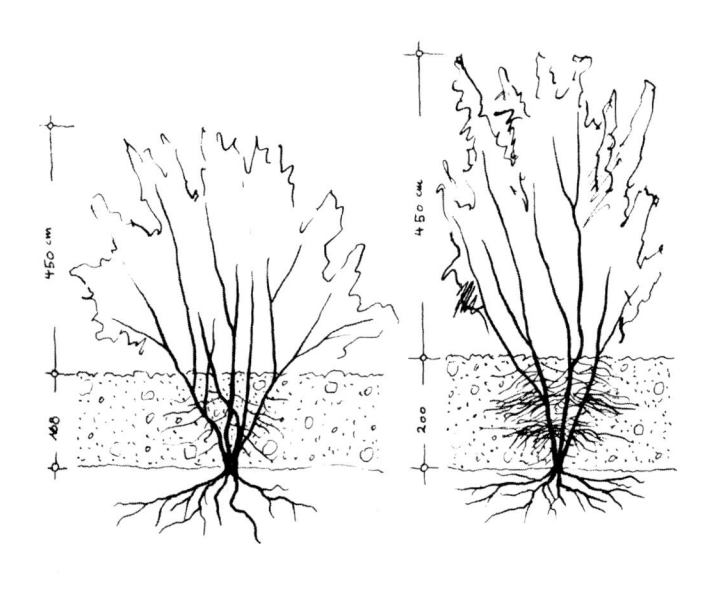

図4 土砂の堆積したセイヨウメギ（*Berberis vulgaris*）と
セイヨウイボタ（*Ligstrum vulgare*）

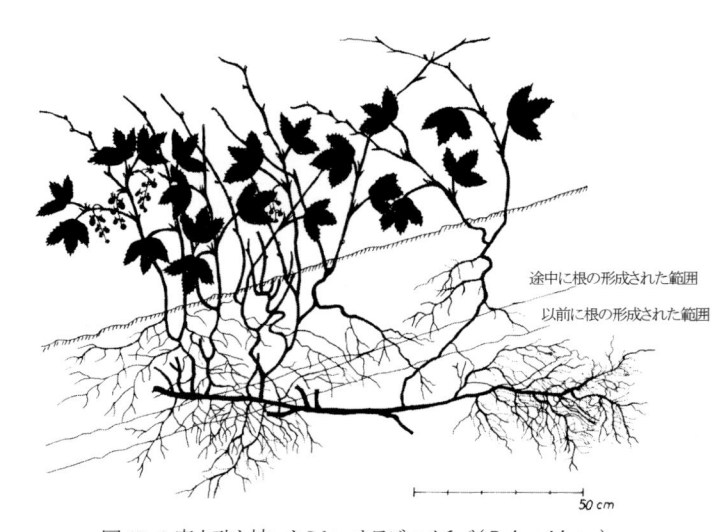

図47 2度土砂を被ったミヤマウラジロイチゴ（*Rubus idaeus*）

少ないが力強い不定根が形成されていた。

私はこのシロヤナギ（*Salix elaeagnos*）と一緒に、近くに生えていたセイヨウメギ（*Berberis*）とセイヨウイボタ（*Ligstrum vulgare*）の低木を掘り起こした。この二種は深く（1.68mから 2.0m）埋まっており、伸長生長が増えていることが分かった（図44）。

その他の低木にも、同じように土砂の堆積に対する強い抵抗力を確かめることができた。例えばセイヨウハシバミ（*Corylus avellana*）が 1.2mまで、クロトゲザクラ（*Prunus spinosa*）が 1.65mまでで、これは全長の 56％にもなる（図36）。

セイヨウサンザシ（*Crataegus monogyna*）、セイヨウニワトコ（*Sambucus racemosa*）も抵抗力を持っている。

土砂の堆積に対する抵抗力の序列は、木質化した植物にも、まだまだ存在する。この地域に生える、様々なアルプス地方特有の土砂植物の研究成果は、文献で充分に知られている。図 45 は典型的な例としてホタルブクロ（ヒメシャジン）（Campanula pusilla）とヤナギタンポポ（Hieracium inthybaceum）を示している。どちらも芽の再生を可能にする特徴的な『頂芽』を示している。

土砂に典型的に生える植物としては挙げられない植物も、場合によっては、土砂の堆積に対して強い抵抗力を持っている。

ヤブジラミ（Laserpitium latifolium）は、引っ張りの負荷に対して強く、土中深く貫通する直根を持っているために、緑化工事に適している植物であるが、このヤブジラミ（Laserpitium latifolium）やカノコソウ（Valeriana tripteris）とオウシュウヨモギ（Artemisia vulgaris）は、ひどく土砂が堆積した後でも、生長が目立って悪くならないのを、私は何度も観察した、（図 46）。

ミヤマウラジロイチゴ（Rubus idaeus）が、土砂の堆積や落石に関して、最もたくましい植物の一つであることには驚かれるのではないだろうか。ツィルルのランゲン暴れ川では、このたくましい能力のおかげで、他の木本が生育することのできない土地を、広く征服し、競争がないために、数十年間も生き続けた、ミヤマウラジロイチゴが観察された。このミヤマウラジロイチゴは、絶え間なく土砂が堆積し、新芽が出るのを阻害されたために、幾度となく根を形成していた（図 47）。こうした能力を持ち、無性増殖で拡がる能力も強いため、ミヤマウラジロイチゴの安定化作用は、特に高い。

フキタンポポ（Tussilago farfara）も、同じ様な能力を持っているが、その根はもろい。

単植したものであっても、適した種であれば、植え込んだ1年後にはすでに土砂の堆積に耐えることができる。そのことは特に、苗木敷設工や列状植栽ブッシュ敷設工に、そのような植物を使用するために重要である。このような先駆植物は、土で覆われた幹の部分全体に不定根を出し、それによって通常よりもよく土壌を安定化することができる。

表3 アルプス地域で土砂の堆積に対して抵抗力のある重要な植物のリスト

植物名	高さ(cm)	直径(cm)	土砂の堆積(cm)	高さに対するパーセンテージ	樹齢	状態
セイヨウビャクシン（Juniperus communis）	185	7	51	27.5	–	–
ドイツトウヒ（Picea excelsa）	66	3	6	9	10	鉤型
ドイツトウヒ（Picea excelsa）	203	5	24	10	20	–
ドイツトウヒ（Picea excelsa）	905	22	70	6.6	46	黄白化
ハーゼルトウヒ》Haselfichte《	1500	34	70	5	151	生長が遅い
ドイツトウヒ（Picea excelsa）	1050	18	100	9.5	22	黄白化
ドイツトウヒ（Picea excelsa）	1150	26	120	10	151	黄白化、半分乾燥
ドイツトウヒ（Picea excelsa）	1250	26	190	15	–	黄白化、枯れつつある
ドイツトウヒ（Picea excelsa）	1500	–	220	14.5	–	枯死
オウシュウアカマツ（Pinus silvestris）	1350	25	70	5.2	–	–
オウシュウアカマツ（Pinus silvestris）	–	24	115	8.8	–	–
オウシュウアカマツ（Pinus silvestris）	1300	27	115	8.8	–	–
アンシナータ・マツ（Pinus uncinata）	490	–	105	21.5	79	やや黄白化
アンシナータ・マツ（Pinus uncinata）	200	6	70	35	51	–
セイヨウカジカエデ（Acer pseudoplatanus）	580	14	170	29.5	35	–
セイヨウカジカエデ（Acer pseudoplatanus）	610	12	170	28	25	–
セイヨウカジカエデ（Acer pseudoplatanus）	650	20	190	29	32	–
ヨーロッパシラカンバ（Betula pubscens）	490	–	100	25	–	やや干からびる
セイヨウメギ（Berberis vulgaris）	450	5.5	168	37.5	–	–
セイヨウメギ（Berberis vulgaris）	450	4.5	130	29	–	–
セイヨウハシバミ（Corylus avellana）	370	8	120	32.5	–	–
セイヨウイボタ（Lingstrum vulgare）	550	4	200	36.5	–	–
クロトゲザクラ（Prunus spinosa）	201	3.4	71	35.4	–	–
シロヤナギ（Salix elaeagnos）	450	4	170	38	24	–
シロヤナギ（Salix elaeagnos）	450	7.5	135	30	17	–
シロヤナギ（Salix elaeagnos）	800	18	180	22.5	32	–
シロヤナギ（Salix elaeagnos）	650	14	180	27.5	25	–
シロヤナギ（Salix elaeagnos）	1100	–	340	31	–	–
クロヤナギ（Salix nigricans）	600	22	210	35	–	–
コリヤナギ類（Salix purp. lamb.）	750	7	220	29.4	–	–
オウシュウヨモギ（Artemisia vulgaris）	125	–	31	25	–	–
ヤブジラミ（Laserpitum latifolium）	80	–	20	25	–	–
ミヤマウラジロイチゴ（Rubus ideaus）	70	–	36	51.5!	–	–
ニワウルシ（Ailantus glandulosa）	測定なし。観察だけされたもの					
ヨーロッパハンノキ（Alnus glutinosa）	測定なし。観察だけされたもの					
ヤマハンノキ（Alnus incana）	測定なし。観察だけされたもの					
ミヤマハンノキ（Alnus viridis）	測定なし。観察だけされたもの					
（Tamarix gallica）	測定なし。観察だけされたもの					

特に泥の堆積に対して抵抗力が強いのは、根系に大きな導管のあるヨーロッパハンノキ（Alnus glutinosa）である。この植物は根に酸素を貯蔵できる能力を持ち、他のハンノキ属よりも深いところに根付き、亜泥炭やグライ土、沼沢地に生育し、細かい泥などの圧縮された土壌層を耕起するために役立つ。

植え込まれた初年度に、泥の堆積によって埋まってしまったヤナギの挿し木も調査した。こういうことは洪水の際によく起こることである。このような酸素が遮断される堆積が起こるときには、クロヤナギ（Salix nigricans）が最も強い抵抗力を示し、一方シロヤナギ（Salix elaeagnos）は過敏に反応して新芽が出せなくなってしまう。コリヤナギ（Salix purpurea）も密度の高い泥の堆積のために通常とは異なる生長をした（新芽と根の割合が変化し、新芽はたくさん出すが、根の生長は抑制されてしまった）。図48にはそれぞれ10本の挿し木の平均値が上げられている。

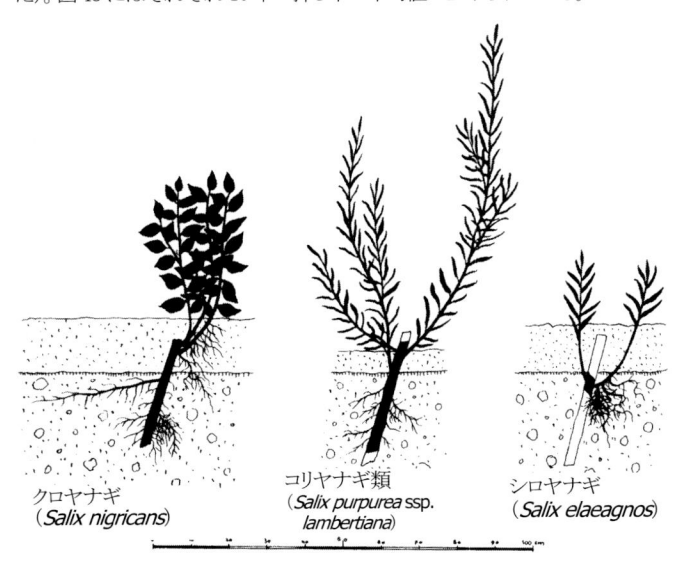

図48　密度の高い泥の堆積によって埋まった1年目のヤナギの挿し木

侵食に強い品種（根の露出）

これまで言及したように、ヤナギはひどい土砂の堆積に対してだけではなく、それに引き続いて起こる侵食に対しての抵抗力を示す、価値の高い特性を持っている。

河川や小川沿いのように、このような水面の変化が絶えず起こっているような所では、時としてヤナギが継続群落として落ち着くことがある。なぜなら、ヤナギは地面に浅く根を張る、ヤマハンノキ（Alnus incana）よりも抵抗力が強いからである。

私は土の掘り出し作業をしたために、根株の半分が4カ月にわたって露出してしまったセイヨウトネリコ（Fraxinus excelsior）を観察する機会があった。樹齢約20年のこの木はその後再び土で埋められ、その後の年には、近くにあった何もされていない植物とほとんど同じように生長した。

もちろん土砂に生える特異な植物は、全て侵食に対して際だった抵抗力を示す。中でもフキ（Petasites paradoxus）、シラタマソウ（Silene vulgaris）、タテガタスイバ（Rumex scutatus）、ヒメスイバ（Rumex acetosella）、ヤナギラン（Epilobium angustifolium）、コウリンタンポポ（Hieracium staticifolium）、キイチゴ（Rubus saxatilis）、ミヤマウラジロイチゴ（Rubus ideaus）、セイヨウツメクサ（Trifolium badium, pallescens）、ヨウシュイブキジャコウソウ（Thymus serpyllum）、ニガクサ（Teucrium montanum）、アオイロイワギキョウ（Camnpanula cochleariifolia）、カノコソウ（Valeriana tripteris）、トウダイグサ（Euphorbia cyparissias）、レンリソウ（Lathyrus silvestris）、モメンヅル（Hippocrepis comosa）、セイヨウミヤコグサ（Lotus corniculatus）、コゴメナデシコ（Gypsophila repens）、フキタンポポ（Tussilago farfara）、モメンヅル（Anthyllis vulneraria）、クルマバゲンゲ（Dorycnium germanicum）は抵抗力が強い。そのためこれらの植物が、様々な崩壊地に最初に入植するのを見ることは不思議なことではない。浅く根を張る植物は全て、侵食が起こるとすぐにやられてしまうので、たいてい、深く根を張る多年生草本の方が、侵食に対して抵抗力があると言われている。

土壌侵食が起きると、根が支える形（支柱根）になったり、地下茎がたれた形になったりと形態を変えることがある。これについてはラウ氏（1939/42）やヴァレスキ氏（1937）が描写している。そのとき、根は維持器官[27]となり、再び後に綱状の直根に沿って不定根を形成する。

雪の崩落によって引き起こされる侵食、雪の下降漸動、土石流による損傷から、自分の命を守るために、植物には三つのいずれかの可能性がある。

1. 氷点下においても、植物が強い抵抗力を持っていること。芽は曲がらずに抵抗し、雪に埋まったり横たわったりせず、雪の中から出る。雪から芽を出した植物は雪をせき止めるので、雪崩による侵食を防止する技術的工事と同じ作用をする。雪の重さや侵食の負担に適応した結果、場合によっては木のような形態に生長した植物種にバシトニーが促進される。つまり、根から力強い芽が大量に出て、たくさんの幹を持つ大きな茂みとなる。典型的な形態としては、主幹の屈曲、鉤型、幹が太くなるなどがあげられる。

2. 弾力性のある植物種は、負荷がかかると折れずに横に倒れて、損害を免れることができる。典型的な植物は、セイヨウハシバミ（Corylus avellana）、キングサリ（Laburnum alpinum）、ミヤマハンノキ（Alnus viridis）、ハイマツ（Pinus mugo）、ヤナギ類（Salix appendiculata）、ヨーロッパブナ（Fagus silvatica）などである。これらの植物は、倒れることによって大きな土石流の害から自分自身を守り、地面を覆って侵食も防ぐ。典型的な適応形態としては、サーベル型、時々傾いて倒れた『ハーブ型』（シュレーター氏、1908）も見られる（図49）。これらの植物種は雪崩の通り道や、雪崩による侵食が起こる土地にも生育することができる。そのため上述の植物種があれば、しばしば夏でも雪崩侵食地帯や雪崩がよく通る道であることが分かる。

3. 多年生草本はえぐられ、しばしば地上部と地下部の境目か、それよりも深いところからむしり取られる。土砂が滑り落ちる時には、石が芽を剪断する。積もった雪が滑るときに、芽が雪に凍り付いていると、引っ張りの負荷のために切り裂かれてしまう。つまり植物はまず初めにひどい損害を受けることになる。もしそれらの植物が深く根付いていたり、根茎を持っていれば、まだ十分に新芽を出すことができる（図45）。典型的な植物種としては、フキ（Petasites paradoxus）、シラタマソウ（Silene vulgaris）、コゴメナデシコ（Gypsophila repens）、タテガタスイバ（Rumex scutatus）、ジンヨウスイバ（Oxyria digyna）その他がある。適応形態は、シュレーター氏によると『土砂を這う植物』、『土砂に広がる植物』、『土砂を覆う植物』である。

図49　雪崩が通り過ぎたために傾いて倒れ、ハーブ型になったセイヨウハシバミ（シュレーター氏）

---

[27] 水分や栄養分を取り入れる器官のこと

図50 落石のためにハープ型となった2年目のヤナギの茂み

緑化工事には、上に挙げた三つの抵抗形態の中でどれが最も適しているかということを考え、種の選択をしなければならない。通常は組み合わせて行なう。
私が北チロルの多くの場所で観察した抵抗力を示す品種のリスト:

1. として ヨーロッパシラカンバ（Betula pubescens）、セイヨウカジカエデ（Acer pseudoplatanus）、年数の経ったもの、セイヨウハシバミ（Corylus avellana）、セイヨウナナカマド（Sorbus aucuparia）、セイヨウトネリコ（Fraxinus excelsior）、ナナカマド（Sorbus aria）、エゾノウワミズザクラ（Prunus padus）、シロヤナギ（Salix elaeagos）年数の経ったもの

2. として セイヨウカジカエデ（Acer pseudoplatabnus）若い頃のもの、セイヨウメギ（Berberis vulgaris）、ミヤマハンノキ（Alnus viridis）、ミズキ（Cornus sanguinea）、ヨーロッパブナ（Fagus silvatica）低木状のもの、セイヨウイボタ（Ligstrum vulgare）、ハイマツ（Pinus mugo）、ヤナギ類（Salix waldsteiniana）、スイスヤナギ（helvetica）、ホコガタヤナギ（hastata）、シロヤナギ（eleagnos）若い頃のもの、ヤナギ類（glabra, appendiculata）、コリヤナギ（purpurea）

3. として コゴメナデシコ（Gypsophila repens）、セイヨウミヤコグサ（Lotus corniculatus）、ヒロハハネガヤ（Achnatherum calamagrostis）、フキ（Petasites paradoxus）、ミヤマウラジロイチゴ（Rubus idaeus）、タテガタスイバ（Rumex scutatus）、シラタマソウ（Silene vulgaris）、ベニバナツメクサ（Trifolium hybridum）

このリストは完全ではない。

落石に対する抵抗力
　針葉樹の中でハイマツとビャクシンが典型的な『落石植物』である。ハイマツの林の中には、特別樹木が何の被害も受けていないのに、岩石が丸ごと残っていたりする。この植物は、土砂の堆積に対しては過敏な反応を示すが、その分、落石に対する抵抗力は強い。
　広葉樹の反応は異なり、特に保護する葉が落ちてしまっている植生休眠期に、落石の多発する期間が当たってしまうと顕著である。

　広葉樹の場合、実生の苗は石が当たると死んでしまい、数年たった新枝は衝突された面の皮が剥げ、枝は下に垂れ下がる。大きな枝でさえ霰のようにふってくる落石には砕かれてしまう。次の春には、樹皮や形成層がまだ残っている幹の下の部分、通常地際に新芽が出てくる。これがすぐに生長し、同じく次の年にもしばしば落石期間の犠牲となる。その結果植物は新しく再生し、段階状の形態を持つようになる（図50、51）。このような現象は繰り返されることがあり、根系が何年かの内に落石に負けない芽を出すほどに育つ。垂れ下がった古い枝は枯れてしまい、最終的には落石によって折られてしまう。それよりも強い幹は毎年被害を受けることもある。しかしこのような幹は、その下に生えている植物の防壁となり、植生を保ち続け、時には上に向かって、突き進むことさえある。
　水辺ではひどい洪水によって低木全体が地面に押しやられ折り曲げられてしまう。水が引いた後、次の再生時に新芽が形成される。その結果、同じく段階形態（シュレーター氏は『ハープ型』と表現している、1908）がつくられる。これは、ドイツギョリュウ（Myricaria germanica）によく見られるが、その他ほとんどの水辺に生える木（ホソバグミ（Hippophae）、ガマズミ（Viburnum lantana）、セイヨウカンボク（Viburnum opulus）、スイカズラ（Lonicera xylosteum）、エゾノウハミズザクラ（Prunus padus）、クロウメモドキ（Fragula alnus）など）にも見られる。
　崩壊地ではこのような形態を、ヤナギ、ヤマハンノキ、セイヨウハシバミ、ニワトコ、スイカズラ、ヨーロッパヤマナラシ、シラカンバ、ガマズミ、トネリコ、ナナカマド、セイヨウナナカマド、ホソバグミ、イボタノキ、メギ、エゾノウワミズザクラ、セイヨウカジカエデに見つけた。ヤマハンノキは弾力性がなく、曲がらないので意外なのであるが、全てのヤナギ種に比べて、はるかに落石に対する抵抗力が強い。
　崩落に対する抵抗を示すもののように、落石に対する抵抗力を持つ草本類は、まず初めに被害を受け入れる植物グループの典型である。根茎や芽（頂芽）から、その後再生が始まる。
　ひどい落石に対する抵抗力がしばしば観察された品種のリスト:
ヨーロッパカジカエデ（Acer pseudoplatanus）、ヤマハンノキ（Alnus incana）、ミヤマハンノキ（Alnus viridis）、ヨーロッパシラカンバ（Betula pubescens）、シダレシラカンバ（Betula pendula）、セイヨウメギ（Berberis vulgaris）、セイヨウハシバミ（Corylus avellana）、セイヨウトネリコ（Fraxinus excelsior）、ホソバグミ（Hippophaë rhamnoides）、セイヨウビャクシン（Juniperus communis）、ハイビャクシン（J. nana）、スイカズラ（Lonicera xylosteum）、セイヨウイボタ（Ligustrum vulgare）、ハイマツ（Pinus mugo）、ヨーロッパヤマナラシ（Populus tremula）、エゾノウワミズザクラ（Prunus padus）、ヤナギ類（Salix caprea, appendiculata, daphnoides, nigricans, elaeagnos, purpurea, glabra, waldsteiniana, foetida）、セイヨウクロニワトコ（Sambucus nigra）、セイヨウニワトコ（Sambucus racemosa）、ナナカマド（Sorbus aria）、セイヨウナナカマド（Sorbus aucuparia）、ヤマブキショウマ（Aruncus silvester）、ヤマアワ（Calamagrostis epigeios）、ヤナギラン（Epilobium angustifolium）、レンリソウ（Lathyrus silvester）、フキ（Petasites paradoxus）、ミヤマウラジロイチゴ（Rubus idaeus）、フキタンポポ（Tussilago farfara）

図51 落石によってハープ型になったヤマハンノキとヤナギ

4.2 土壌を固定する植物種

土壌を固定するという特性は、土壌を貫通する根の形や太さ、根の量によって決定される。また根の引っ張り強度も関係している。

北チロルで大きな崩壊地を緑化した時(1949)、植物はほとんどが、地上にある部分から想像したものと、実際の根の形状が全く異なるものであることがわかった。そこで私は、その後数年間に、数千本の植物を掘り起こし、実際の工事に役立つデータを得た。以下にこれについて説明をする。

図52から図56には、5つの異なる立地に自然に発生した先駆植生が図式で表されている。この図式には、その立地に特徴的な根の形状、ならびに芽や根の量の平均値をわかりやすく示したつもりである。

図52：ゲロルズバッハ(川)の》グローセ・ブライケ(崩壊地)《(インスブルック近くのゲッツェン)

標高 1,200〜1,550m

トウヒ林段階(上限には Piceetum montanum)

基盤：所々に露出している、とても割れやすい黒雲母－斜長石－片麻岩(Biotit-Plagioklas-Gneis)の上に、局地的な氷河の自然堆積によって生じた再堆積モレーン(緻密石素材)。水分含有量に応じて、石のように硬いものからどろどろのものまで状態の差は激しい。

ラッシェンドルファー氏による崩壊地のタイプはV。自然の植物遷移 86 ページ参照のこと。

1年目のミヤマハンノキ(Alnus viridis)の植分：地被率100%。個体数の順に並べると

ミヤマハンノキ(Alnus viridis)、ヤナギ類(Salix appendiculata)、クロヤナギ(nigricans)、カプレア・ヤナギ(caprea)、ドイツトウヒ(Picea excelsa)、フキ(Petasites albus)、ヤナギラン(Epilobium angustifolium)、セイヨウミヤコグサ(Lotus corniculatus)、ウシノケグサ(Festuca ovina)、ツメクサ(Sagina linnaei)、ヤナギタンポポ(Hieracium murorum)、フキタンポポ(Tussilago farfara)、レボリナスゲ(Carex leporina)、クロウメモドキ(Fragaria vesca)、アカバナ(Epilobium palustre)、タチキジムシロ(Potentilla erecta)、スギゴケ(Polytrichum juniperinum)、ヒシャクゴケ(Scapania nemorosa)

根の張り方の特徴：特に粘土質に富み、密で冷たい土壌に適した、平たく根を張る先駆低木。木本類も表面的に根を張っている。アルプス地方ではミヤマハンノキ(Alnus viridis)やヤナギ類(Salix appendiculata)が最も平たく根を張る低木である。特にそのような土壌でそうした傾向が見られる。

図53：ツィルル近くの》ランゲン暴れ川《標高590〜836m。

湖成砂利堆積物の 35°〜45°の傾斜地

斜面の下部－広葉樹林の混交林(ヤマハンノキ群集(Alnetum incanae))の地滑り危険地帯で、西に行くに連れて背の高いカラマツ、東へ行くに連れてトウヒの部分が広がる。

植生がない理由は、一つに 1950 年までコンクリート用砂利が斜面の下部から取られていたためであるが、実際は落石が起こっているためである。

ラッシェンドルファーによる崩壊地のタイプ IVc。自然の植物遷移 86 ページを参照のこと。

地被率約 90%の先駆群落：周囲に多く生育する種：ミヤマウラジロイチゴ(Rubus idaeus)、ヤナギラン(Epilobium angustifolium)、フキタンポポ(Tussilago farfara)、コウリンタンポポ(Hieracium staticifolium)、タネツケバナ(Cardamine impatiens)、まれに見られる種：ヒメスイバ(Rumex acetosella)、クロウメモドキ(Fragaria vesca)、ヨーロッパシシウド(Angelica silvestris)、ヒナギキョウ(Campanula persicifolia)、キオン(Senecio fuchsii)、ヤマアワ(Calamagrostis epigeios)、ヤマブキショウマ(Aruncus silvester)、フキ(Petasites albus)、フウロソウ(Geranium robertianum)、スズメノヤリ(Luzula nemorosa)、オウシュウトボシガラ(Festuca gigantea)、タチイチゴツナギ(Poa nemoralis)、ヤマカモジグサ(Brachypodium pinnatum)、アカバナ(Epilobium montanum)、エゾボウフウ(Aegopodium padagraria)、クワガタソウ(Veronica latifolia)、シデシャジン(Phyteuma betonicifolia)、オウシュウヨモギ(Artemisia vulgaris)、ヤナギタンポポ(Hieracium murorum)。

根の張り方の特徴：湿度の高い立地によく見られるように、多年生草本の背丈の高さ、葉や芽の量が目立っている(Angelica silv.、約600cm^3！)

その他ここでは土壌を固定する植物を見つけた。根の量に関しては、ヤマブキショウマ(Aruncus)やヨーロッパシシウド(Angelica)ほどではないが、まずミヤマウラジロイチゴ(Rubus idaeus)があげられる。根茎植物は確かに土壌をよく覆い、集中的に根を貫通するが、根茎はほとんどがもろい。実際ヒナギキョウ(Campanula persicifolia)のツララ状の貯蔵根は、土壌を固定することに、役だっている訳ではない。

ヤナギラン(Epilobium angustifolium)、フウロソウ(Geranium robertianum)そして、コウリンタンポポ(Hieracium staticifolium)は、乾燥した栄養分の乏しい土壌に生育する場合より、根ははるかに弱く短く、量も少ない。

フキ(Petasites albus)、フキタンポポ(Tussilago farfara)、ヒメスイバ(Rumex acetosella)は平たく根を張る。

ヤマアワ(Calamagrostis epigeios)は、群落で唯一、典型的な集中根系をもつ種である。この植物の根は深くまで達することはないが、土壌固定の能力はとても高い。信じられない場合は、このような茂みを試しに抜いてみると良いだろう！

図52 ゲロルズバッハのグローセ・ブライケ(崩壊地)で、すでに土壌が安定した場所に生息する植物の根の様子を断面から見て図式化したもの

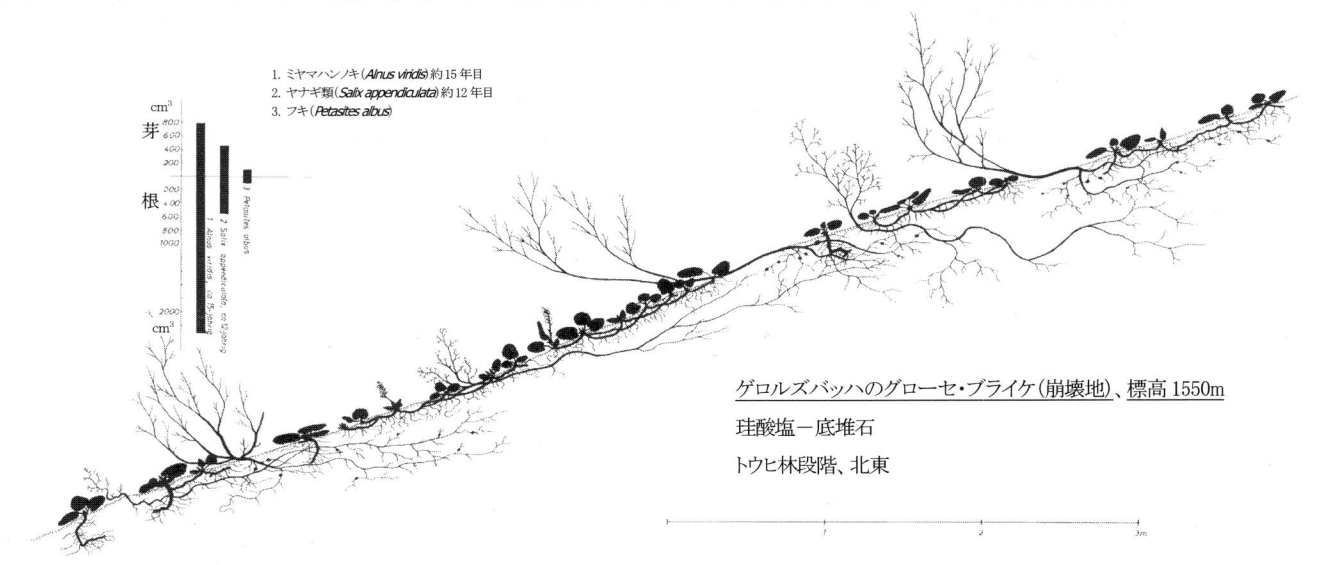

1. ミヤマハンノキ(Alnus viridis) 約15年目
2. ヤナギ類(Salix appendiculata) 約12年目
3. フキ(Petasites albus)

ゲロルズバッハのグローセ・ブライケ(崩壊地)、標高1550m
珪酸塩－底堆石
トウヒ林段階、北東

1. ヤマブキショウマ (*Aruncus silvester*)
2. ヨーロッパシシウド (*Angelica silvestris*)
3. ミヤマウラジロイチゴ (*Rubus idaeus*)
4. フキ (*Petasites albus*)
5. ヤマアワ (*Calamagrostis epigeios*)
6. フキタンポポ (*Tussilago farfara*)
7. ヤナギラン (*Epilobium angustifolium*)
8. クロウメモドキ (*Fragaria vesca*)
9. キオン (*Senecio fuchsii*)
10. ヒメスイバ (*Rumex acetosella*)
11. ヒナギキョウ (*Campanula persicifolia*)
12. フウロソウ (*Geranium robertianum*)
13. コウリンタンポポ (*Hieracium staticifolium*)
14. タネツケバナ (*Caradamine impatiens*)

ツィルルのランゲン暴れ川

標高570−800m、北北西

湖成砂利堆積物

斜面の下部、広葉樹の混交林

図53 ランゲン暴れ川付近に生育する植物の根系の様子を断面から見て模式図にしたもの。湖成砂利堆積物

1. フキ (*Petasites paradoxus*)
2. ハゴロモギク (*Adenostyles globra*)
3. ノガリヤス (*Calamagrostis varia*)
4. シラタマソウ (*Silene vulgaris*)
5. コウボウ (*Sesleria varia*)
6. モメンヅル (*Hippocrepis comosa*)
7. トウカセン (*Buphthalmum salicifolium*)
8. タンポポモドキ (*Leontodon incanus*)
9. セイヨウミヤコグサ (*Lotus corniculatus*)
10. ホタルブクロ (*Campanula cochleariifolia*)
11. ミヤマトウバナ (*Calamintha alpina*)
12. ヨウシュイブキジャコウソウ (*Thymus serpyllum*)
13. コウリンタンポポ (*Hieracium staticifolium*)
14. スゲ植物 (*Carex glauca*)
15. クモマグサ (*Saxifraga aizoides*)
16. ヤエムグラ (*Galium sp.*)
17. セイヨウガラシ (*Biscutella laevigata*)
18. フウロソウ (*Geranium robertianum*)
19. クモマグサ (*Saxifraga mutata*)

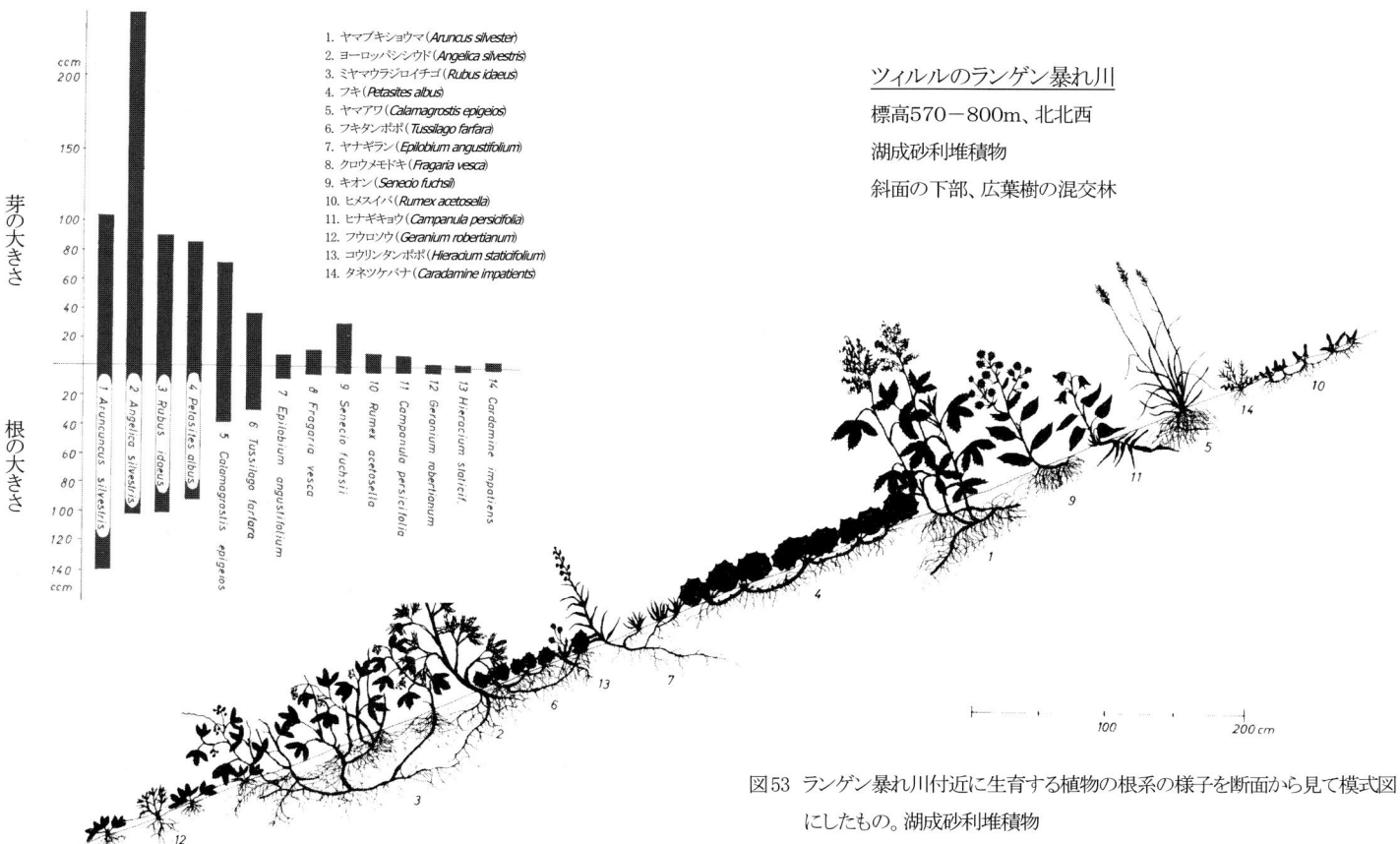

クロウメモドキ (*Fragaria*) も、見方によっては集中型根茎植物とみなすことができる。しかし、この植物が重要と見なせる点は、匍匐茎を形成して地表をすばやく覆うことだけである。

タネツケバナ (*Cardamine impatiens*) に価値があるのは、一年生植物が皆そうであるように、せいぜい土壌を覆うことができるということである。

図54: 《ホッホ・ツィルルのシュティッヒリーペ》

標高920〜1,100m

一方でエリカーマツ林から、トウヒカラマツー混交林への移行部で、他方では、ブナーモミ混交林ないし、アンシナータ・マツ群集 (*Pinetum uncinatae*)

南西、北西の斜面は、主にドロマイト質の土砂からなる底堆石で 30〜60° 傾斜している。

ラッシェンドルファー氏による崩壊地のタイプ III。自然の植物遷移85ページ参照のこと。

地被率約10%の密でない先駆群落 (図75):周囲に多く生育する種:コウリンタンポポ (*Hieracium staticifolium*)、フキ (*Petasites paradoxus*)、ノガリヤス (*Calamagrostis varia*)、まれに見られる種:アルバスゲ (*Carex alba*) とオルニトポダスゲ (*C. ornithopodoides*)、コウボウ (*Sesleria varia*)、シラタマソウ (*Silene vulgaris*)、アルプスウンラン (*Linaria alpina*)、クモマグサ (*Saxifraga mutata*)、トウダイグサ (*Euphorbia cyparissias*)、セイヨウミヤコグサ (*Lotus corniculatus*)、モメンヅル (*Hippocrepis comosa*)、ヨウシュイブキジャコウソウ (*Thymus "serpyllum"*)、ミヤマトウバナ (*Calamintha alpina*)、ホタルブクロ (ヒメシャジン) (*Campanula pusilla*)、イワシャジン (*Campanula rotundifolia*)、タンポポモドキ (*Leontodon hispidus*)、チシマゼキショウ (*Tofieldia calyculata*)、アマ (*Linum catharticum*)、ヤエムグラ (*Galium pumilum*)、ウツボグサ (*Prunella grandiflora*)、トウカセン (*Buphthalmum salicifolium*)、ヒレアザミ (*Carduus defloratus*)、ハゴロモギク (*Adenostyles glabra*)、ヨリイトゴケ (*Tortella inclinata*)、コガネハイゴケ (*Campylium protensum*)、カモジゴケ (*Dicranum scoparium*)

根の張り方の特徴:多く生育する植物の中では、フキ (*Petasites*) が最もよく土壌を固定する。たまに見られる植物の中では次のものが拡張根型植物としてあげることができるだろう:シラタマソウ (*Silene vulgaris*)、これは強調しきれないほど価値が

ホッホ・ツィルルのシュティッヒリーペ、920−1100m、ドロマイト一底堆積、南西−北西、エリカ−オウシュウアカマツ林、ブナーモミ混交林

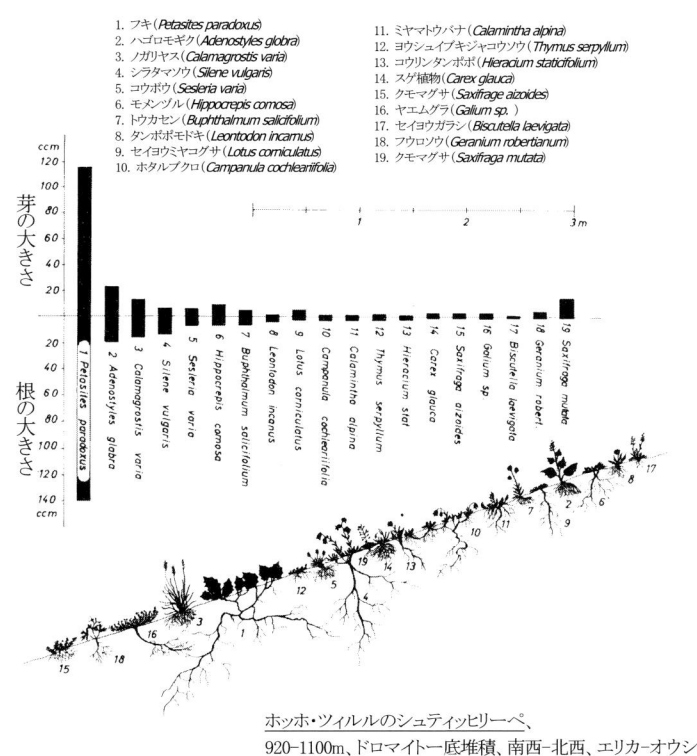

図54 ホーエン・シュティッヒリーペ/ツィルルのシュロースバッハ(川)付近に生育する植物の根系の様子。ドロマイトの堆積層

高い。地表には小さくて上品に生えており、根が細いが、とても抵抗力のあるアオイロイワギキョウ (*Campanula cochleariifolia*)、モメンヅル (*Hippocrepis comosa*)、セイヨウミヤコグサ (*Lotus corniculatus*)、ヤエムグラ (*Galium pumilum*)。集中型根系植物としてはハゴロモギク (*Adenostyles globra*)、フラカスゲ (*Carex flacca*)、ノガリヤス (*Calamagrostis varia*)。

図 55：東チロルのマトライ近くを流れるブレッターヴァンドバッハ（川）の》グローセ・ブライケ（崩壊地）《、標高 1,400～1,700m

周囲の植生：トウヒーカラマツー林、石灰質雲母片岩の南南西向き斜面で 25°～40°傾斜している。

植生が壊されなくなっているのは、何十年もそこに土石流が続き、侵食された為である。

ラッシェンドルファー氏による崩壊地のタイプⅤ。自然の植物遷移 86 ページ参照のこと。

地被率約65％の発生しつつある先駆植生（図78）：周囲に多く生育する種：セイヨウカニツリグサ（*Trisetum distichophyllum*）、ノガリヤス（*Calamagrostis varia*）、フキタンポポ（*Tussilago farfara*）、まれにみられる種：ドイツトウヒ（*Picea excelsa*）、ヨーロッパカラマツ（*Larix decidua*）、ハイマツ（*Pinus mugo*）、コリヤナギ（*Salix purpurea* ssp. *purpurea*）、ヤナギ類（*Salix waldsteiniana*）、ヤナギ類（*Salix appendiculata*）、ヤマハンノキ（*Alnus incana*）、シラタマソウ（*Silene vulgaris*）、クモマグサ（*Saxifrage aizoides*）、ウメバチソウ（*Parnassia palustris*）

根の張り方の特徴：土壌固定に最も重要な植物種は、セイヨウカニツリグサ（*Trisetum distichophyllum*）である。カニツリグサの芽や根は、土壌の表面層がネットのようにまとまるくらい密に、個々の石と絡み合っている。ウメバチソウ（*Parnassia palustris*）には、土壌を固定する能力はない。その他の植物については、すでに記したとおりである。

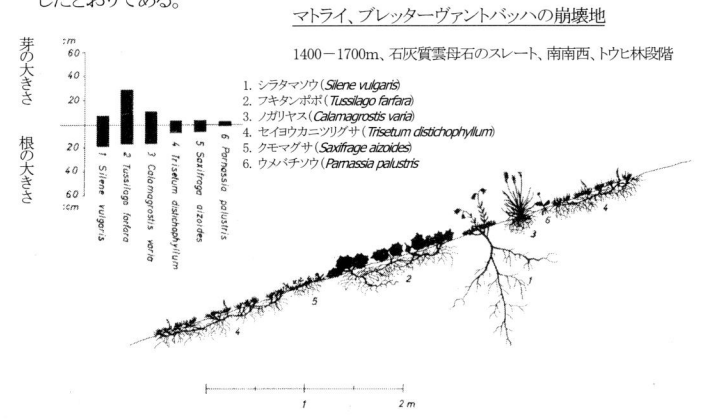

図55 東チロルのマトライを流れるブレッターヴァントバッハに生育する植物の根系の様子を、断面で模式図にしたもの。石灰質雲母片岩

図56：フォルダータール（谷）の》シュタールスインス・崩壊地《
標高 1,710m。
周囲の植生：ハイマツー（カラマツートウヒ）林
石英の千枚岩による東向きの斜面で30°～35°傾斜している。
水分過剰（地滑り）のために土石流が発生し、植生が破壊され失われた。
ラッシェンドルファーによる崩壊地のタイプⅥb。自然の植物遷移 87 ページ参照のこと。

地被率40％の作られつつある先駆植生：周囲に多く生育する種：
イワノガリヤス（*Calamagrostis villosa*）、スズメノヤリ（*Luzula albida*）、ヒロハノコメススキ（*Deschampsia caespitosa*）、ウスユキソウ（*Gnaphalium norvegicum*）、セイヨウノコギリソウ（*Achillea millefolium*）、まれに見られる種：タチイチゴツナギ（*Poa nemoralis*）、ナルドスグラス（*Nardus stricta*）、ヒメスイバ（*Rumex acetosella*）、タチキジムシロ（*Potentilla erecta*）、チシマオドリコソウ（*Galeopsis tetrahit*）、ダイコンソウ（*Geum montanum*）、ハゴロモグサ（*Alchemilla vulgaris*）、ヒメハギ（*Polygala vulgaris*）、セイヨウキランソウ（*Ajuga pyramidalis*）、アルペンギク（*Homogyne alpina*）、ミヤマウラジロイイゴ（*Rubus idaeus*）、シシガシラ（*Blechnum spicant*）、カモジゴケ（*Dicranum scoparium*）、フサゴケ（*Rhytidiadelphus triquetrus*）、タチハイゴケ（*Pleurozium schreberei*）、ウマスギゴケ（*Polytrichum communis*）、スギゴケ（*Polytrichum juniperinum*）、ネジレゴケ（*Tortula muralis*）

根の張り方の特徴：水の多い土壌では大部分がそうであるように、この群落には浅く表面的に根を張る植物だけが生育している。そのため土壌が完全に覆われないと、次の地滑りの危険は回避できない。このような偏った発達をした群落は、特に

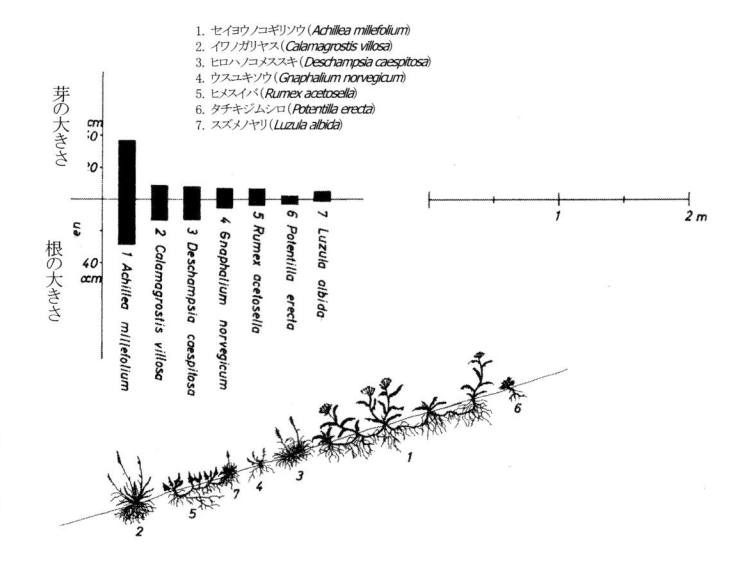

図 56 フォルダータール、シュタールスインス・ブライケ（崩壊地）（1710m）に生育する植物の根の様子を断面から模式したもの。珪酸土-瓦礫の斜面。石英の千枚岩、東、カラマツーシモフリマツ帯

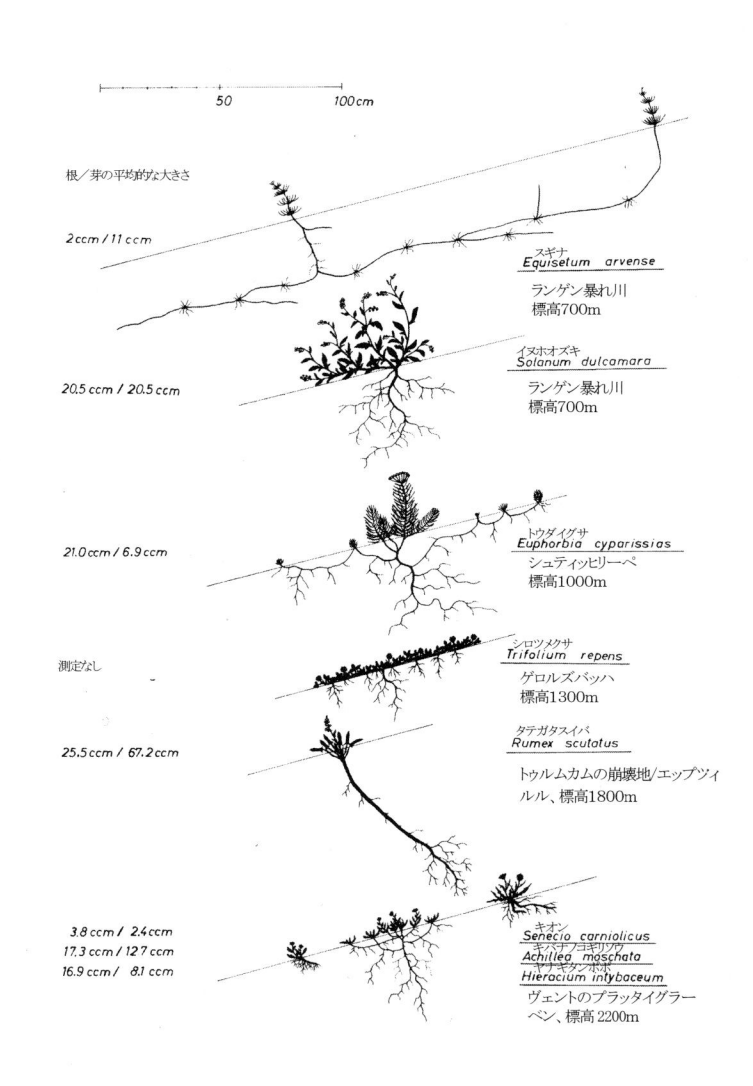

図57 北チロルの地滑り地帯に生育する様々な植物の根のタイプ

家畜による踏圧に弱い。いくつかの植物は非常に重要である。それは迅速に増殖するからでありノコギリソウ（*Achillea*）、スイバ（*Rumex*）、ノガリヤス（*Calamagrostis*））、また根系を集中的に張り、すばやく土壌を固定するからであ

る。これまであげた植物の他にも、同じように時に地滑り地帯に先駆(植物)として出現し、土壌を結びつけたり、固定する能力を持つ植物にも触れるべきであろう。図57にはそのような植物を数種あげ、根・新芽の断面図を図式で示した。

　最後の三つは多数存在するアルプスの土砂に入植する植物の例である。キオン(*Senecio carniolicus*)とヤナギタンポポ(*Hieracium inthybaceum*)は、土砂をせき止める植物、キバナノコギリソウ(*Achillea moschatu*)は土砂に広がる植物である。

　タテガタスイバ(*Rumex scutatus*)は1mの深さに達する力強い根を持つ。実際の工事に使用する場合、地表近くの土壌を結びつけるために、平らに広がる根を持つ種も、一緒に植えて補わなければならない。

　次の植物の根も比較的深くまで達する。トウダイグサ(*Euphorbia cyparissias*)(50cm)、イヌホオズキ(*Solanum dulcamara*)(45cm)、スギナ(*Equisetum arvense*)(35cm)、そしてこれらの地下の新芽は、特に丈夫で固い。

　シロツメクサ(*Trifolium repens*)は引用したものの中で最も平らに根を張る種である。特にこの植物は地面に横たわって節の所から不定根を出し、それが団塊状になり全てが土壌にしっかりと根付くので価値が高い。

　これまでまず根の形について考察してきたが、根の量についても指摘するべきであろう。

　根の量だけを比べると、調査した種から次のような序列がつくられた。(だいたい同じ年齢の少なくとも10本の個体の中間値):

表4 自然発生的な先駆植物の根の量

低木　　(比較対象としてのみ。ここでは比較的ゆっくり生長するものが挙げられている。)

ミヤマハンノキ	(*Alnus viridis*)(15年)	2,300 cm^3
ヤナギ類	(*Salix appendiculata*)(12年)	580 cm^3
チョウノスケソウ	(*Dryas octopetala*)	11 cm^3
グロブラリア	(*Globularia cordifolia*)	11 cm^3
エリカ(ハイデ草)	(*Erica carnea*)	6 cm^3

多年生草本と亜低木

#	名称	学名	量
1	ヤナギラン	(*Epilobium angustifolium*)	300 cm^3
2	フキ	(*Petasites paradoxus*)	140-160 cm^3
3	エゾイラクサ	(*Urtica dioica*)	160 cm^3
4	ヤマブキショウマ	(*Aruncus silvester*)	140 cm^3
5	ヤブジラミ	(*Laserpitium latifolium*)	120 cm^3
6	フキ	(*Petasites albus*)	100 cm^3
7	ミヤマウラジロイチゴ	(*Rubus idaeus*)	100 cm^3
8	ヨーロッパシシウド	(*Angelica silvestris*)	100 cm^3
9	ヒロハノマンテマ	(*Silene alba*)	97 cm^3
10	カノコソウ	(*Valeriana tripteris*)	95 cm^3
11	ヒロハノハネガヤ	(*Achnatherum calamagrostis*)	82 cm^3
12	タテガタスイバ	(*Rumex scutatus*)	67.2 cm^3
13	ヒメスイバ	(*Rumex acetosella*)	50 cm^3
14	カモメヅル	(*Cynanchum vincetoxicum*)	43 cm^3
15	ヤマアワ	(*Calamagrostis epigeios*)	38 cm^3
16	セイヨウタンポポ	(*Taraxacum officinale*)	32 cm^3
17	フキタンポポ	(*Tussilago farfara*)	30 cm^3
18	サボンソウ	(*Saponaria ocymoides*)	30 cm^3
19	シラタマソウ	(*Silene vulgaris*)	22 cm^3
20	イヌホオズキ	(*Solanum dulcamara*)	20.5 cm^3
21	コウリンタンポポ	(*Hieracium staticifolium*)	20 cm^3
22	ハゴロモギク	(*Adenostyles glabra*)	20 cm^3
23	コウリンタンポポ	(*Hieracium aurantiacum*)	15 cm^3
24	ノガリヤス	(*Calamagrostis varia*)	15 cm^3
25	イワノガリヤス	(*Calamagrostis villosa*)	14 cm^3
26	ニガクサ	(*Teucrium montanum*)	14 cm^3
27	コゴメナデシコ	(*Gypsophila repens*)	13 cm^3
28	ヒロハノコメススキ	(*Deschanpsia caespitosa*)	13 cm^3
29	キバナノコギリソウ	(*Achillea moschata*)	12.7 cm^3
30	ニガクサ	(*Teucrium chamaedrys*)	12 cm^3
31	スギナ	(*Equisetum arvense*)	11 cm^3
32	ヒレアザミ	(*Carduus defloratus*)	9 cm^3
33	ウツボグサ	(*Prunella grandiflora*)	9 cm^3
34	クルマバゲンゲ	(*Dorycnium germanicum*)	9 cm^3
35	モメンヅル	(*Hippocrepis comosa*)	8.5 cm^3
36	コウボウ	(*Sesleria varia*)	8.5 cm^3
37	ヤナギタンポポ	(*Hieracium inthybaceum*)	8.1 cm^3
38	セイヨウカニツリグサ	(*Trisetum distichophyllum*)	7 cm^3
39	トウカセン	(*Buphthalmum salicifolium*)	7 cm^3
40	トウダイグサ	(*Euphorbia cyparissias*)	6.9 cm^3
41	クロウメモドキ	(*Fragaria vesca*)	6 cm^3
42	モメンヅル	(*Anthullis vulneraria*)	6 cm^3
43	ウスユキソウ	(*Gnaphalium norvegicum*)	6 cm^3
44	タンポポモドキ	(*Leontodon hispidus*)	5 cm^3
45	アザミ	(*Cirsium arvense*)	5 cm^3
46	キオン	(*Senecio fuchsii*)	4 cm^3
47	ヒトツバエニシダ	(*Geranium robertianum*)	4 cm^3
48	ヒナギキョウ	(*Campanula persicifolia*)	4 cm^3
49	タンポポモドキ	(*Leontodon incanus*)	4 cm^3
50	セイヨウミヤコグサ	(*Lotus corniculatus*)	4 cm^3
51	アオイロイワギキョウ	(*Campanula cochleariifolia*)	4 cm^3
52	ヘラオオバコ	(*Plantago lanceolata*)	4 cm^3
53	クモマグサ	(*Saxifraga mutata*)	3.4 cm^3
54	ミヤマトウバナ	(*Calamintha alpina*)	3 cm^3
55	ヨウシュイブキジャコウソウ	(*Thymus serpyllum sp.*)	3 cm^3
56	アルプスウンラン	(*Linaria alpina*)	3 cm^3
57	タチキジムシロ	(*Potentilla erecta*)	3 cm^3
58	ヤエムグラ	(*Galium pumilum*)	3 cm^3
59	タネツケバナ	(*Cardamine impatiens*)	2 cm^3
60	フラカスゲ	(*Carex flacca*)	2 cm^3
61	クモマグサ	(*Saxifraga aizoides*)	2 cm^3
62	ウシノケグサ	(*Festuca ovina*)	1.8 cm^3
63	セイヨウガラシ	(*Biscutella laevigata*)	0.6 cm^3
64	ウメバチソウ	(*Parnassia palustris*)	0.4 cm^3
65	カノコソウ	(*Valeriana saxatilis*)	0.2 cm^3
66	スズメノヤリ	(*Luzula albida*)	0.2 cm^3

　特に重要なのは、新芽と根の量の割合である。この割合値があれば、手間のかかる掘り起こし作業をしなくても、植物の地上部分から、地下部分の量を見積もることができる。ここにあげた値は、様々な標高で行った測定結果の中間値である。芽の量:根の量の割合値は標高による大きな差はない。

表5 自然発生的な先駆植物の芽の量:根の量の割合値

低木

ヤナギ類(*Salix glabra*)		2.4
根の量	2.4	
芽の量	1.0	
ガマズミ	(*Viburnum lantana*)	2.3
エリカ	(*Erica carnea*)	2.0
シロヤナギ	(*Salix elaeagnos*)	1.8
クロヤナギ	(*Salix nigricans*)	1.8
ヤナギ類	(*Salix appendiculata*)	1.7
ミヤマハンノキ	(*Alnus viridis*)	1.6
コリヤナギ	(*Salix purpurea*)	1.5
セイヨウトネリコ	(*Fraxinus excelsior*)	1.5

スイカズラ	(*Lonicera xylosteum*)	1.3
セイヨウイボタ	(*Ligustrum vulgare*)	1.2
クロウメモドキ	(*Rhamnus cathartica*)	1.2
セイヨウカジカエデ	(*Acer pseudoplatanus*)	1.1
ヨーロッパヤマナラシ	(*Populus tremula*)	1.1
ミヤマウラジロイチゴ	(*Rubus idaeus*)	1.1
ホソバグミ	(*Hippophae rhamnoides*)	1.0
グロブラリア	(*Globularia cordifolia*)	0.9
カニーナ・バラ	(*Rosa canina*)	0.9
ミズキ	(*Cornus sanguinea*)	0.7
セイヨウメギ	(*Berberis vulgare*)	0.6
チョウノスケソウ	(*Dryas octopetala*)	0.6
セイヨウシロヤナギ	(*Salix alba*)	0.5
ヨーロッパクロヤマナラシ	(*Populus nigra*)	0.4
ヤナギ類	(*Salix triandra*)	0.4
センニンソウ	(*Clematis vitalba*)	0.14

多年生草本

スギナ	(*Equisetum arvense*)	5.5
タテガタスイバ	(*Rumex scutatus*)	5.0
シラタマソウ	(*Silene vulgaris*)	3.7
ヤブジラミ	(*Laserpitium latifolium*)	3.4
タンポポモドキ	(*Leontodon hispidus*)	2.8
カモメヅル	(*Cynanchum vincetoxicum*)	2.7
ヤナギタンポポ	(*Hieracium murorum*)	2.6
タンポポモドキ	(*Leontodon incanus*)	2.6
セイヨウカニツリグサ	(*Trisetum distichophyllum*)	2.6
ウツボグサ	(*Prunella grandiflora*)	2.5
キイチゴ	(*Rubus saxatilis*)	2.0
カノコソウ	(*Valeriana tripteris*)	1.9
コウリンタンポポ	(*Hieracium staticifolium*)	1.8
ヒレアザミ	(*Carduus defloratus*)	1.7
アオイロイワギキョウ	(*Campanula cochleariifolia*)	1.7
コゴメナデシコ	(*Gypsophila repens*)	1.7
ヒロハノコメススキ	(*Deschampsia caespitosa*)	1.6
イワノガリヤス	(*Calamagrostis villosa*)	1.6
ミヤマトウバナ	(*Calamintha alpina*)	1.5
フウロソウ	(*Geranium robertianum*)	1.5
トウカセン	(*Buphthalmum salicifolium*)	1.4
フキ	(*Petasites paradoxus*)	1.4
コウボウ	(*Sesleria varia*)	1.3
セイヨウタンポポ	(*Taraxacum officinalis*)	1.3
ヨウシュイブキジャコウソウ	(*Thymus serpyllum sp.*)	1.3
ノガリヤス	(*Calamagrostis varia*)	1.2
ヤナギラン	(*Epilobium angustifolium*)	1.1
ウシノケグサ	(*Festuca ovina*)	1.1
ヤマブキショウマ	(*Aruncus silvester*)	1.1
ヒロハハネガヤ	(*Achnatherum calamagrostis*)	1.0
アルプスウンラン	(*Linaria alpina*)	1.0
フキ	(*Petasites albus*)	1.0
イヌホオズキ	(*Solanum dulcamara*)	1.0
ハゴロモギク	(*Adenostyles glabra*)	0.9
ニガヨモギ	(*Artemisia absinthium*)	0.9
タチキジムシロ	(*Potentilla erecta*)	0.9
モメンヅル	(*Anthyllis vulneraria*)	0.8
ウスユキソウ	(*Gnaphalium norvegicum*)	0.8
モメンヅル	(*Hippocrepis comosa*)	0.8
ヒロハノマンテマ	(*Silene alba*)	0.8
フキタンポポ	(*Tussilago farfara*)	0.8
セイヨウノコギリソウ	(*Achillea millefolium*)	0.7
キバナノコギリソウ	(*Achillea moschata*)	0.7
オウシュウヨモギ	(*Artemisia vulgaris*)	0.7

セイヨウミヤコグサ	(*Lotus coniculatus*)	0.7
エゾイラクサ	(*Urtica dioica*)	0.7
サボンソウ	(*Saponaria ocymoides*)	0.7
フラカスゲ	(*Carex flacca*)	0.6
クルマバゲンゲ	(*Dorycnium germanicum*)	0.6
ヒメスイバ	(*Rumex acetosella*)	0.6
キオン	(*Senecio carniolicus*)	0.6
クモマグサ	(*Saxifraga aizoides*)	0.6
セイヨウガラシ	(*Biscutella laevigata*)	0.5
ヤマアワ	(*Calamagrostis epigeios*)	0.5
クロウメモドキ	(*Fragaria vesca*)	0.5
ヤナギタンポポ	(*Hieracium inthybaceum*)	0.5
ヒナギキョウ	(*Campanula persicifolia*)	0.4
タネツケバナ	(*Caradamine impatientis*)	0.4
ヤエムグラ	(*Galium pumilum*)	0.4
ウメバチソウ	(*Parnassia palustris*)	0.4
カノコソウ	(*Valeriana saxatilis*)	0.4
ヘラオオバコ	(*Plantago lanceolata*)	0.4
トウダイグサ	(*Euphorbia cyparissias*)	0.3
ヨーロッパシシウド	(*Angelica silvestris*)	0.2
キオン	(*Senecio fuchsii*)	0.2
ニガクサ	(*Teucrium montanum*)	0.1
スズメノヤリ	(*Luzula albida*)	0.07
アザミ	(*Cirsium arvense*)	0.06
クモマグサ	(*Saxifraga mutata*)	0.03

　草本状の植物は、芽の5倍量の根を形成するが、一方、チロル地方の植物区系の中で調査した木本植物の場合は、根は芽に対して良くても2.4倍の量である。
　私が調査した先駆植物の根の割合からは、次のような原則が現れた。これは実際の作業において重要であろう。

1. 芽の生長からは、根の形状についての法則を導き出すことはできない。しかし木本植物の場合、クリューデナー氏が1940年に行ったように、幹から発生した芽を見て、根の形状を判断することなら可能である。しかし、これは異なる土壌に生育する同種の根の形状についてのみ、当てはまることである。
2. 先駆植物は根の形状によって、拡張根型、集中根型、混合型に分けられる。

　拡張根型植物は深くまで、あるいは、遠くまで達する根系を持つ植物である。この根系は何らかの理由によって強力に根を固定させる必要があるか、地下水面が深いところにあるために拡張する（乾生植物）。キルヒナー氏、レーヴ氏、シュレーター氏も1908年に同じような分類をし、これらの種が異なる水収支をしていることを指摘している。根が拡張した土壌範囲は、しばしば数立方メートルにもなる。例えばフキ（*Petasites paradoxus*）、ヤナギ、ヤナギラン（*Epilobium angustifolium*）、レンリソウ（*Latyrus silvestris*）など。いずれにせよ拡張する範囲は、常に根の量の何倍もの大きさになる。栄養を吸収するための細根は、主根の束の先端から遠く外側へないし、下へ深く広がっている。直根もこのグループに入る。これらの植物は深くまで根が拡張するので、地滑り地帯を緑化する際に重要である。

　ほとんどの草本は"集中型根系植物"に属しており、特にヒロハハネガヤ（*Achnatherum calamagrostis*）、ノガリヤス（*Calamagrostis*）種、センペルビレンススゲ（*Carex sempervirens*）などのような力強い茂みを形成する草本がこれに属している。集中型根系植物の根は、ほとんど地表近くに浅く形成されるが、きわめてしっかりと土壌と結びつく。極端な集中型根系植物のルートボール中の根量は、根が結びついた土の量と同じか、あるいはそれよりも大きい。このような集中型根系植物は、深く根を張る種と一緒になると、短期間できわめて効果的に土壌を固定する。

　エットリ氏(1904)とヴェッター氏(1918)は、様々な植物が岩石(岩盤)の隙間に根を形成することについて述べている。エットリ氏はキジムシロ（*Potentilla caulescens*）の根の形についてこう述べている。

「たいてい地表面から数cm下の所で、主根がすでにたくさんに枝分かれしている。例えば、コウボウ（Sesleria）やグロブラリア（Globularia）のような他の岩石植物と同じように、一つの面に伸びた全ての筋状の根から、ハンカチくらいの大きさで、密度の高い布地、つまり、根の織物が作られている」

このような"集中型根系植物"の根の織物は、まったく『根のフェルト』のようである。ただ岩石の隙間には場所がないので、この『根の布地』は、垂直に広がるのに対して、チロル地方の砂利土壌では、地表面と平行して水平に広がる。これに対して、未熟土壌の植物には十分に場所があるので、根のフェルトは『布地』のような形状ばかりではなく、例えばカモメヅル（Cynanchum vincetoxicum）のように、多くが『根の球』を形成することが多い（図21）。

"集中型根系植物"の中には、地下茎を持つ先駆植物も含まれる。この地下茎から根が密に枝分かれしているのが時々見つかる。この地下茎を持つ"濃密根型植物"は、上記した植物種よりも、たいてい少し深くまで根を出している。

"土砂の上を匍匐する植物"も"集中型根系植物"の一つである。この植物は、地中に水平のあらゆる方向に枝分かれする芽を形成し、石を完全に覆ってしまう。芽からは、細いが引っ張り強度の高い無数の繊維根が枝分かれしている。

拡張的に遠くまで及ぶ広拡張根と、地表近くに密に生える集中根の両方からなる根系をもつ植物が、土壌を結びつけ、固定する能力としては最も優れている。これには"土砂を覆う植物"と"土砂を這う植物"の二つのタイプが含まれている。

"土砂を覆う植物"は、まず深く進み、力強い広拡張根を出し、後から多くの箇所で短い表面根を出し、一面を覆う草地を形成する。根の分量の大部分は、広拡張根か表面根となっている。"土砂を覆う植物"は、豪雨、降雹、崩落といったメカニカルな傷から、地表面を保護する意味で特に価値が高い。

"土砂を這う植物"は、一本の直根から伸縮性に富むたくさんの匍匐枝（走出枝）を地下に形成する。この匍匐枝（走出枝）は、その後、上でも見てきたように独立した植物に育つ。そしてこれらが大量に集まると、粗い芝草地となる。地下の芽からは多数の短根が形成される。

3. 根の先端の深さは、揃っている場合より、まちまちに形成されている方が、土壌を固定する効果が高いので、一種類だけの植物だけを栽培することは、できるだけ避けなければならない。また自生の群落であっても、根の先端がある一つの面に揃ってしまうと、地滑りや地崩れが起き易く、急勾配の土地では、長期間土壌を固定することができない（図52、55、56）。

4. 植物の根系の全体量は、地表に出ている部分の量に対して一定の割合にある。この比率はあまり変動しないので、実際の工事に利用することができる。66ページ以降の、表5に示した芽と根の比率からは、その植物の年齢を考慮しなくても、該当の植物がどれだけ土壌を固定する力があるかを見積もることができる。

5. 土砂の堆積、土壌移動や侵食に対する抵抗力のある植物は、ほとんどが土壌を固定することのできる植物である。なぜなら深くまでする柔軟で、引っ張り強度が高い根系を持つか、あるいは極端な負荷にも耐え、再び芽のところから濃密な根系を出して、再生する力を持っているからである。つまり土壌固定と、メカニカルな要求に対する抵抗力は、とても密接な関係がある。

6. 芽や根の形状や量は植物の生育する立地によって変動する。植物は土壌湿度、養分含有量、そして、特に密度の高い土壌層に反応して変動する。土壌の湿度や栄養分含有量が高ければ高いほど、植物は浅く表面的に根を張り、根の量に対する芽の量の比率は大きくなる。均一に湿っており、栄養分の安定した土壌では、植物は力強い根を形成する必要はないが、大きな葉や長い芽を出すことができる。

絶対量を比較すると、湿潤で栄養分の高い土壌に生育する植物の根の量は、やせて乾いた土壌に生育する植物よりも高い。ただ根と芽の割合は良いとはいえない。また、湿潤な立地に生育する群落では、植物の根の先端は、皆浅い所に留まるが、乾燥斜面や痩せた土地では、土中深く進む。

ハルトマン氏（1951）とケストラー氏、ブリュックナー氏、ビーベルリーター氏（1968）も、森林土壌で同じ様な結果を出した。彼らによると、確かにそれぞれの木には、特有の根の形を形成する、遺伝的素質が与えられているが、土壌の影響（湿度、栄養分含有量、密度）の方が、自然の形成の傾向よりも、大きな影響を及ぼすことが分かった。そのため同じ植物でも土壌が異なれば根の形も異なる。

前述した調査は、未熟土壌に発生した先駆群落の調査なので、樹木は含まれていないし、全てできたての若い植分である。しかし、だからといって木本が土壌を固定する力がないと言っているわけではない。木本はむしろもっと高いレベルでこの能力をもっている。

とはいっても、緑化工事の初めの数年間は、同じ面積に常により多く植えることのできる草本、低木類に比べ、木本の土壌固定の能力は低い。

木本が若い内は、その土壌固定能力は低木類と似ている。特に多くの木本は、若い内に力強い主根を深くまで伸ばすからである。しかしながら樹齢を重ねるとともに、幹の生長に対する根の生長は少なくなってゆき、植物の地下部と地表部の割合は、次第に悪くなっていく。

完全に育ったマツの場合、根の量の割合は0.1となる（67ページ以降のリストと比較せよ）。また、樹齢とともに嵐によって折られたり、特に根ごと倒されたり全植分が、地滑りして土壌が被害を受ける危険が増す。そのため緑化工事の目標が森林植分で良いのかどうか、最終的にどんな植分管理が必要とされるのか（例えば伐採の必要な低木林かどうか、択抜、輪伐を短期間毎に行う必要性があるかどうかなど）を考慮しなければならない。ふつう高木林、特に針葉高木林は、地滑りや風害にさらされる地域には最終目標としない。

チロル地方に生育する樹木の、根の割合についての、もっとも膨大な調査は、ケストラー氏、ブリュックナー氏、ビーベルリーター氏によって研究されたものである（1968：そこに引用された文献も参照のこと）。

土壌固定をするのに適した根を持つ木本のリスト

ヨーロッパモミ（Abies alba）、コブカエデ（Acer campestre）、プラタナスカエデ（Acer platanoides）、セイヨウカジカエデ（Acer pseudoplatanus）（特に若いうち）。ヨーロッパハンノキ（Alnus glutinosa）、ヤマハンノキ（Alnus incana）（若いうちのみ）。シダレカンバ（Betula pendula）（特に若いうち）。セイヨウイヌシデ（Carpinus betulus）、ヨーロッパブナ（Fagus silvatica）（特に緩い土壌でよく根を貫通する；自生する全ての樹木の中で細く最も密集した根を持っている）。セイヨウトネリコ（Fraxinus excelsior）、ヨーロッパカラマツ（Larix decidua）、オウシュウクロマツ（Pinus nigra）、オウシュウアカマツ（Pinus silvestris）、ヨーロッパヤマナラシ（Populus tremula）。ヨーロッパヤマナラシ（Populus tremula）（他のポプラと違って深く根を張る）。ペトレア・ミズナラ（Quercus petraea）、ヨーロッパミズナラ（Quercus robur）、コバノシナノキ（Tilia cordata）（特に若いうち、メカニカルな根のエネルギーは低い）。セイヨウハルニレ（Ulmus glabra）、セイヨウハルニレ（Ulmus laevis）、セイヨウハルニレ（Ulmus minor）。土壌固定能力が劣っているのはドイツトウヒ（Picea abies）、シモフリマツ（Pinus cembra）、そしてヨーロッパシラカンバ（Betula pubescens）である。

木本による土壌固定能力を判断する際は、全ての木本が無機質の土壌に根付くことができるのではなく、栄養分が高い土壌が必要であったり、土壌面が水平でないといけない場合があることにも注意しなければなら

ない。その結果、栄養分の必要な木本は、栄養分の高い土壌の地表近くで水平に根を伸ばすことが多く、浅く留まる。それ故、このような木本は緑化工事には使用しない、あるいは土壌が良い場合にのみ使用できる。

緑化工事で人工的につくられた植物群落の根の様子

我々の工事で使用できる植物は、自然発生的に現れた先駆植生の内、一部の植物だけである。それゆえ、緑化工事をして、三年後に掘り起こした3箇所の植物根の様子を見る断面図は、自然発生の植生と比較できるだろう。これらの断面図からは、それらの植物が短期間で充分に土壌を固定し、結びつけていることが分かる。緑化工事をしてから年数が経てしまうと、被害が起こる可能性があるので、掘り起こすことができない。

1. ヴァッテンタール（谷）通り沿いの地滑り（図58）

石英の千枚岩、標高1,350m、ラッシェンドルファー氏の崩壊地のタイプIVc

ブッシュ敷設工には、ヤナギ類（*Salix triandra*）とクロヤナギ（*nigricans*）が最も適していることが分かった。ヤナギ類（*S.appendiculata* と *mielichhoferi*）は少々生長が遅い。それ故、この二種は先に挙げた *triandra* と *nigricans* と同じ早さでは生長せず、しばらくすると抑制されてしまう。

先駆木本を単植する場合、セイヨウニワトコ（*Sambucus racemosa*）とヤマハンノキ（*Alnus incana*）が最も生長が良い。セイヨウニワトコ（*Sambucus*）の場合、二年目以降、肥大生長が優勢となってくるがヤマハンノキ（*Alnus incana*）は、約20年にわたって、肥大生長よりも伸長生長が勝っている。

ミヤマハンノキ（*Alnus viridis*）は、すでに一年目から特徴的なサーベル形に生長をする。

セイヨウナナカマド（*Sorbus aucuparia*）、ベルコーサシラカンバ（*Betula verrucosa*）、ヨーロッパヤマナラシ（*Populus tremula*）と共に、それらより生育環境に対して要求の高い広葉樹を、一年目から意識的に植えたところ、石英の千枚岩の上では、期待通りの生長を見せた。

二年目に実験的に植林したカラマツの成果は良かった。カラマツは二年経つと高さ30cmにまでなった。

石英の千枚岩の上であれば、緑化工事の完了後すぐ一年目に、あるいは工事が春に行われたとすると、同じ年の秋には、望んでいる最終群落を植栽しなければならないことが明らかになった。そうしないと、緑化工事の初期段階で植えられた植物が強すぎて、駆逐されてしまう。

全体的に見ると、ここでは芽の生長が優勢であり、これは前にも述べたように、湿度の高い土壌では、全ての植物が、平らに根を張るようになる傾向があるということに当てはまる。

2. ツィルルのランゲン暴れ川（図59）

湖成砂利堆積物、標高700m

図53はランゲン暴れ川に自生する、先駆植生の根の断面図を示している。この植生ができてからの年数は分かっていない。図59は、そこで人工的に行われた緑化工事で形成された、植生の根の様子（3年後）を示している。ランゲン暴れ川のほとんど微粒の湖成砂利堆積物は、比較的肥沃であり、北向きであるために平均的に湿潤である。5月には、斜面が乾燥して、表面の砂が砂丘のように流れ落ちてしまうため、植物の生育が後戻りしてしまうことも良くある。

ブッシュ敷設工には、ここではヤナギ類（*Salix alba, triandra*）、クロヤナギ（*nigricans*）、ヨーロッパクロヤマナラシ（*Populus nigra*）が最適であることが示されている。*Populus nigra* が常に芽の生長では優位であるが、根系は最も弱い。しかしここでは、根よりも芽の生長が重要である。というのはランゲン暴れ川では、継続的に土砂の堆積が起こるが、決して地滑り

ブッシュ敷設工：
1 *Salix appendiculata* ヤナギ類
2 〃 *nigricans* クロヤナギ
3 〃 *triandra* ヤナギ類
4 〃 *mielichhoferi* ヤナギ類

先駆植物植栽：
5 *Sorbus aucuparia* セイヨウナナカマド
6 *Alnus viridis* ミヤマハンノキ
7 〃 *incana* ヤマハンノキ
8 *Sambucus racemosa* セイヨウニワトコ
9 *Betula verrucosa* ベルコーサシラカンバ
10 *Populus tremula* ヨーロッパクロヤマナラシ

植林：
11 *Larix decidua* ヨーロッパカラマツ

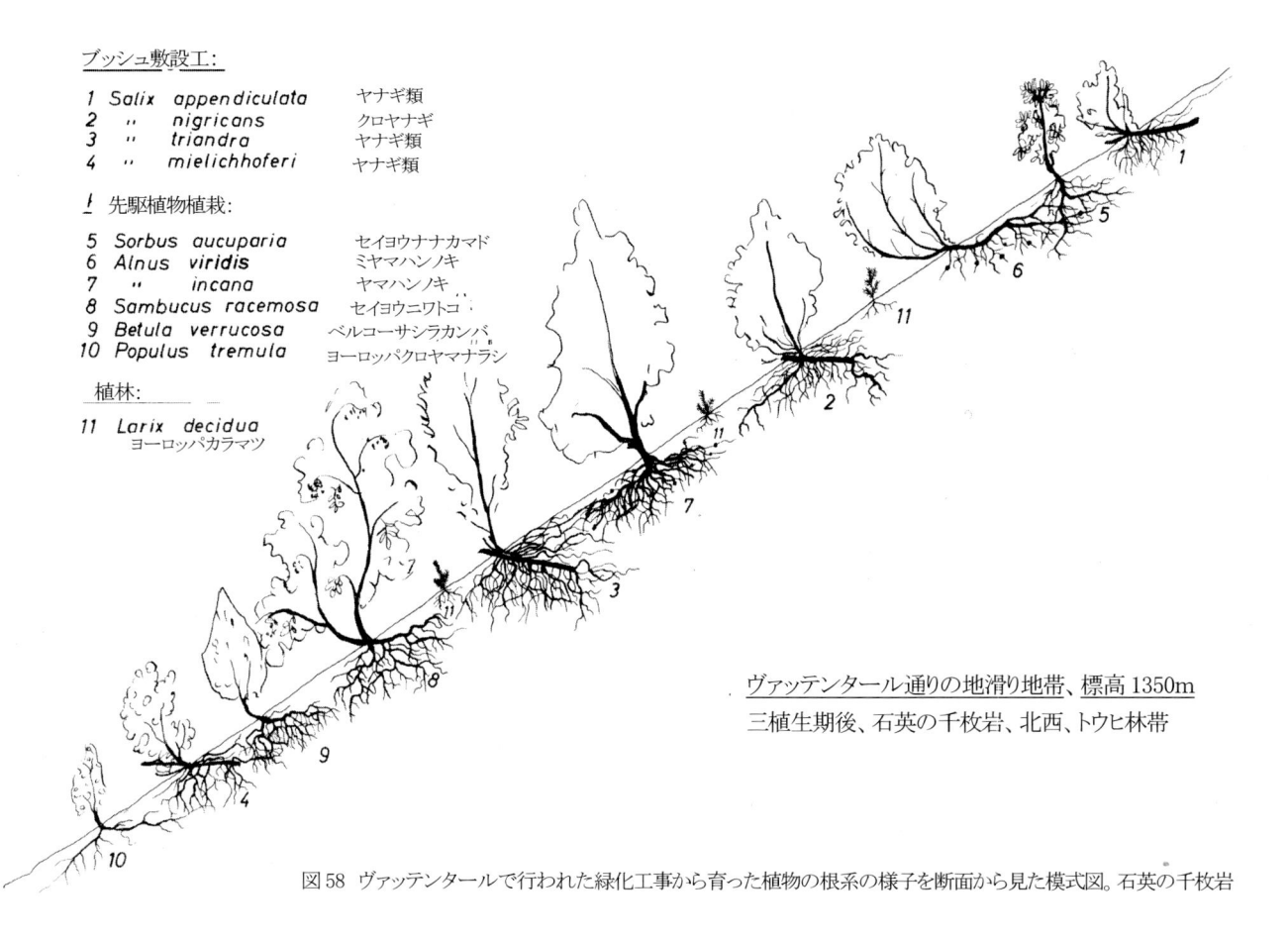

ヴァッテンタール通りの地滑り地帯、標高1350m
三植生期後、石英の千枚岩、北西、トウヒ林帯

図58 ヴァッテンタールで行われた緑化工事から育った植物の根系の様子を断面から見た模式図。石英の千枚岩

ブッシュ敷設工:
1 Salix rubens　ヤナギ類
2 Populus nigra　ヨーロッパクロヤマナラシ
3 Salix triandra　ヤナギ類
4 Salix nigricans　クロヤナギ

先駆植物植栽:
5 Prunus padus　エゾノウワミズザクラ
6 Acer pseudoplatanus　セイヨウカジカエデ
7 Alnus incana　ヤマハンノキ
8 Salix caprea　カプレア・ヤナギ
9 Sorbus aucuparia　セイヨウナナカマド

根茎挿し木:
10 Aruncus silvester　ヤマブキショウマ
11 Rubus idaeus　ミヤマウラジロイチゴ

ツィルルのランゲン暴れ川、標高700m
3 植生期後
湖成砂利堆積物、北
斜面下部－広葉樹の混交林

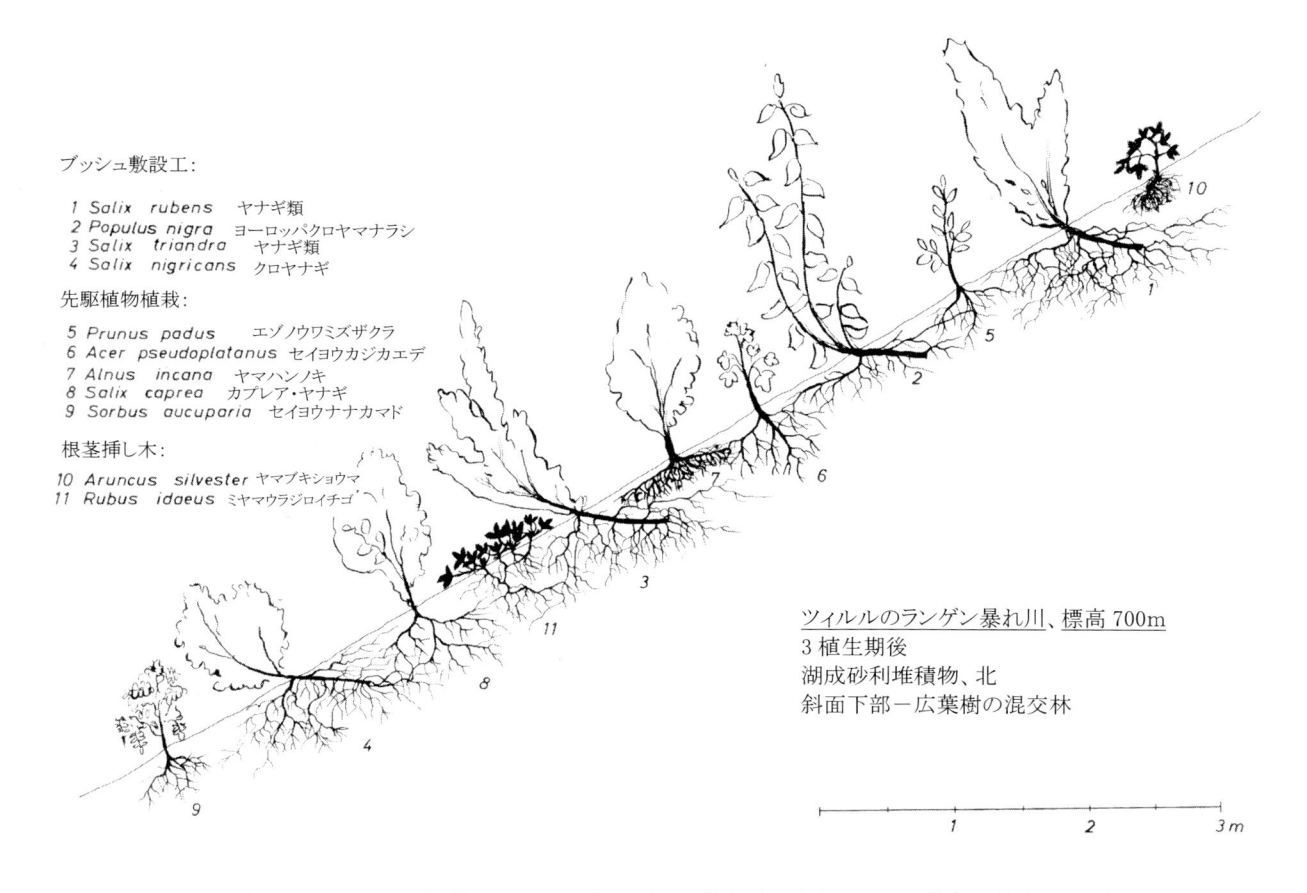

図59 ツィルルのランゲン暴れ川の緑化工事から育った植物の根系を断面から見た模式図。湖成砂利堆積物

は起きないからである。つまりここでは迅速に芽を伸ばし、土砂の堆積や落石に対する抵抗力が、必要とされているのである。この能力は図59に表した植物に最も備わっている。

図53と図59を比較すると、緑化工事で作られた群落の方が、三年しか経っていないにも関わらず、少なくとも10年経った自生の群落よりも、すでに根がよく広がっていることが分かる。また、緑化工事が成功すれば、短期間に、自然の遷移過程を、何段階も飛び越すことができることが示されている。

3. ホッホ・ツィルルのシュティッヒリーペ　(図60)

ホッホ・ツィルルのシュティッヒリーペ (標高1,100m) の立地状況はかなり悪い。ここは北チロルの石灰アルプスに見られる、栄養分の貧しい岩がちなドロマイト層の土砂の中に位置し、傾斜は険しい。図60は同じく緑化工事から三年後の、根の様子の断面模式図を示しており、自生する先駆群落の根の断面図 (図54) と比較すると様々なことが読み取れるだろう。

ここでも緑化工事中に、高い遷移段階の木本種が選ばれ、土地が安定した所では、未熟土壌に適している二つの針葉樹、オウシュウアカマツ (Pinus silvestris) やヨーロッパカラマツ (Larix decidua) でさえ、最終群落種として植えた。

上述した二つの例では、植物地上部の生育状況が重要であったのに対し、ここでは根の生長が重要である。ブッシュ敷設工に使用されたコリヤナギ (Salix purpurea)、シロヤナギ (elaeagnos)、クロヤナギ (nigricans) は非常に多くの根の量を示している。中でも Salix purpurea がつねに最大量を示しているが、これは Salix purpurea の lambertiana と purpurea の両亜種である。purpurea は短く細い若枝を形成する。Salix elaeagnos はすばやく深いところに向かって進むが、一方 Salix purpurea と nigricans は遠くに根を伸ばす。どちらも石英の千枚岩の基盤に育った植物根の断面模式図 (図58) とは反対に、広い範囲に根を張るのが特徴的である。

ヤナギの枝は全体にわたって生長するので、植えてからすでに一年目には斜面固定に非常に効果を発揮する。

ホソバグミ (Hippophae rahmnoides) は、ヤナギほど深く根を張らず根の引っ張り強度もあまり高くないが、しかし、根茎繁殖で急速に増えるので、短期間で横幅を拡げる。

ガマズミ (Vibrunum lantana) は、ホソバグミ (Hippophae rahmnoides) やセイヨウイボタ (Ligstrum vulgare) と並んで、乾燥した斜面に適しているが、比較的生長は遅い。セイヨウイボタは、極端な乾燥に耐えることのできる植物で、遠くへ達する丈夫な根と、密に枝分かれし、結びつける力のある繊維根が組み合わさっており、全く理想的である。この根は支持器官と養分吸収器官が、はっきり分かれているのが分かる。

ドロマイト土壌では、人工的に植えた木本と、木本の間の隙間が埋まるまでに、あまりに長い時間がかかってしまうので、そこに手頃な草本類を使う必要がある。カモメヅル (Cynanchum vincetoxicum) とセイヨウノコギリソウ (Achillea millefolium) は、根茎挿し芽による増殖が良い。それに対してフキ (Petasites paradoxus) は、根茎挿し芽による増殖では、有性増殖で増殖した同年齢のフキが、たくさん枝分かれした根を形成、地表部もすばやく広がっているのに対し、集中根を多少出すだけである (図60のNo.9とNo.17を比較して見よ)。

その他、播種によって増殖された植物、ここではイガマメ (Onobrychis sativa)、モメンヅル (Anthyllis vulneria)、セイヨウミヤコグサ (Lotus corniculatus)、タチオランダゲンゲ (Trifolium hybridum) とシロツメクサ (Trifolium repens)、ハイコヌカグサ (Agrostis stolonifera) が、多様な根の形や量に生長している。こうして根の長さが、一様にならないことが混合播種の長所である。

ブッシュ敷設工：
1　Salix incana
2　Salix purpurea　コリヤナギ
3　Salix nigricans　クロヤナギ

列状植栽ブッシュ敷設工：
5　Hippophae rhamnoides　ホソバグミ

先駆植物植栽：
6　Viburnum lantana　ガマズミ
7　Ligustrum vulgare　セイヨウイボタ

根茎挿し木：
8　Achillea millefolium　セイヨウノコギリソウ
9　Petasites niveus　フキ
10　Cynanchum vincetoxicum　カモメヅル

播種：
11　Anthyllis vulneraria　モメンヅル
12　Lotus corniculatus　セイヨウミヤコグサ
13　Trifolium hybridum　タチオランダゲンゲ
14　Trifolium repens　シロツメクサ
15　Agrostis alba-stolonif.　コヌカグサーヌカボ
16　Onobrychis sativa　イガマメ
17　Petasites niveus　フキ

植林：
18　Pinus silvestris　オウシュウアカマツ
19　Larix decidua　ヨーロッパカラマツ

ホッホ・ツィルルのシュティッヒリーペ、標高 1100m、
3植生周期後
西向き、ドロマイト
エリカーオウシュウアカマツ林からトウヒ林の境界

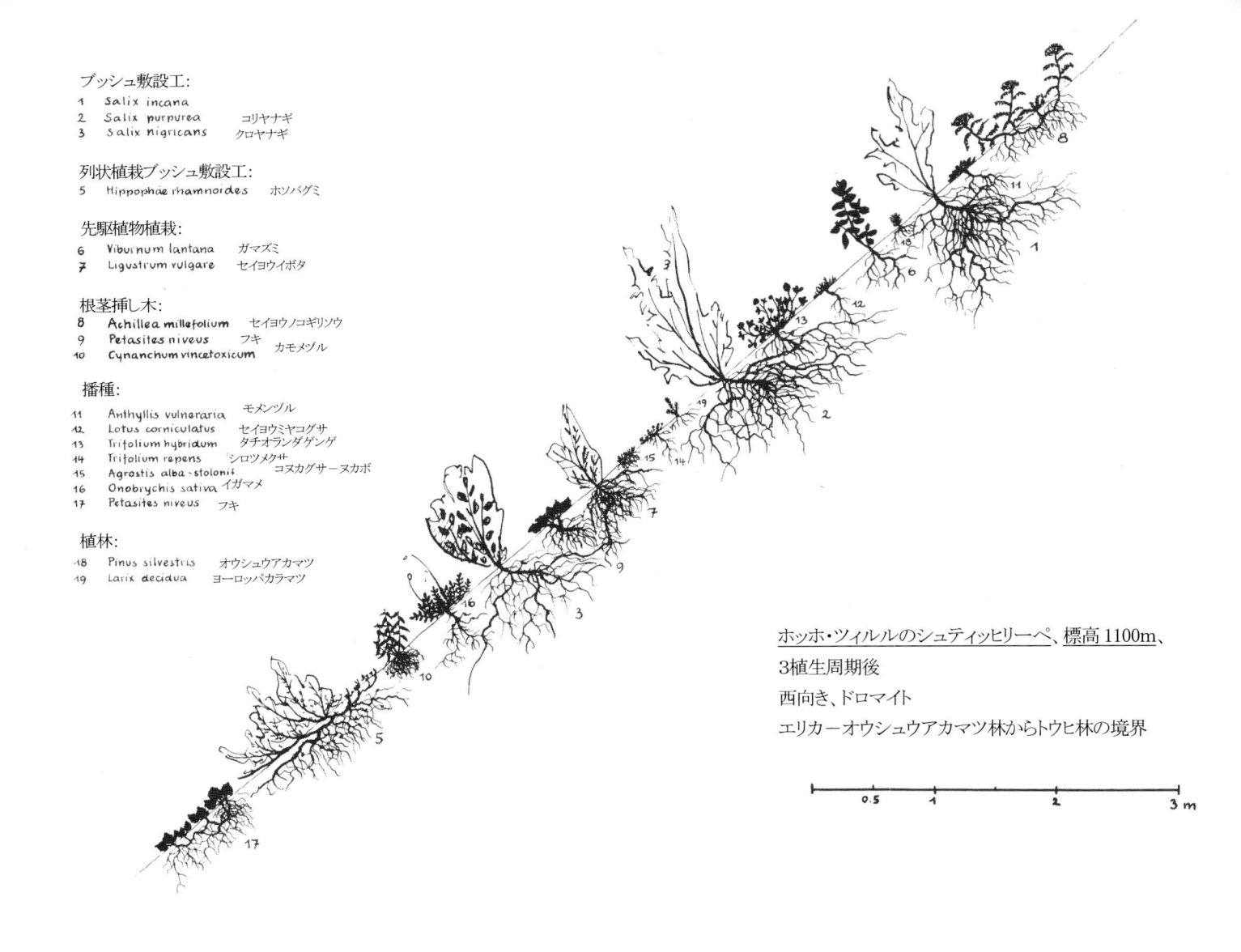

図60　ツィルルのシュロースバッハのホーエン・シュティッヒリーペで行われた緑化工事から育った植物根系の様子を断面から見た模式図。ドロマイト堆積層

人工的な緑化工事で作られた三つの植生の根の断面図を見ると、3年という短期間であっても、土壌領域は充分に固め結びつけられることがわかる。また、正しい種を選択し、正しく植栽すれば、少なくとも自生の先駆群落に、匹敵するくらいの根にすることはできる。

地面を迅速に覆うためには、様々な播種法で導入した草本類が最も重要である。我々は主に市場に出ている、放牧地用の種子をすべて使用できるが、それらの土壌固定の効果はこれまではっきり分かっていない。それゆえ、私は様々な施工現場で試験播種を行い、根系の形成をテストするために、一年ないし二年後に掘り起こした。結果は図183から図189に示す通りで、その説明は161ページ以降に叙述した。

要約すると、イネ科植物はほとんどが平らに根を張り、特に匍匐茎を形成する特徴が見られる。イネ科植物の根は、確かに土壌の一番上の層しか結びつけることができないが、引っ張り強度が高く、細い根が多量に形成され、よく持ちこたえる。深く根を張る植物は、イネ科植物には見られない。

反対にマメ科植物やイネ科植物以外の草本には、しっかりと深く根を張るタイプ（例えばムラサキウマゴヤシ（*Medicago sativa*）、イガマメ（*Onobrychis*）、シナガワハギ（*Melilotus*）、ワレモコウ（*Poterium sanguisorba*）など）と、平らに根を張るタイプ（例えばシロツメクサ（*Trifolium repens*））、そしてその中間型がある。それゆえ迅速で効果的に深いところまで土壌を結びつけたり、土壌を柔らかくほぐしたりするためには、イネ科植物より、その他の草本類の方が良いだろう。

4.3 根の引っ張り強度による種の選択

技術者は、地滑りの時に起こる張力に耐える植物の根があると言われても、簡単には信じられないだろう。この張力は、最も強いワイヤーロープでさえ破壊するほど大きくなる時があるからだ。

ここではそのような地下の深い所まで達する地滑りではなく、すでに地滑りが起きてしまい、風雨にさらされている限り、絶えず地表面に引っ張り応力(抗力)が生じてしまう、斜面を修復する植物の根について扱いたいと思う。張力を受けても被害を受けず、それに耐えられる根を持つ植物は、数多く存在する。男性でも根が抜きにくい、あるいはもぎ取ることができないような根を持つクローバーなどの、様々な草の直根を、ちょっと思い浮かべてみれば分かるだろう。

植物は一方向からの圧力や張力を受けると、縦方向に生長したり、肥大生長をしたり、独自の固定組織を形成するなどの反応を示す。このことはすでにゼン氏(1922/23)やヘアベルク氏(1923)が、ポプラ(*Populus pyramidalis*)とセイヨウハルニレ(*Ulmus minor*)(板のように平たい根が形成されること)で、ルブナー氏(1934)とヒンティッカ氏(1972)が、トウヒ(一方向からの風の卓越に対して根が強化されること)で観察している。

通常険しい斜面の植物根は、自身を支持する部分と栄養を吸収する部分に機能の分割されていることが確かめられた。ロープ状の最も太い根の束は、斜面上部に向かって伸び、それによって張力を支える効果を発揮する。

植物の根の引っ張り強度を、初めて正確に測定したのはスティニー氏(1947)であった。しかし、彼が扱った植物は、土地の肥えた、やわらかな耕地から掘り起こした草状のものだけであった。彼は測定のために特別に器具を作り、同じ長さの根の破片を挟み込んで、切れるまで引っ張って実験をした。

スティニー氏の測定結果では、数値のばらつきが大きかった。スティニー氏はそのばらつきの原因を測定方法ではなく、局所的に生長が不規則である(根に弱い部分がある)ためと考えた。

スティニー氏のこの測定によって初めて具体的な数値が明らかになった。ただし彼が調べた種の中で、緑化工事に使用できるものはあまりない。最高値を出したアカツメクサ(*Trifolium pratense*)、カモジグサ(*Agropyron*)、ヘラオオバコ(*Plantago lanceolota*)、イヌホオズキ(*Solanum nigrum*)が参考になるくらである(これは最大値が最も高かっただけでなく、最小値を比べても高かった)(表6)。

スティニー氏の測定を知って、私自身も測定器具を作った。この器具を製作してみると、根を挟み込む装置を作るのはかなり難しく、固定具によっては、実験成果の信頼度が下がる危険性があるので、注意が必要であることが分かった。結局この問題は、針金締め付け器を使って、引っ張りの負荷が大きくなるのに伴って、固定具の側圧が継続的に増やせる器具を作って解決した。実験は偶然性を排除するために、測定する根は20cmに統一した。

私は引っ張り強度と並んで剪断強度についても測定を試みた。これは方法論的には、引っ張り強度を測るよりも容易であった。試験には、私がツィルルのランゲン暴れ川から掘り起こした植物を使用した。ムラサキウマゴヤシ(*Medicago sativa*)は、標高1,100mのホッホツィルルのシュティッヒリーペで播種したものを使用した。

スティニー氏の試験では、それぞれの根の生長状態が異なっていたり、不規則に生長していたために、ばらつきが出てしまった。私はそのようなばらつきを減らしたかったので、細い根の測定をしてから、およそ直径3mmの根も測定した。

測定の結果、驚くほど高い数値が出た。ムラサキウマゴヤシの根はとても強く3mmのものを測った時に測定器具は壊れてしまった。そのため植物の根の引っ張り強度を調査する研究はそこで中断してしまった。

次のような法則性が次第に現れてきた。しかし、まだ確定されたものという訳ではない。

1. 引っ張り強度は、根の直径が大きくなるにつれて大きくなり、剪断強度は根の直径が大きくなるにつれて小さくなる。
2. 木質の根は、引っ張り強度と比べると剪断強度の方が高く、それとは反対に草状の根は、ほとんどが引っ張り強度の方が剪断強度の2倍以上高いことが分かった。
3. 土壌に結びつき、張力に抵抗する根は、根の他の部分よりも引っ張り強度が高い。

三つの植物種を調査した結果から大きな違いが見られたことは、それらの種の根が持つ強度が非常に異なることを示している。それ故、更に多くのことを解明するためには、もっとたくさんの種を測定するべきである。

残念ながらその後、私自身は植物の根が持つ強度を測定するチャンスがなかった。しかし、私の初めての出版物(シヒテル(著者)、1958)に基づいて、多くの研究者達が同様の研究をしてくれ、この分野は更に進歩するだろう。その中の一人、H. ヒラー氏(1966)は、8種類のヤナギの根について引っ張り強度を、ライプツィヒのFa. L. ショッパー氏の作った繊維検査機を使って調べた(州立材料研究所ベルリンーダーレムの機械技術繊維試験課にて行われる)。そこでは一年目の植物で直径2mm以下の根だけが試験され、はめ込む長さは10cmとされた。測定は15回繰り

表6 根の強度 (kg/cm^2)

	最大	最小	15回の実験平均値
Agropyron repens(スティニー氏)	253	72	
Amaranthus retroflexus(スティニー氏)	48	19	
Artemisia campestris(シヒテル(著者))	246	91	
Atriplex patulum(スティニー氏)	306	93	
Campanula trachelium(スティニー氏)	37	0	
Capsella bursa pastoris(スティニー氏)	101	37	
Convolvulus arvensis(スティニー氏)	210	48	
Medicago sativa(シヒテル(著者))	665	254	
Plantago lanceolata(スティニー氏)	74	40	
Plantago major(スティニー氏)	60	26	
Populus nigra(シヒテル(著者))	120	49	
Rumex conglomerates(スティニー氏)	62	14	
Salix fragilis(ヒラー氏)	255	97	197
Salix dasyclados(ヒラー氏)	256	94	177
Salix elaeagnos(ヒラー氏)	163	115	150
Salix Helvetica(ヒラー氏)	240	76	139
Salix hastate(ヒラー氏)	178	86	131
Salix starkeana(ヒラー氏)	203	88	127
Salix cinerea(ヒラー氏)	122	89	109
Salix hegetschweileri(ヒラー氏)	145	68	94
Solanum nigrum(スティニー氏)	389	162	
Taraxacum officinale(スティニー氏)	44	0	
Trifolium pratense(スティニー氏)	185	109	

剪断強度(kg/cm^2)

	最大	最小
Artemisia campestris(シヒテル(著者))	477	65
Medicago sativa(シヒテル(著者))	262	103
Populus nigra(シヒテル(著者))	105	101

返されたが、固定する際に植物が破損したケースを除外すると、利用できる測定結果は、それぞれ 8 回から 12 回までとなった。ヒラー氏も測定結果が、自然の植生の古いヤナギよりも、はるかに低いことに気付いていた。なぜなら試験された材料は、全く平らな土壌に生育していた、若い苗木から採られたものであるため、強度を増すための組織を形成する必要性がなかったからである。しかしながら、得られた結果はかなり信頼性の高いものである（表6）。

植物の根の引っ張り強度は、土中で根が密になればなるほど意味をもつようになる。根が土壌を固定する作用は、引っ張り強度の高い部分だけでなく、たくさんに枝分かれした根系全てにも基づいている。

その分かりやすい例として：私の調査では、一般に 1m² に約 30,000 から 50,000 の種を播き、二年目に平均1m以上、上部30cmが3mm以上の太さのムラサキウマゴヤシが 100 本しか残っていない場合、全引っ張り強度は次のようになる。

300kg/cm²/本（直径3mm）、　　　　2,118kg/m²/100 本

しかし、これほど悪いケースになることはめったにない。ふつう緑化工事が成功すれば、つまり草で地面が全て覆われた場合、1m²につき直径最低 0.5mmの根が、少なくとも 10,000 本は見られる。スティニー氏によって得られたシバムギ（Agropyron repens）の全引っ張り強度は

最低　72kg/cm²/本（直径0.5mm）、　　　　5,662kg/m²/10,000 本

最高　253kg/cm²/本、　　　　　　　　　　19,860kg/m²/10,000 本

となる。

ここで算出した値は、絶対的な値としては使えないが、大まかなイメージを持つことができるだろう。また若い草地でも、驚くほど土壌を固定する作用があることが分かる。引っ張り強度は、更に高い木質の根を持つ低木や森林の植生では、おそらくこの値はずっと高くなるだろう。

先程述べたように、測定された値は驚くほど高かったが、数々の観察から、更に引っ張り強度の高い種があることが分かった。そこで私が掘り起こした多くの物の中で、特に引っ張り強度の高い種（!）を記載した：

セイヨウカジカエデ（Acer pseudoplatanus）、モメンヅル（Anthyllis vulneraria）、ニガヨモギ（Artemisia absinthium）、ノハラヨモギ（Artemisia campestris）、オウシュウヨモギ（A. vulgaris）、セイヨウハシリドコロ（Atropa belladonna）、セイヨウメギ（Berberis vulgaris）、ヒレアザミ（Carduus defloratus）、センニンソウ（Clematis vitalba）!、タマザキフジ（Coronilla varia）、クルマバゲンゲ（Dorycnium germanicum）!、チラス（Dryas octopetala）、ヤナギラン（Epilobium angustifolium）!、セイヨウトネリコ（Fraxinus exelsior）!、イワオウギ（Hedysarum obscurum）、コゴメナデシコ（Gypsophila repens）!、モメンヅル（Hippocrepis comosa）、ヤブジラミ（Laserpitium latifolium）!、レンリソウ（Lathyrus silvestris）!、セイヨウイボタ（Ligustrum vulgare）!、セイヨウミヤコグサ（Lotus corniculatus）、　ウマゴヤシ（Medicago falcata）、ムラサキウマゴヤシ（Medicago sativa）!、コメツブウマゴヤシ（Medicago lupulina）、シロバナシナガワハギ（Melilotus albus）、シナガワハギ（Melilotus officinalis）、イガマメ（Onobrychis sativa）!、ジンヨウスイバ（Oxyria digyna）、クロトゲザクラ（Prunus spinosa）!、カンペストリス・バラ（Rosa campestris）、アルペンローズ（Rosa pendulina）、ルビギノーザバラ（Rosa rubiginosa）、キイチゴ（Rubus caesius、

saxatilis）、ミヤマウラジロイチゴ（Rubus idaeus）!、タテガタスイバ（Rumex scutatus）!、すべてのヤナギ（Salices alle）、オランダワレモコウ（Sanguisorba minor）、セイヨウマンテマ（Silene vulgaris）、シロツメクサ（Trifolium repens）、タチオランダゲンゲ（Trifolium hybridum）、セイヨウツメクサ（Trifolium pallescen）、セイヨウカニツリグサ（Trisetum distichophyllum）

これらに対して、量が増えるという点で緑化工事にとても適している種でも、高い引っ張りの負荷に耐えられない根を持つ物もある。それは肉付きのよい太い根茎を持つ種や、あるいは例えばフキ（Petasites）、フキタンポポ（Tussilago）、マヨラナ（Adenostyles）、ホソバグミ（Hippophae rahmnoides）のように貯蔵根を持つ物である。これらの種は引っ張り強度が弱いかわりに、もぎ取られても地中に残った根から、再びすぐに新しい根を出す能力を持っている。

4.4　水辺を浄化する植物の能力

昔から下等植物が、水の自浄作用に大きな役割を果たしていることは良く知られている。

高等植物が汚れた水を浄化する能力については、まだ不明なところが多い。これらに関する調査は非常に少ない。

コンクリートで固めて護岸工事をした所と、自然の植物を使って護岸工事をした所の、水質の良し悪しに関しての差はまだ明らかにされていない。

つい最近になってK. ザイデル氏（1966、1967）、K. ザイデル氏、F. シェファー氏、R. キックート氏、E. シュリンメ氏（1967）が行った調査では、50種以上の自生植物が、大腸菌、腸球菌、サルモネラ菌を分解する能力があることが分かった。特に一般的なオモダカ（Alisma plantago-aquatica）、ミント（Mentha aquatica）、フトイ（Schoenoplectus lacustris）、ヨーロッパハンノキ（Alnus glutinosa）などがその能力が高い。この水中の殺菌作用は、植物の根を直接取りまく菌根類や土壌生物と水中に生育するバクテリアとの相互作用に起因しているようだ。

またいくつかの植物は、フェノール類やインドール類を取り込み、アミノ合成やペプチド合成のために使用できることや、水から重金属を取り除き、洗剤を分解することができること（例：フトイ Schoenoplectus lactustris）が確認されている。

それゆえザイデル氏ら（クレーフェルトの栽培研究を行うマックス・プランク研究所陸水学研究グループ）による調査には、非常に重要で価値の高い成果がさらに期待されている。

5. 植物の環境構築力に応じた種の選択

構築のための種は、定着の能力があり、群落を形成する能力を持っていなければならない。それらの種が自らを犠牲にすることによって、短期間に環境に対する要求の高い生物群が進入できるようになる。

その様な種の構築作業は自然遷移の開始時にとても目立つ。

自然遷移の開始は、次の点に基づいている。

1. 一般的な先駆植物の特性、つまり、自然発生的な未熟土壌進入者として、生物が存在するための、最善の環境条件を整え、次の遷移段階で現れる群落に生育の可能性を作り出した後、再び自然と消えていく。
2. 土壌を改良する能力
3. 土壌を固定し結びつける能力

土壌は、力強い根が土壌を耕起し、枯死した植物が腐ることによって、腐植土や栄養分の含有量が改善されること、土中の共生生物種が窒素を固定して、栄養分含有量が改善することに基づいて改良される。

深く遠くへ達する根を持つ植物は、土壌を柔らかくし、酸素の侵入を促進し、それによって土中生物相が活発化される。大きな葉を持つ植物によって被陰されると、局所的な気候が変化する。これはまた、土中生物相を作りだし、腐植土の迅速な形成

を可能にする。

腐りかけた植物の一部（葉、花序など）が落下することによって、それから作り出される腐植土の形成速度、量、質が決定される。そのためハンノキ、大きな葉を持つヤナギ、特に大きな葉の多年生草本（*Petasites*、*Tussilago*、*Adenostyles*、*Cicerbita*、*Cerinthe* など）は効果的である。

ジークリスト氏（1913）は、ホソバグミの環境構築力について「土壌を固定し腐植土を形成して肥沃にし、後に他の植物が進入するのを促進する」と記している。

C. シュレーター氏（1926）は、ミヤマハンノキ（*Alnus viridis*）の土壌改良の特性について書いている：「これを高原の牧草地で引き抜くと、例えばエントリバッハ（川）でも行われているように、標高が低ければ直接ジャガイモを植えることができる」。

クリューデナー氏（1940）は、ヤナギラン（*Epilobium angustifolium*）について書いている：「この植物は森林の上層土を素晴らしく耕作する植物で、その上腐敗する葉をつけるので、土壌が肥沃になる。また土壌の乾燥を招く草本や、絡みついてくる草本の出現を抑え、その後進入してくる植物にとって、素晴らしい発芽床を準備する。典型的な硝酸塩植物であるアカバナは、窒素を大量に消費するが、空気を取り込む能力が優れているため、そのままでは十分に分解されない、大量の腐植土をすばやく分解し、活性化することができる」。

多くの高等植物は、バクテリア（菌類）と共生している。両方のパートナーの役割は細かい点についてまで解明されているわけではないが、たいていの場合、共生者がないよりも、共生者がある高等植物の生長が良いということが分かっている。これは菌類が空中の窒素を集める能力に基づいている。その際、過剰の窒素は土中に保管される（シェーデ氏（1962）、ノリス氏（1956、1959、1963、1965）参照。

そのような土壌を改良する共生を促進するためには、培養したバクテリアを鋤込んで使用する（101ページを参照のこと）。

マメ科植物には、未熟土壌を生物学的に活性化し、自然の土壌生長や自然の植物遷移を可能にすることに優れているものが多い。これは世界中の多年生草本、低木、木本植物に見られる。

今日、マメ科植物の特性を利用して、短期間に土壌を低コストで開発し、生物学的に活性化させるこの方法は、非常に多く行われている。もともとこの特性は、生産性の高い土壌で、輪作を行うときにだけ利用されていたのだが、バクテリアの培養が可能になると、この原理に基づいて利用分野が非常に拡大された。とりわけ緑化工事では、様々な方法と結びつけて、不毛の土地を肥沃にし、利用することができるようになった。

しかし残念ながら、緑化工事によく適した様々なマメ科植物の種子はなかなか入手しにくい。そして土壌改良用のバクテリアの入手は更に難しい。中部から北ヨーロッパで手に入るマメ科植物は次の物である：

モメンゾル（*Antyllis vulneraria*）、タマザキフジ（*Coronilla varia*）、セイヨウミヤコグサ（*Lotus corniculatus*）、セイヨウミヤコグサ（*Lotus uliginosus*）、ルピナス（*Lupinus luteus*）（一年生）、ルピナス（*Lupinus polyphyllus*＝*perennis*）、コメツブウマゴヤシ（*Medicago lupulina*）、ムラサキウマゴヤシ（*Medicago sativa*）、シロバナシナガワハギ（*Melilotus albus*）、シナガワハギ（*M. officinalis*）、イガマメ（*Onobrychis viciaefolia*）、エンドウ（*Pisum sativa*）、タイオランダゲンゲ（*Trifolium hybridum*）、 ベニバナツメクサ（*Tr. incarnatum*）、コメツブツメクサ（*Tr. dubium*）、アカツメクサ（*Tr. pratense*）、シロツメクサ（*Tr. repens*）、オオヤハズエンドウ（*Vicia sativa*）、 ビロードクサフジ（*V. villosa*）

同じくハンノキ（*Alnus*）やホソバグミ（*Hippophae*）は、共生する根粒菌（放線菌）が作り出す過剰窒素を土壌に蓄積する。この根粒菌（放線菌）は、樹木の根に球状のコロニー（根瘤）を作る。大きい物でテニスボール大になることもある。これまでこの放線菌を培養したものは、市場に出回っていないので、実際の工事で使用したい場合には、苗圃において、共生者を作り出すバクテリアの感染が起こらない時は、自然立地に生えるハンノキやホソバグミの、根の部分にある土を持ってきて、苗床に入れることで間に合わせている。

ヨーロッパハンノキ（*Alnus glutinosa*）は、最近になってやっと環境構築力のある木として知られるようになった。*Alnus glutinosa* は、ふつう湿地に生育するので、未熟土壌の緑化工事に適しているとは予測するのが難しかった。若いうちの *Alnus glutinosa* の構築力は、ヤマハンノキ（*Alnus incana*）よりも何倍も優れている。しかし緑化工事では、短期間の移行段階として価値が認められているだけである。特別にこの段階において、他の木本より優れるとされるのは、根の細胞に大きな腔があり、酸素を貯蔵し、高いエネルギーを生みだすことができるためであろう。

このような構築力を持つ植物は、次に進入する植物を育てる《乳母》と考えることができるが、この素晴らしい自然の力を利用する時、気を付けなければならないのは、この《乳母》たちをあまりにも大量に植栽すると、その後の生長過程で抑制されることがない場合、《育てるべき子供達を呑みこんでしまう恐ろしい乳母》となってしまうということだ。このようなことが起こってしまう例として、まず挙げられるのが、外来のハリエンジュ（*Robinia pseudaccacia*）（《ニセアカシア》）である。この植物はカリウムを大量に消費するため、周囲のイラクサやニワトコを広範囲にわたって全て駆逐してしまうことが良くある。また、ヤマハンノキ（*Alnus incana*）が価値の高い下草を全て駆逐してしまったり、先駆植物として重要なハイマツやミヤマハンノキ（*Alnus viridis*）が多くなりすぎて、他を駆逐してしまっているのもしばしば見られる。

6. 植物の大きさや生長量に応じた種の選択

緑化工事を成功させるためには、迅速に生長する植物を選ぶことが非常に重要である。特に、一年目には根が十分な深さに達すること、新芽は土壌を守りながら、すばやく伸長肥大生長することが重要である。

伸長生長や肥大生長を考えて、種を選択するには様々な観点があるが、もっとも重要なのは植栽の目的である。例えば林業では、保護育成を第一目的とする、保護林や保安林に関わる営林を例外として、第一に真っすぐな幹を、大量に生産することが目指される。

ボルンカム氏（1963）は、牧草地利用種子の生長定義に取り組んだ。彼の概念で「比較生長量」（付録の定義を参照のこと）とは、収穫量をもとに行う適性テストで、牧草地では非常に適している。それに対して木本植物の場合、ボルンカム氏の方法論で生長状態を決定するのは難しい。緑化工事で播種をする場合にも、このような収穫量で生長状態を判断することは、あまり重要ではない。反対に緑化工事では、いかに迅速に、そして集中的に深く、土中を貫通する根が出るか、そしていかに早く土壌を覆い、日陰を作り、防風できるかが重要である。

根の生長に関しては前の章でも扱っている。

A. 3「増殖法に応じた種の選択」の項の図1から図8にも、それぞれの植物種の生育状況が示されている。

これまで緑化工事に使われた植物種の生長のスピードについては、A. 4「生態工学の適性に応じた種の選択」の図58から60までと、E. 1「緑化工事の方法」のそ

れぞれの工事様式に報告してある。

下に木本や低木の生育調査の結果をグラフで示した。これらの木本や低木は、平均的な立地、つまり、チロルの未熟土壌で、自然に発生した先駆植分の中で生長した。ここに挙げたものは、これまで測定がなされていない、人工的な植分には特に重要である。

多くの木本には大きなばらつきが出た。特に陰や土壌の影響によるばらつきが大きい。そこで我々はシロヤナギ（*Salix elaeagnos*）とホソバグミ（*Hippophae rhamnoides*）の孤立木と、群生した場合のカーブをそれぞれスケッチした。

私の調査マニュアルには、もっと古い木がたくさんあるのだが、グラフには 15 ないし 25 年までの樹齢を表した。というのは緑化工事を行う場合や前段階の群落を作り出すためには、この期間が最も重要であるからだ。そういうわけで、私の調査結果には多くの古い木本が出ている。自分で調査すると、多くの木本類が、文献に記載されているものや、世間一般に知られているより、はるかに長く生き続けられることを確認した。このようなことは第一に、人間の介入があるために、ひとつの植物群落が、次の群落に移行する時期が遅れているような場合に見られる(例えば草地では家畜が草を集中的に採食したり、藁を利用したりなど)。それに対して、アルプスの矮小低木の寿命が長いことは、以前から知られていた。私は何度も、例えば樹齢 30 年以上にもなるクサヤナギ（*Salix herbacea*）やヤナギ類（*S. retusa*ないし*serpyllifolia*）の個体を見つけた。また、チョウノスケソウ（*Dryas*）は、比較的早く生長することが確かめられた。標高約 1,100mに広がる、シャルニッツ周辺の土砂の沖積扇状地では、ほぼ 3/4m² の土地を覆うおよそ10年経ったチョウノスケソウ（*Dryas*）の株が何カ所にもあった。

ホソバグミに関しては、35 年以上経った低木(本来は小さな樹木である)を見たことがないが、これは枯死すると、根の節から、一連の若い後継芽が発生して、周囲を取りまく。

ヤナギは樹齢が高くなると幹が腐ってしまうので、年輪を数えるのは難しい。しかし腐敗していても、まだ明らかに測定できたものの中からカプレア・ヤナギ（*Salix caprea*）とヤナギ類（*S. laggeri*）で 50 年まで、ムラサキヤナギ（*S. daphnoides*）で46年まで、コリヤナギ（*S. purpurea*）で約60年まで、セイヨウシロヤナギ（*S. alba*）で70年まで、ペンタンドラ・ヤナギ（*S. pentandra*）で60年以上のサンプルを確認した。

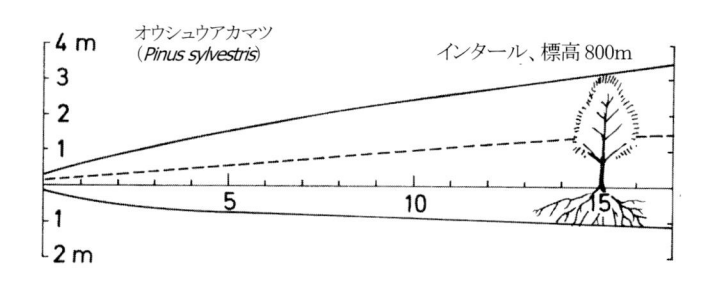

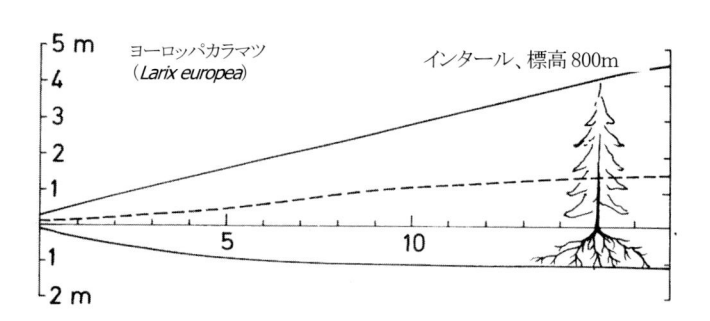

図 61 北チロルの土砂にできた先駆群落に生育する若いマツやカラマツの生長経緯

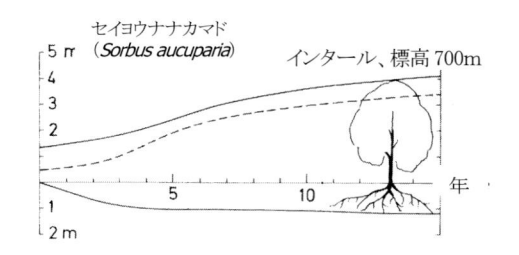

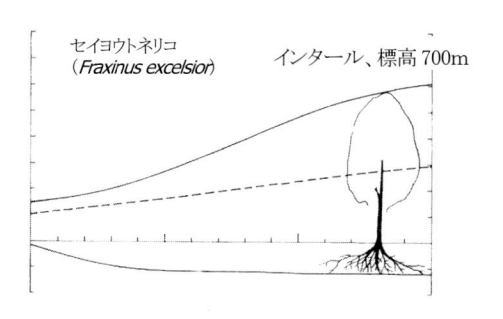

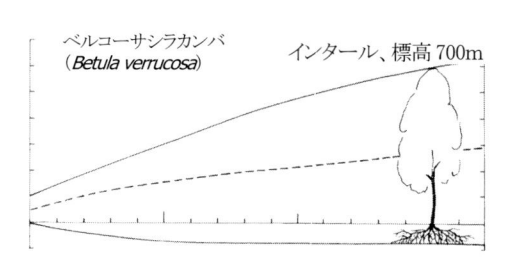

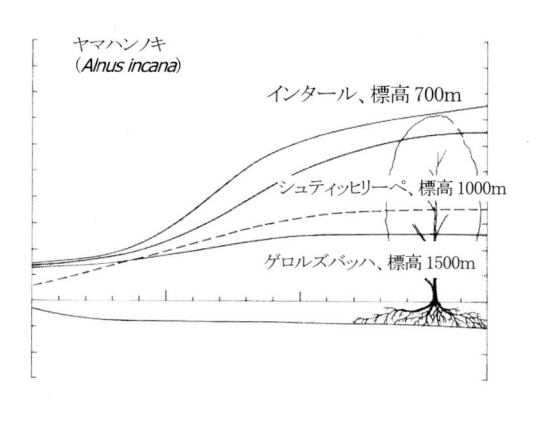

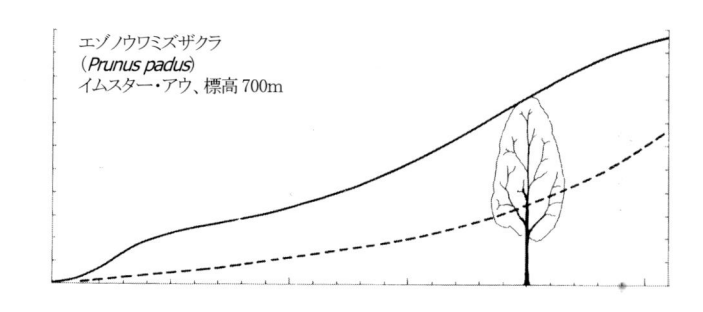

図 62 北チロルの痩せた土砂立地に生育する5種類の広葉樹の生長経緯

私は 60 年たったクロウメモドキ（*Frangula alnus*）、ヤマハンノキ（*Alnus inacana*）では 80 年まで、アーヘンゼー（湖）のドリステナウでは半ばひからびたヤマハンノキを見つけ測定したところ、約 90 年かそれ以上を推定できた。それに対してフュック氏（1929）は、ヤマハンノキの平均寿命は 40 年から 50 年で、土壌が悪い場合は 20 年から 25 年であるとしている。

図 61 には、チロルのインタール（谷）の砂利土壌に生育する、緑化工事をする際に重要な未熟土壌に適した針葉樹の生長経緯が示されている。若いカラマツが優勢であることが明白に分かる。

図 62 には 5 種類の広葉樹の生長スピードを示した。図 63 には最も重要な 6 種類の樹木状ないし、低木状のヤナギを示した。それぞれの種の生長経緯は様々であり、時の経過によっても異なっている。5 年目の生長状態の順に並べてある。

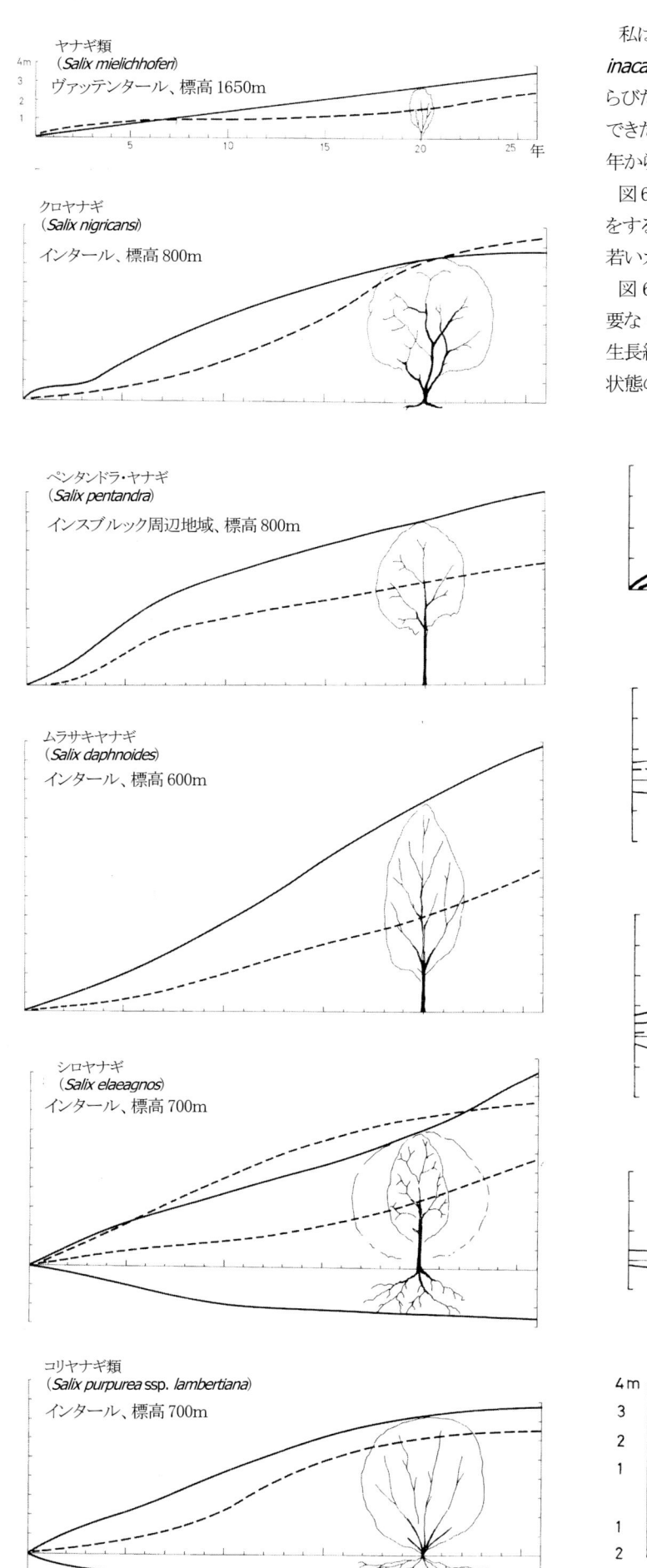

図 63 北チロルの痩せた土砂立地に生育するヤナギ 6 種の生長経緯

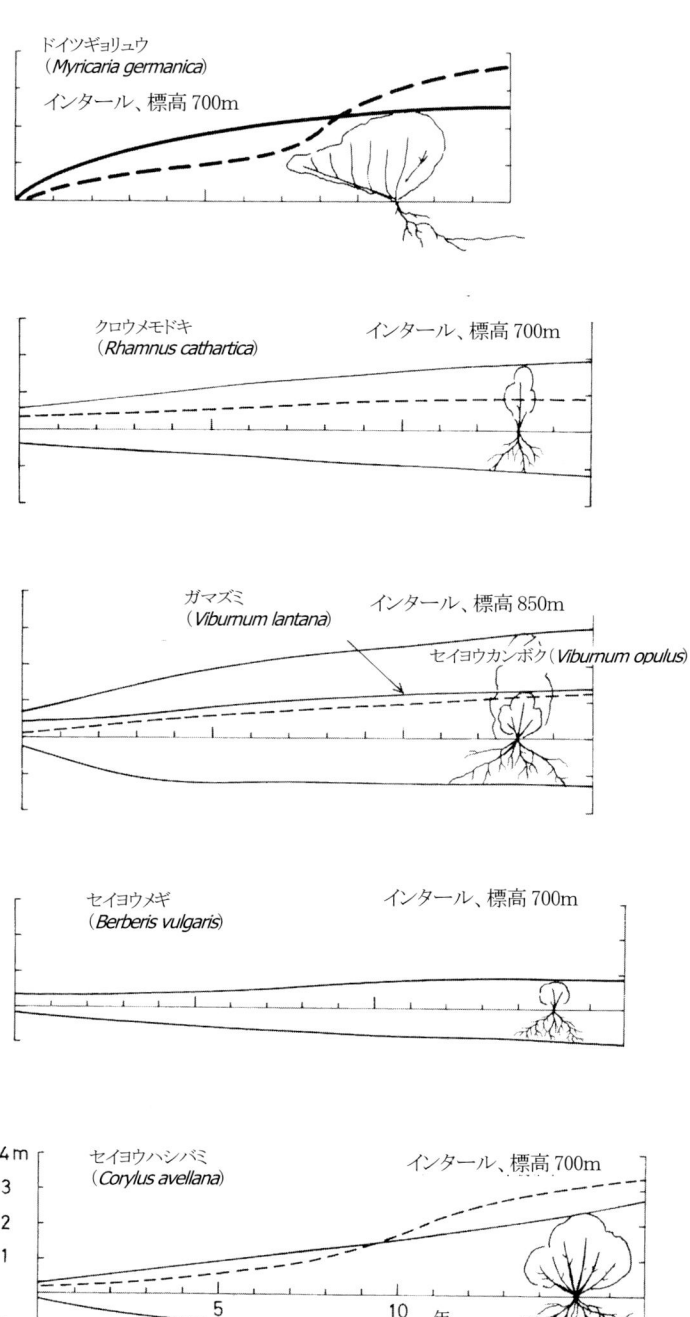

図 64 北チロルの痩せた土砂立地に生育する低木 5 種の生長経緯

クロウメモドキ (*Frangula alnus*)
インタール、標高 700m

セイヨウサンザシ
(*Crataegus monogyna*)
インタール、標高 700m

セイヨウイボタ
(*Ligustrum vulgare*) インタール、標高 700m

スイカズラ インタール、標高 700m
(*Lonicera xylosteum*)

ミズキ インタール、標高 700m
(*Cornus sanginea*)

セイヨウニワトコ (*Sambucus nigra*)
インタール、標高 700m

ホソバグミ (*Hippophae rhamnoides*)
ルーマー・ムーレ、標高 1000m
アルツラー・アルペ、標高 950m

ヤナギ類 (*Salix arbuscula waldsteiniana*)
ゼーグルーベ、標高 1860m

ヤナギ類 (*Salix appendiculata*)
ヴァッテンタール、標高 1350m

スイスヤナギ (*Salix helvetica*)
ヴェント、標高、2000m

ヤナギ類 (*Salix retusa-serpyllifolia*)
シュレールンプラーテアウ

ミヤマハンノキ (*Alnus viridis*)
エンターバッハインツィング、標高 1600m

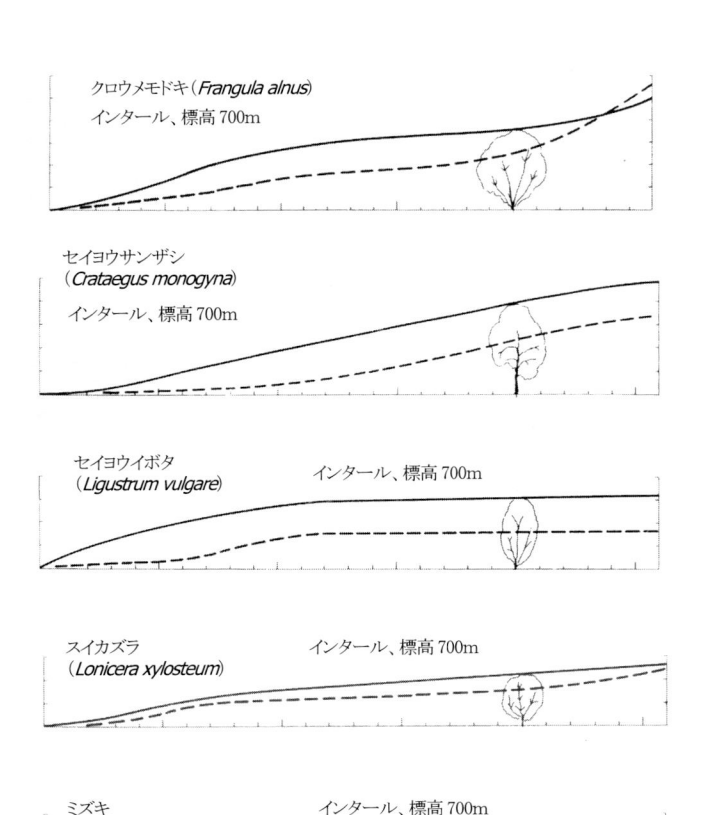

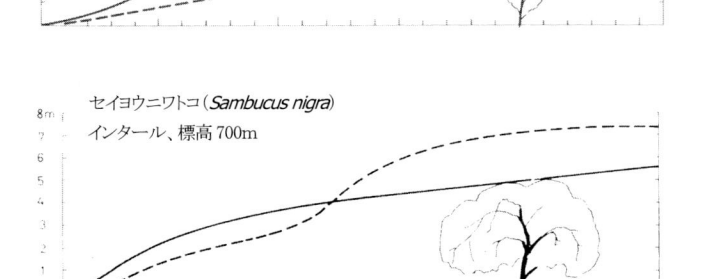

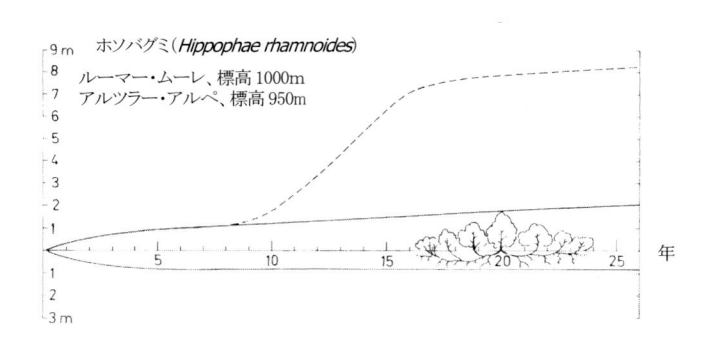

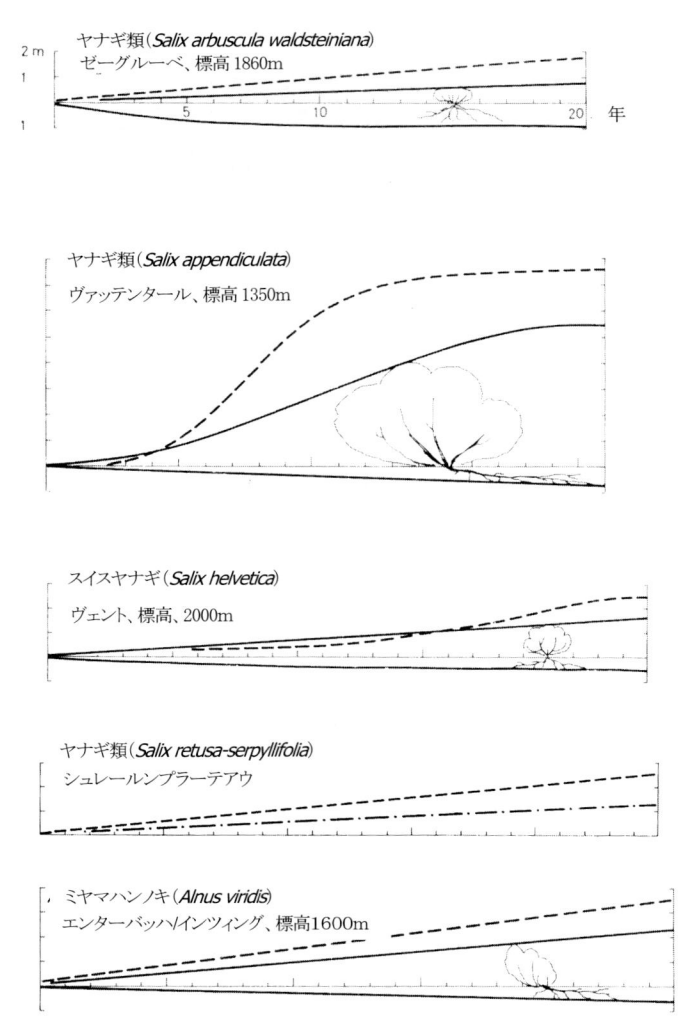

図66 チロルの亜高山地帯の痩せた土砂立地に生育する
ミヤマハンノキ (*Alnus viridis*) と5種類のヤナギの生長経緯

⇦ 図65 北チロルの痩せた土砂立地に生育する7種の低木生長経緯

伸長生長： 樹冠の幅：
1 ペンタンドラ・ヤナギ (*Salix pentandra*)　ヤマハンノキ (*Alnus incana*)
2 ベルコーサシラカンバ (*Betula verrucosa*)　セイヨウナナカマド (*Sorbus aucuparia*)
3 ヤマハンノキ (*Alnus incana*)　ヤナギ類 (*Salix elaeagnos*)
4 セイヨウトネリコ (*Fraxinus excelsior*)　セイヨウトネリコ (*Fraxinus excelsior*)
5 セイヨウナナカマド (*Sorbus aucuparia*)　ペンタンドラ・ヤナギ (*Salix pentandra*)
6 シロヤナギ (*Salix elaeagnos*)　ベルコーサシラカンバ (*Betula verrucosa*)
7 コリヤナギ (*Salix purpurea*)　コリヤナギ (*Salix purpurea*)
8 エゾノウワミズザクラ (*Prunus padus*)　クロヤナギ (*Salix nigricans*)
9 ムラサキヤナギ (*Salix daphnoides*)　ヤナギ類 (*Salix mielichhoferi*)
10 クロヤナギ (*Salix nigricans*)　ムラサキヤナギ (*Salix daphnoides*)
11 ヤナギ類 (*Salix mielichhoferi*)　エゾノウワミズザクラ (*Prunus padus*)

10 年たったものの順位は変化している：

1 ヤマハンノキ (*Alnus incana*)　ヤマハンノキ (*Alnus incana*)
2 ペンタンドラ・ヤナギ (*Salix pentandra*)　ペンタンドラ・ヤナギ (*Salix pentandra*)
3 ベルコーサシラカンバ (*Betula verrucosa*)　シロヤナギ (*Salix elaeagnos*)
4 セイヨウトネリコ (*Fraxinus excelsior*)　セイヨウナナカマド (*Sorbus aucuparia*)
5 ムラサキヤナギ (*Salix daphnoides*)　セイヨウトネリコ (*Fraxinus excelsior*)
6 コリヤナギ (*Salix purpurea*)　コリヤナギ (*Salix purpurea*)
7 クロヤナギ (*Salix nigricans*)　ベルコーサシラカンバ (*Betula verrucosa*)
8 シロヤナギ (*Salix elaeagnos*)　クロヤナギ (*Salix nigricans*)
9 セイヨウナナカマド (*Sorbus aucuparia*)　ムラサキヤナギ (*Salix daphnoides*)
10 エゾノウワミズザクラ (*Prunus padus*)　エゾノウワミズザクラ (*Prunus padus*)
11 ヤナギ類 (*Salix mielichhoferi*)　ヤナギ類 (*Salix mielichhoferi*)

低木類に関しては、図64、65に同じように生長のスピードを記録した。ここではカーブの違いが更に大きい。それどころか、ドイツギョリュウ（*Myricaria germanica*）、クロウメモドキ（*Frangula alnus*）、セイヨウクロニワトコ（*Sambucus nigra*）、ガマズミ（*Viburnum oplus*）では、樹冠の幅のカーブが高さ生長のカーブとぶつかり、それを超えている。これはある一定の樹齢になると、横への生長が優勢になることを意味している。

この原因は立地の外部からの影響のためでもあり、（ギョリュウ（*Myricaria*）は、洪水が起きると茂みごと強制的に下に押しつけられてしまう。ここに挙げた他の種においては、雪の重さによる圧迫が主な原因である）。また、ホソバグミ（*Hippophae rhamnoides*）、バラ、セイヨウサンザシ（*Crataegus monogyna*）、メギ（*Berberis vulgaris*）のエピトニーや、ニワトコ、ギョリュウのバストニーなどのように、遺伝子型の生長特徴の為でもある（ラウ氏、1939、1942）。

ここでは初めの5年間の生長量順に紹介する。

1	セイヨウニワトコ（*Sambucus nigra*）	セイヨウニワトコ（*Sambucus nigra*）	
2	セイヨウカンボク（*Viburnum opulus*）	ホソバグミ（*Hippophae rhamnoides*）	
3	ミズキ（*Cornus sanguinea*）	ドイツギョリュウ（*Myricaria germanica*）	
4	ドイツギョリュウ（*Myricaria germanica*）	ミズキ（*Cornus sanguinea*）	
5	セイヨウイボタ（*Ligustrum vulgare*）	セイヨウハシバミ（*Corylus avellana*）	
6	クロウメモドキ（*Frangula alnus*）	セイヨウカンボク（*Viburnum opulus*）	
7	クロウメモドキ（*Rhamnus cathartica*）	クロウメモドキ（*Rhamnus cathartica*）	
8	ホソバグミ（*Hippophaë rhamnoides*）	ガマズミ（*Viburnum lantana*）	
9	セイヨウハシバミ（*Corylus avellana*）	スイカズラ（*Lonicera xylosteum*）	
10	スイカズラ（*Lonicera xylosteum*）	クロウメモドキ（*Frangula alnus*）	
11	ガマズミ（*Viburnum lantana*）	セイヨウメギ（*Berberis vulgaris*）	
12	セイヨウサンザシ（*Crataegus monogyna*）	セイヨウイボタ（*Ligustrum vulgare*）	
13	セイヨウメギ（*Berberis vulgaris*）	セイヨウサンザシ（*Crataegus monogyna*）	

10年後

1	セイヨウニワトコ（*Sambucus nigra*）	セイヨウニワトコ（*Sambucus nigra*）
2	ミズキ（*Cornus sanguinea*）	ドイツギョリュウ（*Myricaria germanica*）
3	セイヨウイボタ（*Ligustrum vulgare*）	ホソバグミ（*Hippophaë rhamnoides*）
4	セイヨウカンボク（*Viburnum opulus*）	セイヨウハシバミ（*Corylus avellana*）
5	ドイツギョリュウ（*Myricaria germanica*）	ミズキ（*Cornus sanguinea*）
6	セイヨウサンザシ（*Crataegus monogyna*）	クロウメモドキ（*Frangula alnus*）
7	セイヨウハシバミ（*Corylus avellana*）	セイヨウイボタ（*Ligustrum vulgare*）
8	クロウメモドキ（*Rhamnus catharticus*）	スイカズラ（*Lonicera xylosteum*）
9	ガマズミ（*Viburnum lantana*）	セイヨウカンボク（*Viburnum opulus*）
10	スイカズラ（*Lonicera xylosteum*）	ガマズミ（*Viburnum lantana*）
11	ホソバグミ（*Hippophaë rhamnoides*）	クロウメモドキ（*Rhamnus catharticus*）
12	セイヨウメギ（*Berberis vulgaris*）	セイヨウメギ（*Berberis vulgaris*）
13	クロウメモドキ（*Frangula alnus*）	セイヨウサンザシ（*Crataegus monogyna*）

これまで述べられた低木は、主に山地帯で確認された生長のデータであるのに対して、図66は亜高山帯の低木の状況を示している。

選ばれた5種のうち、3種の高さ生長経緯ラインが直線であり、1種については根の深さを示した生長経緯ラインも直線であるが、これは決して偶然ではない。当然のことながら、ここの植物は低地の植物の生長状態より劣っている（これは地上部についてのことであって、根にはあてはまらない）が、この立地の植物は規則的に生長して伸びていく。

アルプス地方に生育するグラウンドカバーの低木の例として、ヤナギ類（*Salix serpyllifolia*）がある。高さ生長はほとんど見られず、ここで述べることはないが、地面に這うように広がる芽の横への生長スピードは、ゆっくり生長するヤナギ類（*Salix waldsteiniana*）の1/10にしかならない。

ミヤマハンノキ（*Alnus viridis*）、ヤナギ類（*Salix waldsteiniana*、*S. appendiculata*）は初めから高さの生長が横幅の生長より少ないが、これまで挙げた低木や木本類は全て、横幅の生長が伸長生長より優勢になる場合、それは樹齢12年から25年の間に起こっている。

先に述べた広葉樹とは違って、生長の順番はどの樹齢段階でも入れかわらない。その順番は、

高さの生長	横幅の生長
1 ヤナギ類（*Salix appendiculata*）	1 ヤナギ類（*Salix appendiculata*）
2 ヤマハンノキ（*Alnus viridis*）	2 ヤマハンノキ（*Alnus viridis*）
3 スイスヤナギ（*Salix helvetica*）	3 ヤナギ類（*Salix waldsteiniana*）
4 ヤナギ類（*Salix waldsteiniana*）	4 スイスヤナギ（*Salix helvetica*）
5 -	5 ヤナギ類（*Salix serpyllifolia*）

もちろんここに示した生長状態を実際の工事に利用する際は、この数値を絶対的な数値としてではなく、相対的なものとして理解するべきである。条件の良い立地では、先述のアルプス地方の環境よりも、確実に良い生長をするだろう。しかし、それぞれの種同志の関係は、本質的に同じであるし、高さや横幅の生長の傾向に関しても同じである。

7. 種苗や種子の由来に応じた種の選択

H.ブルガー氏、S.ツィースラー氏、A.デングラー氏、F.フィッシャー氏（1950）、Ph.フルーリー氏、W.ネーゲリ氏、E.ローメダー氏（1964）、C.シュレーター氏らによる数多くの研究を通して、針葉樹は種子の産出地によって大きな影響を受けることが証明された。樹木の生長の特徴は遺伝的特質であり、それを使用する立地では、種子の産出地に応じて優劣が出てくる。この差は、平地よりも気候境界が密接して隣接している山岳地帯で顕著である。[特にシュミットーフォークト氏（1964）の論文集『高山系のための山林種子の採取と植物栽培』[28]参照のこと。]

これらを認識した結果、生長地帯がより細分化された。林業では種子を収穫するために単植を行い、さらに自分で収穫を管理したり、自分で針葉樹を採種する[29]ようになった。ならびに種子収穫のために接ぎ木プランテーションが作られるようになった。

先駆木本や草本類の産出地による影響について、知られていることは少ない。

1954年にA.F.シューレンベルク氏は、パリにおける第8回植物学会議で「先駆林ー木本の由来に関する諸問題」について報告した。彼はそこでカバノキについて、様々な産出地の種子を使用すると、結果として生長形態、生育状況は異なってくる事を指摘した。

最近数年間に私自身も、適さない産出地の種子を播いた二つのケースについて追跡する機会があった：

第二次世界大戦中に、アルツラー・アルムとインスブルックの北方のイン川付近で雪崩防止用のダムを構築するためにホソバグミを使用した。このホソバグミは、チロルでも多くの自然植分に生育しているにも関わらず、オランダから取り寄せたものであった。この誤った産出地の植物材を使用した結果、この工事では悲劇的という程までにはならなかったが、斜面を密に覆って閉じられた状態にするという目標は達せられなかった。なぜな

---

[28] 独語名：Forstsamengewinnung und Pflanzenanzucht für das Hochgebirge
[29] 50度くらいまであぶって乾燥させ、種子を取り出す方法。（著者）

ら、この植物は茂み状になって横幅を拡大する代わりに、木本植物のような樹冠を形成したからである。アルツラー・アルペの雪崩防止工事に使用したホソバグミの『木』は、その後雪の重さのためにひどく傷んでしまい、その植分は隙間だらけになってしまった。

フラスタンツ/フォアアールベルクのガリーナの工事では、約40年前に産出地を考慮しないで入手されたヤマハンノキ（Alnus incana）を使用していた。

ラインタール（谷）で種子を収穫し、そこで栽培した植物は、海抜約1200mに広がる《フィルプリッタートーベル》の崩壊地に移植すると、発育不全となり、一部は枯れてしまった。

W. ネーガー氏とE.ミュンヒ氏（1931）は、ハンノキの産出地による問題について書いている：「北ドイツで12年から20年目のハンノキの植分が広く枯死してしまった原因は、よそから持ってきた不適当な地域品種を使用したためである。これは若いうち（5年から7年）に結実したり、ほとんどが大きな毬果を付けたりしているので明白である」。

F.フィッシャー氏（1950）は、緑化工事に最も重要な針葉樹であるカラマツ（Larix decidua）において、種子の産出地によって、生長の特徴が大きく変わることを指摘した。

また乾燥に対する抵抗力も、他の産出地のものより適した産出地（標高、生長の遅い場所）の植物の方が優っている。

そのため緑化工事に使用する多くの植物は、明らかに種子の産出地によって発育に決定的な影響を受ける。緑化工事の成功は、このことと密接に関わっているので、種子の産出地には注意するべきである。

それに対して、植物を育成する苗床の標高は、あまり大きな影響は及ぼさないようである。少なくとも適した産出地で見られる長所は、苗床の標高が変わっても無くなることはない。しかし、苗床では力強い根や、太い茎が形成されなければならない。そのためには何度か移植をしたり、過剰に窒素を施肥するのを止めたり、菌を鋤込んだりする。

一般に山岳地帯の苗床は、中程度の標高の所に設けられている。標高の高いところに苗床を設けると、雪による落葉や病的なバクテリア（Herpotrichia nigra、Phacidium infestans など）に感染するという短所がある。今日では山地帯や亜高山帯の木本は、－高い代償を払わなければならなかったが、－谷部で育苗し、その後、使用する土地と気候が似ている栽培苗圃に移植されている。

8. 緑化工事の目的に応じた種の選択

緑化工事はある一定の機能を果たすために行われるが、その際、植物にかかる経費は、できるだけ少なく抑えることが重要である。目標とされる植生の最終段階は、経費をなるべく抑えたものでなければならず、同時に建築的・経営的な必要条件を満たさねばならない。そこで種の選択は、決定的な役割を果たすことになる。緑化工事を計画する際には、経費と必要条件を考慮に入れなければならない（B4 章 64 ページ参照のこと）。

例として、道路工事で草地を施工する際に、適した種子配合に関して多くの可能性を挙げてみたい。手入れをしなくてもそのままの状態を保つ草地がますます切望されるようになってきた。それどころか、このテーマは最近のスローガンにもなりそうである。我々の中部ヨーロッパの森林地方では、草地自体は多かれ少なかれ、ほとんど人間が手を加えて作る二次的な植生ないし代償植生である。しかし建築上、経営上の理由から、我々は草地をしばしば必要としていることも事実である。また経済的な理由から、あるいは刈り取りが不可能である所では、手入れの入らない短い草地が必要とされている。そのため、持続群落用に矮小草地（貧養草地）を人工的な処置の一つとして施工する。この草地を施工することによって、生存期間の制限された人工的なアソシエーション（群集）を作ること

ができる。この草地の施工には、例えば大きな木などの植物が入って来ないように、密度が高く栄養分の乏しい土壌、または乾いた土壌が必要である。ローマイヤー氏（1968）は、細かい土の多い土壌や、水分の状況が良好な土壌では、草地をずっと短いままに保つことはできない事を、はっきり強調している。それゆえ、そのような立地は人工的にやせた状態を保たねばならない（表層土壌や肥沃土を使用せず、そのかわりに砂を入れるなど）。そのような立地では、肥料は極力限られた範囲でのみ使用し、生物学的な構築力の高い種を選んではならない。

貧養草地は、最も美しく花を多く付ける草地の植分の一つとされているにも関わらず、ヨーロッパやアルプスで自然に生育する貧養草地の植物の内、市場に出回っていて、要求を満たしている種は少ない。それゆえ実際の工事では、種類の少ない種子混合をすることが定着している。要求を満たしている植物種の内、次のものが矮小草地の混合に適している。これらは市場で入手できる（太字のものは特によく使用されている）：

ヌカボ（Agrostis tenuis）、ハルガヤ（Anthoxanthum odoratum）、コリネフォルスガヤ（Corynephorus canescens）、ギョウギシバ（Cynodon dactylon）、クシガヤ（Cynosurus cristatus）、カモガヤ（Dactylis hispanica）、コメススキ（Deschampsia flexuosa）、フェスク（Festuca ovina、tenuifolia、trachyphylla、sulcata、valesiaca）、オオウシノケグサ（Festuca rubra commutata、Festuca rubra eurubra）、アワガエリ（Phleum nodosum）、スズメノカタビラ（Poa annua）、コイチゴツナギ（Poa compressa）、ナガハグサ（Poa pratensis angustifolia）、チシマドジョウツナギ（Puccinellia distans）、セイヨウノコギリソウ（Achillea millefolium）、セイヨウミヤコグサ（Lotus corniculatus）、ミツバグサ（Pimpinella saxifraga）、ワレモコウ（Poterium sanguisorba）、シロツメクサ（Trifolium repens）、セイヨウツメクサ（Trifolium minus）

観賞用の草地、スポーツ用の草地、ゴルフのグリーンなどのように、最近では道路建設にも種類の少ない種子混合をすることが多くなっている。1 種類のイネ科植物の種を播くことさえある。スウェーデンは比較的土壌や気候が均一的な土地柄なので、いわゆる《ヴェクスレント》混合が行われ、成果を挙げている。

オオウシノケグサ（Festuca rubra）REPTANS		40%
ヌカボ（Agrostis tenuis）HIGHLAND BENT 或いは BORE		10%
ナガハグサ（Poa pratensis）PRIMO		25%
アワガエリ（Phleum pratense sp. nodosum）EVERGREEN		25%

ここに挙げられた植物種が選りすぐられた良質のものであることや、南方の豊かな植物区系に比べて、周囲の自然植分から他の種が入植する可能性がはるかに少ないということを忘れてはならない。

R.テュクセン氏と W. ローマイヤー氏が、旧西ドイツのアウトバーン沿いにつくられた 310 箇所の草地で行った調査（1961）によると、そこでは以下4種のメンテナンスフリーの草本種が適している。

ヌカボ Agrostis tenuis）
ウシノケグサ（Festuca ovina）いくつかの亜種
オオウシノケグサ（Festuca rubra）
ナガハグサ（Poa pratensis）

さらに石灰質の土壌にはスズメノチャヒキ（Bromus erectus）が加えられる。

ハンゼン氏（1968）は、中央分離帯や路肩と道路を建設する時の斜面とは、全く異なるということを指摘し、道路脇の斜面には、景観土木的な理由から《草本や本来の自生種》を栽培することを勧めている。私も全くこの意見に賛成なのだが、これは土木上の理由だけではなく、すでに述べた理由（種類の多い植物群集は、少ないものより安定しているという理由）からでもあり、また、種類の少ないイネ科植物だけの草地では、求められている土壌の安定が不可能であるためでもある。

草地が安定相ではなく、森林を作り上げるための、初期段階として考えられている所では、まず構築力効果の高い草本植物の種子を選択、それに加えて、土壌を結びつける能力、種子の価格によって選択する。

9. 将来の利用法、美しさ、色彩の華やかさに応じた種の選択

　緑化工事において、土地の深くまでえぐられた、草木の無い平地（地域）に立っているときは、まだ、植栽した植物の、将来の利用法用について話すのは、一見したところ、ばからしいことのように見える。しかしながら実際、それは無意味なことでも、時期早尚なことでもなく、そのような考慮には意味がある。例えば、工事で作った植生から、次の緑化工事のために枝材などを収穫することと、その植分の手入れが兼ねられる場合などは、継続的に安定した状態を保ち、経済的に管理することができるのである。

　緑化工事の最終的な状況が草地である場合、すでに一年目には何度も刈り込みをし、二年目からは放牧を行って採食させることもできる（放牧が可能であるところにおいて）。

　今日、干し草の収穫は、機械によって行われているので、機械の使用できない斜面の草は、放置されたままになることが多くなってきているが、全ての斜面が放置されているとは言い切れない。アルプス地域や南ヨーロッパは、中部ヨーロッパに比べ、植生期が短かったり、夏に乾燥が起こったりするために、干し草の収穫が不安定なので、今日でも狭い傾斜地や険しい斜面は、機械を用いず、手作業で刈り取っている。

　今でも農民は、牧草地に接しているブレンナーのアウトバーン沿いにある斜面の大部分を使用しており、牧草の生長の悪かった年（例えば1968年）には、非常に険しい斜面からも、刈り取りを行った。

　ブッシュ、低木林、中高木林、高木林も、例えばクリスマスツリー、建築用材、製紙用材、薪、粗朶材などとして利用できる。粗朶材やクリスマスツリーは、数年後から利用することができ、利用法の一つとして決して悪くはない。とはいっても、粗朶材は南ヨーロッパのような木材の少ない地域においてのみ、薪材としてや、植生期の間にヤギやロバの餌として意味をもつにすぎない。

　非常に状況の極端な土地で行われた緑化工事でさえ、ヤナギは養蜂用に重要な利用可能性を持つ。これについてはすでに二冊の養蜂家向けの雑誌に詳しく報告してある（シヒテル（著者）、1953、1954）。様々なヤナギや花を咲かせる植物は、特にこうした利用に適している。

　他の土地を緑化するために利用したり、編み細工用の細枝を集めたりすることも、結局のところ利用方法の一つである。緑化工事をする際、近隣にヤナギの自然植分や、利用できる緑化植分が無い場合は、植物材は購入しなければならないので、細枝材や挿し木材がいかに高価であるかを認識することになる。

　美的な観点から見た植物の選択、つまり美しさや色彩り、生長の形態に応じて植物を選択することに関しては、特に A. ザイフェルト氏によって研究が進められた。もともとは庭づくりや道路工事などに適用範囲は限られていたのだが、そうこうするうちに野外の景観や、その他の地域の緑化工事（治水工事、発電所、採掘場、工場など）にも広がっていった。

　暴れ川の緑化工事では、景観建築的な観点を考慮することはあまりなく、植物を美しさや、形、色彩りによって選ぶことはほとんどない。せいぜい下流の水路や暗渠排水溝の緑化工事で、そのような観点が考慮されるに過ぎない。しかしながら、緑化工事や護岸工事において、美しくないばかりでなく、煩わしい存在である、構造物による工法で行う代わりに、植物を使用して緑化することは、風景を維持し美しくするという点で、大きな意義がある。

付図　ドイツアルプスの景観　（写真　佐々木）

付図　ドイツアルプスの景観　（写真　佐々木）

B　最も適した生態工学的工法の選択

1. 緑化工事の目的に応じた方法の選択

　私達は緑化工事を行うとき、その目的が何であるか、そのためにはどんな方法で行うと良いのか、ということを考えねばならない。

　それゆえ、工事を始める前から、初期段階の植生と最終的な植生のことを考える必要がある。緑化することの難しい地滑り斜面や山腹では特に大事である。

　目的を達成する方法は、たいていたくさんあるので、経済性や法的な問題が決定要素となる。

　緑化の最終目標としては、次のような可能性がある。

　草地
　ブッシュ、低木
　広葉樹林　　低木林
　　　　　　　高木林
　針葉樹林　　輪伐期をかなり短くした低木林
　　　　　　　輪伐期を多少短くした中間林
　　　　　　　通常通り輪伐を行う高木林

　目的を果たすために、最も効果的な植生は、どれかということを決定するには、立地の正しい判断と土地経験が必要である。

　例えば工事しやすい斜面で土壌安定緑化工法を行い、ハンノキを過密に植えてしまった所のように、目的や方法を熟考しないで工事を行ってしまうと、数年後に必要な手入れ（間伐）が、緑化工事自体よりも高くなってしまったという様なことも起こっている。同じく、景観を見せるのでもなく、道路の視界を確保するのでもなく、草本種を植えた方が良かったと思われるほど、植樹数が多すぎる斜面もしばしば見かける。

　反対に緑化工事が充分でなかったために、その後地滑りが起きてしまったということも少なくない。

　隣接物や近くの植物に悪影響を及ぼさないならば、コストがなるべくかからない方法で工事を行い、行った処置が充分でない場合は、後から補修するようにすると良い。

　今日、緑化工事を行うに当たって、よく問題になるのが資金不足である。これはほとんどが、後になって初めて生態工学的な工事が必要であることが分かったり、全体のプロジェクトの中で、こうした工事をきちんと見積もらず、だいたいの予想で予算を立てたために起こってしまうのである。

　そのため、生態工学的な工事を行うに当たっては、いつも必ず詳細なプランを、初めから工事プロジェクトに組み込み、時を逸せず提供できるようにする必要がある。こうした工事は（少なくとも大規模な工事の際には）他の工事とは別に公示し、予算を確保する必要がある。生態工学的な工事を計画するためには、U.シュリューター氏(1971)『植栽工』[30] の 11 ページから 15 ページを参照すると良い。

2. 建築上の必要条件に応じた方法の選択

　生態工学的工法を行う場合、目的を果たすために技術的機能面でどのような方法が有効かを考えることが重要である。しかし、それとは別に、全く土木上の要求（工事の進行中であったり、完成後の運営であったり）によって、行える方法は制限されてしまう。

　工事現場の立地条件が悪い場合には、特別な運搬方法を必要とする生態工学的な工事方法しか行えない。これは特に、ヘリコプターやケーブルカー（ロープウェー）、ジープなどの野外走行車、ラバによる運搬以外の方法がないような、立地条件の悪い工事現場や不整地の工事現場の場合である。

　もし、緑化された土地や、あるいはその一部を車が走行しなければならない場合、この緑化工事の目標は草地となる。この時、施工面が柔らかかったり、土壌が湿ったりしている場合、単に草本を植えるだけでは済まない。このような場合には芝草用格子状石を敷くとよい。

　ほとんどの斜面や山腹は（急斜面や地滑り、風害のあるところは例外である）、最終植生として森林が最も効果的であるが、ときに土木的、機能的な理由から森林を作らないこともある。例えば道路や線路沿いの斜面や、船の通行する運河では、視界を確保するために、カーブの内側の一番下には木を植えることはできない。雪崩の通り道では、雪崩をせき止められる場合や、雪崩の起こる間隔が非常に長い場合にのみ、植樹することができる。

　反対に、求められている技術的・生物学的な機能を満たすために森林をつくることや、木本の植栽が必要な現場もある。例えば工業地帯では、できるだけ広い面積に落葉樹を植えることが必要である。常緑針葉樹は、煙や排気ガスに弱いので、このようなところには適していない。

　スキーのジャンプ台の傾斜地では、ジャンプ選手を突風から守るために、できるだけ高い木で林を作る必要がある。この林には夏に葉を付ける広葉樹よりも、冬にも緑の針葉樹の方が適している。

　ボブスレーのコースやリュージュの滑走路は、特に日の当たる側にあるカーブのところが溶雪してしまいやすい。最も美しく、また同時に経済的な処置が針葉樹で林を作ることである。

　1968 年グルノーブルの Alpe d'Heuz で行われたオリンピックのボブスレーコースのように、森林限界よりも高い場所に位置していて、林を作ることができない所では、少々見た目も悪く、コストもかかってしまう安全措置をしなければならない（例えば冷凍装置や日除けを取り付けるなど）。

　スキーの滑走路でも、強い日差しが当たる所では、コースを保護しなければならない。そのような場所では、早くから雪が溶けてしまうために、コースとしての使用期間が短くなってしまうことも多い。そのようなスキーコースでは、すでにある木を維持することが重要である。また、適切な場所に新しく林を作ることや、一列に植樹を行うことも重要である。

---

[30] 独語名：Lebendbau

道路やアウトバーンでは、できるだけ交通の安全を図るために、路面に隣接するところや中央分離帯に樹木を植え、視覚的な誘導効果や防眩を行う。これについては多くの文献がある。例えば『道路の植樹－道路制度に関する研究』[31]E.シュミット出版、第4版、1949年、ビーレフェルト、全62ページ、『道路植樹のための要綱』（PRf）[32]1964年、全61ページ、ヴェーナー氏、シュタインレ氏、ブレッツ氏、リックホフ氏、リッケンベルク氏、プライジング氏、シュヴァルツ氏、トーマス氏、オーバーディンク氏、シュナイダー氏、ヤーン氏、ラントグレーベ氏、ペシュル氏、ザイフェルト氏、プフルーク氏、オルショーヴィ氏による論文集『緑の力』[33]の中の特別号『道路植樹』[34]、1959年8月；マチューラ氏(1970)、ザウアー氏(1971)など。

　土木的な要求を満たすためには、どんな草地でも良いというわけではない。造形用地で観賞用の草地や庭園用の草地が望まれるのは当たり前である。

　造形用地と同様、住宅地域の外の自然景観にある、特別な構造物にも特別な草地が望まれる。例えばすでにある壁や建物、敷石、岩盤の出た所などで、化学薬剤を使用できない時は、草地を使用する（例えば黒っぽいものや、色のついた接着剤や農薬など。水源では化学薬剤の使用は禁じられている）。

　メンテナンスフリーの草地、つまり刈り込みや施肥の必要が、ほとんどない粗放地用の草地（貧養草地）は、アウトバーンの中央分離帯や路肩に使用されているが、今日では、斜面沿いの眺望面にも、必要とされることが多くなった。同じく工場施設にも使用される。例えば電力会社の変電所では、その土地が全て良く見渡せなければならないので、木本は、端に列植するか、あるいは1本を単植することぐらいしかできない。草地は高く生長しないし、管理も容易である（34ページ、80ページ以下も参照のこと）。

3. 技術的・エコロジー的な効率に応じた方法の選択

　植生のない緑化対象地では、なぜそこに植生が存在しないのか、何が緑化を難しくしているのを考えれば、すぐに大まかな立地判断をすることができる。すると、そのような害を及ぼす影響を除外するための必要措置がすぐに分かる。

　場所によっては、様々な原因が混在してしまっているため、緑化工事の非常に難しい立地となってしまっている。それどころか、悪条件が一緒に作用してしまっていることも多い。その土地で植物の生育が非常に難しい立地となっている原因を詳細に分けると、次のようになる。

1. 地形的な原因
   a 露岩
   b 急傾斜
2. 土壌の物理的な原因
   a 細粒成分不足
   b 高密度土壌
   c 固結土壌（表面的な部分、或いは土中深く）
3. 土壌の化学的な原因
   a 水分不足、水分過剰
   b 栄養塩類不足
   c 土壌中の有害物質
   d 極端な酸性（水素－イオン濃縮）
4. メカニカルな原因
   a 風食作用
   b 重力による土壌の移動
   c 割れ目凍結
   d 表面水による侵食、リルエロージョン(細流侵食)を含む
   e 土壌や岩のメカニカルな原因による土壌の深層地滑り[35]
   f 土砂の堆積（風によって運ばれたもの、水によって運ばれたもの、重力のために運ばれたもの）
5. 気候的な原因
   a 全般的に寒すぎる
   b 植生期が短いこと（海抜が高い、北極地方、雪で覆われる）
   c 乾燥
   d 凍結乾燥
6. 生物的な原因
   a 土壌動物相・藻類(菌根を含む)を欠く
   b 食害動物
   c 有害菌類
   d 人間や家畜による踏圧、車の走行（スキーの滑走路など）
   e 放牧（採食害）
   f 刈り取り
   g 火事/野火

　緑化工事を始める前に、上に挙げたマイナスの環境要因があるかどうかを調べ、マイナスの要因があった場合は、希望緑化成果を確実にするために、緑化工事をどのような方法で行えば良いかを検討する必要がある。

　困難の度合いを調べるには表1「立地判断」を使うとよい（11ページ以下参照）。

　様々な生態工学的工法は、技術的・エコロジー的に効果が発揮できた場合に、望んだ成果を上げることができる。つまり、技術的な機能が満たされると、一本の木では耐えることのできない、厳しい立地条件が改善される。

　私は、これらの効果に応じて緑化工事の方法を5つのグループに区分した。

補強施工とガリ侵食[36]保全施工のくみあわせ：補強工事を行い、ガリ侵食地を安定させ、有害なメカニカルな力をとりのぞく。

植物による排水：土壌を積極的に排水する。

安定工法：有害なメカニカルな力を取り除き、徹底的に土壌の安定をはかる。

表面保護工法：短期間で土壌の表面を平面的に保護する。熱収支・湿度収支を改善する。日陰を作る。土壌の生物を活性化する。

補足工法：遷移を導入し、初期植生から望まれた最終社会までの遷移を促進し、豊かにする。

　立地や植被が人間の影響を受けないとするならば、重要なものだけに限定すると、以下の三つのケースで緑化工事によって生態的状況が改善される。

---

[31] 独語名： Bepflanzung an Straßen- Forschungsarbeiten aus dem Straßenwesen)
[32] 独語名： Richtlinien f. Straßenbepflanzung
[33] 独語名： Hilfe durch Grün
[34] 独語名： Bepflanzung von Straßen und Wegen

[35] GLより数十メートルから数百メートル下の深層地滑りのこと。
[36] ＝ルンゼ（ルンゼとは、ドイツ南部、スイス、オーストリアの語で、山腹を走る岩溝を指す。時に渓流となる。）

1. 土壌の移動、メカニカルな力
   (風、水・土・雪による圧力、霜柱、地滑り、崩落、落石、土壌の凝集力が失われて砕石すること)

   ↓

   コンビネーション工法(様々な工法を組み合わせる)、土壌安定法、あるいは構造物を用いた工法によって除外する。

   ↓

   表面保護工法

   ↓

   補足工法

2. 気候によって植物の自然進入定着が妨げられている場合
   (乾燥し過ぎ、湿度が高すぎる、気温が高すぎる)

   ↓

   表面保護工法ないし、生物工学的手法による排水や補水によって除外する

   ↓

   補足工法

3. 土壌が自然の進入定着の障害になっている
   (栄養分が乏しい、土壌構造が悪い)

   ↓

   表面保護工法
   (日陰を作る、土を柔らかくする、緑肥を施す、生物学的土壌の活性化)

   ↓

   補足工法

それぞれの工法は異なった効果を持つため、いつも図式的に同じ工法で行ったり、あるいはたった1つの緑化工事法で行ったりすることはできない。むしろ保護する斜面を、立地条件によって区分し、それに応じて扱いを変えなければいけない。

山岳地帯では、立地状況がとても多様なので、全てに有効な対策法を挙げることはできない。むしろ計画には、技術的・エコロジー的に、最も有効な工法をいくつか選び、それらの工法を同時、または順々に行うようにしなければならない。

4. 植物社会学的な観点による工法の選択

狭い空間に生育するそれぞれの植物種を見ると、そこにはその立地の特性が反映されている。それゆえ今日では、植物社会学が立地の性格を捉えるために最もよく用いられる補足科学である。特に、複雑な器具を用いたり、難しい測定方法をしなくても、立地の診断ができることから多用されるようになった。

工事をする斜面全てに、充分な立地判断の根拠が見つかるわけではないので、調査をするときは付近にある比較可能な立地を観察しなければならない。

植物社会学を応用すると、潜在的な初期群落、その後の遷移、そしてクライマックスまでを容易に判断することができる。それを検討することが緑化工事の措置を計画するための第一の前提条件である。

どのように自然発生的な植物が再定着するのかという道が確認できれば、緑化工事の方法、つまり、生態工学的な工法や、使用すべき植物種が分かる。どんな最終状態にするか、人間が多少介入する場合は、どんな継続群落を作ったら良いかを決定するにも、植物社会学的な事実が拠り所となっている。

同じ立地で自然発生的な再定着と、緑化工事とを比較した植物社会学的な調査の例としては、旧西ドイツの道路工事の際にできる、不安定な斜面の保全工事を6つの立地タイプに分けたH.ドゥットヴァイラー氏の著書(1967)があげられる。

ここでも全てを形式化することは危険であり、それぞれのプロジェクトごとに計画を立てることが重要であることを強調したいが、アルプス地方東部に共通する傾向はあるので、これを見れば準備作業が容易になるだろう。これの基礎は、ラッシェンドルファー氏の『崩壊地の類型』(1957)であり、初期植生、周囲の植生、地理的に見た植生、土壌の状態について述べられている。

ラッシェンドルファー氏の類別ははかなり単純化したものである:

A. 主にアルプス周辺地域に分布するもの:
    I.ハイマツと上部トウヒ帯のトウヒーカラマツ林にできた崩壊地

ヤナギの崩壊地
    II.ブナーモミー混交林と下部トウヒ帯のトウヒ林にできた崩壊地

ヤマハンノキ(*Alnus incana*)の崩壊地
    III.エリカーマツ林の崩壊地
    IV.斜面の下部－広葉樹の混交林にできた崩壊地

B. 主に中央アルプスに分布するもの:
    V.トウヒ帯のトウヒーカラマツ林にできた崩壊地
ミヤマハンノキ(*Alnus viridis*)の崩壊地
    VI.カラマツーシモフリマツ林と下部矮性低木帯に
              できた崩壊地

私はこれらにいくつかの重要な崩壊地のタイプを付け足したい。
- VII. 農耕地域、特に施肥された牧草地にできた崩壊地
- VIII. 谷や山の施肥されていないやせた草地(牧草地)にできた崩壊地(*Bromion erecti*)
- IX. アルプスの荒野とアルプス上部矮小性低木帯にできた崩壊地
  - a. 石灰アルプス(施肥牧草地、*Seslerio-Sempervirerum*、*Firmetum*、*Ericetum*)
  - b. 火山岩の中央アルプス(施肥牧草地、*Nardetum*、*Curvuletum*、*Callunetum*)
- X. 人工的な下層土上の草木のない空地:産業廃棄物や鉱業の廃棄物のボタ山

これらの崩壊地で、どのような植物が進入し、遷移が進むについて観察することは特に有益である。詳細については以下に図式で示している。

I. ハイマツと上部トウヒ林帯のトウヒーカラマツ林の崩壊地

遷移の図式

ハイマツ(*Pinus mugo*)－カラマツやトウヒの混じったハイマツ低木林の群落の崩壊地
↑
ハイマツ(*Pinus mugo*)の叢林
↑
チョウノスケソウ(*Dryas octopetala*)－エリカー矮性低木の荒地
↑   ↑   ↑
ヤナギの群落(様々なヤナギが混在する群落)生育するヤナギ

Salix purpurea	*Salix waldsteiniana*	*Salix appendiculata*
Salix elaeagnos	*Salix appendiculata*	*Salix waldsteiniana*
Salix appendiculata	*Salix glabra*	*Salix glabra*
	Salix elaeagnos	*Salix (purpurea と elaeagnos)*
	Salix purpurea	

↑   ↑   ↑

Petasites paradoxus の群落.
一緒に生育するもの:

| *Silene vulgaris* | *Silene vulgaris* | *Silene vulgaris* |
| *Trisetum distichophyllum* | *Hieracium staticifolium* | |

湿度が低く、雪に覆われる　　　→　　　湿度が高く、雪に覆われる
期間が短い　　　　　　　　　　　　　　期間が長い

緑化工事の方法:90ページ以下「ヤナギの崩壊地」を参照のこと

II. ブナーモミー混交林と下部トウヒ帯のトウヒ林の崩壊地

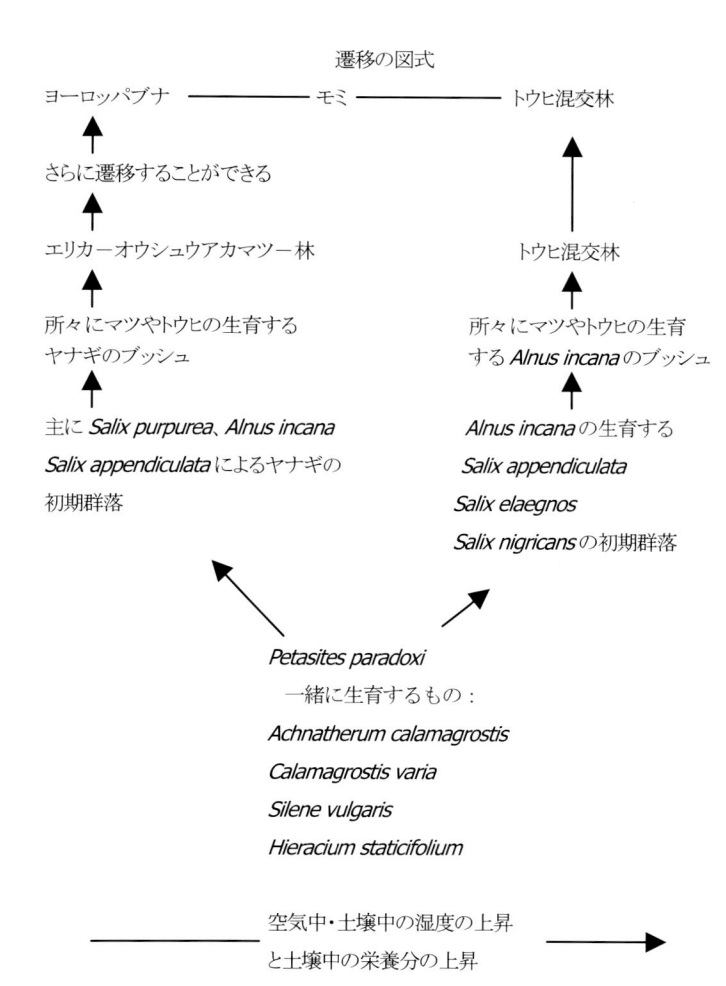

遷移の図式

ヨーロッパブナ ─── モミ ─── トウヒ混交林
↑   ↑
さらに遷移することができる
↑   ↑
エリカーオウシュウアカマツー林   トウヒ混交林
↑   ↑
所々にマツやトウヒの生育する   所々にマツやトウヒの生育
ヤナギのブッシュ   する *Alnus incana* のブッシュ

主に *Salix purpurea*、*Alnus incana*   *Alnus incana* の生育する
Salix appendiculata によるヤナギの   *Salix appendiculata*
初期群落   *Salix elaegnos*
                                         Salix nigricans の初期群落

↖   ↗

Petasites paradoxi
一緒に生育するもの:

Achnatherum calamagrostis
Calamagrostis varia
Silene vulgaris
Hieracium staticifolium

────────── 空気中・土壌中の湿度の上昇 ──────────→
と土壌中の栄養分の上昇

緑化工事の方法:90ページ以下「ヤナギの崩壊地」を参照のこと。
Alnus incana のブッシュにおける湿度の高い場合に関しては92ページ「ハンノキの崩壊地」を参照のこと。

III. エリカーマツ林の崩壊地(タイプII乾燥地でのバリエーション)

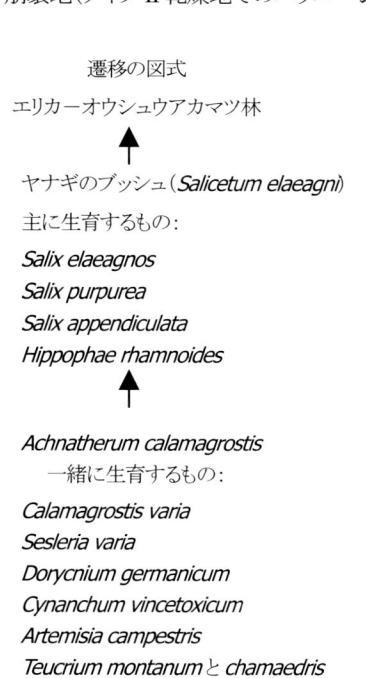

遷移の図式

エリカーオウシュウアカマツ林
↑
ヤナギのブッシュ(*Salicetum elaeagni*)
主に生育するもの:
Salix elaeagnos
Salix purpurea
Salix appendiculata
Hippophae rhamnoides
↑
Achnatherum calamagrostis
一緒に生育するもの:
Calamagrostis varia
Sesleria varia
Dorycnium germanicum
Cynanchum vincetoxicum
Artemisia campestris
Teucrium montanum と *chamaedris*
Thymus serpyllum

緑化工事の方法:90ページ以下「ヤナギの崩壊地」を参照のこと

IVa. ドロマイト層・古い堆積層*にできた斜面下部－広葉樹混交林の崩壊地

遷移の図式

エリカーオウシュウアカマツ一林　　　　　斜面下部－広葉樹混交林

シラカンバ・ポプラ (*Populus tremula*)　　　*Populus tremula*・*Fraxinus*・
　　　が優勢　　　　　　　　　　　　　　　*Acer pseudoplatanus*

Salicetum elaeagni
一緒に生育するもの:
Salix elaeagnos、*Salix purpurea*
Salix appendiculata、*Salix nigricans*

Petasites paradoxi

土壌は乾いて結びつきがゆるい　　　土壌は湿潤で結びつきが強い
　　　　　　　　　　　　　　　　　フキタンポポが生育

緑化工事の方法:92ページ「ハンノキの崩壊地」を参照のこと、エリカーオウシュウアカマツ林の乾燥地でのバリエーションは、90ページ以下「ヤナギの崩壊地」を参照のこと。

IVb. 細かい砂の多い斜面下部の広葉樹混交林の崩壊地

遷移の図式

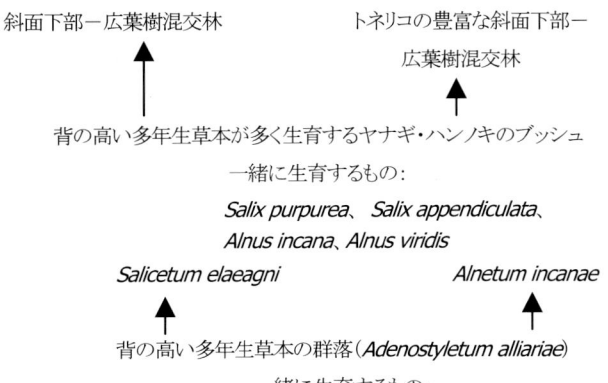

斜面下部－広葉樹混交林　　　　　トネリコの豊富な斜面下部－
　　　　　　　　　　　　　　　　　広葉樹混交林

背の高い多年生草本が多く生育するヤナギ・ハンノキのブッシュ
一緒に生育するもの:
Salix purpurea、*Salix appendiculata*、
Alnus incana、*Alnus viridis*

Salicetum elaeagni　　　　　　　　*Alnetum incanae*

背の高い多年生草本の群落 (*Adenostyletum alliariae*)
一緒に生育するもの:

Calamagrostis epigeios　　　　　　*Petasites albus*
　　　　　　　　　　　　　　　　　Petasites paradoxus
　　　　　　　　　　　　　　　　　Tussilago farfara

比較的乾燥している　　　　比較的湿潤である

緑化工事の方法:92ページ「ハンノキの崩壊地」を参照のこと。

IVc. 石灰質に乏しい粘板岩に見られる斜面下部の広葉樹混交林の崩壊地

遷移の図式

斜面下部－広葉樹混交林

Alnus incana が優勢 (*Alnetum incanae*)

Populus tremula・*Betula* が優勢

Salix appendiculata-*Alnus incana*-初期相

背の高い多年生草本群落 (*Adenostyletum alliariae*)
一緒に生育するもの: *Petasites albus*、*Tussilago farfara*、*Deschampisia caespitosa*

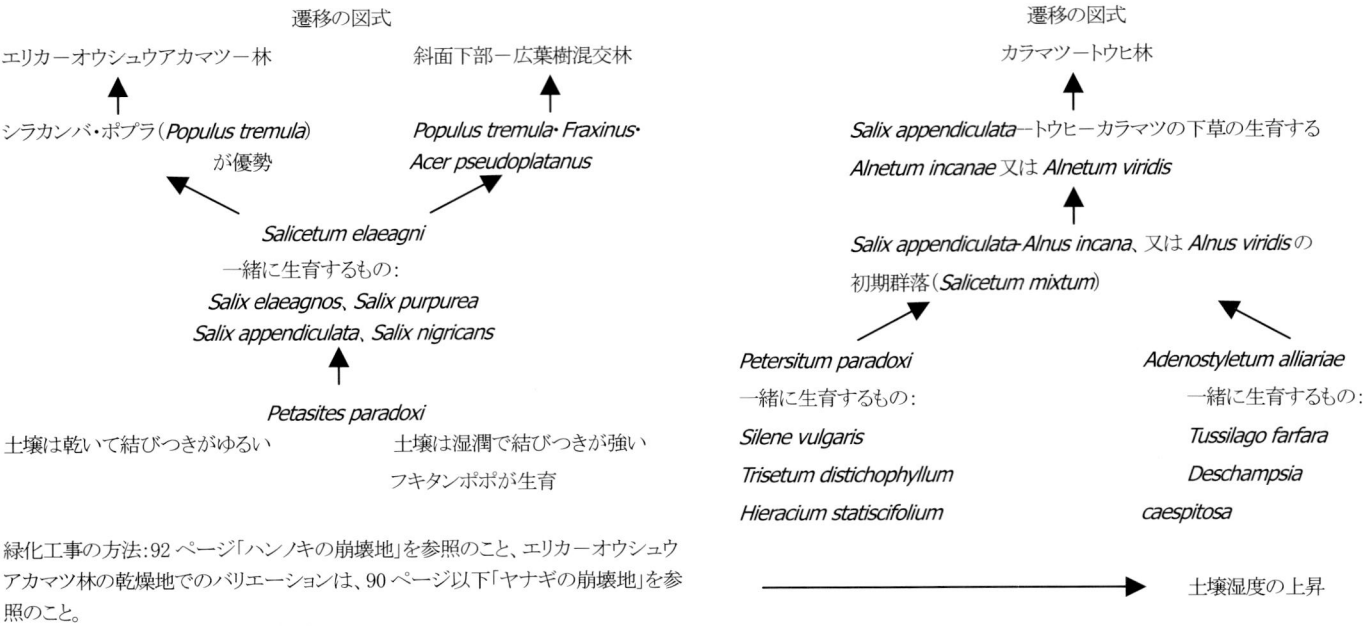

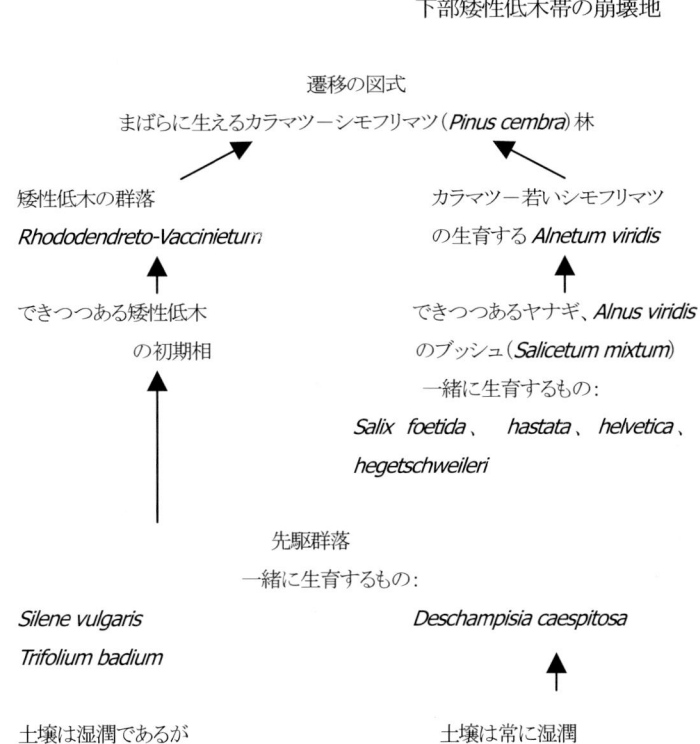

緑化工事の方法:92ページ以下「ハンノキの崩壊地」を参照のこと。

V. 主に結晶質の中央アルプスに見られるトウヒ帯のトウヒーカラマツ林の崩壊地

遷移の図式

カラマツートウヒ林

Salix appendiculata－トウヒーカラマツの下草の生育する
Alnetum incanae 又は *Alnetum viridis*

Salix appendiculata-*Alnus incana*、又は *Alnus viridis* の
初期群落 (*Salicetum mixtum*)

Petersitum paradoxi　　　　　　　　　*Adenostyletum alliariae*
一緒に生育するもの:　　　　　　　　　一緒に生育するもの:
Silene vulgaris　　　　　　　　　　　*Tussilago farfara*
Trisetum distichophyllum　　　　　　*Deschampsia*
Hieracium statisicifolium　　　　　　*caespitosa*

→ 土壌湿度の上昇

緑化工事の方法:92ページ以下「ハンノキの崩壊地」を参照のこと。

VIa. 石灰質片岩に見られるカラマツーシモフリマツ林、及び下部矮性低木帯の崩壊地

遷移の図式

まばらに生えるカラマツーシモフリマツ (*Pinus cembra*) 林

矮性低木の群落　　　　　　　　カラマツー若いシモフリマツ
Rhododendreto-Vaccinietum　　の生育する *Alnetum viridis*

できつつある矮性低木　　　　　できつつあるヤナギ、*Alnus viridis*
の初期相　　　　　　　　　　　のブッシュ (*Salicetum mixtum*)
　　　　　　　　　　　　　　　一緒に生育するもの:
　　　　　　　　　　　　　　　Salix foetida、*hastata*、*helvetica*、
　　　　　　　　　　　　　　　hegetschweileri

先駆群落
一緒に生育するもの:

Silene vulgaris　　　　　　　*Deschampisia caespitosa*
Trifolium badium

土壌は湿潤であるが　　　　　　土壌は常に湿潤
夏には乾燥する

緑化工事の方法:92ページ以下「ハンノキの崩壊地」を参照のこと。

---

* 注 古い堆積層の崩壊地:1万年から1万5千年前の堆積層。4回の氷河期に堆積した土砂の上の草地が崩壊地となったときに用いる語。(著者)

VIb. 非石灰岩質の古い堆積層と粘板岩に見られるカラマツ－シモフリマツ帯、及び下部矮性低木帯の崩壊地

遷移の図式

林床にベニバナシャクナゲが生育するシモフリマツ林	林床にミヤマハンノキの生育するシモフリマツ林
↑	↑
若いシモフリマツ（*Pinus cembra*）の生育するベニバナシャクナゲ群集のブッシュ（*Rhododendretum ferruginei*）	背の高い多年生草本が多いミヤマハンノキのブッシュ これが準安定相として落ち着くことが多い。ミヤマハンノキ群集（*Alnetum viridis*）
↑	↑
エリカ・ベニバナシャクナゲ群集の初期相	ミヤマハンノキの初期相 一緒に生育するもの: *Calamagrostis villosa* *Deschampsia caespitosa*
↑	↑

先駆群落
一緒に生育するもの:

Lotus corniculatus	*Tussilago farfara*
Silene rupestris	
土壌は湿潤であるが夏には乾燥する	土壌は常に湿潤

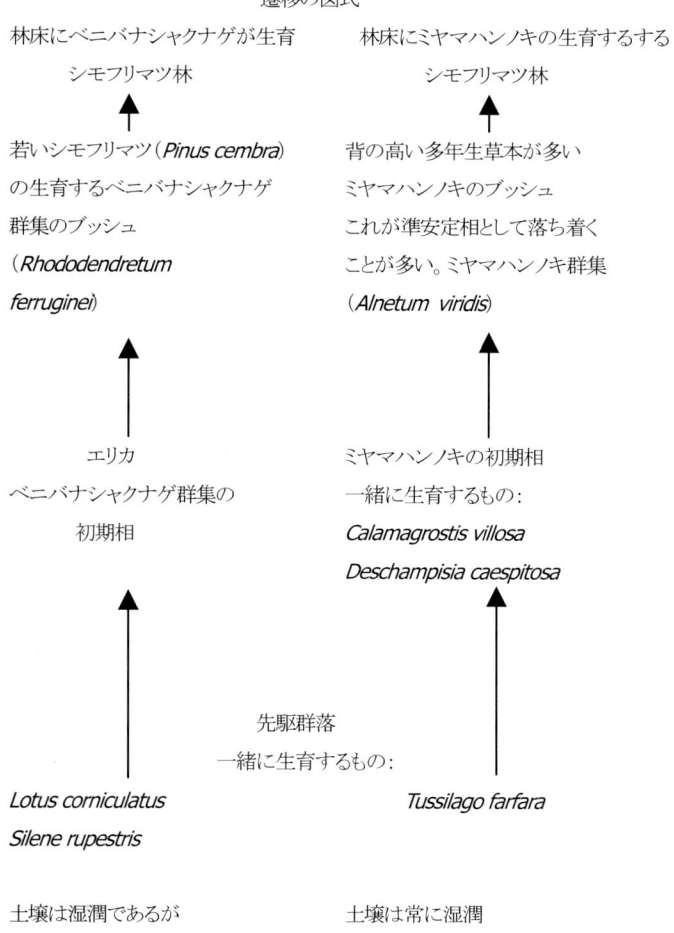

緑化工事の方法：92ページ以下「ハンノキの崩壊地」を参照のこと。

VII. 人為景観地、特に施肥された牧草地の崩壊地

地理的な状態（例：石英の千枚岩、ブントザントシュタイン[37]、粘板岩など。インスブルックの近辺では、細粒の粘土土壌）や斜面が険しいために、農業よりも林業に適している地域、農業用に開墾された森林で、防護用の生け垣や境界線を示す生け垣から非常に離れている地域では、雪の多い晩冬や雪の量が少なく（地下の深いところまで土壌が凍結する）凍結期間の長い冬、そして夏の長い雨期の後には、地滑りや土砂崩れが起きる。こうしてできた崩壊地は農場に直に接していたり、農場の中に位置していることが多く、農家の人々は自分たちの家に危険が迫り、土地も利用できなくなるため、自分たちの手で簡単な方法を行って安全を確保する。そしてエロージョン部分を地ならしし、土や厩肥を混ぜたマルチング材（しばしばジャガイモの茎も）を敷いてから播種を行う。その後しばらくすると崩壊地は全治し、耕作した植物が自然に発生し土地を覆い、もとの状態に戻っていく。

1965年、1966年に特に東アルプスの東南（東チロル、ケルンテン、オーバーイタリア、クライン）を襲ったひどい洪水の時は、農家の人々のささやかな手段や力では、どうしようもないほどの大規模な地滑りが、牧草地を何度も襲った。そこでオーストリアでは、さらに起こる侵食をくい止め、滑り落ちてしまった大量の土をもとの場所に戻すために、オーストリア連邦軍を動員した。これはもちろんどこでも可能という方法ではない。土地の原状が復元された後、そこには芝草が植えられた。緑化の難しい標高では、シヒテル法®が行われた。条件の良い立地や土壌の状態が良い所に起きた、小さな地滑りを保全するためには、厩肥を大量に施肥してから、多層植栽法の上層種として、穀類を混合して通常播種で緑化した。この成果は非常に良く、今日では以前起こった、命すら脅かすような地滑りの跡は、分からなくなっている。

そうした迅速な処置が取られないと、その崩壊地では非常に長い時間をかけて自然の遷移が進むのを待つことになる。こうした崩壊地は、そのままの状態に放置し、家畜が草を採食しないようにすれば、先述した遷移の図式のように、様々な先駆低木の群落から相応するクライマックス（例えば、ミズナラ・シナノキの混交林、エリカ・マツ林、ブナ・モミ混交林、斜面下部・広葉樹混合林、トウヒ林など）への傾向を持つようになる。緑化工事の方法は、この自然の遷移をもとに行わなければならない。

VIII. 谷部・山地の施肥されていない牧草地の崩壊地

スズメノチャヒキ群団（*Bromion erecti*）

アルプス地方全体には、放牧によって草が採食された、非常に広い牧草地がある。また、多くの林野火災跡地や、特にフェーンの起きる地域がこのタイプに含まれる。

局所気候の状態に応じて、これらの崩壊地では様々な方向から植生が進出していく。

VIIIa. 中湿ウマノチャヒキ群集の中の崩壊地

遷移の図式

トウヒ群集	ブナ群集	エリカ－オウシュウアカマツ群集
（*Picetum*）	（*Fagetum*）	（*Pinetum silvestris*）
↑	↑	↑

乾燥斜面－低木の群落（*Thermophiles Coryletum*）
一緒に生育するもの:

Berberis vulgaris
Ligustrum vulgare
Crataegus monogyna
*Rosa canina*と*rubiginosa*
Rhamnus cathartica
Alnus incana
*Juniperus*と*Pinus sylvestris*

↑

中湿ウマノチャヒキ群集
一緒に生育するもの:

Ononis spinosa
Brachypodium pinnatum
Potentilla verna
Molinia caerulea
Euphorbia cyparissias
Carlina acaulis
Cichorium intybus
*Centaurea jacea*と*C. scabinosa*

↑

中湿ウマノチャヒキ群集の初期相
しばしば野生化したニガヨモギ（*Artemisia absinthium*）が生育

緑化工事の方法：90ページ以下「ヤナギの崩壊地」を参照のこと。

---

[37] ブンター統、班砂統ともいう。

VIIIb. 乾燥ウマノチャヒキ群集の中の崩壊地
遷移の図式

エリカーオウシュウアカマツ群集	亜地中海性のコナラ群集
(*Pinetum silvestris*)	(*Quercetum pubscentis*)
	Fraxinus ornus、
	Ostrya carpinifolia が生育
↑	↑
乾燥斜面－低木の群落	乾燥斜面－低木の群落
一緒に生育するもの：	一緒に生育するもの：
Ligstrum vulgare	*Prunus maheleb*
Cornus sanguinea	*Prunus spinosa*
Vibrunum lant.	*Cornus mas*
Crataegus monogyna	*Ulmus minor*
Rosa canina, rubiginosa など	*Pistacia terebinthus*
Amelanchier ovalis	*Cotinus coggygria*
Cotoneaster tomentosa と	*Laburnum anagyroides*
C. integerrima	*Sorbus torminalis*
Prunus spinosa	*Euonymus eur.*
Berberis vulgaris	*Ruscus aculeatus*
Euonymus europaeus	*Colutea arborescens*
Lonicera xylosteum	*Coronilla emerus*
Hippophae rhamnoides	
Rhamnus cathartica	
Juniperus communis	
Pinus silvestris	

↖　　　↗

乾燥ウマノチャヒキ群集
一緒に生育するもの：

Bromus erectus
Stipa capillata
Carex humilis
Festuca valesiaca
Brachypodium pinnatum ssp. *rupestre*
Cornonilla varia
Andropagon ischaemum
Festuca pseudovina
Koeleria gracilis
Dianthus carthusianorum ssp. *silvester*
Salvia pratensis と *verticillata*
Anthericum ramosum
Cynanchum vincetoxicum
Dorycnium germanicum
Astragalus onobrychis
Scabiosa columbaria
Centaurea maculosa など

↑

乾燥ウマノチャヒキ群集の初期段階
一緒に生育する主なもの：

Thymus serpyllum
Festuca ovina
Teucrium chamaedrys
Tunica saxifraga

緑化工事の方法：90 ページ以下「ヤナギの崩壊地」を参照のこと。

IX. 高山の草原、上部矮性低木帯の崩壊地

一般に、「森林限界よりも高度の高い崩壊地は、人工的に緑化できない」と言われているが、私はこの意見に決して賛成ではない。また、これらの崩壊地は、暴れ川の発祥地にあるので、特に注目すべきであると考えている。そのように高地で緑化を行うことは、標高の低い地域より難しいし、時間や費用のかかるのはもっともではあるが、不可能なのはごくまれな場合だけである。

アルプスの草地や上部矮性低木帯の崩壊地では、暴れ川の両脇の斜面と、並んで緑化工事をするのは非常に難しい。そこで新しく道路を建設する際は、すでに起こってしまった地滑りを保全するだけではなく、その工事自体が斜面を草木のない状態にしてしまう危険があるためである。

ここでの自然な植生遷移は、上述した崩壊地のタイプよりも小さな範囲の立地ごとに発展し、さらに、放牧や施肥の度合いに応じて様々な方向に遷移する。それらを図式で表すと次のようになる。

付図　アルプスの亜高山域　（写真　訳者）

付図　アルプスの亜高山域　（写真　訳者）

IXa. 石灰質アルプスの草本ハイデ帯、上部矮性低木帯の崩壊地

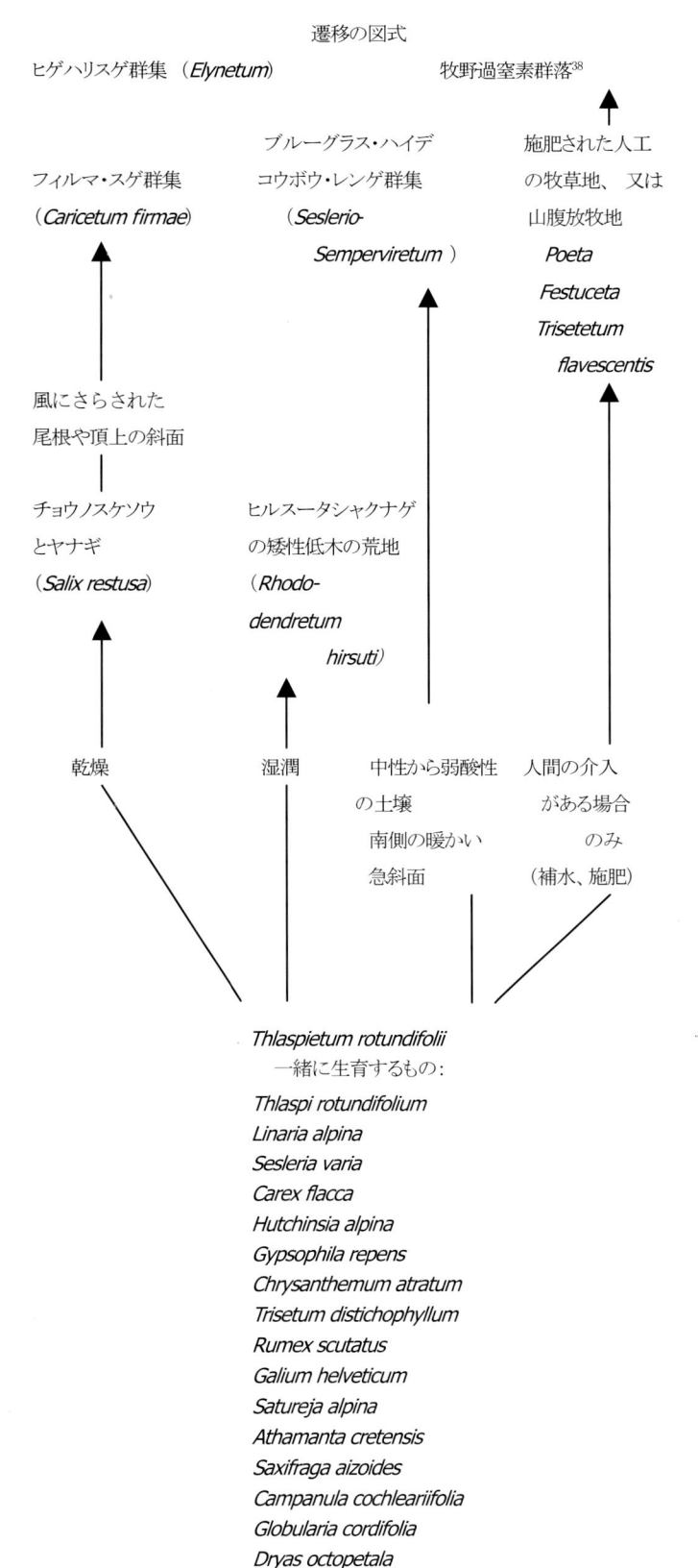

遷移の図式

ヒゲハリスゲ群集（*Elynetum*）　　　　牧野過窒素群落[38]

フィルマ・スゲ群集　　ブルーグラス・ハイデ　　施肥された人工
（*Caricetum firmae*）　コウボウ・レンゲ群集　　の牧草地、又は
　　　　　　　　　　（*Seslerio-*　　　　　　　山腹放牧地
　　　　　　　　　　Sempervivetum）　　　　*Poeta*
　　　　　　　　　　　　　　　　　　　　　　Festuceta
　　　　　　　　　　　　　　　　　　　　　　Trisetetum
　　　　　　　　　　　　　　　　　　　　　　flavescentis

風にさらされた
尾根や頂上の斜面

チョウノスケソウ　　ヒルスータシャクナゲ
とヤナギ　　　　　　の矮性低木の荒地
（*Salix restusa*）　（*Rhodo-*
　　　　　　　　　　dendretum
　　　　　　　　　　hirsuti）

乾燥　　　湿潤　　中性から弱酸性　　人間の介入
　　　　　　　　　の土壌　　　　　　がある場合
　　　　　　　　　南側の暖かい　　　のみ
　　　　　　　　　急斜面　　　　　　（補水、施肥）

Thlaspietum rotundifolii
一緒に生育するもの：
Thlaspi rotundifolium
Linaria alpina
Sesleria varia
Carex flacca
Hutchinsia alpina
Gypsophila repens
Chrysanthemum atratum
Trisetum distichophyllum
Rumex scutatus
Galium helveticum
Satureja alpina
Athamanta cretensis
Saxifraga aizoides
Campanula cochleariifolia
Globularia cordifolia
Dryas octopetala
など

緑化工事の方法：92ページ「山野の崩壊地」を参照のこと。

IXb. アルプスの草本ハイデ帯、及び結晶質土壌の上部矮性低木帯の崩壊地（多少酸性の土壌）

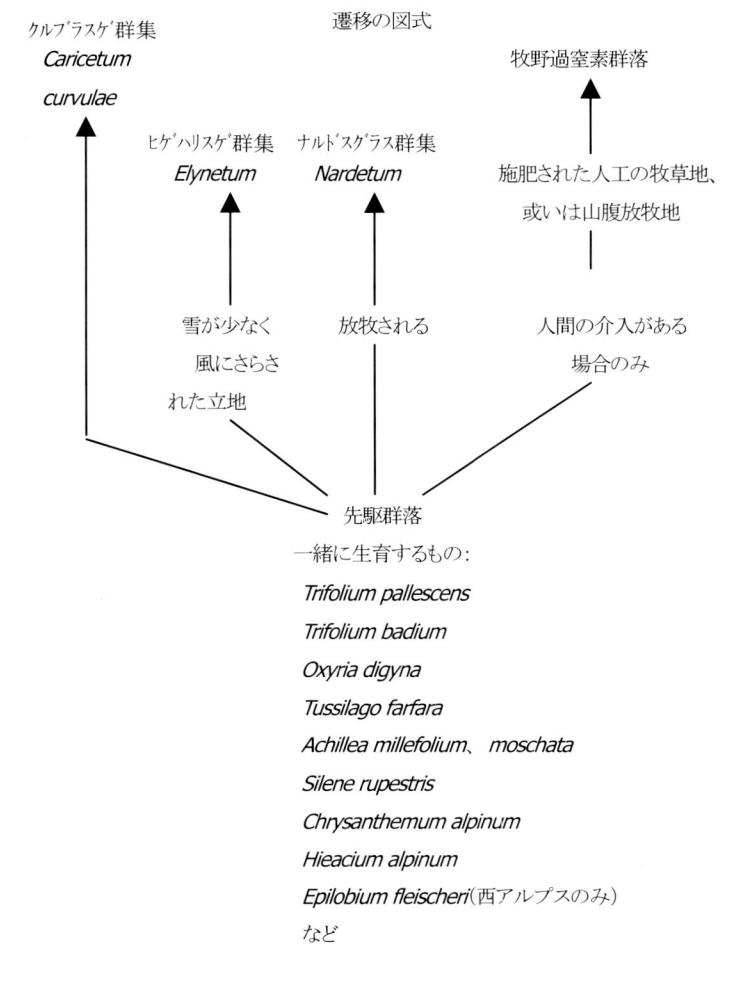

クルブラスゲ群集
Caricetum
curvulae

遷移の図式

　　　　　　　　　　　　　　　　　　　牧野過窒素群落

ヒゲハリスゲ群集　　ナルドスグラス群集　　施肥された人工の牧草地、
Elynetum　　　　　*Nardetum*　　　　　　或いは山腹放牧地

雪が少なく　　　放牧される　　　人間の介入がある
風にさらさ　　　　　　　　　　　場合のみ
れた立地

　　　　　　　　　　先駆群落
一緒に生育するもの：
Trifolium pallescens
Trifolium badium
Oxyria digyna
Tussilago farfara
Achillea millefolium、*moschata*
Silene rupestris
Chrysanthemum alpinum
Hieacium alpinum
Epilobium fleischeri（西アルプスのみ）
など

緑化工事の方法：92ページ「山野の崩壊地」を参照のこと。

X. 人工基盤上の空地：産業廃棄物のボタ山や鉱業採掘の廃石捨て場

　こうした基盤では、化学的・物理的な原因のため植物が生育するのは難しい。しばしば、pH値が3以下あるいは9以上と極端であったり、粒状が一様、粒の大きさがよくない（埃）、表面が固まったり、圧縮してしまうなどの傾向があったり、毒性作用をもっていることがある。こうしたボタ山は基盤が多様であり、作られる高度も様々なので、図式に分類することは難しい。そのため産業廃棄物の投棄場を、再緑化するのは特に難しくなっている。確かに少々の時間がたてば何らかの変化（空気中の酸素と結合したり、降雨によって溶脱が起こるなど）によって改善される比較的良い基盤もある。そのような比較的条件の良い投棄場には、自然に植物の種子が飛来してきて生育するので、ある程度はそこから緑化工事の方法や使用する植物の種類を学んだり、推定したりすることができる。しかしながら、何千年もの間、全く植生が作られない基盤もある。
　こうした立地で自生の種で間に合わせることができない場合は、外来種を使用しても良い。ハリエンジュ（*Robinia pseudaccacia*）は、自生の樹木では代用できないような灰や、燃えた後の斜面、つまり極端に酸度やアルカリ度の強い基盤でも、大変良く耐え抜く種類の樹木である。私は外来

---

[38] *Urticetum*、*Rumicion alpinum*、*Senecion alpini* からなる群落。（著者）
詳しくは巻末「用語解説」参照のこと。

種を緑化工事に使用することは反対であるが、この事実は強調したい。またニセアカシアが状態の悪い基盤に植樹されると、他の植物が再び生育できるようになる。その点で非常に価値が高いということも強調したい。中でも、ブラウンシュヴァイクの褐炭産業地では、まずニセアカシアで初期的な森林をつくると、それがその後、価値の高い広葉樹混交林に移行していくことが分かった(ホームト氏、1965年)。

しかしながらほとんどの場合、このような基盤は再緑化工事が可能であるのか、そしてどのような方法が最も適しているのかを確かめるため、その土地あるいは実験室で実験しなければならないだろう。

ある崩壊地が同時に複数の崩壊地のタイプに属していることも多い。特に広範囲に及ぶV字に侵食された溝や、ひどい起伏のある崩壊地は様々なタイプに分類される。緑化しようとする崩壊地のタイプがわかれば、植物遷移の図式から、それぞれの崩壊地に作られる初期群落が推察できるので、人工的な緑化方法や最適な植物種もわかる。ここでもう一度強調しておきたいのは、移行群落では、種の選択よりも植栽方法が重要であるが、最終群落の種を選択するには、細心の注意を払わないといけないということである。

目立っているのは、多くの崩壊地で(すでにラッシェンドルファー氏が確認しているように)、移行群落の植物として、様々なヤナギ(ヤナギのブッシュ)が登場していることである。ヤマハンノキ群集(*Alnetum incanae*)、ミヤマハンノキ群集(*Alnetum viridis*)が、大きな環境構築力を示している崩壊地もある。また、アルプスの草地では、芝草の群落が移行群落ならびに最終的な構成植物となっている。

それゆえ、緑化工事を行う場合は、もっと包括的なタイプ分けをするべきであろう。オーストリアの暴れ川保全工事を行うときには、いつもこのタイプ分けが行われた。そこでは次のものを区別する:ヤナギの崩壊地－ハンノキの崩壊地－山岳地帯の草原の崩壊地。

ヤナギ林の崩壊地

これはすでにあげた崩壊地のタイプI、II、III、VIIIが含まれる。VIIのタイプも一部含まれる。IVのタイプでは、ヤナギは確かに高い環境構築力をもっているが、多くの場合ハンノキの方がもっと高い構築力をもつ。それゆえ、このタイプの崩壊地では、ヤナギのブッシュとヤマハンノキ(*Alnus incana*)やミヤマハンノキ(*Alnus viridis*)の長所を組み合わせた緑化工事法を行うとよい。これは、列状植栽ブッシュ敷設工に最も理想的なケースである。この工事法では土壌を安定させ固定し(ヤナギのブッシュ)、同時に次期遷移相のハンノキの植生を作ることができる。ハンノキは数年後ヤナギよりも大きく生長していく。

緑化工事の目的を達成するには、多くの方法があるが、その土地の状況に応じて(例えばヤナギのブッシュ、植物材、種子、干し草屑、肥料、マルチング材があるかどうかなど)、その中から最も確かで経済的な方法で行う。

2年間は必ず施肥しなければならない。

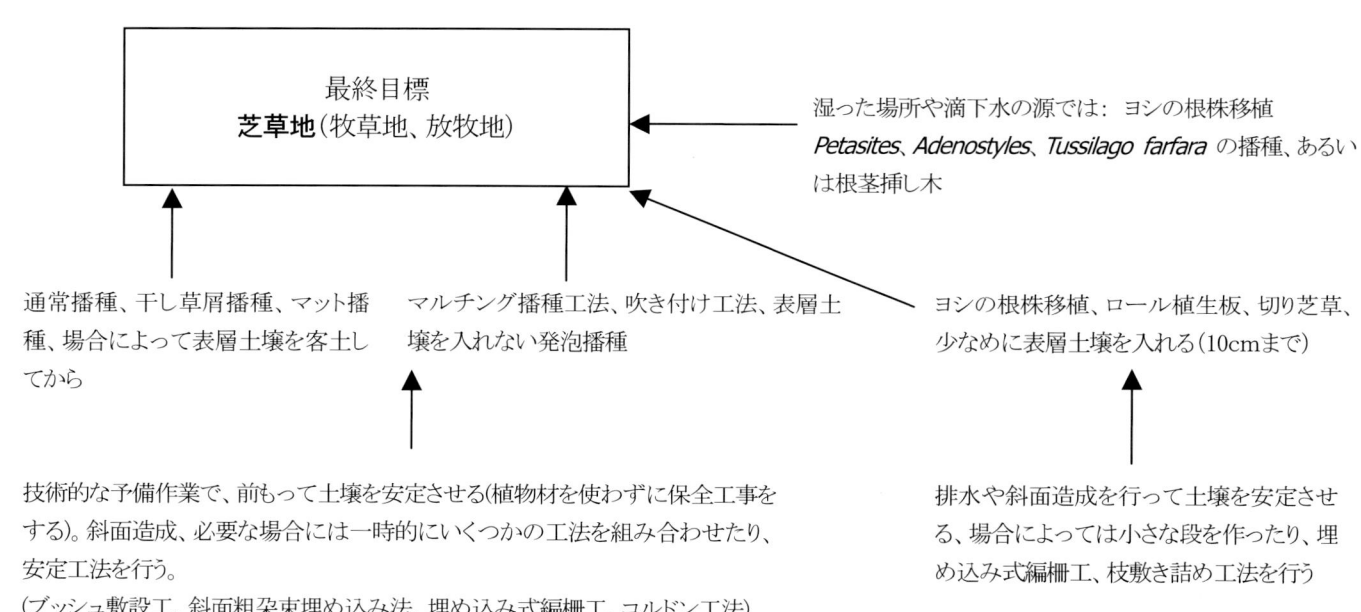

```
                    最終目標
                芝草地(牧草地、放牧地)           ← 湿った場所や滴下水の源では:ヨシの根株移植
                                                 *Petasites*、*Adenostyles*、*Tussilago farfara* の播種、あるいは根茎挿し木
         ↑              ↑              ↑
通常播種、干し草屑播種、   マルチング播種工法、    ヨシの根株移植、ロール植生板、切り芝草、
マット播種、場合によって   吹き付け工法、表層土    少なめに表層土壌を入れる(10cmまで)
表層土壌を客土してから     壌を入れない発泡播種
                          ↑
技術的な予備作業で、前もって土壌を安定させる(植物材を使わずに保全工事を   排水や斜面造成を行って土壌を安定させ
する)。斜面造成、必要な場合には一時的にいくつかの工法を組み合わせたり、   る、場合によっては小さな段を作ったり、埋
安定工法を行う。                                                        め込み式編柵工、枝敷き詰め工法を行う
(ブッシュ敷設工、斜面粗朶束埋め込み法、埋め込み式編柵工、コルドン工法)

              乾燥 ——————————→ 湿潤
```

```
                    ┌─────────────────────┐
                    │     最終目標         │
                    │    ブッシュ、低木林  │ ◄──  湿った場所では：*Salix appendiculata*、*Alnus incana*、*Alnus viridis*
                    └─────────────────────┘      の列状植栽ブッシュ敷設工を行う。水分が過多な所ではヨシを植
                      ▲   ▲   ▲   ▲   ▲         えたり、排水を行う。
```

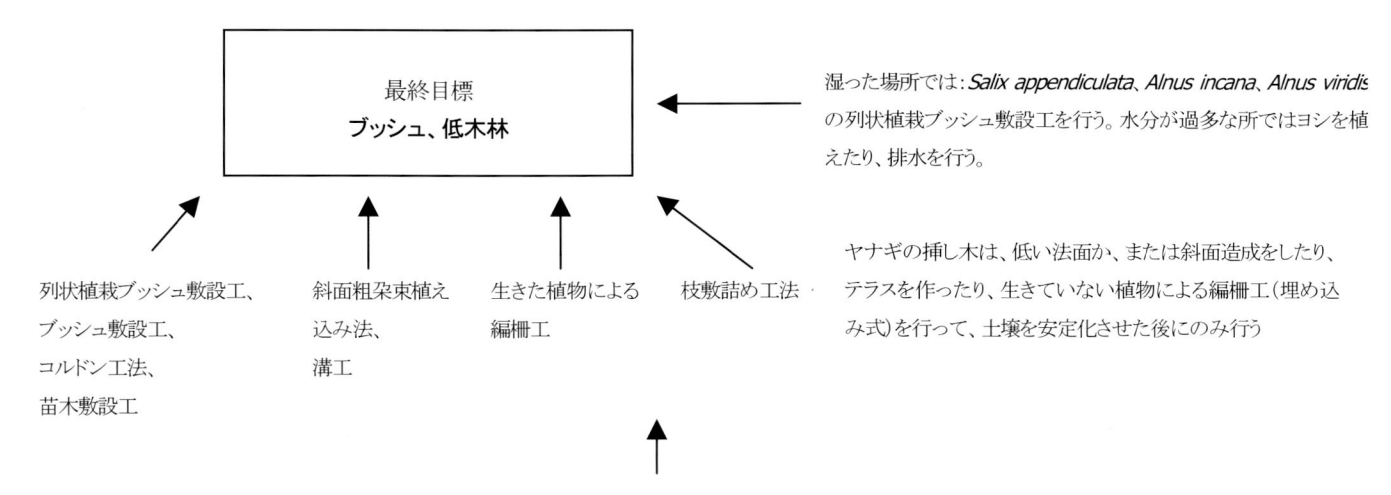

列状植栽ブッシュ敷設工、	斜面粗朶束植え	生きた植物による	枝敷詰め工法	ヤナギの挿し木は、低い法面か、または斜面造成をしたり、
ブッシュ敷設工、	込み法、	編柵工		テラスを作ったり、生きていない植物による編柵工(埋め込
コルドン工法、	溝工			み式)を行って、土壌を安定化させた後にのみ行う
苗木敷設工				

土壌を安定させるために、技術的な予備作業、あるいはいくつかの工法を組み合わせた作業、さらに緑化工事をはじめる前に斜面造成、排水を行う；栄養分に乏しい土壌には軽く表層土壌を入れる(10cm以下)；結びつきが緩く浸透性のある土壌には、腐植土やマルチング材を入れた後にのみ施肥を行う。あるいは追肥を行う。表面保護法、例えばマルチング播種工法、吹き付け工法、枝敷き詰め工、完成芝草、発泡播種、マット播種によって平面を安定させる

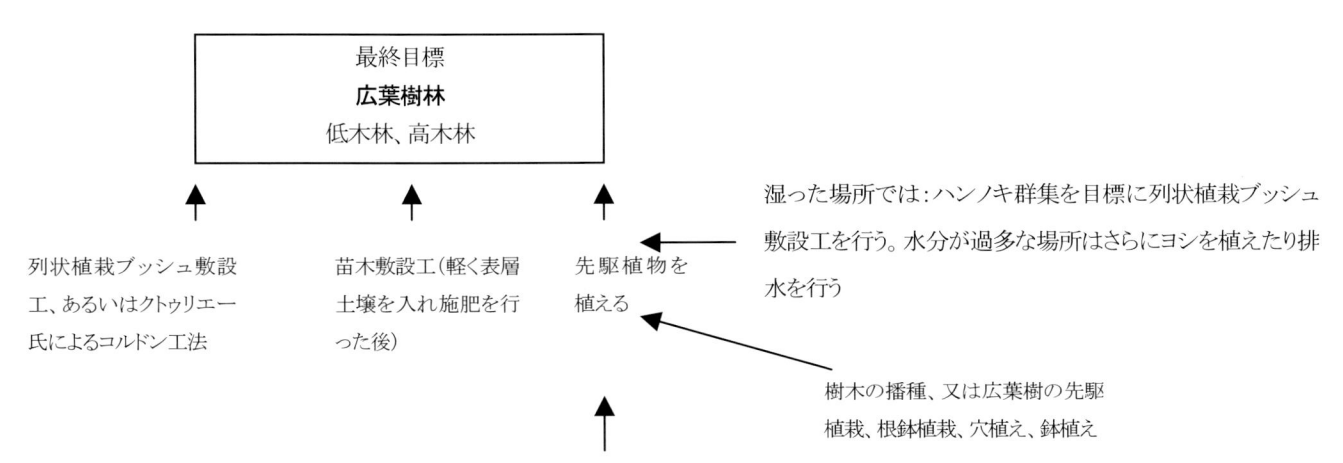

```
                    ┌─────────────────────┐
                    │     最終目標         │
                    │    広葉樹林          │
                    │   低木林、高木林     │
                    └─────────────────────┘      湿った場所では：ハンノキ群集を目標に列状植栽ブッシュ
                      ▲        ▲        ▲   ◄── 敷設工を行う。水分が過多な所はさらにヨシを植えたり排
                                                  水を行う
```

列状植栽ブッシュ敷設	苗木敷設工(軽く表層	先駆植物を	
工、あるいはクトゥリエー	土壌を入れ施肥を行	植える	
氏によるコルドン工法	った後)		

                                              ◄── 樹木の播種、又は広葉樹の先駆
                                                  植栽、根鉢植栽、穴植え、鉢植え

いくつかの工法を組み合わせたり、安定工法を行ったりして土壌を安定させる：テラスを作る；編柵、斜面粗朶束埋め込み法、苗木敷設工、列状植栽ブッシュ敷設工、ブッシュ敷設工、芝を播種して土地を安定させる

土地を安定させるために技術的な予備作業を行ったり、いくつかの工法を組み合わせて行う。さらに、緑化工事を始める前に斜面造成、排水を行う；栄養分に乏しい土壌には表層土壌を入れる

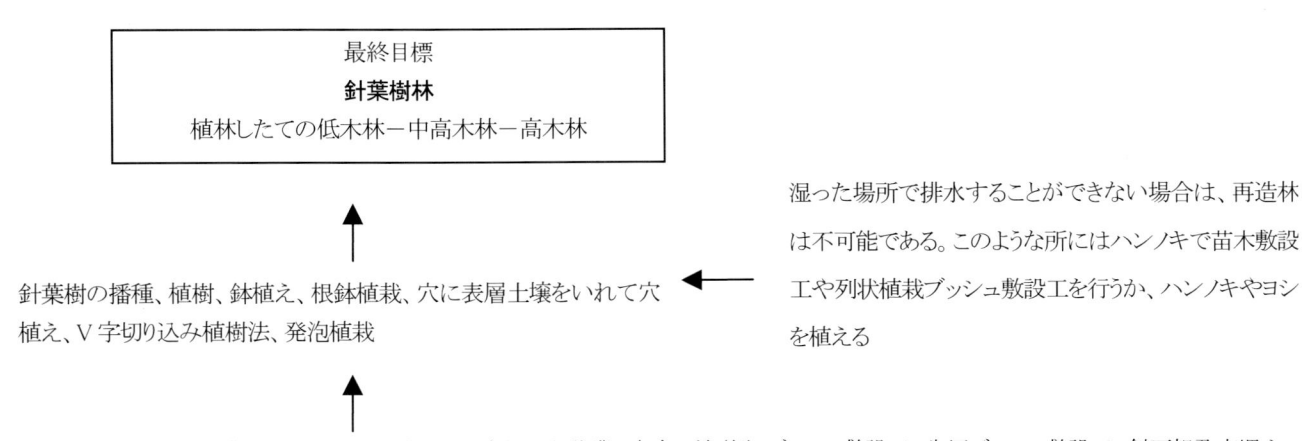

```
                    ┌─────────────────────────┐
                    │     最終目標             │
                    │    針葉樹林              │
                    │ 植林したての低木林-中高木林-高木林 │
                    └─────────────────────────┘
                                ▲                 湿った場所で排水することができない場合は、再造林
                                                  は不可能である。このような所にはハンノキで苗木敷設
                                            ◄──  工や列状植栽ブッシュ敷設工を行うか、ハンノキやヨシ
                                                  を植える
```

針葉樹の播種、植樹、鉢植え、根鉢植栽、穴に表層土壌をいれて穴植え、V字切り込み植樹法、発泡植栽

まず、技術的な予備作業やいくつかの工法を組み合わせた作業、安定工法(例、ブッシュ敷設工、生垣ブッシュ敷設工、斜面粗朶束埋め込み法、コルドン工法、苗木敷設工、編柵工)で完全に土壌を安定させ、表面保護工法(例、枝敷き詰め工法、完成芝草、マルチング播種工法、吹き付け工法、発泡播種)で表面を安定させる。非常に条件の悪い立地(粒が大きい、ドロマイト土壌、蛇紋石、産業廃棄物)のときのみ表層土壌を客土する

ハンノキの崩壊地

ハンノキの崩壊地は、遷移を見れば Alnus incana と Alnus viridis の崩壊地に簡単に分類できる。だが、植栽方法を選択するために両者を分ける必要はない。それは同じ崩壊地の中で Alnus incana のタイプと Alnus viridis のタイプがあらわれることも多いからである。

上述した崩壊地のタイプ IV、V、VI、VII、そして一部 II の湿潤な場合のバリエーションがハンノキの崩壊地とみなすことができる。

ハンノキの崩壊地で湿った場所は、貝殻状の地崩れが起きやすいので危険である。湿った場所は、常に排水の必要性を考えるべきである。もし排水が不可能であったり、あるいは排水が必要でないと思われる場合、少なくとも継続的に草地にならないようにしておかねばならない。ヨシを植えたり、低木のブッシュ（あまり年数をたたせない）を作ったりする方が適している。

緑化工事の方法は、次のような図式にまとめられる。

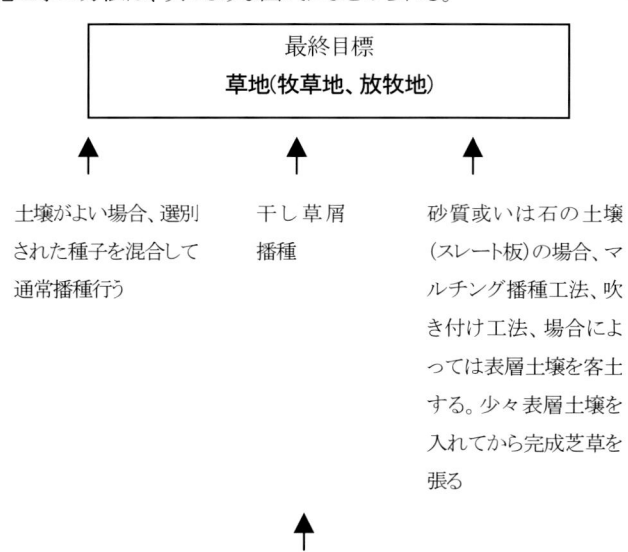

```
最終目標
草地（牧草地、放牧地）
```

↑　↑　↑

土壌がよい場合、選別された種子を混合して通常播種行う　｜　干し草屑播種　｜　砂質或いは石の土壌（スレート板）の場合、マルチング播種工法、吹き付け工法、場合によっては表層土壌を客土する。少々表層土壌を入れてから完成芝草を張る

↑

前もって技術的作業やいくつかの工法を組み合わせて、あるいは土壌安定法（埋め込み式枯れ枝編柵工、枯れ枝の斜面粗朶束埋め込み法、枯れたブッシュ敷設工など）を行って土壌を安定させる、排水を行う

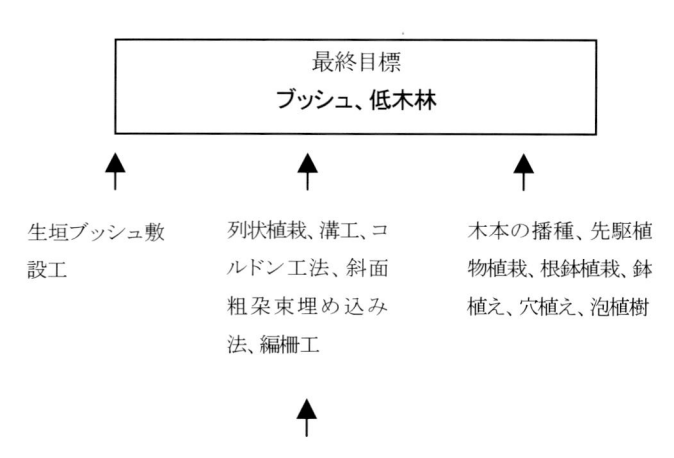

```
最終目標
ブッシュ、低木林
```

↑　↑　↑

生垣ブッシュ敷設工　｜　列状植栽、溝工、コルドン工法、斜面粗朶束埋め込み法、編柵工　｜　木本の播種、先駆植物植栽、根鉢植栽、鉢植え、穴植え、泡植樹

↑

緑化工事を始める前に、技術的な予備作業やいくつかの工法を組み合わせて土壌を安定させる。斜面造成や排水を行う

```
最終目標
広葉樹林
低木林－高木林
```

（ヤナギの崩壊地と同じ）

```
最終目標
針葉樹林
植林したての低木林－中間林－高木林
```

↑

針葉樹の播種、針葉樹の植林、鉢植え、根鉢植栽、穴に表層土壌を入れた穴植え、V字切り込み植樹法、発泡植栽

↑

技術的な予備作業を行ったり、いくつかの工法を組み合わせる、又は土壌安定法を行って完全に土壌を安定させてから。表面保護工法、例えば枝敷き詰め工法、完成芝草、マルチング播種工法、吹き付け工法、発泡播種、マット播種などで平面を安定させる。基盤の状態が悪いときにのみ表層土壌を客土する

山野の崩壊地

これには IXa と IXb の崩壊地タイプのみが含まれる。この崩壊地は、森林限界よりも上方にあるので、生きたブッシュを使用する土壌安定法で緑化することはできない。湿った場所の排水は非常に重要である。

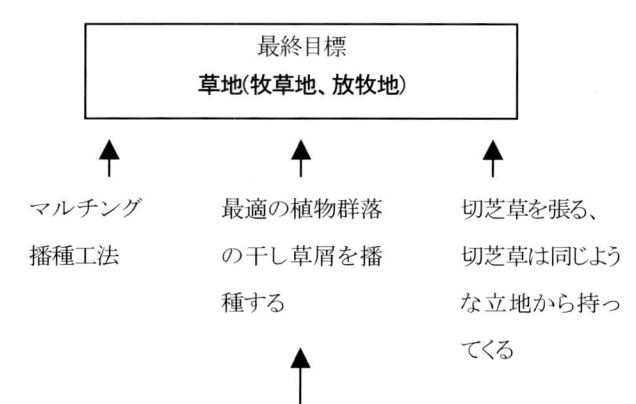

```
最終目標
草地（牧草地、放牧地）
```

↑　↑　↑

マルチング播種工法　｜　最適の植物群落の干し草屑を播種する　｜　切芝草を張る、切芝草は同じような立地から持ってくる

↑

技術的な予備作業、例えば小段の形成、枯れ枝編柵工、補強工事、ガリ侵食保全工事、排水、土地の形成作業をして完全に土壌を安定させ、過剰な水分を取り除く。不稔な基盤や乾燥した斜面には表層土壌を客土することが勧められる。その表層土壌は似ている立地からとってきたものであり、できるだけなじませたものか、少なくとも心土（底土）とつながるようなものでなければならない。表層土壌の厚みは急斜面では5～10cm以上にしてはならない。

5　最適な季節に応じた方法の選択

すでに萌芽力のある木本の増殖に適した季節については先述している（39ページ以下）。

萌芽力のある木本を使用する工法は、全て植生休眠期に行うと良いことが確かめられた。野外地で行った調査では、中部ヨーロッパーアルプ

	植生期
	根鉢植栽、鉢植え、発泡植栽
	切芝、完成芝草、マルチング
	平地での通常播種(撒播)、マルチング播種工法 発泡播種、マット播種
	木本の播種、吹き付け工法、斜面での通常播種(撒播)
	穴植樹、V字切り込み植樹、芝草覆い植栽法、先駆植物植栽、苗木敷設工、クトゥリエー氏のコルドン工法
	ヨシの根株植樹
	萌芽力のある木本を使用した全ての作業 列状植栽ブッシュ敷設工、溝工、根茎挿し木を含む[+)]

I　II　III　IV　V　VI　VII　VIII　IX　X　XI　XII

植生休眠期　　　　　植生期　　　　　植生休眠期

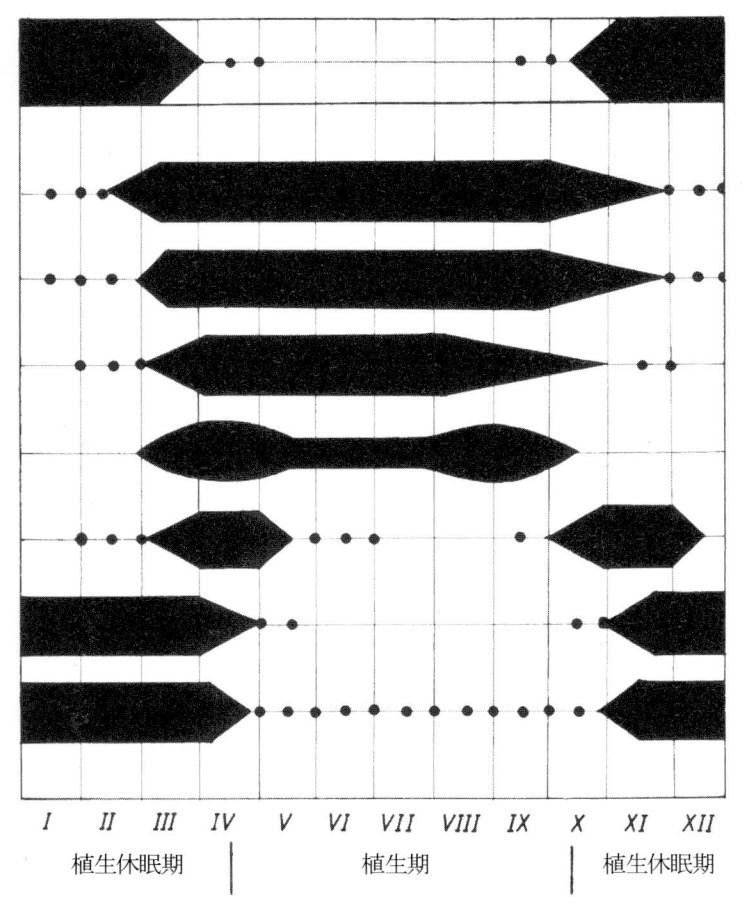

図67　それぞれの緑化工法の予定表。これは中部ヨーロッパと
　　　アルプス地域にのみ有効

ス地方の気候では冬の休眠期の終わり(春)よりも、冬の休眠期の始まり(秋)の頃がずっと良いことがわかった。

　この予定表の一例を見ると、ほとんどの工法が季節に大きく依存していることがわかる。

　生態工学的な作業を可能にするため、そして、専門の施工会社が、継続して活動できるようにするためには、それぞれの作業毎にまず前提条件を整える必要がある。例えば、植え込みをする際には、鉢植えで簡略化するなど。

　しかしながら、今でもそれぞれの工法には適した季節がある。緑化工事を確実に成功させるためには、予め決められた工法と、それに適した季節を守るか、もしその作業を性急に一定の期日までに行わねばならないのなら、その季節に行うことのできる工法に限らねばならない。

　図67は、中部ヨーロッパーアルプス地方の平均的な状況を一覧にしたものである。これによって年間計画が立てられる。黒く塗りつぶしたところは、施工に最も適した期間であり、細くなったり点で示したりしてある部分は、同じ気候帯の中で気候の変動する場合や、同じ地域内でも海抜によって延長が可能である期間を示している。

　この予定表は、気候帯が異なる地域では、参考程度にしかならない。ヨーロッパの山岳地帯や亜北極の高山と亜高山地方とでは2、3ヶ月のずれが生じてくる。夏に乾期がある地方では、植生は夏に休眠期に入るので、月の表示を変えることで対応できるかもしれない。しかし、夏に乾期がある地方でも、場合によっては2回の休眠期(夏と冬)があるかもしれないので、それぞれを配慮しなければならない。

　同じく熱帯や亜熱帯、または南半球の様々な気候帯でも、月の表示を置き換えて見なければならない。これら地域では気候データや、特に気候グラフを使用すると、上記した作業プランから適したパターンを容易に見つけられるだろう(ヴァルター・リート氏『世界の気候グラフ』(1960)を参照のこと)。

　植物の保存に冷蔵庫が使用でき、萌芽力のある挿し穂が用意できるならば、上に示した時期以外にも作業を行うことができる(44ページを参照のこと)。

C　緑化工事の維持・管理

　すでに他の場所でも述べたように、初めはあまり保護能力がなくても、植物の生長と共に効果的になっていくのが、生態工学的な土木方法の特徴である。生長をできるだけ促進し、最大限の能力を発揮できるようになるまでの時間を短縮させるためには、通常、管理措置が必要である。これは緑化地の生育条件が、厳しければ厳しいほど集中的に手をかけて行わなければならない。また緑化後、新しく侵食された溝は、小さいものであっても、すぐに緑化しなければならない。播種したもの、土壌安定のために行った緑化工事、植え込んだもの、植林したものは、ロスが生じたらすぐに補足しなければならない。

　専門会社に実施作業を委託する場合は、完成までの管理を委託内容に含めておかねばならない。完成までの管理とは、受け入れられる状態に達するまでの全ての管理作業のことである。「受け入れられる状態」の概念はDIN18919に説明がある。そこには作業を実行したときの不足分を改善する責任についてだけでなく、受け入れられる状態にするまでに必要な追加播種、追加植樹、施肥、樹木の剪定、場合によっては刈り取り、マルチング、補水などについても説明されている。

　その後にも維持管理が必要となることがある。そのため、続いてこの維持管理に関しても触れておきたいと思う。この作業は時給制であっても見積もりに沿って行う形式でも良い。また、道路工事や河川工事などでは、常に行われる維持業務に委ねることができる。

　道路植栽のための要綱3「道路植栽後の管理と作業[39]、1969年版」(RPf3) では、維持の問題を詳細に扱っている。この要綱は道路工事を主体に書かれたものだが、植物を使用する工事の全ての模範として参考にすることができる。

　斜面緑化工事では、道路工事に比べ維持や管理が十分に行われないことが多い。管理作業を全く行わないで済ましてしまうことも多い。そこで、そのような土地は、その後の世話を担当する森林業務に、できるだけ早く任せてしまうようにする。

　意図的にRPf3を指摘したのは、繰り返しを避けたかったということと、この章を、経済的・組織的に不利な状況におかれた工事現場や土地に向けるものとしたかったからである。

1　土壌改良

施肥

　我々の緑化工事は、斜面の安定化を目標としており、収穫ではないので、施肥は植生の生存を確保するためだけに行われる。大規模な緑化工事を行おうとすると、腐植土や表層土壌が全くなかったり、足りなかったりすることが多い。あったとしても質的に劣っていることが多い。そのため、施肥をしなくてもいいのは、栄養分の豊富な、植物の生育しやすい土壌 (レス土壌など) の場合だけである。

　しかしここで、鉱物性の土壌に、草原や耕地の肥沃な土壌を、表層土壌として直接客土するのは良くないことを、もう一度強調したい。

　表層土壌のある層には、集中的に根が張られていくが、植物の根はその下にある栄養分に乏しい未熟土壌には進んでいかない。そのため、集中的に根の張った上層と、根の張っていない下層土との間に滑り面ができてしまう。その結果、栄養分の高い表層土壌ごと、植生が滑り落ち破壊されてしまうのである。

　このような理由から、表層土壌の客土量は、ほんの限られた量に制限するべきである。これまでの見解では、険しい斜面では、表層土壌の客土量は「少なくとも25cm」とされていたが、最近の業績記録では「5cmから10cm」と変更された。そのため、表層土壌が少なく収穫量の少ない斜面には、貴重な表層土壌は客土せず、耕作しやすい平地の収穫用地や造形地にその分をまわせるようになった。また表層土壌が多い地域では、地滑りによる被害を防ぐことができるようになった (さらにH.M.シテテル (著者)、1965年、マルティーニ氏、1967年、およびそこにあげられた文献を参照のこと)。

　もし生育しにくい樹木を使用するならば、植え込みの時には、十分に表層土壌かコンポストを入れなければいけない。しかし、斜面では表層土壌がなくても生育できる先駆木本を植栽して済ませる事が多い。

　私の考えでは理想的な施肥は、コンポストを適量入れることである。しかし緑化工事ではあまり多く使用してはいけない。耕地では生物学的な地力を充分に維持するためにコンポストを施肥する。地力を継続するためには、この方法が唯一の方法なので、このことからもコンポストが理想的な施肥手段であることが分かる。

　例えばカラコルム (パキスタン) のフンツァ人[40]の村民は、数千年も前から同じ果物を繰り返し栽培していた。ここでは収穫後にコンポストを入れていたので、収穫量が減少することはなかった。チェコスロヴァキアでは、以前褐炭鉱業地であった土地が再緑化された。その土地の一部は農業経営に利用されることになり、コンポストが施肥された。このためには40〜50トン/ヘクタールのコンポストが必要であり、1ヘクタールの価格は30000から35000DMになった (ケルンのペッツォルド氏の報告による)。しかしながら、自然景観、特に粗放的に農業が経営される平地では、造園

---

[39] 独語名：Pflege und Nacharbeiten an Straßenbepflanzung

[40] アレキサンダー大帝と共にヒマラヤに来たギリシャ人。(著者)

栽培のように、集中的に作業が必要な方法をとることはできない。そのようなところで集中的な作業を行うと、コストがはるかに高くついてしまう。

しかし将来的にはこの状況が変わるかもしれない。小企業だけでなく、廃棄物ゴミ処理（この方法が他のどの方法より優先される）において、大企業でもコンポストを生産するようになる見通しがある。例えば現在でもデュースブルクや様々なスイスの街ですでにこの方法を行っている。このようなコンポスト生産センターが整備されていけば、将来緑化工事でも使用できるようになるだろう。少なくとも植栽時に使用したり、非常に栄養分の乏しい土壌一面に施肥するために使用できるようになるだろう。

図 68 施肥を行ったブッシュ敷設工と播種（前）、その比較対照地として施肥していない土地（後）

とはいえ、緑化工事を行うに当たっては、一つの方法しかないことが多い。つまり、立地で腐植土を自然生長させることである。これは微生物（ミクロ生物）や生物（マクロ生物）によって生じた有機物質の働きに基づくもので、客土された表土が、立地になじまないのに対し、こうしてできた表土は地滑りの危険にさらされない健全な表層となる。なぜなら植物は初めから未熟土へ根を伸ばし、年月の経過と共に肥沃な表層土が作られ、ミネラルに富む下層土とうまく結びつくからである。

栄養分に乏しい未熟土壌では、植物を繁茂させるために、初めの数年は定期的に施肥を行うことが前提条件である（図68）。施肥の種類やその配量は立地によって異なる。

基本的には4つの施肥方法が選ばれる。或いはそれらの肥料を組み合わせて施肥する。

鉱物性の施肥
動物性－有機物質の施肥
植物性－有機物質の施肥
緑肥

鉱物性の肥料は、植物の生育に重要な無機物質が土壌に不足しているときに使われる。それゆえ大規模な工事現場では、土壌を化学的に調査すると良い。この土壌調査は、産業廃棄物や鉱業廃石のボタ山では欠くことができない調査である。それぞれの微量元素の重要性は、まだ完全には分かっていないが、植物の抵抗力や健康維持に重要であることがますます明確になってきた。例えば寒冷地ではホウ素が必要である。植物はホウ素によって霜害（凍傷）に対する抵抗力をつけるので、秋に行う施肥にはホウ素を入れると良い。このように植物の生育が非常に困難な立地では、微量元素を含む鉱物性肥料の施肥が行われることが多い。さらに鉱物性肥料は、pH値を調節することもできる。鉱物性肥料を用いてこのような処置を行わなければ、斜面の緑化工事を成功させられないこともある。例えば石炭や鉱石のボタ山では、pH値が13.0にまでなる。ザール川地域やオーバーエスタライヒやケルンテンの褐炭－蒸気発電所などがそうである。反対に酸性の産業廃棄物では、pH値は2.0に達する。こうした極端に酸性度の高い基盤では、それを改善しない限り生育できる植物はほんの少しである。生育できる種としては例えば、シナガワハギ（*Melilotus*）、セイヨウミヤコグサ（*Lotus corniculatus*）、ウシノケグサ（*Festuca ovina*）などがある。

再緑化地の規模が小さい場合、たいてい鉱物性肥料の代わりに取り扱い易い顆粒状の複合肥料を元肥として使用する。様々な調合肥料は多種類あるので、基盤に適するものを使用できる。

迅速に効果をあげる元肥は、植栽には役立たない。なぜなら、樹木や低木は移植直後―根鉢植栽をのぞいて―新しい環境に順応するため、肥料を受け入れられないからである。そのためそのような即効性肥料は、植栽後の翌年以降に施肥する。窒素肥料はゆっくりと溶けるものをあげると良い。つまり、主にコンポストやよく発酵した動物性の廃棄物（血液－角－骨粉）などの有機肥料である。しかし有機的なN肥料は、局地的な気候条件によってはすぐに分解されてしまう。例えばバクテリアの活動が活発な、湿潤で温暖な地域やマルチング材で覆われたところでは、配量の際に注意が必要である。そのような条件のところでは、角や骨を削ったものを即効性のある元肥として使うことさえできる。

生態学的に効果的で最も基本的な施肥とは、栄養素を返還するだけではなく、それによって土壌生物が活性化することである。新しく作られる初期段階の植生の構築力は、土壌生物学的な活力に基づいている。土壌が活性化されれば、まず生物学的に死んでいた土壌が再び息を吹き返し、それによって緑化工事の将来が確実に成功へとつながっていく。その際、表面保護工法は、短期間で平面全体に効果をもたらし、緑化された土地の土壌を生物学的に活性化するので、最も重要な工法である。

現在、有機肥料も豊富な種類の製品が市場に出回っており、土壌の活性化に有用である。

次に示す表7は、現在市場に出ている土壌改良剤の一覧である。

表7　土壌改良剤のリスト＊

＊商品データはすべてメーカーの資料による。(製造元は、社名、所在地の順に記載されています)

1.ピート

まず、ポリエチレン袋入りの白色ピートが使用される。梱包単位は DIN11540 によって指定されている。

ピート17	0.17m^3	17kg	乾燥	46/46/82cm
ピート21	0.21m^3	21kg	乾燥	51/51/82cm
ピート袋	0.17m^3	15kg	乾燥	48/38/94cm

家庭用にはさらに小さな単位のものがある。シュティックシュトッフヴェルケ・リンツのトルフムル(泥炭腐植土)は約40kg単位で製造される。pH値は3〜4。

2.発泡材

Styromull(スタイロムル): BASF 社製、ルートヴィクスハーフェン

4〜12mm大きさの発泡ポリスチロール薄片で、スタイロフォームを製造する時に排出される。薄片は空気の入った閉じられたセルで作られており、腐ったり、湿気を吸収することがない。

単位:3kg(1m^3 ‐ 15〜20kg)

使用:密度の高い土壌(40kg/a)の通気と排水のため、芝草の播種(20kg/100m^2)、土壌に混ぜる(約25〜50vol%)

Hygromull(ハイグロムル): BASF 社製、ルートヴィクスハーフェン

10〜15mm大きさの薄片で、イソプレン板の製造時に不要物として生じる。セルは閉じられていないので、水分の吸放出性がある。もともと白色の物だけが製造されていたが、茶色の物も入手可能。

単位:約10kg入りのポリエチレンの袋

使用:密度の低い土壌の構造改造と水分保留のため

Hygropor(ハイグロポアー): BASF 社製、ルートヴィクスハーフェン

スタイロムルとハイグロムルを合わせたもので、薄片の半分が水分を受け入れ、もう半分が土壌を柔らかくほぐし、通気を可能にする。

使用:水分保留と同時に土壌の通気を行う

3.腐植土の肥料

製品	pH値 ** (**ph値は10%希釈の場合の値を示す)	N (%)	P (%)	K (%)	Ca (%)	微量元素	有機物 (%)	芝草の場合の必要量 (g/m^2)	単植
製造元:フィフーミンヴェルケ、ハンブルク									
Fihumin(フィフミーン)	5	+	+						
魚の缶詰工場で出る廃棄物とピートの混合物。50kg入りの袋。悪臭あり									
製造元:フランツ・ハニエル&Co.、ハンブルク									
Huminal(フミナール)								350-750	
ピート、アンモニウム重炭酸塩、カリウム、リン酸塩の混合物。75kgまで　使用時はボールを十分湿らすこと!									
製造元:フランツ・シッファー、ハンヴァイラー/ザール									
Humobil(フモビール)	5.8	1.5	1	0.8			45	670-1000	通常の土壌
								1600-2000	状態の悪い土壌
不稔乾燥ピートから特別なコンポスト製造工程を経て製造される。									
単位:33.3kgのビニール袋									
粒径は10mm以下									
製造元:トルフシュトロイフェアバント(ピート散布組合)									
Manural(マヌラール)									
Manuron(マヌローン)									
どちらもN、P、Kを含むがマヌローンはNの含有量が少ない。適量:1〜2梱/a									
製造元:スュートケミー、ミュンヘン									
Nettolin(ネトリーン)								300-500	
脱酸化し、黒いパウダー状に製造した肥料用ピートにN、P、K、Caを添加したもの。単位:50kg入りの袋									

製品	pH値**	N(%)	P(%)	K(%)	Ca(%)	微量元素	有機物(%)	芝草の場合の必要量(g/m²)	単植
製造元:Dr.フィッシャー、トルフベトリープ、タンネンハウゼン・イン・ディートリッヒスフェルト、オストフリースラント									
Humudor(フムドール)		+	+	+		+	90	350-750	
製粉した黒色ピート									
単位:35〜50kgのビニール袋									
製造元:シュティックシュトッフヴェルケーリンツ/ドナウ									
Vollhumon Linz(フォルフモーンリンツ)	8.3	3.5	2	4		Mg, B, Mn Cu,Zn	45-50		
塩素不使用									
単位:約50kg									
製造元:フィールゼン・ニルスフェアバント									
Humosit(フモシット)		+	+		8まで			2000 粒状 150 パウダー状	
乾燥した腐泥、粒化されたもの或いは製粉されたもの。									
トン単位で納品									
製造元:ライニッシェ・ビオフームヴェルケ、ボン									
Biohum(ビオフーム)		+	+	+	+			1250-2250	
ピート、下肥、鉱物性肥料									
トン単位で納品									
1t=1.5〜2m³									
製造元:ケーミシェヴェルケ・アールベルト、ヴィースバーデン									
Erntedank(エルンテダンク)		2.5	4	4					
汚泥、鉱物性肥料を含むピート		2.5	2.5	3.5					
Vitahum(ヴィタフーム)									
製造元;Compagnie Francaise des Fumures Naturelles Thorigny、パリ									
ドイツ総代理:リュース社、2 ハンブルク 54, ロックシュテット									
Cofuna(コフーナ)	7.2	1.5	0.65	1.2-2.0	1.5-2.0	+ 腐植土を形成する約20億/gのバクテリア	50-70	200-250	200-250
脱脂し製粉されたブドウの種にバクテリアを添加した生物学的活性の高いコンポスト化された厩肥。									
単位:50kgのビニール-ジュート袋									
植え込みから3週間後に鉱物性の施肥を行うこと!									

4.動物性の廃物から作られる有機肥料

製品	pH値**	N(%)	P(%)	K(%)	Ca(%)	微量元素	有機物(%)	芝草の場合の必要量(g/m²)	単植
製造元:E. Brune & Cie., Sesns/Yonne、フランス									
Bonihum(ボニフーム)		1				約10億/gの微生物	50	200-500	200-500
コンポスト化されたワインの絞りかすと厩肥、ならびにバクテリアで作られたパウダー状の腐植土肥料。									
単位:50kgのポリエチレン袋									
保管は密封して涼しく湿潤な場所で。									
ピートや角のチップと混ぜて使用できるが、鉱物性肥料は混ぜられない。									
鉱物性肥料は植栽後4週間経ってから。									
酸性の立地、亜泥灰地の植物には適さない。									
製造元:パウル・ギュンター、フュルト									
Blutmehl（飼料用粉末血液）		13					80		
Cornu-Fera(コルヌフェーラ)		7	2	2		1.5MgO クロトドゥール	60	150-200	
芝草用肥料									
Horngrieß（角粗粒）S1		13					80		

製品	pH値**	N(%)	P(%)	K(%)	Ca(%)	微量元素	有機物(%)	芝草の場合の必要量(g/㎡)	単植
Horngrieß（角粗粒）		13					80		
蒸気処理									
Hornmehl（角粉）S0		10					60		
Hornoska（ホルンオスカ）		7	5	8		1.5MgO	50		
Hornoska Spezial（ホルンオスカスペシャル）		8	7	10		B, Cu, Mn	40	80-100	
遅効性						1.5MgO			
Hornphos（ホルンフォス）		7	12				50		
Hornspäne（角のチップ）									
S2 中挽き		14					85		
S3 粗挽き		14					85		
Knochenmehl（骨粉）									
蒸気処理		4	22				30		
粘を取り除いたもの		1	30				5-10		
製造元：ブレーム＆Co.、シュテレン									
Fellmann-Dünger（フェルマン肥料）								100-150	
硫酸化カリウムの入った角・骨粉									
Fellmann-Froma（フェルマンフローマ）		9	5	11				100-150	
特に高い栄養分濃度上記に同じ									
製造元：カール・ヴァイス、ハイガー／ディルクライス									
Haygira（ハイギーラ）								150-200	
骨と角のかすを混ぜたもの									
製造元：コルナヴェルク・ヴェルパーCo.、ウルム									
Cornaflor（コルナフローア）	7.3	6-7	2-3	1	5	+	70-75	100-150	
50、25、10、5kg入りの袋						（骨の石灰質）			
特別な草地用肥料									
Cornahum（コルナフーム）		4	5	0.5			65		
Oscorna Animalin（オスコルナ・アニマリーン）	7.2	6-7	9	1-2		B, Cu, Mn, S モリブデン フッ素, コバルト	60	80-100	250-2500 大きさに応じて
Oscorna Universal（オスコルナ・ユニバーサル）		6	6	1		+		80-100	
製造元：アグルコン（有）、4000デュッセルドルフ1									
Terragon（テラゴン）		5	4.5	2.5	8	Mg1	70	150-300	
Florinchen（フローリンヒェン）		5	4.5	2.5	8	Mg1	70	200	
単位：25kg入りのPVC袋									
製造元：オットー・ホフマン、24 リューベック、モイスリンガー・アレー81									
California（カリフォルニア）									
Trocken-Rinderdünger（乾燥厩肥）単位：25kg入りのPVC袋									
製造元：ビオ・アグラール社、75 カールスルーエ、シュッツェンシュトラーセ66									
Algomin（アルゴミーン）	7.5	1	0.7		4	Mg5 など	30	40	

5.鉱物性肥料

　a)複合肥料

製造元：ガードラー・インターナショナル・リミテッド、米国

製品	pH値**	N(%)	P(%)	K(%)	Ca(%)	微量元素	有機物(%)	芝草の場合の必要量(g/㎡)	単植
Alberts Universal Dünger blau（アルベルツ・ユニバーサル・肥料・ブルー）		8	8	8		1%Mg,B Cu, Mn, Zn		40-80	

製品	pH値**	N (%)	P (%)	K (%)	Ca (%)	微量元素	有機物 (%)	芝草の場合の必要量 (g/m²)	単植
製造元:ファルブヴェルケ・ヘキスト									
Complesal Hoechst- Blaukorn Hoechst（コンプレサール・ヘキスト-ブラウコルン・ヘキスト）	5.7	12	12	17		2%MgO,0.1%B, 0.04%Cu,0.02%Zn, 0.0005%Co		60-80	
Complesal Hoechst Rotkorn（コンプレサール・ヘキスト・ロートコルン）	4.8	3	13	21					
Complesal Hoechst（コンプレサール・ヘキスト）	5.3	15	15	15					
製造元:ヴァイブル・ランズクローナ、スウェーデン									
Enpeka Spezial（エンペカ・スペシャル） 1/3水溶性、2/3クエン酸塩に溶かせる		12	12	19		0.6Mg 6.0硫化マグネシウム B,Mn,Zn,Cu		15-50	
Enpeka Turfgödsel（エンペカ・トゥルフゲーゼル） 塩素不使用		16	8	12					
Gramino-Rasendünger（グラミーノ芝草用肥料）		9	9	9		B,Mg, Cu,Zn		20-30	
製造元:BASF社、ルートヴィクスハーフェン									
Floranid-Nitrophoska（フローラニット・ニトロフォスカ） **Crotodur**（クロトドゥール）入り 遅効性、N-溶解	5.8	20	5	10		Cu,Zn,Mn, Mg		100-150（春） 60-100（夏）	
Nitrophoska（ニトロフォスカ）		15	15	15		Mn,B, Cu,Zn		50-100	
Nitrophoska rot（ニトロフォスカ・レッド）		13	13	21		Mn,B, Cu,Zn		50-100	
Nitrophoska blau（ニトロフォスカ・ブルー）塩化物不使用		12	12	20		Mn+Mg		50-100	
Nitrophoska extra（ニトロフォスカ・エクストラ）塩化物不使用		12	12	17		Mn+2MgO,Co		50-100	
Nitrophos（ニトロフォス）	5.4	20	20						
Nitrophoska grau（ニトロフォスカ・グレー）		10	8	18					
Bor-Nitrophoska rot（ボアー・ニトロフォスカ・レッド） 単位:50kgのドプレーン袋		13	13	21		2%ホウ砂			
製造元:ルール・シュティックシュトッフ（株）									
Rustica Spezial（ルスティカ・スペシャル）		14	7	14		4%硫化マグネシウム B,Mn,Cu,Zn モリブデン		50-100	
製造元:シュティックシュトッフヴェルケ・リンツ、オーストリア									
Grundkorn（グルントコルン）（黄色）塩素含有	(3.6)	5	15	20					
Treibdünger Linz（発芽促進肥料リンツ） 顆粒状、水溶性、塩素不使用	(3.8)	14	7	21		1%MgO など			
Vollkorn Linz rot（フォルコルン・リンツ・レッド）塩素不使用	(4.3)	10	10	15					
Vollkorn Linz grün（フォルコルン・リンツ・グリーン）塩素含有	(4.7)	10	10	15					
Vollkorn Linz blau,Spezial（フォルコルン・リンツ・ブルー・スペシャル）塩素不使用	(4.0)	10	10	15		B,Mn,Cu,Zn,Fe, 1%MgO			
Volldünger Linz Reifedünger（複合肥料リンツ完熟肥料） 単位:50kg入りのダプレーン袋		7	14	21		全部で1%			
製造元:ヘサ（有）、ダルムシュタット									
Hesa-Rasendünger（ヘサ・芝草用肥料） 5、10、25kg入りのプラスチック袋、又は50kg入りのジュート袋		6.5	2	2.5		1%Mg+	50	70-120	
製造元:CELA社、6507 インゲルハイム/ライン									
Poly- Konzentrat（ポリ・コンツェントラート） 可溶性の複合肥料、塩素不使用 化学除草剤、殺菌剤、殺虫剤と混合可能 100リットルタンク		16	8	10		1%B,Cu,Mn, Zn,Mg,F,Co			

製品	pH値**	N (%)	P (%)	K (%)	Ca (%)	微量元素	有機物 (%)	芝草の場合の必要量 (g/m²)	単植
製造元:アグルコン(有)、4 デュッセルドルフ									
Cresal grau（クレサール・グレー）		14	10	14		0.7Mgなど			
Fertisal grau（フェルティサール・グレー）		8	14	18		0.7Mgなど			
Alkril（アルクリール）		20		16		2Mgなど			
Alkrisal（アルクリサール）		18	6	12		0.7Mgなど			
Blütal（ブリュータール）			40	10		0.7Mgなど			
Plantosan（プラントサーン） 単位:50kg入りの布袋		15	7	10		2Mgなど			
Plantosan4D（プラントサーン4D）顆粒状かパウダー状		20	10	15	6	+			
Wuxal（ヴクサール） 可溶性		12	4	6					
b) 単肥									
製造元:ファルプヴェルケ・ヘキスト									
Schwefelsaures Ammoniak Hoechst（硫酸アンモニウムヘキスト）	5.3	21							
Stickstoffphosphat Hoechst（窒化リン酸塩ヘキスト）アジ化リン酸塩	5.1	20	20						
Bor-Ammonsulfatsalpeter（ホウ化アンモニウム硫酸塩硝酸カリウム）		26				3%ホウ砂			
Grünkorn Hoechst（グリューンコルン・ヘキスト）	7.0	22			27CaCO₃				
Kalksalpeter Hoechst（石灰硝酸カリウムヘキスト）	5.5	15.5			28CaO				
Harnstoff Hoechst（尿素・ヘキスト）	5.9	46							
Kornkalkstickstoff Hoechst（粒状石灰窒素ヘキスト）	12.0	23			60CaO				
Kalkstickstoff Hoechst（石灰窒素ヘキスト）	12.0	26			60CaO				
製造元:BASF社、ルートヴィクスハーフェン									
Kalkammonsalpeter BASF Rieselkorn（石灰アンモニウム硝酸カリウム BASF リーゼルコルン）	7.3	22			30CaCO₃	Mg,Cu,Zn,Mn		40まで	
Ammonsulfatsalpeter BASF（アンモニウム硝酸カリウム BASF）	3.6	26							
Kalksalpeter BASF（石灰硝酸カリウム BASF）	6.6	15.5			28CaO				
Schwefelsaures Ammoniak（硫酸アンモニウム）	5.6	21							
Stickstoffmagnesia BASF（窒素苦土 BASF）	3.2	20				Cu,8%MgO			
Harnstoff（尿素）	8.5	46							
Floranid mit Crotodur（クロトドゥア入りフローラニット）	7.3	28 (可溶性)						80-120	
製造元:シュティックシュトッフヴェルケーリンツ；オーストリア									
Nitramoncal（ニトラモンカル）	(7.7)	22			17			20	
Ammonsulfat Linz（アンモニウム硫酸塩）	5.3-5.9	21						20	
Urolinz（ウロリンツ）尿素肥料	9.8	46						20	
Superphosphat（スーパーリン酸塩）水溶性	3.8		18		27	31%SO₃			
Bor-Nitramoncal（ホウ素ニトラモンカル）		22				2.5%ホウ素		20	
CCC-Ammonsulfat（CCC硫酸アンモニウム）		21						20	
Aldrin Superphosphat Linz fein（アルドリンスーパーリン酸塩リンツ極細粒）アルドリン(殺虫剤)含有	3.8		18					40まで	
製造元:ペルストルプAB商社、スウェーデン									
Peraform（ペラフォルム）芝生用の遅効性N肥料	7.0	38						40-60	
製造元:ドナウ・ケミー(株)									
Triplephosphat（三リン酸塩）			47 うち45が水溶性						

製品	pH値**	N(%)	P(%)	K(%)	Ca(%)	微量元素	有機物(%)	芝草の場合の必要量(g/m²)	単植
DC45		18	27						
DC44 塩素不使用		16	28						
製造元:ドナウ・ハイパーフォスファート社									
Hyperphoskali（ハイパーフォスカリ）			20	20	30CaO	+			
Thomasphosphat（トーマス鉱滓粉）アルカリ性			17		40-45	Fe,Mn			
Hhyperphosphat（ハイパーフォスファート）アルカリ性			27-30		45	Mg,Mn,Zn,B,Cu			
Kalidüngesalz（カリデュンゲサルツ）中性				40KCl					
Kalidüngesalz（カリデュンゲサルツ）				60KCl					
Patentkali（パテントカリ）（カリ苦土）				26-30		25-38% MgO			
製造元:ケマーク、フランクフルト/マイン									
Kalisalpeter（硝酸カリウム）		13.8		99.8 KNO₃ 46.5 K₂O					

土壌改良の方法には、さらに緑肥とバクテリアや菌根菌の接種がある。農業では以前から、ある特定の輪作をすると良い収穫が得られることが知られていた。特にマメ科植物によって、土壌が改良されることが発見された。そこで、ある土地で栽培を始める前にはエンドウマメ、インゲンマメ、ソラマメを栽培し、これらを花期になる前に土壌にすき込むようになった。

A.ツェル氏（1965年、1966年）は、「肥料になる植物を播種し、畑を耕してすき込んでいく方法」について厳密な調査を行っている。ツェル氏はもともと山林植物を栽培することを考えていたが、後にはチロルの暴れ川地域の砂利地の緑化も行った。それはロイタッシャー・アッヘやカルヴェンデル山岳地帯のグローセン・アホルンボーデンである（ツェル氏、シヒテル（著者）、シュタウダー氏、シュテルン氏、1966年）。

この緑肥の方法は、まず強力な鉱物性肥料をすき込み、それから例えばカラスムギ、ダイコン、シロガラシ、エンドウマメ、ソラマメ、ハゼリソウ（Phacelia tanacetifolia）などの短期間で生長する緑肥植物の種を播く。これらの植物はほとんどが一年生植物である。緑肥植物は力強い根で土壌を迅速に耕起し、種子が成熟する前に刈り取り、可能であればすき込む。その後初めて最終的な多年生の植物を混合して播種する。育苗用の苗圃では、緑肥をすき込んだ後に森林樹の種を播くか、その苗床に移植する。ツェル氏は上述の研究中で、そのように準備した苗圃でカラマツを育てると、生長や抵抗力の点で、他のカラマツより優れたものができることを確認した。ツェル氏によると緑肥（1年に3回播種し、2度刈り取り、1度すき込むこと）は物理的－生物学的な作用において厩肥に相当する。しかしその際、使用した窒素量は厩肥の1/3程度となる。

急斜面では機械を使うことは技術的に難しいので、緑肥をすき込むことや作業工程が二工程に分かれていると不可能である。そこで私は全ての作業工程を一度にまとめた方法で行う。これは短期間で生長する一年生の緑肥植物を「多層植栽法の上層種」として、種子の混合に添加する方法である。

通常使用する植物は、マメ科植物である。鉱物性肥料や有機肥料、あるいはその両方を、少量混ぜて播種を行う。肥料は藁などで覆ったマルチング層に蓄えられ、降雨の回数や量に応じて土壌の中に達し、ゆっくりと効果をもたらす（158ページ以下、シヒテル法®のシステムを参照のこと）。

林業や治水工事、道路工事においても、後に植栽が予定されている土地は、緑肥を播種することによって昔から改善されてきた。この緑肥はほとんどがマメ科植物であり、後に植える若い木本を迫害することがなく、生長を促進する。スイスでは道路工事において栄養分の少ない立地に『砂利用芝草施工法』が行われた。『砂利用芝草施工法』では砂利や砂利土壌（故意に表層土壌を入れないでおく）に一定のマメ科植物を植えることで、継続的に窒素が供給できるようにした（SNV スイス規格 40673、植え込み、砂利地用芝草施工法、1964年、全2ページ）。

バクテリアや菌根菌接種

微生物学の分野では、数十年も前から植物の共生についての問題を取り扱ってきた（シャーデ氏、1962年を参照のこと）。ここではクローバー（シロツメクサ）の土壌改良作用の原因について、少々触れておきたいと思う。

ほとんどのマメ科植物は（全てについて証明されているわけではない）下等菌類と共生している。この菌類は、一多くがリゾビウム属のバクテリア（以前は「バクテリウム・ラディチコラ」としてまとめられていた）なのであるが一表層土壌やコンポストには、ほとんど常に生育している。そこでバクテリアはマメ科植物の根と接触（感染）し、住み着くようになる。その時様々な方法で、肉眼で見えるようなコロニーを形成する。それを根瘤、又はバクテリア根瘤と呼んでいる。このバクテリアは寄主である植物の根の分泌物によって活性化され、また寄主植物は、バクテリアによって再び窒素分子を集める能力を得る。そうして土壌は消耗することなく、反対に強化される。しかし、このことは全ての種のリゾビウム（根粒菌）に当てはまるわけではなく、バクテリアとマメ科植物の共生は全く複雑な変化しつつある関係であり、詳細についてはまだ解明されていない。

窒素分の足りない土壌で植栽を行う場合は、リゾビウムの共生を考慮してマメ科植物を繁茂させることができる。これを実際の工事で利用するために、リゾビウムがないと思われる土壌では、播種の前にマメ科植物の種子に人工的に培養したリゾビウムを接種する。このような培養菌は多くの

国で様々な表記をされ市場に出ている。例えば
RADICIN：ヴェスターアーデ・ホルシュタイン ラディシン研究所
ヴァルター・ヨスト メタールデュンガー（有）
郵便私書箱 224 D－5860 イーザーローン
LEGUSIN：ウィーン 植物保護のための連邦行政機関

菌類と高等植物の共生はマメ科植物だけでなく、他の多くの植物にも見られる。緑化工事を行うに当たって、中でも重要なのは木本と放線菌や根菌の共生である。

これまで放線菌（*Actinomyceta*）の共生は、これまでハンノキ（*Alnus*）やホソバグミ（*Hippophae rhamnoides*）の生育域に存在する多くの種類に見つかっている。マメ科植物とリゾビウムの共生と同じように、感染が起こりコロニー（根瘤）が形成される。これはテニスボールの大きさにもなる。接種実験は成功し、感染した植物はとても優勢になった。私の知る限りでは、これまでハンノキやホソバグミに接種した例はない。しかしながら、普通植物材は、すでに栽培園で菌類に感染しているものである。表層土壌のない土壌に初めて植樹をする場合、肉眼で簡単に見ることのできる根瘤があるかないかに注意をしなければならない。ない場合は、その植物は返品するように。

木本植物の菌根菌は、長い間森のなかった立地や特に砂利土壌で、その木本が繁茂するために重要である。自生する多くの針葉樹は菌根菌と共生しており、多くは食用キノコとして知られている種類である。キノコと共生する針葉樹は、菌根菌と共生していない植物の3倍も養分を摂取するだけでなく、より長く太い根を形成し、それゆえ生存競争にも負けず生き残る（モーザー氏、1951年、1956年）。メーリン氏とその学派（1950－1953）は、窒素化合物とリン化合物の吸収は、この菌だけを通じてなされるものではないが、共生があるとより良く吸収できることを確認した。

ベッドフォード大学（ロンドン）のレヴィソーン氏はシラカンバの葉の上に純粋培養菌を接種した。これによってシラカンバの伸長生長は約2倍になった（モーザー氏、1956年）。

ゲーブル氏（1964年の講演）によると、大量の菌根菌は腐植土層にあることが確かめられた。それゆえ砂利土壌に植林をする場合は、根鉢植栽を行ったりピートを添加すると良い（例えば先駆植物の植栽のときなど）。窒素はピートの中で無機質化され、植物にとって吸収できる量は何倍にもなる。その結果、木本は非常に生長する。

モーザー氏（1956年）によると、菌根菌に感染した植物は感染していない植物よりも耐寒性がある。モーザー氏は重要な菌根菌だけを取り出し、培養することに成功した。モーザー氏とゲーブル氏はすでに野外地でも接種を行った。ゲーブル氏は数年前から、イムスト／チロルの連邦林業試験所の土壌生物学研究所で培養した材料を用いて、オーストリアの苗圃で接種を行った。接種用の材料はまだ市場では手に入らない。こうした状況が変わらなかったり、これまで行われたことのない木本種に接種する場合は、自然立地に生育する木本の根の周りにある森林土を苗圃に加えると良い。そうすればおそらく木本植物と菌根菌の共生関係が作り出せるだろう。

2 その他の生長促進のための処置

補水

乾燥地域や乾期には、場合によっては一時的に補水をすることを考慮に入れておかねばならない。夏に乾燥したり、準乾燥地帯の南ヨーロッパで緑地施設の緑を、一年中保たねばならないところでは、全く雨の降らない時期には、補水をすることが通例となっている。例えばカナリア諸島の雨の少ない一部地域では、平均降雨量が50mm以下であっても、補水によって人工的に施工された芝草や植物を緑に保つことができる。これには一日につき約30mmの水を供給することが前提となる。

我々の温暖な気候地帯では、補水は一時的に行うだけにする。ほとんどが、植え込み後にたっぷり水をやるだけで充分である。栄養分の供給が良すぎるときと同じように、水の供給が多すぎても根系はうまく育たず、後に乾期になると枯れてしまう。

このことに関して以前起こった例がある。大陸性の南チロル北部のエッチュタール（谷）に位置する「ヴィンチュガウアー・ライテン」の乾燥する南側斜面を、大規模に植林した際のことである。そこでは植え込み後初めの3年から4年まで補水を行い、植物は非常に生長した。1959年に場所によっては4ヶ月も続く異常な干ばつが起こり、それまで補水に使っていた水源が枯れてしまうと、そこはとんでもないことになってしまった。その時樹齢3年から7年のマツやカラマツは、高いパーセンテージで枯れてしまったのである。

同じく大きくすばらしく育った植物も、ほとんどが被害を受けてしまった。枯れてしまった植物を調査すると、補水されていたために若い頃に極端に浅くしか根を張らず、30cm以上の深さに達しているのは例外的なものだけだった。この立地で浅くしか根が張らないというのは不自然なことであり、不十分であった。自生の植物は3年後にはすでに1mの深さに根を伸ばしており、すでに2年目でも、危険にさらされない深さ70cmの境界線よりも先へ突き進んでいる。

木本の枝打ち

木本は植え込み後2年間は、枯れてしまった枝を取り除いたり、1本しか新芽を出していない枝が、たくさんの新芽を出し、密に生長するように枝打ちを行わなければならない。この作業は普通、保証期間に含まれているので完成までの管理として行わなければならない。

その他、単植か群植に関わらず、木本の形を特別に形成したい場合は枝打ちを行う。これは災害（雪の圧力、洪水、山火事など）後に、技術的な機能（防風林など）を維持するため、日照空間を確保するため、あるいは景観建築的な理由から行われる。

例えば小川沿いのヤナギ地帯では、ヤナギのブッシュが弾力性を保てるように、半年間続く冬の一定期間に根元まで切断する。その期間は標高によって異なる。その際、その間に新たに進入した他の木本（マツ、ハンノキ、トウヒなど）も除去する。

維持剪定は、光が必要な種を維持するためにも、必要不可欠である。その場合、日陰をつくってしまう木本は、数年間の間隔をあけて根元から伐採する。これは特に、ほとんどのヤナギやヨシの植分を作るときに当てはまる。このような種類を工事に使用する際は、その日照の必要性を考慮しておかなければならない。暗く、背の高い植分の周りにはヨシも、ヤナギも使用するべきではない。

木本は望まれた持続相（亜極相）に向かって生長するように、間伐しなければならない。密に群生した低木層が必要なところ（例えば森林の縁など）では、密に生えている樹木を間伐することによって、低木層に充分な光を供給しなければならない。それに対して水辺の森林では、3年から5年の間隔をあけ、維持伐採をして、若い後生樹（セコンド・グロース）以外の低木層が育たないようにする。

斜面を保全する森林では、光を通す木本（シラカンバ、ヨーロッパヤマナラシ（*Populus tremula*）、セイヨウナナカマド（*Sorbus aucuparia*）など）を先に生長させるため、まず低木や乳母樹木を切り株状に切断しなければならない。望まれた最終植分になったら、この植分は択伐して若返らせるようにする。択伐が行えない植分では、輪伐期を短縮しなければならない。地滑りの起こる斜面では、必ず植分が古くならないようにしなければならない。

乳母樹木は、正しい時期に剪定をしないと危険である。このことは特にヤマハンノキ（*Alnus incana*）にいえることである。ヤマハンノキは栄養分の少ない土壌でも短時間に育ち、塊根によって土壌を改良し、腐りやすい広葉をもっている。価値の高い先駆植物であるが、残念ながら密に生長するために日陰を作ってしまい、その傘下に発生した木本の生長を妨げてしまうのである。しかしながら、この木は約40年にわたって若返る能力を持っているので、簡単にこのような事態を避けることができる。つまり、切り株状に切断してしまえばいい。同じくミヤマハンノキ（*Alnus viridis*）やハイマツ（*Pinus mugo*）も、単植したり、まばらに植える場合は良い。これらも植林のために価値の高い先駆木本であるが、植分が密な状態となり、一面を被ってしまうと日陰を作ってしまったり、雪に覆われたときに枝がしなって、他の木を倒してしまったりして、樹木の発生を妨げてしまう。それゆえミヤマハンノキやハイマツは、価値の高い木本種の生長を、保護できるように繁茂させ、場合によっては剪定しなければならない。

植分を維持するための処置は、常に出費を招くわけでなく、伐採した樹木を利用することでコストはカバーできる。伐採したものは公の委託業務でない限り、相応の監視のもと、購入希望者にゆずることができる。とりわけヤナギを間伐したものは、次の緑化工事や編み細工に利用すれば不利益はない。今では地中海地方に広がる樹木の少ない地域を除いて、薪として木を利用するのは経済的に成り立たなくなりつつあり、製紙用の木材が販売されているだけである。

杭と結びつけ

苗木や高木苗は、専門技術的に杭に結びつけると良い。その杭は根系の中に打ち込まないようにする。生長状態や根の能力に応じて、若木は3年から5年間は杭で支える必要がある。この期間、その杭や結びつけている部分の点検を行って、破損している場合は修理する。

土壌改良

新しく植え込んだ植物の生長を促進するためには、土壌を柔らかくし、場所を空けておくことが最も効果的である。鍬やツルハシ、ロータリー式耕耘機で耕したり、シャベルなどで地面を掘り起こすことによって、土壌に空気を入れることは、確かにとても効果的なのであるが、費用がかさむのでいつも実行できるとは限らない。雑草の刈り取りも同じである。そこでこれらの措置ではなく、他の方法で解決する。例えば次のような方法がある。

マルチング

木本を植えたエリア内では、雑草を刈り取り、それをマルチング材として地面の上に置く。これによって土壌は生育に適した状態になるが、ネズミによる被害も受けてしまう。それゆえネズミの多い地域では、マルチング材が腐らない場合は、冬になる前に除去してしまわなければならない。

道路沿いの緑地や観賞用の草地では、化学薬品を使って雑草の除去を行ったり草の生長を抑制したりすることが多くなってきた。こうした措置は満足のいく結果が出ているし、何度も刈り取りをするより、ずっとコストも抑えられる。しかしながら効果にはまだ不安が残っているし、ネガティブな副作用は完全に拭い去ることができない。例えば、選んだ薬品が全ての雑草に同じ様な効果をもたらす訳ではないし、その効果は気象状況によっても変わってくる。

また生長抑制物質は、長い間見た目に美しくない変色や変形を残してしまう。そして副作用は、木本の形状に影響を与えたり、隣接する耕地に現れたりする。詳しいことはここにあげる文献で調べられるだろう（M.ヘーマー氏、1967年；O.ニールス氏、1966年；H.ペーパー氏、1967年、J.レーボーゲン氏、1967年；G.ザウアー氏、1966年、1967年、1971年）。

刈り取り

どんな芝草地も、一度刈ると良い。刈り取りを行うと、根系の生長は促進され、生長の遅い低い草本類の生長を促進することができる（特に密に播種した場合）。しかし刈り取りはどうしてもやらなければならない措置ではない。オーストリアで様々な状況にあった数百万平方メートルの芝草施工面では、播種後に2回施肥を行っただけで、その他の管理処置は何もしなかったが特に問題はなかった。

芝草地を常に丈の短い状態に管理しなければならない場合は、特別な措置が必要である。その措置としては、適したメンテナンスフリーの種子を配合し、土壌の栄養分が豊富にならないようにする。そうした安全措置をしても、草丈が大きくなり、外観を壊す草本類が、外から進入してきてしまうものである。

飛行場、利用緑地に隣接する河岸の斜面、工場施設内では、芝草地を低く保つために、時として牧羊を行うことがある。この方法は確実にコストを低く抑えられるので、例えばスイスのホルゲン近くを走る国道3号線のように、最近ではアウトバーン沿いでさえ牧羊を行うことを試みている。しかし牧羊を行うためには、植生期間全てにわたって限られた芝草地の中を、経済的かつ確実に動物の監視をしなければならないので、道路脇の斜面でこうした状況に恵まれることは例外的なことであろう。

有害生物の駆除

有害生物や有害植物が大量に発生すると、その駆除が必要になる。しかし、正しい植物種を選び相応な手入れをすれば、そうした害はめったに起こらないので、駆除が必要となることはない。

野生獣の被害の防止

野生獣の被害を防止する処置は、とくにシカの猟区で重要である。
被害は新芽を食べられてしまうことによって起こる。また、角を幹にこすりつけて研いだり、樹皮をはがして食べてしまったりすることもある。
最善の予防策は柵で囲ってしまうことなのであるが、シカの狩猟区の柵は、とても高くする必要があることを考えなければならない（アカシカの場

合 2.50m）。急斜面やシカが飛び越えてしまうほど雪がたくさん積もる場合は、さらに高い柵が必要である。コストもそれに応じて高くなってしまう。

その他、化学的物質による噛みつき防止剤や角研ぎ防止剤を使ったり、メカニカルな噛みつき防止方法、つまりアルミニウムのリボン、麻くずなどで樹木の先端を保護する措置を取ることもできる。

これらの措置は野生獣が慣れてしまうのを防止するため、年毎に変えなくてはならない。あまりに野生獣の数が多く、ここにあげた方法では十分でない場合、合法的な手段で野生獣数を減少させなければならない（捕獲量を増やす）。

DIN18919には、その他の維持作業についても書かれている。例えば、石やゴミの除去、植栽地の土壌を柔らかくほぐしたり、植物のための場所を確保すること、草地の縁をまっすぐに揃えること、冬季保護、通気、垂直に切って間引くこと、芝草地に砂を入れたり、コケを取り除くこと、傷ついた樹木の治療などである。緑化工事でこれらの作業が行われることは比較的少ない。

管理作業のスケジュール

緑化工事自体がそうであるように、管理作業も季節に依存している。我々中部ヨーロッパの気候では、次に示すものが手がかりとなるだろう。

作業月	作業の種類
周 年	望んでいない突然発生的に入植した草本の除去
	有害生物の駆除
12- 3	木本の枝打ち
	伐採による先駆木本の排除
	日照確保、刈り込み、木本の更新
2- 5	樹木を植え込んだところでは化学薬品を使用して雑草の除去をする
3- 5	草地では化学薬品を用いて草本の生長を阻止する
3- 5	草地の改良
5- 8	施肥
5- 9	雑草とり、土壌を耕す
	補水
	マルチング
	支柱をつくる、結びつけ、柵で囲む
6- 9	刈り取り（放牧で採食させる）
10- 2	植栽した植物を点検する
	植栽した植物を改善する
9-12	野生獣の被害を防止する

3 法的な規則、管理計画

予防措置や処置は、全て有効な法律によって法的に定められ、文書で義務づけられていなければ十分ではない。難しい場所や大規模な土地で緑化工事を行った場合、その土地を継続的に保護するには、管理計画に従うことが唯一の道である。所轄の担当局はこの計画が遵守されていることをチェックしなければならない。

例えばある一定の期間、あるいは常に放牧を全面禁止しなければならないこともある。特定の動物が禁止されることもある。森林の中では、ある地域で植林が始まったことが告知板によって示されると、理論上この禁止期間ということになる（1852年発効、オーストリア山林法の保護規則の項）。

第三者やその下に位置する耕作地（その他の森も含む）を保護するために必要であるとすれば、該当する土地の立ち入りを禁止するのが最善の方法である。これによって放牧の禁止が継続的に定着する。オーストリアでは、立ち入り禁止令は、その土地の警察当局による審議に基づいて発布される。その審議には、専門家として地域の山林監督局員、暴れ川や雪崩防止の担当職員、そして該当者として土地所有者や地役権の所有者が参加する。立ち入り禁止令は、この審議によって深く理解され、当局の経営計画に取り入れられ、山林機関自体も規定を実行することが義務づけられる。保安林は、山林法によって、初めから放牧や敷き藁用に利用することが禁止され、もちろん木材利用も禁止されている。これは審議でも例外が認められることはない。こうした厳しい取り決めによって、該当する土地は常に正しい取り扱いをうけ、手入れ（決定された管理）が行われる。また、先見のきくオーストリア山林法の規定を頻繁に適用することも土地を保護できる理由の一つである。暴れ川や雪崩防止工事の地域監督局には、立ち入り禁止令を過去実際の工事に数年応用し成功を収めているところがある。

山林法によると、保護林とは樹木や土壌を維持するために、特別で入念な管理を必要とする林のことである。それゆえ緑化工事によって作られた森林は、全て保護林ということになる。保安林のように当局の審議は特に必要ではない。保護林の管理は、状況が良くない場合には一般の営林地より厳しく行われる。

森林地域で、全ての管理統制（放牧、木材や敷き藁の利用）が遵守されているかどうかを監督するのは、山林機関（地域森林監督局、林務局）が最適である。なぜなら、山林機関は森林警察の権限を持ち、通常業務の見回りで人里離れた場所にも行くことが多いからである。

このような管理方法で統制するには、確かな経験が必要とされ、明らかに多くの業務が追加されるのであるが、こうした管理がなされて初めて、多額のお金をかけて行った長期にわたる作業が常に保証され、個人的な変更に振り回されなくて済むことを考えねばならない。

緑化工事は次のような場合、はじめて成功したとみなされる。

1. 斜面が露出したり地滑りを起こすような力の影響を、常に防止する処置がとられたとき。
2. ほぼ継続群落と見なせるような閉じられた植被ができたとき。これは自然のクライマックス群落や、人間のちょっとした介入によって作られる人工的な植生である。もちろん、このような人工的につくられた植生はコストのかからない方法で更新させなければならない。そうした多少人工的な最終群落はクライマックス群落への中間要素にもなりうる。
3. 新しくつくられた植生によってもともと未熟土壌であったところに、自然に生長する腐植土ができたとき。
4. 緑化された土地が将来的にも正しく管理できるように、法的な処置がとられたとき。

D　緑化工事の費用

　生態工学的な作業を扱う多くの文献には、人工の構造物による工事に比べ、コストがかからないことが長所として述べられている。しかし、生態工学的な工法と、構造物による工法を直接比較することはなかなか難しい。なぜなら、同じ工事現場で二度プロジェクトが組まれ、そのどちらのプロジェクトにも価格が提示されないと比較できないからである。これまで私の知る限りでは、そのように直接比較できる例は稀である。その中からここにいくつかの例をあげてみたいと思う。

　ルフターハント氏（1966）は、ヴェストファーレンの線路沿いの河岸堤防を三ヶ所改造するとき、コスト面での比較を行った。もともとこのプロジェクトは、それまで一般的だった構造物による技術工法で計画され、見積もりが出されていたが、その後植栽工が行われた。その時コストは、構造物による工法で見積られた額の 1/9 から 1/5 にまで下がった。

　イムステラウ発電所（チロル水力発電株式会社）の護岸工事を行うときには、さらに具体的な計算が提示された。このプロジェクトでは花崗岩の敷石で放水路沿いの斜面固定をする予定であった。最低の入札価格は、請負制で約 180.-オーストリアシリング/m^2 であった。私は構造物を用いるかわりに、大部分の区間にヤナギを挿し木し、特に危険な区間には小さな石を敷き（乾燥敷石工法）、補足的に継ぎ目植樹工で補強することを提案した。この作業に実際にかかった費用は、約 10.-オーストリアシリング/m^2 であったので、この現場だけで 94%（100 万オーストリアシリング以上）が削減された。

　雪崩防止工事では、W. ハッセントイフェル氏が同じく大幅にコスト削減を可能にした。インスブルックの北方のアルツラー・アルペでは、コンクリートや片麻岩で頑丈なくさびを築き、いわゆる「ブレーキ用の構造物」をつくった。S. ベルナール氏の観察に基づいて、後にハッセントイフェル氏は、このくさび形の構造物の代わりに、周辺の土や砂利で円錐台のブレーキこぶを作ることを試みた。こぶの衝撃面は周囲にあった 5〜20Kg の重さの石を敷いて固定した。敷石は継ぎ目植樹工で補強し、ブレーキこぶのその他の表面は、先駆木本を植えたり、様々な方法で芝草を張ったりした。くさび形の構造物に比べ、はるかに低コストで建設できた上、その後しばしば起きた雪崩の際には、この構造物に大きな負荷がかかったのであるが、くさび形構造物と同じ効果どころか、より効果的に防止できることが確認された。この構造物が害を受けるのは、未完成の時だけである。植生は非常に抵抗力があり、効果的であることが実証された（図 115、116 及び 127 ページを参照のこと）。それゆえ今日では一般的に用いられるようになっている。ある比較計算によると、コンクリート等で作られたくさび形のブレーキ用構造物よりも、費用全体の 85% も削減できる！（ハッセントイフェル氏、1960 年）。

　技術工学的な工法と生態工学的な工法は、ほとんどの場合、どちらかにもう一方が補足的に使われ、完全にとって代わられることがないため、うまく比較できない。しかし、生態工学的な工法を応用することで、平面的な構造物の場合、より良い効果をもたらすだけでなく、費用削減ができるということは明白である。それは次のような理由による。

1. 防護壁を構築するかわりに、比較的大きく土を盛って緑化工事をすれば、防護壁はなくても差し支えない。あるいは低くしたり、薄くすることができる。場合によっては、費用のかさむコンクリートの壁の代わりに、ブロックや石を積み重ね、その継ぎ目に植物を植樹することもできる（例えば石を使用したまくら木緑化工法と、継ぎ目植樹工などを参照のこと。125 ページ、132 ページ以下）。特別な場合、斜面下部を固定をするためには頑丈な防護壁を作る代わりに、緑化法尻礫石排水工法（143 ページ参照）で十分である。
2. 補強工事、ガリ侵食地（底部）保全、護岸工事では、人工の構造物を使用する代わりに、植物を建築材として使うことができる。あるいはその両方を組み合わせた工法を行うことができる。
3. 土木工事で準備が整った土地は、短期間で緑化することによって、すぐに安全な状態になる。ブレンナー・アウトバーン沿いの急斜面で行った緑化工事の費用は、以前激しい降雨や雪解けの後に行った修復工事の費用ほどで済んでしまった。
4. 迅速に緑化を行うと、緑化を行わないときよりも、急斜面のなままにしておくことができる。というのは、盛土の傾斜角は自然にできた斜面の傾斜角よりも、常に険しいからである。斜面を緑化しないで放置すると、長い不穏な状態や危険な期間に、絶え間なく侵食が続き、斜面は自然な傾斜角となる。あるいは、所々に自然と植物が入植してくるため、それよりも少し急な傾斜角ができる。しかしながら、すぐに緑化をした場合ほど急にはならない。この傾斜の差違は重大で、時には傾斜の違いによって生じた斜面造成費用の差額で、緑化工事の費用をまかなうことができることもある（231 ページ以下参照のこと）。だからといって、緑化工事では保全できないほどの急斜面にまで、工事を行うべきだと言っているわけではない。

　緑化工事自体は、この数十年の間に、実に経済的になった。これは工事方法が発展したことと、それぞれの工法の効率に関して、より多くの知識が得られたお陰である。

　ツァッハー氏（1966）は、ホーエン・ファトラ（スロヴァキア）の南東の端の、いわゆる『ポドラヴィーツェの侵食地帯[41]』で行われた再緑化作業の費用を算出しようと試みた。この作業は、当地がまだオーストリア・ハンガリー君主国であった 1898 年から 1908 年にかけて行われた。完全に侵食の害を防ぐという目標を達成するには、1ヘクタール毎に 78,400 本の植物を移植しなければならなかった。そして、編柵や生け垣を作るためにも、とても出費がかさんだ。その結果、総額は土地の値段の 100 倍にもなってしまった。今日ではそのような額は考えられない。それでも、20 年から 30 年前までは、アルプス周辺地域や、特に地中海地方では、同じく非効率で不経済な方法で建設工事が行われていた（例えば、あまり成果が上がらなかったのに、何度も繰り返し斜面に編柵が構築されたなど）。

　生態工学的な処置は、ブッシュ敷設工が発案され、新しい播種方法、

---

[41] この地帯は、非常に広い範囲で行われている放牧によって侵食の被害が生じた。（著者）

中でもマルチング播種工法が発展したことによって、大幅なコストダウンが可能となった。ブッシュ敷設工では、それまでほとんどの工事で行われていた編柵工の約 1/3 の費用で済ますことができるようになった(ハッセントイフェル氏、1958 年)。マルチング播種工法は、それまでもっぱら費用のかかる安定工法で工事されていた地滑り斜面を、迅速に保全することを可能にしたので、安定工法は特に状況の困難な斜面にだけ限って行われるようになった。危険でない場合には、播種だけでは不十分なところにマルチング播種工法を行った後、安定工法を組み込むことさえできる。それによって安定工法の 1/3 の費用(たいていはもっと少なくて済む)で済むとするならば、コストは 52% に削減されることになる！

同じく、急斜面には表層土壌やコンポストを使用する必要がないということが明らかになったことから、コストを節約することができるようになった。

ツァッハー氏が調査したポドラヴィーツェの再緑化工事を、現在可能な方法で工事を行えば、1 ヘクタールにつき 78,400 本必要とされていた植物は、6,000 本で良いと想定できる。粗朶束工やテラス工、編柵工の代わりに、現在はマルチング播種工法を行うことができる。マルチング播種工法の長所は、コストが削減できることと並んで、作業が迅速に完了すること、効果が早く発揮されることである。ツァッハー氏が出版した文献の中の写真には、55 人からなる作業集団がいるのがわかる。今日では同じ工事現場をずっと少ない人数のチームで、10 年もかけず 2 年で工事することができる。

それぞれの工法に実際にかかる費用は、特に工事現場の状態によって変動するので、おおざっぱにしか挙げられない。少なくとも、それぞれの工法を比較するための手がかりは、工法の項ですでに述べている。しかし、具体的な費用は、それぞれの工事現場ごとに算出しなければならない。

1 ヘクタールの緑地を工事するための総費用は、土地の状況の困難度に応じて 50,000.-オーストリアシリングから 400,000.-オーストリアシリング(約 7,000.- DM から 55,000.-DM)になる。

建設計画の総費用に占める生態工学的な工法の費用の割合については、これまでにも分かりやすい記述がある。例えばリッケンベルク氏(1959)が、アメリカ合衆国で行った道路工事では、全ての建設費に占める植栽作業の割合は、都市間を結ぶ主要高速道路では 1.5〜3.0%、自動車専用道路、ないし市の管轄の高速道路では 5〜7% になった。

ガイスデルファー氏(1967)は、同じような報告を旧西ドイツの工事に関して行っている。

建設費に対する割合は
連邦道及び州道では:
  植栽　　　　　　　0.8 〜 1.5　%
  生態工学的作業　　2　 〜 8　　%
  芝草張り　　　　　3.5 〜 6　　%
アウトバーン及びアウトバーン並に整備された連邦道では:
  全ての作業　　　　8　 〜12　　%
となった。

オーストリアの道路工事に関しては私自身が費用の割合を計算する機会があった。その結果は次の通りである。

ブレンナー・アウトバーンのインスブルックからブレンナー峠までは、道路付帯建築物を含めて緑化工事は、建設費用の約 3.5% になった。スイス、クールの州地表工事局によると、マローヤ峠道路区間では、緑化に必要とされた額は、道路付帯建築物を含めた道路拡張工事費の約 0.95% であった。

もちろんこの割合は、設計する際の原則や土地の状況によってかなり左右される。構造物が高額になる場合、緑化工事のための費用の割合は小さくなる。それに対して、構造物を作らないことによって、土木工事や緑化工事の必要性が増えた場合は、これらの費用の割合は大きくなり、チロルの山道の例が示しているように、16% にまでなる。

オーバーインタール(谷)のプルッツーフェンデルス間の産業道路
  (ビュンデン片岩):   2　%
オーバーインタールのフリース産業道路
  (石英の千枚岩):   1.7%
レヒタール(谷)アルペンのボーデン-プファフラー間の林道
  (トリアス紀の石灰岩):   1.6〜1.7%
インスブルックのヘルツヴィーゼン林道
  (トリアス紀の石灰岩):   16　%
インスブルックのルーマーアルム林道
  (トリアス紀の石灰岩):   0.51%

まとめると、道路工事における緑化工事の費用の割合は、設計と土地の状況に応じて建設費用の 0.5%〜16% になると言えるだろう。

ウィンタースポーツの施設では、費用の割合は構造物の量に応じて、道路工事と同程度、つまり約 1%〜15% の間で変動する。例えばリフトやそれに伴う高架建築や土木工事を含むスキーの滑走路では、建設費用の 3% となり、ロープウェーではもちろん少なくなり、純粋な滑走路の建設(森林伐採を含む土木作業)だけでは、それに応じて多くなる。

発電所の建設ではザイフェルト氏(1957)が、費用の 0.2%〜2% の割合を占めると述べている。チロル水力発電株式会社のカウナータール(谷)発電所に関して、私が算出したところによると、0.1% にまで下がった。

リッケンベルク氏(1959)によると、旧西ドイツの道路工事で緑化した土地の維持費用は、維持管理費用全体の 5.5% になる(RPf3, 7 ページも参照のこと)。

道路工事における芝草面の維持費用を低くおさえるためには、短い芝草、あるいは貧養芝草の施工が勧められる(34 ページ及び 80 ページ以下を参照のこと)。しかしそのような不毛地用芝草も、2 年〜3 年後からは、その間に自然に進入してきた背の高い草本類の繁殖を防ぐために、毎年刈り込みが必要となってくる。

このため、視界を妨害する可能性のない土地では、木本類を植えることになる。それによって管理費用は―長期的には―かなり低くおさえることができる。ガッティカー氏(1969)はスイスの道路工事において次のような計算をした。1 平方メートルを刈り込みすると、刈り入れたものを搬出する費用も含めて 0.15sFr になり、1 平方メートルに植樹をする費用は 1.0〜3.0sFr になるので、植樹にかかる費用は、草本の刈り込み(年間平均 3 回)をしなくて済むと考えれば、2 年〜7 年間で経費は同等と試算される。

E 緑地工及び景観工の方法

1 生きた植物と建材を用いた保全工事

1.1 斜面の緑化工事（土木における生態工学的建築法）

1.1.1 安定工法
　安定工法は、メカニカルな力によって土壌に被害が起き、そのため深くまで土壌を固定する必要のある場所で行う。

　ここに述べた工法がすぐに効果を発揮するかどうかは、施工深度と施工間隔に左右される。根が形成されれば、その効果は飛躍的に上昇し、年月の経過と共に、それぞれの安定工法で植えた植物の生長に応じ、さらに効果は上がっていく。

　通常安定工法は、常に直線状、或いは点状に施されるシステムであるため、平面的に効果をもたらす表面保護工法で補わねばならない。

1.1.1.1 ベッサー氏（1820）＊による編柵工
　　　　英語:wattle fence　伊語: viminate

歴史：デュイレェ氏は、1826年に出版された彼の著書『山岳地帯の暴れ川防止工事について』[42]の中で、土石流を防ぎ止める新しい方法があることを報告している。これはオーバーインタールの地域技術者であったフォン・ベッサー氏によって初めて、フィンスターミュンツの小さな雪崩防止工事の時に応用された方法である。現実的な技術者であったデュイレェ氏も、この編柵工の成果に関しては興奮した様子で書いている。これは「崩れやすい、または傷を負った斜面を越えて...そして下から上へ階段状に」作ったもので、「それ以来、ひどい豪雨があっても道は、被害を受けることはなかった」。

　しかし、編柵工がずっと昔から知られていたのは確かである。というのは編柵が、すでに杭上家屋の村落や、ケルト人、イリュア人の入植地で敷地用の柵として使用されたり、粘土で造られた城壁を支えたり、とくに村落を取りまく濠を固定するために使用されていたからである。その時、枯れた枝だけが使われた筈はなく、少なくとも偶然編柵工が根付くこともあったと思われる。

　デュイレェ氏は、著書の中で編柵工を熟慮無く行うことに反対したにも関わらず、残念ながら、その後約百年にわたる後継者たちは、この工法を『万能な工法』とし、他の工法を使わず、改善もしなかった。そしてついには、枯れ枝を使用する唯一の工法として知られるようになってしまった。今日でも、多くの地方でそのように考えられている（図69）。工事が成功しなかった場合、それは編柵の欠点のせいではなく、編柵が丁寧に作られなかったせいだと考えられていた。そのようにして多くの崩壊地では、次から次へと編柵が作られていったが、望まれた成果に達することはなかった（図70）。

図69　間違って斜面の表面に設置された編柵工。このままでは乾燥してしまう

工事の実施：直径3～10cm、長さ100cmの木の杭、或いは相応の鉄棒を、100cmの間隔で地面の中に打ち込む。この木の杭や鉄の棒の間に約30cmの間隔で短い杭を打ちこむか、または挿し木を挿していく。

　それから、しなやかで力強く萌芽力のある枝を杭にからみつかせていく。それぞれの枝の組は、編んでから下に押し下げる。3本から7本の枝が重なり合うように取りつける。この枝の代わりに、すでに編んでおいた枝を杭に固定していっても良い。

　杭は編んだ枝より5cm以上飛び出していてはならない。そして少なくとも全長の2/3以上は、しっかりと土中に差し込まなくてはならない（図71）。枝が活着できるように、最低でも一番下の枝と、その他全ての枝の切断面は土中に埋め込まなければならない。編柵は全部土で埋めてしまう方が、「丸だし」のままよりは良いことがわかっている。地面の上にある枝は、乾燥したり枯れてしまったりするので、その編柵では持続的な効果を発揮することができない（図70）。

編柵の配置：斜面の編柵は、一貫して水平に配置するか、斜め編柵として菱形に配置することができる（図72）。後者は、表層土壌を留保する点では価値があるが、そうでなければ意味もなく、コストを上げるだけになってしまう。

＊以後―わかっている限り―自然科学で認められている順位の規則にならって、初めて施工した発案者とその年号を記す。初めて実行された時期がわからない場合は、初めて公に発表された年号を示す。

---

[42] 独語名：Über die Verbauung der Wildbäche in Gebirgsländern

図 70　a、b 表面的に編柵が設置された崩壊地、設置直後と 10 年後。編柵は腐朽してしまい、ほとんど効果がない

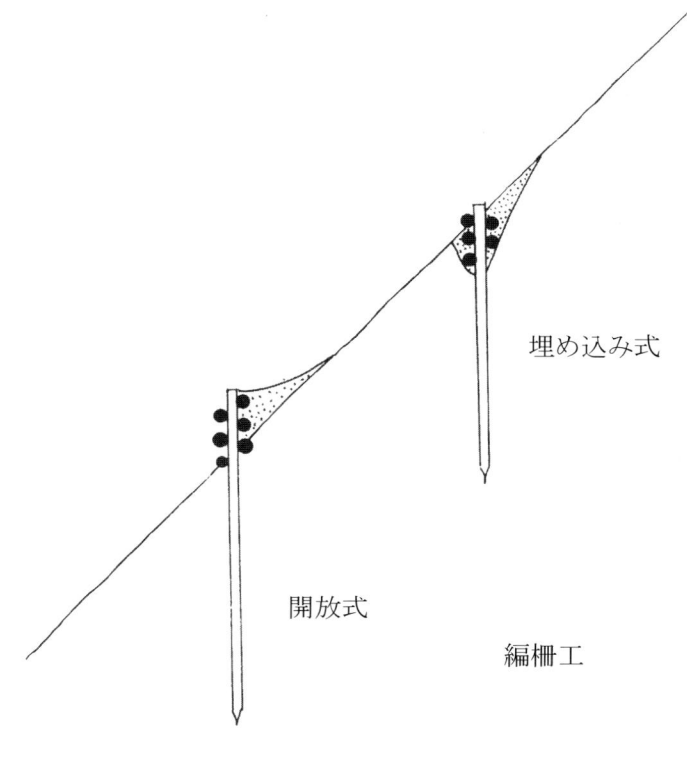

図 71　編柵工、図解

ルフターハント氏(1966)は、斜め編柵の変形として『キーンバウム氏による枠型編柵』について書いている。これは低い急斜面やとりわけ河岸の堤防の固定に、きわめて有効な手段であり(図 73)、特に水による斜面の侵食に強い。

斜め編柵に対して、枠型編柵の杭の列は、水平及び垂直に配置し、編み合わせは素朴で力強く行う。枠型の編柵は設置された後土で埋め、たっぷりと水をやるか、踏み固める。さらに二つの枠型編柵を上下に重ねて作ったり、枠型編柵の上に枝伏せ工を行ったりすることもよくある。

工事の材料：短くとも 120cm の長さで、萌芽力があり柔軟で、枝分かれしていない(あるいは枝分かれの少ない)木本の枝。またはそのような枝ですでに編んであるもの。
　長さ 100cm の木の杭や鉄の棒
　100cm 以下の生きた木の杭、枯れた木の杭、ないし鉄の棒

期間：植生の休眠期にのみ。

図 72　斜め編柵

エコロジー的、技術的な効果の程度：編柵は土壌を固定する作用があるが、それは埋められた場合のみである。埋め込むと、斜面の表層土層を支える。しかし、深くに達するほどの効果はとても充分とはいえない。根がつけば土壌を結びつけ、ある程度は安定するが、この方法以外の安定工法ほど、根は土壌に広がらない。

コスト：中程度。

長所：斜面にすばやく土砂を留保する能力、及び編柵によって斜面をしっかりと階段状に形成することができる。

短所：
a あまり、根がよく土壌に広がらない場合、大量の材料を消費する

第二次世界大戦中、アーヘンゼー(湖)のプレツァッハバッハ(川)の河岸では、シロヤナギ(*Salix elaeagnos*)とコリヤナギ(*Salix purpurea*)で作られた編柵を二つ上下に重ねて長い区間の緑化が行われた。実施された工事は模範的なもので、編柵はとても良く生長した(図74a)。私は8年後の1951年に、この辺柵の一部を掘り出した。根の張り方は、継ぎ目植樹工やブッシュ敷設工に比べ全く良くなかった。編まれた枝の一部は、維持され主根になっていたのだが、それは土中深く貫通するものではなく、常に水平に伸びていたのである(図74b)。この主根から大量の比較的細くて短い側根が出ており、大部分が小川とは反対方向に伸びていた(図75)。8本の上下に重ねられた枝(全部で16本)の内、根付いているのはたった1本のことが多く、3本以上が根付いていることは全くなかった！他の13本はひからびてしまい、8年後には朽ちてしまった。また、編まれた枝は全長にわたって生きていた訳ではなく、1/2～2mの長さのみが生きていただけで、残りは枯れてしまっていた。根は土手の内部へ伸び、反対方向に芽が形成されたために、ここで河岸を帯状に保護するために造築された編柵は、しばしば起こる洗掘のためバランスを失いやすくなってしまった。このような場合、ブッシュ敷設工で編柵の土台を築き

(写真：ブッパータールドイツ国鉄本社)

図74a チロルの土砂を流す暴れ川をヤナギの編柵で護岸した現場。25年目

図74b 同じ編柵。所々むき出しになっている。根の張りが足りない

強い水流があっても淵ができないようにしなければならない。

b 長くよくたわむ枝のみが適しているので、立地に適した価値の高い種、特にアルプス地方に適した種を大量に使うことが出来ない。
c 枝はたいてい一部が表面に出てしまうので、根が全く張らないか、張っても、ほんの少しだけである。
d 杭を打ち込むことによって、たびたび土壌の深くまで土がゆるんでしまう。そのため、水が杭に沿って土中に入り込み、地滑りの原因になりかねない。
e 水平に設置された編柵は、そこに起こる力を、枝が横から受けるようになっているので、落ちてくる石の重みや、大量の圧力を全て受けることになる。その時、たった一つの杭が、領域全ての負荷を受けなければならなくなる。そのためしばしば状態が悪くなり、その結果、次から次へ伝染するように引き裂かれてしまう。ドゥットヴァイラー氏(1967、23ページ)もウンケルシュタインの工事で、そういった事態を報告している。しばしば―専門的に見て全く正しく設置された―斜め編柵であっても、表層土壌を後から入れると、湿った表層土壌層の重みに耐えられないことが分かっている(図72)。それに対して、同じ斜面のすぐ隣接する場所には表層土壌を施さず、シヒテル法によって芝草を植え付けた。ここは今日まで地滑りすることなく保たれている。

図73 『キーンバウム氏による枠型編柵』で保全した河岸

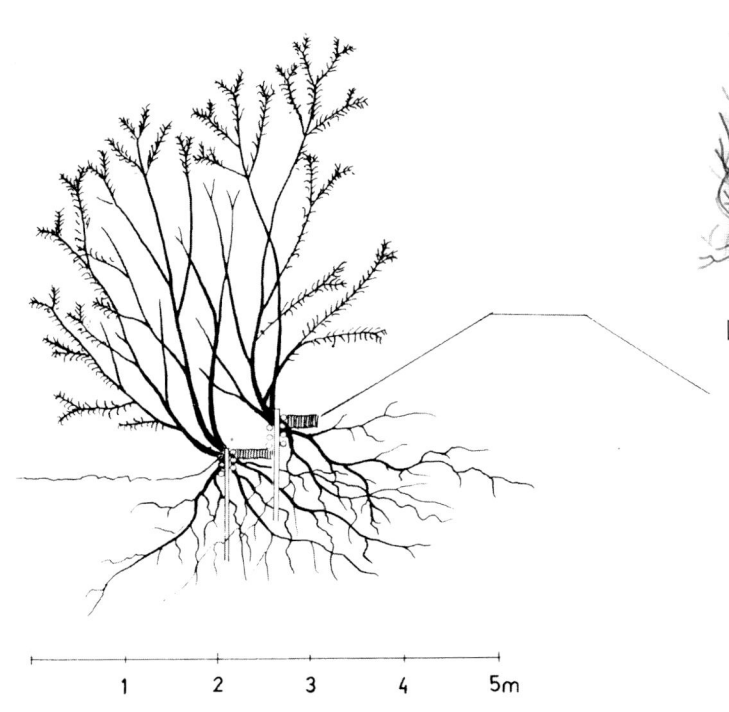

図75 8年経過した編柵の根の張り具合。チロル、プレツァッハタール（谷）、標高1,000m

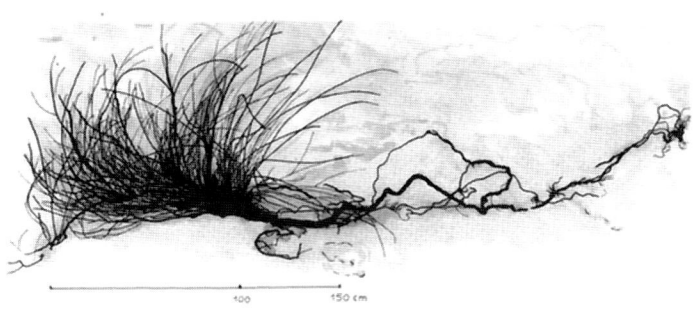

図76 54年経過した編柵から掘り出したコリヤナギ、クリドロントーベル／チロル、標高1900m

f 杭は落石によって破損しやすく、雪の圧力によって上に持ち上がってしまう。その結果eと同じことが起こる。
g その他の安定工法に比べコストが高く、集中的に作業が必要な工法である。

使用地域、緑化工事の中での位置づけ：編柵は埋め込んで構築しなければならない。編柵工の重要性は、今後も決して全てが失われることはないだろう。特に小さな地滑りのときに表層土壌を支えるための緊急措置——その際、表層土壌は10cm以上の厚みにしてはならない——や、例えば排水を行ってできた窪地や、平らな岸の護岸工事の時に、他の工法と組み合わせると良い効果を発揮できる。
　総じて編柵工は、緑化工事、中でも斜面固定などの工事において意味を失いつつある。それは編柵工以上に適した安定工法を行うことができるようになったからである。

手入れ：根の張り方が少ない場合は、何年間も再検査をし、編柵を修繕していかなければならない。よく生長した編柵だけが機能を果たすことができる。破損した杭や、むしり取られた升目は、すぐに補修しなければならない。そのため編柵工を委託する場合は、2年間の保証が必要となる。

遷移、自然な発展：よく生長した編柵は、数年後には密な低木の植生となる。とくに河岸では、自然のヤナギの植分と見分けがつかないくらいになる（図74a）。ハンノキが育つ立地では、ヤナギはハンノキの陰になって、しばらくすると抑制されてしまい、編柵は枯れてしまう。ヤナギ群集（*Salicetum*）はヤマハンノキ群集（*Alnetum incanae*）に遷移し、生長領域や基岩によっては、さらに遷移し広葉樹林や針葉樹林になる。編柵と編柵の間に植栽をすると、遷移はもっと早く進む。そのため、編柵の機能を

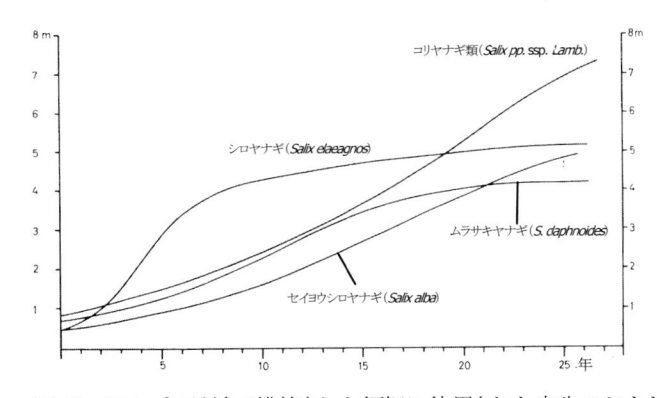

図77 アルプス地域で構築された編柵に使用された自生のヤナギの生長経緯。上は伸張生長、下は樹冠の幅

継続的に引き受けることのできる根系を持つ木本を植えるべきである。
　競争の少ない立地では、編柵から生長したヤナギのブッシュが、かなりの長期にわたって生き続けることができる。

　例えば、かつてアールベルク峠のグリドロントーベルでは、その下にあるペットノイ村落をひどい土石流が襲った。その当時行われたコリヤナギ類（*Salix purpurea* ssp. *purpurea*）の編柵による工事の名残は、今日でも残っている。地域の森林管理人によると、この緑化工事は、1898/99年にランデックの地域林監督局が行った。標高1,300mから1,400mにあるグリドロントーベルの沖積扇状地近くからヤナギを切り出し、標高約1,900mの所に編柵を構築して埋め込んだ。
　1952年に、イムストの暴れ川雪崩防止工事を行う地域建築施工部のE.ハーナウセック氏が、一本のヤナギを掘り出し（図76）、私はそのサンプルを使用することができた。そこからは次のような数値がでた：

量							芽と根の樹齢	容量(cm³)		根元の直径
芽(地上部)(cm)		m²	根(cm)			m²		芽	根	
高さ	φ		長さ	深さ	φ					
105	150/160	0.47	430	75	140/400	1.43	54年	1130	1300	3.8cm

ここで注目したいのは次の点である：
1. ヤナギは収穫した場所よりも高い標高の場所に使用することができる。この地域で高度1,900mは、コリヤナギが生育するには、非常に厳しい状況である。
2. ヤナギは54年間、落石や雪の崩落の害にさらされた。そのため何度も打ち抜かれたが、新しい若枝で完全な樹冠を形成した。
3. 54年という樹齢は、先駆植物としては高い。老齢化の症状は見当たらないので、ヤナギは次世代の植物群落に引き継がれるまで維持されるものと思われる。

生育状況：ここではもちろん、他の全ての工法と同様に、施肥も行わず表層土壌もない砂利地に設置された編柵状態のみを考慮している。それゆえ、基岩や水流が重要な役割を果たす。そしてアーヘンゼーのプレツァッハバッハで、河岸を帯状に保全するために作られた編柵が、最高の生長を見せたのも驚くべきことではない(25年後に6mの高さになった)(図74a、77)。

図77では樹木状のヤナギは、低木状のヤナギほど編柵には適していないことが分かる。なぜならセイヨウシロヤナギ(*Salix alba*)やムラサキヤナギ(*Salix daphnoides*)は、他の種類に比べ生長が良い筈なのに、*purpurea*や*elaeagnos*よりはるかに悪かったからである。しかしながら、私はまだこの結果を一般化したくはない。

生育状況は標高によっても左右される。コリヤナギの生息できる標高の限界を調査するために、標高2,300mに位置するシュトゥバイタール(谷)のネーダーヨッホ(山火事のあった土地)で、ドロマイトの土砂の中にブッシュ敷設工を行った。ヤナギは根付き、すぐに発芽し、一年間で平均12cmの若枝を出し、根は18cmの深さに達した。翌年、この数値は20cmないし30cmに上昇したが、その後変化がなくなってしまった。なぜなら、毎年新しく形成された芽は、凍ってしまうからである。つまりこのような高地でコリヤナギを使って効果的な土壌固定を望むことはできない。しかしながら、それでもコリヤナギは数年持ちこたえることができると思われる。この実験の目的は、しばしば入手し易いコリヤナギを、場合によっては自然の植分がないような高地でも使用可能にすることである。この実験の結果、コリヤナギは他の植物を一緒に用いるべきであり、単独で使用してはならないことが確認された。

1.1.1.2 コルドン工法

歴史：ゼッケンドルフ氏がドイツ語に翻訳したデモンツェイ氏の著書『山岳地帯の再造林と芝草植え作業についての研究』[43](1880)には、土木技術者のクトゥリエー氏が発案したコルドン工法について初めて書かれている。以下、これをクトゥリエー氏によるコルドン工法と呼ぶ。

ロマン系の地中海諸国、特にフランスやイタリアでは、石の多い斜面の再造林や土石流に対して、今日までコルドン工法を行っている。しかしほとんど萌芽力のある挿し穂を使用せず、生け垣状の植樹を行っており(図78～81)、その後段を土砂で埋めないことも多かった。このようなコルドン工法は、数十年前にアメリカ合衆国からヨーロッパに持ち込まれたもので、今日乾燥地域の再造林のために最もよく行われるコントロール・ロウス工法の造林法と本質的に異なるものではない。コントロール・ロウス工法が発展する際、コルドン工法に関するイタリアやフランスの入植者の古い知識がもとになっていることは確かである。そして、アメリカ人は特に工法の機械化という点で功績をあげた。

デモンツェイ氏によると、特に地滑りの危険にさらされている場所では、コルドンをヤナギの挿し木で補強することができる。プラクスル氏(1954)は、ガリーナ(フォアアールベルク)の大きな崩壊地を工事する際にこの方法を行った(図78、82、83)。こうした保全工事に挿し木を行うと、とても精巧な工法となることが明らかになったので、プラクスル氏は、小段(バンケット)を針葉樹の粗朶を用いて基礎工事で補強し、こうしてプラクスル氏による粗朶基礎敷設のコルドン工法(1954)が生まれた。

工事の実施：
a クトゥリエー氏によるコルドン工法(1880)

「まず、水平に小段、いわゆるバンケットを作る。斜面が急になればなるほど、バンケットの幅を狭くする。それに対して、それぞれのバンケットの距離は、第一に土壌の性質によって、特に地滑りの傾向があるかないかによって左右される。掘った土はガリ侵食地の底に入れる。掘ったバンケットの底に、固く圧縮され根の張れない土壌が出てきたら、その一部を柔らかくほぐさなければならない。

それが終わったら、植栽者がバンケットの上に植物を植える。この時、植物はきちんと垂直に立つように植えなければならない。それぞれの植物の根は約10cm中に入れる。これに続いて、ツルハシで斜面から削り取った土で、一時的に植物を固定する。もう一人の作業者は、二段目のバンケットを作るとき、常に若木を配る植栽者の少し後ろに居るようにする。そして開削した土を谷部に投げ捨てる代わりに、一段目のバンケットにゆっくりと入れていく。このようにして下のバンケットに配置した植物をゆっくりと土で覆い、開いていた穴を完全に満たす。このようにすると、

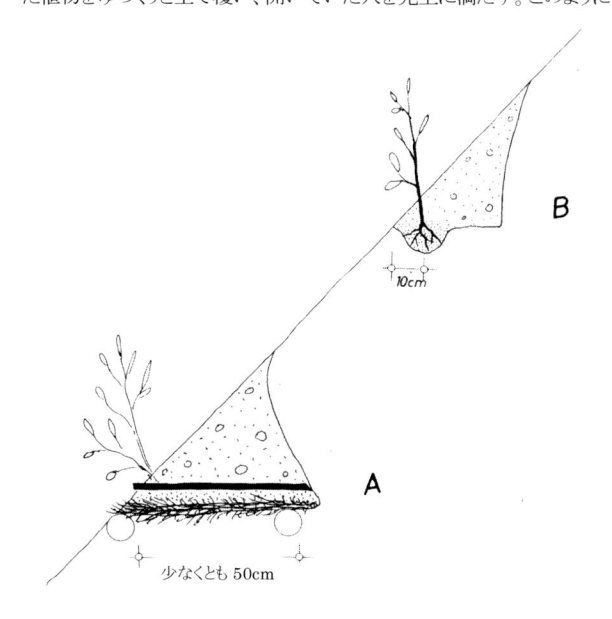

図78 コルドン工法、図解 A:クトゥリエー氏による古いコルドン工法、B:プラクスル氏による粗朶基礎敷設のコルドン工法

---
[43] 独語名：Studien über die Arbeiten der Wiederbewaldung und Berasung der Gebirge

斜面の一番上まで列状に植樹されたときにも、斜面の形状が目立って変化することがないという利点がある。ただ一番上の植樹列の所では、植物を埋めるために、斜面を削って土を持ってこなければならないので、形状が少々変化してしまう。

その時、植樹列を作るために使用された植物は、ちょっと覆っただけでは、上からの倒壊に耐えることができない。しかし、それ以外は何も危険なことはない。2年から3年経過すると植樹列の山側にある土は風化して、針葉樹の生長にとって一番良い状態になり、ここにも植樹することができる。

植樹列に適した木本は、アカシア、ニレ、カエデ、ハシバミ、サンザシである。これらは2年目に、たいてい移植していないものを使用する。

土壌をより安定させるためにコルドン植樹をする下に、多数の大きめのヤナギの幹を植える。上記の木本より土壌に栄養分がなくても育つコリヤナギ（*Salix purpurea*）やシロヤナギ（*Salix elaeagnos*）はコルドン植樹には価値の高い優れた材料である。これは、簡単に安く至るところに入手できる材料であり、挿し木で使う。それをバンケットの横幅より10cmほど長く切り、2cm〜3cmずつ離して横たえる。そうすると1年目にはすでに、むき出しの斜面に対して横向きに、効果的な緑のコルドンが形成される」。[デモンツェイ氏−ゼッケンドルフ氏(1880)から原文通り引用。省略あり。231ページ以下。]

要約すると、クトゥリエー氏によるコルドン工法は、土砂の堆積に耐えることができる先駆植物を使った、列状の植栽法だった。そして、すでに知られた他の工法と違う点は、植栽後にテラス（段）を土砂で埋めることと、そうするために下から上に向かって、作業を行うことだった（図78A、79）。コルドン工法にヤナギの挿し木を利用することは、土砂崩れの起きやすい斜面に応用された、一つのバリエーションである（図78A）。

コルドン工法を実施することに関しては、デモンツェイ氏の説明文と図が矛盾しているために誤解された。その後、実施経験がなかったため矛盾に気づかず、それをそのまま引用した著者がいたためでもあった。

b　プラクスル氏によるコルドン工法(1954)

クトゥリエー氏によるコルドン工法で築いたバンケットに、まずモミやトウヒの粗朶を敷き詰める。この敷き詰めた粗朶の上には、補強のために枯れ枝を横方向においで、この基礎を固める。敷き詰めた小枝は約10cmの高さまで土で埋め、その上に2cmから3cmの間隔でヤナギの挿し木を横たえていき、最後にそれを埋める（図78A、82）。

工事の材料：クトゥリエー氏によるコルドン工法：1mのコルドンに、移植されていない2本から3本の根付いた木本植物。それに加え、バンケットの幅より約10cm長い挿し木が2本から5本。

プラクスル氏による粗朶基礎敷設のコルドン工法：直径6cmから12cmの太い枝が2本とバンケットを覆うための針葉樹の枝。少なくとも60cmの長さの挿し木が10本から25本。

施工の配置：約300cmの間隔を開けて水平な列を作っていく。

時期の選択：植生の休眠期のみ。

エコロジー的、技術的な効率：クトゥリエー氏によるコルドン工法：水分を留保したり、植栽場所を平らにすることで立地を改良する。

プラクスル氏による粗朶基礎敷設のコルドン工法：硬い粗朶を下に敷くことで不安定な斜面を安定させる。施工時に土壌を柔らかくするので、よく根が張る。

コスト：枠型編柵工の次にコストの高い安定工法である（粗朶基礎敷設のコルドン工法）。

図 79　コルドンによって再植林されたユディカリシェン・アルペンの土砂の斜面

図 80　マツやヒトツバエニシダを使ったコルドンによって再造林されたエトナの噴火口の近く

図 81　オーバーイタリアで行われた様々な広葉樹やマツを使ったコルドン工法

図82 プラクスル氏による粗朶基礎敷設のコルドン工法

長所：プラクスル氏による粗朶基礎敷設のコルドン工法：不安定な斜面を補強し土砂崩れの起きる地形を安定させる能力は高い。植物の根によって土壌に良く空気が含まれる。
　クトゥリエー氏によるコルドン工法：平らな土地では機械を使用して施工できる。乾燥地帯では水分の保留に良い（図80、81）。

短所：クトゥリエー氏によるコルドン工法：水の停滞の恐れがあるので土砂崩れの起きやすい斜面には使用できない。
　プラクスル氏による粗朶基礎敷設のコルドン工法：コストが高い。集中的な作業が必要。針葉樹を大量に必要とするため、たいてい近隣の森林を荒らしてしまう。

使用地域、緑化工事の中での位置づけ：土壌が粘土質、ローム質、泥灰石、千枚岩、スレートなどで湿り気の多い斜面を保全する（粗朶基礎敷設のコルドン工法）。クトゥリエー氏によるコルドン工法は、特に乾燥地帯の再植林に重要である。
　緑化工事では、より経済的で効果的な安定工法が発展したため、コルドン法は以前ほど重要でなくなった。特にブッシュ敷設工や列状植栽（生け垣状）ブッシュ敷設工などが発展したためである。

手入れ：粗朶基礎敷設のコルドン工法では、通常の修繕と並んで、特に施肥を行う。クトゥリエー氏によるコルドン工法では、植物が埋まってしまった場合、土砂を取り除く。

遷移、自然な発展：編柵の項を参照のこと。しかしながら、木本の植樹と挿し木を一緒に行うことから、一つの作業工程で、二つの発展段階を作ることができ、初期段階の先駆低木の生長から、次の遷移段階である森の群落へ、手を加えなくても移行していくという長所を持つ（図81）。

図83a　ガリーナバッハ（川）（フォアアールベルク）のフィルブリッタートーベル、工事前の1908年（写真：ドルンビルンの暴れ川雪崩防止工事の地域建築施工部）

図83b　技術的な工法と生態工学的工法で保全したフィルブリッタートーベル。上部は主にプラクスル氏によるコルドン工法、干し草屑播種、植樹を行った

生育状況:広葉樹は苗木敷設工の項を参照のこと。挿し木は編柵工の項を参照のこと。

1.1.1.3 斜面粗朶束埋め込み工法
同義:クレーベル氏(1936)による **Brush wattles**
英語:slope fascines

歴史:ホフマン氏とクレーベル氏(1936)は同時期に、安定工法の一つとして、粗朶束の埋め込み工法を斜面に用いたことを、初めて発表した。ホフマン氏は暴れ川防止工事に、クレーベル氏は道路工事の斜面保全を目的に行った。

しかし、この方法がもっと前から知られており、実践されてもいたことは確かである。とりわけ、治水工事(河川工事)に粗朶束を使用することは、数百年も前から普通に行われてきた。Faschiene(粗朶束)という名称からも推定できるように、この方法はもともとイタリアで発祥したものであり、古代ローマ人が水利工事に粗朶束を使用する方法を知っていた可能性も十分ある。Faschiene(粗朶束)という語は、イタリア語ないしはラテン語のfasciare(結ぶ、束にするの意)という語から来ている。

しかしながら、これまでヨーロッパで斜面粗朶束埋め込み工法は、価値を認められていなかった。

工事の実施:0.3mから0.5mの深さ、同じくらいの幅の溝に、萌芽力のある木本の粗朶束をおいていく(図85a)。それぞれの粗朶束には、直径1cm以上の枝が5本あれば十分である。これによって通常の治水工事作業で必要とされるずっと太い粗朶束は、節約することができ、その上、埋められた枝は土と接し、あまり深くない土中に埋められるので、全てが根付いて生長することができる。また斜面用の粗朶束は、治水工事で使用されているものほどきつく束ねないようにする。結ぶ場所は50cm間隔で十分である(治水工事では30cmごと)。

粗朶束は、短くても60cmの生きた木の杭、あるいは枯れた木の杭、または鉄の棒で約80cmごとに固定する。杭や棒は垂直に、粗朶束の中に見えなくなるくらいの深さに打ち込む。以前は杭を粗朶束の下に打ち込んだが、現在は粗朶束を貫通するように打ち込むので、針金で結び固定する作業を省くことができる。そのためには直径の細い鉄の棒が木の杭よりも適している。

粗朶束を入れたらすぐに溝を土で埋め、地面から出るのは短い枝の一部だけになるようにする。斜面粗朶束埋め込み工法は、斜面の下から上へ向かって施工すると良い(図84、85)。

施工の配置:水平、または水平より少々斜めに傾斜をつける(溝工、及び図88も参照のこと)。

工事の材料:萌芽力のある木本種で、できるだけ長く、まっすぐな枝を束ねた粗朶束。粗朶束には直径1cm以上の枝が、少なくとも5本必要である。

1mごとに、短くとも60cmの長さの生きた杭か、枯れた杭が1本必要。

期間:植生の休眠期にのみ。

エコロジー的・技術的な効果の程度:水分を蓄える効果(水平に配置した場合)、水分を運び去る効果(傾斜をつけて配置した場合、例えば粗朶束埋め込み排水工など)。土壌を固定し安定化する作用は、根が付いて初めて現れる。日陰を作り土壌を耕起することでエコロジー的に効果がある。植物が生育するのが難しい立地条件の場合、効果は中程度。

コスト:低い。

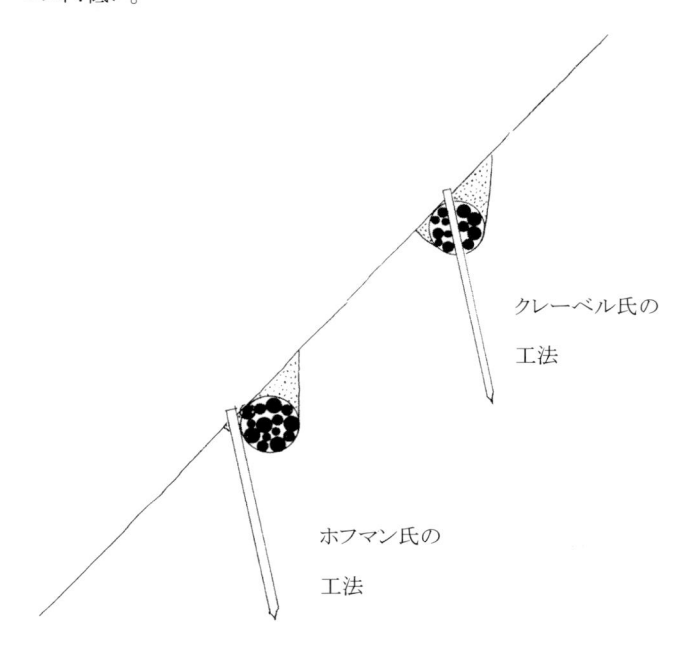

図84 斜面粗朶束埋め込み工法、図式

図85a ヤナギの枝で斜面粗朶束埋め込み工法を行っているところ。地面の溝にヤナギの枝を挿入する

長所:とても迅速で容易に行える安定工法である。僅かな土を移動するだけ。

短所:側方へ枝分かれしている枝は使えない。深部への効果は少ない。落石や崩落には弱い。

使用地域、緑化工事の中での位置づけ:表土層が厚く柔らかい切土斜面や、植物が良く生長する、比較的低地の切土斜面に適している。USAではよく行われるが、ヨーロッパではこれまで稀にしか行われない。長い枝材が手に入り、迅速な生長が望まれているところでは、この斜面粗朶束埋め込み工法を行うと良いだろう。

手入れ:通常の修繕、場合によっては剪定(伐採)、土砂を取り除くこと、施肥。

遷移、自然の発展、生育状況:植物の良く生長する標高や、表土層が厚いところでは、編柵工よりも良い生長が期待できる(編柵を参照のこと)。それから、粗朶束に使用されるヤナギ、ポプラ(USAではヒイラギギク(*Baccharis*)やセイヨウニワトコ(*Sambucus*))は生長が早すぎるので、セコンドグロースからの発生が、妨げられてしまう危険が生じる。それゆえ斜面粗朶束埋め込み法で施工後、すぐに間のスペースに植栽をしなければならない。

ヤナギの群落を持続群落としたい場合には植栽をする必要はない。

1.1.1.4 溝工

歴史:コルドン工法の原型と溝工の原型が、同一であることは間違いない(コルドン工法を参照のこと)。どちらの工法もあらかじめ斜面に作られたバンケットや溝(＝段、テラス、犬走り)に植物を単植した。ドイツ語圏では、コルドンという表現は定着せず、また溝工に関する知識も次第に失われていった。オーストリアでは、林業局長のE.ルスティヒ氏がしばしば使用した結果、再び知られるようになった。その時アルプス地域の溝工は、コルドン工法と同様に、使用する材料や配置が変更され、それによって効果も変わった。かつては植え込みにのみ適していたこの工法が、安定工法の一つとなった。

工事の実施:斜面に30cmから60cmの幅で、シャベルひとつ分の深さの溝をひく。溝の前面に生きている細い粗朶束を入れ、斜面粗朶束埋め込み工法場合と同様に杭で固定する。粗朶束の後ろに木本を植える。溝は掘ったときの土を入れて埋めるのではなく、表層土壌か、両方を混ぜたもので埋め戻す(図86)。

施工の配置:斜面に作られた溝が水分を停滞させ、侵食の危険が起こるので、主としてこの溝は水平より10°から30°の角度をつけて作られる。またZ状、フィッシュボーン形(魚骨形)に作られることも多い(図87、88)。

　溝の設置角度は、基盤やその土地の降雨状況によって決定する。従って、透水性が非常に良い土壌では、緩やかな勾配で作る。泥灰石、粘板岩(スレート)、粘土を含んだ土壌では、勾配を大きくすることや、場合によっては、溝工を行うことが本当に良いことなのか、水分の侵入によって被害が起きないかということを考え直す必要がある。

　溝工は、単に斜面粗朶束埋め込み工法と植樹を組み合わせたものとみなされることがあるかもしれないが、このように配置することや、表層土壌を客土することなどから、私も通例通り独立した工法であると考えている。

図85b 斜面に設置した粗朶束を杭で固定し、その上の溝から掘りだした土で埋め戻す

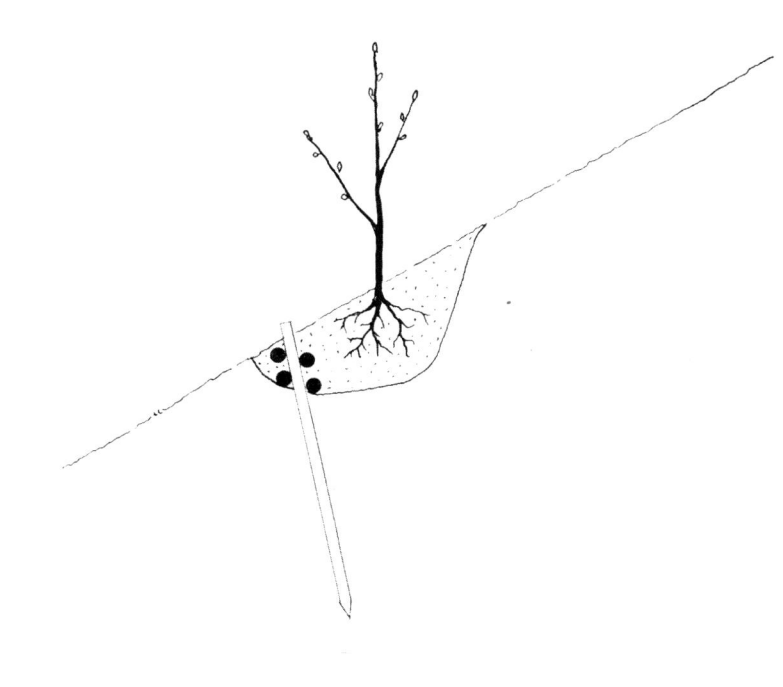

図86 溝工、図式

図87 溝工

図88 斜面に作る溝の配置

工事の材料:3本から10本の、萌芽力のある木本種の枝で作られた粗朶束、1mごとに1本から2本の根のついた植物、1本の杭、約0.05m³の表層土壌。

期間:植生の休眠期にのみ。

エコロジー的・技術的な効果の程度:溝は斜めに作ると、斜面を排水する効果がある。溝の上に粗朶束を利用することで、根付いた後に土壌固定の効果をもたらす。植物は溝を作り表層土壌を入れると、そうしなかった場合よりよく繁茂する。

コスト:中程度〜高い。

長所:給水と排水の調整ができる。表層土壌を少し使用すると、一つの作業工程で同時に初期段階の群落と最終的な群落を作ることができる。

短所:集中的な作業が必要。斜度約32°までの傾斜で、凹凸のない斜面にしか使えない。石がちな斜面には適していない。

使用地域、緑化工事の中での位置づけ:凹凸がなく湿潤な斜面。特に地下の深くまでのローム土壌、粘土、黄土、粘板岩(スレート)土壌などの侵食の危険がある所で、最終群落として、低木や森林が予定されている場所に。

緑化工事においては、これまであまり行われていないし、将来的にも重要性が増すことはないだろう。

手入れ:他の植樹の場合と同様に。場合によっては粗朶束から生長したヤナギの列を切り戻さなければならない。

遷移、自然の発展:先駆群落(粗朶束)と、計画された最終群落(植樹)を同時に組み込むこと自体で、すでに遷移が導入されている。

生育状況:列状植栽ブッシュ敷設工の項を参照のこと。

1.1.1.5 シヒテル(著者)による苗木敷設工(1949)
同義:Heckenpflanzung SCHIECHTL(1951)

歴史:根の付いた植物を、程度の差はあれ、長い列に移植していく列状植栽法は、たとえばテラスの緑化工事や、クトゥリエー氏のコルドン工法などとして古くから知られている。これらに共通するのは、植物を垂直に立て、根の部分だけを土の中に入れることである。

私は1951年に、初めて—当時私は土砂の堆積に対して抵抗力のある植物についてあまりよく知らなかったのだが—列状に植栽するのではなく敷設する(横たえること)ことを試みた。その初めての試みは、ホソバグミ(*Hippophae rhamnoides*)を使って行ったので(図93)、初回から成功した。それに対して、その後行った苗木敷設工では、使用した種が適さなかったため失敗に終わり、最初の試みから数年して、はじめて使用できる植物種の見通しが付くようになり、その結果、今日の苗木敷設工は一般的に実行できるようになった(シュリューター氏、1971年a、b.)。

工事の実施:0.5m〜0.7mの深さで、外側が少し高くなるように、少なくとも10度の角度を付けた犬走り或いはテラスに、根の出ている植物を密に並べて置き全長の1/3が施工基面から出るようにする(図89)。

その後、犬走りをすぐ上の犬走りから掘り出した土砂で埋める。条件が悪く、栄養分に乏しい、または乾燥した立地において生長状況を改善するために、場合によっては犬走りを埋める前に、麦ワラや表層土壌をまいて薄い層を作る。

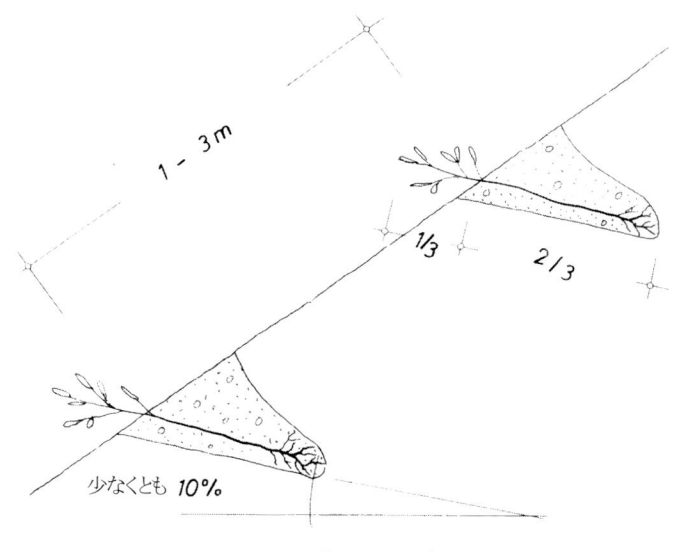

図89 苗木敷設工、図式

施工の配置：苗木敷設工は通常水平に、1m～3mの間隔を開けた列に配置する。列は水平より軽く傾いたものでも良い。しかし、作業しにくくなるので30°以上にはしない。

工事の材料：不定根を出す能力を持ち、土砂の堆積に抵抗力のある広葉樹で、根の出たもの。主として力強い樹齢2年から4年の若木を使う。迅速に生長する種（ハンノキ）は、二年目の実生苗を使う。重要なのは新芽と根の割合である。根が力強く形成されていればいるほど植物はよく生長するし、一年目に高く伸びる。ハンノキやホソバグミでは根瘤がたくさんあるものの方が少ないものより優っている。

　植物の種類に応じて1mごとに5本から20本の植物が必要である。これまでの調査や実地の経験によると、次のような植物種が苗木敷設工に適している（シュリューター氏、1971年a、bも参照のこと）。

図90　チロルのシュヴァッツにおける古い鉱業のボタ山で行われた大規模な苗木敷設工の実験。図91から94までと比較のこと

図91　ヤマハンノキ（*Alnus incana*）の苗木敷設工、5年後

主に土壌固定に適しているもの（不定根を盛んに形成する）：

高木	低木
コブカエデ（*Acer campestre*）	ミヤマハンノキ（*Alnus viridis*）
ネグンドカエデ（*Acer negundo*）	セイヨウメギ（*Berberis vulgaris*）
ギンヨウカエデ（*Acer saccharinum*）	オオムレスズメ（*Caragana arborescens*）
セイヨウトチノキ（*Aesculus hippocastanum*）	センニンソウ（*Clematis vitalba*）
ヨーロッパハンノキ（*Alnus glutinosa*）	シロミズキ（*Cornus alba*）
ヤマハンノキ（*Alnus incana*）（図91、92）	セイヨウサンシュ（*Cornus mas*）
シダレカンバ（*Betula pendula*）	ミズキ（*Cornus sanguinea*）
セイヨウイヌシデ（*Carpinus betulus*）	ベニシタン（*Cotoneaster multiflorus*）
ヨーロッパグリ（*Castanea sativa*）	セイヨウサンザシ
	（*Crataegus monogyna*）
セイヨウトネリコ（*Fraxinus excelsior*）（図95）	セイヨウトネリコ（*Fraxinus ornus*）
ウラジロハコヤナギ（*Populus alba*）	ホソバグミ
	（*Hippophaë rhamnoides*）（図93）
ポプラ（*Populus canescens*）	セイヨウイボタ（*Ligustrum vulgare*）
ヨーロッパクロヤマナラシ	スイカズラ（*Lonicera xylosteum*）
（*Populus nigra*）（図94）	
ヨーロッパヤマナラシ（*Populus tremula*）	ナガバクコ（*Lycium halimifolium*）
スモモ（*Prunus cerasifera*）	（カニーナバラ（*Rosa canina*））*
エゾノウワミズザクラ（*Prunus padus*）（図95）	ルビギノーザバラ（*Rosa rubiginosa*）
アメリカクロミザクラ（*Prunus serotina*）	ハマナス（*Rosa rugosa*）
ヨーロッパミズナラ（*Quercus robur*）	ヌルデ（*Rhus typhina*）
アカミズナラ（*Quercus rubra*）	ヤナギ類（*Salix smithiana*）
カプレア・ヤナギ（*Salix caprea*）	セイヨウクロニワトコ（*Sambucus nigra*）
ナナカマド（*Sorbus aria*）	セイヨウニワトコ（*Sambucus racemosa*）
セイヨウナナカマド（*Sorbus aucuparia*）（図95）	ライラック（*Syringa vulgaris*）
セイヨウハルニレ（*Ulmus glabra*）	ガマズミ（*Viburnum lantana*）
	セイヨウカンボク（*Viburnum oplus*）

主に斜面表面の立地改善に適しているもの（不定根はあまり形成しない）：

高木	低木
（コブカエデ（*Acer campestre*））*	ミヤマハンノキ（*Alnus viridis*）
ネグンドカエデ（*Acer negundo*）	オオムレスズメ（*Caragana arborescens*）
（セイヨウカジカエデ（*Acer pseudoplatanus*））	シロミズキ（*Cornus alba*）
ギンヨウカエデ（*Acer saccharinum*）	（セイヨウサンシュ（*Cornus mas*））
セイヨウトチノキ（*Aesculus hippocastanum*）	（ミズキ *Cornus sanguinea*））
ニワウルシ（*Ailanthus glandulosa*）	トガリバベニシタン（*Cotoneaster acutifolius*）
ヨーロッパハンノキ（*Alnus glutinosa*）	ベニシタン（*Cotoneaster multiflorus*）
ヤマハンノキ（*Alnus incana*）	（セイヨウハシバミ（*Corylus avellana*））
シダレカンバ（*Betula pendula*）	セイヨウサンザシ
	（*Crataegus monogyna*）
（セイヨウイヌシデ（*Carpinus betulus*））	（セイヨウマユミ（*Evonymus europaea*））
ヨーロッパグリ（*Castanea sativa*）	（セイヨウトネリコ *Fraxinus ornus*）
セイヨウトネリコ（*Fraxinus excelsior*）	ホソバグミ（*Hippophae rhamnoides*）
ウラジロハコヤナギ（*Populus alba*）	セイヨウイボタ（*Ligustrum vulgare*）
ポプラ（*Populus canescens*）	（スイカズラ（*Lonicera xylosteum*））
（ヨーロッパヤマナラシ（*Populus tremula*））	セイヨウサクランボ（*Prunus mahaleb*）
（ヨーロッパクロヤマナラシ（*Populus nigra*））	アメリカクロミザクラ（*Prunus serotina*）
（ペトレア・ミズナラ（*Quercus petraea*））	クロトゲザクラ（*Prunus spinosa*）
（ヨーロッパミズナラ（*Quercus robur*））	（クロウメモドキ（*Rhamnus cathartica*））
アカミズナラ（*Quercus rubra*）	ヌルデ（*Rhus typhina*）
カプレア・ヤナギ（*Salix caprea*）	（カニーナバラ（*Rosa canina*））
（セイヨウナナカマド（*Sorbus aucuparia*））	（ルビギノーザバラ（*Rosa rubiginosa*））
（コバノシナノキ（*Tilia cordata*））	ハマナス（*Rosa rugosa*）
	ヤナギ類（*Salix smithiana*）
	（ライラック（*Syringa vulgaris*））
	（ガマズミ（*Viburnum lantana*））
	セイヨウカンボク（*Viburnum oplus*）

＊かっこ付きの種は条件付きで適している。特に混合で用いるときに適しており、単独では使用してはならない。

　それぞれの木本種は立地状況や、その特性に応じてお互いに補足し合うように組み合わせて使用するべきである。

期間：植生の休眠期にのみ。

技術的・エコロジー的な効果の程度：土壌固定の能力は中程度（ブッシュ敷設工や列状植栽ブッシュ敷設工の方が良い）。しかしながら工事後すぐに効果を発揮す

図92 ヤマハンノキ（*Alnus incana*）とヨーロッパハンノキ（*Alnus glutinosa*）の苗木敷設工、5年後

図93 ホソバグミ（*Hippophae rhamnoides*）の苗木敷設工、2年後

図94 ポプラの苗木敷設工、5年後

図95 様々な広葉樹、特にトネリコ、ナナカマド、カエデなどの苗木敷設工で地滑りの起こりやすい斜面を緑化し、10年経過したもの

る。列状植栽法とは異なり、土砂が堆積した幹全体に不定根が伸び、より深く、集中的に土壌を結びつけることができる。使用する木本種によって、土壌を柔らかく耕起する、土壌を改良する、土壌に陰を作る、土壌を活性化するなど様々な効果がある。腐り易い葉をもつ植物や、バクテリア根瘤を持つ植物のエコロジー的効果は高いので、チロル地方では特にハンノキが良い。

コスト：中程度。安定工法の中では、枠型編柵工と粗朶基礎敷設のコルドン工法に次いで高い。

長所：前処理なしに広葉樹の群落を得ることができる。できれば緑化をする立地の最終群落に望んでいる木本種を選ぶ。

短所：植物を大量に使用するので、比較的コストが高くなる。条件の良い立地にしか行えない。

使用地域、緑化工事の中での位置づけ：初期の低木－先駆段階を省くことが可能な良い土壌において使用される。それゆえ、特に気候条件の良い標高に広がる、レス土壌や栄養分の豊富な砂利地、砂地、ローム土壌で応用される。

また、近くでヤナギが入手できない所や植物社会学的な理由のためにヤナギが使えない崩壊地でも行われる。例えば石灰分の少ない基盤のところなどである。アルプス地域では、主に粘板岩の山地（片岩皮殻、グレイワッケ（硬砂岩）地帯、千枚岩、片麻岩、花崗岩、そして、それらの風化土壌）などである。

苗木敷設工は、もっとずっとコストのかからない工法が他にあるので、緑化工事の中での意義は、二義的である（例えば列状植栽ブッシュ敷設工など）。

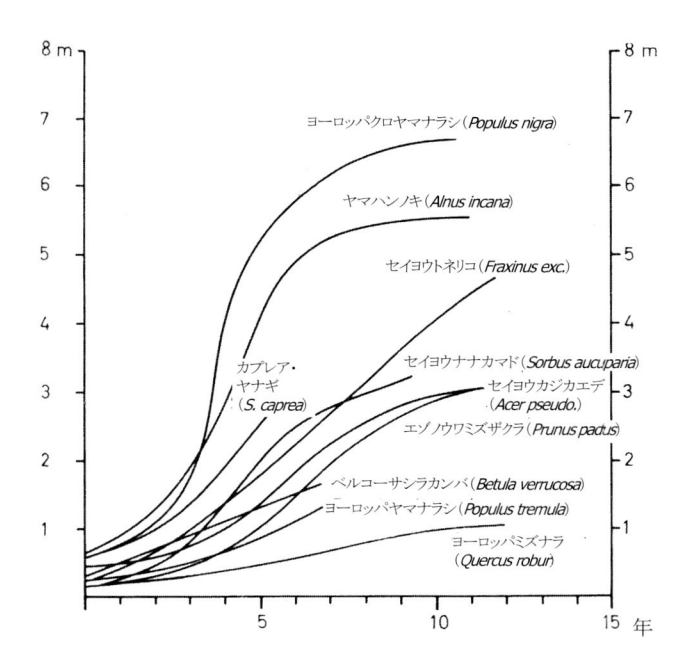

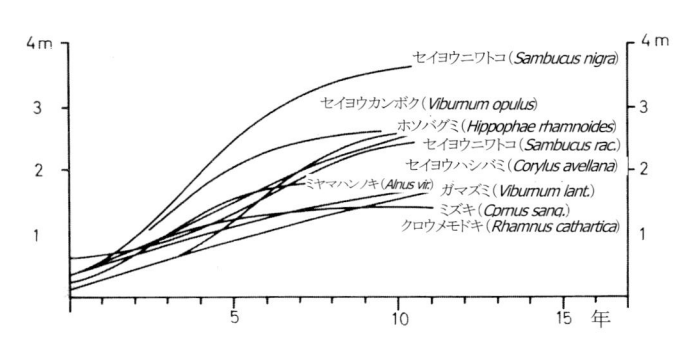

図96 苗木敷設工に使用された自生の木本種の生育状況。
上：様々な木本の伸長生長　下：低木

管理：日照確保、施肥、剪定（伐採）が有効。

遷移、自然定着：苗木敷設工には、立地に適し、先駆植物の特性を持った広葉樹を使用するので、正しい選択をすれば短期間で望まれた最終状態に遷移していく。また必要とされる大量の植物を使用することによって、最終状態への遷移は促進される。なぜなら、条件の厳しい立地で、常に重要な厳しい淘汰が起こり、植分に空所ができなくなる（図90、91、92、95）。

生育状況：苗木敷設工の生育状況は、列状植栽ブッシュ敷設工と似ている（列状植栽ブッシュ敷設工を参照のこと）。しかし、苗木敷設工は萌芽力のあるブッシュによって保護されておらず、メカニカルな負荷を全て受けなければならないので、初年度の生長は少々ゆっくりである（図96、91、95）。

ホソバグミは横へ広がる力が強いので、適した立地において苗木敷設工に使用すると価値が高い。この特性は他の自生の植物よりも優っている。

私が標高1,100mのホッホ・ツィルルのホーエン・シュティッヒリーペで、初めの試みとしてホソバグミを使用して行った苗木敷設工は、9年間のうちに力強く広がっていき、その中のいくつかのブッシュは直径6mにもなっている！

1.1.1.6　シヒテル（著者）によるブッシュ敷設工（1949）
同義： Breitlage nach SCHIECHTL、Weidenquerschläge
英語： Hedge layerling

歴史：私は1949年と1950年に、技術的・エコロジー的に最善の効果を持ち、同時にできるだけ簡単な処置で行える最適なブッシュの使用法を調査した。

またこの実験を行ったのは、それまで私が主に行っていた編柵工があまり十分な効果をもたらさなかったことが理由の一つである。

私はこの実験を実験室では行わず、傾斜が急で、部分的には荒い石の多いホッホ・ツィルルの「シュティッヒリーペ」（図97）、ツィルルの「ランゲン暴れ川」、テルフスの「トイフェルスリーズ」の工事現場で直接行ったので、挿し木はもとより使用できなかった。施工後すぐに土砂の堆積や少なくとも頭の大きさほどの落石に耐えることのできる工事法を発見する必要があった。ツィルルのランゲン暴れ川で土砂崩れの起きやすい斜面は、なかでも理想的な実験地であった。なぜならそこには28mの絶壁があり、そこからフェーンや凍結、降雨の時に、砂や様々な大きさの石が崩れ、200m下の植物の育たない谷に、勢いよく落ちてくるからである（図50、51）。

すでに述べたアーヘンゼー（湖）のプレッツァッハアルムで行った挿し木実験では、垂直に挿したものより、横たえたものの方が有利であることを示した。それゆえ私の実験も、それにならってこの方法で試みた。数週間後に成立した工法は、ヤナギを横たえて、斜面の表面ではなく、内部に埋まるように挿入する方法で、とても適したものだった。その後、この方法がそれまで使用されていた方法より優れていることが示された。

我々がそれまで緑化できなかった崩壊地も、このブッシュ敷設工によって緑化に成功できたので、ブッシュ敷設工はすぐに頻繁に応用された。また、当時の経済状況も良かったこともあり、この工法は促進されていった（オーストリアの暴れ川保全・雪崩防止工事は、この数年間にERP基金（マーシャルプラン）から貴重な資金を受け取っていたので、工事を要請した地方自治体の協力を得なくても、工事が可能であった）。こうして僅かな年数のうちに、多くの崩壊地を工事し、戦争のために遅れていた暴れ川の保全工事を挽回した。チロルだけでも、一般にブッシュ敷設工が使用されるようになった初めの2年間に、施工メートル数が83,976m、オーストリア全体では約132,000mの工事が行われた（R.ハンペル氏、1954年）。

オーストリア全土で行われた安定工法［残念ながらボック氏とリヒター氏（1954）は編柵工とコルドン工法、ブッシュ敷設工をまとめて統計してしまった。］の施工メートル数は、1945年から1949年までに、70mから209,803mに上昇した。

私は、私達が先任者達と同じような失敗を犯してしまったことを隠しておきたいとは思わない。我々は数年間、もっぱら新しい工事法の虜になってしまい、それだけを何度も、必要でない場合にも使用してしまった。とはいっても、当時は平面的に効果があり、大きな土地に使用できる経済的な播種法はまだなかった。しかしながらその後、我々はこの画一主義の危険とデメリットに気付き、まずブッシュ敷設工が必要かどうか、もっと経済的な工法がないかと、いうことを考えるようになった。そのため、毎年オーストリアの暴れ川保全工事で、建設されたブッシュ敷設工の施工メートル数は再び減少し、それ以来、平均約20,000mとなった。

スロヴェニアでは、フランジョ・ライナー博士がはじめてブッシュ敷設工を、標高1,300mのクランスカ・ゴラから、ヴルシチ峠の通り沿いのコチャ・ナ・ゴズドゥで行った。ライナー氏はロイブル峠のトンネル工事の時に、乾燥した斜面を安定させるために補強材を用いるバリエーションを開発した（以下の工事の実施を参照のこと）（図106）。

工事の実施：斜面では、斜面の下から、50cm〜100cmの幅の溝、またはテラスを作っていく。その施工基面は、後で枝が全長にわたって根を出せるように、外側が

図97 凍結期に急斜面で行うブッシュ敷設工

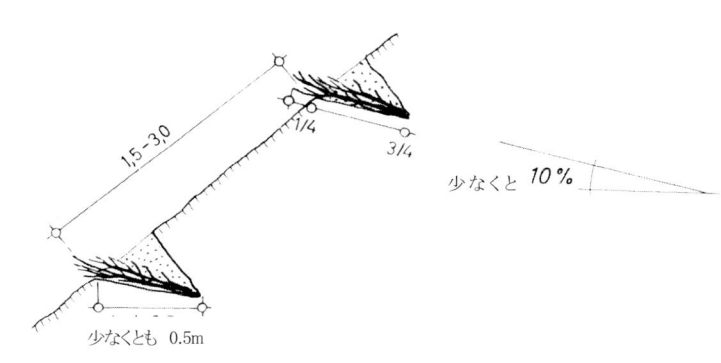

図98 切土法面に施工するブッシュ敷設工、図式。作業は下から上に向かって進める

図99 暴れ川の両岸に施工したブッシュ敷設工

少なくとも10%高くなるようにする(図98、99、110)。溝にはブッシュを密に鋭角に交差するように入れ、短くとも1mの枝を、全長の1/5から1/4だけ出るようにして埋める。その際、根が様々な深さの範囲に広がり、地上部もできるだけ自然の状態に近い生長をするように、単に様々な種類の植物を使うだけではなく、様々な樹齢段階や様々な太さの枝を混ぜて使う。後で崩れてしまわないように、溝掘りは少しずつ進めなければならないことも多い。後の崩壊を防ぐため、石灰質やドロマイト土壌の崩壊地では、ブッシュの敷設工は凍結期の初めに行う。なぜなら、そのような土壌では、粒径の一様な砂利の層が露出していて、切り口から深刻な二次的土砂崩れが起きてしまうことがあるからである(図97)。結びつきの強い土壌では、後に崩壊する危険はないので、幅が狭く深い溝を掘り、ブッシュを挿し込む。もちろん、こうすることによってブッシュ敷設工はかなり低コストで行うことができる。

ごく短いテラスを掘り、ブッシュをすぐに挿入することは、後の崩壊を防ぐと共に、短期間の内に、土壌を乾燥から守るという利点がある。

一段上の溝を掘るときに下の段は再び埋め戻す。そのため作業は下から上に向かって行う。ブッシュの列が何段かできたら、掘りだした土を斜面の下へ向かって落とすだけで、うまく選別される。つまり、石は溝の奥まで転がっていき、小さな粒径の物は、ブッシュにひっかかって留まる。

乾燥地帯では、土をしっかりと固めると良い。そうすると、それぞれの枝が完全に覆われ土に囲まれる。埋め戻すときはその上の段を掘った土を入れる。

施工の配置:たいていブッシュ敷設工は、斜面の切断面や崩壊地ではほとんどが水平か、あるいは軽く傾けて配置する(図97、99、100)。それに対して道路沿いの斜面や湿潤な斜面では、水平な配置ではなく、15°から90°傾けて配置する。水分を含んだ斜面は、そうすることによって水分を他の方向へ導くことができる。道路沿いの斜面では、特に道路が上り坂や下り坂になった場合など、ブッシュを水平に配置すると見た目に美しくないような場合には、傾けて配置する。(図101)。

それぞれのブッシュ列の間隔は、斜面の傾斜角と土壌の安定度によって決定される。後の崩壊の危険が生じるため、150cm以下にしてはいけない(図98)。

盛土斜面の場合では、ブッシュ敷設工はずっと容易である。盛土斜面の外側に、その都度、斜面とは逆の傾斜を軽く(少なくとも10%)付け、溝を掘る。これは工事中の排水を調整するために必要である。この盛土斜面の一番外側にブッシュを帯状に並べておき、それから通常通り重機などを使って土砂を堆積する。ブッシュはとても抵抗力があり、傷をつけて

図100　切土斜面のブッシュ敷設工（ヤナギを使用）、1年後

図102　あるダムを盛土するときに行われたブッシュ敷設工

図101　水分を含んだ道路沿い斜面の保全のために約70度傾斜を付けて施工されたブッシュ敷設工、2年後

も被害を受けないので、その際に圧縮されても大丈夫である。盛土斜面では数メートルの長さの枝が使用できる。これによって、膨大な費用をかけずに、他の方法では不可能なほど、非常に深部にまで達する土壌固定が行える（図110、102）。ブレンナー・アウトバーンの工事では、アールンベルクで大規模に盛土斜面が造られ、通常約2mの枝のところ、7mもあるような枝も数本使用された。これによって斜面は非常に短期間で密に生長し、それと共に深くまで固定された（図103、104）。

施工の配置：水平。間隔は任意にとることができる。ブッシュを表層土壌で覆ったり潅漑したりする必要はない。

様々なシートで補強したブッシュ敷設工：
　F.ライナー氏（1963）によって、ロイブル峠のトンネル工事のボタ山を保全するために開発されたこのバリエーションは、初めの実験からさまざまな建築材を使って行われた。それは次のような方法であった：
　ブリキのリボン：ビツメン容器を切り開いて約30cmの幅のブリキをとり、施工する前にロードローラーで平らにする。
　アルミニウム箔：ロールの状態で入手可能な箔を、ノコギリで約30cmの幅のリボンに切断する。
　ルーフィングシート（屋根紙）のリボン：アルミ箔と同様に切断する。
　PVC箔：アルミ箔と同様に切断する。
　粗悪な木材

図103　あるダムを盛土するときに行われた列状植栽ブッシュ敷設工、3年後

図104　あるダムを盛土するときに行われた列状植栽ブッシュ敷設工、4年後

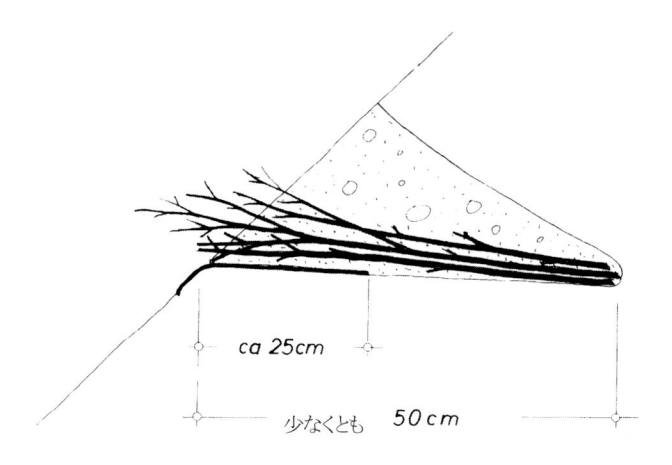

図105 ライナー氏による帯状の挿入物で補強したブッシュ敷設工、図式

図106 ライナー氏による帯状の挿入物で補強したブッシュ敷設工、ここでは粗悪な板を入れた上に、ルーフィングシートが使われている

図107 様々なシートで補強したブッシュ敷設工、上から下へ向かって行われる作業工程

シートはブッシュを敷設する下の斜面の角の部分を補強するように敷く（図105、106を参照のこと）。普通のブッシュ敷設工と比べ、シートで補強したブッシュ敷設工は、落石に弱いので上から下へ向かって作業を進める（図107）。

これまでのところ、アルミ箔とルーフィングシートを敷いて、補強すると良いことが認められた。この二つは試験した他の材料より経済的である。この試験からはまだ厳密な結論が出たわけではないが、シートを挿入することによって、リルエロージョン（細流侵食）を減らし、あるいは止め、水分供給が良くなることによって、根付いたブッシュの生長を、さらに促進することがすでに明らかになっている。それゆえ、ブッシュ敷設工をシートで補強することは、乾燥した斜面や透水性が良く、水による侵食の危険にさらされていない、結びつきの弱い土の斜面に勧められる。

もちろん、苗木敷設工や列状植栽ブッシュ敷設工でも、シートを挿入することはできる。

施工の配置：水平

工事の材料： 1mごとに、少なくとも20本の萌芽力のある枝。側枝も付けたまま利用する。枝分かれの多いものも使用できる。

期間：植生の休眠期にのみ。

エコロジー的・技術的な効果の程度：列状植栽ブッシュ敷設工を含め、ブッシュ敷設工は、安定工法の中で最も深部への作用を持つ工法である。この作用は敷設後すぐに現れ、根が張って行くにつれて、どんどんと高まっていく。落石や土壌の移動、侵食、土砂の堆積を完全に防ぐことができず、植物の生育に適さない土地でも、ブッシュ敷設工は耐え抜き、しだいにそうした現象を減少させる。滑り落ちてしまったブッシュ敷設工も、その後そこからさらに生長していくことが多い。

ブッシュ敷設工は、日陰を作ったり湿度を維持したりすることで、土壌に近い空気層の気候状態を変化させる作用と同様に、土壌を固定し、中でも土壌を改良する作用に優れている。しかし、これは列状植栽ブッシュ敷設工ほどではない。その上、帯状の挿入物で補強したブッシュ敷設工は、リルエロージョンを防ぎ、土壌中の水分の流出（表面流出）速度をやわらげる。挿入するシートの幅は、流出（表面流出）阻止作用の効果を決定する。

コスト：低い。

設置の間隔によってブッシュの必要量は変わってくる。緑化する土地1ヘクタールごとのコストは、次のようになる。

　4mの間隔の場合＝ブッシュの敷設2,500m＝作業時間は約3,750時間
　3mの間隔の場合＝ブッシュの敷設3,300m＝作業時間は約4,950時間
　2mの間隔の場合＝ブッシュの敷設5,000m＝作業時間は約7,500時間

材料費やその他全ての作業を含めて、約1.5時間の作業時間で、1mを工事する経費は、チロルの暴れ川工事の際に、生育条件の極端な山岳地で行われた工事に基づいて算出された。それはほとんどが切土斜面や崩壊地であった。それに対して、植物の生育しやすい標高であったり、盛土して斜面を造るときには、経費はずっと安く済む。

長所：簡単な工法である。安定工法の中では、同程度の効果をもたらす、列状植栽ブッシュ敷設工という例外はあるが、最も深部に達する作用を持っている。ひどく枝分かれした短い枝も使用できるので、大きく生長しないヤナギのブッシュやキバナフジしか手に入らないような、山岳地帯や亜高山地帯でもブッシュの敷設を行うことができる。

ダム建設では、ほとんどの作業工程が（ブッシュを並べて敷く作業を除いて）機械化できるので、もっと簡単に、安く行うことができる。欠損率も低いので、材料の消費も少なくて済む。

短所：表層土壌を留保するのには、適していない（シートで補強したブッシュ敷設工は除く）。

使用地域、緑化工事の中での位置づけ：ブッシュ敷設工は、特に植物の生育しにくい標高の露出面を、迅速に保全するために用いられる。特に、侵食、落石、地滑りの危険にさらされている不安定な斜面に使用される。

ホッホ・ツィルルのシュティツヒリーペでは、1954年1月7日に、緑化工事から3年経過したところに、ひどい微粒土砂が雪崩のように滑り落ちた。それによって多くのマツや植樹列は、引きちぎられてしまったが、敷設されたブッシュは、全く無傷のままであった。

特に乾燥地帯や、結びつきの弱い土壌では、シートで補強したブッシュ敷設工が適している。挿入するシートの幅は斜面の水分状況によって異なる。

ダムの盛土斜面を保全するために、盛土の過程で、斜面の保全に使用できる唯一の安定工法である。

河川工事や、場合によっては、淵の保全や補強のための斜面粗朶束埋め込み工法の工事に使用される（図229、232）。

今日、緑化工事においては、最も重要な安定工法の一つである。砂利土壌では列状植栽ブッシュ敷設工と並んで、最も重要な工法である（ラッシェンドルファー氏、1954年を参照のこと）。

管理：敷設したブッシュが、ずっと柔軟性を保たねばならないところでは、3年から5年ごとに地際まで伐採し、同じく自然発生的に出現した植物も除去しなければならない。山岳地では伐採を行わなくても済むことが多い。しかしながら、―できる限り―敷設したブッシュを、次に緑化工事をする際の、ブッシュ調達源として利用すると良いだろう。

これは例えば、ブレンナー・アウトバーンのアールンベルクで、何度も行われた（図103、104）。図97、99、100、101に示されたブッシュ敷設工は、全く何の管理もされていない。

遷移、自然定着：ヤナギの枝で作られたブッシュ敷設工は、立地に応じて多少の差はあるが、密で背の高いヤナギの帯に生長する。不毛で乾燥した立地や、特に石灰分を含んだ基盤では、敷設されたブッシュから起こった低木の初期植生が、継続群落になることがある。敷設したブッシュの列の間にできたスペースは、できるだけ早く緑化しなければならない。なぜなら、こういった不毛の立地では、敷設されたブッシュだけが約2mの帯状の裸地を生長してふさぐには、あまりに長い時間がかかりすぎてしまうからである（図100、101）。

栄養分が豊富な土壌では―たとえ表層土壌がなくても―短期間で定着していく。そのようなところでヤナギは、生長の早い、日陰を作るハンノキ、トネリコ、ポプラ、その他の広葉樹、又はマツやカラマツといった針葉樹に追い越され、次第に抑制されてしまう。たいていこうした定着は、自然の遷移として望ましいので、ヤナギを伐採することで促進する。それに対して、こうした遷移が望まれておらず、ヤナギ林の状態をできるだけ長く維持しなければならないところでは、自然に発生した木本を除去しなければならない（管理の項を参照のこと）。

生育状況：立地によって状況は様々であるが、他の安定工法と比べると、生長は良いことが示されている。

図108*には12種類のヤナギの生長状況を示した。

これまで数種類の植物を5年間、その他は15年まで調査することができた。しかし、まさに初めの数年が安定工法の効果にとって決定的な時期である。私は実際

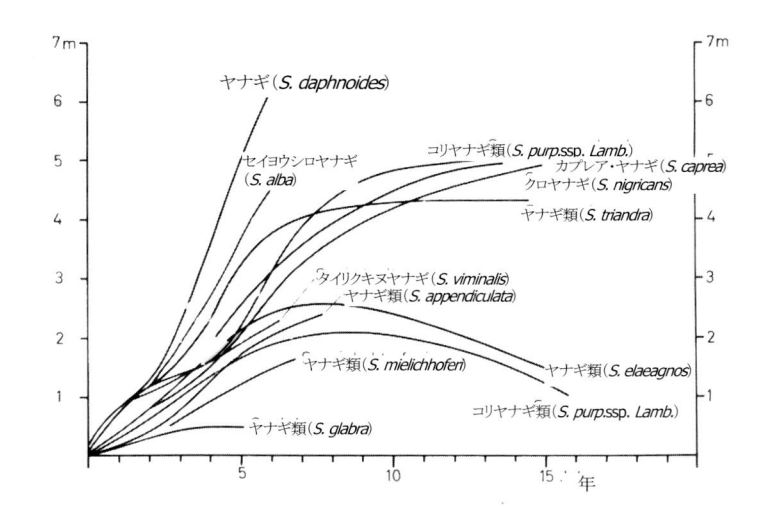

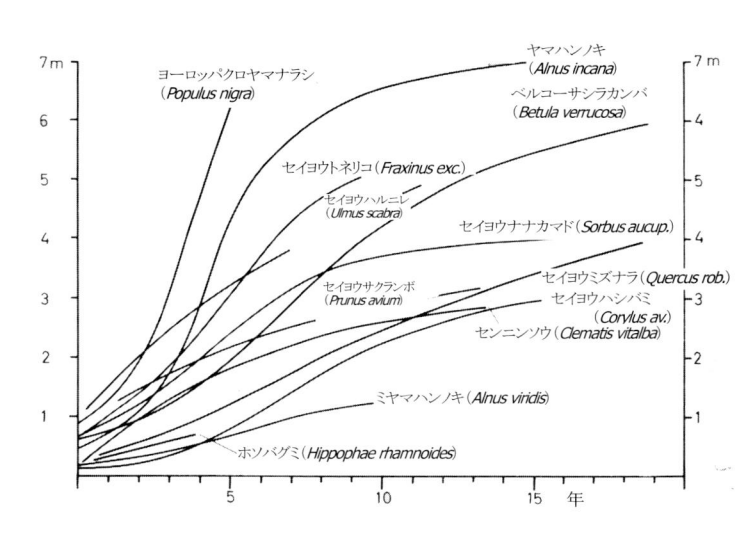

図108 ヤナギの伸長生長（上）と様々な自生する広葉樹の伸長生長（下）。どちらもブッシュ敷設工で植え込まれたもの（下は列状植栽ブッシュ敷設工）

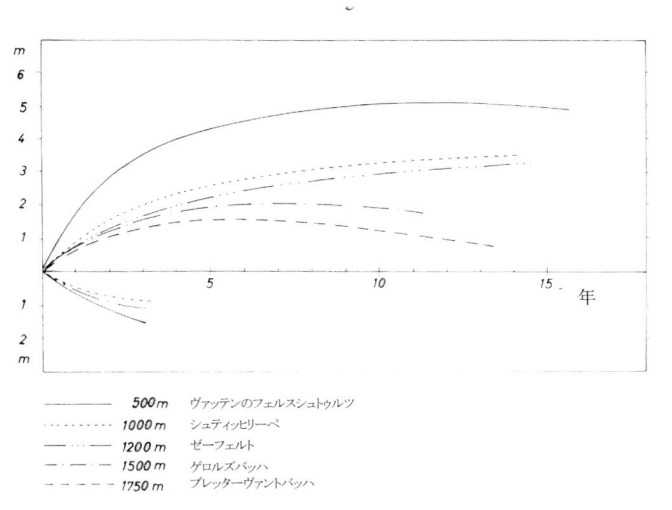

図109 様々な標高の工事現場でブッシュ敷設工を行って植え込まれたコリヤナギの伸長生長

*図108と図109は平均値を示している。

的な値を得るために、緑化中の土地で測定を行ったので、伸長生長を測定することしかできなかった（新芽の高さと根の深さ）。三年目以降には、根を測定することは止めなければならなかった。なぜなら根を掘り出すこと甚大な被害がでてしまうからである。そのためグラフに示された生産量は、正確なものではなく、実際はこれより大きい。これは特に透水性の良い土壌においてはるかに大きい。いくつかの場所、例えばヴェルグルのウンターアンガーベルク（山）で、森林火災が起こった土地では、標高1,200mのところに侵食を防止するために、ブッシュ敷設工が行われ、コリヤナギ類（*Salix purpurea* ssp. *lambertiana*）は二年後に8mの長さの根を形成した！

敷設したブッシュをその後手を加えない場合、日照が必要な種類のヤナギに特徴的なのは、7年から8年目以降は、それ以上生長せず、それどころか、逆戻りの発展が始まることである（特にコリヤナギ（*Salix purprea*）、シロヤナギ（*Salix elaeagnos*））。

もちろん新芽の生育状況は、標高によっても左右される（図109）。標高が高くなればなるほど、生長は次第に減っていき、根の生長も同じである。

一年目は一般的に伸長生長が大きく、その後二年目、三年目には二級枝[44]や根が形成され、肥大生長が優勢になってくるので、伸長生長は減っていく。三年目以降は再び強力な伸長生長が始まる。

1.1.1.7 シヒテル（著者）による列状植栽ブッシュ敷設工（1964）

同義：Gemischte Buschlage, gemischte Breitlage. Gemischte Weidenquerschläge, 英語：hedge-branch layering

歴史：多くの立地では、一種類のブッシュ（前提とされるのはヤナギ）を敷設して作った初期段階の低木の植生は、短命の先駆段階でしかない。それゆえラッシェンドルファー氏（1954）は、いわゆる「ヤナギの崩壊地（遷移が進んでもヤナギが残る）」と「ハンノキの崩壊地（ヤナギからハンノキへ遷移する）」を区別した。中部ヨーロッパやヨーロッパ以外の生息地でも、同様のことを確認した。そこで、初期段階の先駆群落と並んで、次の段階の植物を一緒に導入したら良いのではないかと考えた。私はブッシュの敷設をブッシュだけでなく、根の付いた植物も一緒に植えて工事することを試みた。そうして、列状植栽ブッシュ敷設工が誕生した。私はP.ザイベルト氏（1964）に提案されて以来、ブッシュ敷設工（Buschlage）に加えて、苗木をたえ敷設する（Heckenlage）ことから、この工法を列状植栽ブッシュ敷設工（Hecken-Buschlage）と呼んでいる。

工事の実施：ブッシュ敷設工より少な目で良いが、同じようにブッシュを敷設し、根の付いた力強い植物（若木）を、0.5mから1mの間隔で植え、土砂を戻した時に、全長の3/4が地面から出るようにする（図110）。その後、埋められた部分全体から不定根が形成され、土壌は良く結合される。

たとえ土壌を湿らせたり、表層土壌を入れたりする事で良い結果が出るとしても、ブッシュ敷設工と同様その必要はない。

列状植栽ブッシュ敷設工は、切土斜面や崩壊地、ボタ山を盛土する間の保全にも用いられ、また帯状のシートを挿入して補強することもできる。

工事の材料：列状植栽ブッシュ敷設工を1m施工するには、少なくとも10本の、萌芽力のある木本の枝を使用する。これは側生の枝を全て付けたもの。それに加えて、1、2本の根の付いた力強い植物。特に数年たった若木。ヤマハンノキのように迅速に生長する種では、二年目の実生苗。

当然、土砂の堆積に耐え、不定根を形成できる先駆植物しか使用できない。そのような木本としては、苗木敷設工に使用する木本が適している（117ページを参照のこと）。

期間：植生の休眠期にのみ。

技術的・エコロジー的な効果の程度：基本的に列状植栽ブッシュ敷設工には、ブッシュ敷設工と同じことが当てはまる。様々な根付きの木本を、一緒に利用することによって、特に斜面表面の立地改善が、ブッシュ敷設工よりも効果的で迅速になされる。

ヤマハンノキ（*Alnus*）、ホソバグミ（*Hippophae*）、トキワギョリュウ（*Casuarina*）、ケアノツス（*Ceanothus*）、コンプトニア（*Comptonia*）、ドクウツギ（*Coriaria*）、ヤナギバグミ（*Elaeagnus*）、ヤチヤナギ（*Myrica*）、シェペルデア（*Sheperdia*）などのような、放線菌と共生（根瘤）する根付きの植物を一緒に使用すると、土壌改良が効果的になされ、その結果、すばやく耕起されるだけでなく、初期段階の植生を迅速に発展させる。

コスト：ブッシュ敷設工よりは少々高いが、それでも低い。一つの作業工程で、初期段階の低木と次の段階の広葉樹の群落が作れるという事を考えると、列状植栽ブッシュ敷設工は、およそ最も安い安定工法ということができる。なぜならこの方法では、他の工法で必要な植え付け作業を、より効果的・経済的に行うことができるからである。

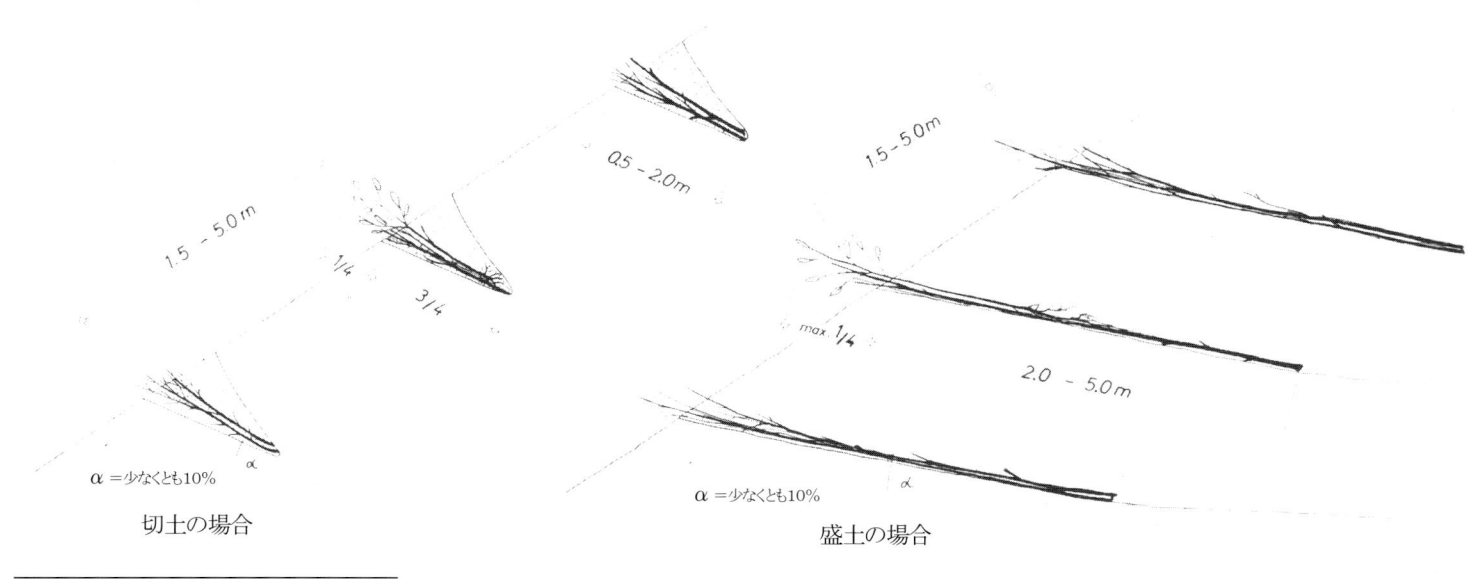

---

[44] 枝から更に枝分かれした側生のこと。

図110 列状植栽ブッシュ敷設工、図式

長所:ブッシュ敷設工の項を参照のこと。それに加えて、一つの作業工程で同時に次の植生をもたらすことができるという長所もある。コストを大幅にあげることなく、技術的・エコロジー的な効果をあげることができる。

短所:帯状のシートで、列状植栽ブッシュ敷設工を補強しない限り、表層土壌を留保するのには適していない

使用地域、緑化工事の中での位置づけ:ほとんどブッシュ敷設工と同じだが、ずっと広い範囲において使用可能である。列状植栽ブッシュ敷設工の工事は、低木や木本が繁茂する気候帯ならどこでも可能である。それゆえ列状植栽ブッシュ敷設工は、今日では最も重要な安定工法となっている。

管理:いつも必要というわけではない。我々は列状植栽ブッシュ敷設工で工事した斜面を「次の工事材料入手のための栽培地」として利用し、ヤナギの枝を収穫することが多い。ヤナギを収穫することによって費用をかけずして、一緒に植えた広葉樹に、場所や日照を確保することができる。次の工事で利用できない場合も、価値の高い木本を促進するために、ヤナギを伐採しなければならない。

遷移、自然定着:初期段階の植生は、迅速に次の段階の植生に遷移する。しかも工事した土地の植生は、自然の遷移よりもはるかに短期間で移行できる。そこで我々は、このような遷移を、人工的な植物遷移という言葉で表すことができる。とはいっても、これは我々が充分に自然の遷移に近づけた時に、最も理想的な形で起こるのである。つまり、最善の成果をあげるためには、必ず立地の状態を学び、使用できる木本(根のついたもの)を正しく選択しなければならない。それに対して、敷設するブッシュに関しては、数年しか生き延びる必要がないので、それほど厳密な選択をしなくても良い。

工事で同時に使用した根付きの木本植物とヤナギが交代するのは、早くても三年後であり、ほとんどが植栽後4年から10年の間に交代する(図103、104)。

生育状況:ヤナギに関しては、すでにブッシュ敷設工の項で述べたことが当てはまる。一緒に植える木本植物の生育状況に関しては、図108に示されている。もちろん、我々の気候状況においては、多少の制限があるが、使用可能なヨーロッパクロヤマナラシ(*Populus nigra*)と並んでヤマハンノキ(*Alnus incana*)が、最も早く生長する。しかし、ヤマハンノキは特に生長が早く、日陰を作ってしまうことで、他の木本を簡単に抑制してしまうので、次の遷移段階の植物として常に望まれるとは限らない。しかし、条件の悪いやせた立地で土壌改良の効果を期待するために、植栽する全木本植物の、約30%の割合で使用することが勧められる。

1.1.1.8　ハッセントイフェル氏による挿し木の移植(1934)、継ぎ目植樹工も含む
　　　　同義: Steckholz, Steckrute, Schnittling, Setzling, Setzholz, Setzstange, Schößling, Verpfählung(ドゥットヴァイラー氏、1967)
　　　　英語:hardwood cutting　伊語:talea(e)

歴史:1781年にはすでにシュヴァーン氏が、ヤナギの増殖を「棒状のヤナギの挿し木」と「ブッシュ状のヤナギの挿し木」として区別している。そこでは棒状のヤナギの挿し木は、ヤナギの木から採られた長さ2.5m〜4m、太さは直径5cm〜8cmのものとされる。ブッシュ状のヤナギは、シュヴァーン氏によると、低木状のヤナギのみから切り出された挿し木で、長くても95cmで、全長の半分を土の中に挿し込まなければならない。

デュイレェ氏(1826)は、「ヤナギの若木とその他の迅速に生長する木本の若木の植樹」について言及している。後に、デモンツェイ氏(1880)とヴァング氏(1903)は、

図111　護岸のために行った継ぎ目植樹工、17年後。レルモースのルースバッハ

挿し木が無性増殖に適しており、そのため侵食された土壌の再開発に有用であることを指摘している。ヴァング氏は、すでに「斜面にヤナギとポプラの挿し穂を適当な間隔、つまり60cm〜80cmの間隔で、届かせたい深さまで差し込む」ことを勧めていた。

後の暴れ川護岸工事の文献には、挿し木についてはわずかに触れられているだけである。それでも多くの現場監督部では、ヴァング氏が勧めたことを後にも真剣に受けとめ、そのためにヤナギの挿し木だけで緑化を行うこともあった。ハッセントイフェル氏は、ヴァング氏の勧めに従って、レルモースのルースバッハで起こった小さな地滑りを、ヤナギの挿し木で緑化した。挿し木(コリヤナギ)は良く生長したが、単独では、結局は破壊力に耐えることはできなかった。7年後にはもう数本の挿し木しか生きていなかった。こうした試みが失敗したことから、緑化工事には、挿し木は使用できないとされてしまったが、たいていの場合、もう少し挿し木の密度が高ければ、それだけで充分であったのである。

しかし、ハッセントイフェル氏はそれでも諦めず、同じ小川の他の場所で、乾燥壁面[45]の継ぎ目に、挿し木を挿し込む実験を行った。これによって彼はめざましい成功を収めた(図111)。そしてそれ以来、継ぎ目植樹工は、スタンダードな生態工学的工法の一つとされ、斜面保全や護岸工事で行われている。

工事の実施:
a　挿し木を土壌に挿入する

一人の作業者はバールや、先のとがった鉄の棒、挿し木が短い場合はツルハシを、地面の中に突き刺し、再びゆっくりそれを引き抜く。もう一人の作業者は、挿し木をその穴の中へ入れ、周りを踏み固める。後から挿し木を大きな木槌で打ち込んでも傷付くことはない。しかし、木槌を使用するためには、挿し木が容易に土中に打ち込めるように、幹の下になる部分の切り口を斜めにカットすると良いだろう。

挿し木は乾燥してしまわないように、長くても全長の1/5以上地面上に残さないように打ち込まなければならない。

b　ハッセントイフェル氏による継ぎ目植樹工(1934)

乾燥壁面の継ぎ目に、壁面の内部の、土に届く長さの挿し木を挿し込む(図112)。同じく先のとがった鉄の棒を使うとやり易い(図113)。継ぎ目に挿した後は乾いた砂か、もっと良い方法としては、微粒の材料にたっぷりと水を含ませたものを塗り付けたり、へらで充填していく。だが、これは表層土壌であってはならない。

---

[45] モルタルを使用しないで構築した壁のこと。

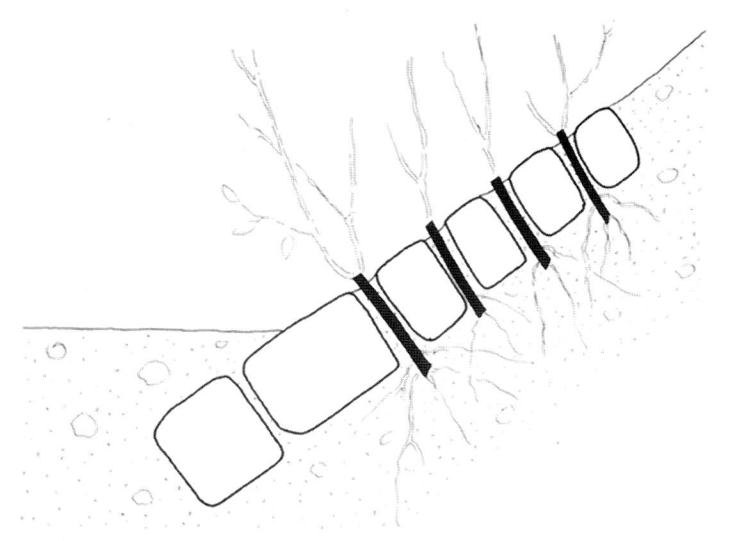

図112 継ぎ目植樹工、図式

図115 雪崩防止丘の上に行った継ぎ目植樹工、12年後。インスブルックのペンツェンレーナー

図113 敷石を張ったダムに行った継ぎ目植樹工

図116 継ぎ目植樹工で緑化した雪崩防止丘、雪崩によって運ばれた大量の雪が解けた直後。図115との比較図

図114 インスブルックの雪崩防止丘の上に行った継ぎ目植樹工、2年後

図117 雪崩防止用ダムに行われた継ぎ目植樹工、4年経過

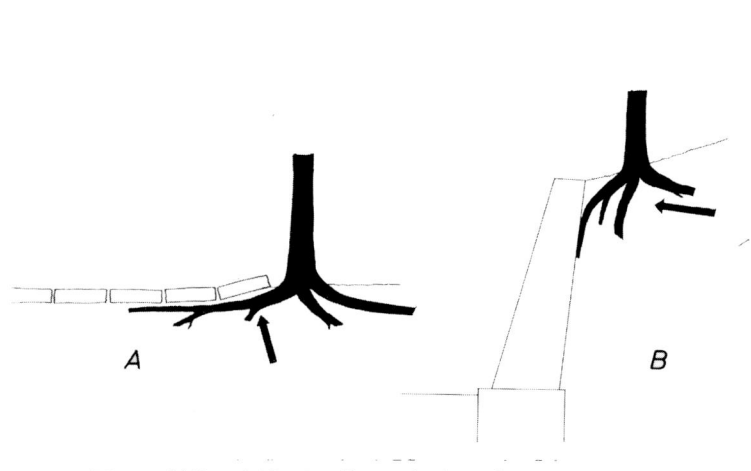

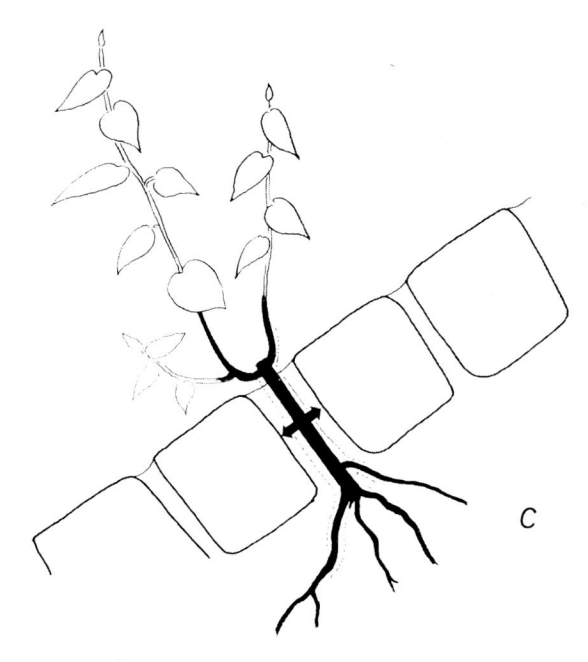

図118 植物の生長による敷石の変形、図式

挿し木の配置：挿し木は、できるだけ不規則に、最も適当な場所に入れていく。絶対に列状に配置してはならない。可能性に応じて、少なくとも1平方メートルにつき2本から5本の挿し木を入れる。かかる負荷が大きいところ(例えば雪崩防止の設備や土砂を運んでくる小川の河岸など)では、1平方メートルにつき、5本から10本の挿し木を入れる。継ぎ目植樹工事で必要とされる挿し木の本数は、敷石の大きさによって変わってくる(敷石が小さければ小さいほど、挿し木の密度は高くしなければならない)。

乾燥した立地では、敷石の継ぎ目に挿された挿し木の方が、地面が保護されていない所よりも繁茂する。挿し木を挿入する際、30％から50％のロスが出ることを計算に入れておくべきである。

工事の材料：一般に挿し木は、DIN18918に従って使用する：「枝分かれしていない、健康な1年から数年たった若木で、直径が1cm〜5cm、長さが25cm〜40cm、水分の供給が悪いところでは 40cm〜60cmの長さのもの」。適する植物種については54ページを参照のこと。

期間：植生の休眠期にのみ。

技術的・エコロジー的な効果の程度：土壌安定化の作用は、根が形成されてから初めて現れる。植物が水分を消費することで土壌を排水する効果があるが、これも根が張ってから初めて作用する。モルタルを使用しない乾燥舗石は、挿し木から力強い根が形成されて、非常に強化されるので、小さな舗石でも十分である。

雪崩防止丘や雪崩防止ダム、雪崩導流ダムに行われた継ぎ目植樹工は、同じような効果をもたらす。これに関しては多くの例があるが、その中から典型的なものを取り上げたいと思う。

インスブルックのノルトケッテ地方では、毎年大規模な雪崩が度々起こり、居住地域の建造物が脅かされていた。1935年以来、特に危険な雪崩の通り道に、いわゆる『ブレーキ用の構造物』を作って遮断した。この工事では、円錐台の形をした土丘のシステムを使い、起こってしまった雪崩を、進路上の平坦な場所や広がった所で停止させた。たいていこの小丘の衝突面は、乾燥敷石で防護するのだが、それには土砂を掘り出したときに出た石を利用する。このブレーキ用小丘の効果は、低木類が生長するに伴って大きくなり、それを越えていく雪崩が引き起こす変形は減っていく。しかしながら、木本が生長するのは避けなければならない。なぜなら、木本は簡単に横倒しになり、それによって土壌が掘り起こされてしまうからである。乾燥敷石を緑化するには、継ぎ目植樹工が最適である(図114)。一方、小丘の表面の舗石を施さない部分には、芝草を張ったり、低木を植えたりする(図115)。インスブルックのノルトケッテ地域で行われた全ての工事の結果から、この方法で植物を繁茂させることが極めて価値が高く、抵抗力や再生力に優れていることが証明された。毎年雪崩に襲われている丘でさえ、密に形成された低木植生による保護作用のおかげで、変形せずに済んでいるし、植物は管理をしなくても繰り返し更新できる(図116)。

同じくモルタルを使用しないで敷石をし、その後継ぎ目植樹工で緑化した雪崩防止－導流ダムで、我々は同様のことを経験している。例えば、1952年1月に、当時のインスブルック市の発電所を破壊したガムゼンガー雪崩の場合のように、このような構造物を造った場合、数年後には密に生えた低木の帯によって保護され(図117)、10年後には周りの植生と区別できなくなり、もはや人間が作ったものであることが識別できなくなっている。

継ぎ目植樹工による立地改善の効果は、我々が萌芽力のある木本でブッシュを作って確認した通りである。

しばしば継ぎ目植樹を行うと壁面や敷石が損なわれるのではないか、それにはどの様に対応すれば良いのかという問題が持ち上がる。私の知る限りでは、このもっともな問題に対して、はっきりと答えを出している文献はこれまでないので、それをここで行いたいと思う。根が二次的な肥大生長をして、石や道路舗装を持ち上げているのがよく観察される。しかし、これは継ぎ目植樹には該当しない。なぜなら、このようなことは特に木本の根で起こり、低木ではめったに起こることがないからである。そしてまた、ポプラやハリエンジュ、マツなどのように、主根が地表面と平行に遠くへ伸びる少数の植物に限られている。しかしながら決定的なのは、図118からも分かるように、その植え込み方法である。街路樹は時間が経過すると共に、どうしても周りに敷かれている石を持ち上げてしまう。同じく、ダムの堤頂の後ろに植え込んだ植物が、コンクリートの構造物を破壊してしまうこともある。それに対して、壁の継ぎ目に挿入した挿し木では、そのようなことは起こらない。なぜなら、そこに起こる力の攻撃方向は、壁の継ぎ目を緩くするものではなく、強化するものだからである (図119)。

密集するヤナギの根は、深く遠くへ伸び、太く生長することは非常に少ない。私はこれまで実際の工事現場でも、石が動いた例を一度も観察したことがない。継ぎ目植樹工事後、20年経過しても大丈夫であった。むしろ、数十年の時が経過し、敷石の上に落ちた木の葉や土壌植生から腐植土が堆積し、それは敷石をますます効果的に覆って保護している。

図119 護岸工事で行われた継ぎ目植樹工、4年後。敷石の変形は起こっていない

レルモースのルースバッハでは、ハッセントイフェル氏(1934)が継ぎ目植樹工を行った。そこで使用したヤナギ類(*nigricans*、*purpurea*、*elaeagnos*)は、今日では、幹の直径が平均して10cm、高さが7mにもなった！ 私が見たところ石が持ち上げられている例はどこにもなかった。反対に、小川の流れは川の氾濫源のように、すでに約10cmもの養分に富む表層土を新しく形成していたので、その場所を見つけだすのが難しかったくらいである(図111)。

コスト：非常に安い。継ぎ目植樹工は安い。斜面での挿し木工事は：5～7 m^2/時間。継ぎ目植樹工：2～4m^2/時間。付随工事や挿し木の入手作業を全て含む。

長所：平面的な効果をもたらし、迅速に工事のできる、安価な安定工法。すでに完成した乾燥壁面に植え込むこともできる。敷石には、他に何の役にも立たないような小さな石を使用することができる。

図120 アウトバーンで段差のある車道の間に行われた継ぎ目植樹工事、三年経過したもの。図132と比較のこと

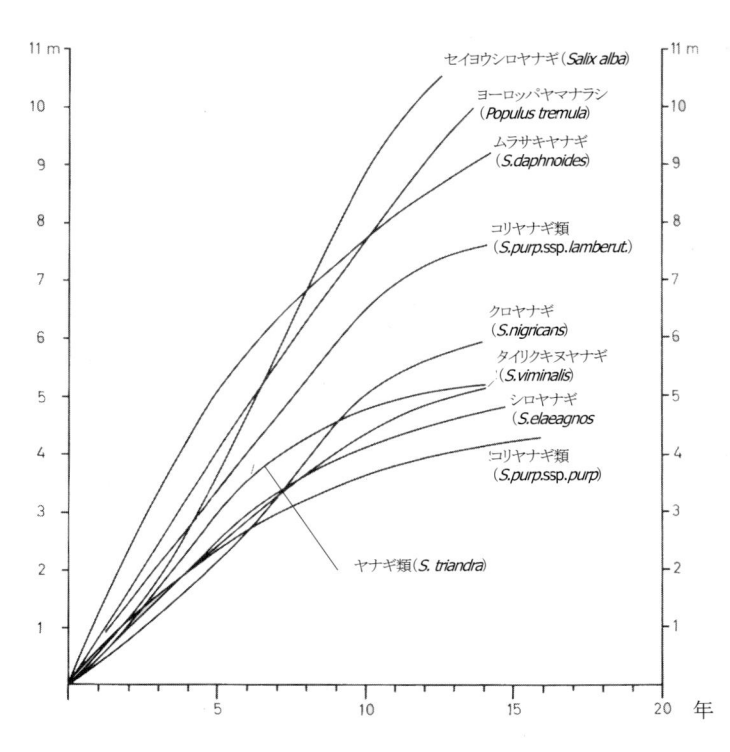

図121 継ぎ目植樹工に使われた様々な木本の樹高生長、チロルの平均

コリヤナギ(*Salix purpurea*)－継ぎ目植樹工、3年後。
ハーゲルバッハ(川)/ゼーフェルト、標高1,300m、ドロマイトの土砂

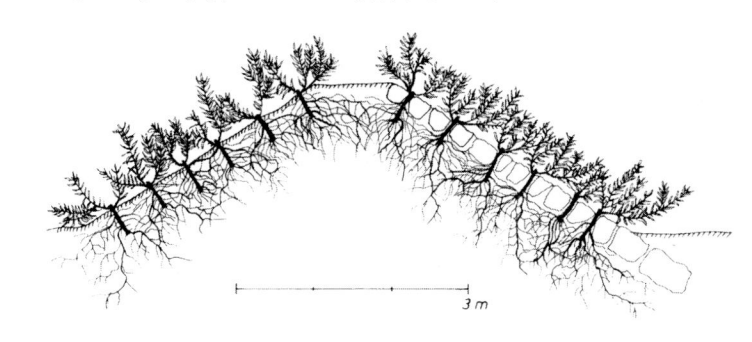

図122 植物が生育しにくい標高で行われた継ぎ目植樹工の生育状況

短所：土壌を安定させる効果は根が出てからでないとない。工事は植生の休眠期にのみ可能。

使用地域、緑化工事の中での位置づけ：生態工学のあらゆる部門で使用地域は多彩である。緑化工事においては、特に湿潤な斜面に、低コストで迅速に植栽するため、風食に対して迅速に、そして継続的に効果を発揮するため、素早く平面的に日陰を作るために行われる。

継ぎ目植樹工は、土木工事で弱い乾燥敷石を補強するためや、雪崩防止工事などにも行われる。ブロック積工[46]をすばやく緑化するのにも、継ぎ目植樹が適することが実証されている(図120)。

これまでの使用頻度は中程度であったが、その重要性は増しつつある。

管理：ヤナギの植分が、持続的状態として望まれている所では管理が必要である。この場合は3年から5年ごとに定期的に、飛来して入植し日陰を作る木本を除去しなければならない。このような管理作業にかかる費用は、除去したヤナギを次に緑

---

[46] ブロックとは100kg以上の大きな石のこと。およそ500kg。

化工事を行う際に利用することで、ほとんど全て相殺される。

遷移、自然定着：ヤナギやポプラの植分は平面的に、また多少の差はあれ、密に生長する(その他の生息領域ではギョリュウやタケのブッシュ、ダンチクも含む)。これらは養分に乏しく乾燥した立地や、特に競争の少ない立地で継続群落となることができる。挿し木による緑化で平面的に効果をもたらすことで、しばらくすると地被植生が発達し、もっと条件の良い立地では、低木層や木本層が出現する。つまり、中部ヨーロッパの森林気候では、管理をしなくとも、通常の条件下にあれば、最終的には森林群落に遷移する。

生育状況：挿し木の生育状況は、ブッシュ敷設工に使用した場合の生長とほぼ同じである。これに対して、継ぎ目植樹に使われた挿し木は、敷石によって乾燥から守られるので、地面に植え付けたものよりも、成育状況は上回っている。

　生育状況を測定するために、標高 500m～1,500mの山岳地帯から、14箇所の立地が選ばれた。それらの立地の施工件数は、15 年にわたって測定を行うために、すでに充分であった(図121)。小さなダムでは 3 年目にはすでに斜面の両側から根が生長し合い(図 122)、充分に固定される。

1.1.2 補強施工とガリ侵食保全施工の組み合わせ

　侵食防護、切土斜面の支え、ガリ侵食や溝の底部保護のための施工法では、生きていない材料や建材だけで作ってはならず、生きた材料も組み合わせて用いることができる。

　生きた材料を組み合わせると、構造物だけを用いる工法よりも多くの利点がでてくる。特に、耐久力が良くなり、寿命が延びること、景観に構造物が適合すること、より良い効果が発揮されること、管理費用が低減できること、そして特に総工事費が抑えられることなどである。

　組み合わせ工法は、生きた材料とともに、生きていない材料を使って行われるので、工事完了後すぐに効果が発揮される。組み合わせた植物が根付き、生長するのに伴って、施工の技術的な効果の程度は上昇し、時が経過するに従って、さらに増えていく。

　通常、組み合わせ工法では、生きた材料だけで施工する土壌安定法、表面保護工法、補足工法を行う前に、生きていない材料を設置する。

1.1.2.1 まくら木緑化工法
　　　同義：Krainerwände mit Asteinlage（枝を入れたクライナー壁）

a　ハッセントイフェル氏による、まくら木緑化工法(1934)
　　　英語：wooden green prop

歴史：まくら木緑化工法は暴れ川や河川の護岸工事において古くから知られていたクライナー壁に由来する。当時は 1 枚壁か 2 枚壁の『石の箱』を設置した。その中には木と木の間の空間に荒石や、板石、荒い砂利等

図 123　まくら木緑化工法。10 年後。ヤナギの枝を挿入したことで、木が腐った後でも機能を果たしている

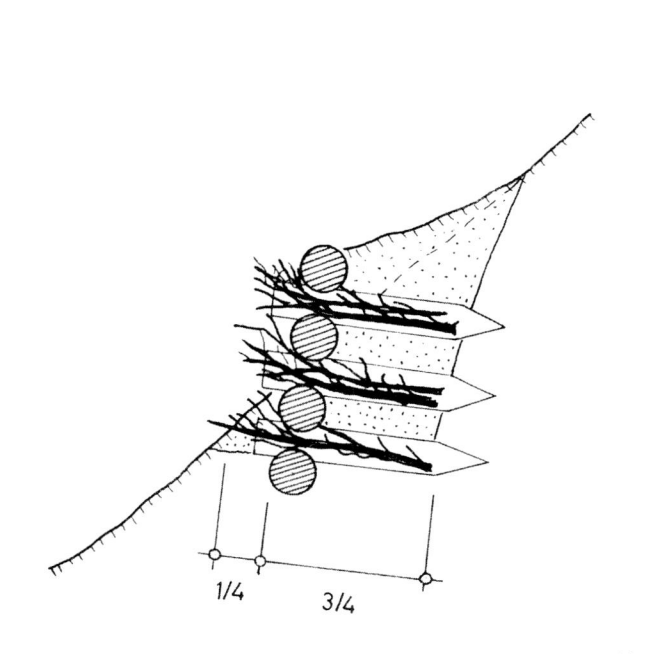

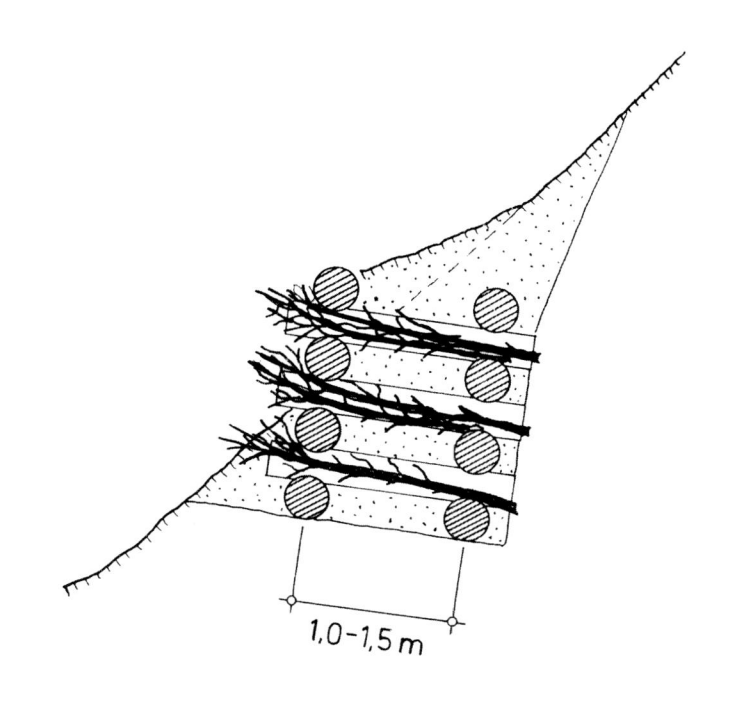

図 124　まくら木緑化工法、図式。左：一枚壁構造、右：二枚壁構造

をつめる。ハッセントイフェル氏は初めて、石のかわりに生きたヤナギの枝を挿入した。私の知る限りでは、このような方法で成功したのは、1934年の、チロルのレルモースを流れるルースバッハが最初である。

今日では工事材料として木材は寿命が短いため、生きた工事材料（植物）と組み合わせるべきとされている。その際、生長した植物が、腐朽する木材の機能を引き継ぐことが望まれる（図123）。

工事の実施：一枚壁構造、または二枚壁構造のクライナー壁の構築には、垂直に対して後ろへ、少なくとも10度の傾斜をつけなければならない。木材と木材の間のスペースは、木材の幅と大体同じにする（図124）。一般に木材は樹皮を剥いだ丸太で構築するが、角材も使用することが出来る（例えば、古い鉄道の枕木など）（図125、126）。

スペース内には出来るだけ構築中に、萌芽力のある木本種の枝を、長くても全長の1/4だけ出るようにして挿入する。充填材を入れる際には、根付くことが出来るように、あまり大きな空隙ができないようにする。枝はできるだけ切断面が、背面にある自然の土壌に達するようにする。充填材として表層土壌や肥沃土は必要ではないが、植物に養分を確保するために、充分に微粒が含まれていないといけない。

列状植栽ブッシュ敷設工と同様に、根の付いた活力のある先駆木本も使用すると良い。詳細については124ページを参照のこと。

根の付いた植物だけを使用することもできる。また、萌芽力のある木本種が、適していない立地を緑化する場合にも重要である。

工事の材料：直径10cm〜25cmの丸太か、角材。寸法は図124を参照のこと。萌芽力や活力のある木本で1m以上の枝（できるだけブッシュ状になったもの）。必要量：1mごとに少なくとも10本の枝。

時期の選択：植生の休眠期、つまり葉が茂っていない状態のとき。根の付いた植物は、良い条件（湿潤な気候、輸送距離が短いこと、植物のショックを与えないこと）ならば、夏でも移植することが出来る。しかし、そのような場合は、工事中に植物が損なわれないように、注意しなければならない。

エコロジー的・技術的な効果の程度：斜面や溝の底部、斜面下部の安定化。木材が腐ると生長した植物がその作用を引き継ぐ。木本が生長すると、まくら木緑化工法を施工した領域は、蒸散作用によって非常に効果的に排水することが出来る。

コスト：木材が近隣から入手できる場合は、まくら木緑化工法の中では最も低い。

長所：短期間で保全ができる。構築期間が短く、構造物を帯状に長い領域に設置することもできる。
短所：きちんと結びつけ、基盤に固定する必要がある。
木材は寿命が短い。

使用地域（適応範囲）、全ての緑化工事の中での位置づけ：狭い面積の保全工事に。緊急処置によく適しているので、災害出動の時に、最適な工事処置である。その場合、たいていは時間がないので、植樹は後で行う。今日では、コンクリート建材を使ったまくら木工法が、頻繁に行われるようになったので、むしろ重要性は失われつつある。

管理：一年目は施工地の下が侵食されないように注意する。生長の良い地域では、根の生長を促進するために、剪定を行うことが望ましいが、どうしても必要というわけではない。

遷移ないし、自然定着：使用した木本種によって異なる。正しい選択をし、正しく工事すれば、木製まくら木工法を行ってから、数年で密なブッシュが生長し、再緑化箇所の中で非常に魅力的な場所となる。

図125 角材によるまくら木緑化工法。斜面内部に向かって挿した丸太が細すぎるので、横木と横木の間の空間が小さすぎる

図126 角材を使用したまくら木緑化工法、3年後

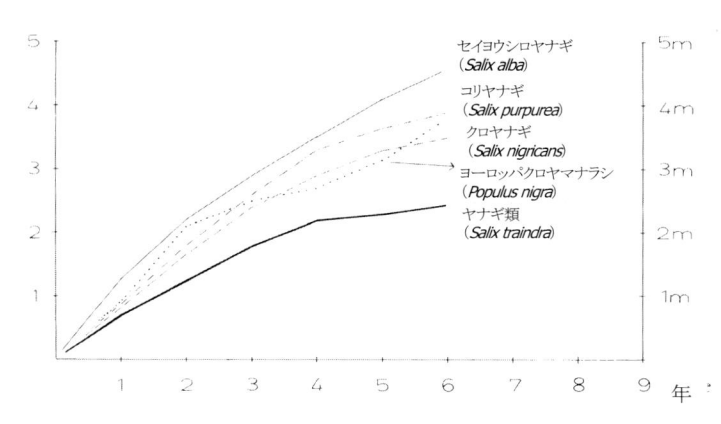

図127 まくら木緑化工法で挿入されたヤナギとヨーロッパクロヤマナラシ（*Populus nigra*）の生育状況

生育状況：使用した木本の種類や立地によって異なる。例えば、インスブルック・フェルスの国有鉄道沿いの道路で、斜面の下部を保全するために構築した、木製まくら木工法（図126を参照のこと）では、その後の管理を行わなかったが、使用した5種類のヤナギとポプラは、二年目にはすでに木製のクライナー壁を完全に越えて生長し、10年目には3mから7mの樹高に生長した（図127を参照のこと）。

b　シヒテル（著者）による既製建材を使用した
　　　　　　コンクリート製まくら木緑化工法（1960）
　同義：Beton-Krainerwänd mit Asteinlage（枝を挿入するコンクリート製クライナー壁）
　英語：cement green prop

歴史：木製のクライナー壁には欠点（寿命が短い）があることから、まず、道路工事で、その後は暴れ川護岸工事や雪崩防止工事で、―既製のコンクリート建材が開発された。このユニットシステムでは、任意の長さや高さのクライナー壁を、迅速に構築することが出来る。建材はあらかじめ準備でき、解体後にも再利用することができるので、この構築方法は災害出動や、特に大規模な構築計画の中でも、一時的に保全用構造物を造る際に重要となった（図257）。斜面を保全する構造物としては、先ずフォアアールベルクの暴れ川護岸工事で、コンクリートのクライナー壁が造られた。最終的にこの構造物のシステムが出来上がったとき、その土地の景観が、非常に不愉快な醜いものとなった。そのため先ず1960年に、私はコンクリートのクライナー壁に生きたヤナギの枝や、根付いたハンノキを取り入れ（図128）、後には―標高が高く木本が根づかない山岳地帯では―、切芝草と組み合わせたこともあった。

　またそれまで解決の望まれていた充填物の問題もあった。それまでは大きな石を必要とするか、目の細かい網を使って、内部を覆わなければならなかったが（図257）、コンクリート製まくら木緑化工法ではその辺の土砂で十分である。

工事の実施：ユニットシステムのコンクリート完成パーツを組み立て（196ページも参照のこと）、粘土を含んでいない、その辺にあるような土砂を注ぎ、同時に間のスペースに、生きた枝や場合によっては根の付いた植物を、クライナー壁の後ろに露出している土壌に届くように差し込む。

　もし切芝草を使うなら、きちんと土と接触させて敷くようにする。

工事の材料：木製のまくら木緑化工法の項を参照のこと（130ページを参照のこと）。様々な大きさや構造のコンクリート完成部品（196ページを参照のこと）。クライナー壁の幅よりも、少々長い萌芽力のある木本の枝が、1mごとに少なくとも10本、または、土砂の堆積に抵抗力のある、相応の長さで、根の付いた木本植物。横板と横板の間のスペースと同じ幅の切芝草。

図128 生きたヤナギの枝と根の付いたハンノキを挿入した
　　　　コンクリート製まくら木緑化工法

時期の選択：萌芽力のある枝と組み合わせる場合は、冬のみ。播種や切芝草を敷くのは植生期の内、いつでも可能である。

エコロジー的・技術的な効果の程度：壁のかわりに切土斜面、斜面下部、溝の底部、岸などを十分に安定させる：挿入した木本が水分を消費することで活発に排水できる。

コスト：まくら木緑化工法よりもはるかに高いが、壁を築くよりは安い。

長所：安定化作用が高い。迅速に簡単に組み立てることができる。建材をストックしておくことができる。

短所：比較的コストが高く、それぞれのパーツが重い。

使用領域、緑化工事の中での位置づけ：特に、迅速な保全が求められる災害出動で、地滑りを予防したり、修繕する斜面下部の強化、護岸工事。まくら木緑化工法の中では重要になってきている。

管理、遷移、生育状況：木製まくら木工法の項を参照のこと（130ページを参照のこと）。

c　完成パーツによる金属製まくら木緑化工法
　同義：Metall-Krainerwand mit Asteinlage（枝を挿入する金属のクライナー壁）　英語：metal green prop

コンクリート製まくら木工法と同様。金属製まくら木工法は、金属が入手しやすく、他の建築材料より経済的に使用できるところで行う。

1.1.2.2　石積壁緑化

同義:Steingrünschwele nach HASSENTEUFEL（ハッセントイフェル氏=Oberforstrat, Dipl.-Ing.による石を使用したまくら木緑化工法）と一部重なる、Graßbau nach A. HOFMANN（A.ホフマン氏によるグラッス枝工法（1936））

英語:stone green prop

歴史：乾燥石の石積壁、捨て石工、石積工やブロック積工は、以前は単に技術的な構造物であった。ロイテ地域（北チロルの石灰アルプス）では良い建築用の石材が不足していたので、当時の暴れ川護岸工事・雪崩防止工事の、地域現場監督のヴィルヘルム・ハッセントイフェル氏（営林監督局）は、漂石や拾い集めた石を加工せざるを得なかった。彼はそれらを用いて構築した壁に耐久性・安定性を持たせるために、生きたヤナギの枝も一緒に使用した。これによって耐久性や安定性が強化されただけでなく、美観を良くすることができた。この方法は低コストなので、1930年代の経済危機の時代には、コンクリートやセメント・モルタルの壁がコスト的にまかなえない所で多く構築された。私の知る限りでは、ハッセントイフェル氏が、この石を使用したまくら木緑化工法を初めて行ったのは1934年である。

この頃日本で暴れ川保全工事を指導していたアメリゴ・ホフマン氏は、この工法を引き継いで1936年に著書を出版した。この著書でこの工法は『Graßbau（グラッス枝工法）』という名称で記された。

工事の実施：乾燥石積壁の構築ないし、捨石工、石積工やブロック積工を行う際に、継ぎ目に生きた枝か、根の付いた木本植物を挿入し、壁の後ろにある土壌に届くようにする（図 129）。壁の後ろ側にフィルター用の砂利が入れられている場合は、植物はこれを貫いて土壌に届くようにしなければならない。枝は突き出た部分が乾燥しやすいので、壁から30cm以上出ないようにする（図 130、a、b）。枝を移植した後、壁の表面と同一平面上で切ってしまうこともある。

生態学的な理由のため木本を使用できないところでは、継ぎ目を切芝草で覆うことができる（図131）。自然景観に作られた低い壁に切芝草を覆う方法は、とても古くから行われている工法である。こうした築壁には厚い

図 129　石を使用したまくら木工法で生きたヤナギの枝を挿入しているところ

図 130　a、b　緑化された乾燥石積壁（左＝工事完成直後）、（右＝3年後）

図131　切芝草と組み合わせた乾燥壁面

図132　シヒテル法®と挿し木で緑化したブロック石積工、(前＝緑化前、後ろ＝1年後)

切芝草を必要とする。そして壁は最大でも2mの高さまでとし、切芝草が落ちてしまわないように、後ろへ傾斜していなければならない。もちろん、平らな乾燥壁面やブロック積工は、後から細かい粒の土砂をまき、播種を行って緑化することもできる(図132)。

　生きた枝、植物、切芝草は、様々に組み合わせて使用することができる(図120)。
　どんな場合でも表層土壌を客土してはならないが、植物が活着できるように細かい粒の土壌を十分継ぎ目に入れなければならない。

工事の材料：安定性のある石、萌芽力のある低木種で、あまり枝分かれしていない枝(挿し木ではない)が、工事表面積1平方メートル毎に2本から5本。木本は使用してはならない。根の付いた低木。継ぎ目の幅に応じた切芝草。

時期の選択：生きた枝や根の付いた植物は、植生の休眠期以外にはいじってはいけない。
　切芝草は凍結期間を除いて一年中、施工することができる。播種は植生期にのみ行える。

技術的・エコロジー的な効果の程度：切土斜面、特に斜面下部、さらにガリ侵食地や河岸などの安定化。枝を挿入した乾燥壁面は、透水性を保つばかりでなく、その中に根付いた植物が、大量の水分を消費するので、活発に排水を行うことができる。
　さらに、壁面を覆った植物は壁の継ぎ目を強化する。

コスト：低コストで行えるが、木製のまくら木緑化工法よりは高くつく。

長所：大きさがまちまちで、あまり価値のない砕石を使用することができること、柔軟性、透水性、低コスト、耐久性が良いこと。コンクリート壁やセメントモルタルなどの堅固な壁では、施工後、崩壊が起きて過剰な負担がかかると全て崩壊してしまうが、石はもう一度使用することができる。緑化を行っていない石壁よりも美しいことが多い。

短所：生きた枝や根の付いた植物を使った工法は、植生の休眠期にしか工事ができない。それゆえ、最も効果を発揮できる組み合わせを、常に行えるとは限らない。施工面の高さが限られる。

使用領域、緑化工事の中での位置づけ：点状、または線状の施工、特に斜面の下部、ガリ侵食地、河岸の保全。石を使用したまくら木緑化工法は、生態工学の分野で重要性を増し、将来的に、堅固な構築物が景観的にも適さず、それが必要でない立地で行われる頻度は増すだろう。近代的な工事機械(ブルドーザやクレーン)を使って、重たいブロック積みを迅速に築くことができるようになれば、この工法はさらに発展するだろう。

管理：管理は一般に必要ではない。しかし、誤って樹木を使ってしまった場合、3年の間隔をあけて切り戻さなければならない。植物の根の二次的な肥大生長によって、壁が壊されたり持ち上げられたりする問題については、127ページの継ぎ目植樹工の項を参照のこと。

遷移・生育状況：木製のまくら木緑化工法の項を参照のこと。

1.1.2.3　籠積み緑化工法

同義：Drahtschotterbehälter mit Asterinlage (枝を挿入した籠積み工法)、Drahtschotter-Grünschwelle (砂利を入れた籠積み工とまくら木緑化工法)
英語：gabion　伊語：gabione

歴史：198ページ以下の2.1.8の説明を参照のこと。これまで長年イタリアで施工されていたように、針金製の砂利を入れる籠は、できるだけ精密で角張って築かれたもので、原理としては、乾燥石積工を金網でくるんだものである。負荷が起こったり、特に土壌が移動したりすると、これらはあまりにも柔軟性がないことがわかる。そこで、私は1965年に初めて、これと萌芽力のある木本種の生きた枝を、組み合わせて見ることにした。

工事の実施：目の詰んだ金網を、工事現場の近くの平面に広げ、辺りにある荒い砂利を層になるように注いでゆく。その時同時に、生きた枝や、場合によっては根の付いた植物を挿入していく。植物をきちんと埋め込むために、金網を繰り返し持ち上げ、枝を網の目を通して差し込まなければならない。最後に金網の両端を引っ張って合わせ、焼きを入れた太い針金で縫い合わせ、その土地に適した蛇籠を作る(図133)。砂利を入れた籠が、メカニカルな力のために移動してしまう場合は、強い鉄の釘を使用して、コンプレッサーか、槌で土中に打ち込んで固定する。この砂利を入れた籠は、下部が侵食されないよう(特に河岸で帯状に作製したものなど)、前もってブッシュを敷設し、その上に埋め込む(図133)。

図133 籠積み緑化工法、左＝溶接した鉄の格子、右＝針金のネット

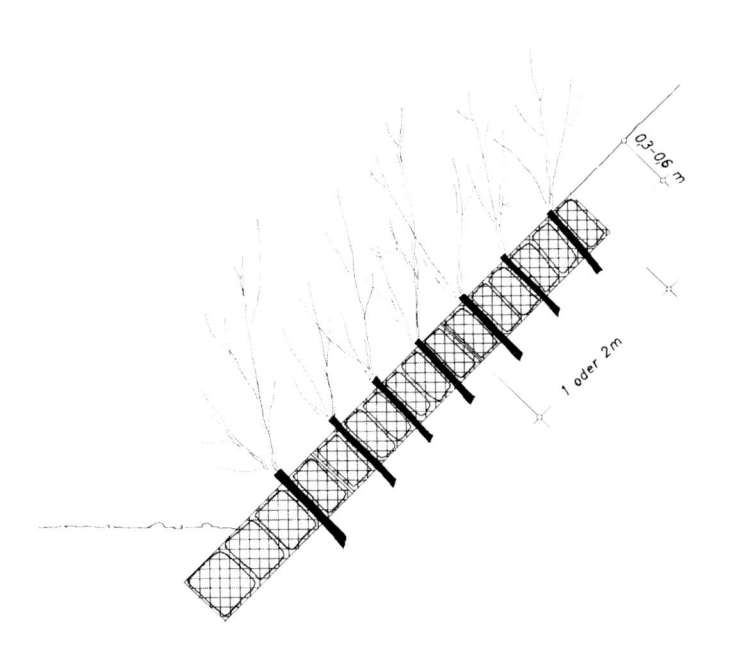

図134 金網でくるみ、生きたヤナギの枝で緑化した斜面固定のための石の籠、図式

　大きめの石を入れ、硬い金網で作られた既製の籠の場合は、枝や植物は石の間ではなく、それぞれの籠の継ぎ目に移植するだけでも良い(図135)。
　石を入れて金網で袋状にくるんだ籠は、斜面に持たせかけると、生きた力強い挿し木や、萌芽力のある木本種の枝と結びついて、斜面下部の不安定で湿った場所を、非常に良く保護する。挿し木は、確実に生長できるように、籠の後ろにある土壌にさし込むようにしなければならない(図134)。

工事の材料：最大5cmの網の目の針金の格子、荒い砂利、結び付け用の針金、石、場合によっては鉄の杭。萌芽力のある木本種の枝、根の付いた植物(苗木)。

時期の選択：枝は後から挿すことができないので、植生の休眠期にしか作業はできない。

技術的・エコロジー的な効果の程度：緑化籠積み工法は、侵食に脅かされた不安定な斜面やガリ侵食地、河岸を安定化する。これはそのような土地で、緑の繁茂した魅力的な箇所となる。その際、柔軟性や透水性は保たれる。つまり、逆流を心配する必要はない。むしろ植物が根付いた後、水を消費することによって効果的に排水を行う作用がある。

コスト：低い。

長所：迅速で簡単な工法、永続的に柔軟であること、長大な箇所にも施工可能。

短所：砂利や石があるところでしか行えない。植生の休眠期にしか行えず、先に蛇籠を設置して、後から緑化作業を行うことはできない。

使用領域・緑化工事の中での位置づけ：点状あるいは線状の保全工事に。可変性があるため、特に湿度の高い領域、例えば粘土質、粘板岩状、ローム質、泥灰岩状の基盤に適している。それに加えて、決壊した小川や河川の再建、破損した堤防の修復に。土砂を運ばず水の流れがゆっくりとした小川では横断構造物として、また幅が広く土砂を運んでくる河川の幅を狭める(例えば、地中海地方では夏に乾燥する暴れ川の両岸を治める)ために行われる。地中海地方ではヤナギの枝のかわりに、特にセイヨウキョウチクトウ(*Nerium oleander*)や、タマリスク(*Tamarix*)種が使用され、湿った地域、ないしローム土壌にはダンチク(*Arundo donax*)も考慮される。全ては特に淵の保全に適している。

図135 イタリア式の籠積み工(金網で石積み工を覆う)に、生きた枝を挿入して緑化する。大きな石で工事する場合、枝はそれぞれの籠と籠の間に埋め込む

　籠積み工とまくら木緑化工法はこれまであまり組み合わせて行われなかった。それに対して、生きた植物材を使用しないものはしばしば施工さ

れた。木本が少なく砂利や石が使用できる地域では、これは最もコストのかからないタイプのまくら木緑化工法であり、チロル地方のような森の多い地域で、より簡単に行える木製のまくら木緑化工法の代わりに施工することもできるだろう。

遷移と生育状況：まくら木緑化工法の項を参照のこと。

1.1.2.4 シヒテル（著者）による斜面格子緑化工法（1956）

歴史：生きていない斜面格子の構築は、例えそれが小さな規模であったとしても、数十年前から知られている。それに対し、生きた建築材を一緒に使った方法は、これまでなかったようである。ツィラーベルク通りに、1956年に構築された植物の斜面格子が最初のものだろう（図136）。今日、斜面格子緑化法は、生態工学的な工事法の中で確固とした地位を得ている。特に、高くて急な露出鉱脈の修繕にはこれ以外の方法はない。

工事の実施：198ページと図260～263も参照のこと。
　植物を斜面格子の工事に組み込むには多くのやり方がある。小規模の斜面格子は全て、萌芽力のある太い幹（直径7cm以上のもの）で作って

図136　急斜面の岩盤から、砂利で覆われた部分への移行部を保全した植物の斜面格子

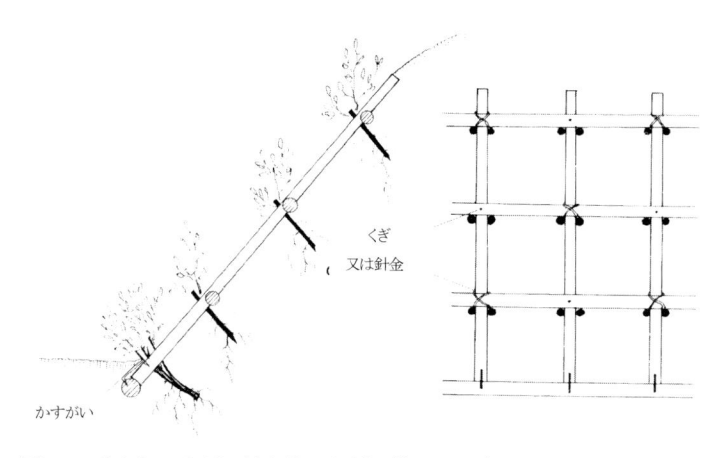

図137　生きたヤナギの杭を使った斜面格子、図式

図138　びっしりとヤナギの枝を使用して作られた斜面格子緑化工法。図136の模式図

も良い。しかし、そのようなサイズの植物の幹は、水辺の森でしか手に入らない。
　それでも図137に図式で示したように、水平に設置した樹木の固定に力強い挿し木を使用することが多い。
　骨組みの木と、木の間のスペースには、全体を生きた枝で覆い植生が生育できる土壌を満たすこともできる。こうすることによって植物は、短期間で密に生長する（図136、図138）。
　同様に、斜面格子は生きていない木で作り、全面を芝草で覆うことができる。芝草は表層土壌を客土した後で、通常の播種を行ったり、切芝草、ないしロール芝草による緑化、またはマルチング播種工法を行ったりして作る。

工事の材料：規模や工法に応じた丸材や角材。

時期の選択：生きた木や挿し木を使用する場合は、植生の休眠期のみ。芝面は植生期間中に作る。

技術的・エコロジー的な効果の程度：格子自体でも斜面の全領域を支えることができる。エコロジー的に最も効果を発揮できるようにするには、格子に生きた太い幹をくみこむことである。そうすることによって支えるシステム全体が生きるからである。格子に生きた材料を用いない場合は、木材が腐った後、緑化工事で導入した植物が機能を果たす。しかし効果は様々である。植物の杭や挿し木は、深く根を伸ばし、斜面の排水を行うのに対し、表面保護工法（播種、切芝草）は、とりわけ表面を覆う作用をし、土壌を結びつけたり、排水を行ったりといった作用はあまり期待できない。表層土壌を入れた所へ播種を行っても、根は表面的に伸びるので、その作用は最も悪い。

コスト：斜面格子緑化工法は、バリエーションが豊富なので、コストの高低差は大きい。また、この方法は他の工法が行えず最終手段として用いられたり、大きな岩や土壌を削ったり、堅牢な壁を構築するのを止めることによって、多額のコストを節約したい所で行うので、コストの高い低いは、はあまり重要ではない。

長所：組み合わせやバリエーションの可能性が多い。迅速に効果をもたらす。

短所：集中的な作業を必要とする工法である。

使用領域・緑化工事の中での位置づけ：それ以上緩やかにすることができない急斜面の、平面的な修繕に。斜面格子の高さの限度は使用する材料によるが、だいたい10mから20mくらいである（図260〜263）。
　使用頻度は比較的少ない。なぜなら、できるなら、むしろ土地を平らにすることを選ぶことが多いからである。

管理：使用した植物材に応じて。

遷移、自然定着：使用した植物材に応じて、斜面格子はブッシュか草地に発展する。これは我々中部ヨーロッパの気候では、土地を耕したり、何かの管理をしなくても、次第に森に移行していく。

生育状況：例として、あまり状態の良くないケースだが、すでに述べた1956年に、標高960mと980mのインスブルック/ツィルラーベルク通りで行われた斜面格子緑化工法があげられる。それぞれの斜面格子は50、52、65度（360度分割）の急勾配で、構造物の高さは3〜5mであった。10年後にはドロマイトの土砂の中に埋められたヤナギの枝は3.4〜4mになった（図138を参照のこと）。
　使用されたヤナギは *Salix purpurea* ssp. *purpurea*、*elaeagnos*、*nigricans*、*appendiculata* であった。残念ながら、斜面格子が崩壊してしまうので、根系の生育状況については調査することができなかった。3箇所の格子は設置以来、何の管理もされていなかった。格子に使われた木材はその間に腐ってしまっていたが、密に生長したヤナギのブッシュが、その機能を完全に受け継いでいた。

1.1.2.5　矢来柵（パリサーデ）工法
同義：Setzstangenschwelle（埋幹部防御柵工法）、Palisadenwand（矢来壁）

歴史：矢来壁は中部ヨーロッパの森の多い地域で、最初に定住した民族によって使用されていたもので、家屋建築に使用されたり、巨大な垣根状の固定構造物としてや防壁や壕の倒壊を保全するために使用された。これにはできるだけ真っすぐな樹木が用いられ、それらの内のいくつかが根付き、芽を出したという事も考えられる。そうして、矢来が崩壊の危険性のあるガリ侵食の保全に有効であると、認められたのではないだろうか。この矢来は後に頻繁に、そして広範に使用されるようになった編柵工の原型である。この矢来工法は、今世紀になって、特にボヘミア、メーレン（モラヴィア）やスロヴァキアにおいて、侵食溝の修繕にかなり頻繁に用いられ、成功を収めていたが、文献ではあまり言及されていなかった。その理由は、植物が根付いた後に、工法の一種であると認められないことが、多かったからではないかと思われる。

工事の実施：できるだけ同じ状態に育っている植物の杭を、下を尖らせ、上はまっすぐに切り取って隣同士密接に並べ、全長の1/3が土中に入るように打ち込む。そして、焼入れした鋼線かヤナギの細枝で、ガリ侵食の両脇の壁に入れた横梁にしっかりと固定する。この時横梁には、萌芽力のある木本を使用することもできるが、きちんと根付くことはめったにないので、一般的には用いない（図139）。

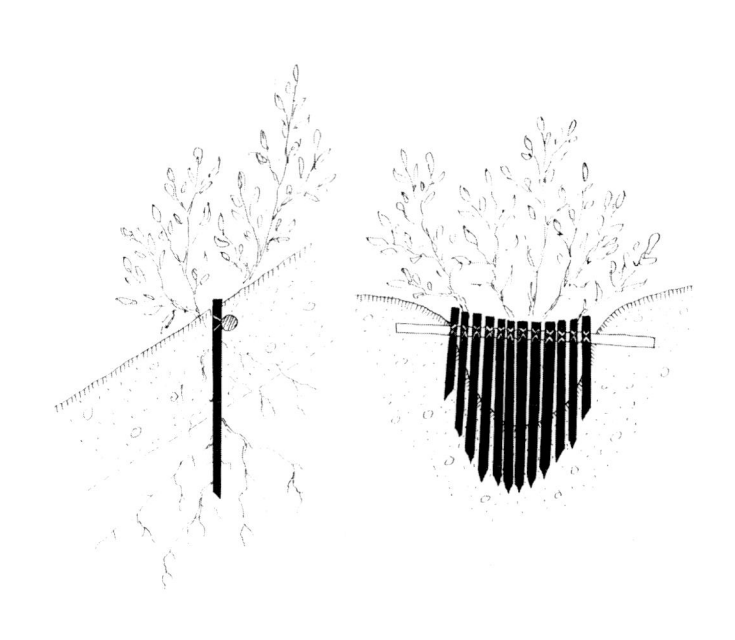

図139　生きた植物材料を使った矢来柵（パリサーデ）工法、図式

工事の材料：少なくとも直径5cmの萌芽力のある木本の杭、または幹が、1mごとに5本から20本。

期間：植生の休眠期にのみ。

技術的・エコロジー的な効果の程度：矢来は設置直後―根付く前でも―遮断の効果、つまり、底部を固定し土砂の堆積を促す効果がある。この効果は植物が根付いた後に増し、さらにヤナギが水分を消費することで排水の作用もする。

コスト：とても低い。

長所：すばやく建築でき、すぐに効果を発揮し、とても良く茂る。深く急なV字型のガリ侵食を生きた材料で階段状にする、簡単で効果の高い工法である。

短所：スパンは制限され（約6m）、高さも2〜4mまでしか可能でない。構築の材料（同じように生長した数メートルの活力のある幹）は、条件の良い生息領域でしか手に入らないので、矢来壁はそのような条件の良い生息領域でしか作れない。

使用地域、緑化工事の中での位置づけ：低地、そして例えば、水辺の草地やジャングル、雨林などのような生長の良い地域で、深く急なV字型のガリ侵食を階段状にするため。特に、柔らかく細かい粒の土壌（ローム質、黄土、粘土、砂、土砂）で侵食されてできたガリ侵食の修繕に適している。
　矢来工法は一般には知られていないので、これまでめったに適用されなかった。

管理、遷移、生育状況：木製のまくら木緑化工法の項を参照のこと。

1.1.2.6　ガリ侵食ブッシュ敷き詰め工法

歴史：アルプス地域の農民には、雷雨の多い夏の間に、森の道や特に通行によってえぐられる道に枝を敷設して、石の重しを乗せて侵食を防ぐ習慣があったが、これがガリ侵食のグラッス枝敷設工ないし、ガリ侵食ブッシュ敷き詰め工法の原型であったのは間違いない。この方法が迅速な作用をもたらす簡単な方法であることは

誰にでもわかった。

モウガン氏(1931)は初めて、『覆い garnissage (仏)』として、ガリ侵食地を生きていない枝(グラッス枝)で大規模に覆ったことを記している。しかし、すでに当時のフランスでも、ときどき生きた枝が使用されていたことがあり得ないわけではない。しかしながら、これについては何も伝えられていない。

同じ頃ハッセントイフェル氏は、プランゼー地方の石灰質土壌にできたガリ侵食を、そこに多く生息するハイマツやビャクシンのグラッス枝を使用して、最も安い方法で覆ったのと並んで、ヤナギのブッシュを敷き詰めた。これはおそらくアルプス地域で最初の工事であっただろう。

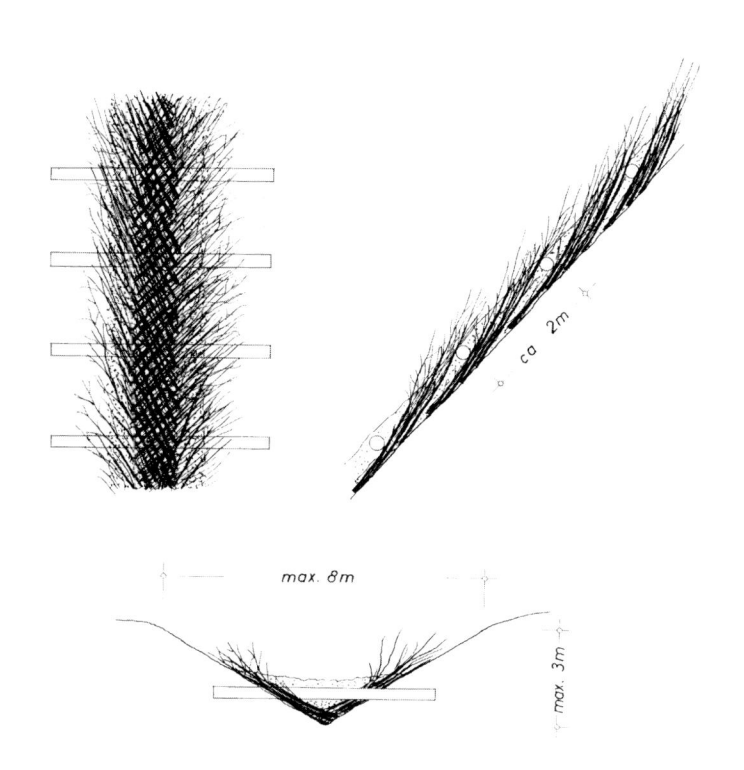

工事の実施：ガリ侵食ブッシュ敷き詰め工法は、ガリ侵食グラッス枝敷き詰め工法と全く同じように作れるわけではない(203 ページを参照のこと)。なぜなら、同じように工事すると、使用した生きた枝の一部が乾燥してしまい、一部は抑制されてしまうことになるからである。それゆえあまり密に詰めてはいけないし、それぞれの枝の間に土を入れなければならない。さらに、数メートルの長さの枝を逆さまに入れていく。つまり太い方の先端を上に向けるのではなく、枝先を上に向ける。太い方の端は、できるだけガリ侵食の底にねかすようにし、そこで数十センチメートルは、基盤の土壌に差し込むようにする。このようにすると最も厚い覆いができ、埋め込んだ枝の多くが根付くことができる。それをフィッシュボーン状に、枝先を外に向けておき、それぞれの層に端から、全ての枝の下の部分が被るように土をふりかける。枝の覆いは全体で 50cm以上の厚みにならないようにする(図140)。

覆った枝全てを固定する横梁は、約 2mの間隔で、グラッス枝敷設工の場合よりも深く置かねばならない。これは細い木材でも十分なので生きた材料を使用しても良い。

工事の材料：できるだけ力強く長い、萌芽力のある生きた枝。1.5mまでの深さのガリ侵食には、亜高山帯の立地で得ることのできるヤナギの枝のような、枝分かれの多い枝も使用することができる。もっと深いガリ侵食には混ぜて使用することはできるが、それだけで使用することはできない。

横梁は約 2mの間隔で、ガリ侵食の幅に応じた長さ、太さのもの。幅の狭いガリ侵食には生きた太い幹を使用すると良い。

期間：植生の休眠期にのみ。

技術的・エコロジー的な効果の程度：ガリ侵食グラッス枝敷き詰め工法は、すぐに土石流の推進力を受けとめ、同時に運ばれてきた土砂を堆積させることができる。そしてガリ侵食が完全にふさがるまで、堆積した土砂の上に繰り返しグラッス枝を敷くことができる。それに対して、ガリ侵食ブッシュ敷き詰め工の作用は、全く異なる。埋められた枝は根付き、集中的に根を張り、ガリ侵食の底を安定化させる。ここに流入してくる土砂は、一気に押し寄せてくるものではなく、少しずつ起こるものでなくてはならない。つまり、一年間で伸びた芽は、全長の 1/3 以上埋まってしまってはいけない。つもった土砂が上から水によって運ばれるのではなく、落石やぼろぼろに砕かれて運ばれるときに、そのようなゆっくりとした土砂堆積が生じる。そして一度ガリ侵食に根付いたブッシュは、このような土砂の堆積や沈積に耐え、ガリ侵食を満たすまでなる。使用した枝は、土砂の堆積に耐える能力を持っているので、根系は土中深くで保たれ、次第に堆積していく土を、全て非常に良く結びつける。ガリ侵食ブッシュ敷き詰め工は根付いた後なら、一時的な水の流れにも耐えることができる。

コスト：中程度。

長所：生きた材料を使うので耐久性が良い。

短所：グラッス枝敷設工よりも少々費用がかかる。

使用地域、緑化工事の中での位置づけ：特に、深さ3mまで、幅は8mまでの平らなガリ侵食で、グラッス枝敷設工や粗朶束埋め込み排水工では、望んだ結果が出せないような場所の修繕に。ガリ侵食には、継続的には無理だが、一時的に水が流れても良い。50cm以上も土砂が堆積する、大規模な土石流が起こることが予想される場合、ガリ侵食ブッシュ敷き詰め工は行えないが、少量の土砂が一時的に流れてきてゆっくりと堆積が起こったり、砕石や落石によって次第に積もったりするようなところには良い。

ガリ侵食ブッシュ敷き詰め工は、緑化工事の中では、上に述べたような状態のところには、どうしても必要な工法であるが、しばしば使用される方法ではない。

管理：管理は、ひどい堆積が起こり、敷き詰めたブッシュが枯れてしまったような場合にのみ必要である。このような場合、ガリ侵食グラッス枝敷き詰め工の場合と同じように、新しく高い位置にできたガリ侵食の底部に、もう一度ブッシュ敷き詰めて保全しなければならない。

遷移、自然定着：何の介入もしない場合、時が経過するとともに——平均的な中部ヨーロッパの条件では 10 年から 20 年経過すると——、初めに作られた密な低木の植生は、森の群落へと交代する。

生育状況：ガリ侵食はたいてい湿潤で通気性が良い土壌であるので、人間が介入している以外の、何らかの原因で植物が繁茂できない場合は、その第一の原因を取り除いてしまえば、生長しやすい立地になることが多い。そうして、敷き詰めたブッシュは、しばらくすると密に繁茂した低木の茂みに生長していく。幾分乾燥しすぎた条件の悪い地域においても、ガリ侵食は好ましい立地である。それゆえ、生育状況は斜面施工や安定化工法で使用した植物の生長より、常に上回っている。

図140 ガリ侵食ブッシュ敷き詰め工法、図式

1.1.3 植物による排水

大規模に排水を行う場合や、継続的に水の流れる急斜面の小川では、坑道、井戸、排水溝、排水施設のような純粋に技術的な土木処置が必要である。

小規模な排水を行う場合や少量の水が継続的にあるようなところでは、生命を維持するために、土壌から大量の水分を吸収して消費する植生の特徴を利用すると良い。

局地的に湿っている場所や一時的に湿ったところでは、技術的な手段だけでは、全く健全な状態に戻すことはできないので、そのような所では植物の力を借りて排水を行うと、より良い効果が得られる。生きた植物材料と、生きていない材料を組み合わせることもあるし、生きた材料だけで排水を行うこともある。

1.1.3.1 『ポンプ』植物による排水

歴史：大量に水分を蒸散する植物によって、土壌の水分を吸い上げられることは、数十年前にようやく知られるようになった。それに対して、アルプス地方の農民は、すでに数百年も前から、地滑りの危険があり湿っている場所に、特定の樹木や低木が適していることを見抜いていた。それゆえ、本業が森林などを伐採して開墾する事である農民であったが、牧草地の中の湿った場所や、地滑りの起こる地帯で低木や樹木を保護したり、それどころか、樹木—多くはトネリコ—を植え付けて、将来的に、発生しそうな地滑りの危険を防いでいたのである（図141）。

工事の実施：水分消費量の多い木本は挿し木するか、根の付いたまま移植する。

草本類は播種するか、シードマットや完成芝草のかたちで、あるいは茎や根茎を湿った箇所に挿し木して使用する。

局地的に排水を行うには、全ての安定工法を適用することができる。そして、最善の効果をもたらすためには、水分消費量の多い植物を選ぶようにする。

また土木構築では、局地的に湿った場所を排水するためにヨシの根株を植え付ける。これには自然のヨシの植生から、横の長さ約30cmの立方体にヨシを切り出し、切芝草のように移植する。その際、ヨシの根株は、生きたヤナギの挿し木を挿し込み固定する（図142）。切り出したヨシの根株を、何層にも重ねて置くことが必要なこともある。

図141 農民によって牧草地の中にある地滑りの危険がある場所を排水するために植えられたトネリコ

図142 滴下水源をヨシの移植で排水をしたところ

ビットマン氏（1953）によって記述されたこの方法は、私の知る限りでは、これまで水利工事にのみ用いられていたが、道路工事やチロルの崩壊地の保全工事で、局地的な排水を行うためにも同じく適していることがわかった。貯える能力の高いヨシの根株は、移植後すぐに受容能力を持ち、緩衝層を形成するため、粘土質の基盤上でも侵食をすぐに止めることができる。

工事の材料：中部ヨーロッパないしアルプス地方では次の種が、高い水分消費力をもつ『ポンプ植物』としてあげられ、緑化工事に使用することができる。

木本：
プラタナスカエデ（*Acer platanoides*）とセイヨウカジカエデ（*Acer pseudoplatanus*）
ヤマハンノキ（*Alnus incana*）とヨーロッパハンノキ（*Alnus glutinosa*）
セイヨウトネリコ（*Fraxinus excelsior*）
すべてのポプラ（*Populus*）種、特にヨーロッパクロヤマナラシ（*Populus nigra*）
エゾノウワミズザクラ（*Prunus padus*）
全ての木本のヤナギ（*Salix*）
セイヨウハルニレ（*Ulmus glabra*）

低木：
クロウメモドキ（*Frangula alnus*）
キングサリ（*Laburnum alpinum*）
全ての低木状のヤナギ（*Salix*）
セイヨウクロニワトコ（*Sambucus nigra*）とセイヨウニワトコ（*Sambucus racemosa*）
ガマズミ（*Viburnum opulus*）

草本類：
ハゴロモギク（*Adenostyles alliariae*と*glabra*）
ヨーロッパシシウド（*Angelica silvestris*）、ヨーロッパトウキ（*A. archangelica*及び*verticillata*）
アルプスニガナ（*Cicerbita alpina*）
フキ（*Petasites albus*、*hybridus*、*paradoxus*）
ヨシ（*Phragmites communis*）
スイバ（*Rumex arifolius*）とタテガタスイバ（*Rumex scutatus*）
タチオランダゲンゲ（*Trifolium hybridum*）、アカツメクサ（*Trifolium pratense*）、
シロツメクサ（*Trifolium repens*）
フキタンポポ（*Tussilago farfara*）

土壌全面から迅速に水分を取り去るために、一年生の草本の中では特にカラスムギ（Avena sativa）がポンプ植物として使用される。

時期の選択：工法に応じて（図67を参照のこと）。挿し木と植え付けは、植生の休眠期に。播種、切芝草、鉢植え：植生期に。ヨシの根株、茎や根茎の挿し木は、植生期の初めに。

技術的・エコロジー的な効果の程度：植物は自分の生命活動のために必要な水分を根で土壌から吸い上げている。それゆえ水分消費量の多い植物は——多くが大きくて滑らかな葉を付けている——、蒸散作用のわずかな植物よりも土壌から多くの水分を吸い上げる。

　植物のポンプの働きは、吸収力に左右される。吸収力は根が最も小さく、芽の先が最も大きい。吸収力は種によって異なり、通常数atm[47]である。しかしながら、外的な影響（乾燥した気候、強い日照）が水分の必要量を増やすと、根の吸収力は何倍にも増加する。例えばオドリコソウ（Lamium maculatum）が 28.8atm、ワレモコウ（Poterium sanguisorba）が 48.3atmとなる（スラヴィコーヴァ氏、1965）。これは特に、すでに土壌が広範囲にわたって干上がっていた場合に当てはまる。

　ポンプ植物は根が達していれば、土壌の中の深い層を排水することもできる。

　植物の絶対的な水分消費量については、数多くの文献がある（ケラー氏（1962）とそこにあげられている文献リストを参照のこと）。例えばビットマン氏（1953）によると、1m²のヨシ（Phragmites communis）の植生は、1年間で500kgから1,500kgの水を消費する。トウヒの植生の場合、1年間に約500kg、トネリコ—カエデ—ニレの森やヤナギ—ポプラ—水辺の森では、だいたいその2倍の水を消費する。乾燥した草原では、そこに生えている全ての植物の、葉の重さ（乾燥していないもの）の2倍から6倍の重さの水分を蒸発し、一方、典型的なアルプスの川砂利に生える植物は3倍から8倍の量となる。スイバ（Rumex scutatus）では12倍、葉の大きなハゴロモギク、その他のスイバ属、フキ属ではさらに多い（ガムス氏、1942）。

コスト：低い。

長所：平坦な湿った場所で行える簡単で経済的な排水方法。

短所：効果はすぐに現れず、根が付いてからやっと始まる。植生の休眠期の間は少量の水しか消費されない。

使用領域、緑化工事の中での位置づけ：人工の構造物を使用した工法で、排水することのできない湿った場所全てに。とりわけ、他の生態工学的工法や、構造物を使用する工法と組み合わせると良い。景観工事においては総コストを大幅に押さえることのできる重要な工法である。

自然定着：後にも十分な水が継続的に供給されている限り、湿った立地の植物群集（アソシエーション）（例えばヨシ群集（Phragmitetum））が、平坦な斜面でも継続群落となり得る（図143）。

管理：それぞれの植栽法の項を参照のこと。

生育状況：植栽法による。水の供給が良いため、ほとんどが平均を上回る。

1.1.3.2　芝草張り排水溝

同義：Rasensodenrinne（切芝草条溝）、Ableitungsmulde mit Rasendecke（芝生で覆った排水溝）、Fang-und Ableitungsmulde mit pflasterrasen（芝生敷設受水導流水路）、Hanggrabe（斜面排水溝）

歴史：芝草張り排水溝がいつから作られているかについては何もわかっていないが、すでに数百年前には、農民達によって潅水溝及び、排水溝を作るときに、当時すでに知られていた芝草張りが、水路の内張りとして利用されるようになったと考えても良いだろう。

工事の実施：平坦で、50cmの深さ、数メートルまでの幅の排水路を、切芝草やヨシの根株（常に湿った土地のみ）、完成芝草、マット芝草で覆い、これを杭で土壌に固定する。
　他の緑化工事法と組み合わせても良い。例えば、ターフやマットを固定するのに生きた挿し木を使用することもできるし、排水路の縁を粗朶束や埋め込み式編柵で補強することもできる。
　水の流れが強かったり、特に少量の土砂を運んでくるような場合には、敷いた切芝草の上を金網で覆うと良い。この金網は縁の部分を地面の中に引っ張り入れ、釘で固定する。

図143　ポンプ植物によって排水した道路脇の斜面。前面：常に湿度の高い斜面下部でよく生長したヨシ

図144　斜面に作られた芝草水路

---

[47] 気圧の単位。

図145 マルチング播種工法によって作られた道路脇の芝生水路

施工の配置：斜面に排水溝芝張り工法を配置する場合、できるだけ自然な水の流れに沿うように、つまり垂直に行うべきである。排水溝を斜めに走らせると、確かに水の速度を落とすことができるが、同時に水が斜面に入り込み被害を引き起こす可能性が高まってしまう。さらに、斜面上を斜めに配置しようとすると、非常に高い労働経費がかかってしまう（図144）。

高いところから地表面を流れてくる水は、斜面を保護するように囲い、芝を張った排水溝に入る（受水溝）。この場合水は、直接斜面上を流れるのではなく、脇へそらされる。

道路工事では、芝張り排水溝を帯状に設置して排水すると良いことが認められている。これはまた、表層土壌を入れなくても良い（図145）。この排水溝は、車両が誤って道路から飛び出して来ても、わずかな被害しか受けないし、事故の規模も小さくなるだろう。

特に新設したスキーの滑走路の排水には、マルチング播種工法で緑化し、1/2～1mの幅、5～12％の傾斜をつけ、約30m間隔で排水溝を配置すると良い。すると悪天候による災害がおきても、侵食の被害が起きない（図146）。この芝を張った排水溝の上はゲレンデ車両で走行でき、スキーで滑る際何の障害にもならない。なぜなら初雪が降ればふさがれてしまうからである。機能やコストに関しては、木製や金属製の排水溝より優れており、とりわけ管理に関しても勝っている。

工事の材料：切芝草、ヨシの根株、完成芝草、マット芝草、マルチング播種工法に必要な材料、さらに杭、場合によっては、針金やプラスチックのネット。

時期の選択：凍結期間・降雪期間を除いた期間。植物を杭として用いる場合は植生の休眠期にのみ。

技術的・エコロジー的な効果の程度：表面水を脇へそらす。ヨシを使用すると同時に、斜面の排水を行う（地下水）、特に水分を含んだ基盤で。

コスト：中程度。人工材料を使った工法に比べればは非常に低い。

長所：切芝草、ヨシの根株、完成芝草を使えば迅速な効果が得られる。上から見ることができるので、機能を十分に確認できる。景観に良く適合する。

短所：石や岩の多い斜面には施工することが難しい。常に溝に水が流れている場合には使用できない。

使用領域、緑化工事の中での位置づけ：斜面の表面水、特に表面水を保全する斜面の外へそらす（迂回路）ために。スキー滑走路を流れる水を制御するため、非常に頻繁に施工され、道路工事においても頻繁に施工される。土木工事で作った盛土斜面や、鉱業と産業廃棄物のボタ山では、もっと頻繁に施工して良いだろう。

管理：活着したか、機能しているかどうかを、監視しなければいけない。

遷移、自然定着：芝生排水路が頻繁に機能しているところでは、芝生は維持される。その際、芝生の群落の内部で、構造の変化が起こる。継続的に湿っている場所（ヨシ排水路）では、斜面でも（南向きの斜面でさえ）ヨシの植生が維持される（図143）。それに対して、その後表面水が生じなくなり機能しなくなるところでは、次第に低木や森林群落に移行する。

1.1.3.3 生きた植物粗朶束埋め込み排水工法

歴史：粗朶束埋め込み排水工法は、もともとは水利工事法の一つであった粗朶束工を斜面の緑化工事に転用したもので、早くから行われていた。もちろん、初めは自明のごとく排水のために使用された。正確な記述はない。

工事の実施：生きた枝と(か)細枝を、直径20cm～40cmの太さの粗朶束に延々と長く束ねていく。そのとき枝の太い方が常に同じ方向を向くように置いていく。粗朶束は30cmの間隔で針金（直径2.0mm～3.0mm）を使って束ねていく。

粗朶束は、前もって掘っておいた溝におき（図147A）、溝を完全に埋めるようにする。必要に応じていくつかの粗朶束を、一つの溝の中に入れることになる（図147B、C）。それから、深い位置に入れる粗朶束には、萌芽力のない木本種の『死んだ』枝で作られた粗朶束を選ぶ。これは死んだといっても新鮮なもの（乾燥していないもの）でなくてはならない。

導流しようとする水が30～40cmより深いところにある場合は、溝も相応に深く掘らなければいけないし、フィルター用の砂利を入れて、粗朶束を置いた時に、地面と同じ高さになるようにする。

図146 スキー滑走路の排水のためにマルチング播種工法で作られた芝生排水路。もはや繁茂した植物としかわからない

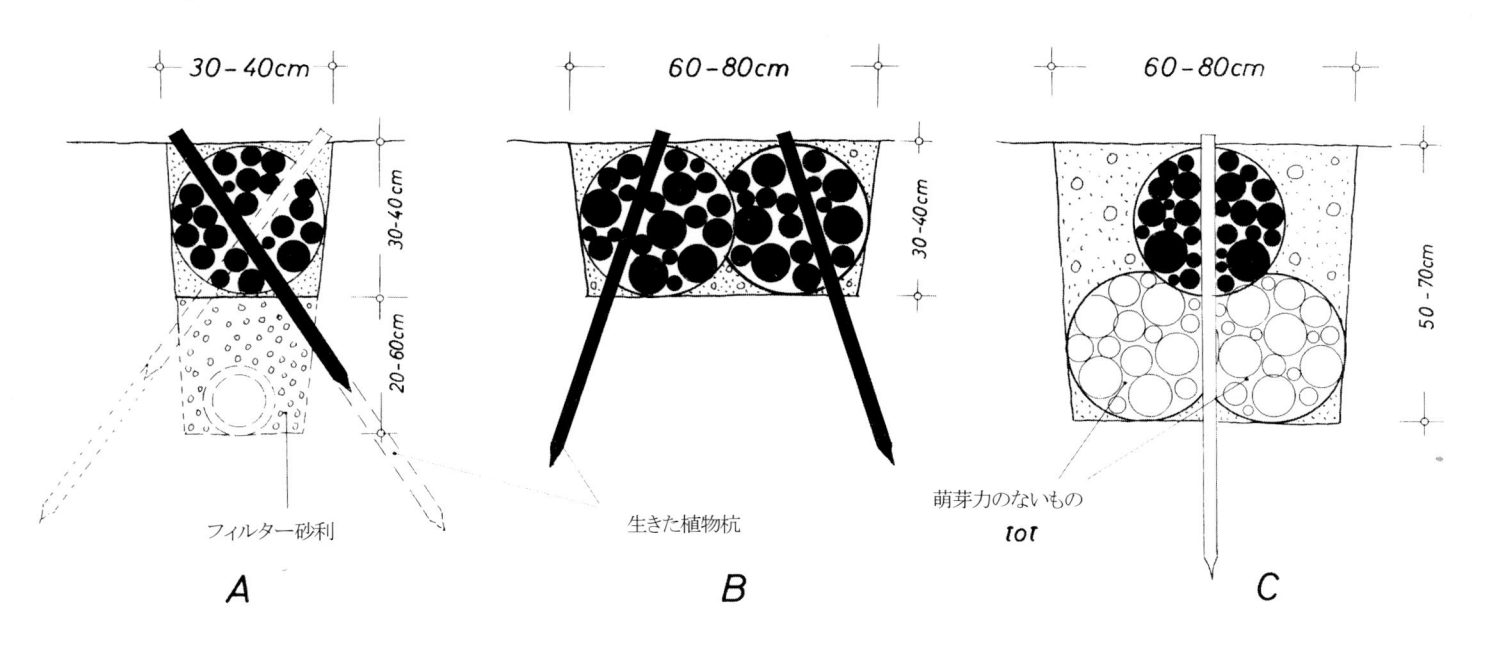

図中ラベル:
- A: 30-40cm / 30-40cm / 20-60cm / フィルター砂利
- B: 60-80cm / 30-40cm / 生きた植物杭
- C: 60-80cm / 50-70cm / 萌芽力のないもの tot

図147 生きた植物粗朶束埋め込み排水工法の様々なタイプ、図式

粗朶束を置いた後に土で埋め、全ての枝が埋めて土と接するようにし、発芽や発根を可能にする。粗朶束は、短くても60cmの長さ、細くても直径5cmの生きたヤナギの杭で固定する。杭は80cmの間隔で、斜めに粗朶束を貫いて土壌に届くまで打ち込む（図147）。

粗朶束を埋め込んだ排水管は、導水路に接続しなければいけない。

配置：粗朶束埋め込み排水工法は、斜面粗朶束敷設工とは異なり、斜面上の最短距離、つまり水が流れるような道筋にする。そのためしばしばかなり急な排水渠となる。そのようなところで粗朶束がむしり取られてしまうのを防ぐために、粗朶束の中に針金やワイヤーロープを取り付けて、それを斜面の上部に打ち込んだ、頑丈な杭に固定する。

さらに、粗朶束排水工法は、一箇所だけに構築するだけではなく、長距離にわたる法面表面の排水を行うこともできる。長距離にわたって排水を行う場合、斜面上に1.5～3mの間隔をあけて、数多くの排水溝を垂直に設置する（図148）。この排水溝も補強して、上部を固定することができるが、上部から生じる表面水を導流するために、前もって芝生排水路を設置すると良い。

工事の材料：萌芽力のあるできるだけ長い枝や細枝。

時期の選択：植生の休眠期のみ。

技術的・エコロジー的な効果の程度：粗朶束埋め込み排水工法は、長く設置した枝や、フィルター用の土壌のために、設置後すぐに水を導流する効果がある。植物が根付くと、蒸散作用によって、活発に水分が吸い上げられる。

コスト：非常に低い。

長所：簡単で素早く工事ができる。低価格。溝が泥で埋められても効果は持続する。コンクリート製などの排水施設よりも、低コストで美しい。

短所：植生の休眠期にしか工事ができない。

使用領域、緑化工事の中での位置づけ：水が地下深くではなく、表面にある斜面の排水に。また、平面的な排水にも適する。これまで粗朶束埋め込み排水工法は、ほとんどが道路工事で施工されており、良い成果をあげている。暴れ川護岸工事や地滑りの危険のある斜面などの、あらゆる土木工事の領域にも薦められる。

管理：効果を継続的に確保するために、ヤナギの生長を縞状に維持する必要がある。ヤナギは非常に日照を必要とするので、陰を作る木本をすぐそばに植え付けるのは避け、自然に生えたものは取り除かなければならない。生きたヤナギによる排水効果を、継続的に保つ必要がない場合は、特別な管理は不要である。

遷移・自然定着：使用した木本種に応じて。しかし、ほとんど低木状のヤナギを使用するので、程度の差はあれ縞状の密なブッシュが作られる。

図148 道路脇の低い斜面を排水するために設置され、有刺鉄線で補強された粗朶束埋め込み排水工

斜面に育つヤナギの植分と同じように、自然定着はかなり速く、—約5年から10年後には—その立地に合った若い森の段階に移行する。そうなることが望まれない場合には、—人工的に—ヤナギ継続群落を維持できるように配慮しなければならない。

生育状況： ブッシュ敷設工の項を参照のこと。

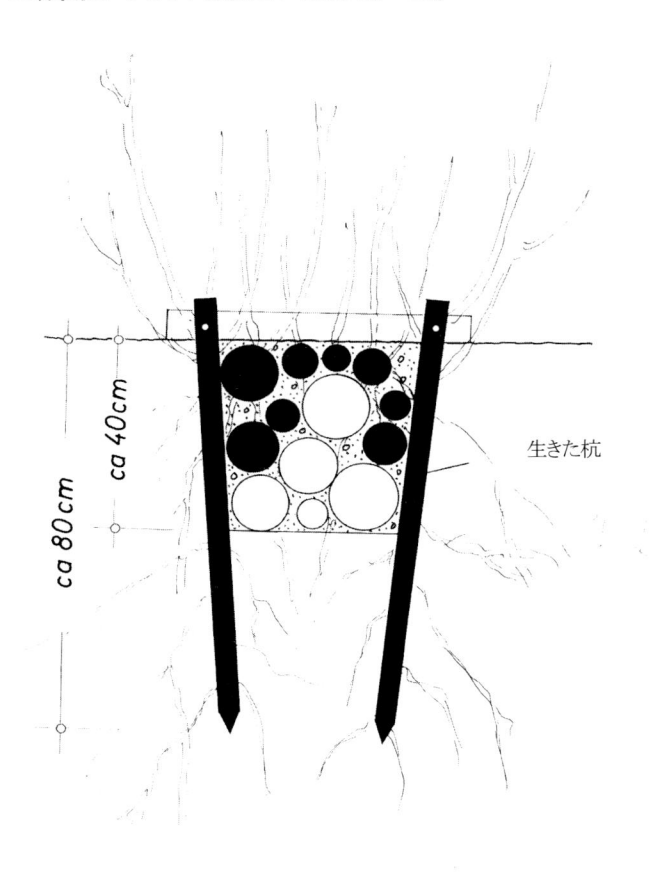

図149　生きた植物幹による排水工法、図式

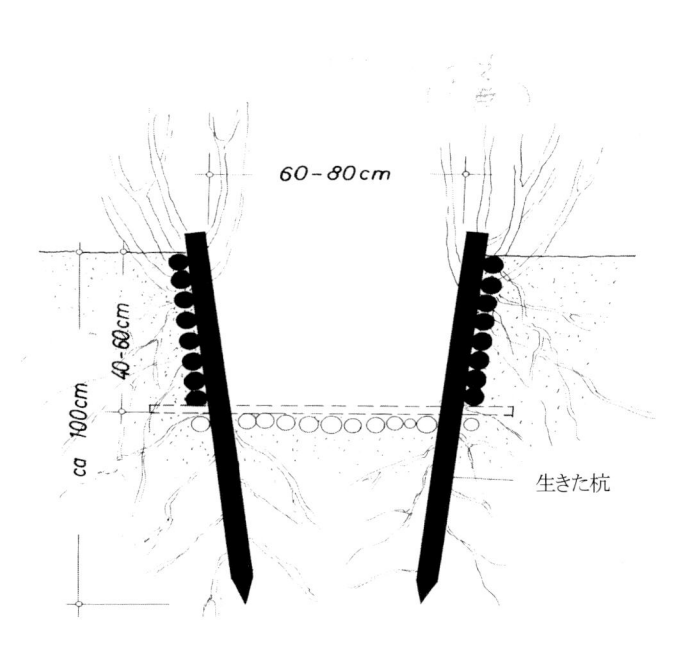

図150　生きた植物材利用の排水溝、図式

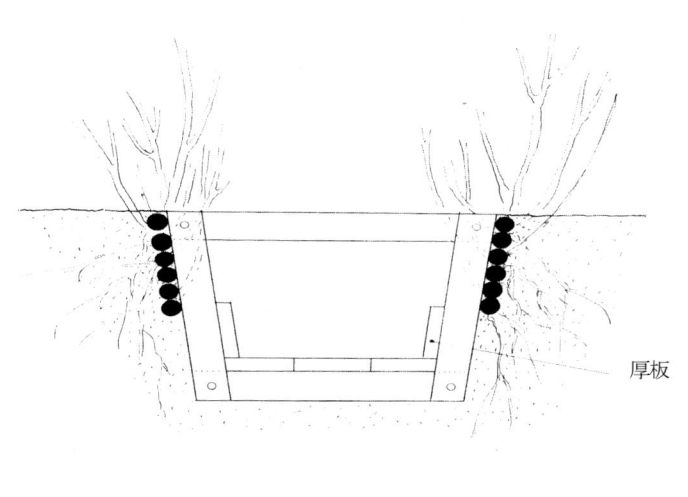

1.1.3.4　生きた植物幹による排水工法

工事の実施： 幹による排水工法が粗朶束埋め込み排水工法と異なる点は、単に粗朶束の代わりに、生きた太い幹を使用することだけである。適正な断面になるように、幹は束ねないで溝に入れて、横桁で土壌に固定するか、または溝の断面を台形に作り、いっぱいに幹を入れてフィルターの砂利で埋める。その際、幹は生きた杭と覆い木で固定する（図149）。

工事の材料： 直径3〜14cmの太さの生きた幹、深くに入れるものには生きていない材料も使用する。

コスト： 粗朶束埋め込み排水工法よりは高いが、コンクリート製などの排水施設よりは低い。

長所： たいてい粗朶束埋め込み排水工法より生長が良い。

短所： コストが高い、入手が難しい生きた幹材を大量に消費する。
その他の記述に関しては、粗朶束埋め込み排水工法を参照のこと。

1.1.3.5　生きた植物材利用の排水溝

工事の実施： 断面を台形にした溝の底や壁面に、生きた枝や幹を、密に並べて敷設する。その際、それらの枝や幹は、底部や側壁に密に並べ、あらかじめ排水溝の断面と同じ形に作っておいた木の枠を、2〜4mの間隔に入れるか、1/2〜1mの間隔で溝の壁面に沿って植物の杭を打ち込んで固定する。絶えず水が流れる場合には、溝の底や壁面の下部を、厚板で補強することもできる（図150）。

材料： 生きた枝や幹、植物の杭。

コスト： 低い。厚板張りをする場合は中程度。コンクリートなどを使用して排水溝を作るよりもずっと低い。

使用領域： 一時的に、あるいは継続的に少量の水が流れる所で、開溝式の排水路が必要な場合。
　その他の記述に関しては、粗朶束埋め込み排水工法を参照のこと。

1.1.3.6 乾燥壁面と法尻礫石排水工法

歴史：法尻礫石排水工法は、ごく最近になって、大量の材料が、迅速に機械で移動できるようになってから知られるようになった。

工事の実施：
a 乾燥壁面(200ページを参照のこと)
b 法尻礫石排水工法

　透水性のある材料(フィルター用玉砂利や砂利)を斜面の下部に一層ずつ埋めていく(図151)。これを行うとき、一層ずつか、あるいは一本ずつ、生きた太い枝を、先端が基盤の土壌に届くように挿入する(図152)。枝を入れる作業は、土砂を入れるとき同時に行うことが多い。法尻礫石排水工法の材質や厚みによっては、突き通して挿入することができるので、そのような場合にだけ、例外的に後から行うことができる。土砂の注入が終わった後、表面を芝草で緑化する。その場合、表層土壌を客土しない。

　法尻礫石排水工法は、大規模な地滑りの危険のある斜面の保全でも行うことができる。地滑りの危険のある斜面の前に、相応した幅で、透水性のある砂利を堆積させて、高く築き上げる。この堆積物と水分がしみこんだ斜面の間に、0.6〜3.0mの厚みで、大きな粒のフィルター用玉砂利を入れる。堆積した砂利は、支持構造物として作用し、湿った後ろ側の斜面に達するように挿入した、一本一本の長くて力強いヤナギの枝、またはブッシュによって補強されていく（図153）。

　法尻礫石排水工法と乾燥壁面は、一緒に組み合わせて行うこともできる(図154)。

工事の材料：砂利又はフィルター用の砂利、萌芽力のある数メートルの木本の枝。

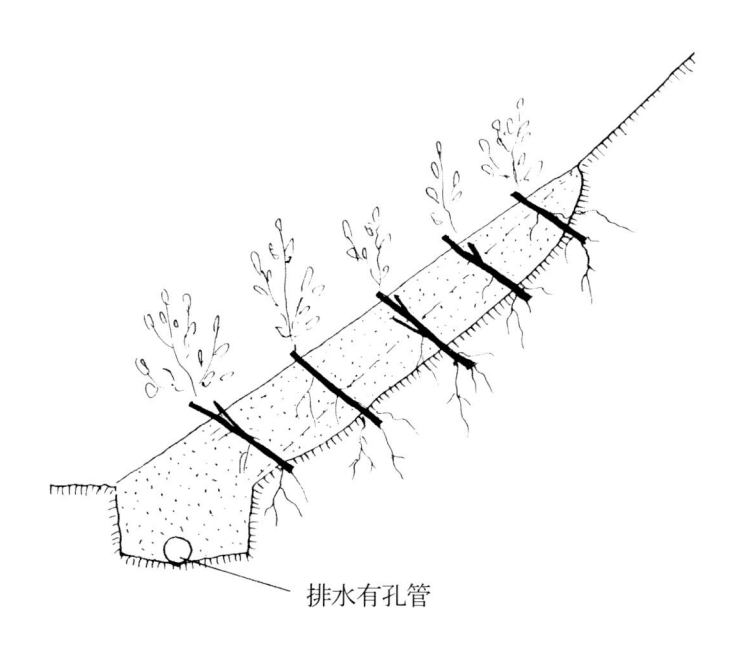

図152 湿った斜面下部を保全するための法尻礫石排水工法。深く挿したヤナギの枝は、根付くと水分を大量に消費して、活発に排水を行う、図式

図153 法尻礫石排水工法と堆積物の支えによって保全した地滑り斜面。危険な場所には、数メートルの長さの生きたヤナギの枝を挿して補強する

図151 集水パイプを敷設し、法尻礫石排水工法を前面に行い保全した湿った斜面下部

図154 緑化前の乾燥壁面とその上に行われた法尻礫石排水工法

時期の選択：植生の休眠期にのみ。

技術的・エコロジー的な効果の程度：法尻礫石排水工法は、迅速に支持効果と排水効果をもたらす。使用した生きたヤナギの枝が根付くと、活発に土壌から水分を吸い上げるので、この作用は高められる。

コスト：法尻礫石排水工法における緑化は非常に低い。

長所：迅速に効果をあげ、その効果を継続することのできる簡単な処置。法尻礫石排水工法と乾燥壁面は、人工材料を使用した構造物よりも美しく、景観によく合う。

短所：機械が使用でき、砂利や石があるところでしか行えない。構造物の高さが制限される。

使用領域、緑化工事の中での位置づけ：切土工事によって斜面下部に水が流れ、発生した地滑りを迅速に保全するため。さらに斜面下部で、斜面を流れてくる水を凍結させないために行う工事方法。したがって凍結によって、水が逆流することは避けられる。これまで乾燥壁面は、しばしば使用されているが、法尻礫石排水工法が行われることは比較的少ない。重要性は増してきている。

管理：なし。

遷移と生育状況：粗朶束敷設工の項を参照のこと。

1.1.4 表面保護工法

　表面保護工法は、土壌を覆い保護する効果に重点を置いた工法である。土壌の深くにまで達する効果は、あまり重要視されていない。
　単位面積ごとに大量の植物を植え付けたり、種を播いたり、植物の一部を使用することによって、土壌の表面は、メカニカルな力の影響による被害から保護される（豪雨、降雹、侵食、風食、凍結による侵食など）。
　その上、この表面保護工法によって、湿度や温度の状況がうまく保たれるようになり、それによって土壌中や、地面に近い空気層の植物の遷移が促進される。つまり表面保護工法は、迅速に平面的な保護が必要なところに導入される。

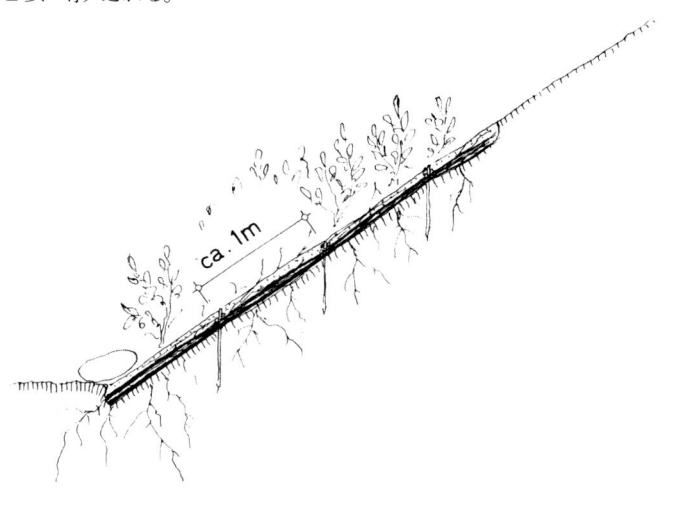

図155　枝伏せ工、図式

図156　枝伏せ工、敷き詰めた直後

1.1.4.1　枝伏せ工

同義：Spreutlage（枝敷設工）、Decklage（覆い敷設工）、Weidenspreutgeflecht
英語：surface layering

歴史：年代や発祥については不明。

工事の実施：平面上に生きた枝、または細枝を密に敷き詰め、地面が見える隙間の無いようにする（図155）。枝の太い方の先端は、地面の中に入れる。重要なのは、枝や細枝の最も価値が高く、太い部分を根付くことができるように、空気中に出ないように埋めることである。そのためさらに粗朶束や幹、編柵、捨て石によって補強する（図156、158）。
　細枝や枝は、斜面に向かって垂直に、あるいは20度傾斜させて敷き詰める（図156、158）。オーバーエステライヒのトラウンでは、それを川の流れの方向と平行、つまり、ほとんど斜面に対して水平に敷き詰める方法を行い、生長の成果は良かった。
　使用する枝や細枝の長さが、斜面の高さ全てを覆うのに足りない場合、下の層の枝は、上の層の枝を少なくとも30cm分は重なるように覆わなければならない。
　敷き詰めた枝は80cm〜100cmの間隔で、針金、横においた細枝（図156、157）、あるいは粗朶束や編柵で地面に固定する。最も簡単な方法は、太い針金で固定してしまうことである。そのためには60cm〜100cmの間隔で、横木に結びつけられるように、上部を加工した杭（生きたものあるいは生きていないもの）か、ハーケン（鉤）のような形をした鉄の無頭釘を、地上約20cmまで打ち込む。それに針金を固定してさらに打ち込むと、針金の張りが強くなり、敷き詰めた枝がしっかりと土壌に押しつけられる。
　杭は枝や細枝を敷き詰める前に、打ち込んでおく方が良い。
　敷き詰めた枝を固定するために、粗朶束や編柵を使用する場合、ふつう杭の間隔は100cmとされる。この固定方法は非常に費用がかかり、針金で固定するのに対して何の利点もない。
　枝伏せ工を特別危険にさらされている場所で行うときは、補足的に金網などを使用して補強する。
　枝伏せ工が根付くようにするためには、枝はしっかりと土壌に接するようにしなければならず、完成後敷き詰めた枝全体に、軽く土をかけておか

なければならない。ここに表層土壌を入れる必要はない。全ての枝が地面に入っていなければならないが、枝全体を完全に覆ってはいけない。

工事の材料：できるだけ長くまっすぐな萌芽力のある枝と細枝。これは150cm以下であってはならない。太さや側枝の数によって異なるが、枝の長さが斜面の高さと同じであれば、1mごとに20本から50本の枝ないし細枝が必要。1平方メートルに必要な重量は、滑らかな編み枝の場合最低5kg、野生のヤナギの場合5～10kgである。

萌芽力のあるブッシュが不足している場合は、萌芽力のない枝や細枝を混ぜて使用することもできる。この場合生長が均一になるように注意して混ぜなければならない。

時期の選択：植生の休眠期にのみ。

技術的・エコロジー的な効果の程度：枝を敷き詰めた直後には、土壌は効果的に覆われ、流れる水や、打ちつける波の侵食に対する保護作用がある。萌芽力のある枝を使用することで、この効果は持続的に維持される。枝から出た芽が保護されると、そこには立地に応じた植生が、非常に速く定着する。敷き詰めた枝が根付くと、土壌が乾燥していたり、透水性が良ければ良いほど、根は深く貫通する。こうした理由から、土をかけるときに腐植土や、コンポストを入れることは勧められない。土壌を深くまで固定する作用は、枝を表面的に入れる方法なので、例えばブッシュ敷設工よりも少ない。

図157 施工されたばかりの枝伏せ工の細部
（写真：ブッパータールのドイツ国鉄本社）

図158 川岸を保全したヤナギの枝伏せ工、一年後

コスト：中程度。土地の状況や材料の調達状況に応じて、1平方メートルにつき、作業時間は2時間から5時間となる。植物の生育が難しい場所—山岳地帯、湿度の高い熱帯地方—では、さらに高いコストを見積もらなければならない。ヤナギの枝が均一に生長したものであれば、作業時間は1時間/m^2まで能率をあげることができる。

長所：施工後、まだ根付いていなくても、すぐに効果を発揮する。密に芽や根が出る。

短所：材料費が高い。集中的な作業が必要な工法。場合によっては、枝の生長が良すぎて密生しすぎてしまうので、次の段階の群落への移行が困難にならないように、その後管理が必要となる。しかしながら、特に暴れ川や渓流の河岸では、非常に長期間密な柔軟性のあるブッシュ帯域が保全されるので、このことはかえって長所となる。

使用領域、緑化工事の中での位置づけ：流れる水、打ち寄せる波、風による侵食の危険がある斜面の表面を、迅速に効果的に保護する。それゆえ、枝伏せ工の最も重要な施工対象域は、緑化工事ではなく、植物による水辺の保全工事、つまり、流れる水に脅かされている河岸の土手の保全である。この保全工事は堤防建設時や、河岸の破損個所の修復においても同様に行うことができる（図158）。

管理：枝伏せ工は、密に生長した場合には管理をする。あまりに密生することは望ましくない。しかしそれが予測できる場合は、すでに施工の時には、例えば敷き詰めた枝を完全に覆土するのではなく、縞状に覆土するなどの配慮をする。野生のヤナギを使用すると、このような危険性は少なくなる。特に、生長した枝を、後で他の工事のためのブッシュ材として使用できるときは問題ない。水辺では—場所が不足していない限り—密な生長は都合が良い。密に生長すると生存期が長くなるからである。

枝伏せ工は、小川や河川沿いに長く堆積していて、水流によって養分が運ばれてこない砂利地に施工した場合、最初の一年間は、少々施肥をしなければならない。施肥は、水によって洗脱されてしまわないように、少量を何度にも分けて与えると良い。

しなやかに曲がり柔軟性を保つヤナギを生長させるには、規則的に刈り込みをしなければならない。細枝は冬期に（11月から3月の間）地表面すれすれところでまでに切り戻さなければいけない。植分全体を2年から

4年に一度刈り込んでしまうか、或いは毎年3〜5mの幅の列ごとに刈り込んで段階をつける。

ヤナギが生長しても水の流れを妨げない所では、低木林として維持することもできる。その場合は7年〜10年ごとに根元まで刈り込まねばならない。

一様にヤナギの植分を保つためには、突然発生的に出現した他の木本を、定期的に除去する必要がある。

遷移、自然定着：すでに繰り返し述べているように、ヤナギの枝で構築した枝伏せ工は、非常に密なヤナギの植分に生長していく。このような枝伏せ工が、川岸で帯状に行われた場合は、日照が充分とれるので、数十年にわたって、密生することもある。そうでない場合は、5年〜10年たつと陰を作ってしまう木本に覆われ、次第に駆逐されていく。

我々の土地では通常、基盤と標高に応じて、ヤナギ類からハンノキ類、それから軟材樹種（普通針葉樹）の森、その後硬材樹種（ミズナラ、ブナなど）の森となる。あるいは、より標高が高いところでは、針葉樹の植分へと遷移して行く。この遷移は、初めの段階があまり密に生長してしまうと、非常に遅れてしまう。適切な管理をした場合（陰を作る木本を全て切る）、あるいは外からの飛種が来ないような、非常に他から離れたところでは、初めのヤナギの段階が、管理をせずとも長期にわたって、人工的な継続群落として維持される。

成育状況：枝伏せ工の成育状況はだいたい編柵工と同程度である。

厳密な測定は、これまで U.シュリューター氏（1967）が行ったものしかない。彼の調査は、ハノーファーの北およそ15kmのガイルホフで、ハンブルクとハノーファーを結ぶアウトバーン沿いに位置するバッガーゼー（湖）の東岸で行われた。シュリューター氏は、その立地に出現するヤナギ類（*Salices aurita*）とシネレア・ヤナギ（*cinerea*）の2種と、外来種としてタイリクキヌヤナギ（*Salix viminalis*）とヤナギ類（*triandra*）を5年間にわたって調査した。一方は刈り込みを行わず、比較用の土地では、刈り込みを行った場合の反応を調査した。その結果をまとめると：4種類の調査したヤナギ種の反応は、似たようなものであった。違いは偶然の範囲内であった。*Salix triandra*と*viminalis*は枝の形が良く、うまく敷き詰めることができたので、1年目には非常に伸長生長がよかった。それに対してヤナギ類（*Salices aurita*）とシネレア・ヤナギ（*cinerea*）は、1平方メートルあたりに大量の枝を出し、そのため枝は、細くてしなやかであるという利点を持った。これらには刈り込みをすると、1平方メートル当たりの枝の数が増えるという反応があった。枝の長さは、刈り込み後一年経過すると、すでに地上部の護岸に充分であることが分かった。

1.1.4.2 芝草張り

同義：Rasenplaggen（芝草敷き）、Rasensoden（切芝草施工）、Sodenpflanzung（芝土植栽）、Rasenplatten、Flachrasen（平面芝草）、Rasenziegel（切芝草）
英語：prepared sod sqares　伊語：zolle

歴史：デュイレェ氏（1826）は、すでに切芝草の使用を勧めているが、彼は低い『芝草壁面』に使用しているだけで、広範囲の平地を覆うことに関しては述べていない。その後、再びホフマン氏（1936）が切芝草の施工を行い、市松模様に切芝草を張って緑化した、大規模な地滑り地の写真を示した。種子の生産が行われる前は、少ない資料から判断できる以上に、切芝草を用いた保全工事がよく知られ、頻繁に使用された方法であったことは間違いない。

特に他の材料や工法と組み合わせた方法、例えば、以前よく用いられていた切芝草と、砕石を交互に敷いていく方法などは、どれも小規模な保全を行うことしかできないので、可能性には限界がある（図131）。

工事の実施：

a　切芝草

一面を覆った芝草面から、たいてい一辺が40cmの正方形の芝草を切り出し、そこに付着している土ごと、軽く（1〜5cm）表層土壌を入れた斜面に敷く。

急斜面では切芝草の4枚に1本か、5枚に1本、約50cmの長さの杭か、鉄筋を打ち込んで斜面に固定する。この杭は、切芝草の表面より出っ張らないようにしなければならない。生きたヤナギを、厚い切芝草に杭として使用しても、酸素不足のために、挿し木が根付くのが非常に困難なので無意味である。水の流れにさらされるような斜面では、特、金網や合成（人工）のネットを使用して固定した方が良い。

芝草を平らに敷いていくこの方法と並んで、以前は切芝草を段階状に積んでいく方法[48]も頻繁に用いられた。これは成層壁[49]のときと同じように、切芝草と切芝草の間には土を入れて、お互いを結びつける。このような切芝草を積んで作った壁は、コストが高く、材料も多く消費するので、今日ではめったに用いられなくなっており、あまり大きな負荷のかからない、小規模で、低い構造物を作るときにだけ考慮される（図162）。

施工の配置：保護する表面を、切芝草で完全に覆ってしまうことが最も良い（図159）。しかしそうするために、十分な切芝草は無く、コストも上がってしまうため、市松模様にするか、縞状にするかを選ぶことになる。だが、その両者とも満足のいくような結果は得られず、施工から数十年たっても、この人工の産物は、景観の中で不自然な線や模様として（図160）残っているのがわかる。特に自然の土地の形に注

図159　法面に施工した切芝草

図160　交差線状に施工された切芝草。10年後でも芝草は、まだ土地全体を覆うほどには育っていない

---

[48] この方法は経済的ではないが、自然に近く安定性が良い。木が生えない高い海抜（2200〜2500m）での適用が勧められる。（著者）
[49] 積み重ねるように施工する方法

図161　地均しの際に得た切芝草を保全の難しい斜面に縞状に施工する

工事の材料:
a　切芝草

　近くの草地から堀り取った、一辺が40cm位の正方形の芝草。自然の立地に育った芝草は、根が深く伸びていて、掘り取るときに大きな損害が生じるため、平たくはがすことができない。それゆえ芝草は相応に厚く、たいていは5cm以上となる。

　切芝草を調達する場所は、それを使用する場所と、できるだけ生態学的な状況が一致していなければならない。それは実際の工事では難しいので、少なくともよく施肥され生い茂った草地よりも、栄養分に乏しい立地から調達すべきであることに注意しなければならない。掘り取る前に芝草は刈っておく。

　切芝草を収穫して施工する間までに、時間がたってしまう場合は、乾燥したり窒息して使えなくなってしまわないように、せいぜい幅1m、高さ0.6mに積み重ねて貯蔵しなければならない(図165)。特に、そのように堆積して、冬の間おいておかなければならない場合は、貯蔵した切芝草の大部分を荒らす、ネズミに注意しなければならない。夏期は、4週間までしか貯蔵できない。

b　完成芝草

　平坦な土地や芝草排水路には、できるだけ長く、ずっと同じ幅の帯状のものが適している。

意しないで縞状に配置すると、不自然さが残ってしまう。縞状に切芝草を施工しても良いのは、道路脇の斜面や運河の土手など、下部を敷き詰める場合などの線的な工事の場合や(図161)、縞が地形に適合しているような場合である。芝草と芝草の間の覆われていないところには、必ず表層土壌を入れ、すぐに種を播かなければならない。

b　完成芝草、またはロール芝草
　　　　同義:掘り取り芝草、芝土マット

　完成芝草の施工は、完成芝草の形態によって異なる。帯状に長いものは、斜面に垂直に上から下に転がして広げる(図163)。急斜面や特に川岸の斜面では、それぞれの切芝草を固定したように、完成芝草も固定しなければならないが、杭と杭の間の間隔は、大きくとって良い。小さな形の完成芝草は、切芝草と同様に施工していく(図164)。完成芝草は、施工後、叩くかローラーで均す必要がある。

　完成芝草の栽培に適した植物が使用された場合だけは、施工の際、前もって表層土壌を入れなくても良い。

c　帯状芝草

　陸地拡張や海岸線保護のために、ドイツの北海やバルト海の海岸では、自然の植分から切り出した帯状の芝草を、干潟の畑地の畝間に敷設する。帯状芝草の列の間隔は、4mとする(ヴォーレンベルク氏、1965)。

図162　段階上に積んだ切芝草で保全した低い急斜面

図163　ロール芝草の敷設

図164 あらかじめ栽培された芝の敷設（日本）

　市場では、0.3〜0.4m幅、1.5〜2mの長さの、掘り取り芝草[50]が手に入る。これは機械で2.5〜4cmの厚さに揃えられたものである。この平らにはがされた若い芝草は、えぐり取るときに根の一部が切られているため、自然の植分からとられた切芝草よりも活着が良く、また根付くまでの時間も短い。またその後に、より良く土壌と結びつき、そう簡単に枯れてしまうことはない。

　掘り取り芝草は、たいていロール状にして運搬する（このためロール芝草とも呼ぶ）が、その際、4ロール以上を重ねて積み上げてはならない。貯蔵は4日以上になってはならないし、積み上げたものが乾燥しないように保護しなければならない。

　1平方メートルのロール芝草は、基盤、保水量、厚みに応じて25〜30kgの重さになる。必要量を算出するためには、乾燥のために土地面積の平均5%くらいは、減少してしまうことを考慮に入れなければならない。

　完成芝草はまた、特別に作られた苗床—たいていはPVC箔の上で—栽培し、この設定された大きさのまま運搬し施工する（図164）。この芝草を栽培する際、運搬や斜面固定のために、ネットか格子、ならびに握り革ないし取っ手を一緒に取り付ける。これは特に、河岸で使用する完成芝草を栽培する時に行う。このような透水性のない土台の上で栽培した完成芝草は、確かに持ち上げて施工する際に根が傷むことはないが、しかし手を加えるのは播種後3〜4週間ほど経ってからにしなければならない。

　特定の工事現場のために、計画して完成芝草を栽培すれば、立地に適し、しかも特殊な種子を混合したものを使用できるようになる。大量の材料を調達できるということと並んで、特別に適した種子混合ができるということは、自然の植分からとった切芝草には望めない長所である。

時期の選択：我々の中部ヨーロッパの気候状態では、植生期間中ずっと。つまりだいたい3月から11月までの間。最も良いのは4月から9月の間に行うことである。しかしながら、完成芝草は一年中入手できるわけではない。

技術的・エコロジー的な効果の程度：施工後すぐに地表面は覆われ、守られることになる。土壌としっかりと結びつくのは、1週間から2週間の間に根付いてからである。薄くそがれた完成芝草は、天候がよければ数日のうちに根付く。

コスト：材料によってコストはかなり上下するが、播種と比較すると高く、その他の工法（例えば枝伏せ工の場合）と比較すると安い。1平方メートルにつき、0.5〜1.0時間の作業時間がかかり、完成芝草の場合作業時間は少な目で、掘りとった切芝草の場合、多めの作業時間を要する。

長所：施工すると土地は植物によってぎっしりと覆われる。

　完成芝草や保管しておいた切芝草を使用すると、作業の進みが早い。熟練した施工者のグループが行うと、1日で一人当たり50平方メートル（斜面の場合）から、200平方メートル（平地の場合）を敷設することができる。

短所：芝草地へ立ち入られたり、斜面で土壌が移動したりすると、損傷を受けやすい。

　大規模な工事や、極端な立地で材料を調達するのが難しい。
　播種よりもコストが高い。
　表層土壌が必要。

使用領域、緑化工事の中での位置づけ：
a　切芝草

　切芝草の施工の使用領域として、まず考えられるのは、基礎工事の際、つまり人工的に斜面を切土した際に、切芝草が手に入った斜面の緑化である。露出鉱脈を緑化するために、切芝草を施工することはそれほど意味がない。しかし崩壊部の縁を丸くする際には、切芝草をすでに緑のあるところにおいて、広げていくと良い。地滑りの危険のある斜面でも、切芝草の施工はあまり意味がない。なぜなら未熟土壌の上では、しばらくすると枯れてしまうからである。そのような場所では、土砂に入植できる先駆植物のターフ（切芝）を移植しなければならないが、ほとんど難しい。

　もちろん機械を使って土木工事を行うと、ブルドーザが地均しをする時に芝草面を破壊してしまうので、工事の際に切芝草を採取できないことが多い。

　亜高山地帯や高山地帯で、生態工学的な緑化工事をする場合、生態学的にみて、環境が相応した近隣から切芝草を調達して、施工する以外に方法がないことが多い。

　例えばグロースグロックナー・ホッホアルペン通りでは、標高約2,500mまで切芝草で緑化をすることができた。というのは道路工事の際に生じた切芝草を、丁寧に引きはがし、保管することができたからである。この切芝草の中には、植物区系学上の希少価値を持つエーデルワイス、矮性マンテマ、ヨモギ、リンドウ、サボンソウなど多数の草本類があった。これらの種は市場では買えないものであった（図165）。

図165　切芝草を少しずつ堆積して貯蔵しているところ。標高約2,300mのグロースグロックナー・ホッホアルペン通り

---

[50] 完成芝草の一つで表面から2、3cmの厚みで機械を使用して切り出した芝。（著者）

b 完成芝草

特に、例えば駐車場のような適度の傾斜の造形地や、バンケット、河岸の斜面などに適している。河岸の斜面は、強い水流も波も打ちつけず、4週間以上、洪水の起きないところに限る。

切芝草や完成芝草は、芝草張り排水溝に良く適した工事材料である（その項を参照のこと）。

管理：管理のための費用は、使用した芝草群落によって異なり、管理作業で採取したものが、次の緑化工事に使用できるかどうかによって異なる。後に牧草地として使用しない場合は、できるだけ管理のいらない芝草の群落を使用するか、それに応じた適切な種子を混合して、完成芝草を作ることに注意をしなければならない。たいてい定期的に施肥を行い、刈り取りをする必要がある。

遷移、自然定着、生育状況：
a 自然の植分からとった切芝草

ほとんどの場合、切芝草は、一特に山岳地帯では一、数十年から数百年もの遷移の結果として出来上がった、成熟した芝草の群落からとる。また、そのような芝草の土壌は、とりわけ長い年月で熟成をしたものである。このため急激には熟成しない。それゆえ隙間無く、適した表層土壌に施工した切芝草は、もともとの生息地と異なる扱い方（耕作）をしない限り、その他全ての生態工学的工法の中で、後年、最も構造変化をしない。

そのため、切芝草を市松模様状、あるいは縞模様状に施工した所では、しばらく時間がたっても、空所をふさぐように広がることはない。つまり十分に成熟した芝草の群落から、状態の良くない基盤に広がることができる植物は、ほとんど 一あるいは全く一 手に入らないということである。

1944年、アーヘンゼー（湖）のプレッツァッハアルム（標高1,000m、年間降水量約1,200mm、石灰とドロマイトの砂利土壌）の試験地では、切芝草を市松模様状に施工したものと、比較のため、隙間無く施工したものから、地面の隙間が無くなるまで生長するのに、どのくらいの時間を要するかを調査した。切芝草は、隣接する山上牧草地の中のレンジナ（腐植炭酸塩土）に繁茂する、比較的先駆植物が多いイチゴツナギ（*Poa*）とカニツリグサ（*Trisetum flavescents*）の植分から採られた。切芝草の活着にとても良かったが、横へは5年後でも数センチメートルしか広がらず、22年経っても、その状態はほとんど変わらなかった。だが経験的にも、地面の空所には、表層土壌を客土していなかったので、何百年もの期間をかけないと、そのような立地のレンジナ土壌は形成されないものである。

2番目の例として、オーバータウエルン峠（標高1,740m）の斜面緑化工事で、市松模様状に施工した切芝草が挙げられる。芝草を植えなかった隙間の土地には、少々表層土壌を客土した。しかしながら、表層土壌が流し去られてしまったために、地面の隙間をふさぐまで生長した芝草は、ほんの少ししかなかった（図160）。

もう一つの例として、ベンツラー氏（ハノーファーのニーダーザクセン州立土壌研究所）の報告が挙げられる。彼の報告によると、オランダの堤防ダムに隙間を作って施工した切芝草は、冬に暴風が吹いて高潮が起きたときに、切芝草を施工しなかった空所に、水の攻撃を受け、侵食はさらにひどくなった。それどころか、このように不十分な保全を行った堤防は、全く何も生長していない状態よりも、ひどく破壊されてしまった。ベンツラー氏は、この原因が隙間の土地に侵入した根が不足していたことであるとし、結論として、実際の工事には、薄くても隙間なく、完全に閉じられた状態になるように堀取り芝草を施工するか、播種をするようにした。

このように結果が悪かった例をみると、隙間をあけて施工した切芝草が、一面を覆う芝草へと遷移するためには、その隙間に表層土壌だけではなく同時に播種を行わなければならない。

それに対して、ヴォーレンベルク氏は、次のように報告している（ブーフヴァルト氏／エンゲルハルト氏、1969年、景観保護と自然保護のためのハンドブック[51]、第4巻、196ページ以降）。陸地造成のために移植した帯状芝草（主に自然のAndelwiesen[52]から採られたもの）は、すでに一年後には横へ広がり、三年後には20倍もの幅に広がった。この帯状芝草が、これほどすばやく広がったのは、使用した草本類が、先駆的な特徴を持っていたこと、不定根の形成による拡大能力、そして、初期入植に立地の状態が適していたことに起因している。

b 完成芝草

完成芝草は市場で任意に選んだものであり、施工後、使用した混合種子に応じて、十分な段階まで遷移する。密度が低く、競争力の低い完成芝草の場合、草本植物の侵入だけではなく、木本植物が入植し、そのため低木や森林の群落へと遷移していくことも考慮しなければならない。

1.1.4.3 芝草播種

芝草や草本植物を混合したものの播種は、以前の緑地工事では重要ではなかった。ヴァング氏は、『芝草張りによる暴れ川保全工事について書いた概説』[53]（1903）の中で、一章を割いてこれについて述べている。彼の叙述や、特にどうやっても調達できないような種子を使った調合を提案しているところからみると、この提案が純粋に理論上のものでしかないことがわかる。芝草の群落の水分や、排水状況が良くないことが、アルプス地方の崩壊地で、大規模な芝草施工が、一般的に行われる妨げになっていることは疑いない。私自身も1968年に出版した『緑化工事の基礎』[54]の第一版では、制限的な書き方をしている：

《地滑りの危険のある斜面を芝草で緑化することはめったにない。それに対して継続的に芝草が最終目標とされるところ、つまり人工的に切土した草原、雪崩が通るために森林が作れないところ、あるいは森林限界以上の山岳地帯では、芝草施工が成功している。緑地工事では、地表面の一時的な固定のため、安定工法で施工されたものの隙間を埋めるため、豪雨などに対して土壌を覆うため、あるいは土壌を改良するため（緑肥）に、播種が行われることの方がずっと多い。》

過去15年の間に、播種の方法は飛躍的に発展しており、それぞれの生態工学的工法を行う際の、使用方法も変化した。今日、我々は危険にさらされた土地を、迅速に、平面的に効果をもたらすマルチング播種工法を行って固定し、これによって土地の大部分を侵食から守り、問題の箇所に、破壊されない保全構造物を構築したり、植樹や植林ができるようになった。

以下に述べるそれぞれの新しい播種方法によって、短期間で構築的な草本や芝草の群落を作り、不毛の土地を、生物的に活性化できるようになった。このような技術を通して、中でも芝草の播種と木本の播種を、同時に行う技術が生まれた（図169も参照のこと）。

これまで芝草と木本の播種は、方法論的にも生態学的にも全く別の方法であり、通常、時間的にもかなり離れた時期に行われていたが、今日では条件を満たすこと、一つまり未熟土壌を生物学的に活性化すること、侵食や攻撃的な力を取り除くこと、芝草施工によって競争を無くすこと一で、両者を一つの作業工程にまとめた播種方法が生まれた。

当然のことながら、林業を行うときには、高価な木本の種子を節約しなければならない。かつてその林業の実践方法であった縞状播種、帯状播種、そして局所播種が芝草の播種法に引き継がれた。

クレーベル氏（1936）は帯状に斜面に埋め込んだ粗朶束の間に、4～5インチ（10～12.5cm）の幅で、草本や多年生草本を播種することを勧めている。その場合、粗

---

[51] 独語名：Handbuch für Landschaftspflege und Naturschutz
[52] Andel(*Puccinellietum maritimae*)の豊富な草原のこと。（著者）
[53] 独語名：Grundriß der Wildbachverbauung der Berasung
[54] 独語名：Grundlagen der Grünverbauung

粗朶束から5～10インチ（12.5～25cm）離して、帯状に播種を行うことを勧めている。この方法では初めの年には、閉じられた植生の被覆を作ることはできないが、斜面に埋めた粗朶束も播種された種子も、より良い方向へ遷移して行くだろう。

今日ではヨーロッパにおいても、ときどき帯状播種が行われている。例えばラインの褐炭工場の再緑化工事では、高く生長するルピナスが帯状に播種されている。

イガマメやウマゴヤシの溝播種は、南ヨーロッパ諸国でときどき行われているし、アルプス地方の所々でも、一般に行われている。

現代の生態工学的な工事方法では、帯状播種や局所播種は、木本を播種する場合にのみ意義があるに過ぎない。芝草で覆ったり、先駆的な草本の群落を作り出すためにはもっぱら撒播法が行われる。

1. 1. 4. 3. 1 干し草屑播種

歴史：干し草屑の播種は、非常に古い播種法であることは確かだ。すでに中世の頃には《干し草屑》、一つまり、干し草納屋に貯蔵された、種子の多い干し草の残りかすや、とりわけ高山地方の戸外で、干し草を巻き付けた棒の下に残るかすを、様々な目的、とりわけ豚の飼料や治療薬として使用していた。

市場に種子が出回るようになる前から、農民はすでに草地の中で草のはえていない箇所に干し草屑を散布していた。

40年代になるまで、干し草屑播種はかなり頻繁に行われていた。ザイフェルト氏（1941）も、アウトバーンの斜面を緑化した時に、かなり良い成果をあげたことを報告している。今日でも干し草屑播種は所々で行われている。例えば山地の農業、いくつかのバイエルンの州立山林管理局、フランスのアルプス地域などである。フランスのアルプス地域では、例えば1967年にも、バルスロネットの周辺地域やコルダロ（Basses alpes）で、小さなスキー滑走路や道路沿いの斜面で、干し草屑種を行い、まずまずの成果を上げた。

種苗栽培が始まると、干し草屑播種は重要性を失った。今日では特殊な場合、主として伝統に縛られた山地の農民の地域や、立地に適した種子が市場では入手できない場合に行われているだけである。山腹牧草地の多くが閉鎖されていくに伴って、干し草屑播種はその干し草屑が不足し、その以前のような重要性はますます失われていった。

工事の実施：干し草屑は、一緒に集められた茎ごと散布して、数センチメートルの厚みにする。風で吹き飛ばされることのない様に、地面が濡れている状態で行うか、干し草屑を散布する前に、軽く湿らせておくようにする。

干し草屑播種は、近代的な播種方法と組み合わせて行うと、より良い成果を上げる。地域特有の種子を使用できるという、干し草屑播種の利点と並んで、マルチング播種工法の利点を生かすことができるためである。高山地帯では、充分な量の干し草屑が得られる限り、このような形で重要性は失われていない。

干し草屑播種に、市場で売られている種子を組み合わせて行う方法は、リューブリアーナのスロヴェニア暴れ川保全工事担当局が1960年に試みた。そこは石灰質の土砂からなる、完全にむき出しになった侵食地帯で、クランスカ・ゴラのヴルシチ峠の下方、標高約1,400mに位置する。この方法が試みられた場所は、すぐとなりに作られた、手を加えない比較用の土地とは反対に、8年後には豊富な種類の植物で植生が作られ、隙間無く覆われた。そして周辺の地域に広がるヤナギ地域とはほとんど区別できないほどになった（図166）。

最近大規模に行われた干し草屑播種の模範的なケースは、プラクスル氏（1954）がフォアアールベルクのフラスタンツの近くを流れるガリーナバッハ（川）の露出鉱脈で行った緑化工事である。フェルトキルヒの暴れ川保全・雪崩防止工事の地域監督局の呼びかけで、州立小学校の支援活動が行われ、3年間でフォアアールベルクにおいて約75,000kgの干し草屑が集められた。1kg当たりの値は1シリングであ

図166 前：市場で売られている種子を混ぜて行われた干し草屑播種、8年後。後：手を加えなかった斜面。クランスカ・ゴラのヴルシチ（スロヴェニア）、標高1,400m

る。干し草屑の品質は様々であったので、プラクスル氏は充分に混ぜてから、市場で売られている種子を加え、粗朶を敷設した上に植えたコルドンとコルドンの間に、5cmから10cmの厚みでそれを散布した。一年目にはすでに一面を覆う植生が作られたことは注目に値する成果であった。隙間は、大きな石のある場所と、無機肥料を撒きすぎたために、肥料障害が起こったところにできただけだった。干し草屑から発生した草本類は、数年後に大部分が再び枯死してしまったが、干し草屑を利用した場合の、植物の種類数は、緑化の初めから、市場種子だけを使用した場合よりずっと多かった。私が工事から13年後に、植物社会学的な調査すると、木本植物以外に71種の草本が含まれていた！（図83）。こうして緑化が成功したのは、露出鉱脈を干し草屑播種だけではなく、その前に技術的な保全を行い、それから安定工法（コルドン工法）で補強し、その後数年間にも植栽を行い、土地を徹底して管理したことが背景にあることが確かである。

干し草屑播種と、近代的な播種方法を組み合わせた、もう一つの事例としては、オーフェン峠（エンガーディン）にある、スイスの国立公園が行った州道沿いの斜面緑化工事があげられる。国立公園の外では斜面を保全するために、市場種子から、この立地のために構成した草本の多い混合をして、シヒテル法®を適用することで成功を収めた。しかしながら、公園の内部では、国立公園以外から産出された種子を使用することが、国立公園法で禁じられており、そのため市場種子を使用することはできなかった。このため国立公園外で使用された種子混合の代わりに、公園内で採集し、ふるい分けを行った干し草屑を播いた。ふるい分けを行ったことにより、重量の70％がなくなってしまった。1平方メートルにつき40gの干し草屑が、播種されることになった。つまり、購入種子の10倍以上の量となったわけである。

この緑化の結果は、市場種子を使った場合よりも劣っていたが、地域特有の先駆種のための生育圏を維持することを望んでいた国立公園管理当局には充分であった。

中でも目立つのは、特に干し草屑から生長したイネ科植物よりも、それ以外の草本の方が維持力を持っているという事である。

以下の植物が干し草屑播種を行って生長した：ノミノツヅリ（*Arenaria serpyllifolia*）、アオイロイワギキョウ（*Campanula cochleariifolia*）、フタマタタンポポ（*Crepis aurea*）、カモガヤ（*Dactylis glomerata*）、アルプスルリソウ（*Eryngium alpinum*）、オオウシノケグサ（*Festuca rubra genuina*）、コウリンタンポポ（*Hieracium sp.*）、ナガハグサ（*Poa pratensis*）、サボンソウ（*Saponaria ocymoides*）、マンテマ（*Silene nutans*）。この内3種類だけが市場でも手に入れられる。

この干し草屑を使用した緑化の、最も困難な点は、その調達である。エンガーディンの人々やミュンスタータール（谷）に位置する全ての市町村が、干し草を売却す

るように布告したが、成功しなかった。つまり一軒の農家も届け出なかったのである。その理由はおそらく、干し草屑が豚の餌に利用されていたためであった。

1965年に、R. インダーマウアー氏は可能性を明確にするために、国立公園の工事現場で、ある実験を行った。一年後には次のような結果が出た。

1. 山腹で採れる干し草を敷き詰める。そうでなければ通常のシヒテル法®のような処置。つまり山腹で採れた干し草を広げ、無機肥料とビツメン[55]を施す。
   結果：1m²につき1～2本の植物。
2. ふるい分けしていない干し草屑を2cmの厚みに敷き、藁で覆い、無機肥料とビツメンを施す。
   結果：1m²につき5～10本の植物。
3. ふるい分けしていない干し草屑を1m²に付き約2.4kg敷き、無機肥料とビツメンを施す。
   結果：1平方メートルに付き20～30本の植物（図167a）。
4. ふるい分けした干し草屑を1m²に付き約1.4kg敷き、藁で覆い、無機肥料とビツメンを施す。
   結果：1m²に付き500～1,000本の植物（図167b）。

工事の材料：1m²に付き0.5～2.0kgの干し草屑。干し草屑は干し草納屋の地面に残った、種子の豊富な屑を掃き集めて得る。干し草屑播種だけを行うためには、干し草屑の中に、茎の部分も含まれていなければならない。マルチング播種工法の中で干し草屑を散く場合は、干し草屑をふるい分けしてから使用すれば、それだけ含まれる種子が多くなる。

立地に応じて、1m²に付き40～70gの無機顆粒複合肥料か、有機肥料。

時期の選択：植生期の全期間に可能である。しかし、最も良いのは初夏である。

技術的・エコロジー的な効果の程度：干し草屑播種は、マルチング播種工法と同様に—十分な厚みに播き、茎の割合が十分であることが前提とされるが—土壌を覆う効果がある。土壌を覆うことで、表面を保護し温度の変化を調整することができる。これによってメカニカルな攻撃力から土壌を保護し、微気候の状態が改善される。

コスト：低い。材料の調達状況や運搬の距離に応じて、1m²に付き0.3～0.5時間の作業時間が必要となる。干し草屑播種は、他の播種方法と組み合わせると約10%費用が高くなる。

長所：市場では入手不可能な種子を入れることができる。

短所：大量の干し草屑は、調達が難しい。また、工事現場のすぐ近くに牧草地がある場合でないと、調達することができない。干し草屑の中に含まれる、種子の割合が低い。重要な植物種、特に、未熟土壌に入植する先駆植物が、含まれていないこともよくある。

また、干し草屑の中に、常に、ある一定の種子しか含まれていないという状況も短所と見なせるだろう。それは、刈り取りをするときに、全ての種類が花期を過ぎている状態なわけではなく、反対に、すでに種子を落としてしまっている種類も多いためである。

適用領域、緑地工事の中での位置づけ：干し草屑播種は上述の短所のために、森林限界より標高の高い牧草地や、市場種子を使用することのできない立地（高山帯や亜高山帯）でのみ適用が考慮される。

---

[55] アスファルトの一部の天然物質。石油、ガソリン、ディーゼルを作った後、一番重いので最後に残るもので、揮発性のあるものを取り除くので固まる。今日でもしばしば利用される。（著者）

図167a　ふるい分けを行わない干し草屑

図167b　ふるい分けをした干し草屑を播種したところ。それ以外は両方の土地は同じ様な処置がなされている。スイスの国立公園

マルチング播種工法、吹き付け工、発泡播種との組合せは、特に種類の豊富な植物群落が目標とされる緑化工事に勧められる（山岳地帯の持続草地、乾燥地帯）。

緑化工事において、干し草屑播種を行う例はどんどん減っている。しかしながらしばしば、決定的な長所（利点）があるため、少なくとも他の播種方法と組み合わせる方法は残って行くだろうし、また、このようなケースには、これまでも以上に適用されるだろう。

管理：干し草屑に含まれている種子は、ほとんどが成熟した牧草地の群落から採られたものなので、良い土壌を必要とする。そのため、充分に施肥をすることだけには配慮をしなければならない。そこに含まれている、まさに価値の高い植物種も、栄養分が不足すると、暫くして駆逐されてしまう。

この施肥の成果は、フィルブリッタートーベルの施工地（図83）に、はっきりと示されている（緑化工事後13年で71種類）。

遷移、自然定着、成育状況：未熟土壌に行った干し草屑播種は充分な成果をほとんど上げていない。原因：未熟土壌に入植する、重要な先駆植物が欠けているため。このような場合、密生し、保全効果のある植生に覆われるまでには、非常に長い年月がかかってしまう。

市場種子を混ぜて行う干し草屑播種は、とりわけマルチング播種工法、吹き付け工、あるいは発泡播種と組み合わせると、干し草屑を使用しない場合よりも短期間で、次の段階に発展し、種類の豊富な閉じられた芝草面が作られる。なぜなら干し草屑を使用することによって、長い年月をかけて、外から入植する種の種子を、すばやく持ち込むことができるからである（図83、166）。

1.1.4.3.2 通常播種

同義：Einfache Ansaat（単純播種）

歴史：通常播種の原型は、穀物種子を播いたことである。もちろんこの一年生植物では充分な結果にはならなかった。そのため牧草地の植物の種子が、手に入れられるようになると、すぐに多年生植物の（持続草地―）混合をした種子を播種するようになっていった。この播種法は、元々は牧草地だけに限られていたが、土木工事にも取り入れられるようになり、とくに道路工事では、表層土壌の客土作業と関連して重要になっていった。1960年頃までは、『肥沃土を入れた』土地に通常播種を行うことが最も頻繁に行われる播種法であった。

工事の実施：種子を地面の上にまき散らし、軽く鋤き込んでいく。斜面では、穀物を播種する時のように、遠くに向かって播かないようにする。なぜなら、そうすると種の重さによって、落ちる位置が分かれてしまうからである。重くて丸い穀種は、平らな場所まで転がっていってしまう。するとそこだけで苗木が密生してしまい、危険な斜面は、植物のない状態のままになってしまう。非常に小さく軽い種子は、砂や乾いた粘土と混ぜて播くのが最も良い方法である。

急斜面では播いた種に土をかぶせるとき、熊手を使って、手作業で行うのが最も良い。

機械による播種は、広い土地では合理的な方法であり、でこぼこのない斜面や平地でのみ可能である。数多くの播種マシーンやローラーがあるので、その中から選ぶことが出来る。

未熟土壌では、種子や実生は保護されないため、充分な成果が上がるのは希である。このため今日では、通常播種を行う前には表層土壌を客土する。

通常播種の特殊なバリエーションは、すでに数十年前にアルプス諸国で進められた。例えば、今日でも一般に行われているヴァング氏が考案した、前段階の先駆群落を構築する方法。そしてツェル氏（1966）が考案した、まず緑肥となる植物を栽培し、それを鋤込んでから播種を行う方法（コンビネーション緑肥法）などである。

どちらも急速に生長する一年生植物を使用して、その力強い根で土壌を開発し、マメ科植物を一緒に使用した場合は、窒素が蓄積されて土壌が改良されるという点が共通している。

ヴァング氏（1903）は、この目的のためにカラスムギとライムギ（Waldstauderroggen: Secale 属の一種）を混ぜて播種することを勧め、ルスティヒ氏は、ライムギ（Stauderoggen:Secale 属の一種）が 1/4、カラスムギが 3/4 からなる『ユニバーサルミックス』を提案し、プラクスル氏（1954）はルピナス、秋まきライ麦、キクイモの播種を勧めた。これらの提案は、前段階の群落を構築することのみを考慮し、さらに土地に手を加えることは考えられていないが、ツェル氏は、栽培園の緑肥のために開発したコンビネーション緑肥法を応用し、土壌を生物的に開発する先駆社会を構築して、砂利土壌を再緑化した。彼女は一年生の草本やマメ科植物、イネ科植物の混合種子を播種し、馬鍬（ハロー）を用いて、非常に強力な無機肥料を鋤き込んだ。彼女はそれらが種を落とす前に、刈り取らせ、土壌に鋤き込ませた。それからその後持続牧草地や持続放牧地のために、特別に調合した最終的な混合種子を播いた。

急斜面で適用することは出来ないが、ツェル氏がこの方法を用いて、もともと完全に不毛であった砂利の平地を、すばやく再緑化したことは注目に値する。そうして、オーバーロイトアッシュ、カルヴェンデル山岳地帯のグローセン・アホルンボーデン等の土石流や、小川決壊のために荒廃した土地を、非常に短期間で再緑化しただけではなく、良い（アホルンボーデンでは以前よりも良い）成果を上げることに成功した（図168）。

通常播種をする場合は常に、事前の準備が不可欠である。準備がなければ短期間で生長し、深く根を張る種類の植物でも、求められている成果を上げることができない（図169）。

工事の材料：前段階の群落を作るため、特に後に森に移行するべき土地には、マメ科植物のみか、立地に応じた調合、あるいは様々な未熟土壌に耐えることのできる、一年生の被覆植物種を調合した混合種子。

持続芝草地には、立地や目的に応じた種子調合をしなければならない（詳細については34ページ以降）。

図168aとb ツェル氏によって行われた緑肥と組み合わせた通常播種。チロルのカルヴェンデル山岳地帯に広がるグローセン・アホルンボーデンの砂利で埋まった高原牧地の緑化

図169 ルピナスによって斜面を固定しようとした試み。ホーエ・タトラ

時期の選択：植生期間。初夏が最適。

技術的・エコロジー的な効果の程度：すぐに効果が発揮されない。植物が根付いて初めて、土壌を固定する効果が現れ、新芽が生長すると土壌を覆う効果が現れる。その効果は次第に強められていく。バクテリアを接種したマメ科植物を使用すると、土壌に窒素が蓄積されるが、また特に有機物も豊富になる。そして、根によって土壌が柔らかくほぐされる。

コスト：1平方メートルにつき0.02～0.07時間の作業が必要。その際、この土地の下半分は平地だったので、機械を使って作業し、急斜面の上半分は手作業で行った。コストは使用する種子によっても左右される。持続的効果を得るためには、前もって表層土壌を客土する作業が必要なので、計算にはそれも含めなければならない。その結果、マルチング播種工法や吹き付け工法よりも、コストが上がってしまうことが多い。

長所：表層土壌を客土する必要のないところ、例えばレス土壌などでは簡単で迅速、コストのかからない方法である。

短所：すぐに保護効果を上げることができないので、失敗することも考慮しなければならない。未熟土壌には、表層土壌を客土する必要がある。降水量の少ない地域や、日の当たる斜面で成功することは希である。

使用領域、緑地工事の中での位置づけ：特にゴミ集積場など、侵食や風食防止ために一時的な緑化が必要なところ、及び、表層土壌では乾燥を防ぐために緑化が必要なところで。その他、平坦な斜面や、平らな土地だけの緑地工事で。また、再造林の前処理や移行段階での播種として、あるいは緑肥に。

1.1.4.3.3 吹き付け工法

同義：Anspritzverfahren 吹き付け工
英語：spraying method、hydroseed

歴史：オーストリアで第二次世界大戦後に行われた大規模な道路工事は、オーストリアの最も美しい観光地の一つ、ザルツカンマーグートの中心で行われたため、工事後の切通し岩盤の醜さが特に目立ってしまった。そこでこの美しくない岩盤斜面に、植生を入植することによって景観に適合させる方法を探した。E. ルスティヒ氏は、泥炭、細粒の粘土質の土、肥料、水を混ぜてモルタル状にした物に種子を混ぜ、それを平ゴテでモルタルを塗るように塗り付けさせた。この方法はコストが高かったが、望んだ成果が上がった（図170）。

　J. シャート氏とW. ジアラス氏はその後このアイディアを機械化して、実際の工事で一般に使用できるようにした。こうして1961年に『ビツ吹き付け工』が導入された。その後数年経ち、アメリカの機械（フィン・ハイドロシーダー）が導入され、旧西ドイツでも新しい機械が開発された。これらは本質的に同じ考え方に基づいているが、様々な経験を生かしてそれぞれが非常に進歩を遂げた。その頃、様々な粘着剤が市場に出るようになり、多くの施工会社がそれを利用し、新しい方法として紹介するようになった。そうしてその方法のバリエーションとして、スウェーデンではヴェゴ1、2、3、オーストリアではダフラバリエーション、ヘゴラバリエーション、旧西

図170 種子、土壌、ピート、肥料をモルタル状に混ぜたものを手作業で岩盤斜面に塗って緑化したところ。ザルツカンマーグート、ザンクト・ギルゲン

図171 フィン・ハイドロシーダーによる斜面の芝草張り

ドイツではブレヒト吹き付け工法、同様に 4 つのバリエーションからなる、シュヴァーブ緑化のプログラム、多くのバリエーションからなるファストローザ法、ヒグロムル法などがある[56]。

経験や応用された調合法などは、初めは企業秘密とされており、それら方法の、エコロジー的効果の実際的な違いは、工法の名称に社名が使われているため明らかにされていなかった。例えば、吹き付け工法法の中には、効果の高いマルチング播種工法を含む場合もあるし、その他極端な場合には、種に水を加えただけで、それ以外は何の材料も混合しない吹き付け工法も、吹き付け工法と呼ばれていたのである。

それゆえ、多くの方法のバリエーションを概観して、その効果の程度を評価するためには、他の方法をとらねばならない。つまり、DIN18918 を起草する際に、初めて試みたように、適用した方法を、実際に使用した材料と、その量によって判断するということである。

工事の実施：骨材混合物の中に、種子、肥料、土壌改良材、粘着物質、水を入れてどろどろになるように混ぜる。取りつけたポンプは、混合物を緑化面に散布するために必要な圧力を生み出す（図 171）。混合物は吹き付け行程の間中、同じ状態が保たれなければならない。

だいたい 0.5〜2cm の厚みの層ができるように吹き付けるが、大きな石の多い立地では、もっとずっと厚くすることもできる。その場合、吹き付け工程を何度も繰り返して材料を塗るようにする。その場合は、前の層が凝固硬化してから、次の層を吹き付けるようにする。

工事の材料：種子、肥料、土壌改良材、粘着物質、水を混ぜて出来上がった混合物が 1 立方メートルあたり 1〜30 リットル（表 8 を参照のこと）。

必要な材料の量は、立地に応じて決まる。そのため規模の大きな緑化をする場合、材料の量を決めるために、まず立地判断をしなければならない。これは表 8 に従って行うと良い。その際、土壌の状態、気候、侵食や地滑りの危険性は、別々に評価するようにする。土壌の状態を評価するには、次の要素に注意しなければならない：植生が作られる表層土の厚み、粒径分布（細粒の量）、有機物質の含有量、土壌構造、透水性、保水力、土壌湿度、栄養分含有量、pH値、有毒物質の含有量、場合によっては、植物の育成に不向きな土の特徴。

気候については、次の要因によって評価される：

a. 大気候的要因：海抜や海からの距離、平均降水量とその分布、湿度、乾期の長さと頻度、平均気温と気温の差。

b. 小気候的な状況：傾斜の方向（方位）、斜度、光の状況（明暗）、日照、風、積雪期間、氷点下になる頻度。

土壌と気候は次の段階に評価される：

1＝とても良い、2＝良い、3＝普通、4＝悪い、5＝とても悪い

侵食や地滑りの危険性は次の要因によって判断される：斜面の高さ、斜面の角度、荒天の傾向、特に豪雨、降雹、洪水、風のおきる頻度、その強さ、突風の多さ、土壌の結合（凝集力）、土壌に含まれる粘着性のある物質の量、有機物、水分、氷点下になる頻度。

侵食や地滑りの危険性は次の段階に評価される：

1＝とても少ない、2＝少ない、3＝普通、4＝高い、5＝とても高い。

また、表 9 からは、必要な材料の量がわかる。その際、それぞれの材料の効果に注意しなければならない。例えば、侵食の危険にさらされた土地で、土壌の状態が良い場合は、粘着物質や、場合によっては種子に高い費用がかかるが、肥料にはかからない。反対に栄養分が少なくあまり肥沃ではない土壌には、肥料と土壌改良材に高い費用がかかるが、侵食の危険にさらされていない土地では、粘着物質の量は少なくて良い。

表8 吹き付け工法、乾燥播種、マルチング播種工法の応用領域

	工法	土壌の状態					気候					侵食と地滑りの危険				
		1	2	3	4	5	1	2	3	4	5	1	2	3	4	5
1	T,N/sd															
2	T,N/sdk															
3	T,N/sdb															
4	M/sdm															
5	T,N/sdkb															
6	M/sdbm															
7	M/sdkm															
8	M/sdkbm															

略号：
N= ハイドロシーディング
T= 乾燥播種
M= マルチシーディング
s= 種子
d= 肥料
k= 粘着物質
b= 土壌改良材
m= マルチング材

▨ ＝最低使用
▧ ＝中間使用
▨ ＝最大使用
▶◀ ＝挙げられた工法でも不十分なこともある

---

[56] これらの工法は現在ではゴミのボタ山を緑化する目的などに行われているだけで、もうほとんど行われていない。現在の工法はこれらの工法をもとに発展した。（著者）

表9　1m²に芝草の播種を行うために必要な材料の概算値

番号	1 材料	2 最低量	3 平均	4 最高量	5 単位	6 入手時の状態	7 1kgの容量(l)
1	芝草の種子						
	a 平均的な混合 粒数は800粒/g以上	10	15	20	g	自然乾燥	2.5-3.3
	b 100-800粒/g	15	20	30	g	自然乾燥	1.5-2.5
	c 100粒/g以下	20	40	60	g	自然乾燥	1.2-1.5
2	肥料(土壌の養分含有量による)						
	a 肥料(鉱物性)、例N・P・K=12・12・17	30	50	70	g	乾燥	0.9-1.0
	b 肥料(有機性)	50	100	150	g	土のように湿っている-乾燥	1.0-2.5
3	土壌改良剤						
	a 粘土とローム	125	250	375	g	土のように湿っている-乾燥	0.5-1.0
	b 発泡溶岩、軽石、選鉱した珪酸塩、相応の噴石など	500	1000	1500	g	土のように湿っている-乾燥	1.0-1.7
	c 有機的な基盤、ピートなど	2	4	8	l	ぼろぼろ、土のように湿っている-乾燥状態を圧縮したもの、乾燥	3.3-10.0 2.0-3.3
	有機的な基盤、セルロースなど	100	150	200	g	40%(完全に乾燥)	5(湿)
	d コンポストと土	1000	3000	5000	g	土のように湿っている	1.4-1.7
	e ハイドロシリカーテ	80	150	200	g	乾燥	1.25
	f アルギナーテ	製品による				液状、乾燥	
	g 合成発泡材	15	25	40	l	乾燥した半固体	50-80
4	粘着物質						
	a 吹き付け工法用のビツメン	150	250	300	g	25-30%の水を混ぜたエマルジョン	0.9-1.0
	乾燥播種用のビツメン	250	500	750	g		
	b 拡散型合成物	20	40	60	g	液状	0.9-1.0
	c エマルジョン合成物	10	30	50	g	液状	0.95
	d 濃縮型合成物	5	10	15	g	液状	0.9
	e 有機的接着剤	100	150	250	g	乾燥	2.75
	f 硫化リグニン	100	200	300	g	乾燥	1.5-2.3
	g メチルセルロース	20	40	60	g	乾燥	0.5-0.7
	h トール油製品	50	75	100	g	液状	0.9-1.0
5	マルチング材 わら、干し草、その他の植物の繊維						
	吹き付け工法(N)、乾燥播種(T)の場合	250	350	450	g	乾燥、ぼろぼろ、又は低圧でプレスされた状態、又は短く切った状態	10-20
	マルチング播種工法(M)の場合	300	450	600	g	乾燥、高圧でプレスされた状態、又は低圧でプレスされた状態	8-12

時期の選択：吹き付け工法は、湿度の高い季節に適している(つまりチロル地方では、3月から5月、および9月から霜の期間が始まる前まで)ないし、光の当たらない土地で。

マルチング後に、吹き付けを行う工法については、マルチング播種工法を参照のこと。

技術的・エコロジー的な効果の程度：種子には固定材と肥料を調合して、最良の発芽床を作らねばならない。そうして作られた層は、土のような外皮となるが、メカニカルな負荷、すなわち乾燥、霜に対する抵抗力はあまりない。

この層はエコロジー的には、特に品質の高い表層土壌を、薄く客土した場合と、ほぼ同様な効果がある。極端に急な斜面や岩だらけの斜面に、表層土壌を客土しても、決して均等にはできないし、同じ効果を上げることもできないだろう。

乾燥したり、霜がおりた場合、塗り付けた層に割れ目が生じ、そのために岩盤全部がはぎ取られたり、実生がもぎ取られてしまったりすることにもなりかねない。こうしたリスクには、適した時期を選び、場合によっては吹き付けされた斜面に、何度も散水することによって対処する。今日では様々な改良が行われたので、―特に使用する粘着剤に関して―こうした短所は大幅に減った(図172)。

図172 ブレンナーのアウトバーン沿いで吹き付け工によって緑化された岩盤斜面。2年後。(作業写真：Fa. ダンナー氏、フォルヒドルフ/オーバーエスタライヒ)

吹き付け後に、最後の作業工程に機械で塗り付けられるマルチング層は、温度調節の作用をするが、一般的には、手作業で塗られた長い藁のマルチング層よりも、総合的な効果は劣っている(マルチング播種工法も参照のこと)。

コスト：使用する材料の量に応じて、1m^{2}につき0.2～0.3時間の作業時間。

長所：岩がち、大きな石の多い、あるいは非常に急な(人の立ち入れないような)斜面を迅速に緑化することができる。

短所：工事現場は機械を入れることができるように整地されていなければならない。
到達範囲は、ホースがある場合は約150m、ホースがない場合は、最高でも40m。ほとんどの機械では約25mだけである。

マルチング層を作り上げるには、技術的に未だに問題点がある。そのため機械による吹き付けでは、力の弱い短い繊維で作られたマルチング層しか作れないので、効力も制限されている(マルチング播種工法の項も参照のこと)。

使用領域、緑地工事の中での位置づけ：車両で通行できる限りにおいて、特に急な岩がち・石がちな斜面に。

管理：乾燥の危険には注意しなければならない。場合によっては潅水する。しかしながら、この管理作業は提示された価格に含まれているのが一般的である。植物が根付いた後は管理に関しては、他の全ての播種法と同様に行う。

遷移、自然定着、生育状況：使用する調合種子と立地による。

1.1.4.3.4 乾燥播種

塗り付ける材料の媒介物として、水が使用される吹き付け工法に対して、乾燥播種はこの材料を手で散布するか、機械で跳ね上げたり、吹き上げて播種する。

この工法は、今日では高度に工業化された国の、大きな土地ではもう行われていないが、小さな土地や発展途上国では今日でも重要である。

乾燥播種は播き方の違いを除いては、吹き付け工法となんら変わるところはないので、詳細については吹き付け工法の項を参照するように。

1.1.4.3.5 マルチング播種工法

同義：Mulchverfahren(マルチング工法)、Saat-Mulchverfahren(播種―マルチング工法)、Kombinierte Saat-Mulchverfahren(播種―マルチング組合せ工法)

歴史：土壌を乾燥から守り雑草を排除するために、覆いをすることは古代ローマの頃から知られていた。この造園(園芸)や果樹栽培から起こった方法は、北アメリカの農場主によって再発見された。彼らは主に単式栽培や樹林伐採のために起こる侵食の害を解決しなければならなかった。その解決法として、農場で出た有機ごみが利用された。マルチング工法としては、この方法が世界的に知られるようになり、この表現が今日の誤解や概念の混乱の原因になった。

M. ミュラー氏の考えでは、マルチング層でもたらされるいくつかのメリット(集中豪雨からの保護、乾燥や風に吹き飛ばされる危険からの保護)は、覆う層が非常に薄くても同じく発揮される(A. ザイフェルト氏の口頭報告による)。彼は乾燥地では、播種に薄い藁の層を組み合わせることを推奨している。これによってそれまでに知られていたマルチング層の概念に加えて、新しい被覆の概念が生まれた。両者はエコロジー的な効果が違うので、使用される所も全く異なる物でなければならない。

M. ミュラー氏の提案は、結果的にフィン工法を発展させた。オハイオ州シンシナティのフィン・イクィップメント株式会社(USA)は、道路工事の斜面緑化のための様々な機械を製造した。そのハイドロシーダーやマルチング・スプレッダーは多くの国々が購入した。

旧西ドイツでは、ある会社が様々なマルチング材を斜面に施すことのできる大型機械を開発した。

機械によるマルチング播種工法には様々な欠点があるため、アルプス地域や乾燥地で、一般に使用することは難しいのだが、私はその欠点を克服するために、部分的に機械を使用する方法を開発した。これはまず藁覆い層上の播種として知られるようになり、さらに発展したことにより、今日ではシテテル法®として法的に保護されている。この方法は、使用の可能性が多様であるため非常に普及した。

森の多い地域では、播種をする前に枯れた小枝を地面に覆う方法が行われたが、今日では、土地への立ち入りを防ぐべき所でのみ行われている。小枝は大量に必要とされる。

小枝で厚い層を作る方法は、水辺の斜面の保全に用いられる(枯れ枝伏せ工法)(207ページも参照のこと)。

機械によるマルチング播種工法
　　　同義：Finn-Verfahren（フィン工法）、Finn-Sä und mulch-Verfahren（フィン播種―マルチング工法）、Schwabbegrünung》003 Mulch《（シュヴァーブ緑化『303 マルチング』）

工事の実施：吹き付け工法や乾燥播種が行われた後に、マルチング機（例えばマルチング・スプレッダー）で刻み藁などの層を吹き付ける（図173）。藁はたいていマルチング機で刻み、送風装置でパイプから投げ飛ばす。その際早く固まるように、通常パイプから出る時に、乳液状のビツメン・エマルジョンを加えて散布する。到達範囲は 25mで、延長パイプを使うと 35mとなる。距離が遠いと届かないし、風が吹いている場合には上述の到達距離に達さないこともある。そのためたいていの場合、機械の到達範囲外は手作業でマルチング材を覆っていき、その部分は持ち運びできる背負式噴霧器で、ビツメンを噴出する（これは後述のシヒテル法の原型から取られた方法である）。

　1日の仕事量：約 15,000m²。

図174　1958年に行われた藁覆い播種工法の初めての実験地

図173　フィン・マルチング・スプレッダーによるマルチング層施工

工事の材料：種子、肥料、マルチング材（藁、干し草、セルロース、またはその他の繊維など）。

時期の選択：植生期全般を通じて。施工会社は、乳液状のビツメン・エマルジョンを使用できるお陰で、どんな天候でも行えるとしている。しかしこれは軽い雨、または霧雨の場合のことであって、豪雨や暴風の場合は無理である。

技術的・エコロジー的な効果の程度：藁茎は乳液状のビツメン・エマルジョンが噴出された衝撃によって土壌に張り付く。こうして藁の層が充分な厚さになった所は、しっかりと保護される。
　マルチング層は微気候的に極端な状態を調節する作用に優れているが、様々な理由により、環境条件が極端な立地で求められている、最良の作用がもたらされないことも多い。

コスト：播種作業を除いて機械によるマルチングを 1m²行うにつき、0.17〜0.50 時間の作業時間。機械が駐車する位置と、工事箇所との距離もコストに影響する。

長所：問題の無い斜面では、一日当たりの仕事量も良く、コスト面でも割安な機械化された工法。低く、帯状に長い斜面に非常に良く適している。

図175　藁覆い播種工法の試験地。管理をせず10年経過したもの

短所：機械が入れるように整地された工事現場でないと行えない。1:1以上の勾配の急斜面や、植物が非常に生育しにくい立地では施工できないこともある。到達範囲が限られている。機械の作業は費用がかかるので、一般に 1 ヘクタール以下の土地を、単独で行うことはできない。

使用領域、緑地工事の中での位置づけ：機械が大型なので整地された工事現場でしか行えない。地滑り地帯や、崩壊地の保全に考慮されるのは例外的である。山岳地帯では、機械を使用してマルチング播種工法を行う場合、工事現場の規模が大きくないと経済的でない。
　夏期に乾燥する地域や、軽い土壌移動がある土地では、機械によるマルチング播種工法は無理なことが多い。

　全体的には重要性を増している。

管理:立地と使用する調合種子による。

遷移、自然定着、生育状況:使用した調合種子と立地の状態に応じて。

シヒテル・システム®
同義:Saat auf Strohdeckschicht(藁覆い上の播種)、Strohdecksaat(藁覆い播種)、Fastrohsa®(ファストローザ法®)、Faulstrohsaat(腐植藁播種)、Biturasen(ビツ芝草面)、Bitumilch(ビツミルク)、humuslolse Begrünung(腐植土無しの緑化)、Schnellbegrünung(急速緑化)、Strohdeckungsverfahren(藁覆い工法)、Bitumulchung(ビツマルチング)Bituminierete Strohmulchierung(ビツメンを施した藁マルチング)、Asphalt-Muluch-Verfahren(アスファルト・マルチング工法)、Gazonne Bitume、Stabilex-Bitumenrasen(安定化ビツメン芝草工法)、Verfahren nach Dr. SCHIECHTL(シヒテル博士の工法)、Schiechtelmethode(シヒテル法)、Strohmulch-Saatverfahren(藁マルチング―播種工法)、Beschiechteln(シヒテル施工)、Deckschichtsaatverfahren(覆い層播種工法)。

歴史:急斜面の砂利地で迅速に平面的な効果をもたらし、生物学的に活性化する工法は、1958 年に私がツィルラータール(谷)のある貨物道路で行った。試験地は1:1 以上の勾配のある斜面(標高 1,250m、石英千枚岩の、岩屑の堆積)にあった。生態学的に重要な要素は、当時すでに分かっていたが、工法は確立されておらず、全ての作業は、まだ手作業で行われていた。この試験地では、その後全く管理がされていなかったが、周囲のほとんどの斜面が崩れ落ちてしまったのに対し、今日でも一面を覆う草地として残っている(図 174、175)。

1960 年には、ブレンナー・アウトバーンの第一建設区間で、風や水による侵食の危険にさらされた大規模な斜面を、緊急に保全しなければならず、それを行う土木工事が進歩した。私はレムモースの切土面を、野外実験地として使用でき、そこで晩夏まで、生態学的に細部までマイナスの作用が起こることなく、大規模な土地で行えるように、この工法を合理化し、機械化することができた。まだこの年には管轄の道路管理事務所の作業チームによって、初めて土地の一部が緑化された。1961 年以後、土木工事が完成したブレンナー・アウトバーン沿いの土地は、シヒテル・システムで引き続いて保全され、その結果、目立った侵食の害は起きていない(シヒテル、1962 年も参照のこと)。

オーストリアのヴェスト・アウトバーンでは、モントゼー(湖)の地滑り斜面で、初めて専門の会社によってこのシヒテル・システムが行われた。

もともとの方法は、多くの国々で ―たいていは間違って― コピーされ、様々な空想名を付けられて知られるようになっていった。様々な立地に大変幅広く使用されたために、年月の経過によって同時に、技術的にも生物学的にも、創意に富んだ再発展をなしとげ、今日困難な立地にも、一般に使用できるシヒテル・システム®となった。これは間違いを避けるために国際的に法で保護されている。

これまで表層土壌のない 18,000,000m³の土地が、シヒテル・システム®で緑化された。

編柵工が開発されて以来、シヒテル・システム®ほど、迅速に広く普及した、新しい緑化方法はない。

工事の方法:

a 通常のシヒテル法®(図176)
第一工程として、茎の長い藁を斜面にまき、一面のマルチング層を作り出す。立地に合せて、藁は様々な状態に準備する。

第二工程では、立地や緑化の目的に応じて混合され、バクテリアが接種された種子を播種する。同時に鉱物性肥料と有機肥料、あるいはそのどちらかを播く。場合によっては、土壌改良材や土壌安定材、または生長促進剤などを加える。

第三工程では、藁の層が動かないように固定する。これは植物に害を及ぼさず、水で希釈することのできる、特別な安定性ビツメン・エマルジョンを吹きかけて行う。ビツメンの使用が禁止されているところ(水源地帯)やビツメンの黒っぽい色があまり望まれないところでは、他の糊材を使用する。

全工程は手作業でも、一部手作業でも、あるいは全て機械によっても行うことができる。そのためその土地の状況に適した方法で行うことができる。

一日の成果:作業チームや立地に応じて 800～3,000m²。

図176 大規模な工事現場におけるシヒテル・システムによる緑化

b 釘止めシヒテル法®
藁で覆った層が糊材だけではしっかりと固定できない場合、先に釘を打ってから通常通りシヒテル法を行う。これにはたいてい最低長さ 35cmの鉄筋を 1 平方メートルにつき一本の割合で使用する。

必要であれば、覆い層はさらに針金で固定する。この針金は釘に固定する。

一日の成果:作業チームで 500～1,000m²。

図177 急斜面をシヒテル・システム®で緑化したところ 藁の覆いは釘で固定させた

c　金網を用いたシヒテル法®
　　（イタリア語：Sistema SCHIEHTELN con rete）

非常に強い風食や侵食にさらされた土地や、踏圧の高い場所（放牧地）では、金網やナイロンテープを上に張って、釘で地面に固定する（図178）。

一日の成果：作業チームに応じて400〜700m²。

図178　家畜の踏圧による被害に対して金網で覆い、シヒテル法®で芝草面を作り出した斜面。ティンメルヨッホ通り、海抜2,200m

工事の材料：1m²につき10〜50gの種子（立地や目的に応じたもの）。1m²につき300〜700gの藁、干し草、あるいはその他の有機的な繊維や構造の似た人工繊維。1m²につき40〜60gの鉱物性肥料、または100〜150gの有機肥料。1m²につき0.25lの安定性ビツメン・エマルジョン。1m²につき0.25lの水。立地に応じた、様々な技術的・生物学的な調合品。

時期の選択：植生の休眠期中。作業プランも参照のこと（図67）。

技術的・エコロジー的な効果の程度：吹き付け工法や乾燥播種では、できるだけ最善の発芽床を作りだそうとするので、実生には非常に良い栄養素がすでに準備されるのに対して、シヒテル法®は淘汰と遷移の原理に基づいている。チロル地方では、立地に応じた未熟土壌用の種子植物が手に入ることは非常に稀なので、飼料用植物や観賞用植物、スポーツ場用の芝草などのために栽培された代用植物から選ばなければならない。極端な状況の立地の要求を満たすことのできる植物は、これらの中のほんの一部のみである。それゆえ自然の未熟土壌地で植生定着する時に起こるように、非常に厳しい淘汰が行われなければならない。使用する肥料は決して最良のものではなく、なんとか足りるだけの栄養分を供給すれば良い。植物は迅速に、長く、深くまで達する根を形成しなければならなくなり、それによって初期段階の植分が保護されるだけではなく、より良い土壌固定や土壌耕起が行われる。

マルチング層は—その土地の温度状況、降水状況、日照の状況にもよるが—光が入るような密度で作る。マルチング層は十分に大きな空気のスペースを包み込み、この空気のスペースは、気候を調節する緩衝ゾーンを地面に近い空気層に作り出す。微気候的にな極端な状況は調整される。例えばマルチング層に含まれた空気は迅速に暖まるが、危険な程まで高温になることはない。乾燥も起こりにくくなり、夜間に相応した放熱ができれば、マルチング層の内部で凝縮が起こる。植物生理学的な効果は緑化の成果をみればはっきりしている。比較対照地では、生長の中断（一日に一回から数回）がしばしば起こるのに対して、シヒテル法を行った場合、この中断は避けられる。その結果、一定の時間内の生長量は高められ、状況が良ければ、一ヶ月で保護されていない土地の、植生期一年分の生長量に達する。芝草面が密生状態になるまでの危険な段階、つまり充分に土地の保護ができるまでの段階が短くなるということは、大変重要はことである。これは植生期の非常に短い場合（高山系）でも成功している。

ここでは例として、海抜の高い現場と、乾燥地域でシヒテル法®を行って成功した緑化をあげてみよう。エッツタール（谷）のティンメルヨッホ通り（図178）、多くのスイスへの峠道（マローヤ、アルブーラ、フリューラ、ベルニーナ）、そしてスキー滑走路（アクサーマー・リツム、第9回冬季オリンピックの滑走路、インスブルックのノルトケッテンバーン）、アルプ・デュエーズのボブスレー滑走路（第10回冬季オリンピック・グルノーブル大会）で緑化工事が行われた。これらはアルプスの森林限界より高いところに位置しており、草地の限界にも近かった（海抜2,300m以上）。上に挙げた工事現場のいくつかでは、厚く積もった雪は、7月になってやっとなくなったので、緑化作業を行い、それが生長するまでの期間は、秋に初めての雪が降るまでのほんの数週間という短い期間しかなかった。しかしながら、若い芝草は、上に述べた効果のおかげで、次の7〜8ヶ月も続く冬を切り抜けるのに充分な強さであった。

同じような状況が、ギリシャのピニオン川のイリアス・ダムでも起こった。ここではマイナス9℃の寒気が、生長を止めてしまうまでの2ヶ月間を使用することができた。その後できたばかりの先駆植生は、乾燥によって幾度か中断をされながらも一年間を切り抜け、二度目の短い生長期を迎えた。その後1967年には、約4ヶ月も続いた夏の乾期が始まったが、深く張った根系のおかげで植物は生き残った（図179）。そうして毎年繰り返し形成されていた、数メートルに及ぶ侵食溝は、ここで作られた植生によってくい止められた。つまり技術的な機能も十分に満たされた。

図179　シヒテル法®で芝草面をつくったギリシャのダム。4ヶ月も降雨のなかった夏の後。緑化されていない中央の明るい部分は、ちょうど土木工事が終わったところ

さらなる例として、スキー場での緑化が挙げられる。どのスキー滑走路でも若い芝草が短期間で強くなった。スキー滑走路は、スキーのエッジがサイドスリップすることよって、植生が被害を受ける可能性が非常に高い。たいてい緑化後、初めての冬には被害を受けやすい。滑走路の一部では植物の地上部分が全てもぎ取られてしまうこともよくある。新しく不定根を出したり、匍匐茎—特に地下匍匐茎—を形成することのできる、再生能力のある植物が、このような場所の緑化に不可欠である。オーストリア、ドイツ、フランス、イタリア、ユーゴスラヴィア、スイスのアルプス地域、ならびにマドリードのシエラ・デ・グアダラマのスキー滑走路で行われた数多くのシヒテル法による工事は、こうした特別な目的にも、この方法が使用できることを証明している。

ビツメンは黒っぽい色をしているため、熱を吸収して、早く温められ、発芽を促進する効果をもっている。高地や、季節の移り変わりが早い所、寒い地域では、この効果は重要な意味を持つ。その他の地域では、この黒っぽい色が好ましくないこともあるので、そういう場合は色の薄いエマルジョンを使用することになる。

その他、シヒテル法を行う場合に、必要に応じて一緒に使用する人工的・生化学的な物質、ならびに土壌微生物は、土壌を迅速に耕起し、土壌構造を改善し、そして根の生長を促進する。

マルチング層は、気候を調節するだけではなく、降電や豪雨、落石、風などのようなメカニカルな力の攻撃に対しても防御作用をもつ。

さらにマルチング層は、自然の腐植土生長の土台となる。この立地で自ら生長した表層土壌は、鉱物質に富む、基盤の土壌と非常に良く結びつき、これによって客土を行った際に、しばしば起こってしまうような、地滑りが起きることがなくなる（アルベルト氏、1962年）。これまでに良く知られたシヒテル法施工地では、このように土壌が生長し始めていることが数多く確認されている。

全く手入れをしない、すなわち、その後何の管理もしなかった場合でも、自然の植物遷移の理想イメージが、実現可能なものであることが確認された（160ページの「自然定着」を参照のこと）。

コスト：コストは土地の状態や大きさによって左右されるが、その土地の整地されている度合いや、立地の状況、緑化の目的によっても左右される（材料の値段のため）。

　a　通常のシヒテル法®：
　　1m²につき 0.2～0.5 時間の作業時間。
　b　釘打ちや針金止めを施したシヒテル法®：
　　土地の困難の度合いに応じて1m²につき 0.4～0.8 時間。急斜面ではたいてい 1.5～2mの幅で、組立式の斜面用掛けはしごや、縄ばしご、あるいはロープからの作業をしなければならない。それに応じて作業の進み具合も減ってしまい、コストは高くなる。
　c　金網を使用したシヒテル法®：
　　1m²につき 0.5～1.2 時間。コストが高くなるのは、特に金網やナイロンテープの値段が高いからである。この額は、少なくともその他の経費総額の 90％にはなる。さらに金網の取り付け作業のためにも、コストは上がり、それによって仕事量は減ってしまう。

長所：簡単で迅速に作用をもたらし、低コストの方法。工事現場が整地されている必要はない。ビツメンを吹き付ける作業を除いて、すべて手作業で行うことができる。様々なタイプの機械を導入することができる。状況の悪い土地や、植物の生育にしにくい土地に、とりわけ効果を発揮する方法である。余剰の藁を使用することができる。重要な作業工程は、たいてい手作業で行うので、厳密に実行することができる。小さな土地でも土木作業の終了後、すぐに緑化することができる。

短所：吹き付け工法や乾燥播種は、状況の悪くない、平坦な土地でしか効果を発揮できないが、それらと比べると仕事量は少ない。

使用領域、緑地工事の中での位置づけ：シヒテル法®は緑地工事の中で、アルプス地域や地中海地域で、最も多く使用される芝草張り方法へと発展した。この方法には、短期間の内に平面的に効果をあげるという長所があるので、侵食の危険のある土地をすばやく保全し、その後工事目的を達成するために必要な、生態工学的な処置を、何の妨げもなく行うことができ、経済的である（図190）。

土木工事における全ての平地保全と並んで、トンネル工事や鉱業、産業廃棄のためにできたボタ山を再緑化するときに、シヒテル法を行うことが検討される。そして災害を受けた土地（積もった所も、崩れたところも同様に）を緑化する際に検討される。風食に対する防御策としても実績が上がっている。

芝草の種子に木本の種子を混合することは、実際の工事においては、工事方法が簡略化できること意味している。そして両者を混合することによって、再造林の難しい、岩がち、石がちな急斜面に、すばやく森林や低木林を作ることができるようになる。

釘を使ったり、場合によっては針金を使うバリエーションbでは、岩がちであったり、特に地すべりの起きやすい、粘土質の急斜面の緑化が可能である。基盤が粘土質の急斜面は、他の播種方法では、材料がすぐに滑り落ちてしまう（図177）。

金網やナイロンネットを使用するバリエーションcは、もともと非常によく使われた方法だった。ネットを使用しなければ、崩壊しつつある急斜面を保全することができない、そして、ネットを使用すると土壌移動を減らせると考えられていた。しかし、このような場合は稀であり、地形が突出しているために、風速が時速100km以上になる箇所の保全や、家畜や野獣に立ち入られてはならないが、塀をめぐらすことのできない斜面に、ネットを併用することの方が、もっとずっと意味がある。いずれにせよコストが高いために、できるだけバリエーションbやcを使用しないで、むしろ大規模に土地を造成して、通常のシヒテル法を行うようにする。

管理：立地と混合した種子によって異なる。オーストリアで、この方法で緑化されたほとんどの事例では、後に二度だけ肥料を入れたが、その他は何の管理もしていない。

遷移、自然定着：これは立地や使用した混合種子によって異なり、その後の利用ないし管理によって左右される。

シヒテル法で緑化され、その後、全く放置された土地を、例としてここに少しあげてみたいと思う。

2年目：ギリシャ、ピニオン川のイリアス・ダム　夏の乾期が終わった直後に調査して、地被率は65％（図179）。26種類の植物種が見られ、そのうち
　　14種が緑化当初の種
　　12種がすでに入植してきたもの
一年生植物が多いが、この時期にやっと発芽したばかりなので、きちんと把握することができなかった。

3年目：ジルヴァプラナゼー（湖）近くを通るマローヤ峠道の道路脇の斜面　アルプスの森林限界、海抜 1,850m、1:1 の傾斜、東南の斜面、片麻岩の土砂、地被率100％。
　　35種類の植物種がみられ、そのうち
　　17種が緑化当初の種
　　18種が入植してきた種。うち1種が木本であった。

4年目：フォンペルバッハ（川）の鉄道脇の斜面　チロルのインタール（谷）の中央に位置する南斜面、約38度の傾斜、乾燥した湖成砂利堆積物、海抜 500m、周囲はエリカ・マツ林と中湿ウマノチャヒキ群集（*Mesobrometum*）、地被率100％。
　　18種の植物種が見られ、そのうち
　　15種が緑化当初の種
　　33種が入植してきた種。うち4種が木本であった。

10年目：ツィルラータール（谷）のフューゲンベルク道路脇の斜面　海抜 1,250m、石英の千枚岩の土砂、52度の傾斜。周囲は山地ドイツトウヒ群集、地被率100％（図175）。
　　65種の植物種が見られ、そのうち

17 種が緑化当初の種
48 種が入植してきた種。内 4 種が木本であった。

すぐ隣りに位置した、同じ年月の緑化されていない対照地では、次のように生長していた。

地被率 10％、7 種類の植物がみられ、内 1 種が木本であった。

これらの少ないスケッチからも、定着の傾向がすでに明白に読みとれる。一年生植物は遅くとも二年目の植生期の終わりには消えてしまう。緑化に使われたその他の植物は、しばらく変わらないが、適さない産出地のものは、時期はまちまちだが、立地に応じて駆逐され、その場所に、周囲の種が侵入できるようになる。進入してくる植物の数はどんどんと増え、潜在的な森林地では、二年目にはすでに木本が生じる。

定着の速度は、立地に応じて決定されるが、周囲の植生もその要因になる。中部ヨーロッパの平均的な状況では、10 年後も、少なくとも 3 分の 1 は、緑化当初に使用された種が残っていると見られる。正確な評価は、多数の調査資料が集まらないとできないだろう。

人工的な継続段階（例えば管理のいらない短い芝草など）を長期間保つ方法に関しては、80 ページを参照のこと。

生育状況：他の全ての播種法でも同じだが、使用した植物種および、立地によって生長は左右される。極端に土地の痩せた、全く表層土壌のない立地で、どのような生長を期待すると良いか、イメージして頂くために、私は次にいくつかの例をあげたいと思う。ここにあげた値は、シヒテル法®でおこなった通常の緑化地で、少なくとも 10 の異なる個体と、同じ立地における二つの異なる土地の平均値である。調査する個体が制限されたのは、掘り起こしにかかるコストが高いことと、技術的にも難しいためであった。

1. ミーツェンス近郊のブレンナー・アウトバーン、海抜 1,050m、石灰分を多く含んだ排水性の良い湖成砂利堆積物（ブンター統の砂利）で、全く表層土壌や腐植土がない、東向きの斜面、3:4 の傾斜、二年前に行った緑地工事から育った芝草で覆われている。

この斜面は技術工事の都合で切土されたので、土壌の中をよく見ることができた（図 180）。ここでは、二年目の植物が不毛の砂利の中に、1m 以上の深さの根を伸ばしていたことが確認された。それに対してイネ科植物は、この排水性の良い乾燥した堆積地でも、ほんの短い集中根系を形成していたに過ぎなかった（図 181a）。

私は比較のために、ここに直接隣りあった古い草原から、重要な植物種を掘り出した。年数の経過状況については特定できなかった。ここでは数世紀も前から、年に 1、2 度刈り取られた草地で、カニツリグサ群集（*Trisetetum flavenscentis*）の乾燥ファシース[57]（排水性の良い砂利基盤であるため）と呼ばれた。深く根を伸ばすマメ科植物と、浅く根を張るイネ科植物を組み合わせることによって、人工的につくられた 2 年目の緑化地のように見えたが、ここではさらに両者のつなぎとして、根系の一部が広がったり集中したりする草本（ノコギリソウ（*Achillea*）、ヤエムグラ（*Galium*）、ハマギク（*Leucanthemum*））が加わっていた（図 181b）。もちろん、大量の植物を、全て掘り起こすことは不可能だったので、両方の調査は、その植分に現れる全ての種類について行ったわけではない。

2. インスブルックの南のブレンナー・アウトバーン、海抜 650m、石灰分を多く含むインタール（谷）の、排水性の良い湖成砂利堆積物、全く表層土壌や腐植土がない、かなり排水性が良いので乾燥している、西向きの斜面、3:4 の傾斜。二年前に行った緑地工事から育った芝草で覆われている。二年目（図 182）。

---

[57] 植物社会学上の最下位の群落単位。

図 180 シヒテル法で緑化を行ったブレンナー・アウトバーン、二年後、1m 以上になる根が深く達している

この緑化地から掘り起こした植物は、図 183 から 189 で、全く異なる立地から由来した植物と比較できる。それは次のものである。

3. チロル水力発電株式会社のカウネルタール（谷）一発電所、ゲパッチュとグシャイトハングの工事現場（道路の基礎工事用の砂利採掘場）、海抜約 1,700m、十分な量の石灰分を含んだ、片麻岩からなる粘土質に富んだ底堆石、全く表層土壌や腐植土がない、土壌は所々で湿っていて、冷たいところが変動している、3:4 の傾斜、2 年間に行った緑化工事から育った芝草で覆われている。

立地の状況が異なるので、両方の立地に、全ての植物種を播種することはできなかった。

ここでもマメ科植物とイネ科植物の根系がはっきりと異なっていた。生育年数が異なるために、生長した大きさが当然異なるのと並んで、ゲパッチュの密度の高い粘土質の基盤では、普通極めて深く根を張る種（イガマメ（*Onobrychis viciaefolia*）、ルピナス（*Lupinus polyphyllus*）、コメツブウマゴヤシ（*Medicago lupulina*）、シナガワハギ（*Melilotus*））の、根を張った深さと生産量に関しては、ブレンナー・アウトバーンから産出されたものより劣っていた。この結果は、随分前（68 ページ以下）に述べた基礎事実を再確認するものである。つまり、その種に特有の生長傾向があるにも関わらず、根系は土壌に依存して形成されるということである。水分や栄養分の供給が良く、密な土壌では、根が拡張するタイプの植物種も根の生長が止まる。

さらにゲパッチュの標高が高く、両方の調査地の養分状態が悪かったにも関わらず、調査した種の大半が二年目には花を咲かせた点は注目すべきである。ただゲパッチュでは立地に適さない低地の種は生長しなかった。さらに実際の作業で重要なのは、カラスムギやソラマメなど多くの一年生植物が、植生期が短いために花を咲かせることがなく、『多年生植物』になったことである。私は海抜 2,000m のエッツタールで、そこに播種したカラスムギが、花を咲かせなかったために 4 年間も生きたのを観察した。このカラスムギはその 4 年間、後から生長する多年生植物にとって当然価値の高い保護の役割を果たした。

4. 栄養分に乏しく環境が極端な立地での一年目の生長状態。図 191 では、シヒテル法で緑化した土地の一年後に掘り出された植物種を比較することができる。それは以下のものである。

a すでに 2 で述べたブレンナー・アウトバーンの調査地。

マルチング播種工法を
行ってから2年後

マトライのブレンナー・アウトバーン、標高 1,000m、
湖成砂利堆積物、東

古い牧草地

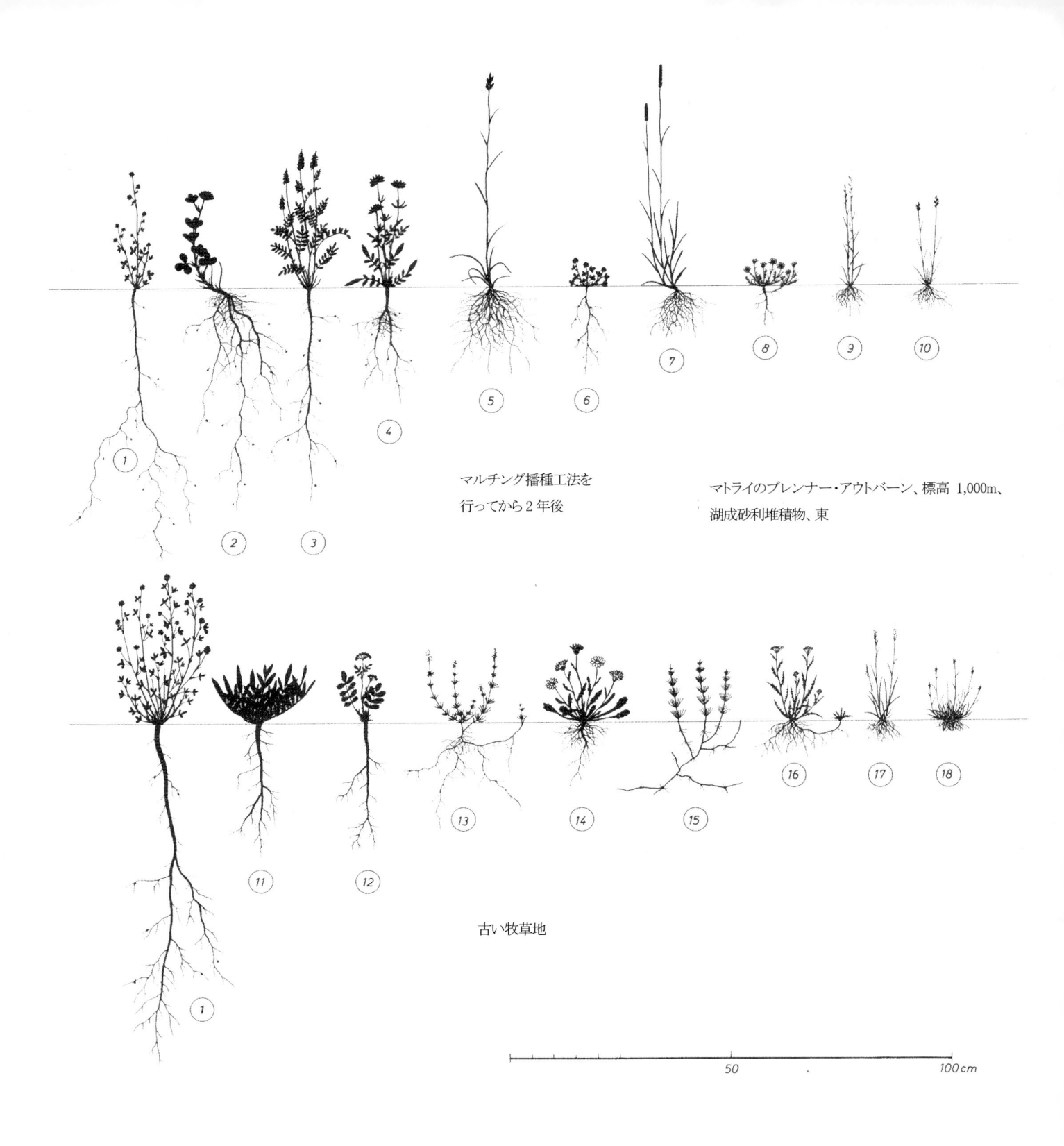

図181 ブレンナー・アウトバーン沿いの古い牧草地と、シヒテル法®で作られた二年目の芝草地に育つ、様々な植物の生育状態の比較
1＝ムラサキウマゴヤシ（*Medicago sativa*）、 2＝アカツメクサ（*Trifolium pratense*）、 3＝イガマメ（*Onobrychis viciaefolia*）、
4＝モメンゾル（*Anthyllis vulneraria*）、 5＝アモガヤ（*Dactylis glomerata*）、 6＝シロツメクサ（*Trifolium repens*）、
7＝アワガエリ（*Phleum pratense*）、 8＝カミツレ（*Matricaria chamomilla*）、 9＝ホソムギ（*Lolium perenne*）、
10＝オオウシノケグサ（*Festuca rubra*）、 11＝ヤグルマギク（*Centaurea jacea*）、 12＝オオミツバグサ（*Pimpinella major*）、
13＝ヤエムグラ（*Galium mollugo*）、14＝欧州キク（*Chrysanthemum leucanthemum*）、15＝チシマヒメドクサ（*Equisetum variegatum*）、
16＝セイヨウノコギリソウ（*Achillea millefolia*）、 17＝カニツリグサ（*Trisetum flavescens*）、 18＝コウボウ（*Sesleria varia*）

図 182 シヒテル法®で芝草地が作られた、100m以上の高さの切土斜面。不毛の湖成砂利堆積物。4年後。ブレンナー・アウトバーン

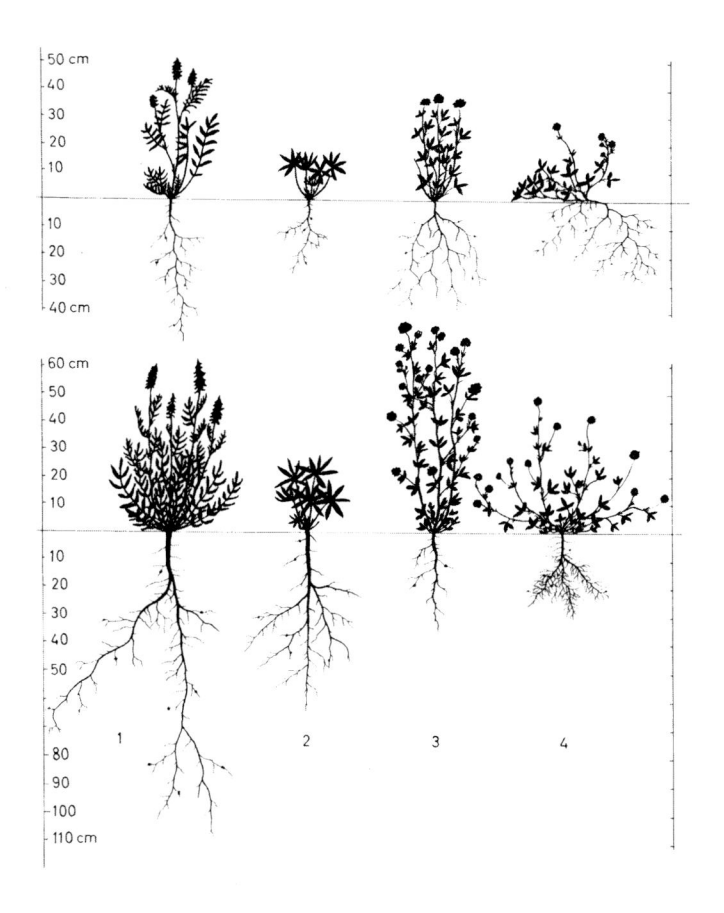

図 183 未熟土壌を緑化してから二年後の様々な草本の生育状況比較
上：カウナータール(谷)/チロルのゲパッチュ、標高1,700m。
下：ブレンナー・アウトバーン、標高650m。
1＝イガマメ（*Onobrychis viciaefolia*）、2＝ルピナス（*Lupinus polyphyllus*）、3＝ムラサキウマゴヤシ（*Medicago sativa*）、4＝コメツブウマゴヤシ（*Medicago lupulina*）

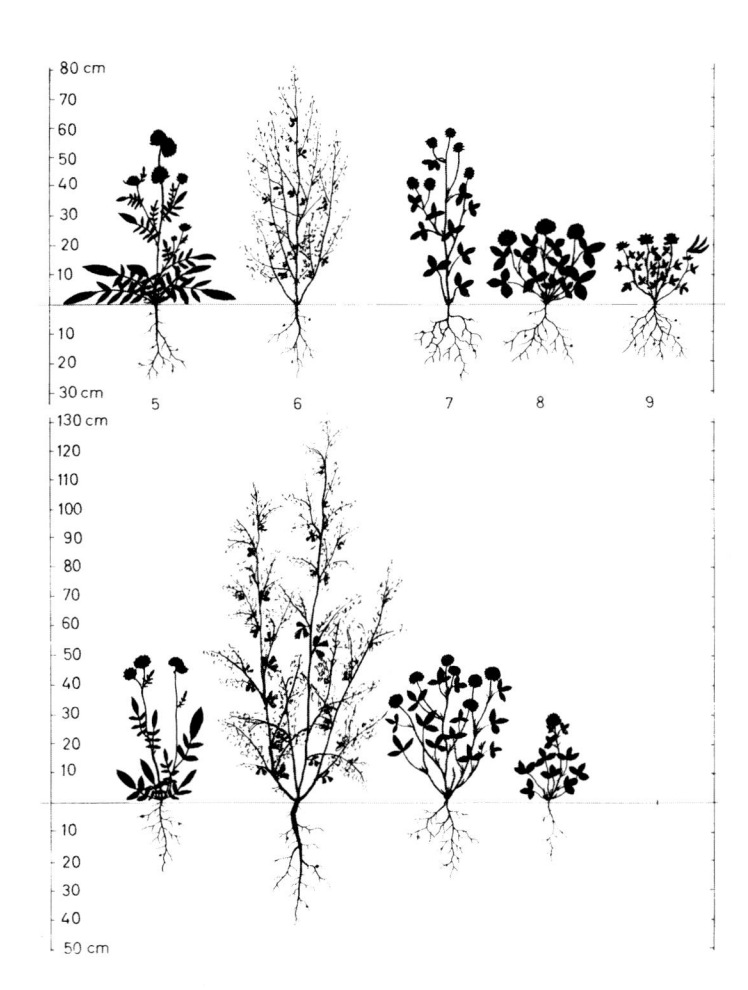

図 184 5＝モメンヅル（*Anthyllis vulneraria*）、6＝シロバナシナガワハギ（*Melilotus albus*）、7＝タチオランダゲンゲ（*Trifolium hybridum*）、8＝アカツメクサ（*Trifolium Pratense*）、9＝セイヨウミヤコグサ（*Lotus corniculatus*）

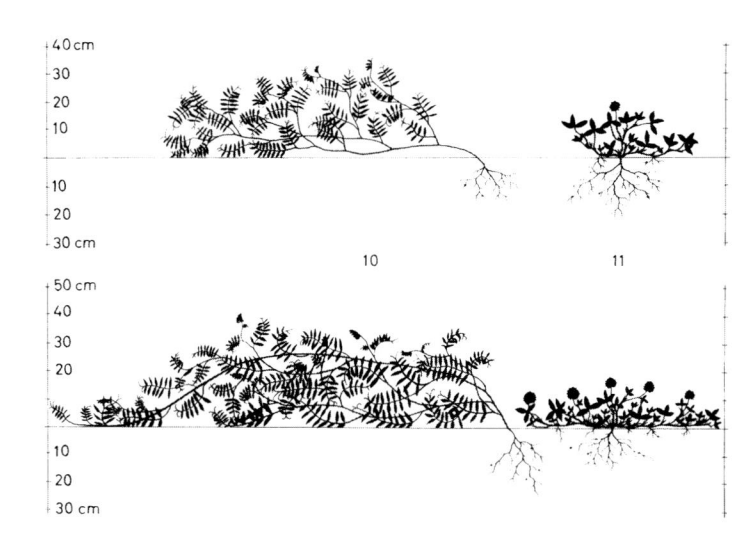

図 185 10＝ビロードクサフジ（*Vicia villosa*）、11＝シロツメクサ（*Trifolium repens*）

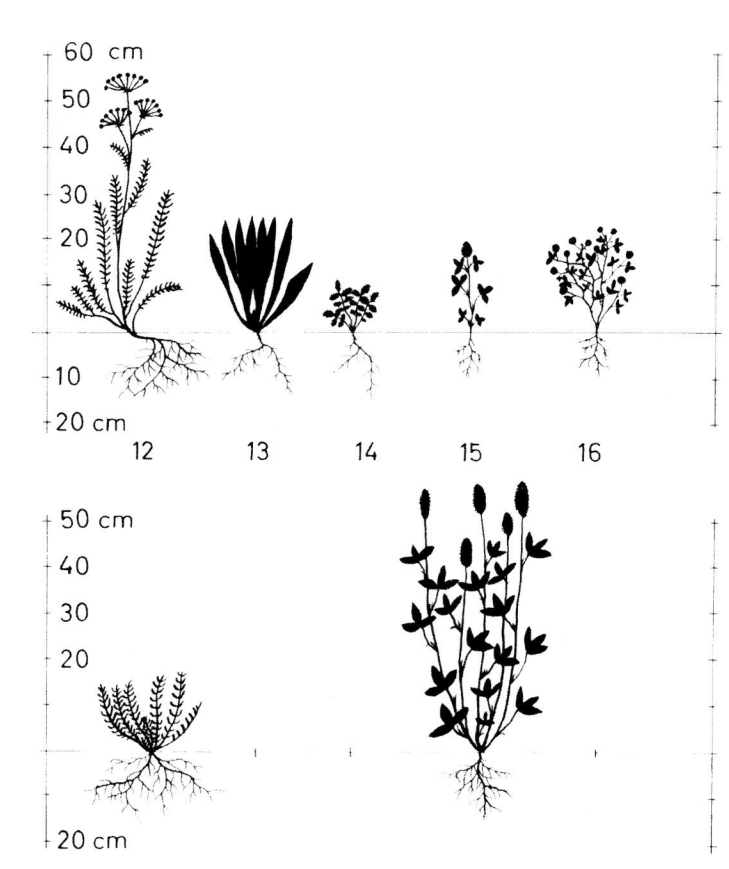

図 186　12＝セイヨウノコギリソウ（*Achillea millefolium*）、13＝ヘラオオバコ（*Plantago lanceolata*）、14＝ミツバグサ（*Pimpinella saxifraga*）、15＝ベニバナツメクサ（*Trifolium incarnatum*）、16＝セイヨウツメクサ（*Trifolium minus*）

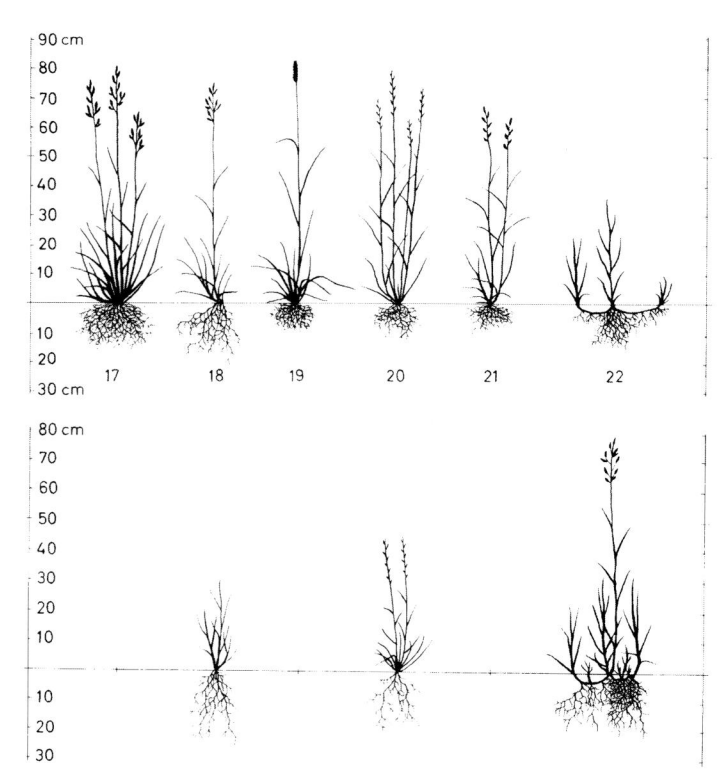

図 187　17＝ヒロハノウシノケグサ（*Festuca pratensis*）、18＝オオカニツリ（*Arrhenatherum elatius*）、19＝アワガエリ（*Phleum pratense*）、20＝ホソムギ（*Lolium perenne*）、21＝ドクムギ（*Lolium italicum*）、22＝スズメノチャヒキ（*Bromus inermis*）

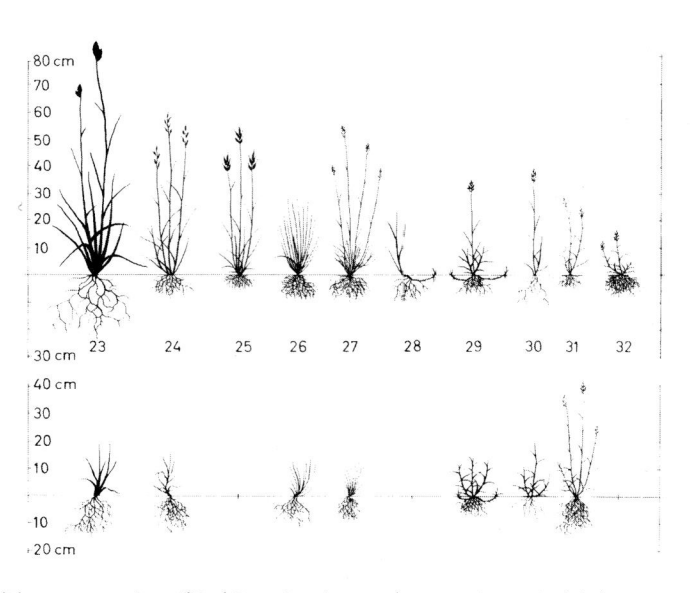

図 188　23＝カモガヤ（*Dactylis glomerata*）、24＝カニツリグサ（*Trisetum flavescens*）、25＝ハマチャヒキ（*Bromus mollis*）、26＝オオウシノケグサ（*Festuca rubra*）、27＝ウシノケグサ（*Festuca ovina*）、28＝シバムギ（*Agropyron repens*）、29＝ナガハグサ（*Poa pratensis*）、30＝オオスズメノカタビラ（*Poa trivialis*）、31＝タチイチゴツナギ（*Poa nemoralis*）、32＝スズメノカタビラ（*Poa annua*）

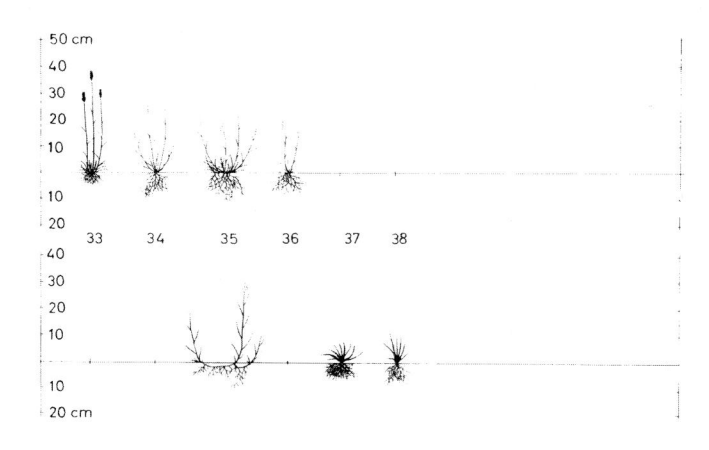

図 189　33＝クシガヤ（*Cynosurus cristatus*）、34＝オニヌカボ（*Agrostis gigantea*）、35＝ハイコヌカグサ（*Agrostis stolonifera*）、36＝コメススキ（*Deschampsia flexuosa*）、37＝ヒロハノコメススキ（*Deschampsia caespitosa*）、38＝オオスズメノテッポウ（*Alopecurus pratensis*）

b　ラヴァントタール（谷）/ケルンテンのセント・アンドレの火力発電所の灰集積所（オーストリアドラウ川発電所）、海抜450m、傾斜は1:1まで（図192）。褐炭の灰はカロリー火力発電所から出されたもので、非常に細粒であるためすぐに風にとばされてしまう。生理学的には非常に乾燥し、表面は軽く固まっており、pH値は11.9（堆積したばかりの灰）から7.85（長い期間堆積されていた灰）であった。

分析：

49.62%	SiO_2
41.86%	P_2O_3
32.06%	Al_2O_3
9.80%	Fe_2O_3
4.56%	CaO
2.14%	MgO
1.30%	SO_3
0.52%	未特定成分

図190 シヒテル法で緑化を行ったゲルロスのタウエルン発電所のダム
下図:緑化から1年後

様々な土壌でマルチシーディングを行ってから1年後

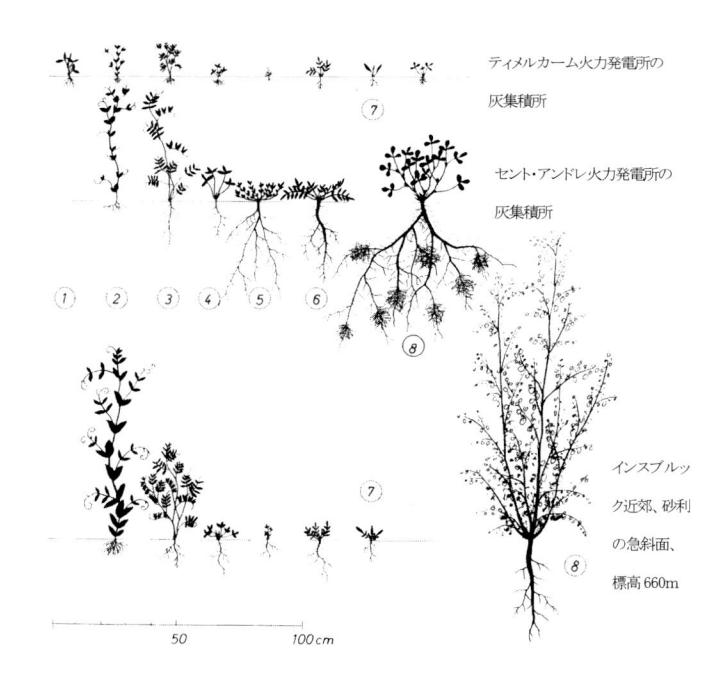

図191 様々な基盤に様々な植物種をマルチング播種工法で播種したものの成育状況の比較 1=ソラマメ、2=エンドウマメ、3=ビロードクサフジ(*Vicia villosa*)、4=ベニバナツメクサ(*Trifolium incarnatum*)、5=セイヨウミヤコグサ(*Lotus corniculatus*)、6=イガマメ(*Onobrychis viciaefolia*)、7=モメンヅル(*Anthyllis vulneraria*)、8=シロバナシナガワハギ(*Melilotus albus*)

図192 ケルンテンのセント・アンドレの汽力発電所から出た褐炭の灰の集積所。シヒテル法で緑化したもの、左が二年後、右が一年目。

c オーバーエステライヒのティメルカーム汽力発電所の灰集積所(オーバーエステライヒ発電所(株))、海抜433m、傾斜は1:1まで。褐炭の灰は同じくカロリー発電所から出たものであるが、セント・アンドレのものよりもより塵の状態に近く、植物が摂取できる栄養分は明らかにさらに低かった。pH値は長時間堆積されることによって10.62から9.35に下がった。

分析:

44.10%	SiO_2
27.60%	P_2O_3
19.99%	Al_2O_3
11.48%	CaO
6.88%	Fe_2O_3
3.02%	MgO
0.86%	Na_2O
0.84%	K_2O
0.73%	TiO_2
0.38%	SO_3

結果:当然のことながら、灰集積所での成育状態は、砂利土壌に比べてはるかに劣っている。それに対して、視覚的にだけではなく、分析の結果も似ていたので、二つの灰集積所の差が大きいとは予測できなかった。そのことから、自然の状態にない基盤を大規模に緑化する際は、事前に調査する必要性があることがわかった。その調査では、種子を混合せずに、一種ごとに播種して、それぞれの種の適性を調べる。

セント・アンドレの灰集積所での根系の形成が、全く異なっていることは注目に値する。ここの植物の根系は、明らかに湿度状況や栄養状態の悪いことに適するように形成されていた。そのうえシナガワハギ(*Melilotus*)は、強く遠くへ伸びる根の所々で房状に、密に枝分かれした束を形成しており、これは初めの二年間最も生長した種であった。このような基盤上で―他の調査地からも経験したのだが―シナガワハギ(*Melilotus*)が生育できないことはめったにない。これは重要な乳母植物であって、これがないと、背が低く土壌を覆うようにゆっくりと生長する種は育たない。シナガワハギ(*Melilotus*)の短所は、このようなところでは甘受せざるを得ない。

6. ペロポネス/ギリシャのピニオン川のイリアス・ダム(図179)。海抜200m、粘土質の川の砂利、非常に多く石灰分を含んでおり、表層土壌や腐植土は全くない、北西の斜面、2:3 の傾斜。年間降水量の平均は、夏の乾期が4ヶ月続いた場合 約750mm、年間気温の平均は 18.2℃。緑化工事後初めての乾期の終わり、つまり一年目の植物を、地被率約65%の芝草地から掘り起こした。

根系の形成状態が非常に良いのは、立地が乾燥しており、栄養分が乏しいからである。マメ科植物が一年間で伸ばした根の深さ(40〜105cm)は、異常な乾期がやってきても大丈夫な深さである(図193)。こうした立地なので、イネ科植物の数が少ないのは不思議なことではない。一年目にすでに入植してきた種はほとんど例

マルチング播種工法、2年目

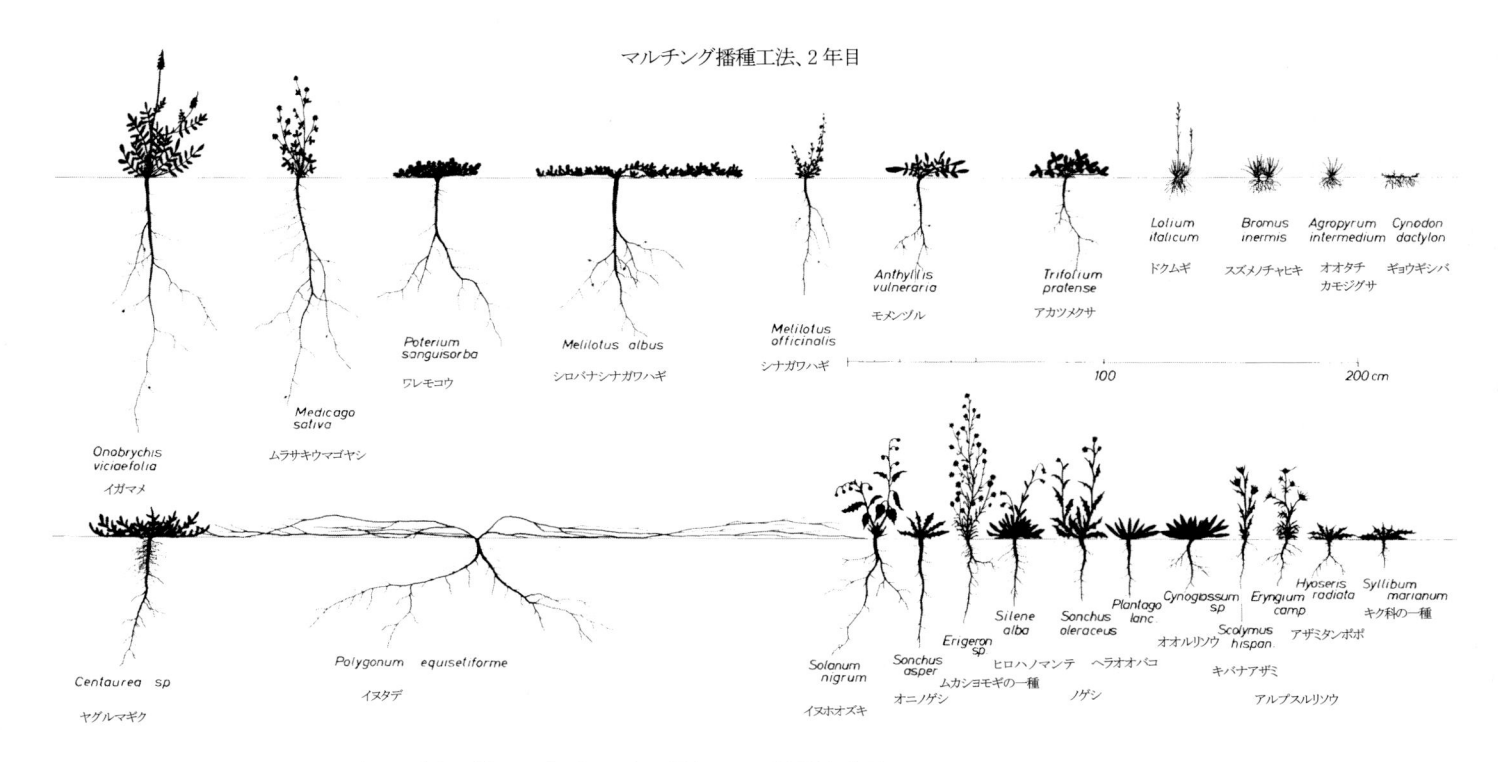

アマリアス／ペロポネスのピニオン・ダム、標高100m、川砂利、北西

図193 シヒテル法®によるマルチシーディングをしてから二年後。上：市場で手に入れた種から育った植物；下：自然発生的に飛来してきたものや、雑草を混合したもの

外なく、すばやく根が生長する種である。（特に特徴的なのはイヌタデ（*Polygonum equisetiforme*)、ヤグルマギク（*Centaurea*）、イヌホオズキ（*Solanum nigrum*））

1.1.4.4 発泡播種
同義：Plastoponik、Plastsoil

工事の実施：二種類の液体を圧搾空気の供給管に通して、多孔性の人工泡を作り出し、土壌をこの泡で平面的に、或いは縞模様状に覆っていく。

播種は泡を吹き付けている間に行うか、または吹き付け後に行う。泡の層には土を軽くかけると良い。

地形が険しいところでは、あらかじめ金網で覆って固定しておき、そこに厚さ数センチメートルの泡の層を、吹き付けることができる（図194）。

工事材料：尿素の発泡樹脂。これは多孔性なので水分保持能力が高い。

時期の選択：植生期間中。

技術的・エコロジー的な効果の程度：平面的に吹き付けをした発泡播種は、人工的な表層土となる。同時に泡の層は、土壌を覆う効果を持つ。
これは生理学的には乾燥を防ぎ、通気を良くすることを意味する。
泡の層は軽く、風で吹き飛ばされる危険があるので、泡の層に土をかけて保護すると良い。

ジュルト島では試験的に砂丘で発泡播種を行った。この播種法は材料のpH値が約3.5と低かったために、種子の生長に障害が生じた。風によって発泡播種の施工地は、斑点状に侵食され、後には発泡播種を行う前よりひどい被害を受けてしまった。数年後になってようやく、使用した尿素の発泡材が土壌中で分解し、それによって約24％の窒素が硝化された。すると種子は目に見えて急速に生長した（E. ザクセン博士の口頭発表、ブラウンシュヴァイクにて）。

コスト：これまでのところ明らかにされていない。

長所：蒸発の防止、土壌表面を覆う効果、泡の吹き付けにかかる機械の経費が少なくて済むこと、材料の輸送量が少ないこと。

短所：侵食に対して完璧な抵抗力を持っていない。コストが不明。pH値が低い（3.5）。下層土との結びつきが悪い。土で覆うのは難しく、費用もかかる。生物学的には、長期にわたる危険期を乗り越えなければならない。工事をすることによって、土壌が被害を受け、通常の植生の生長が邪魔される。

使用領域、緑化工事の中での位置づけ：土壌構造の良くない、乾燥地域の立地を再緑化するのに適している。平地や、やや傾斜した土地に最適である。風食の危険がある立地では、一面的に行うより、縞状に吹き付ければ、必要とされる客土作業が、機械を使って簡単に行うことができる。

急斜面の緑化工事にはこれまで稀にしか行われていない。

管理：使用した混合種子と立地に応じて。

遷移、自然定着、成育状況：これまで報告はない。

図194　金網の上に行った発泡播種（写真：建築士、テディック氏、ラインカンプ）

1.1.4.5　シードマット施工

　　同義：Trockenrasen（乾燥芝草）、Rasenmatten（芝草マット）、Saatmatten（シードマット）

歴史：およそ1960年頃、様々なマットが市場に出るようになった。初めてこのアイディアが出されたのも、市場に出回るようになったのも、おそらくアメリカ合衆国であっただろう。特にカリフォルニアでは、植生のない斜面にシードマットをかぶせることで、侵食の被害をくい止めることに取り組んでいた。

工事の実施：シードマットは、念入りに地均しした、湿った土壌以外には施工できない。砂や玉石の土壌では、マットとの間に結合部分の層を作らなければならない。土壌面をほぐす必要はない。
　マットは広げた後、土壌と良く結びつくようにローラーでなめすか、叩くかする。種子マットが動いてしまうのを防ぐために、約30cmの鉄の棒か杭、ないし押さえ金具で土壌に固定するか、マットの先と終わりを、鋤の深さくらいに埋める。

工事の材料：有機材料や化学製品を使って作られた様々な完成品マット。たいてい二種類の異なる繊維と、その間に強度を持たせるために入れられた物質で作られている。

市場で手に入れやすい種子マットの例：
　　通常の立地には《ERAマット500》
　　砂状、石状の乾燥した立地には《ERAマット510》
　　農業用に利用する斜面、河原、堤防には《ERAマット540》
この三種類のマットの違いは、混合されている種子の種類だけである。種子は特別な紙でのり付けされて、厚さ約1cmのココヤシのマルチング層で覆われている。10×0.5mと10×1mのものがある。ゲルゼンキルヒェン、ドゥージング社。

通常の立地には《X001-HESAシードマット》
表面侵食の危険のある立地には《X002-HESAシードマット》
001のマットは$1m^2$につき30gの種子と70gの肥料の入ったセルロースマットからできている。002のマットは、それにヨシが加えられている。ダルムシュタット、HESA社。
《ROLLOFIX》芝草マット、ハイデルベルク、ユリウス・ヴァンガー社。
《SOIL SAVER》ジュートネットが織り込まれた重いマット。1.2×68.5mの規格。USA、マサチューセッツ州、ニードハム・ハイツ、ルドロー・テクスティル・プロダクツ。
《TROY TURF》紙が織り込まれたジュートのマット。1.4×27.5m。$1m^2$につき86セント。USA、ニュー・ヨーク州、マディソン通り200、トロイ・ターフ・デヴィジョン（株）。
《GRÜNLING 乾燥ロール芝草》藁、羊毛繊維などを織り込んだ重いマット。2/15～20mまで。付属品として40cmの長さの杭が付いている。D4471　ハレン／エムスの紡績工場。
PREMATEX、2つの繊維層が織り込まれたオランダ製品。イタリアでは$1m^2$につき200,—Lit.（ベルガモ、フランキ社（有）、1967年の価格）

時期の選択：植生期間中。

技術的・エコロジー的な効果の程度：徐々に繊維が腐るので長期的に良い被覆効果がある。メカニカルな力に対する保護効果はあまりない。たいてい保水力は小さい。

コスト：1平方メートルにつき0.8～1.7作業時間。製品と土地の状況によってかなり上下する。

長所：マットは長期間保持される。下をえぐるような侵食が起きない限り、侵食に対する抵抗力がある。

短所：コストが高い。平坦で、念入りに地均しした土地にしか使用できない。市場で手に入るマットは、決められた種子しか混合されておらず、特別な種子混合をして欲しいときには、前もってかなりの余裕を見て注文しなければならない。

使用領域、緑化工事の中での位置づけ：表面水が流れる芝草張り排水溝に。水が河岸を攻撃する危険のある水辺に。
　大規模な斜面の緑化には適していない。
　これまで緑化工事ではほとんど使用されたことはない。

管理：混合された種子と立地に応じて。

遷移、自然定着、成育状況：混合された種子と立地に応じて。

1.1.4.6　芝草用格子状石

　　同義：Betongrasplatten、Rasen-Rastersteine、Betonrasenplatten

工事の実施：この工事用に特別に作られた、穴の空いたプレートないし格子状の石を敷き、その穴には土を入れて播種をする（図195）。この土は表層土壌でなくても良いが、植生が定着できるものが必要。
　トラックで走行できるように、プレートは厚み10～15cmのメカニカルに保全された支持層の上に敷かなければならない。

工事の材料：コンクリートでできた芝草用格子状石（鉄筋の入っていないもの）。充填用に植生が生育可能な土。種子。

市場で手に入れやすい芝草用格子状石の例：

bg―プレート（ウィーン、エーベンゼーアー・ベトンヴェルケ(有)）：

スタンダード・プレート：60/40cm、厚み 12cm、重量 42kg＝168kg/m^2。土地の 2/3 が芝草、コンクリートは 1/3 だけ見えて残る（図 196）。斜面プレート：66/33cm、厚み 11cm、重量 36kg＝158/m^2。ドイツには数多くの製造会社がある（例えば庭と景観、1967 年 1 号以下の報告などを参照すると良い）。

メッテン芝草用格子状石（製造：メッテン社、ベルギッシュ・グラードバッハ）：

規格：60/40cm、厚み 12cm。芝草の割合：約 1/3、コンクリート面：約 2/3。

ミュンヘン芝草―敷石 DBGM（製造：ベトンヴェルケ・ミュンヘン S.G.メーダー合資会社）：規格：60/60cm、厚み 10cm。重量：22kg/1 つ＝120kg/m^2。コンクリート面が 17% 見えて残る。量：2/3 が表層土壌、1/3 がコンクリート。

コルベトン芝草敷石（beton a.g. CH2542 ビール近郊のピーターレン）。

時期の選択：植生期間中。

技術的・エコロジー的な効果の程度：土壌に負荷能力があるのと同時に、継続する被覆効果が非常に良い。

図 195　芝草用格子状石の施工（企業写真：ウィーン、エーベンゼーアー・ベトンヴェルケ）

図 196　芝草用格子状石に芝草の種子が生長した後（企業写真：ウィーン、エーベンゼーアー・ベトンヴェルケ）

長所：負荷のかかる緑地に施工できる。芝草が生長していなくても、施工後、すぐに車の走行ができる。あまり利用されることのない自動車道路や、駐車スペースに施工すると、景観や緑地施設とうまく適合する。

短所：コストが高い。急斜面では使用できないこともある。

使用領域、緑化工事の中での位置づけ：特に駐車スペース、ときどき使用される交通路面、建築物（橋、住宅、路肩、歩道など）の周り、流水の危険にさらされている斜面の保全に適している（図 195、196）。

これまで緑化工事に使用された例は少ない。

管理：混合した種子や使用した地域によるが、後の管理は不必要か、あるいは観賞用芝草のように行う。

遷移、自然定着、成育状況：使用した混合種子と立地による。雑草の入植が激しいところでは、場合によっては、その駆除を考えなければならない。雑草におおわれるのを防ぐためには、表層土壌の代わりに、栄養分の少ない（砂の混じった）土で満たすと良い。

1.1.5　補足工法

同義：Komplettierungsbauweisen（完成までの工法）

補足工法の目的は、人工的に作った初期段階の植生を、その植生で確実なものとし、望んでいる定着を促し、目標に到達させることである（最終植生へ移行させること）。

1.1.5.1　木本の播種

同義：Freisaaten（自由播種）、伊語：semis a demeure

歴史：緑化の手段として、木本植物を播種することは、すでにデュイレェ氏（1826）が取り上げた。

デモンツェイ氏とゼッケンドルフ氏（1880）は、木本の播種について非常に詳細に記した。

この二人の報告は、読者が自然をきちんと理解できなかったため、明らかに誤解され、その後木本播種の不成功例を多くもたらす結果になってしまった。この原因は多分に、崩壊地で木本の播種だけを行ったことにある。例えば雪上で播種したシラカンバやハンノキの場合、ゆっくりと生長する実生は保護されず、極端な微気候的な条件にさらされたり、土壌の移動にさらされたりしたために失敗に終わった。

この経験からヴァング氏（1930）は確信した。「木本を播種して緑化することは、ほとんど考えられない。すでに 1856 年に、この問題に関する試験が大規模に行われたフランスでは、播種は忘れ去られてしまっている。芋虫や鳥によって大量の種子が失われたり、若い植物に黒霜（雪を伴わない厳寒のこと）が襲ったことがその原因である。木本が播種されるのは、事実上、苗圃での栽培が難しい場合や、もともと播種の方が適しているような木本種の場合のみである。この方向で考えられるのは、植栽するよりは、播種からの方が通常良い生長をみせるアカシアだけであろう。また、シラカンバも、そこで生長することが望まれていれば、播種によるメリットもあるだろう。土壌が良く、湿度が高くなるような気候であれば、干し草屑や土を混ぜて、ヤマハンノキ（*Alnus incana*）やヴィリヂスハンノキ（*Alnus viridis*）も播種することができる」。

しかしながら最近でもまだ、ヴィリヂスハンノキやヤマハンノキ、シラカンバの播種を崩壊地に行って、しばしば驚くべき量（数キログラム）をそのために費やしてしまった（例えば、ハイデン氏、1965 年）。

雪上播種に関しては 13 ページも参照のこと。

ビッターリッヒ氏（1950）はその後、少なくとも土壌移動によるロスを減らすために、

トウヒの杭をくり抜いて土を詰め播種を行うことを試みた。この杭は地面上には、数センチメートルだけ突き出るように土中に打ち込んだ。しかしこのくり抜き棒―播種は、主に種子が雨の滴のために外に落とされてしまったために、成功しなかった。

最近になってやっと、木本の播種が、常に補足的な工法であり、それゆえ弱い木本の実生が繁茂するためには、あらかじめ行う形成作業、つまり安定工法や表面保護法といった、前提条件が満たされて、はじめて行うことができることが理解された。

芝草播種と一緒に木本の播種を行うことは、侵食を防ぐ工法を行うのと同時に最終群落の種子を持ち込むことのできる、唯一の方法である。

工事の方法：

a 穴播種

ツルハシで深さ約10cm、直径10cmの穴を開ける。土壌を少々柔らかくしてから、1～5個の種子を入れ、土を2、3cmかぶせる。2人で共同作業をすると効率的である。一人が穴を開け、もう一人が小さな手おので土をほぐして種子を播く。

b 局所播種（皿播種）

播種は2、3平方デシメートルの小さな大きさで行われる。この場所の大きさや配置は、土地の状況に応じて決める。軽い手斧で表面から2～5cmの土をほぐす。そのように準備した場所に種子をまき、必要に応じて熊手で寄せたり、叩いたりして埋める。大きな種子には土をかぶせなければならない。

c 溝播種（＝畝間播種、列播種、縞状播種）

ツルハシか鋤で土地の状況に応じた溝をつくり、その中に種子を播く。播種が終わったら、種子に応じて土をかぶせる。これはたいてい熊手で行う。

d 撒播（＝平面播種）

熊手やまぐわで耕した平地に手作業で、あるいは機械や飛行機で播種を行う。種子は鋤込むべきである。種子によってはローラーや耕耘機を使うことができることもあり、より効果的である場合もある。

ごく最近では、単一種類の木本や、混合した木本の種子を播種するために、吹き付け工法やマルチング播種工法が成果を上げている。特に急斜面や岩がちな斜面で成功している。

例：ゾントホーフェンの営林局では、林道や砂利採掘地に沿った、岩がちな急斜面を、試験的に吹き付け工法で緑化し、その際芝草の種子に 1.2g/m² の木本の種子を混ぜた（1haにつきトウヒが 6kg、オウシュウアカマツが 3kg、ヤマハンノキが 2kg、カラマツが 0.6kg）。4年後に行った評価では、15～60cmの高さの実生が、2～16本/m² であった（ディンプフルマイアー氏による論文報告。ディンプフルマイアー氏、シュヴァイガー氏（1970）も参照のこと）。

工事の材料：穴播種はとくに種子が大きいもの、例えばミズナラ（*Quercus*）、クリ（*Castanea*）、トチノキ（*Aesculus*）さまざまなマメ科の木本（例えばイナゴマメ（*Ceratonia siliqua*））に適している。局所播種や撒播は、とりわけ針葉樹や小さな種子の広葉樹に用い、溝播種は全ての木本植物に行える。

種子の量はほとんど種子の大きさと発芽率によって決められる。例えばミズナラ（*Quercus*）を溝に播種する場合、1mごとに約20～40粒の種子が必要である。小さな種子は、播種する前に砂かおがくずと混ぜておくと良い。なぜならそうしないと過密になる箇所ができてしまい、不経済であるだけではなく、実生の生長を妨げることになってしまうからである。

それぞれの国の種子規定が種子の品質とみなされる。基本的に、良く知られているものや使用地域に相応した産出地のものが好まれる。その際、特に肥沃土のない、あるいは肥沃土の乏しい未熟土壌で使用することを考慮しなければならない。それには播種の前か、播種の最中に、木本の種子に共生生物、つまり根粒菌・放線菌・菌根を接種することが勧められる（シェーデ氏、1962年、モーザー氏、1951、1956、1959、1965、1958a、b、c、ゲーブル氏、1965a、b、1967a、b、）。

乾燥地域では、播種後に、微気候を改善するための被覆層で覆うと良い。これには繊維の長い有機質のくず（藁、干し草、ジャガイモの茎、粗朶など）が、全て使用できる。また人工の繊維や産業廃棄物（例えばセルロースなど）も適している。

時期の選択：植生期間中。最も良いのは植生期に入った直後。植生期の終わり、つまり植生休眠期の初めに播種された植物は、変わらずそのままになる。本来この時期は自然界の状況に相応しており、発芽しにくい種子にとっては、もっとも都合の良い時期だといえる。しかしながら、この時期に播種を行う場合は、ネズミや鳥に食べられてしまうことや、腐敗などの危険があることに注意しなければならない。腐食剤で処理した種子はたいてい食われることはない。

技術的、エコロジー的な効果の程度：すでに初期段階の植分が存在し、それによって保護されている土地の場合、播種した木本は、森林立地と同じように妨害されることなく定着することができる。そのため、望まれた木本の最終群落を作り出すための簡単で、経済的な方法である。

コスト：種子が必要とするものや、種子の価格は、使用した植物種によって大きく上下するので、コストを述べることはできない。労働コストも土地や種子の種類によって非常に様々である。

長所：手軽で安価な方法。根を深く張らせるためには、木本を植栽するより、播種から育てる方が良いことが分かっている。土壌を壊す危険や、それによって起こる侵食の危険は、鋤を使って行われる溝播種を例外として、播種の方が植栽するよりもかなり低くなる。個体数が多いために植栽するよりも良い淘汰が起こる。

短所：品質を落とさないで機械化をすることはできない、手のかかる方法である（例外：吹き付け工法、マルチング播種工法）

使用領域、緑化工事の中での位置づけ：石や砂がち、岩がちな斜面や急斜面では、他の方法では代用できない。

経済性や淘汰、根の土壌貫通に関して良い成果をもたらすので、植物の生育しにくい立地では全て木本植栽よりも播種を行うべきだろう。

これまで緑化工事の中では、極端な立地のみで行われたが、緑化工事の目標が、森や低木の植生である場合には、木本の播種を検討してみるべきであろう。

管理：過密に播種を行ってしまった場合は、おそらく間引きが必要となる。栄養分の乏しい土壌では、追肥を行う必要があるかもしれない。しかしながら、一般的には、適した種を選べば管理をする必要はない。

遷移、自然定着、成育状況：人工的に作られた植物の覆いの中で、それぞれの播種箇所、播種溝、播種穴が、多く密に作られれば作られる程、速く定着していく。また定着の速度は、立地の特性と使用した種子によって左右される。過密に播種した場合、定着が阻害されるのではなく、厳しい淘汰を可能にする。植栽をした場合には、個体数が少ないために、同じだけの淘汰は行われない。

適した種を選択した場合は、自然に植生遷移が起こり、さらに手を加えなくてもクライマックスへ移行する。特定の定着段階を継続群落としたい場合は、たいてい人為的に介入しなければならない。

1.1.5.2 根茎の挿し木と根茎切片の植え込み
同義：Rhizomstecklinge（根茎挿し木）

歴史：切り出した地下茎や塊茎、走出枝、根挿し木による増殖は、栽培目的としては非常に古くから行われ、多くの地域で、人間の食物を確保するために、この増殖方法がとられた（サトウキビ、ジャガイモなど）。

しかしながら、緑化工事での使用に関しては、何も知られていなかった。初めての試みはデュムラー氏（1946）が、フキタンポポ（*Tussilago*）を用いて行い、更なる包括的な調査を――一部ラッシェンドルファー氏と共に、―1948年から1952年にかけて私が行った。

根茎挿し木を用いたこの増殖の試みを応用することによって、植物の生育しにくい立地で得られた植物材を使用できることと並んで、根茎切片の植え込みという、新しい緑化工事法がもたらされた。それには次の二つの観察が基礎となった。

1. 耕耘機を使うと、地下の走出根や根茎を持つ雑草がどんどん増殖すること。例えばシバムギ（*Agropyron repens*）やイヌガラシ（*Rorippa silvestris*）など。
2. 地下茎を含んだ表層土壌を客土すると、フキタンポポ（*Tussilago farfara*）やヨシ（*Phragmites communis*）が大量に増殖すること。

工事の実施：それぞれの根茎挿し木は、長さ約10〜15cmの根茎の一部を、浅く掘った植栽溝に入れ、少々土をかけて移植を行う。杭のような形状の根茎を持つ植物（*Atropa, Petasites paradoxus, Bambus, Phragmites*）は、若枝の挿し木のように垂直に植えることができ、先端部分は地面から突き出ていて良い（図23、24）。石や砂がちで、栄養分に乏しい土壌では、植え付け前に鉱物質に富む土壌と混ぜておいた、表層土壌かコンポストを入れなければならない。

根茎切片は地面にふりまき、表層土壌かコンポストで軽く覆う。

工事の材料：適した植物種の生きた根茎の一部。使用する根茎の長さや植え付けの密度は、使用した種と緑化の目的によって変わるので、個々に決められる。一般的には、1平方メートルに3〜5本の密度で十分である。フキ（*Petasites paradoxus*）場合、10cmの長さで15cm³の質量の根茎が良い。

根茎切片は自然の立地を掘り返したり、掘り出したり、機械で削ったときに収穫する。これまでほとんど行われてはいなかったのだが、路肩の掃除を行う時に、根茎や走出根（枝）を持つ植物があれば収穫できるかもしれない。さらに、雑草に覆われた畑を耕耘機や鍬で掘り返したときにも収穫できる（特にエゾムギ）。根茎はチップ状に刻んだり、切り刻んだりして地面に敷き詰め、乾燥を防ぐために、その上に土を少々かぶせる。

時期の選択：根茎挿し木による増殖は、若枝の挿し木の場合と同じように、植物の内部に備わる植生リズムに依存している。このリズムはそれぞれの種によって異なるので、分からない場合は作業を行う前に調べる必要がある。*Petasites paradoxus*に関してはすでに成果が出ている（図25）。しかし植生リズムは、木本の挿し木の場合ほど、きっちりとしているわけではないので、場合によっては、おざなりにすることもできるだろう。植生の休眠期に、移植した根茎挿し木の生長が最も良い。根茎切片は、収穫後すぐに作業をしなければならない。もしくは短期間なら、冷たい砂ないし湿った砂に寝かせておくようにする。

技術的、エコロジー的な効果の程度：根茎の挿し木は、構築的な種を使用して先駆植生を豊かにしていく方法である。根茎は、他の種よりも何倍もの勢いで土壌に根を張り、その結果、土壌の結びつきをより強めることができる。

さらに多くの適した根茎は、特に大きな葉を形成するので、迅速に土壌に陰を作る役割をし、それが落葉した後には、有機物が豊富になっていく。

コスト：収穫方法や使用する植物種、植栽密度、立地によって異なる。

長所：市場で入手できない植物種で、迅速に構築できるものを、簡単に導入することができる。路肩を掃除したときに溜まったものを生かすことができる。

短所：根茎切片を播くのは別だが、労力を要する緑化方法である。たいてい根茎挿し木から育った植物は、種子から生長したものほど根を深く遠く張ることはない。

使用領域、緑化工事の中での位置づけ：特に、植物の種類が少ない領域で、成育の難しい立地に。これまで緑化工事にはあまり使用されていない。もっとこの方法を行うことを勧める。

管理：ほとんどは必要ない。後に他の種を駆逐してしまうような危険性があるところ（例えばフキ（*Petasites albus*）やフキタンポポ（*Tussilago farfara*）の場合など）では、根茎挿し木による増殖は行ってはいけない。

遷移、自然定着、成育状況：これらは使用した植物種と立地によって左右される。たいてい、根茎挿し木から生長した植物は、種子から生長したものより増殖能力が劣る。そのため、どんどんと広がって他の種を駆逐してしまう可能性は非常に少ない。一般に一つの株を形成することが多い（特にフキ（*Petasites*）、フキタンポポ（*Tussilago*）、ハゴロモギク（*Adenostyles*）の場合）。アルプス地域の砂利土壌に植えた、根茎挿し木の成育状況に関しては、図21と24が示している。フキ（*Petasites paradoxus*）の播種と根茎挿し木を比較すると、根の量には大した差は見られないが、様々な根茎を形成することがわかる（図7と23）。

1.1.5.3　根株及び株の株分け植え付け
同義：Horstteilung（株分け）、Stolonmvermehrung（走出枝増殖）

歴史：準乾燥、及び乾燥地域では、昔から背丈の低い芝草を得るために、前もって栽培園で育成された草本を、株分けして移植する方法がとられていた。例えばブラジルのサン・パウロやリオ・デ・ジャネイロ等では、この方法を道路建設における法面保護に応用していた（図28）。それどころか、所によってはこの方法が、ごく最近まで唯一知られた緑化方法であった。しかしながら、最も重要な使用領域はブラジルと並んで、地中海地方で観賞用芝草やスポーツ用芝草を設置する場合である。

多肉植物も新芽を植えることで、同じ様な目的に使用された。例えばウチワサボテン（*Opuntia ficus indica*）は、古い溶岩流を緑化するためや、生け垣（図19）を作るために使用された。また、マツバギク（*Mesembryanthemen*）は、高く険しいテラスや前庭、道路脇の斜面（図29）などに植えられる。しかしながら、ほとんどいつも期待通りに土壌に根が張ることなく、密生したツルナ属（*Carpobrotus*）の植分のあるところでさえ、豪雨の際の洗掘によって、その下には深いくぼみができた。

工事の実施：自然の立地から、または特別に設置された栽培園から適する植物を掘り出し、迅速に良い生長をする大きさに分割する。株分けされたそれぞれの植物は、表層土壌かコンポストを加えながら移植する。乾燥地域で、背丈の低い草本を使用して芝草面を作ろうとする場合は、たいていの場合、表層土壌を客土しなくても良い。

工事の材料：地下部分の生長が非常に早く、いくつもに株分けすることのできる全ての植物、つまり草本と木本植物。

低木や多年生草本は、大部分自然立地から入手することができる。

主な緑化用の草本は、特定の工事現場のために特別に栽培することができる。いくつかの種は、市場でも手に入る(例えば、スズメガヤ(*Eragrostis capillaris*)、スズメガヤ(*Eragrostis cylindrica*)、イヌシバ(*Stenotaphrum secundatum*)、チカラシバ(*Pennisetum clandestinum*)、アメリカスズメノヒエ(*Paspalum notatum*)、スズメノヒエ(*Pasplum stoloniferum*)、イワダレソウ(*Lippia repens* [Verbenaceae])、オオツメクサ(*Spergula pilifera*)、クマツヅラ(*Verbena pulchella*))。

そのように市場で手に入る芝草を注文する際は、植物種に応じて1m²の栽培芝草を3〜15m²に増殖できると考える。この必要量は、土壌湿度、温度、土地の傾斜によっても異なる。販売会社が指示している平面増殖は、条件の良いところにのみ当てはまる(例、*Eragrostis*は1m²が10〜15m²に。*Lippia*は8〜9m²に)。

時期の選択：植生期間中、中でも初めの1/3位までが最適。

技術的・エコロジー的な効果の程度：根茎挿し木と同程度。草本の場合、すばやく土壌を覆う。

コスト：入手方法、植栽密度、そして立地によって異なる。
　草本を移植して、一面を覆う芝草面を作ろうとすると、1m²につき0.5〜2.0時間の労働が必要。純粋に材料だけのコストは1m²につき8〜35シリング＝1.10〜4.80マルク。

長所：市場では入手できない立地に適した植物種を持ち込むことができる。乾燥地域では草本の株分けが唯一の再緑化法であることもある。

短所：費用も高く、労働力も必要なので比較的コストが高い。

使用領域、緑化工事の中での位置づけ：特に、有性増殖で増殖できなかったり、市場で入手できない、特殊な種を使用しなければならないところに。さらに、種類の少ない地域を豊かにするために。
　緑化工事の中では、乾燥地域に背丈の低い芝草を形成するのを除いて、これまで使用されたことは少ない。

管理：たいていは必要ない。芝草面を作るときには、根付かなかった部分には追加植栽しないといけない。

遷移、自然定着、生育状況：使用した種と立地による。

1.1.5.4 先駆植物植栽
　　同義：Normalpflanuzung(通常植栽)、Schotterpflanzung(砂利植栽)

歴史：以前の緑化作業では、植物が枯死してしまうパーセンテージが常にとても高かった。その原因は適さない植物を使用したこと(未熟土壌にトウヒやシラカンバを植えるなど)、及び、前もって斜面に侵食を阻止するための安定工法や、表面保護工法などをせずに植え付けたことであることが分かった。先駆木本(未熟土壌入植植物)を使用して試験すると、それらには表層土壌がない場合にも、入植できる能力があることが分かった。この試験の時に出たロス(欠損)は、乾燥のためであった。それに基づいて、藁や泥炭を湿っている状態で、植栽する穴に入れた。そうしてロスは通常の量に戻った。

工事の実施：根の形にあった植栽穴を開け、植物を入れ、すぐその後に掘り出した時の土で穴を埋める。乾燥を避けるために地表面近くには、植物の大きさに応じて、だいたい片手いっぱいの湿った藁か、ピートを土の中に入れる。これらは植物の根に触れないようにする(図197)。最後にその上に土を被せる(これは表層土壌でないこと)。

植栽密度は植物種と立地によるが、たいてい1haにつき約10,000本。

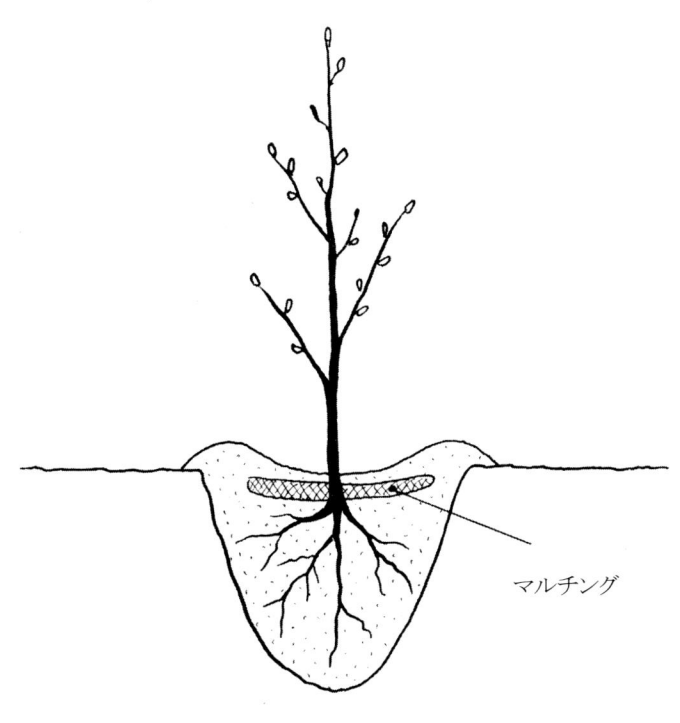

図197　先駆植物植栽、図式

工事の材料：未熟土壌でも繁茂する能力を持つ先駆植物の1年から2年の実生、あるいは苗木(植物種に応じて)。
　植物は場合によっては運搬前か、移植直前に思い切った剪定を行い、根もそれに応じて短くする。しかしながら、根や枝の刈り込みは、数多くの試みによって証明されているように、常に必要と言うわけではない。
　植物材は活力のある苗でなくてはならず、窒素肥料だけに偏った苗床の苗であってはならない。根茎の形成状態が良いことも重要である。

時期の選択：植生の休眠期。植生期が始まる直前が最適。

技術的・エコロジー的な効果の程度：マルチングとは異なり、敷き藁(ピート、藁、干し草など)に土をかけるので、ネズミの増殖や、それに伴う植え付け時の被害が増えることはない。
　植栽した直後は、点状にしか効果がないが、数年後に相応に植物が密生してくると、平面的な効果を発揮するようになる。つまり、植栽した植物(その他の作業によって作られた低木や樹木も含めて)の樹冠が、隣同士ふれあうくらいまで生長する。この効果は主に陰を作ることに基づいているが、植物の存在によって、風が上を通るようになるからでもある。さらに先駆植物を植えると、落葉によって立地が改善される。木本植物の場合、共生する菌やバクテリアが、土壌に窒素を蓄積する。一本だけを植栽することは、それだけで土壌を安定させるために用いられないが、補足工法として用いると、土壌安定化に決定的な作用をもたらし、水分状況も改善する。

コスト：使用する植物種と立地状況による。作業能率：1時間につき10〜15本（これは植栽だけの時間）。

長所：表層土壌を使用できない場合の、最も容易で安価な植栽法。

短所：未熟土壌への導入が可能な植物しか使用できないので、実行するのが難しい。

使用領域、緑化工事の中での位置づけ：表層土壌のない斜面、特に広い切土地や盛土地、地滑りしやすい斜面などに、よく適した安価な植栽

図198　鉱業の廃棄物をためた、不毛のボタ山に先駆植物植栽によって作られた植分。9年後

図199　チロルのインタール（谷）上部に作られた9年目の防風林。先駆植物植栽

図200　海抜1,100mの鉱業のボタ山で先駆植物植栽法を行ってから育った9年目の植分

方法で、初期段階の木本や先駆植物の植分を、短期間に作り出す（図198、199）。

　緑化工事の中でも、しばしば使用される方法であり、アルプス地域以外の地域でも重要性を増している。

管理：植物種と緑化の目的によって異なる。短期間で急速に生長する植物は、しばしば剪定しなければならないが、表層土壌のある所に植栽した場合より、剪定の頻度は少なくて良いし、時間が経ってからで良い。

遷移、自然定着：先駆植物植栽には、未熟土壌に入植する能力を持つ植物だけしか使用できないので、生長した木本は、比較的短命な遷移移行段階である。通常の定着では、立地に応じて次の遷移段階の植物群落へ移っていく。この定着の速度を早める必要性がない場合は、自然に任せてしまうことができる。しかしながら、ほとんどの場合、さらに植栽を行って速度を速め、緑化の目的に相応した最終群落へ、すぐに達するようにすることが重要である。

　自然界に植栽された先駆木本林のいくつかの例からは、植栽後に管理をする必要がなく、比較的短期間の内に、初期段階の群落から潜在的な最終群落へ、遷移していく場合もあるということがわかる（図198〜200）。

例1（図200）：西チロルのインタール、ルンゼラウ発電所の施設。坑道爆発によって出た物の堆積場。大部分が石英の千枚岩。海抜870m、西向き斜面、25〜33度の傾斜、周囲の植生はほとんどが上部ミズナラ―シナノキ混交林段階の *Doryenio-Pinetum silvestris*。年間降水量の平均は約650mm。大陸性のアルプス内部気候。

斜面は先駆植物植栽法と、ヤナギの挿し木だけを行って緑化し、道路際には通常播種を行い、その際、表層土壌を客土したり、肥料を使用したりすることはなかった。下に記す記録は緑化から9年後のものであり、その間は何の管理もなされなかった。

結果：低木層、先駆植物植栽法から由来する物、地被率約60％、13種類。

[58] 1. 2　ヨーロッパクロヤマナラシ（*Populus nigra*）、高さ6.6m
1. 1　コリヤナギ類（*Salix purpurea* ssp. *lambertiana*）、3.6m、挿し木から
2. 1　ホソバグミ（*Hippophae rhamnoide*）、2.5m、直径6cmのものまで
2. 2　ヤマハンノキ（*Alnus incana*）、6.0m
1. 1　シロヤナギ（*Salix elaeagnos*）、2.0m、挿し木から
+　　クロヤナギ（*Salix nigricans*）、1.9m、挿し木から
1. 1　コリヤナギ類（*Salix purprea* ssp. *purpurea*）、1.4m、挿し木から
2. 2　ガマズミ（*Vibrunum lantana*）、1.4m
2. 2　クロウメモドキ（*Rhamnus cathartica*）、1.6m
+　　タイリクキヌヤナギ（*Salix viminalis*）、1.8m、挿し木から
1. 1　クロトゲザクラ（*Prunus spinosa*）、0.7m
1. 1　セイヨウクロニワトコ（*Sambucus nigra*）、0.3m
+　　ヤナギ類（*Salix triandra*）、1.7m、挿し木から

飛来種から発生した木本、地被率約10％、6種類
+　　オウシュウアカマツ（*Pinus silvestris*）、0.9m
+　　シダレカンバ（*Betula pendula*）、0.6m
+　　セイヨウビャクシン（*Jupiperus communis*）、0.6m
+　　ドイツトウヒ（*Picea abies*）、0.3m
+　　ヨーロッパカラマツ（*Larix decidua*）、0.5m
+　　セイヨウメギ（*Berberis vulgaris*）、0.6m

草本層、60％の地被率、42種類、そのうち7種類が播種から発生したもの、35種類が自然に飛来してきたもの。

例2（図198）：ヴェンス（ピッツバッハファッスング）発電所、ピッツタール（谷）/西チロル、海抜850m、坑道を爆破した時に生じた砕石などの堆積場、大部分が石英の千枚岩からなる。ほとんど平らな所から、傾斜30度までの西向き、ないし東向きの斜面。周囲の植生は、ミズナラ―シナノキ混交林、年間平均降水量は約750mm。

この土地は先駆植物植栽と通常播種で緑化された。その際、表層土壌も肥料も使用しなかった。調査は緑化後9年目に行われ、その9年間の間には管理はされなかった。

結果：木本層、先駆植物植栽から生長したもの、高さ6mまで。地被率90％、10種類。

5. 5　ヤマハンノキ（*Alnus incana*）、高さ6m
2. 3　ヨーロッパクロヤマナラシ（*Populus nigra*）、高さ2～6m
2. 3　セイヨウトネリコ（*Fraxinus excelsior*）、1～6m
1. 3　コリヤナギ類（*Salix purpurea* ssp. *lambertiana*）、挿し木から、1～3m
1. 3　エゾウワミズザクラ（*Prunus padus*）、1～2.5m
+　　シダレカンバ（*Betula pendula*）、1～2m
+　　セイヨウナナカマド（*Sorbus aucuparia*）、1～3m
+　　セイヨウクロニワトコ（*Sambucus nigra*）、1.5m
+　　セイヨウニワトコ（*Sambucus racemosa*）、1m
+　　クロヤナギ（*Salix nigricans*）、挿し木から、0.5～1.5m

低木層、飛来種から発生したもの。高さ1mまで、地被率40％、4種類。
+. 3　ヨーロッパカラマツ（*Larix decidua*）
+. 3　ドイツトウヒ（*Picea abies*）
+　　カプレア・ヤナギ（*Salix caprea*）
+　　ヤナギ類（*Salix appendiculata*）

草本層、地被率70％、播種から生じたもの：8種類；飛来したもの：28種類

例3（図115、116）：インスブルッカー・ノルトケッテのペンツェンレーナーの雪崩防止構造物、ブレーキ用構造物、新しい石灰の堆積による雪崩保全突起物、海抜1,050m、南東の斜面、傾斜約35～40度。周囲の植生＝ブナーモミ林（*Abieto-Fagetum*）、年間平均降水量約1,000mm。

この斜面は先駆木本の植栽、ヤナギの挿し木、通常播種によって緑化され、表層土壌や肥料は使用しなかった。調査は緑化後11年目に行い、この11年間には管理はしなかった。初めの数年間、牛の放牧によって被害があり、緑化地の上を何度も雪崩が通った。

結果：先駆植物の植栽と挿し木から発生した低木層、地被率80％、高さ6mまで、13種類。

3. 3　シダレカンバ（*Betula pendula*）、高さ6m
2. 2　セイヨウハシバミ（*Corylus avellana*）、1.2m
1. 1　セイヨウサンザシ（*Crataegus monogyna*）、1m
1. 1　セイヨウトネリコ（*Fraxinus excelsior*）、5m
1. 1　クロヤナギ（*Salix nigricans*）、挿し木から、2.5m

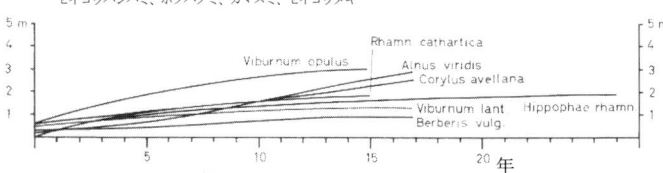

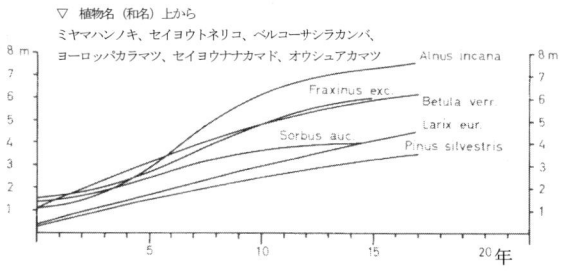

図201　先駆植物植栽法によって植栽された、様々な木本の伸長生長。チロルの平均値

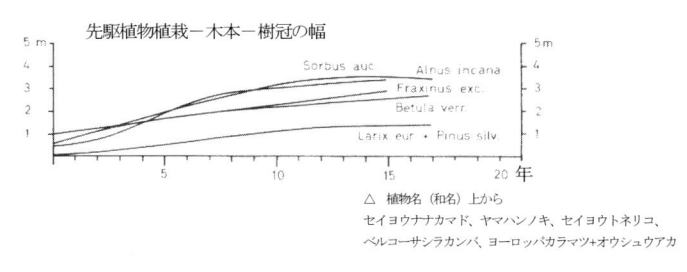

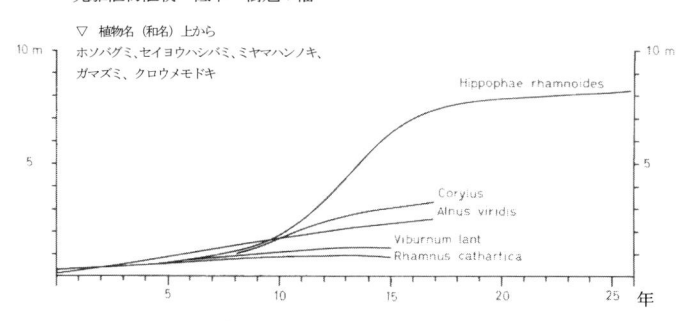

図202　先駆植物植栽によって植栽された様々な木本植物の樹冠の直径からみた成育状況、チロルの平均値

---

[58] この表の初めの数値は被覆率、次の数値は個体数を、指数で示したものである。

1.1 コリヤナギ類（*Salix purpurea* ssp. *lambertiana*）、挿し木、2.5r
1.1 シロヤナギ（*Salix elaeagnos*）、挿し木、3m
+ セイヨウメギ（*Berberis vulgaris*）、0.8m
+ ガマズミ（*Vibrunum lantana*）、0.3m
+ ミズキ（*Cornus sanguinea*）、0.8m
+ セイヨウイボタ（*Ligstrum vulgare*）、1m
+ ヨーロッパハンノキ（*Alnus glutinosa*）、3m
+ ルビギノーザバラ（*Rosa rubiginosa*）、1.2m

飛来種から発生した物：2種類
+ ドイツトウヒ（*Picea abies*）、高さ4.5mまで
+ センニンソウ（*Clematis vitalba*）

草本層、地被率90％、そのうち播種から発生したもの：9種類、飛来してきたもの：33種類。

成育状況：すでに上述した三つの例からも、先駆植物植栽法によって持ち込まれた木本植物や低木が、その後全く管理されないままにされた場合の、成育状況についての情報が得られるだろう。

しかしながら三つの工事現場という数は、一般化するには少なすぎるので、私はさらに先駆植物植栽を分析・評価し、初めの15年間の平均値を算出した。ホソバグミ（*Hippophae rhamnoides*）については、初めの25年間の平均値を出した。この東アルプス地域で、重要な6種類の先駆木本と7種類の先駆低木の値は、図201と202にグラフで示した。これらはすべて平均的な立地から出た値である。

1.1.5.5 根鉢植栽

工事の実施：植物は根鉢ごと、前もって掘って置いた穴に移植する。この穴は球の直径の2倍になるようにする（図203）。乾燥し肥沃土を大量に含んだ根鉢は、土壌から水分を得るのが困難なので、前もって水に漬けなければならない。根鉢を包んである布は、植え込み時に取り除く必要はないが、地際の部分は結びをほどいておく。

根鉢植栽には表層土壌か、相応の適する補充基盤（コンポスト、ピートと土を混ぜたものなど）が必要である。

特に注意しなければならないのは、植物を移植する際、苗床にあったときと同じ深さに植え込むことである。

材料：何度も苗床で移植された苗。根鉢はジュート布か金網で包んで結びつける。

図203 根鉢植栽、図式

時期の選択：最適なのは植生の休眠期間中。中でも植生期の始まる直前が良い。気候条件が良く、運搬距離が短い場合は植生期にも行える。

技術的・エコロジー的な効果の程度：先駆植物植栽法と同じ。

コスト：使用する植物種と立地状況に応じて異なる。そのためコストはそれぞれの工事現場ごとに算出しないといけない。作業効率：一時間の作業で10～25本。

長所：移植の際のショックが小さいので、制限的ではあるが、活動期間にも実行できる。ロスが少なく、生長が早い。植物に可能な限りの生長が実現される。

短所：コストが高い。

使用領域、緑化工事の中での位置づけ：造形用地及び特に植栽の困難な所。例えば乾燥地や高地などに。緑化工事に使用される事は少ない方法ではあるが、コストが高いにもかかわらず、生長時の損失が少ないので、初期費用が安い植栽法よりも、ずっと経済的である。

管理：植物種と緑化の目的による。

遷移、自然定着：目的とされる最終段階の木本植物にのみ、根鉢植栽は行われるので、さらに遷移は起こらない。その後の発展に関しても、様々な経過時間で、隣同士の樹冠が接する状態に達するだけである。この最終群落では、適さない木本が使用されるか、災害（山火事、嵐、雪の圧力）、ないし人間の介入（伐採や放牧）によって、エコロジー的な状態が変化した時にのみ、植物種が構造的に変化する。

1.1.5.6 ペーパーポット植栽

歴史：根鉢植栽が、18世紀の初めにはすでに行われていたのに対し、ポット植栽は随分後になってから林業に採り入れられた。ロイター氏（1904）は、すでに世紀の転換期頃には二つのタイプの粘土鉢と紙のカップに、アスファルトを薄く塗って実験を行い、とても良い結果を得た。しかしながら、まだ鉢植えが一般的に行われるまでにはなっていなかった。オスロの近郊で1930年にA. バッケン氏が初めて、土を詰めた大きめの根鉢の、植栽用ブリケットを製造する機械の第一号を設計した。また、アルプスの植林技術の大長老であったR. ユゴヴィッチ氏（1931）は、鉢植えの問題にじっくり取り組んだ。

鉢植えの技術が真に進歩したのは、第二次世界大戦が終結後、まずW. ビッターリッヒ氏（1951、1952）が空洞のある棒と、木のかけらを組み合わせた植栽用の容器を開発したときであった。

O. シュライバー氏は、1953年に植林のためのプレスした根鉢について述べ、ホウタマンス氏はモスト社製ピートポット、つまり3タイプの立方体のポットについて述べている。モスト社製ピートポットの新しい型である楔形のピートについては、プリューフェルト氏（1959）が記述している。

L. Fr. コックスヴォルド氏（1956）が今日よく使用されるジッフィー社製ポットを初めて試みた。

M. M. マクリーン氏（1959）はプラスチックパイプを使った実験について言及している。しかしながら、これは実生の移植のことを考えて作られたものであった。同じ年、カリフォルニアのG. G. シューベルト氏とF. R. ダグラス氏が、植物の根鉢を二枚の透水性のある材料でできた包みの間に、プレスして固めたいわゆる包み法についての試みについて報告した。レッツ氏は1960年に、初めてポリエチレン製のフレンスブルガー・根鉢袋について述べている。これは大きな植物にも使用された。1961年にフィッシャー氏とベーデ氏が、1964年にはスルバー氏が、根鉢の保護に、プラスチックの袋を用いることについて述べている。

プラスチックの鉢は、ヒルフ氏（1962）以来知られるようになった。様々な製品があったが、それらはだいたい林業より、造園分野において価値を認められたものだった。

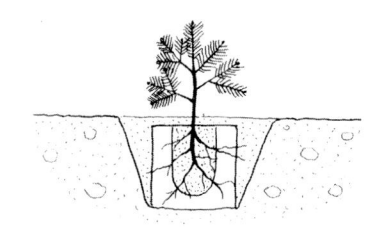

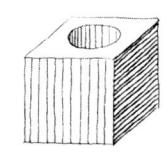

ラカース氏(1962)とスルバー氏(1964)は、円錐形のセルロース繊維ポットについて報告している。これはプラスチックの袋やピートポットと同じ価値があると記述されている。

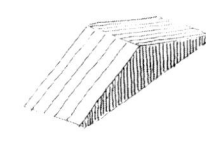

1972年にオーストリアの高地で大規模に(約200万本の植物を使用して)再造林を行った時に用いられたペーパーポット法から、緑化工事にも適すると思われる新しい植栽システムが生まれた。この方法は日本で開発され、スカンジナビア諸国でテストされた。これは栽培から植栽までよく考えられ、合理化された方法で、そのため経済性では他に優るものはほとんどない。

実施：

a　ポット植え

鉢に移植された植物は、ポットごと前もってあけておいた穴に移す。なるべくたっぷりと水をやり、土を埋めた後は踏み固めるようにする。たっぷり水をあげることができない場合は、ポットに入った植物を移植前に水に漬けるか、あるいは湿度が高い気候の時に、湿潤な土壌に移植しなければならない。

ピートポットは乾燥地域において、乾燥の危険を避けるために使用されることが多い。そのため移植するときは、地面から空中に出てしまわない深さにして、土か未熟土壌で少々覆っておくようにする(図204)。

ピートポット

楔形ピート

図204　ポット植え、図式

図205　植栽用パイプと手提げバックを用いたペーパーポットの植え付け　（写真：インスブルックの州立営林監督局）

図206　移植前に苗床で育てられているモスト社製ピートポット

図207　ペーパーポットで栽培された針葉樹。コンビテーナー[59]で運搬用に準備されたもの

---

[59] ペーパーポットを入れる大きなパレット。

b　ペーパーポット

　ペーパーポットは根がポットから外へ伸び始めたときに移植する。

　植え付けには手提げ状のバックと植栽用パイプを使用する(図205)。植栽用パイプを地面に突き刺し、てこの力を使ってパイプの先にある蓋を開け、ペーパーポットをパイプから、掘った植栽穴に滑り落とす。最後に、パイプを抜き取り植物の周りの地面をぐるりと押し固める。

　高地では、一日に一人で800〜1,000本の植栽ができる。緑化工事においては、一日の仕事量はここまで達しないこともある。

材料：一般に実生苗はポットに移されてから、数週間後の植生期間中に植え付ける。緑化工事においては、様々なタイプのポットによって、非常に様々な実績が上がっている。例をあげると：

　穴のあいた鉄棒は固すぎるので、土壌の動きに耐えられない。

　木のかけらを組み合わせた容器と、固いプラスチックや紙容器のポットは、充分に土壌と結びつかなかったので、初めて迎えた冬の後には抜け去らったり、乾燥してしまったりで、大きなロスが出てしまった。

　粘土質のポットは、圧縮された土の塊やピート・ブリケットと同じで、栽培の成果は良いが、重すぎるためにコストが高くついてしまう。

　穴あきポリエチレン袋は、特に大型の植物や乾燥地域に適している。そのような植栽のために、カードラル植栽用袋®が特別に開発された。このPVCで作られた多数の小さな穴の空いた袋に、土とカードラル泡を混ぜたものを、小さなサイコロ状にして移植の際に詰める。この混ぜ合わされたサイコロ状の泡は、特に高い保水能力を持っているので、乾燥期間が長期にわたって続いても、水を補給することができる。カードラル袋は特に北アフリカで実績が上がっている。

　植物の生育が難しい立地にも適する、最も安定したポットは、金網か陶器ピースの付いた金網[60]で作られた円筒状の籠、泡やピートで作られたサイコロ状のポット(モスト社製ポット)ないし、楔形のピートである。また楔形ピートや金網のかごは、特に水害地域や、大きなメカニカルな力がかかる雪の多い斜面にも適している。

　今日最もよく使われているポットのタイプは、モスト社製ピートポット(図206)と厚みの薄いジッフィー社製ポットである。

　ペーパーポットというのは、様々な大きさの紙でできた鉢のことである。ペーパーポットの中には、ハチの巣状に張り合わされており、封筒状に折り畳み、帯状にして運搬することができるものもある。栽培には特別な器具でピンと張って、基盤を詰め、種を播く。移植用ペーパーポットの運搬は、解体可能なコンビテーナーで行うことができる(図207)。

時期の選択：植生期間中ならいつでも良い。

技術的・エコロジー的な効果の程度：先駆植物植栽法と同じだが、乾燥に対してはずっと保護効果が高く、植物のショックを省くことができるため、活着が良いことが多い。

コスト：使用する植物種、鉢のタイプ、立地状況によって異なるので、コストは植栽をする場合に、それぞれ算出しなければならない。

　　仕事の効率：20〜40本/1時間の作業時間
　　ペーパーポット：70〜100本/1時間の作業時間
　　1973年の価格：ケースないし1,000個
　　ジッフィー社製ポット　直径11cm　1個当たり0.084DM　1荷750個
　　モスト社製移植用ピートポット　側長11cm　穴の大きさ8cm　穴の深さ10cm　1個当たり0.34DM　1荷216個
　　モスト社製植栽用ピートポット　15/15cm、高さ17cm、穴の大きさ10cm、穴の深さ16cm1個当たり0.95DM　1荷72個
　　モスト社製楔形植栽ピート　16/12cm、楔の高さ8cm、楔の幅12cm　1個当たり0.23DM　1荷192個

　ペーパーポットの植栽は1973年のオーストリアでは、鉢の大きさと植物種に応じて、鉢入りの1本の植物につき0.2〜0.5DMであった。

長所：移植の時に植物に与えるショックが少ないので、植生期間中でも植栽可能である。ロスが少なく、活着も良く、植物の生長が早くて良い。

短所：比較的初期にかかる経費が高い。運搬するものが重い。こうした短所はペーパーポットの場合はない。

使用領域、緑化工事の中での位置づけ：困難が伴う全ての植林地。例えば乾燥地域、基盤の状態が良くない所、石がちな土壌、植生期間の短い地域、メカニカルな負荷のかかる立地、さらには造形用地にも。

　緑化工事の中で鉢植えは、敏感な木本を植栽するときに、かなり頻繁に行われるようになってきている。特に、未熟土壌に針鉢樹を植える際や、夏期に植栽を行う場合に行われる。鉢植えを実行するには根鉢植栽と同じように、根をむき出しのまま植栽を行うより、初めの原価コストは高いのだが、長期的に見れば経済的である。

管理：使用する植物種と緑化の目的によって異なる。

遷移、自然定着：立地と使用する植物種によって異なる。先駆植物植栽法の項も参照のこと。

1.1.5.7　切り込み植樹法、またはV字切り込み植樹法
　　　　同義：Klemmpflanzung(挟み込み植樹)

歴史：古くから、若い針葉樹を、苗床内で移植する際に行ったのと同じ植栽工程を、露地へ植え付ける際にも模倣してみようという試みがあった。できるだけ作業時間を節約したいという要望から、最近数十年に方法が改良され、その完成した形として、V字切り込み植樹法が開発された。

実施：ツルハシで地面に切り込みを作り、その後ツルハシの向きを変えて、初めの溝に直角になるように、二つ目の切り込みを掘る。その時、その溝に挟まれた内角部分の芝草土は、一緒に持ち上げる。もう一人が、こうして作られた地面の切り込みに植物を深く入れ、それから少し上へ引っ張り、植物の地上部と、地下部の境目が、地面の高さと同じになるようにし、その後周りの土壌を踏みかためる。(図208)。

　斜面では、V字の先端を下へ向けるようにして切り込みを掘る。反対に上に向けて作ってしまうと、霜や雪の時に切り込みが開いてしまい、植物が抜け出てしまう。

材料：V字切り込み植樹法には、根系のボリュームが少ない植物でないと使用できない。最も良いのは、例えばトウヒ、カラマツ、マツ類などの針葉樹で、二年目の実生から三年目の移植苗である。

時期の選択：植生期間以外にのみ。春が最も良い。

技術的・エコロジー的な効果の程度：先駆植物植栽法に同じ。

コスト：使用する植物種と、立地の状態によって異なるので、コストは植え付けを行う度に、それぞれ算出しなければならない。仕事の効率：50〜100本/1時間の作業時間。

長所：一日あたりの労働効率が高く、安価である。そのため1ヘクタールにつき、多数の植物を植えることができる。地面を傷つけることが少ない。

短所：ロスが出る率が比較的高いので、安価な植物しか使用することができない。微粒が多く、背丈の低い植生が育つ土壌を持つ、状況の良い立地でのみ可能である。

---

[60] 透水性で丈夫なもので、大きな樹木の運搬用に使用する。

使用領域、緑化工事の中での位置づけ：広大な植林地を安価な若い植物材で迅速に植樹を行う場合に。

必ず前もって芝草面を作っておかねばならない。

石がち、砂がちな土壌で切り込み植樹法やV字切り込み植樹法を行うことはできない。

これまで緑化工事では稀にしか行われていない。

管理：使用する植物種と緑化の目的によって異なる。

遷移、自然定着：立地と使用する植物種によって異なる。

1.1.5.8 穴植え

歴史：古い林業に関する著書の中にも、穴植えは最良の植栽方法であるとすでに記述されている（例えば、シュヴァーン氏、1871年など）。それゆえ今日、様々な状況に応じて多くのバリエーションが知られているのも不思議なことではない。

実施：穴植えのバリエーションは全て、まず相応した大きさの穴を掘り、そこに植物を移植しながら、石を除き、場合によっては、泥炭腐植土やコンポスト、堆肥などを良く混ぜ合わせて、改良した土を再び満たしていくという作業は同じである。穴植えの最大のメリットは、植栽する植物のために場所をあけ、土をほぐし土壌の状態を改善できることである。

立地状況が良い場合は、時には、ボーリング機を使用して植栽穴をあけることができるので、それによって一日の仕事効率を高めることができる（2人でチームを組んで一日に700〜1,200個の穴を掘ることができる）。石がちな土壌や急斜面では、そのような機械を使っても経済性があがることはめったになく、おまけに作業の質を落としてしまう。斜面では、たい

図208 挟み込み植樹またはV字切り込み植樹法
1＝植生を刈ってしまう。地面には触れないようにする；2＝V字に切り込みを入れる。先端は下方へ向ける；3＝芝草土を持ち上げ、植物を中に差し込む；4＝芝草土を踏みかためる。下図は十字ツルハシ。スケッチ：ゴルトマン氏、インスブルック

図209 ボーリング機を使用して植栽穴を掘っているところ

177

穴植え　　　盛土つぼ堀り植樹　　　盛土つぼ堀り穴植樹　　　深型穴植樹　　　ブッシュ植樹

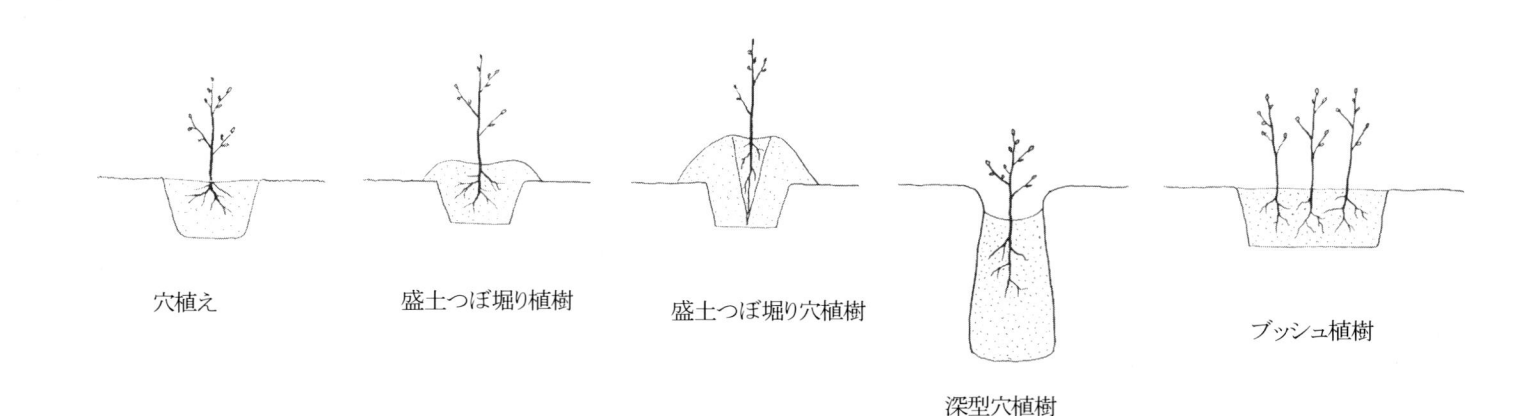

図210　様々な穴植えのバリエーション、図式

てい持ち運び可能な器具の方が、トラクターよりも良い（図209）。

　通常の穴植えでは、穴の直径を、根の直径の倍くらいに掘るのが一般的な方法である（20～30個/1作業時間）。それと並んで、横へ浅く伸びる根系を持つ植物（例えばポプラなど）には、広く穴を掘って植樹し、際だって矢のように下へ伸びる根茎を持つ植物には、盛土つぼ堀り型植樹を行う（図210）。

　立地状況によっても、様々なバリエーションが必要とされるだろう。そうして盛土つぼ堀り植樹、深型穴植樹、大型穴植樹、楕円穴植樹などが分けられる。盛土つぼ堀り植樹は、湿った場所のために応用されたもので、植物を通常の植栽穴ではなく、地盤に盛土した小丘を作り、そこへ植える。そのようにすると、植物が湿った層から上へ出ることになる（図210）。深型穴植樹は地中海地方の乾燥地域で生まれ、そこで乾燥の害を避けるために行われる（図211）。この方法はカルスト地形[61]の植林にもしばしば行われる。カルスト地形では、ボラ[62]が大きな表面積の植栽穴から水分の蒸発を促進してしまうだけでなく、それに加えて土まで吹き飛ばしかねない。深型穴植樹の特徴は、植栽穴の直径が、深さよりも小さいことである。表面はできるだけ小さくし、植物は地上部と地下部の境目が、周りの地盤より約10cm低くなるように移植する。大型穴植樹と楕円穴植樹は、雑草が強力に生い茂る危険があったり、密に地面を覆う植生がある、または地形が悪く、通常の植栽穴が掘れない所で行う必要がある。もちろん、そのような楕円形の穴には、幅に応じて1本だけでなく、何本かの植物を移植する（コルドン工法も参照のこと）。

　大型穴植樹と楕円穴植樹は、以前良く行われたブッシュ植樹に必要であった。この植栽方法についてはすでにデモンツェイ氏（1880）が、「非常に安価な方法」の一つとして次のように述べている。「植栽穴を開けた後、植栽者は、根に触れないように上部を持ち、地上部と地下部の境目が同じ線に来るようにして、状況に応じて2～4本の植物で小さい束を作るようにまとめる（図210）。その後それぞれの植樹法と同じように土を戻して、植物が『自然な位置に来る』ように、植物の周りを踏み固める」。今日ではブッシュ植樹法はあまり行われていない。それは、その後の管理が不足すると、植物の束が一緒に生長して、その結果、しばしば針葉樹の場合、樹幹の形が悪くなったり、または腐敗してしまったりということが明らかになったからである。

---
[61] 石灰岩地域の溶食地形。
[62] アドリア海の北東岸に吹く冷たい山おろし。

デモンツェイ氏はブッシュ植樹法に似た様な批判を述べていることからも分かるが、こうした事実を確かに知っていた。しかし、ブッシュ植樹法で植栽したものの方が単植したものよりも活着しやすく、植えたブッシュが同時に育たないようにする処置は、非常に簡単であるし、コストもかからないとの反論を述べている。

材料：苗圃の苗木も、栽培園の苗木も使用できる。植物の大きさと根の形に合うように、植栽穴の選択をしなければならない。通常穴植えは、挟み込み植樹やV字切り込み植樹、先駆植物植栽法では、移植できない大型の植物に行われる。

時期の選択：植生期間以外にのみ。春が最適。

技術的・エコロジー的な効果の程度：先駆植物植栽法と同じ。

コスト：使用する植物種と立地状況、ならびに植栽穴のタイプに応じて。それぞれの植樹法によって差は大きいので、大規模な植樹を行うときには、その都度コストを算出しなければならない。
　作業効率：20～80本/1時間の作業時間。
　植栽穴を掘ったりそれを埋め戻したりする作業を、本来の植樹作業自体と時間的に分ける事によって、一日の移植の成果は高めることができる。アルプスの高地で行われる植樹では、植栽期間が冬の前と後という短い期間なので、このようにわけて行うことが多い。植栽穴が夏のうちに準備されていれば、植樹は短時間で行えるし、その上軽作業なので女性でも行うことができる。

長所：土地の状態に合わせることが可能であり、様々な穴の種類を選択することによって植物の根の形にも合わせることができる。

短所：V字切り込み植樹法よりも一日の成果が上がらない。たいていの木本には表層土壌が必要である。

使用領域、緑化工事の中での位置づけ：穴植えとその様々なバリエーションは緑化工事で最もよく行われる方法である。
　ブッシュ植樹は、気候状況が極端な地域で今日でも行われ、特に、強風の吹く地域、雪の圧力がかかる危険のある場合、乾燥の危険がある場合、落石の危険がある場合などに適している。例えばハイマツなどの低木を植樹する場合は、1本ずつ植樹するより、ブッシュで植樹する方が成果の上がることが多い。カラマツの植樹にもブッシュ植樹は適しており、また小さすぎる植物や、あまり段階状に生長していない植物を使うこともできる。

図211 石を並べた風よけ付きの深型穴植樹。アレッポマツ（*Pinus halepensis*）、ユーゴスラヴィアのカルスト地形

管理：使用する植物種と緑化の目的によって異なる。
　ブッシュ植樹法の場合は、生長の悪いものを間引くことによって、活力のある植物を促進することができる。しかし、地形の条件が極端な場合、残す植物の生長の邪魔にならない内は、生長の悪い植物もできるだけ長く一緒に育てて、保護効果を保つように、細心の注意を払って行わなければならない。

遷移、自然定着：立地と使用する植物種によって異なる。先駆植物植栽法と根鉢植栽の項も参照のこと。

1.1.5.9 芝草覆い植栽法

実施：通常の穴植えを行った後、植栽穴の表面に、切芝草（ターフ）で再び覆う。切芝草は、鉄か木の杭で固定する（図212）（キーアヴァルト氏、1964も参照のこと）。

材料、時期の選択：穴植えと同じ。

技術的エコロジー的な効果の程度：通常の植栽では、移植した植物の生長を助けるために、良い空気や水が入り込めるように、植生穴はそのままにするのだが、一方、芝草覆い植樹の場合は、覆うことによって植栽穴の表面を侵食や風食から完全に保護することが目指される。移植直後、つまり芝草が活着する前に、そのようなメカニカルな力がかかっても大丈夫

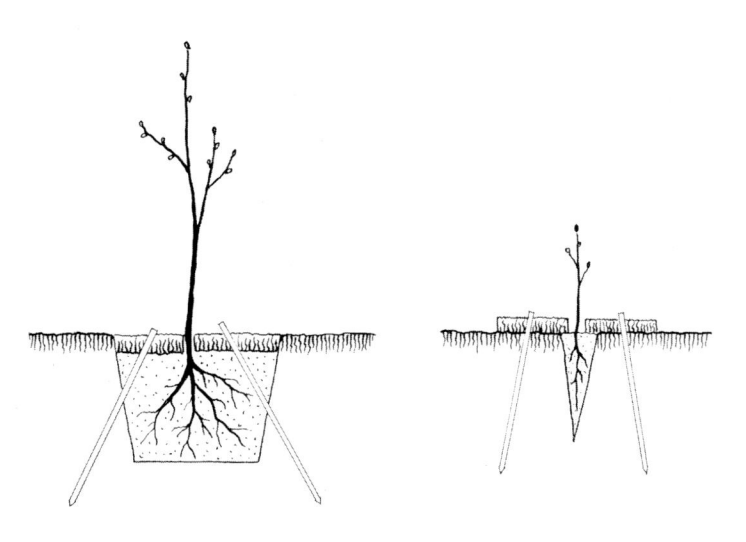

図212 芝草覆い植栽法、図式

なように、芝草は杭で固定しなければならない。

コスト：穴植えと同じ。植栽穴を掘るときに得た芝草が再び使用できる場合には、価格はほんの少し上がるだけで済む。仕事の効率：10〜20本/1労働時間。

長所：洪水、侵食、風食などに対してすばやく保護できる。

短所：経費が高い。場合によっては生長が阻害されてしまう。

使用領域、緑化工事の中での位置づけ：これまで緑化工事で行われることは少なかった。水害地域、時折水が流れる斜面や、風食の害のある地域で施工が考慮される。

管理、遷移、自然定着：洪水が起こった後には、場合によって回復のための剪定と、埋まった植物を掘り出す必要がある。その他は穴植えと同じ。

1.1.5.10 発泡植栽
　　同義：Plastoponik、Plastosoil、Pflanzung in Kunstschaum

実施：
a　現場で二種類の液体と、圧搾空気から人工的な泡をつくり、地面に縞状または班点状—必要なら面状に—塗る。泡が硬化したら、この泡によってできた苗床の中に、普通の土壌と同じように植物を植える。泡の層を土で覆うとさらに良い（図213）。
b　鉢植えの植物（圧縮ピートポット）を土地に移植し、その脇を人工の泡で包み隠す。

仕事の効率：これまで報告はない。

材料：全植物種が適する。人工泡は大部分に細孔が空いているもので、それによって毛管現象が起きるものでないといけない。

時期の選択：植生期間の初め。鉢植えの植物を使用する場合は、植生期間中に可能。

図213 斜面に作られた泡の苗床

技術的・エコロジー的な効果の程度：人工泡は、水分や空気を貯蔵する効果がある。それゆえ縞状に施した泡は、土壌中を柔らかくほぐすだけでなく、水収支を改善する。それも水が過多な場合は、排水作用を持ち、乾燥した立地では水分を貯蔵して改善するという二つの方向において。

コスト：これまでの出版物には詳しい報告はない。コストは比較的高くなるだろう。

長所：立地を改善する特徴を持つ。現地で泡を作るので、地形に合ったものが作れる。

短所：手間のかかる作業である。コストが不明。

使用領域、緑化工事の中での位置づけ：これまで緑化工事で、大規模な発泡植栽が行われた事は知られていない。乾燥地域や砂質の土壌、砂丘、産業廃棄物の堆積場などで行うと良いだろう。

管理、遷移、自然定着：穴植えの項を参照のこと。

1.2 水辺での生きた植物による保全工事
（水辺での生態工学的工法）

1.2.1 底部の保護と持ち上げのための横断構造物
1.2.1.1 生きた植物の堰

歴史：すでに1880年にデモンツェイ氏が、『植物を使用した谷の堰堤（ダム）』の事を記している。これは高さ1.50mまでの、両脇の斜面にきっちりとはめ込んだ、二重の壁を持つクライナー壁（石の箱）であった。この堰から全ての方向に向かって、一部は寝かせて、一部は斜めにそそり立つようにヤナギの枝を出した。ヤナギの枝の太い方の先端は、木製の構造物の中に入れた。堰はまず土や砂利で満たし、最後に重たい石を入れて、流されないようにした。

モウガン氏(1931)も同様の横断構造物を『barrages vivants』として記述している。
　この植物を使用した谷の堰堤は、たいてい密度の高い低木の茂みに生長し、効果的な土手になった。今日ではこうして保全したガリ侵食は、かつて土砂が崩れ落ちる危険性の高かった所とは、見て取れないことが多く、通常森ができている。

実施：植物による堰は196ページ以降に記述した二重のクライナー壁と同様に構築する。その時水の流れに応じて、一部に重い石を入れねばならない。

植物を使用した一枚壁の堰は、できるだけ平らになるようにする（図214）。

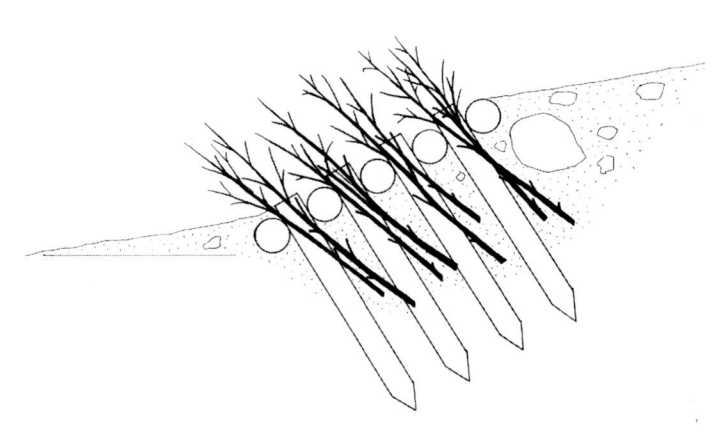

図214 植物を使用した堰、緑化工事で作られた一枚のクライナー壁、図式

構造物の配置：植物の堰の、それぞれの間隔は、保全するガリ侵食地が、急であればある程、小さくしなければならない。

工事の材料：直径15～20cmの丸太、つなぎのための鉄釘、少なくとも長さ150cmの萌芽力のあるヤナギの枝、大粒および微粒の土砂、色々な形の石。

時期の選択：植生の休眠期にのみ。

技術的・エコロジー的な効果の程度：植物の堰は、さらに底部が侵食されていくことだけでなく、土砂の堆積を促進し、構築物の高さに応じて、大量の土砂をせき止めることができる。

コスト：コンクリートなどの構造物を作る場合の約1/10。

長所：簡単にすばやく構築できる。安価である。

短所：丸太の長さ（約15mまで）に横幅が限られる。日照状況の良い立地だけに限られる（そうでないとヤナギが良く繁茂しない）。

使用領域：少量の水が流れたり、ときどき水が流れる（道路の）側溝、ガリ侵食、幅約15m（一本の丸太の長さ）までの溝において、底部の侵食がさらに進むのを防ぎ、土砂が堆積するのを促進する、ないし土砂をせき止めるために。

管理：洪水が起きたり土砂が流れた後に、場合によっては修理が必要。

自然定着：萌芽力のある枝は、密なヤナギの茂みに生長し、立地に適した森林群落の初期段階を形成する。

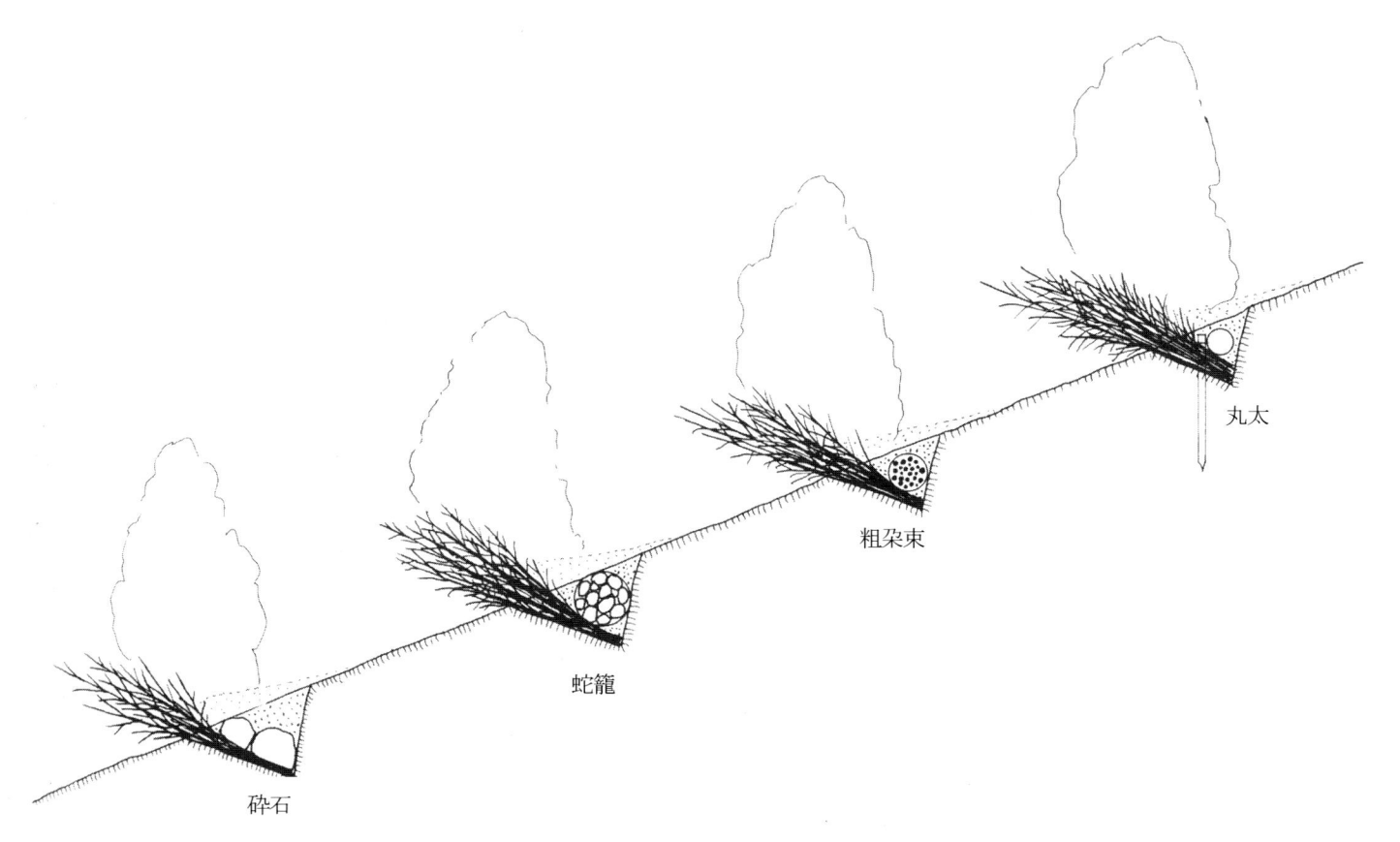

図215 生きたブッシュを使用した床止め工法、図式

1.2.1.2 生きた植物を使用した底部保全のための床止め工法

歴史：R.プリュックナー氏はデモンツェイ氏のあと、底部保全のための床止め工法を開発して、次の低コスト化の一歩を踏み出した。彼の方法は全て現場で入手できる材料を使用するものだった。プリュックナー氏の著書(1965)を通して、オーストリアの水辺の植栽工事で確証された、数多くのバリエーションが知られるようになった。その後の著者は、一般にこの報告を拠り所としたものである（シヒテル（著者）、1969；シュリューター氏、1971；ベーゲマン氏、1971）。

実施：生きた植物利用の、底部保全のための床止め工法はブッシュ、粗朶束、蛇籠を使用して施工することができる。多くの場合、これら様々なバリエーションを組み合わせると最善の結果が出る。

a 生きたブッシュの床止め工法

水辺の底部を横方向に、横断面が三角形になるように溝を掘る。溝の平らな谷部側の面に、ヤナギの枝でできたブッシュを密に敷設し、枝の長さの約1/3〜1/2を地面から出るようにする。

終わりに、敷設したブッシュに石、蛇籠、粗朶束、丸太を重石としてのせ、溝を再び掘り出したときの土砂で埋め戻す。この時、もとの底部の高さに戻すようにして、柔軟性のある枝だけが、底部の面より上へ、そそり立つようにしなければならない（図215、216）。

すぐ近くに砕石があるところでは、このブッシュを使用した横断構造物を、植物を用いた床止め工ないし、ヤナギの枝を入れた埋没式捨石工としても良い（図217）。

図216 ブッシュの床止め工、工事直後

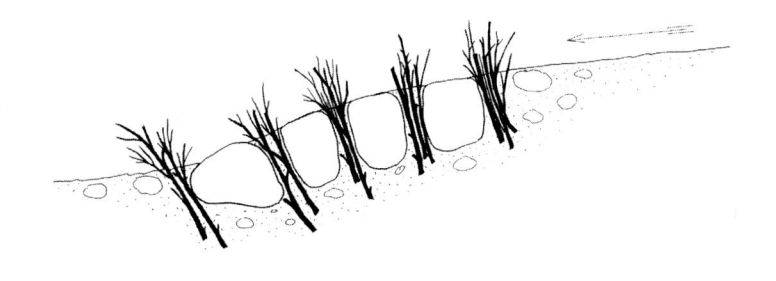

図217 底部をスロープ状に施工したブッシュ床止め、図式

b 生きた粗朶束の床止め工法
　粗朶束を水の流れと直角に半分埋めて、鉄の棒か木製の杭で固定する。淵の保全のためには、敷設したブッシュの上に粗朶束を置かねばならない（図218）。

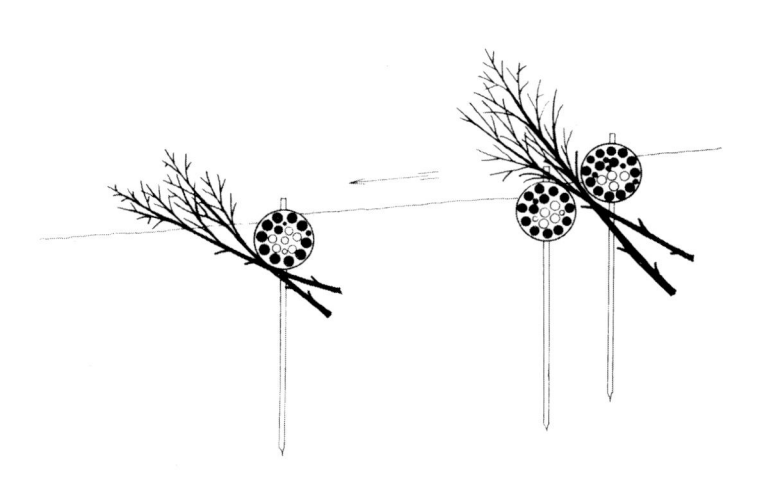

図218　生きた粗朶束の床止め工、図式

c 生きた植物と籠を用いた床止め工法
　籠には石と砂利、ならびに萌芽力のあるヤナギの枝を、一層ずつ入れる。枝は太い方の先端が、水の流れと反対に来るように入れ、先端部分が上に向くように、下に向かって刺す。さらに、枝は両端が籠から出るようにし、山側に差し込まれる枝の元の部分は、活着が良くなるように植物が育つ土壌に届くようにする。
　一般に水辺では袋状の針金の籠が適している。角のあるフトン籠は水の流れないガリ侵食地に用いる（図219）

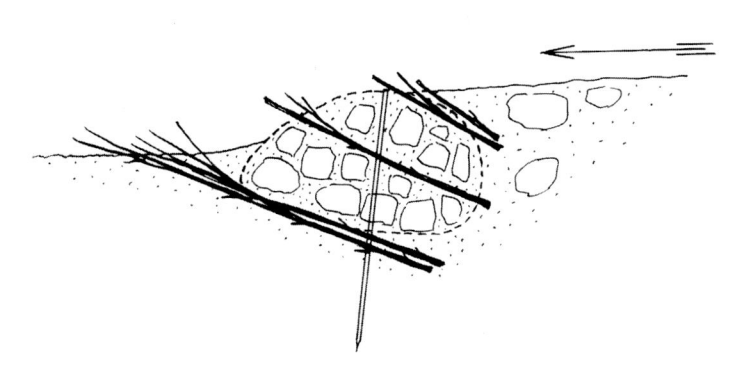

図219　植物と籠を用いた床止め工法、図式

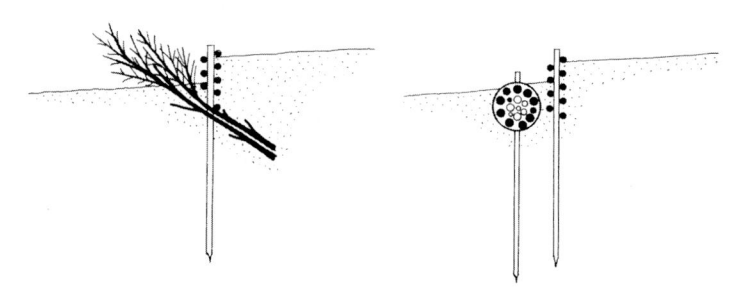

図220　埋没式編柵と組み合わせて施工された、生きたブッシュの床止め工法、図式

　編柵工は、横断構造物には向いていないので、ブッシュの床止めの地下部を、固定するためにだけ行われる（図220）。

施工の配置：植物による底部保全のための床止め工法は、その場所の状態と構造物の目的（底部保護、土砂の堆積、底部固定、土砂止め）によって、それぞれの間隔を開けて構築する。ガリ侵食が急になればなる程、その間隔は狭めないといけない。場合によっては全体を階段状に構築する。

工事の材料：
a ブッシュの床止め工法
　少なくとも150cmの長さの力強く、萌芽力を持つヤナギの枝、砕石または石詰め蛇籠、粗朶束、あるいは丸太材、粗朶束や丸太材を固定するための杭。

b 粗朶束の床止め工法
　直径10〜15cmの生きた粗朶束。これは30cm間隔で束ねなければならない。太い粗朶束は、中に萌芽力のない枝や砂利を入れても良い。1mにつき最低70cmの長さの杭。

c 生きた植物と籠を用いた床止め工法
　最大でも50mmの編み目の金網、結びつけ用の針金、50mm以上の大粒の砂利、萌芽力のあるヤナギの枝。おそらく、100cmの長さの杭も必要。

時期の選択：植生の休眠期にのみ。

技術的・エコロジー的な効果：傾斜に対して横方向に作られた床止めは、ある限られた地域の底部が侵食されるのを防ぐ。植物が蜜に生長すると、流れる水の引っ張る力を低下させて、一緒に運んできた土砂を堆積させる効果を持つ。こうして底部保全用床止めは、すぐに土砂で埋まっていく。枝の一部は、水が流れても地面から上に出ており、それによって床止め工の下がえぐられることがない。
　土砂で埋まった底部保全用床止めは、堆積の高さがひどくなりすぎない限り、すぐに新しい不定枝や不定根を形成する。
　ガリ侵食を次第に埋めていこうとする場合は、はじめに施工した底部保全用床止め工が埋まってしまったら、さらに新しい床止めを施工することもできる。

コスト：安い。人工的な構造物を使用した工法の約1/50。

長所：簡単で、すぐに現場にある材料で構築できる。コストが非常に低い。色々な工法と組み合わせることができる。

短所：使用領域は勾配がきつすぎず、水の流れも少ない、川の脇のガリ侵食地や、川に流れ込む溝だけに限られる。

使用領域：古い支流、川の脇の溝やガリ侵食地、底部の幅が4m以内で、時折少量の水が流れる溝で、さらに底部が侵食されるのを防いだり、土砂を堆積させたり、底部を固定するために。

管理：洪水や土石流が起きた後に、場合によっては修理が必要。籠を用いた床止め工法は、多くの場合生長が十分でないので、少なくとも一年に一度は施肥を行う（約50g/m²の複合肥料）。

自然定着と生育状態：萌芽力のあるヤナギの枝は、密集したヤナギのブッシュに生長する。水の流れが弱く、流れる頻度が少なければ少ない程、立地に適応した木本種が自然発生的に進入してくる。生育状態は、水の流れの強さや、堆積の速さ、土砂に含まれる栄養分によって異なる。

1.2.1.3 矢来柵(パリサーデ)工法(136ページ以下を参照のこと)
1.2.1.4 ブラシ状・くし状に配置した生きた植物の柵

実施：水の流れの方向で、水平から約60度傾けた角度で、萌芽力のある木本の幹や枝を、列状に移植する。列と列の間隔は、約100cmとする。溝を埋めたとき、移植した挿し木と枝が、約10～20cm地面から出るようにする。

施工の配置：ほとんど水の流れに対して直角だが、約10～30度流れの方向に対して傾ける(図221)。

図221 ブラシ状に配置した植物の柵。二つの土手の間に作られた犬走りは、二段階に形成されている。一年目の萌芽の時期。堤防の上の斜面にはヤナギの挿し木が植えられている

時期の選択：植生期間中。

技術的・エコロジー的な効果：引っ張り力を低下させ、それによって堆積を促進する。その上、根は活着すると侵食を防ぐ効果を持つ。

コスト：非常に低い。

長所：簡単、迅速で安い工法。

短所：水害地域の中でも、平らな領域だけにしか行えない。

使用領域：例えば犬走り(図221)など、平らな水害地域や、ブッシュ工による横堤と組み合わせて修繕したい領域に(図239)。

管理：洪水が起きた後に、場合によっては修理が必要。

自然定着、生育状態：ブラシ状・くし状に配置した植物が、きちんと活着すれば、短期間に密集したヤナギのブッシュに生長する。これは土砂が堆積した後、約10年の年月をかけて、自然の植物遷移をたどりながら湿地林へと変わっていく。

1.2.1.5 ガリ侵食のブッシュ敷き詰め工(136ページ以下を参照のこと)

1.2.2 河岸保護のための帯状構造物

1.2.2.1 ヨシの植栽

同義：Schilfpflanzung、Riedpflanzung（ヨシの植え付け）、alleinige Verwendung von Röhrichtpflanzen und Seggen, Sumpfrasenpflanzung（ヨシ属とスゲ属と湿地植物だけを用いた植栽）、Uferschutz durch Ried und Rohr（ヨシを用いた河岸保護）

1.2.2.1.1 ヨシの根株移植

同義：Ballenbesatz（根鉢移植）、Schilfballenpflanzung（ヨシの根鉢植栽）、Schilfsodenpflanzung（ヨシ切土の植栽）

歴史：ヨシの植栽の中で最も古い方法。年代に関する詳細なことは報告されていない。

実施：ヨシの根株を河岸に作った植栽穴、又は石のつなぎ目、あるいは石を堆積した中に残った泥地に移植する(図222、223)。根株は根茎が伸びて、植物が良く生長するように、良い土壌に移植しなければならない。
　植物の密度：少なくとも1mにつき3個。

施工の配置：ヨシ、フトイ、ドジョウツナギ、ヒメガマは夏の中間水位線より少し下に、スゲ類とクサヨシは夏の中間水位線より少し上にする。
　20年後に行った観察によると、ヨシは下へ向かって生長することは決してなく、いつも上へ向かって生長している(E.ビットマン氏による口頭報告)。そのため株を移植する位置は高過ぎてはならない。

工事の材料：ヨシの根株は自然の植分から、えぐり取ったり、掘り出したり、または機械ではぎ取ってくる。一般に横幅30cmまでの直方体や立方体の根株を使用する。適するのは、ヨシ(*Phragmites communis*)、クサヨシ(*Phalaris arundinacea*)、ヒメガマ(*Typha angustifolia*)とガマ(*Typha latifolia*)、フトイ(*Schoenoplectus*

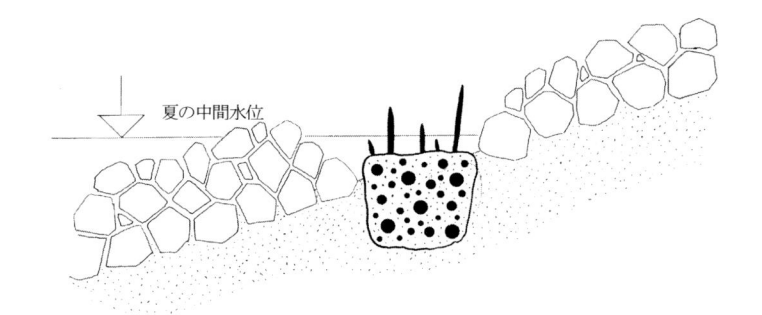

図222 ヨシの根株植栽、図式

図223 ヨシの根株植栽

lacustris)、ドジョウツナギ（*Glyceria maxima*）、スゲ植物（例えばアクティフォルミスゲ（*Carex acutiformis*）、グラシリススゲ（*C. gracilis*））である。

時期の選択：植生の休眠期、春の萌芽前が最適。運搬を慎重にすれば、4月の終わりまで。

技術的・エコロジー的な効果：ヨシの植分は、流水や波の打ちつけによる侵食の害から河岸を保護する。これは多数の柔軟な稈が波を受けとめて、そのエネルギーを減少させるからである。地下部の器官は河岸の土壌を固定する。流れの速さを落とすことによって、堆積を促進する効果も持つ。

さらに、帯状に広がるヨシは、水を浄化する事もできる（74ページ以下も参照のこと）。

ヨシは上にあげた全ての植物の中で、最も波の打ちつけに対する保護効果を持っている。とはいえ保護効果が完全になるのは、ヨシの茂みが、植樹後2～3年たって、一面に密集するまで生長した時である。

コスト：低い。

長所：簡単で経済的。

短所：工事を実施できる期間が短い。根株が重いので運搬費用が高くつく。すぐには保護効果を発揮しない。根株の入手が限られている。日照状況の良い立地でないとできない。

使用領域：基盤は泥土を含み砂質で、静かな流れ、ないし静止水の水域、でヨシの群落を入植させるために。そして帯状に広がるヨシ地帯を、他のヨシ属の植物と一緒に豊かにするために。特に日の当たる河岸に使用。

ヨシは一般に根株移植をする代わりに、茎植えの方が経済的なので、茎植えで行う。例外：滲出水の水源や水浸しになる斜面の保全には、根株移植を行うと迅速な緩衝作用（水分の受容）ができるので、この方法が必要とされる（図142、143）。

管理：あまりよく活着しなかった根株は、修繕しなければならない。日陰にならないようにしなければならない。

自然定着、生育状態：ヨシの根株に含まれる根茎・新芽・根が伸びて、栄養分の高い微粒の土壌に迅速に広がる。石がちで栄養分が乏しく、密度の高い土壌では、植物は繁茂しにくい。普通、根鉢植栽をしてから、充分に効果を発揮する帯状のヨシ地帯に定着するには2、3年かかる。

1.2.2.1.2 ヨシの地下茎と新芽植栽法
同義：Rhizome- und Sprößlingbesatz（地下茎と新芽移植）

実施：地下茎と新芽を植栽穴に入れ、最後に砂や砂利で埋める。地下茎と新芽は夏の中間水位線の高さに来るようにする。

工事の材料：ヨシやクサヨシ、フトイ、ガマ、ドジョウツナギ、スゲ植物などの匍匐茎や、地下茎、新芽。これらは機械で収穫すると最も経済的である。

時期の選択：根鉢植栽と同様に、植生の休眠期に。

技術的・エコロジー的な効果の状態：根鉢植栽と同様だが、一年目は負荷に対して弱いので、洪水や波の打ちつけや、家畜による食い荒らしを完全に防御し、雑草に覆われないようにするなどの措置が必要。

生育状態：たいてい萌芽力のある部分の植物を高密度に植栽するので、根株移植より少々良い。

その他は根株移植と同様。

1.2.2.1.3 ビットマン氏（1953）によるヨシの茎植え
同義：Halmstecklingbesatez（茎移植）

歴史：この方法はビットマン氏によって開発され、1953年に初めて記述された。これによって、内陸水の河岸保護のために作られる、帯状のヨシ地帯での施工が、ルーチン的な工法となり、水辺の植栽工にとって決定的な影響を及ぼした。

実施：3～5本の茎（稈）をE.ビットマン氏が開発したヨシ植え器か、植栽鉄を用いて半分の長さまで土壌中に差し込む。植栽の間隔は25～30cmにする。茎は垂直にではなく、できるだけ水平に近いように挿す。これは根が出たり、芽が出たりするのを助けるためである。その上、こうすると波の打ちつけや風によって、茎が折れてしまう危険を減らすことができる。

茎は夏の中間水位線より10～15cm下か、膝くらいの深さの水中に移植するようにする。

茎の移植は固定されていない河岸や、石を堆積した所にも行うことができる。重い構造物を作ったところでは、茎を水面より少し下の、土を入れた穴に移植しなければならない（図224）。

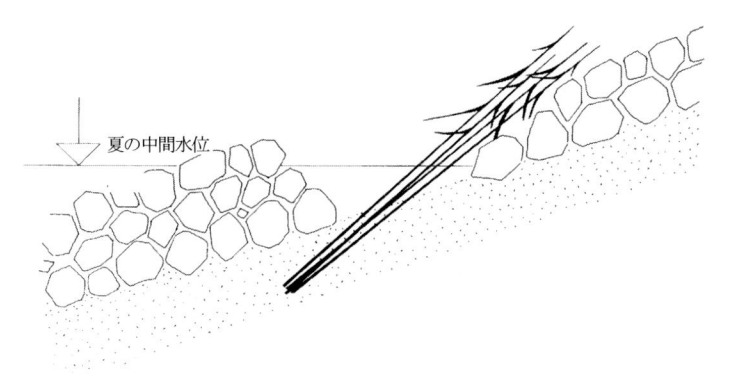

図224 石が堆積した所へのヨシの茎植栽、図式

配置：流水域では河岸の屈折部の内側ではなく外側に行う。

工事の材料：茎植栽法は、主としてヨシ（*Phragmites communis*）を使って行う。ダール氏とシュリューター氏の実験（1972）によると、ドジョウツナギ（*Glyceria maxima*）とクサヨシ（*Phalaris arundinacea*）も適している。地中海地方では、特にダンチク（*Arundo donax*）も、茎植栽法で使用することが考慮される。

2～5枚の葉が付いた若くて力強い茎を、地表面よりずっと下に、踏み鋤をつきさして掘り出し、乾燥防止の措置をし（束ねて覆いをする）、工事現場へ運搬する。水中や日陰なら24時間貯蔵することができる。

ヨシの場合の、適切な茎の長さは80～120cmで、ダンチクの場合は80～170cmまでである。

時期の選択：若い茎が上記の大きさに生長したとき。これは中部ヨーロッパでは、ヨシの場合、5月1日から6月15日までの時期で、地中海地方のダンチクではその場所の高度にもよるが、3月から5月の終わりまでである。

エコロジー的・技術的な効果の状態：184ページの根株植栽と同様。

コスト：とても安い。ヨシやダンチクで帯状の茂みを作製する方法の中で、最も経済的な方法。

長所：安価で迅速に行える簡単な方法。短期間で効果を発揮する。

短所：植栽の時期が短い、水面の変動が±1/2m以内の領域にしかできない。非常に日照状況の良い立地でないと、よく繁茂しない。

使用領域：人工の帯状ヨシ地帯を作るために、最もよく行われる方法。特に波の打ちつけに対する保護に適するので、船の運航路沿いの静止水域や、ゆっくりと流れる水域に良い。

自然定着：茎を挿した土壌が適した土壌であれば、一週間以内に不定根が形成され、一カ月以内には新しい芽が出てくる。1/4年の間には新しい根茎が形成される。そうして一年間で3倍から5倍に増え、それに相応して広がり、力強い密集したヨシの縁取りが出来上がる。

1.2.2.2 ヨシを入れた蛇籠
同義：Sumpfrasenwalze（蛇籠入り湿地芝草）

実施：夏の中間水位線の高さに、100〜150cmの長さの杭を100〜150cmの間隔を開けて、頭が30cm水面から出るように、一列に打ち込む。

　一列に打ち込んだ杭の陸側に40cmの幅、及び40cmの深さの溝を掘り、倒壊する危険がある場合は、溝の両脇に板を立てる。板と板の間には120〜160cmの幅の金網を広げ、それに荒い砂利（80/120mmまで）や他の余剰材料を入れる。蛇籠の中に針葉樹の小枝を入れた場合は、掘り出した土砂を詰める。その上にヨシの根株を載せ、結んで円筒状にする。

　最後に板を取り除き、場合によっては、隙間を充填材かヨシの根株で埋め、蛇籠の表面から5cm中側まで杭を打つ（図225-227）。

　ヨシを入れた蛇籠は、水面から5〜10cm出るように仕上げる。

　河岸線沿いで水の深さ25〜30cmの場合や、水の流れが速い場合は、流れの方向に対して垂直に小枝を敷設し、その上にヨシを入れた蛇籠を据え置くようにしなければならない。小枝の代わりに蛇籠を沈ませたり、捨石をする事もできる。しかしながら、小枝は土砂の堆積を促進するので、それらより適している。

工事の材料：任意の大きさのヨシ（*Phragmites communis*）、フトイ（*Schoenoplectus lacustris*）、ドジョウツナギ（*Glyceria maxima*）、ショウブ（*Acorus calamus*）、キショウブ（*Iris pseudacorus*）、ヒメカユウ（*Calla palustris*）、スゲ類（*Carices*）などの株。

時期の選択：植生の休眠期（10月から5月まで）。早春の萌芽前が最適。

技術的・エコロジー的な効果の程度：茎植栽法、根茎植栽法、挿し木植栽法とは違って、ヨシを入れた蛇籠は、工事直後から河岸を保護することができる。その他は184ページに述べた事と同様である。

コスト：低い〜中程度。

長所：ヨシ植栽法よりも安定性が高い。夏の中間水位線の領域を迅速に保全する。自浄作用が高い。

短所：比較的コストが高い。労働力を多く必要とする。植生の休眠期だけしか工事ができない。

使用領域：水位の変化が少なく、土砂があまり流れてこない小川や、小さな河川の危険にさらされた河岸の一部を保全するために。

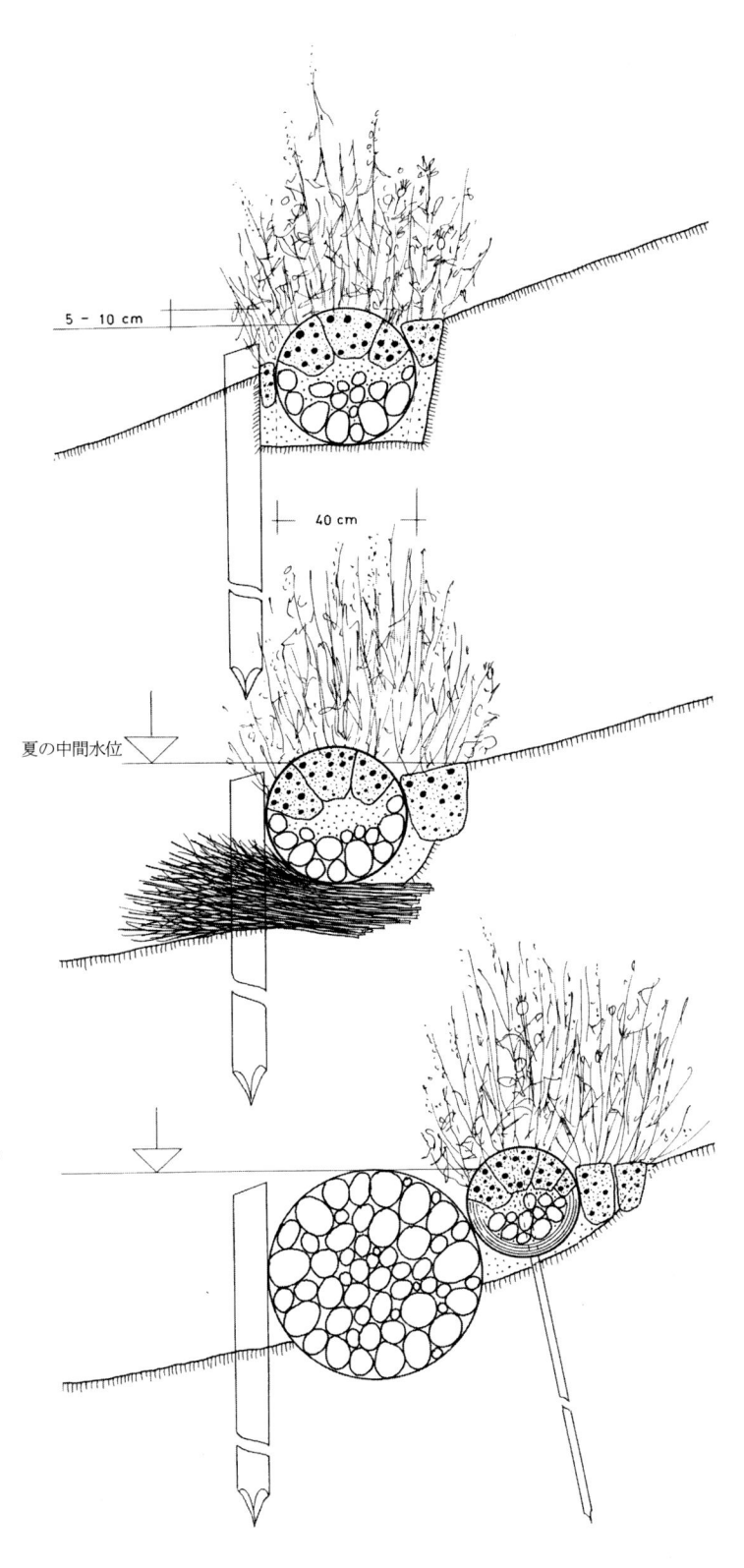

図225　ヨシを入れた蛇籠、図式

図226 クサヨシを入れた蛇籠工の工事後2年目。前面は調査のために伐採してしまったので、金網が見えている。水深は約30cm（写真：H.D.クライネ氏、ミュンヘン）

図227 クサヨシとキショウブとシモツケソウを入れた蛇籠で、両岸の保全工事を行った所。工事から6年後（写真：H.D.クライネ氏、ミュンヘン）

管理：場合によっては修繕とジャコウネズミ対策が必要。自然定着については184ページと 図226、227を参照のこと。

1.2.2.3 編柵工

水辺の植栽工には、通常の編柵工と、キーンバウム氏による枠形編柵工（107ページ以下参照）と並んで、より簡単なタイプの工事方法が行われている。これは『単純ヤナギ編み』、『強化ヤナギ編み』、『スパイク編み』などと呼ばれている。これらは静止しているかあるいはゆっくりとした流れの水辺での、河岸保全にのみ使用して、淵（深み）の保全を行うものである。

プリュックナー氏（1948）は、『ケラー氏による生きた杭格子』、ないし『漁師の柵』と呼ばれる編柵について述べている。これは、淵を保全するためにブッシュ敷設工の上に、がっしりと構築したもので、50cmか、それ以上地面から上に突き出る。この杭格子の陸側部分は砕石で重石をする。水側でブッシュ敷設工に使用する枝は、50～80cm柵よりも出るようにしなければならない。このタイプの編柵は、エンスバッハ（川）の上流部で、E.ケラー氏によって後背地の保護のために非常にしばしば作られた。ここはブッシュ地帯が帯状に広がっておらず、土手が二重構造になっていなかった（図228）。

図228 ケラー氏による生きた杭格子。淵を保全するがっしりとした河岸編柵

生きた杭格子は、水理学的に肥沃な土を堆積させる作用をし、一緒に流れてくる木片や枝などから、背後の土地を守る。しかも小さな氾濫は起こるので、施肥の作用をする浮遊物質の堆積が妨げられることがない。

伸びた枝は二年から三年ごとに伐採して更新しなければならない。

編柵は水辺の植栽工では、枝伏せ工を固定するため、排水溝の中で、底部に起伏をつけた排水溝と組み合わせるため、そして枝基礎床工法を固定するために施工される。しかし、この効果はあまり期待しすぎてもいけない。プリュックナー氏（文書による報告）によると、編柵はケラー氏による生きた杭格子程度の作用があるだけである。

1.2.2.4 粗朶束工

同義：Lebende Faschine（生きた粗朶束）、Uferfaschine（河岸粗朶束工）、Faschinenwalze（蛇籠粗朶束）、Wippe、Waschinenüste（ソーセージ型粗朶束）

実施：粗朶束は、だいたい夏の中間水位線の高さに合わせ、前もって掘られたくぼみに敷設し、土壌中ないし水中に1/2～2/3入るようにする。

粗朶束は生きた杭か、枯れた杭、または鉄の棒で地面に固定する。杭

の長さは少なくとも 80cm なくてはいけない。杭をうつ間隔は通常 100cm とする。

　護岸工事で粗朶束工を行う場合、淵の保護をしないケースは例外的である。通常は、波の打ちつけや洪水によって起こる侵食から保護するために、粗朶束の下にはブッシュ敷設工を行う。この敷設するブッシュは粗朶束から 50～80cm 上に出るようにしなければならない（図 229）。

　岸が高いところを保全するためには、いくつかの粗朶束を重ねて施工する（図 218）。

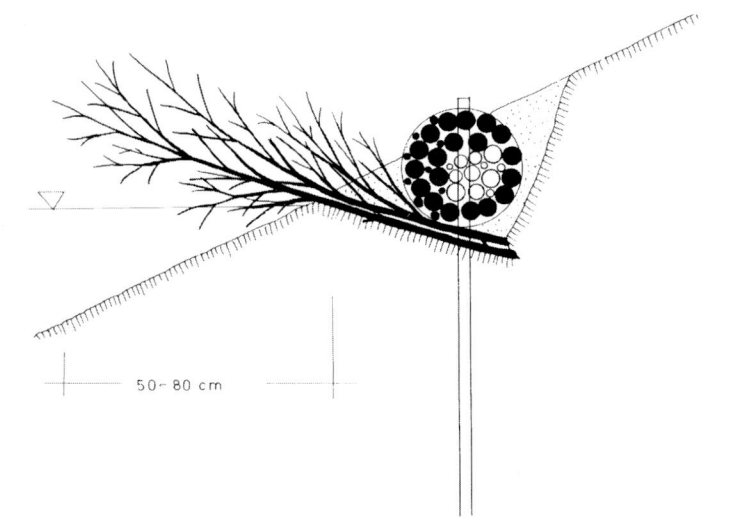

図 229　河岸―粗朶束工、図式

図 230　生きた木の導流工、10 年後

工事の材料：　一般には標準的な粗朶束、つまり 10～15cm の太さで 200～400cm の長さのものを使用する。粗朶束は萌芽力のあるヤナギの枝か細枝で作り、30cm ごとに最低 2mm の太さの針金で束ねる。

　場合によっては、もっと太い枝や、中でも延々と長く束ねた粗朶束を使用する方が良いこともある。これらを作る時、粗朶束の中側ならば、萌芽力のない細枝も一緒に入れることができる。

時期の選択：植生の休眠期間中。

技術的・エコロジー的な効果の状態：粗朶束は設置後すぐに河岸を保護する。特に、淵の保護のためにブッシュを敷設して、基礎を固めたときには保護力が強い。ブッシュ敷設工の枝は柔軟性があるので、流れの速度や波の打ちつけを弱め、それによって河岸が被害を受けるのを防ぐ。この効果は、ヤナギが根を張り、芽を出した後により高められ、さらに河岸領域の土壌、つまり斜面自体を根が固定する。

使用領域：水面の上下が少ない水辺の河岸保護に。特にその他の河岸保護工事、例えば枝伏せ工、芝草張りなどと組み合わせて行われる。その他の組み合わせに関しては 114 ページ以下、および 180 ページ以下を参照のこと。

図 231　生きた木の導流工の施工。枝は全長から根を出すことができるように立てて差し込むようにする

1.2.2.5　生きた植物による導流工
　　　　同義：Lebender Steinkasten, Lebende Krainerwand（生きたクライナー壁）

　図 124 や 129 ページの様に、一重及び二重の壁の中に萌芽力のある枝を入れたクライナー壁は、導流工としても使用できる。これは特に水量の変化が激しく、小さな粒の土砂を大量に運んでくる暴れ川の河岸保護に適している（図 230）。このような状況は、例えば石灰質の山岳地帯でしばしば現れる（ブーフヴァルト氏/エンゲルハルト氏：景観保護と自然保護のためのハンドブック[63]、第 4 巻、180 ページ、図 68 も参照のこと）。

---

[63]　独語名：　Handbuch für Landschaftspflege und Naturschutz

130ページ以下と196ページに報告しているものと同様に、導流工も丸太材の代わりに、角材やコンクリート製品で構築することができる。

設置したヤナギが効果的に河岸保護をするブッシュに生長するように、少なくとも外へ30度の角度で外側へ向けて置き、石や枝をのせて淵ができないように防護し、植物の生育できる土壌でくるまれるようにする。一般に枝があまりにも高密度で使用され、そのために、あまり良く活着しないこともある（図231）。

1.2.2.6 緑化籠工

導流工として使用される籠は蛇籠とも言われる（133ページ以下と205ページを参照のこと）。

1.2.2.7 プリュックナー氏による淵（深み）保護のための護岸構築物を含んだ枝伏せ工（1943）（144ページ以下を参照のこと）

プリュックナー氏による淵保護のための護岸構築物（1943）は、枝伏せ工法のバリエーションの一つで、流れの速い水辺のためのものある。この方法では、枝伏せ工の最も危険な基礎部分を、前もってブッシュをして保護する。これは枝伏せ工の基礎部分を、生きた粗朶束で法尻に固定するのと同じである（図232）。

このバリエーションは、十分にブッシュが入手できる限り、水量の豊富な水辺や水位の変動が少ない所で、捨石工よりも好まれる。

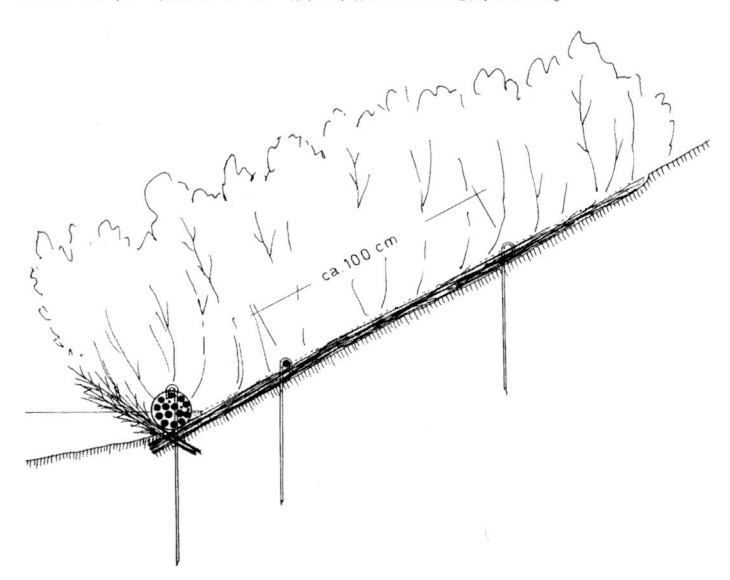

図232 洗堀を保全する枝伏せ工＝『プリュックナー氏による淵保護のための護岸構造物』、図式

1.2.2.8 挿し木の移植と継ぎ目植樹工（125ページ以下を参照のこと）

アルプス地域で護岸を行うときに、セメント・モルタルやコンクリートを使用した工事の代わりに、しばしば行われる継ぎ目植樹工は、水の流れる速度を低下させることによって、波の打ちつけや春先の氷の流れや土石流の衝撃を受ける場所の優れた護岸効果を発揮する。

ヤナギは、たいてい6週間以上続く冠水には耐えられないので、石の継ぎ目に植樹を行う最低ラインは、夏の中間水位線にしなければならない。

プリュックナー氏による枝を挿入する捨石工（1965）は、主に河岸の小さな破損個所の修繕のために行われる（189ページ以下を参照のこと）。また、導流工としても護岸に非常に効果がある。これは工事をした表面に起伏が付けられ、柔軟性のあるヤナギの枝によってフレキシブルであるためである。このような捨石工からは、短期間で非常に自然な河岸のブッシュ低木林が生長する（図234）。

1.2.2.9 石の護岸構造物への播種

砕石や石入れ、あるいは規格石材（コンクリート格子、コンクリートブロック枠など）で作られた護岸構造物は、そうした人工的な構造物の効果をさらに高めて、寿命を長くするために、芝草を張って緑化すると良い。

さらに石と石の継ぎ目には、腐植土に富んだ粘土質の砂を、大量の水をかけたり、掃き集めたりして入れる（図233）。その際、種子は最後の工程で乾いた粘土質の砂と混ぜて掃き入れる。

図233 自然石とコンクリート格子で保全された緑化前の河岸法面。継ぎ目には粘土質で腐植土に富む砂を満たし、種子を散布しほうきで掃き入れる（企業資料：エーベンゼーアー・ベトンヴェルケ、ウィーン）

1.2.2.10 切芝草施工

洪水が起こる地域の、河岸の堤防を保護するためには、補強のための金網と一緒に栽培し、その金網の中へ入り込んで生長した切芝草を使用するのが最善であることがわかっている。このような補強された完成芝草は、一般にロール芝草より小さい規格で、敷設後にクリップや針金でそれぞれを結びつけ、洪水で剥がれてしまわないように土壌に固定する（リンケ氏、1964も参照のこと）。

その他、146ページ以下の実施方法があてはまる。

1.2.2.11 シードマット施工（167ページを参照のこと）

河岸の斜面に芝草を張るために、次のような製品が使用できる：

緑化・シードマット（ヴァルデンフェルス社、エムス川沿いのハーレン）：ヨシで補強され、片面だけピートと綿を含んだ藁のマット。このピートと綿の層には、肥料と種子が入れられている。規格：2×15m、厚さ5cm。

X003－HESA シードマット（ヘサ社、ダルムシュタット）：羊毛の繊維と藁マットが縫い合わされている。羊毛の繊維の中に、肥料（70/m²）と種子（30g/m²）が入れられている。

ERAマット520（ドゥージング社、ゲルゼンキルヒェン）：厚さ約1cmのヤシ皮の繊維層がついた特別紙。紙とヤシ皮の繊維の間に種子が張り付けられている。肥料は含まれない。規格：0.5×10mまたは1×10m。

1.2.2.12 護岸を行わない岸への播種（149ページ以下を参照のこと）

当然の事ながら、播種後、長期にわたって洪水がない時期に播種を行わなければならない。こうした時期を選択すれば、流水によって初めて負荷がかかるときには、種子がすでに充分な大きさになって根を張っていることになる。さらに洪水に対する保護が必要な所では、斜面を抵抗力のある太い金網で覆い、それを鉄の棒で土壌に固定する。帯状の金網はそれぞれ針金で縫う。法尻には金網を地面に敷き、石や砂利などを載せて防護する。斜面の頂上部は金網を地面に広げ、土砂を堆積させておく。河岸の斜面に最も適しているのは、化学物質でコーティングした金網を使用することである。

1.2.2.13 護岸植栽

水辺での護岸植栽は、河岸と夏の中間水位より上の後背地を守るために行われる。

この植栽は、自然の河岸植生の明瞭な帯状構造に合わせて、計画し実行しなければならない。

木質のヤナギやポプラで低湿地林を作るためには、埋幹を行うことができる。これは150～250cmの長さの真っすぐな樹幹で、頂芽を含んだ、あまり枝分かれしていない若枝の中心部分であり、頂芽を含んでいなければならない。これは特に洪水地帯の雑草に覆われた湿地林に適しており、長さの3分の1まで土壌へ入れる。

171～179ページで扱った植栽法の中で、特に芝草覆植栽法（179ページ以下）が、洪水地帯の要求に適している。しかしながら、その他の全ての植栽法も考慮に入れられる。それらの方法は、様々な予防措置を追加で行うことによって、洪水から保護することができる。例えば、植栽穴を石板で覆ったり、植物の杭を打ち込んだり、特に三本の杭を使ったりする。

護岸工事は洪水が起きたら、必要な管理をしてコントロールしなければならない。

さらに詳細なことについては、キーアヴァルト氏（1964）を参照のこと。

1.2.3 河岸の破損箇所を修繕するための植栽工

1.2.3.1 プリュックナー氏による枝を入れた捨石工法（1965）

この工法は1952年にプリュックナー氏によって初めて導入され、1965年に出版された彼の著書で述べられている。当時この方法で行った工事が、今日一般的に、自然の河岸と区別できない程になっていることから、この工法が成功したことがわかる。

実施：河岸の破損箇所は、重量のある砕石を一層ずつ不規則に投入し、相応した長さの柳枝を入れ、それを繰り返すことで満たしていく。

斜面は、洪水の時に石が転がってしまわないように、できるだけ凸凹しないように入れなければならない。もちろん捨石は、河岸の線に沿って行うようにしなければならない。

枝は太い方を下にして土壌に差し込み、外側へ向けて傾ける。完成後は捨石から50～100cmは、水中ないし空中に突き出るようにする。さらに枝は、洪水の時に流されないように、挟んで動かないようにする。

時期の選択：植生の休眠期。

技術的・エコロジー的な効果：表面につけられた起伏と突き挿した柔軟な枝によって、川の流れのエネルギーは減少し、しだいに石と石の間の空隙は泥質の堆積物で埋められていく。これによってヤナギの活着が促進される。ヤナギは数年で密な河岸ブッシュ林に育つ（図234）。

図234 プリュックナー氏による枝を入れた捨石工法、工事後10年。前面は調査のために切り株状にされている
（写真：W. ベーゲマン氏、レンネシュタット）

コスト：低い。

長所：簡単で迅速に行える自然に即した工法。

短所：実施期間が植生の休眠期に限られていること。

使用領域：特に河岸の小さな破損箇所に。また、導流工としての斜面下部の修復や保護のためにも行う。

管理：ヤナギは二年目に根元近くで切断すると、非常に生長が促進される。

1.2.3.2 ブッシュ工による横堤

歴史：プリュックナー氏（1965）によると、この工法は「非常に古い工法で、オーストリアでは主にヨーゼフ・シェメル氏によって18世紀の終わりに応用され、さらに開発が進み、その後河川建設指導局によって、大型河川の改修の時に細部が修正され、改良された」

今日のブッシュ工による一般的な横堤の型は、プリュックナー氏（1948）が、特にエンスバッハ（川）沿いでの経験に基づいて初めて叙述したものである。

実施：ブッシュ工による横堤は、ブラシ状に配置した植物の柵や、生き

たブッシュを用いた床止め工を、ずっしりとさせた型の構造物である。

実施法は水深によって異なる。

工事時期に土壌が乾燥がちであれば、破損箇所から計画されている斜面ラインまで、30cmの深さで50cmの幅の溝を、機械によって作ることができる。掘り出したものは下流へ堆積するようにする。

溝の中には100～150cmの生きたヤナギの枝を、流れの方向に沿って45～60度の角度で傾くように差し込む（図235）。当面、全長にわたって枝を差し込んだら、たくさんの枝によって壁ができるくらいにまで増やしていく。隙間があると、水がそこを速いスピードで通り抜けるために、望まれたような引っ張り力の減衰が起こらず、そのためにブッシュ工による横堤を破壊してしまう程の損傷が起きるので、隙間は作らないようにしなければならない。

ヤナギの生長を促進するために、栄養分に乏しい砂利地では、枝の元の所を表層土壌などで覆うようにしても良いだろう。

最後に枝を固定するために、砕石や蛇籠で重石をする。これは人が歩いた時に動かないくらいずっしりとしたものでなければならない。砂利の入った蛇籠は、洪水の時に移動しないように、杭と針金で固定する。砕石や蛇籠の上部は、だいたい中間水位線の高さになるようにする（図235）。

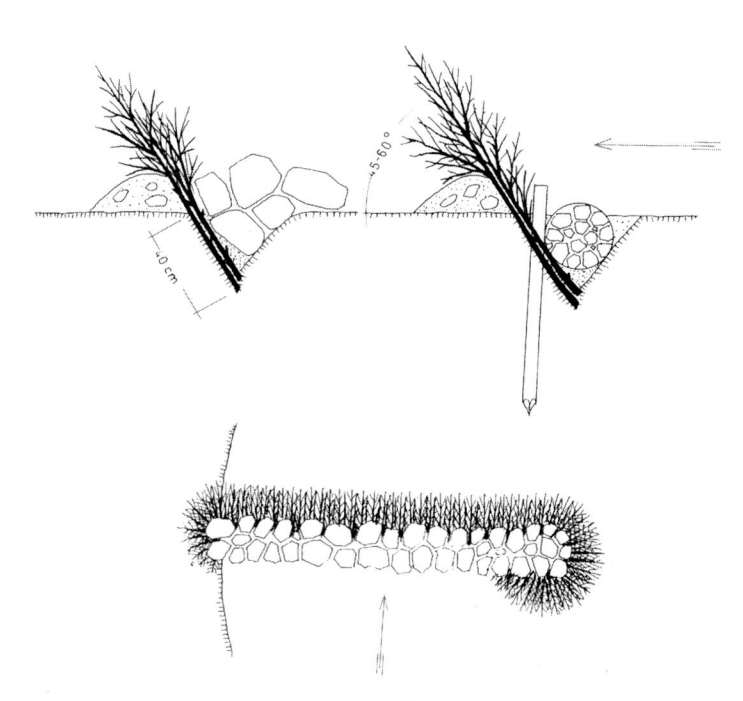

図235 ブッシュ工による横堤、上左：捨石をしたもの、
右：粗朶束で固定したもの。下：見取り図、図式

水中に施工する場合は、溝を掘らなくても良い。溝の代わりに補助構造物を作ることになる。これには丸太材や角材ないし、まっすぐな細枝が最適である。この補助構造物は、工事が終わったら再び撤去する。

横堤の両端は、最も強い流れを受けるので、細心の注意を払って作らなければならない。ブリュックナー氏が『頭』と呼んでいる、水側の先端は、ヤナギの枝を使って扇状に基礎固めする。ヤナギの枝は、侵食を確実に防ぐために、隙間なく並べ、枝の壁を作り上げなければならない。ここには特に注意を払って石を入れる。『根元』と呼ばれる危険にさらされた岸側は、溝を少し深く作り、大きめの石を使用し、石の上部が岸へ少々乗り上げるくらいに積重ねることによって保護する。

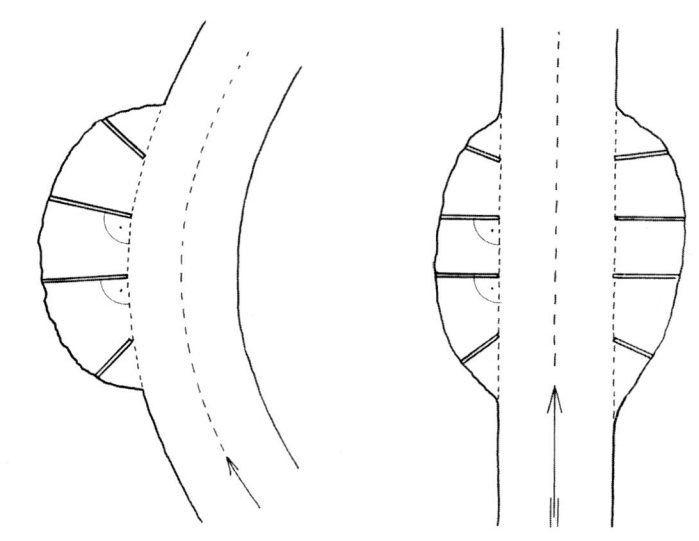

図236 河岸の破損箇所修繕のためのブッシュ工による横堤の配置、図式

施工の配置：土砂の堆積効果を充分に発揮させるためには、いくつかの横堤を作って、一つのシステムを作り上げる必要がある（図237）。

流れに向かって作られる初めの横堤は、川の流れに対して鋭角に配置し、ここでは少々水の力をはねつける効果を生む。その他の横堤は、流れに対して直角に設置するが、最後の横堤だけは鈍角になるようにする（図236）。

水流が真っすぐに進んでいる場合は、予定されている岸に作られる両端の横堤がお互いにきちんと対称になるようにする。

それぞれの横堤の間隔は、横堤の長さの1～1.5倍にする。間隔を開けすぎた場合、後から横堤を追加したり、植物をブラシ状に配置したりすることもできる。

水の流れが急な所、土砂や流木が押し寄せてくる所、ならびにブッシュを用いて10m以上の横堤を構築した所では、導流工として、杭の壁[64]を、追加で設置することが勧められる。これは予定している河岸の線に沿って設置し、大きな流木や土砂をせき止め、ブッシュ工による横堤が、作られた領域に流れ込む水の速度を減衰させる。

攻撃力の強い水辺では、ブッシュ工による横堤に、格子ブッシュ工法を組み合わせる（191ページ以下を参照のこと）。格子ブッシュ工は、施工する区間の初めに配置する（図239）。

工事の材料：100～150cmの長さの生きたヤナギの枝、枝分かれした柔軟性のあるもの。砕石か砂利詰め蛇籠。結び合わせ用の針金と杭。

時期の選択：植生の休眠期中の水位が低い時期。

技術的・エコロジー的な効果の状態：水力学的な効果は、もっぱら横堤の植物の部分に基づいており、枝の壁を通った水は、たくさんの柔軟な枝によって減速し、それによって引っ張り力の一部を失う。ブッシュ工による横堤が、前後にたくさん設置されればされる程、流れてきた土砂は充分に堆積する。それと共に土砂は粒径によって分類され、その結果、はじめは最も大きなもの、最後には微粒な土砂が沈殿する。たった一度の洪水が起これば中間水位まで陸地化されうる。

---

[64] ヴォルフ氏によって開発されたのでWolfbauという名で呼ばれている。

図237 ブッシュ工による横堤

　活着したヤナギの枝は、完全に陸地化が完成するまで効果をもたらす。

コスト：低い。河岸の崩壊箇所を陸地化するための、最も簡単で安く、そして最も信頼のおける手段である。コンクリートなどを使用した工法の1/50～1/100。

長所：簡単な工法で、迅速に効果をもたらす。経済的。高い水圧がかかっても非常に抵抗力がある。

短所：非常に重い土砂が、流れてくる暴れ川には適さない。植生の休眠期に工期が限られる。

使用領域、水辺の植栽工事の中での位置づけ：河川や小川の破損個所を陸地化させて修繕するため、及び二重の構造を持つ土手で小さな水流を作るため。中程度の土砂が流されてくる小川、河川の低水位から中高水位までの領域で行われる。
　淵を陸地化するために最もよく行われる植栽工法。

手入れ：洪水が起きたときに、機能をコントロールする必要がある。機能不全になったときは、すぐに修繕し、場合によっては、追加の処置をする（例えば杭の壁を構築するなど）。
　完全に土砂が堆積するまで、枝の柔軟性を保つための剪定が必要。一般に5～10年に一度、剪定を行えば十分である。

自然定着・生育状況：ブッシュ工による横堤は、密集したヤナギの列へと生長する。陸地化が終わると、ヤナギの植分は、短期間で立地に応じた河岸林へと生長する。生育状況と発展の速度は、土砂に含まれる栄養分の量と粒径によって異なる。

1.2.3.3　プリュックナー氏による格子ブッシュ工法（1948）
同義：Buschbau-Gitterflechtwerk

歴史：格子ブッシュ工法は、プリュックナー氏によって、1948年以前に開発され、スロヴァキアのヴィラーヴァやシュヴェッヒャート、グローセ・エアラウフの、様々な河川で何度も実際に試された。

実施：まず、予定している河岸線に、200～300cmごとの間隔を開けて列状に杭を打つ。この杭は補助手段でしかなく、工事が完成したら再び取り除く。
　それから、枝分かれの多い枝や、直径20cmまでの樹木を、―上から下へ向かって進みながら―河岸線に対して直角になるように寝かせる。そして、枝や幹の太い方が、破損した河岸に届き、細い方の先端が、列状に打ち込まれた杭から50～80cm河川の中へ飛び出るようにする。つまりこれらの枝の長さは、保全する淵の深さ、プラス50～80cmなければならない。最下部に置く枝は、萌芽力のないものでも良い。
　この最下部の層の厚みは、水深に合わせる。水面まで届かなければならない（図238）。
　この最下部に、枝を寝かせるのと同時に、寝かせた枝を突き抜けて、萌芽力のある枝を土壌中へさす。杭と杭の間のゾーンは特に密に挿しておく。枝は浮いてしまわないように、石をいくつか置いておく。
　最後に入れる枝は、生きたヤナギの枝で、水の流れと平行に、つまりその前に置いた枝に対して、直角になるように挿入する。これらの枝もできるだけ高密度に、できるだけ深く土壌に入れるようにする（図238、239）。

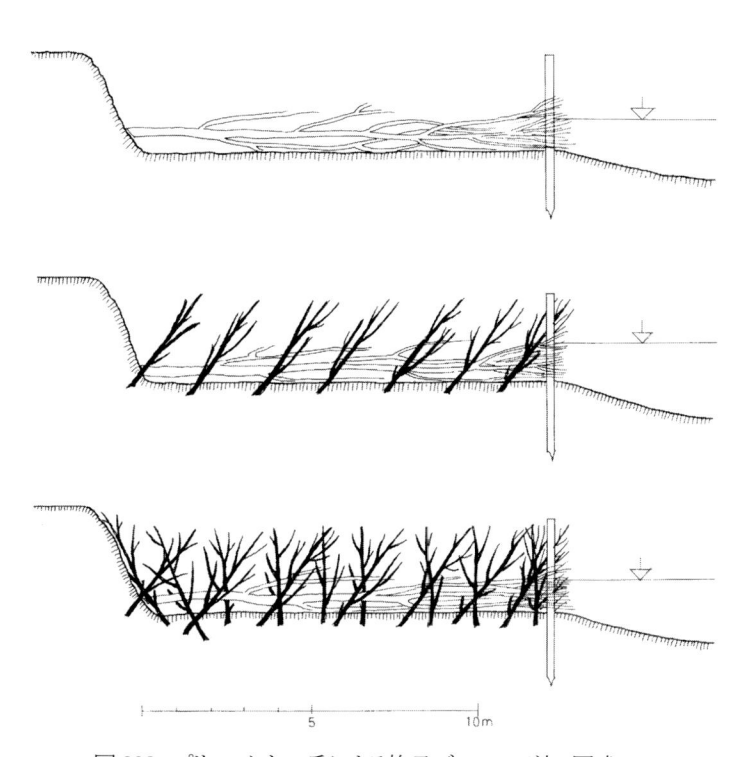

図238　プリュックナー氏による格子ブッシュ工法、図式

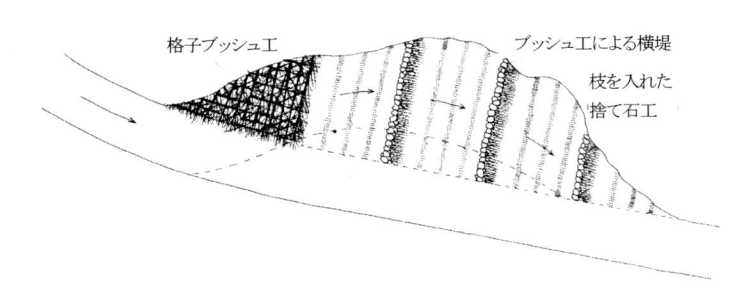

図239 河岸の破損箇所の初めに配置された格子ブッシュ工法、図式

　最後に格子ブッシュ工法全体を、いくつかの石やコンクリート材をのせて固定する。特に水の攻撃力が最も強く、最も崩壊の危険性が高い『頭』の部分である、構築物の始まりの所に重石をする。ここで再び杭を取り除く（図240）。

施工の配置：大規模な決壊箇所には、全面を格子ブッシュ工法で保全する必要はない。むしろ決壊箇所の危険な区間、つまり、始まりの所を格子ブッシュ工法で保全する。下流にはより簡単なもの、ブッシュ工による横堤を構築したり、植物をブラシ状に配置して、柵を作ったりすることができる（図239）。

工事の材料：杭。最下部に寝かせるための萌芽力のない枝。上層には萌芽力のあるヤナギの枝。できるだけ表面の滑らかな砕石や、コンクリート材。

時期の選択：植生の休眠期で水の状態が適している時期。

技術的・エコロジー的な効果の状態：格子ブッシュ工法は、ひどい洪水にも耐久性のある安定した構築物である。密にまとめられ、河川に飛び出ている枝の先端は、流水を効果的に導くので、川の流れを、急激に変化させることができる。

　格子ブッシュ工法で保全した場所は、多数の柔軟性のある枝や、細枝によって、流れの速度や引っ張り力が、非常に減衰するので、短期間で陸地化が行われる。たった一度の洪水が、起きれば陸地化は完成する。

コスト：コンクリートなどを用いた工法の1/50～1/100。

長所：迅速に効果を発揮する、自然に即した工法。強い水圧に対して充分に抵抗力がある。

短所：集中的な作業が必要。工期が植生の休眠期に限られている。

使用領域：流れを急激に変化させることによって、土砂を堆積させたり、自然に細流を作ることによって、河川や小川の決壊箇所や淵を修繕するために。特に水面の上下が激しく、中程度の土砂が流れてくる、流れの速い水深3mまでの河川に。

自然定着、成育状況：細粒の土砂や木の葉、腐植土が堆積するので、成育は、非常に促進される。枝は1年目には、すでにブッシュへと生長し、そこから立地に応じた河岸林へと遷移していく。

1.2.3.4　枝基礎床工法

同義：Rauhpackung（起伏付き基礎床工法）、Packfaschinat（粗朶束基礎床工法）、Packwerk（基礎床構造物）、Matratzen の一部

歴史：枝基礎床工法は、特にオーバーエステライヒのイン川で、ヴァルトル氏によってしばしば行われ、特に水深が深いところでも使用された。ヴァルトル氏は、以前の人々の経験を基にしたが、主に彼の天賦の才ともいうべき独創力のおかげで、生きた枝を使った、基礎床の水理学的な特性を正確に判断し、『ブラウナウアー工法』を行うことに成功した。しかし残念なことに、この工法はあまり知られなかった。彼は当時、まだ不規則に流れを変えていたオーバーエステライヒのイン川で、生きた枝を基礎床に使って導流工を作り、洪水が起こると、基礎床で作られた砂利の堆積場所に自動的に砂利が溜まるようにして、広い箇所を陸地化させることに成功した。これよりも経済的な方法は決してないだろう（ヴァルトル氏、1948年も参照のこと）。

　ヴァルトル氏の経験は、その後小規模な改修工事にも用いられた。

実施：枝基礎床は、枝を敷いて20～30cmの層を作り、次の枝の層をつくる前に、砂利や石を堆積して、杭を打って圧縮して固定する。それぞれの枝の層は、同じ方向をむけて敷いて行くこともできるが、たいていはお互いに直角になるように作る。枝の層は、粗朶束と交互に詰めていくことでも、簡単に作ることができる（図241、242）。この時重要なのは、敷いた枝の先端を予定している河岸線で、ぴったりと終わるようにすることである。水面の変化がある所や斜面の下部の危険な区域は、さらに石を堆積して防護する（図242）。

　基礎床は、前もって打ち込んで置いた杭の間にも作ることができる。

図240　エンスバッハ(川)の古典的な格子ブッシュ工法

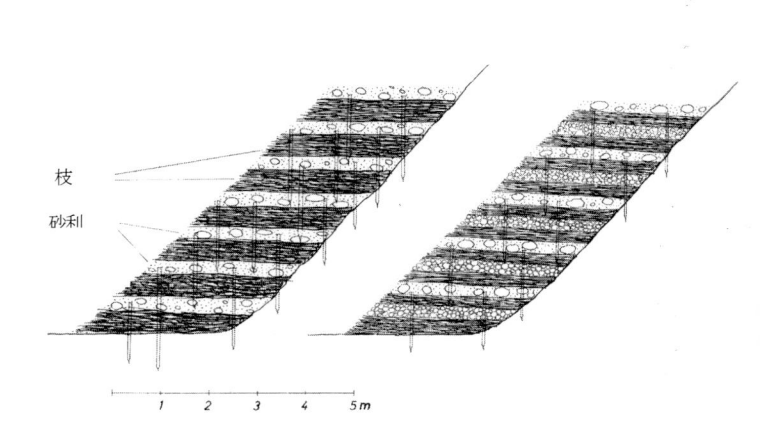

図241　ガリ侵食地を保全するための枝基礎床工法、図式

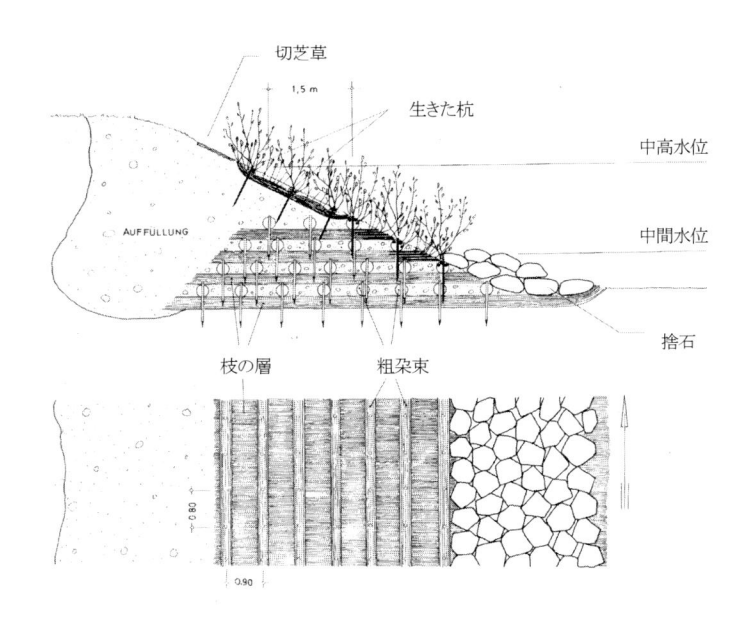

図242 護岸のための枝基礎床工法の例、図式

工事の材料：あまり深くない所では、萌芽力のあるブッシュを使用する。それに対して、構築場所が深い所や水面下で、枝の活着や萌芽が、全く期待できない場合には、萌芽力のない枝を使用して構築する。

時期の選択：植生の休眠期中。

技術的・エコロジー的な効果の状態：格子ブッシュ工法と同じ。

使用領域：水深の深い河岸にできた、深い溝を修繕するために。それと並んで、これまであまり行われていないが、もろい土壌の中の、あまり深くないガリ侵食地の修繕にも良く適している。

2 生きていない材料や建材を使用した保全工事

自然景観工事で行われる豊富な工法の内で、生きた材料を使用せず建材のみを使用する、様々な保全工事も重要である。

景観建築における、全ての保全工事を、一つの会社に責任を持って実施してもらうためには、関連の施工会社と依頼主が、それらの工事の実施についての知識を持っていなければならない。このことはすでにDIN18918に考慮されており、同じような理由から、私も、最近数十年間に行った、山地における景観工事の実際の経験を、要約した形でここに書き留めたいと思う。

植物の生育が非常に難しい立地では、緑化工事や植栽工を始める前に、ほとんどの場合、建材を使用した保全工事が必要である。災害時の緊急措置にも――これは特にどんな季節にも必要となりうるので――生きていない材料や、建材を使用した保全工事が、どうしても必要である。

それぞれの材料の役割は、様々である。措置の共通の目的は、被害をもたらす原因を取り除き、そのような被害をくい止めることである。生きた材料（植物）と建材を組み合わせたり、後からそれらを使って補足したりする事が可能なことが多く、そうすることによって被害を受けた箇所が、完全修繕されるまでの期間を早めたり、より良い効果をあげ、構築物の寿命を伸ばすことができる。

2.1 補強工事

2.1.1 杭打ちと矢来柵

あまり効果がないにも関わらず、杭打ちは、今でも地滑りを止めるために行われている。数本の杭を打ち込んでも、出現した力を受けとめることができないので、効果が上がることことは少ない。その上、杭に沿って、水が土壌中に入り込み、地滑りの規模を大きくしてしまう危険性さえある。このような理由から杭打ちには、生きた植物だけを使用するべきであろう。

杭を密に打ちこんで作った壁を、矢来柵と呼ぶ。これは規模によって使用する限界がある。矢来柵は、たいてい広いオープンな斜面よりも、ガリ侵食地の保全に適している（136ページ以下も参照のこと）。

2.1.2 テラス形成と犬走り工法

実施：地形に合わせて、隣同士の高さの間隔が、2～10mのテラスを水平に作る。このテラスは、平らな地形ではブルドーザや耕耘機を使って作ることができ、険しい地形では、ロープを付けた滑車や手鋤などを使用するか手作業で行う。テラスは、乾燥地域では中側へ傾けて作り（図243）、湿潤な降水量の多い地域、特に降雪量が多い地域では、外側へ向けて作ると良い。そのように作ると、斜面をなだらかにする作用をする。内側へ向けて傾けた犬走りの、一番内側の部分から、水の侵入する危険性は、特にこの犬走りが、全く水平に長く作られた場合に起こる。これによって、―特に道路工事やアウトバーンの工事で、土壌の透水性が良い場

図243 侵食保護のためにテラスをつくり植栽を行った斜面

合—犬走りの下に位置する斜面領域に、貝殻状や皿状の崩壊が起こることが多い。この危険性に対処するために、内側へ傾きのある犬走りを作る場合は（例えば産業道路や特にロックフィルダムに作られた犬走りなど（図 104））、表面を防水し、横方向への排水ができるようにする。テラスを横へ長く作る場合は、常に 3～5％の傾きを必ず付け、斜面全体と一緒に、犬走りにも同時に芝草を張って緑化を行い、できるだけ早く、水が表面から内部へ浸透しない状態になるようにしている（図 182）。

切土斜面や自然にある斜面では、テラスや犬走りを切り取っていくが、盛土斜面に犬走りをつくる場合は、単に後方へ土壌を下ろせばいいだけなので容易である。

効果：乾燥地帯：とりわけ水分を保留するために（図 243）。乾燥地域では、この方法を行わなければ植林ができないこともある。

湿潤地帯：降雪の保留（ベーダ氏、1967）。滑りやすい斜面を区分してテラスや犬走りで起伏をつけるので、雪は均一に積もらず、大量の雪が滑り落ちる危険性を減らすことができる（図244）。

図244 雪の滑り落ちによる被害を避けるため構築された犬走り。犬走りの上には植えてから一年目のトウヒがある

犬走りの幅が適切なものであれば、最終的には、あらゆる地域で再び植物の生育を可能にし、斜面を植林地として使用するために、土壌を開発することができる。

土木工事で新しく作られた斜面では、犬走りは、さらに、他の機能を果たすこともある。つまり地滑りが起きた場合、犬走りが崩壊してしまうこともあり得るが、その際にはその土壌を材料として、崩壊箇所を保全することができるのである。

長所：乾燥地域で緑化前に、斜面全体に水分を保留するための唯一の方法。

短所：図式的で、美しくない工法。長期間にわたって、人間の介入がわかってしまう。

盛土斜面や切土斜面に犬走りを作る場合、法尻や法肩がすでに決まっている場合は、犬走りと犬走りの間の、斜面の傾斜はより急になる。それに対して、初めから傾斜の角度が決められている場合は、それに合わせた土地が必要になる。

使用領域：乾燥地域では、水分収支の改善（水分の保留）のために。雪崩の起きやすい所では、積雪の保留のために。さらに斜面を区分し開発するため、また土木工事の全部門において、高い斜面の排水を規則的にするために。

図245 斜面から崩れ落ちる岩屑を受けるために敷設したグラッス枝

2. 1. 3 グラッス枝敷設工

実施：グラッス枝（萌芽力のない枝）を斜面の表面に水平な列状に置き、杭を打つか、石の重しを乗せるかして、斜面に固定する。枝を敷く方法には様々な方法があり、ガリ侵食地グラッス枝敷き詰め工法の場合ようにする（特に短くてブッシュ状の針葉樹の枝に適している）か、または針金でくくった、粗朶束状の束にして（特に長い広葉樹の枝に適している）行うことができる。施工は全体的に行うこともできるし、少し減らして、市松模様に区分した列に行うこともできる（図 245, 246）。盛土量が多すぎなければ、植物の杭を使用した場合一部が活着することもある。

効果：斜面の表面に起伏を付け、斜面に土砂を留めておくことができる。

使用領域：斜面の表面に堆積した土壌を留めるため、特に破損個所や切土地の突出部を斜面造成するために、斜面全体に配分した土壌を留めるため。これによって底部に負担をかけることなく、大量の土壌を保留することができる。

今日では、機械によって土壌を運び出すことの方が、経済的なことが多いので、もはやあまり行われていない。しかしながら、特殊なケースにおいては、現在でも必要である。

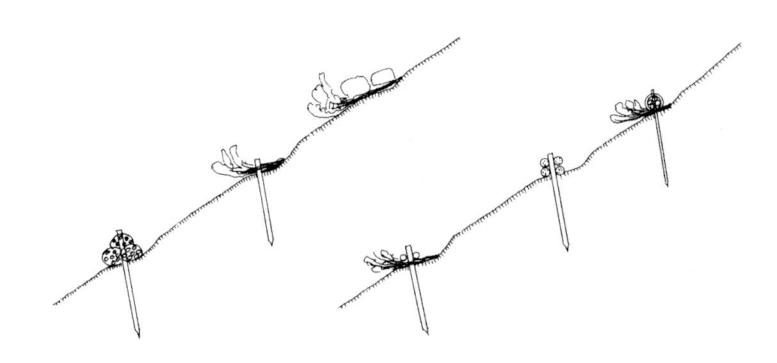

図246 グラッス枝敷設工の様々な型、図式

2.1.4 柵

迅速に効果をもたらすため、様々なタイプの柵が生まれた。とくに大きさと、建材によるバリエーションが多い。

板塀柵

板は補強する土壌に対して、だいたい直角になるように杭で固定する。板塀は、とくに表層土壌が地滑りした場合の支えとしてや、表層土壌を覆土する際の支えとして使用する（図247）。通常、例えば角材を作る際に出る端材のような、粗悪な板を加工する。杭には、そのような品質的にはあまり上質とは言えない木製のものと並んで、鉄筋を使用する。板の幅は30cm以上にしてはならず、杭は少なくとも全長の 2/3 を、土壌に打ち込むようにする。

特別な使用領域は、平地と接している斜面の土壌を緑化して、最終的に固定するまでのつなぎ、及び滑りやすい草本の斜面上の雪崩を防止することである。

図247　表層土壌を支えるための板塀柵

図248　表層土壌を保留するために使用されたネトロン・プラスティック格子

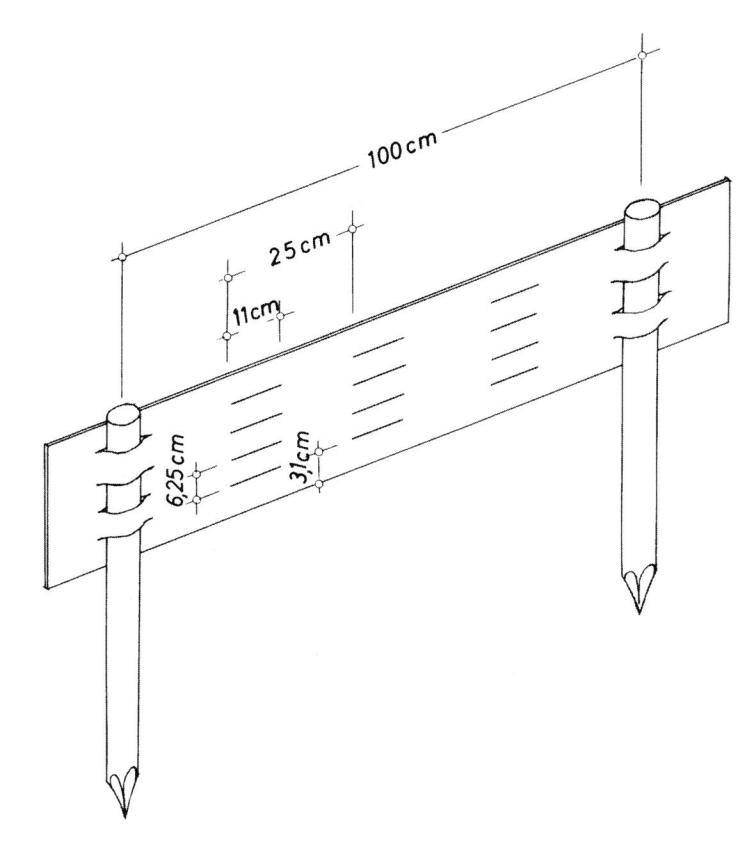

図249　化学合成品で作られた帯、レーハウタイプ

図250　合成物質の帯柵、雪の滑り落ちの被害に対する保護に導入されたもの

プラスチックの柵

表層土壌ないし最上部の土壌層を保留するために、最近では様々な企業が、プラスチックの格子（図248）や、プラスチックの帯柵（図249、250）を製造している。約10cmの幅のネトロン・ネット（製造：ウィーン IX、F.ペング社）が、主に表層土壌を覆土する際の保留用として役立つが、ウィーン VI、レーハウ・プラスチック社製の、任意の長さで使える幅1mまでのプラスチックの帯は、とても安定しているので、地滑りの固定や積雪の保留（図250）、および護岸工事（図283）にも用いられる。

このプラスチック帯柵は、240kg/cm^2 の耐裂性（抗張力）を有しており、杭をスリットに差し込むだけで、非常に簡単に固定することができる。杭の間隔は、25cm単位で変えられる。

ヨシの柵

　地中海地域では、主に転落する石を保護する目的で、また侵食による溝ができないようにするために、高さ10〜15cmのダンチク(*Arundo donax*)で作った柵を使用する。ヨシの柵は、針金でお互いに編み合わせ、約50cmの間隔で杭を打って固定する。これを行うための費用は、その効果よりも確実に高くなってしまう。この方法は当時、他の方法がなかったがために行われたのである（図251）。

　どのタイプの柵も、全体が土壌の中に埋められた場合にのみ、洗堀によるくぼみを防ぐ効果がある（図252）。

図251　割ったダンチクを用いた柵

図252　誤って作られたヨシの柵。土壌侵食を防ぐためには、柵全体を埋めてしまわなければならない

枯れ枝編柵

　小さな山崩れや表層土壌の地滑りは、枯れた枝の編柵を用いると、一時的にうまく保護できる。枯れ枝編柵を埋め込んでしまえば、表層土壌の固定にも適している。しかしながら、編柵は高すぎてはならず、たいてい約20〜30cmの高さに限定した方が良い。柵は直線的であれば、水平でも、任意の傾きを付けて設置してもよく、特に菱形模様（斜め編柵）に設置しても良い。枯れ枝編柵は長期的な保全には適していない。編柵を部分的に用いて保全した斜面は、引き続いて、斜面に植栽工を行わないと危険である。

丸太材の柵

　板やプラスチックの帯の代わりに、水平に設置した丸太材や太い丸太材で、上にある土壌層を固定することができる。この丸材は、同じく木の杭や鉄の杭（こちらの方が良い）で固定する（図253）。杭は鉛直方向ではなく、斜面に対して垂直になるようにした方が良い。

図253　枯れた丸太材を使用して柵を構築し、後に芝草を張ったところ

厚板の壁

　深く打ち込んだ基礎工事用の杭の後ろ側に、丸太材や角材を水平に入れ、杭格子用の釘やネジで杭に止めるか、前後に打ち込んだ杭の間に入れるかする（図254、255）。特に落石に対する保護のためや、危険にさらされた物の上にある、大量の土を集積するために使用される。厚板壁は高さ約3m、任意の長さで構築することができる。場合によっては、その杭を、下から支柱で支える。

2.1.5　クライナー壁[65]

　これは丸太材、場合によっては角材を使用し、それらを杭格子用の釘でお互いにつなぎ合わせる。クライナー壁は、一重でも二重に作っても良いが、決して垂直にではなく、少なくとも10:1の傾斜を付けて(後ろへ傾けて)設置する（129ページと図124、256を参照のこと）。木製のクライナー壁の高さは約5mに限られる。

　今日では、木製のクライナー壁の代わりに、ユニットシステムによって組立可能なコンクリート建材を使ったものが多い。なぜなら、コンクリート建材の方が、木製のものより寿命が長く、安定しており、さらに任意の長さや高さ（これは二重のクライナー壁の場合のみ）に設置することができるからである（図257）。

長所：組立てが迅速に行える。前もって製造しておいて、保管しておくことができる。強度計算ができる。解体後に再利用することができる。

---

[65] これは現在スロヴェニアのクライン地方に由来する。（著者）

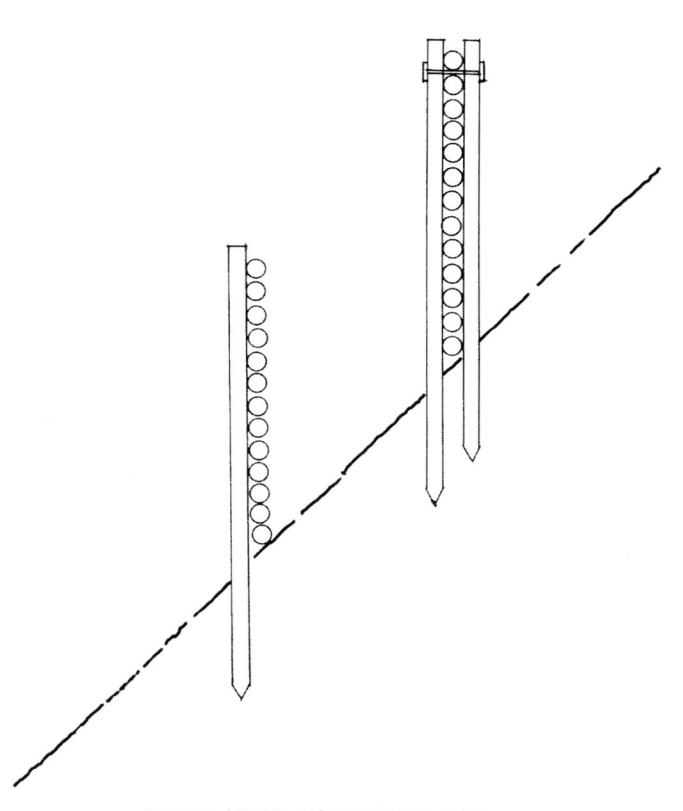

図254 簡単な木製の厚板壁、図式

図255 落石保護のための厚板壁

図256 一時的な支持構造物としてのクライナー壁。中の空間には石が詰められている。寿命を長くしたい場合は、萌芽力のある木本種の枝か根のついた広葉樹を入れる

図257 コンクリート建材で作られた、二重のクライナー壁による地滑り斜面の保護

短所：木製のクライナー壁よりコストが高い。事故の危険があり、前面に見える構造部分が醜い。

コンクリート建材のメーカーは様々なタイプを製造している。
オーストリアの暴れ川や雪崩防止工事には、まだ整地されていない土地用に工事機械を使わずに手作業でも設置できる軽いタイプのものがある。このタイプの寸法は：

  12.5/12.5/125cm、縦梁 46.25kg
  12.5/12.5/250cm、横梁 92.50kg
  立方体：一辺が12.5cm 4.60kg

直径12mmの鉄筋をあらかじめ開けられた穴に差し込んで結合する。

2.1.6 斜面のトラス（構脚）

山崩れや地滑りの方向を横切るように、水平に斜面上に木を入れ、垂直に挿入した木で支える。さらにその下に、木を水平に入れて支える。こ

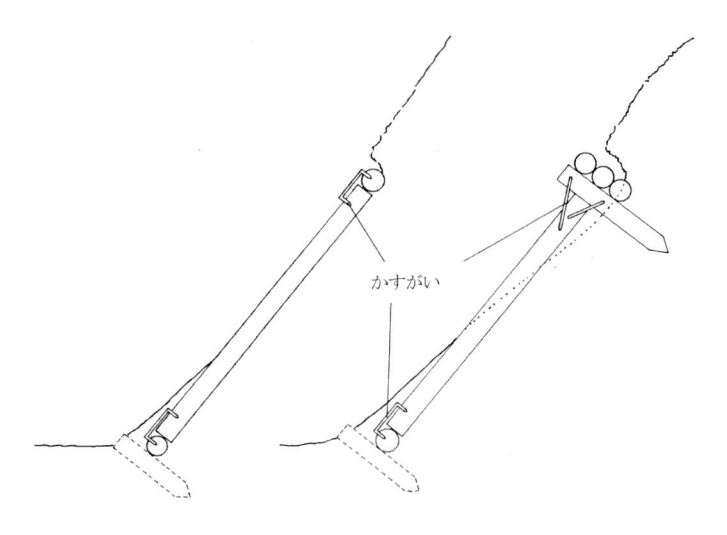

図258 丸太を使用した斜面のトラス（構脚）、図式

図259 地滑りを支えるために構築された古い斜面のトラス（構脚）

の木は埋め込んでしまうか、杭を使って固定することができる。大きな規模の山崩れを保全する場合は、1本だけの横梁だけは不十分なので、支えと、支えられる横梁との間に、杭を列状に挿入する（図258）。

このトラス（構脚）構造は、たいてい貝殻状に崩壊が起きたために、不安定になってしまった斜面の一部や、皿状に破損が起きた場合の縁の、部分を保全するため使用され、さらに修繕処置（斜面造成、排水処置、緑化）をしても、たいていトラスはそのまま残すので、土砂の堆積が起こっても効果を発揮する（図259）。

この構造物は高さと幅が限られているが、工事現場の近くから使用する木が入手できる限り、非常に簡単に素早く作ることができる。

2.1.7 斜面の杭格子

斜面の杭格子は、斜面に持たせかけた木製の基礎であり、下から支えるものである（図260）。そのため、確実な土台が必要とされている。工事に使用する材料は、前述の工法と同様、丸太材や角材で良い。

修繕が必要な破損個所の規模（深さ）に応じて、単なる木材、または前もって、はしご状に組み立てたものを斜面にもたせかけ、水平に横木を置いて結びつける。それぞれの木の間隔は200cm以上にしてはならないので、それぞれの格子は2m×2mとなる。

この枠組みは留め金（かすがい）を用いて、倒れないように防護しなければならない。

最後に入れる透水性土壌のための、確実な土台となるように、横木の上には建築用の鋼材の格子などをのせる。

全ての木材は土壌の中に埋め込むようにする。

図261と262は、高さ約15mの、木製の斜面用杭格子の構築例を示している。

前もって製造したコンクリート建材を使用して、斜面格子を構築することもできる（図263）。しかしこれは柔らかく湿った土壌の場合のみに適している。このようなコンクリートの格子は、中に植物が生育できる物質を入れ緑化する。

斜面用杭格子は、暫定的な処置であり、持続的に効力を発揮し、破損個所を最終的に修復するためには、できるだけ早く緑化しなければならない。植物の杭格子に関する例は、135ページ以下を参照のこと。

2.1.8 籠積工[66]

伊語：gabbione　英語：gabion

今日ではさまざまなシステムの籠積工が行われている。きちんと角のある箱形のものを製造するには、規格化された金網を溶接すれば良い。これは単に立てて中身を充填し、それから焼きを入れた針金で角を縫い合わせるものである。それに対し、最もよく使用され、多様に規格化され

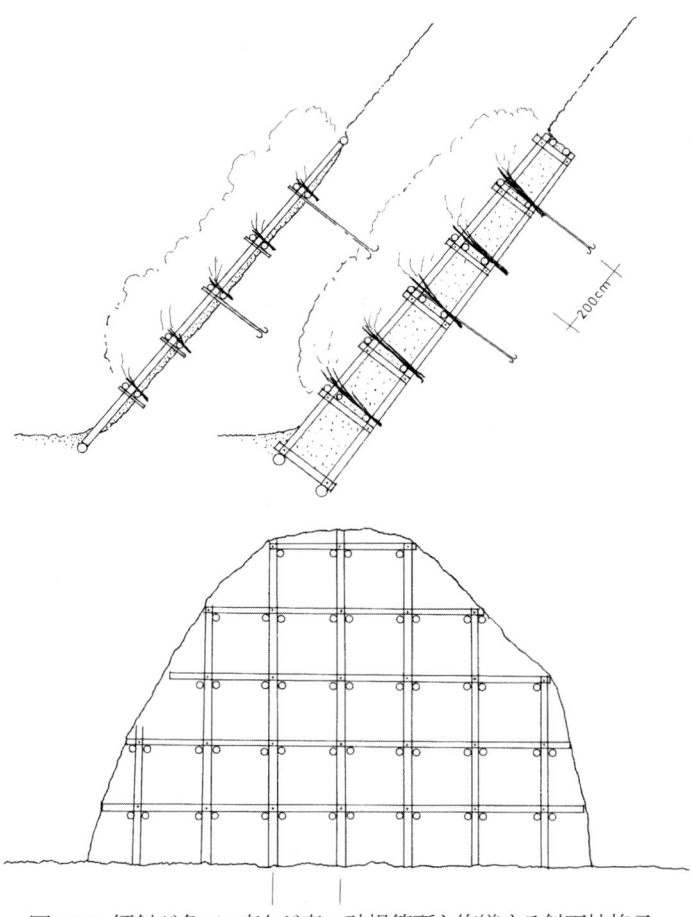

図260 傾斜が急で、高さが高い破損箇所を修繕する斜面杭格子、下から支えられている、図式

---

[66] 籠積み工には目が2mm以下のジオテキスタイルを使った、形の変えられるソフトタイプのものと、金網を使った形の変えられないハードタイプがある。（著者）

図 261　木製の斜面用杭格子を設置して高い地滑りを修繕する

図 263　湿った場所を保全するために、約 200×200cmのコンクリート建材を用いてつくられた斜面杭格子

図 264　地滑り斜面を支える籠積工

図 262　斜面用杭格子工法の詳細

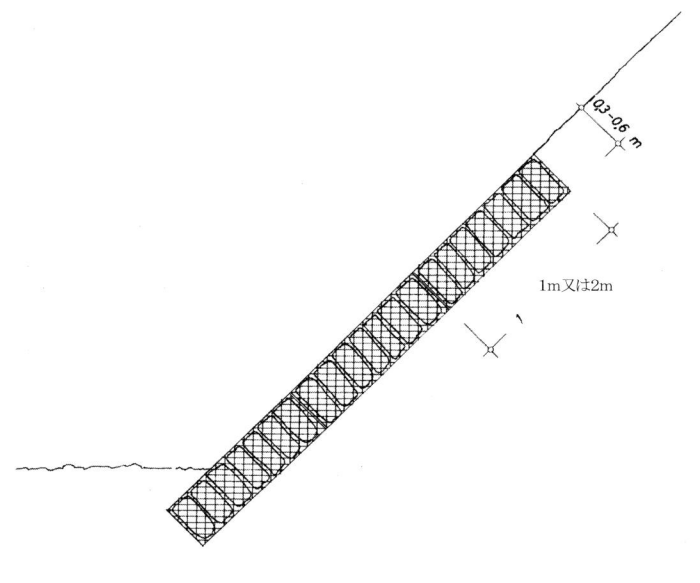

図 265　斜面を支えるための針金で石を包み込んだもの、図式

199

たタイプは、前もって縁の所を縫い合わせた、針金のネットで作られる（図264）。どちらのタイプも短所があり、正確で安定した基盤の上でないと設置できず、斜面の動きにも、下部に淵ができることにも耐えられない。

こうした理由から、災害時の緊急出動や、まだ完全に静まっていない土地には、簡単な蛇籠や袋状の籠を使用することが勧められる。暫定的な保全用なので、市場で手に入れやすい針金のメッシュでよく、錆止め加工がされている必要はない。しかしそのかわり、できるだけ編み目の細かいものが必要であり、大きめの砂利や石を詰めて、鉄の杭や基礎工事用杭で固定する。このタイプはこうして杭で固定すると、耐久性が良くなり、変形の被害に対して強くなる。変形したり、陥没した場合は、そこにあったものの上にさらに籠積工を行う。不安定な法尻の、迅速な保全を行うもう一つの可能性としては、金網で石をくるんだハードタイプの蛇籠を、斜面に設置することである（図265）。このような構造物で長期にわたる保護をしなければならない場合は、活力のある挿し木や萌芽力のある木本種の枝を、石の間を通してその下にある土壌に届くように入れると良い。

2.1.9 壁

おそらく最古の壁造り工法の技術であろう乾燥石壁は、特に災害時の緊急措置として、最近の数年間に、石積工やブロック積工という形に生まれ変わった。どちらも、重い石を短時間で設置できるブルドーザやクレーンを用いて構築すると良い。ブロック積工は、任意の長さ（横幅）で高さ6mまで構築することができる（図129～132；132ページ以下を参照のこと）。

乾燥壁とほとんど同じくらい古いものとして、砂嚢を用いた壁がある。消防隊や工兵部隊は災害出動のために、空のジュートやポリエチレンの袋を用意している。これは現地で詰めて、すぐに設置することができる。高い安定性や、より長時間にわたって耐久性が要求される場合は、砂を詰めるときにセメントを少々混ぜる。

2.1.10 敷石と石の堆積

敷石、自然石やコンクリート張り、石積、石の設置、捨石も斜面を支えるために、土木工事で行われる方法である。

これらの主な使用領域は、護岸工事であるので、工法についてはそちらで扱った（125、188ページ）。

2.2 排水工事、ガリ侵食地の保全工事、護岸工事

2.2.1 排水溝

排水溝は表面を流れる水を排水する。

全ての排水溝は、導水路へつなげるようにし、特に、流れる水は、全てが排水溝に流れていくようにすることに注意する。水路の断面形状は、水が流れた際に溢れ出ることがないように決めなければならない。

フィルムを用いた排水溝

前もって丁寧にならしておいた、深さ30cm、幅70cmまでの溝やくぼみに、それに相応した幅のフィルムを少なくとも15cm溝より横へはみ出すように敷き、フィルムがはみ出した部分を利用して固定する。丸太材と杭を挿して固定することができるが、土で埋めこんでしまっても良い。

図266　前もって製造され、組み立てるだけで良い板製の排水溝

図267　平らな土地に太い幹で覆って構築された水路。内部に置かれた横木によって、底部が深く侵食されるのを防ぐ

それぞれのフィルムの帯は、屋根瓦のように重なり合わせて敷いていく。フィルムは継ぎ目の所で、少なくとも20cmは重なるように敷く。このとき継ぎ目は、水の流れの方向に対して横になるようにする。

フィルムを使用した排水溝は、一時的な排水を行うときにのみ使用することができる。

木製の排水溝

それぞれの部分は、あらかじめ製造しておくことができる。それを下から上へ、差し込んでいくように組み立てて設置する（図266）。大きな木製の排水溝は、たいてい現地で作製する。このとき支えの横木（肋材）を、外側や内側に入れることもできる。内側に横木を入れた場合は、同時に底部の侵食を防ぐ働きをする（図267）。柱は相応した深さで土壌中に打ち込むようにする。

外国産の固い木材（ボンゴシ Bongossi など）は、耐久性を高めたいときにだけ使用する。一般に木製の排水溝は暫定的な措置である。

既製部品による排水溝

完全に安定していない土地で排水を行うためには、柔軟性のある工法が必要である。これにはコンクリートやポリエステルでできた部材が最も適しており、屋根瓦状に設置して、それぞれの部材ごとに、鉄釘などで土壌に固定する。この排水溝は、土地が大きく沈下した場合にも、機能を保ち、必要な場合には、すぐに置き換えることもできる。

既製部品は様々なタイプがあるので、このような要求を満たすことができる（図268）。

ローレンツ氏による底部に起伏をつけた排水溝（1956）

歴史：底部に起伏をつけた排水溝は、H.ローレンツ氏によって50年代に発案された工法で、特にドイツのアウトバーンの排水工事において考え出された。ローレンツ氏自身の報告によると、アルプス地方の暴れ川を観察したことや、オーバーエステライヒでシャウベルガー氏が行った、屈曲式の床止めを参考にすることによって、この工法が考案された。彼の考え出した排水溝は、内部に淵ができない柔軟性のあるものだった。

ある研究依頼により、測定資料を入手するために、ミュンヘン工科大学の水理試験所で、底部に起伏を付けた排水溝内での、流れの経過が調べられた。今日、この調査の結果と、ニュルンベルクのアウトバーン局の分析は表に示されており、実際の工事に直接利用できるものとなっている（表10）。

実施：溝を掘ったら2～4mの間隔（傾斜による）をあけて、流れの方向を横切るように、長さ100cm、太さ直径8～10cmのナラの杭を、列状に4～6本打つ。それから15～20cmの厚みで、0/30mmの砂利-砂の層、または3/50mmの豆砕石を入れる。この層の上に一中心から端へ作業を進めながら一固く角張った砕石を立てて、割栗石で基礎を作るときのように立てて敷いていく（図269）。空所には直径3/50mmの豆砕石を入れ、楔状に固定する。

両脇の保全されていない土地とのつなぎ目には、たいてい生きた粗朶束を入れるか、低木状のヤナギを急傾斜に立てて、ブッシュ敷設工を行い、側面が窪むのを防ぐ（図270、271）。

図268 様々なタイプの既製部品を使用した排水溝。差し込んでいくことができる

壁の構築（組積工）による排水溝

これは自然景観の内部に、人間や動物の邪魔にならないように、そして事故の危険がないように設置する。水の流れの速さは、排水溝の全領域でおおよそ同じ速度になるようにする。傾斜の急な所では、排水溝の内部に段を付けたり、速度抑制のための石を入れるなど、障害物を置くとなお良い。この時、落差が大きければ大きいほど、排水溝の表面には起伏を多く付けるようにしなければならない。

その他については、壁の構築法（組積工）の基準が適用できる。

図269 ローレンツ氏による底部に起伏を付けた排水溝の構築
（写真：バイエルン州建設省、ミュンヘン）

表10 ローレンツ氏による底部に起伏をつけた排水溝に、安全性を補足した場合の深さと幅の測定値。B=溝の幅 t=深さ

	縦方向の落差																							
	J=20%(1:5)				J=25%(1:4)				J=33%(1:3)				J=40%(1:2.5)				J=50%(1:2)				J=67%(1:1.5)			
	平均的な石の大きさ(Φ単位 cm)																							
	18	25	30	36	18	25	30	36	18	25	30	36	18	25	30	36	18	25	30	36	18	25	30	36
Q=100l/s																								
B(cm)	125	125			125	125			150	125			175	150			225	175			175	150		
t(cm)	20	20			20	20			20	20			20	20			20	20			20	20		
Vm(m/s)	2.0	2.0			2.0	2.0			2.0	2.0			2.0	2.0			2.0	2.0			3.0	3.0		
Q=200l/s																								
B(cm)	200	175				175	150			225	200			250	225			175	275			275	250	
t(cm)	20	20				20	25			20	25			20	25			25	25			20	20	
Vm(m/s)	2.0	2.0				2.0	2.0			2.0	2.0			2.0	2.0			3.0	2.0			3.0	3.0	
Q=300l/s																								
B(cm)		250	225			250	225			175	275			200	175			225	200			375	350	
t(cm)		25	25			25	25			25	25			25	25			25	25			25	20	
Vm(m/s)		2.0	2.0			2.0	2.0			3.0	2.0			3.0	3.0			3.0	3.0			3.0	3.0	
Q=400l/s																								
B(cm)		300	275			175	175			200	175			250	225			300	275			300	250	
t(cm)		25	25			30	30			30	30			25	30			25	30			25	30	
Vm(m/s)		2.0	2.0			3.0	3.0			3.0	3.0			3.0	3.0			3.0	3.0			4.0	4.0	
Q=500l/s																								
B(cm)		200	175			200	200			250	225			300	275				325	325			350	(325)	
t(cm)		30	35			30	35			30	30			30	30				30	30			25	(30)	
Vm(m/s)		3.0	3.0			3.0	3.0			3.0	3.0			3.0	3.0				3.0	3.0			4.0	(4.0)	
Q=750l/s																								
B(cm)		300	250			300	275				325	300			250	350			300	300			(325)	(300)	
t(cm)		30	35			30	35				30	35			35	30			35	35			(35)	(35)	
Vm(m/s)		3.0	3.0			3.0	3.0				3.0	3.0			4.0	3.0			4.0	4.0			(5.0)	(5.0)	
Q=1000l/s																								
B(cm)			325	300			350	325			250	225			300	275			(250)	350			(375)	(375)
t(cm)			35	35			35	35			35	40			35	40			(40)	35			(35)	(35)
Vm(m/s)			3.0	3.0			3.0	3.0			4.0	4.0			4.0	4.0			(5.0)	4.0			(5.0)	(5.0)

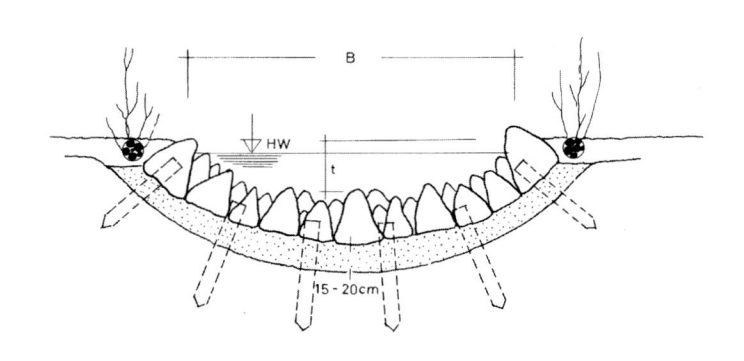

図270 ローレンツ氏による底部に起伏を付けた排水溝、図式

水分の浸透が良い土壌では、フィルター層の下に粘土質の土壌やフィルムを入れて漏れを防ぐ。

効果：水は砂利層の中にも、洪水の時には、砕石基礎内やその上にも流れるが、設置した材料が、水流によって運び去られるようであってはならない。なぜなら、常に水流の抗力とぶつかることで、引っ張り力を減少させるからである。ちょっとした移動が起こっても大丈夫であり、小さな移動は、同時にこの構築物を柔軟性にする効果をもち、石が沈下することで自然に戻る。

底部の起伏の機能を誤解して、セメント・モルタルを使用して作った固定した排水溝では、構築物が自然の土地や排水の状態に適合するという、この工法の全ての長所が失われてしまう。

図271 ローレンツ氏による底部に起伏を付けた排水溝、完成後
（写真：バイエルン州建設省、ミュンヘン）

使用領域：自然の景観において、中程度の水の流れる斜面やロックフィルダムの排水に。

これまで以上に使用されるべき、美しく効果的・経済的な工法。

2.2.2　滲透式排水溝

滲透式排水溝は地下部の排水を行う。これは通常の排水溝と同様に導水路に接続させる。滲透式排水溝の底部は透水性でなければならない。

溝の傾斜は、流れの速度が下へ向かって減少しないようにし、流れが停滞しないように決める。少なくとも2‰の傾斜となるようにする。

粗朶束ドレーン（＝砂利で包んだ粗朶束）

萌芽力のない粗朶束を、排水溝の中に入れ、フィルター用の砂利や石で満たす（図272/1）。

ブッシュドレーン（＝ブッシュ排水溝）

滲透用の溝に、萌芽力のない枝を入れていく。その際、枝と枝の隙間に、フィルター用の砂利を入れる（図272/2）。

丸材ドレーン

粗朶束のかわりに樹木の細い幹の部分を入れ、お互いを結び合わせ、石で包み込むようにする（図272/3）。

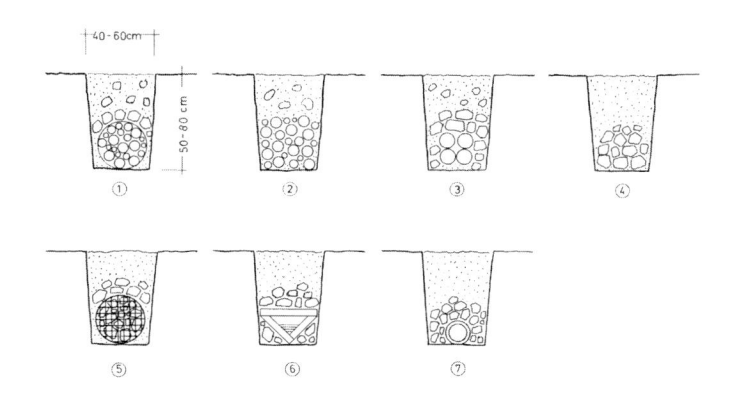

図272　滲透式排水溝のタイプ、図式

石材ドレーン（＝石材滲透法）

滲透式排水溝の下部1/3に石を入れ、残りに砂利を入れて満たす（図272/4）。

蛇籠ドレーン（＝円筒状の砂利入り金網、砂利入り円筒状メッシュ）

滲透性の溝に、移動してしまわないように、金網でくるんで保護した石を入れていっぱいに満たす。前もって製造した、円筒状の蛇籠も使用することができる（図272/5）。

三枚板ドレーン

この排水溝は薄板や厚板で前もって作り、内部に埋める（図272/6）。これは粘土質の土を入れたり、底部に1～2mの間隔で、補強物を入れたりして下部の侵食を防ぐ。三枚の板の周りには石を入れ、排水には大粒の砂利を入れる。最低4‰の傾斜を付ける。

三枚板ドレーンは、土壌の水量が多い場合の地下部の排水を行う。

パイプドレーン

穴の開いたパイプか、切れ目の入ったパイプをフィルター用の砂利の中に入れるか、石で包み込む（図272/7）。排水管を使用する場合は、特に近隣にある木本（特にヤナギ！）の根が迫ってきて、機能が損なわれないように注意しなければならない。

2.2.3　グラッス枝敷き詰め工法
（＝モウガン氏によるgarnissage、1931年）

小さく平らなガリ侵食地は、数本の枝や、枝の束の太い方の先端を上に向けてガリ侵食地に置き、その上に大きな石を乗せて固定すると、簡単に保全することができる。この『挿入法』は、古くからアルプス諸国で、険しい凹道で侵食を防ぐために行われたり、毎年夏の豪雨が始まる前に行われた。

深く急傾斜のガリ侵食地はグラッス枝、つまり数メートルの長さの枯れた枝材（できれば針葉樹のものが良い）を入れ、枝の先が上を向き、太い方の先端が、ガリ侵食地の底部にくるようにする（図273、274）。枝材は横木にきちんと結びつけて固定する。4～5mmの太さの針金を使用して、それぞれ数本の枝を横木に結びつけるようにする。

ガリ侵食地グラッス敷き詰め工法は、狭いV字型のガリ侵食地に行うときは経済的であるが、そうでない場合は、あまりに使用する枝材の量が多くなりすぎるので経済的でない。しかしながら、V字型のガリ侵食地には、最も簡単で経済的な保全

図273 石灰質の堆積土壌の崩壊地でハイマツの枝を使用して行った
ガリ侵食地グラッス枝敷き詰め工法

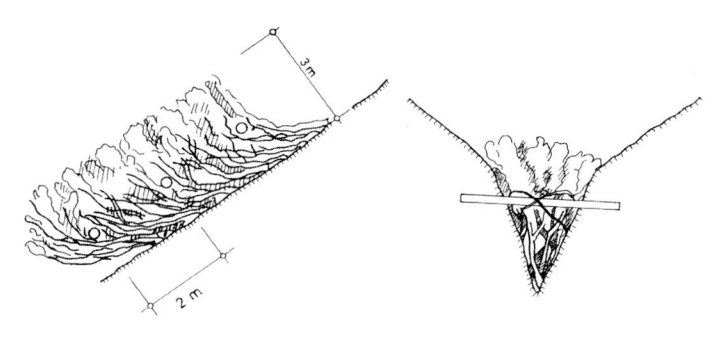

図274 針葉樹を使用したガリ侵食地グラッス枝敷き詰め工法、図式

方法である。引き続いて起こる洗掘は、敷設したグラッス枝の中で力を失う。力を失った水は、被害を起こすことなくしみ込んでいき、一緒に運ばれてきた土砂は枝の間に残る。これによってガリ侵食地は、次第に元の状態に満たされていく。斜面造成を行うときに出た土壌も、思い迷うことなくグラッス枝を敷設する際に入れてしまって良い。

萌芽力のある木本種の枝を使用したガリ侵食地ブッシュ敷き詰め工法に関しては136ページ以下を参照のこと。

2.2.4 起伏の多い樹木、起伏の多い樹木の束を吊るす

起伏の多い樹木とは、よく枝分かれしたモミやトウヒ、およびそれらの梢部分のことである。

これは災害出動やさらに被害が広がるのを防ぐため、および河岸や淵（深み）の陸地化を促進するために行われ、しっかりと固定される。
たいていワイヤーロープや針金で杭や岩・重たい石に固定する。

起伏の多い樹木は、流れの速度を減衰させる効果を持つ。これによって運ばれてくる土砂が堆積する。これは枝が柔軟であるときにのみ効果を発揮する。それゆえ一時的な護岸にのみ役立ち、できるだけ早く植栽工の措置を行って補足しなければならない。

2.2.5 石の設置

加工していない重量のある自然石を、壁を構築するときように、河岸の領域に設置する。これは手作業又は機械を使って行う。

石は河床に埋めるか、他の方法によって位置が変わらないように保護して設置しなければならない。

図275 ヴァッチンガー氏/ドラゴーニャ氏による石を設置した柔軟性のある護岸構造物。300～500kgの重さの石がワイヤーロープでお互いどうし、及び杭に結びつけられている

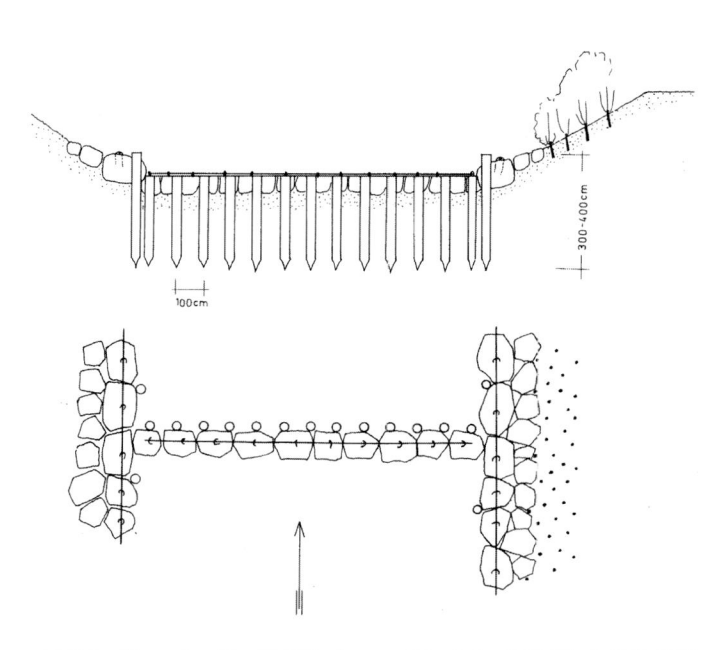

図276 ヴァッチンガー氏/ドラゴーニャ氏による石を設置した柔軟護岸構造物と底部を保全するための床止め工、図式

図277 ヴァッチンガー氏/ドラゴーニャ氏による柔軟護岸構築物で保全した南チロルの暴れ川

南チロルの暴れ川保全工事では、ヴァッチンガー氏とドラゴーニャ氏(1968)に『柔軟構築物』と名付けられた石の設置が数年来行われており、良い成果を上げている。この方法では 300〜500kgの重さの石を、ワイヤーロープで結ないでいき、さらに杭に固定する(図275、276)。ワイヤーロープは石や杭に穴をあけて通すか、U字型の留め具を石に埋め込んだり、杭に打ち付けたりして、その中を通すようにする。淵(深み)を防ぐためには、河床に杭の列を打ち、その後ろに石を置き、同じようにそれぞれを結なぎ合わせて河床に障害物を構築する(図276)。河岸の斜面は石を設置した上に、水の流れや運ばれる土砂に応じて、植栽工の措置をして保全する。この工法はフレキシブルであるため、流水や運ばれる土砂の状態が変わっても、うまく適応することができるので、大きな負荷がかかっても持ちこたえることができる。その上、この経済的な工法は、コンクリートで固めた構築物よりもアルプスの景観にあっており、村落地帯でも使用可能である(図277)。詳細についてはヴァッチンガー氏/ドラゴーニャ氏(1968)を参照のこと。

2.2.6 捨石工事

捨石工事は、水辺の状況に応じた大きさや、重さの石を捨て込んで敷いた基礎のことである。

一般に捨石という概念は、100kg 以上の大きさの石を、保全したい場所の前におく事である。

石の大きさは運搬するために限度があるが、災害時には 2t以上の重さの石でも洪水で押し流されてしまう。そこでそのような極端な場合には、それぞれの石をワイヤーロープで岸に結びつけ、それから鎖状に繋がった石、全体を前へ倒す。

捨石は特に、流れのある水辺の水面下を保全するために行われる。安定した状態になるまで石が沈みこむことも考えておく必要があるので、後から入れるための石はストックしておかなければならない。

斜面から石を転がして、注ぎ入れる方法の中には、河床や平らな河岸の保護のために、小さめの石を入れることも含めている。石の大きさや重さは引っ張り力 に合わせる。

2.2.7 石詰め

同義：Packlage、Setzlage、Setzpack、Steinstickung、Gestick

地均しした土地に、大きな面を下にして、石や石板を立てる。石は隣同士密に置くようにし、小さな石を使って隙間を埋めるようにする。

引っ張りの力 が大きい場合は、それぞれの石の重さも規定するべきである。

河床保護には、主に板状の石を流れに対して横切るように置く。様々な間隔で突き出る石によって、表面は不画一的な起伏のある状態となる。これによって、小さな乱流が多数箇所で起こり、こすれる力を大幅に減少させる。

2.2.8 籠積工（133ページ以下も参照のこと）

石を詰めた金網の籠を使用して、護岸のために、主に金網砂利袋、埋め込み式砂利入り蛇籠、埋め込み式粗朶束入り蛇籠、砂利入り金網マットを作る（図278、279）。

護岸工事に、砂利入りのフトン籠を使用する場合は、下部が侵食されて淵(深み)ができないように防護しなければならない。これはブッシュ敷設工と組み合わせることによって可能である。

南チロルの砕石の少ない地域では、前述した『ヴァッチンガー氏/ドラゴーニャ氏による柔軟構造物』のバリエーションが構築された。これは河床に障害物を作るために、籠積工を同様に行い、杭を打ったり後ろへ固定したり、またヤナギの枝を挿し木したりして、位置がずれたり崩壊から防護する（図279）。

埋め込み式蛇籠は、運搬が困難なので、普通現場で製造される。亜鉛メッキや合成物質でコーティングした金網の上に、石や大きめの砂利を注ぎ、円筒状になるように、金網を縫い合わせる。一般に市場で入手しやすい、200cmの幅の金網を加工するので、蛇籠の直径は約 60cmとなる（図278）。

荒い砂利や石がない所では、埋め込み式蛇籠の代わりに、埋め込み式粗朶束を造る。これは萌芽力のない木本の枝で、大粒の砂を取りまくように包んで作る。こうして大粒の砂も使用可能になる。包み込む層は圧縮し

図278 一時的な護岸のために作られた円筒状の金網の砂利袋

図279 ヴァッチンガー氏/ドラゴーニャ氏による柔軟構築物は砕石の
少ない地域では蛇籠を使用して作る

た状態で、15〜20cmの厚みになるようにしなければならない。埋め込み式粗朶束は、直径80〜120cmになるようにするので、金網の幅は250〜380cm必要となる。これを河岸や、いかだの上で製造して、木の上を滑り落として建設現場に設置する。

埋め込み式蛇籠や埋め込み式粗朶束は、河岸や淵の保全のためや、一時的な床止めとして使用される。円筒状の籠は、杭や鉄の棒で固定し、それに石を堆積したり、夏の中間水位線より高い所では、植栽工の措置を組み合わせたりすることが多い。

蛇籠を作る針金の太さは、流されてくる土砂や氷の負荷に合わせて決める。

金網砂利マット（＝石マット）は、通常保全する土地で製造する。金網を広げた上に石をばらまき、最後に金網を縫い合わせ、針金の留め具で土壌に固定する。水面下に構築する場合は、前もって製造しておき、いかだの上から入れ込むようにする。

金網砂利マットは、護岸や河床保護および、土砂があまり運ばれてこない水辺の底全体に使用される。

2.2.9 敷石

敷石工事は、河岸の斜面や場合によっては、河床に石を敷いて平面的な保護をする目的で行われる。

古典的な水辺工事のように、セメント・モルタルを使用して行う敷石と並んで、景観工事の保全工事では、モルタルやビツメンを使用しない乾燥舗装が考慮される。底部に敷石をする際、落差が激しい場合は、底部に隆起を付けたり、杭を並べたり、矢板壁を用いて領域を区分しなければならない。

大粒の土砂や氷が流れてくる所や、ダイナミズムの激しい負荷のかかる水辺では、凸凹敷石が適している。これは引っ張り力に応じた重さをもち、厚み20〜60cmの砕石を立てて作る。石は砂利の層の上に敷き、継ぎ目（目地）は同じく砂利などで埋める。引っ張り力や水辺のダイナミズムが大きくなればなるほど、表面の凸凹は激しくなるようにする（図280）。流れと同じ方向に目地が通り抜けないようにする。夏の中間水位の水面より上は、継ぎ目（目地）に、ヨシを植えたり、ヤナギの挿し木を行って緑化するようにする（継ぎ目植樹工、125ページ以下を参照のこと、図281）。

敷石はコンクリート板を使って施工することもできる。コンクリート板を使用すると、たいていは表面が比較的滑らかになり、水力学的に都合が悪くなってしまうことが覆い。表面が凸凹したコンクリート板や石（構成コンクリート）を使用すれば、欠点は多少補える。

規格石の敷設、例えば河岸用板、コンクリート枠、芝草用格子石は、特に静止水や、流れの緩やかな水辺の柔らかい土壌の水面領域の保全に考慮される。不規則な形に作られた規格石は、位置がずれないような目地割りにすることができる。直方体の規格石は、鉄の留め具で固定することが多い。穴の開いた規格石は、夏の中間水位より高い所では、植物の生育できる土壌を充填して、芝草を張るようにする（188ページを参照のこと、文献：ミュラー氏、プフォイファー氏、1970）。

図280 非常にダイナミズムがあり、大粒の土砂が流されてくるアルプスのある河川における護岸。凸凹敷石で保全している

図281 水面の変化が激しい河岸を凸凹敷石で保全した所。
上部はヤナギの挿し木で緑化されている

2.2.10 杭の壁

杭の壁は、隣同士密に並べて、一列に打ち込まれた丸太材の杭で作られる。杭は金具を用いてお互いに結び合わせることができる。大きさはその土地の状態や、予想される負荷に応じて選ぶ。

杭の壁は護岸や河床保護に使用される。

杭の壁は、河川の湾曲部で、流れの方向を衝突面から中心部へと導くものである。杭と杭の間は、水面下では内側に厚板を張る。

一般に、河床を横切る障害物として構築された杭の壁は、河床の土壌

からほんの少しだけ出るように作る、(図276)。水上に突き出た杭の壁は、矢来壁と呼ぶ。普通これは、丸太を並べて下部に淵ができるのを防ぐ必要がある。

植物による矢来壁は136ページ以下を参照のこと。

2.2.11 厚板と丸材の補強張り

絶えず小さな水流のある河床や河岸は、直径7～14cmの丸材や、4～6cmの厚みの厚板で保護することができる。

まず、100cmの間隔で杭を打つ。その場所の状態によっては、杭の間隔をより小さくする。杭は河岸の斜面の傾きに沿うようにする。その場所に応じて、杭に丸材や厚板を、釘や針金を使用して固定する。杭の後ろ側に設置した厚板や丸材は、さらに固定する必要はなく、土壌を充填すれば良い（図267、282）。

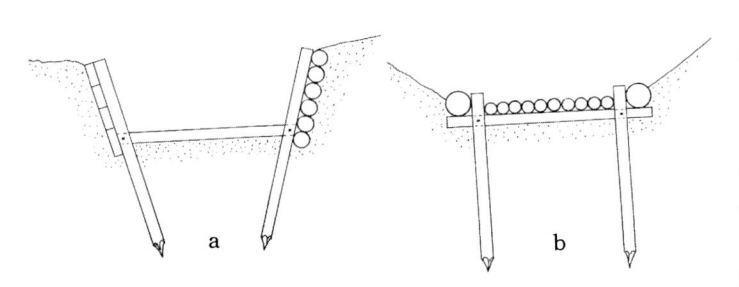

図282 小さな水流を厚板と丸太材で補強張りをして保全する。(b) 河床部の保護、(a) 護岸、図式

水辺の底部に厚板と丸太材で補強張りを行うと、とりわけ土砂の堆積を防ぐ働きをする。設置した木材が継続的に水中にない場合は、かなり耐用年数が限られてくる。

落差の激しい場所を保全するために、河床保護用の丸太材を水の流れに対して、横に設置することもできる。木材を水流と同じ方向に設置した場合に、水流が加速する作用を持つのとは反対に、横に設置することによって、速度は減少する。横に設置した木材が、不規則であればあるほど、そのブレーキ効果は強くなっていく。このような構造物は丸太斜面と呼ばれる。丸太斜面は、高い隆起物を作る場合の予備構造物や、下部侵食防護用遮断物としても使用される。このような形態を『いかだ構築物』と呼んでいる（デュイレェ氏、1834年）。ベーゲマン氏(1971)は、生きたヤナギの幹を使用した丸太斜面の構築方法について述べている。

2.2.12 生きていない材料を使用した編柵工

萌芽力のない木本の枝の編柵は、生きた材料を使用する編柵と同じように構築する（107ページ以下を参照のこと）。これは一時的な護岸にのみ適しており、常に水中になければならない。水上に出てしまう場合は、寿命が短い。

外国産の固い木材は、寿命が長いため、これを使用して護岸用編柵を構築することもある。護岸のためには、例えば帯状のものがいくつか、及び様々な幅で穴をあけた、ボンゴシ材のマットの既製品が市場に出ている。

図283 護岸用のプラスチック柵

これらを現場で杭に編んでいくか、マットを河岸に敷き、その土地の状況に応じて固定する。

護岸のために使用される木製の編柵は、ずっと耐久性があり、運搬も容易なプラスチックの柵に急速にとってかわられている（195ページ以下および図283を参照のこと）。

2.2.13 生きていない材料を使う枝伏せ工
　　同義：Rauhwehr、Berauhwehrung、Totspreitlagen（枯れ枝伏せ工）

これは生きた材料を使用した枝伏せ工と同様に、平らな斜面を流水の害から守るために施工される（144ページを参照のこと）。生きた材料を使用した場合と異なる点は、地面が完全に覆われるように、密に枝を敷き詰めていくことである。また、何層にも重ねて設置することもでき、その場合は、それぞれの層がお互いに交差して重なるように敷いていく。水中にある場合に限って、耐久年数が長い。

2.2.14 枝マットと粗朶束マット

枝マットは厚み10～30cmの小枝の層であらかじめ作り、上下面に建築用の鉄製格子や金網を用いて挟む。二枚の金網は、針金でサンドウィッチのように、その間にある枝と結びつける。このマットを保全する斜面に置き杭で固定する。一層の枝マットは、全ての枝が水平になっていれば、ロール状にして運搬することができ、ロールをほどくことによって敷くことができる。

粗朶束マットは枝マットと同様に、隣同士に粗朶束をおいて製造する。

枝マットと粗朶束マットは、底部や斜面の平面的な保全や、石を堆積させたり、埋め込み式蛇籠の基礎として役立つ。

2.2.15 枝基礎床工法

生きていない材料を使用した枝基礎床工法は、生きた材料を使用する場合と同様に作られる（192ページ以下を参照のこと）。

2.3 落石保護用構造物

2.3.1 捕獲壁

割れて転る石は、捕獲壁で再び受け止められる。つまり捕獲壁は、特別な建造物や土地の一部を保護する場所の限られたものでしかない。石が落ちてくる斜面が高くなればなるほど、捕獲壁も高くないといけない。そのため低い斜面には柵を使用することができ、高い斜面には、厚板壁や板壁が役立つ（197ページ、及び図245、255を参照のこと）。

転がる石を受けとめるために、落石防止ネットも使用できる。これはワイヤーロープで製造されたもので、しっかりと固定された2本の柱の間に張って、同じくワイヤーロープで固定する。これには柔軟性という長所があるが、金網の目の細かさには限界があるので、たいていは大きめの石をブロックするために使用される。

2.3.2 金属製落石防止ネット

これは金網で覆った斜面から崩れる石を受けとめ、危険を防止する。金網製の落石防止ネットは、様々な方法で斜面に固定する。

だらりと垂れ下げた落石防止ネット

それぞれの帯状の金網は、保護する平面の上にアンカーで固定する。金網は平面上にだらりと垂れ下げ、場合によっては、コンクリート部材の重石でピンと張るようにする。こうして金網は、大部分が斜面の表面にのる。それぞれの帯は、隣のものと針金で縫い合わせる。このタイプの落石防止ネットは、特に、非常に急な斜面で、割れやすい岩や大きめの砂利がある所に適している。ネットを張った後、ネット下の平面には、通常芝草を張り、ほぐれやすかった元の表面は、数年経つうちに安定してくる。崩れ落ちた石や、凍結のためにできた亀裂によって、はがれ落ちた石は、ネットがかかっているので遠くまで落ちていかず、窪んだ箇所にたまる。そのため、初めは一年毎、その後は数年毎の間隔で、ネットにたまった石を取り除く必要がある。それはネットを一枚ずつ持ち上げて行う。

しっかりと据え付けた落成防止ネット

落石の危険のある土壌に、岩用アンカーをあらかじめ設置し、そのアンカーの上に取り付けた鉄のロープに、金網ネットを固定する。ワイヤーロープは、全てのアンカーに締金で閉じ付ける。

全ての構造部分は、起こりうる衝突の負荷、それ自体の重さ、積雪や氷を考慮して決定しなければならない。そしていずれの部分も腐食しないよう保護しなければならない。

ネットは、土壌より30cm以上離れることのないようにする。それぞれのネットの縫い合わせ部分は、40cm重ねるようにする。

一般にネットの最下部は、だらりと垂れ下げた『前垂れ』を付けるようにすると、溜まった石を取り除く作業がかなり容易になる（図284）。

しっかりと据え付けた落石防止ネットは、平らな斜面でぴったり土壌を覆い、きちんと固定すると、落石や転石を完全に阻止することができる（図285）。そのためには少なくとも、1平方メートルごとに一本のアンカーが必要である。ネットは地表面の凸凹にぴったりと密着させるようにし、効果を持続させるために、できるだけ早く、平面全体に芝草を張るべきだろう。

図284 溜まった石を取り除くための前垂れがついた落石防止ネット。しっかりと固定されている

図285 石が崩れ落ちるのを防ぐために土壌面に載せたネット

2.4 防風構造物

これは物や耕作地を保護し、流砂を特定の場所に堆積させる。目的に応じて我々は、防風構造物を次の物に区別する。

    侵食を防護するもの（砂丘や砂浜、産業廃棄物や鉱業のぼた堆積場）
    耕作地や物を保護するもの（風速の低下、蒸発の低下、流砂を減らす）
    導いた砂や雪を堆積させるもの

2.4.1 柵

木本の枝、ヨシ、ダンチク、タケを、風によってさらわれない深さまで、一列に並べて挿し込む。

この枝などを一列に挿し込む方法を、風で運ばれる細かい砂を、堆積させる目的（例えば砂丘など）で行う場合は、沢山枝分かれした、50～80cmの長さの枝を使用し、30～50cm地面から出るようにする。流砂（漂砂）が挿し込んだ物の後ろに堆積するように遮蔽率は、50%を目指すようにする（図286）。

図286 沢山枝分かれした枝を列状に挿した物。右から吹く風はこれによってかなり減速し、挿した枝の後ろに砂が堆積する。新しく砂が堆積したことが、株状にハマナが生育していることからわかる

図287 ヨハネスブルク金坑のボタ山で、砂が風で運ばれるのを防ぐために挿し込まれた枝

風の方向が変化したり、保護する平面が広い場合、枝の列を升目状に分けると効果的である。そうすると風速が、地面に近い空気層でかなり減少し、砂や雪を運ぶには不十分となる（図287）。

大型の防風用の構築については、211ページの防雪用構造物を参照のこと。

2.4.2 防風柵

この構造物は、物や耕作地を風から保護することを目的としている。保護する目的に応じて形や高さを適合させる。一般に砂や埃、雪が風によって飛ばされない場合にのみ、目的を果たすことができる。海岸の近くや路肩（融雪剤）での塩水のしぶきは例外である。防風柵には主にその土地にある材料、例えばヨシ、ダンチク、タケ、小枝、長い茎をもつ草本や、その他の繊維でできたマットなどが使用できる。

一般に農耕地では、防風用に植物を植栽することが好まれるが、一時的な防風や補足用には、植林されたものの間に、生きていない材料を使った柵を挿入することができる。これは迅速に設置することができ、再び取り払うことができ、該当する耕作地に適合させることができる。柵の高さや間隔は、風の強さ、耕地の形、土地の状況に応じて決める（図288）。

図288 ローネタール（谷）の農耕地に作られた一時的な防風柵

2.4.3 土壌の覆い

土壌を覆うことの目的は、風を防ぐことによって、侵食の危険にさらされた基盤が、風食されることを防ぐことである。

覆いマット：これはその土地に多くある材料で作り、土壌に敷く。そして木製の杭か鉄筋で固定する。最もよく使われているのは、ヨシ、タケ、藁のマットである。

小枝の覆い：土壌を生きていない小枝で密に覆い、それを針金で杭に固定する。

枝伏せ工（144ページを参照のこと）。

有機的なゴミの鋤込み：フランスの地中海沿岸地域では以前から、牧草地で収穫した、長い茎をもつ藁やブドウのかす（ブドウ搾り器から出る圧搾かす）がよく鋤込まれていた（図289）。これらの繊維はきちんと土壌に入れ、風に吹き飛ばされることのないようにした。しかし繊維は、土壌から出ているようにして、土壌の表面を通る風力を充分に減少させる。つまり二つの効果を持つ。土壌を覆う効果と、土壌が吹き飛ばされるのを防ぐ、防風柵のような2つの効果である。藁の茎は、30cmの間隔で作った畝間

図289 藁やブドウの搾りかすを鋤込んで風食の害から保護した砂地

に、約30cm地面から出るように鋤込む。

このような土地は、早めに緑化することによって、この保護措置の耐久性が良くなる。

土壌を覆うための材料が大量に集められた場合（マルチング）、風によって位置が変わらないように、覆った層をビツメンや、その他の樹脂で固定しなければならない。

芝草用格子状石の覆いは167ページ以下を参照のこと。

2.4.4 潅水

砂が風で運ばれるのを防ぐために潅水を行うことは、簡単な保護方法であるが、費用のかかる配管網を作る作業が必要であるし、大量の淡水が使用できないといけない。そのため潅水を行うことは、一時的な保護措置に留まり、できるだけ早く芝草を張ったり、植栽を行うことに交代させていく。

2.4.5 化学薬品を用いた安定工法

化学薬品を用いて土壌表面を安定化させる方法は、一般に、一時的な効果しかもたない。特に降水量の多い地域では、効果は長持ちしない。そのため何度も繰り返し使用することになる。従って、化学薬品は、気候的な理由や、土壌に関する理由のために植物が繁茂できない所、例えば乾燥原や毒性の高い産業廃棄物の堆積場などのみで使用する。また、緑化の前段階で、一時的に（冬の間の侵食保護などに）使用することもできる。

以下にあげる材料は、大部分が最近数年に、吹き付け工法にも使用されており、土壌を安定させる化学薬品の代わりとして考えられるだろう：

a ビツメン

水で希釈できる約50％の常温のエマルジョンと、ドロドロとして希釈できないエマルジョン

必要量：0.1～1.0kg/m^2

b トール油製品

エスビンダー（製造者：スウェーデン、ランズクローナ、エスクロンAB；ドイツでの販売：ハンブルク。ヴァイスマーバルティッシュ（有））：トール油を蒸留して製造された黄金色のどろどろとした半個体状の塊。約6ヶ月保存でき、この期間中は任意に水で希釈できる。

梱包：200kg入りの金属製の樽。

必要量：80～300g/m^2

c 水酸化ケイ酸塩

次の最小量が必要とされる：

400g/m^{2}の水酸化ケイ酸塩

100g/m^{2}のベントナイト

400g/m^{2}の天然の燐酸塩

14g/m^{2}の水酸化ナトリウム

d 化学合成乳剤

クラゾール（フランクフルト、ファルプヴェルケ・ヘキスト）：60～100kgの樽、またはタンク入りのドロドロとした液体。クラゾールは水で希釈できる共重合体の化学合成乳剤で、土壌に薄い膜を形成する。クラゾール AE が完全に凝固硬化するのに対し、クラゾール AH は常にねばねばとしている。どちらの製剤も保水力には限度がある。凍結に弱いので、樽は凍らないように貯蔵する。

pH値：4～5

必要量：クラゾール AE：少なくとも 60g/m^2、クラゾール AH：少なくとも 100g/m^2。

希釈：1：10～1：100

ソイル・セット（アメリカ合衆国、ミシガン州、ディアバーン、トローブリッジ・アベニュー25353、Alce ケミカル・コーポレーション）：緑、黒、または淡色に生産される濃縮された重合体の乳剤。化学除草剤を混合することもできる。

ヴァッカー・プロダクトⅡ（ミュンヘン/ブルクハウゼン、ヴァッカー・ケミー）：酢酸ビニル/エチレン共重合体をベースとした透明でどろどろとした液体。水で希釈できる（6～10倍の量の水で）。固体成分含有量、約50％。

pH値：約4.0

梱包：200kg入りの樽、またはタンク。

必要量：少なくとも 40～80g/m^2。

ヴァッカー・プロダクトⅣ：上に同じ。しかし柔らかいので長期間粘着力がある。

ヒュルス BL801（マール、ヒュルス・ケミー（有））：白くてドロドロとした合成物質一濃縮液。水で希釈でき、凍結に耐える。

必要量：少なくとも 40g/m^2。

e ポリビニルアルコール（PVA）

ポリビオール（ミュンヘン/ブルクハウゼン、ヴァッカー・ケミー）：様々な粘着性や鹸化価をもつ粉末化された PVA。野外地で私が行った実験では、W25/140、W40/140、W48/20 がよかった。この実験では乾燥状態の PVA を手で散布した。

4％溶液のpH値：約5

梱包：25kg入りのジュート袋

必要量：長期間効果的な安定化を行う場合 50～300g/m^2。

ポリビニルアルコールの液体：

エルヴァノール（カリフォルニア州、サン・ガブリエル、アゴスティーノ・ロード305、J. ハロルド・ミッチェル社）

カタリーン樹脂239（カリフォルニア州、パラマウント、サウス・ガーフィールド・アベニュー14066、リビー・ケミカル・コーポレーション）：

水で9：1～40：1に希釈することのできる無色のエマルジョン。1平方メートルにつき2リットル必要。（全ての報告は FAO Forestry Equipment Notes E.35、63、1963年11月、ローマ、Soil Erosion Control Demonstration による）。

f 硫化リグニン

トウヒやブナなど、高いリグニン・スルホン酸の含有量を示す樹木から抽出された、粉末や液体のエキスは、土壌に散布したり吹き付けたりすると、茶色の衣を形成する。様々な製剤が多数あるので、土壌の状態に適する物を選ぶことができる。大規模な土地で、実際に使用したケースについてはこれまで知られていない。

急斜面を充分に保全するためには乾燥状態で200g/m^{2}必要である。

pH値：5.0～8.5

梱包：25kg入りの特殊な4重の紙袋

g メチルセルロース(セルロースエーテル)

水とまぜて散布すると、ゼリー状の柔軟性のあるフィルム(膜)が形成される。私がこれまでに試してみた物:

ティローゼ CR 700n

ティローゼ CBR 5000n(フランクフルト、ファルプヴェルケ・ヘキスト):
　この製剤は塩分を含み、薄片状に粒化されたナトリウムカルボキシメチルセルロースである。これは水溶性であり、乾いた状態でも水を混ぜて乳化してから塗布することができる。

水溶液のpH値は約7

梱包:25kg入りの袋(複数に重ねた紙袋)

必要量:少なくとも 50g/m^2

h アルギネート

海草から生産されたエマルジョンないし顆粒で、多くが様々なミネラルを混ぜた自然の炭水化物からなる。これまで使用した製剤:

アルギヌーレ 100-D(シュトゥットガルトーデーガーロッホ 7、L. ティリングハスト)、水溶性のペースト

アルギヌーレ・ボーデングラヌラート(ティリングハスト):重量の300倍まで水を受け入れる。

梱包:10kg入りのプラスチック容器に入ったアルギヌーレ 100-D と、60kg入りのブリキ容器。

アルギヌーレ—土壌粒質物 50kg入りの袋

必要量:アルギヌーレ 100-D(少なくとも 200g/m^2)、
　　　　アルギヌーレ—土壌用顆粒物質(少なくとも 70g/m^2)。

コヘザール・アルギナート <S>(ハンブルク、H. ラウエ):乾燥状態でも水に溶かしても使用できる黄土色のパウダー。

量に応じた梱包

必要量:少なくとも乾燥状態で 70g/m^2、または 1000gの水に懸濁させる。

アグリコール=フォルストアルギン

　(ロンドン、アルギネート・インダストリーズ(有)、

　ドイツでの販売:ハンブルク、K. D. フェッダーソン&Co.、

　オーストリアでの販売:ウィーン、オーストリア・プフランツシュッツ(有))

梱包:25kg入り袋

必要量:少なくとも 10g/m^2。

効果

土壌を安定化させる製剤は、全て土壌の最上部の層を保護することが共通している。その内いくつかは、風の攻撃やある程度までの水を土壌面で防ぐフィルムを形成する。その他、土壌の最上部に入り込み、一時的に砂粒と結びつき、より深くまで効果を上げるもの(水酸化ケイ酸塩、アルギネート)もある。

深層へは、パウダー状の安定剤(PVA、メチルセルロース、硫化リグニン、アルギネート)を鋤き込むことによって効果をあげることができる。これらは土壌構造を変化させることができる。砂粒はゲルを形成することによって凝集し、それによって風で飛ばされないように保護できる。

効果は、通常量を使用した場合、一時的、つまり約数週間から、半年くらい持続する。ハイドロシリカーテを使用した場合や、乾燥地域で使用した場合に限り、より長期間持続する。特に粒質物を鋤き込んだ場合や、何度も繰り返し吹き付けた場合、および、上記した全てのエマルジョン乳剤の濃度を高くした場合、より長く効果を持続させることができ、2年くらいまで持つ。製剤を使った土地を、その後緑化することは、種子の発芽が妨げられるので、不可能である。

衣を形成する土壌安定剤は凍結に弱い(例、ビツメン、硫化リグニン、トール油)。

これらは土壌が凍結すると持ち上げられ、プレート状にこわれてしまうので、風や天候の攻撃を受けてしまう。そのためこれらの製剤は、凍結の起こる地域では使用しないようにする。

技術的な効果と並んで、エコロジーの状態が変化することもある。例えば肥料の溶脱が減ったり、水分蒸発量が減ったりなど。製剤の色は、場合によって重要となるので、ここに明色から暗色の製剤を序列する:

ポリビオール	初め白、水を入れると半透明か無色になる
メチルセルロース	初め白、水を入れると半透明か無色になる
水酸化ケイ酸塩	土壌の色をほとんど変化させない
合成物質のエマルジョン	乳白色、土壌の色をほとんど変化させない
トール油	明るい茶
アルギナーテ	明るい茶
硫化リグニン	明るい茶
ビツメン	濃い茶〜黒

軽い砂質の基盤では、ハイドロシリカーテやアルギネートを使用すると、非常に土壌が改善される。特に水分や栄養分が、よりよく供給されるようになる。

ブラウンシュヴァイク工科大学の、土木・基礎工事のためのライヒトヴァイス研究所が行った多数の実験や、実際の工事での応用実験と並んで、この研究所のレポートの中には、ハイドロシリカーテを使用して、ジュルト島の砂丘を保全した試みについてのものがある(ツィンマーマン氏、1956年)。

移動する砂丘の海側から2番目と3番目の間の試験地では、およそ1ヘクタールの大きさを、84区画に分割して、様々な方法で下地づくりを行い、最終的に当地でよく行われている方法でオオハマガヤ(日本のハマニンニクに似る)を植栽した。ハイドロシリカーテを使用して下地づくりをした場所では、使用しないところと比較しての生長が非常に良いことが示された。ここでは、特に根がずっと力強く形成されており、砂が吹き飛ばされることも非常に少なくなった(図290)。

図 290 ジュルト島でハイドロシリカーテを使用して土壌を改良すると同時に、オオハマガヤを植栽して防風したところ
(写真:ブラウンシュヴァイク工科大学、ライヒトヴァイス研究所)

2.5 雪害保護や雪崩防止のための構築物

2.5.1 風構築物:吹き溜まり柵(=雪の柵)

吹き溜まり柵は、雪を特定の場所に堆積させ、それによって風下に位置する土地を、雪の負荷から保護する役目を持っている。そのため吹き溜まり柵は、交通路を保護するために最もよく使用されている。雪崩防止のための構築物は、危険にさらされた崩落地帯に達する手前の、安全な

土地に雪を堆積させることで、雪崩の発生を防ぐ(図 291、293)。柵は普通、木、スチール、あるいは樹脂をしみこませた薄板と金網で 2mの高さに作られ、土壌に亀裂を作らないように設置する。

遮蔽率が大きくなればなるほど、柵の後ろに設ける雪の堆積場は短くなる。遮蔽率は通常 50%である。50%より低い場合は、約 20mかそれ以上の堆積場が必要である(図 291)。

風向きが変わる所では、吹き溜まり柵は、屈曲させて作らなければならない。

2.5.2 防雪壁

材料としては、木、鉄、アルミニウム、化学合成品が使用できる。板は多くが幅 3～6m、高さ 2～4mに設置され、ある場所に雪が堆積するのを防ぐ役目を持つ。その結果、積雪が圧縮し、凝固する(図 292、293)。防雪壁の効果は、幅の狭い領域に限られており、どこに設置するかによって、まったく効果が違ってくる。正しい場所を定めるには、卓越した土地に関する知識が前提とされる。

2.5.3 風の通過用屋根

風の通過用屋根はたいてい木材で作られる。これは雪が危険な斜面を通り越すように、風を加速させる。これによって雪崩の起きやすい限定された地域の負担を、全体、あるいは部分的に軽減することができる(図 292、293)。正しい位置に設置するたには、風の状態に関しての、しっかりとした知識が必要である。

図 291 危険でない場所に雪を堆積させる吹き溜まり柵。遮蔽率は 75%なので雪は狭い幅で高く堆積する

2.5.4 犬走り(193 ページを参照のこと)

階層式犬走りや縞状犬走りは、小段状に水平に作られた溝であり、通常幅 30cmで、隣同士は 100cm離すようにする。これらは雪の滑り易い、

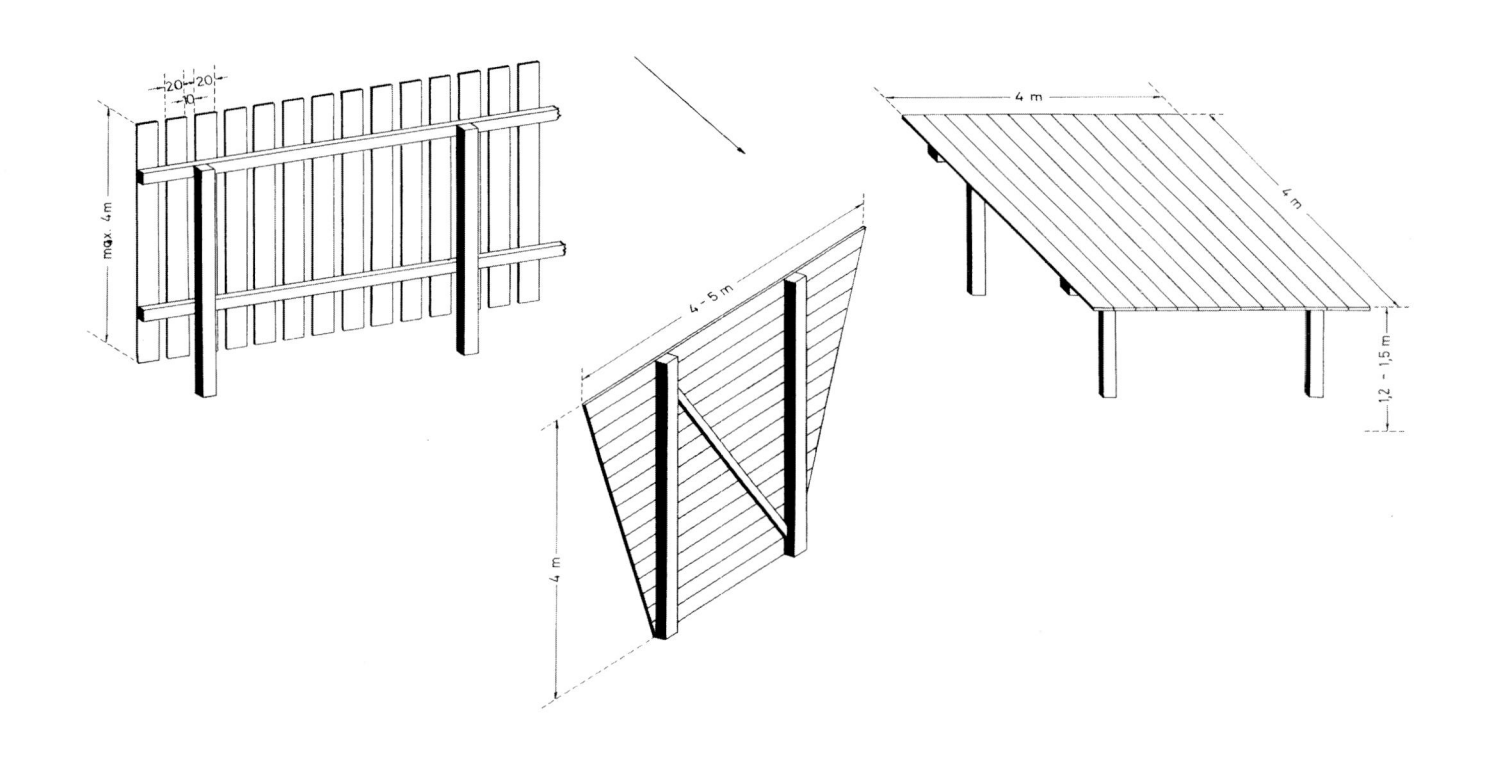

図 292 雪の吹き溜まり構造物の 3 つのタイプ:吹き溜まり柵、防雪壁、風の通過用屋根、図式

図293 高山地帯に作られた雪の吹き溜まり構築物の例。吹き溜まり柵（後ろ）は雪を安全な場所に堆積させる。防雪壁（前と中央）と風の通過用屋根（中央左）は雪が堆積するのを防ぎ、崩壊の危険が減少される

滑らかで急な斜面、特に芝草の繁茂した斜面に起伏を作り、それによって積雪を支える役目がある（図244）。

100〜150cmの間隔をあけて、市松模様状に配置した小段は、特に植林用に適している。

2.5.5 バリケード構築物

これは、動き出してしまった雪崩を再び止めるための構造物である。この構造物も、経験を積んだ専門家でないと、計画することも土地への配置することもできない（127ページ、図114〜116も参照のこと）。

2.6 土地形成作業

概観

崩壊が起きて変形した斜面は、そのままでは緑化することができない。皿状崩壊や貝殻状崩壊、V字ガリ侵食地と同様である。崩壊部の角や急斜面、山の稜線、尾根、土柱は、持続して植生が生育できる、最終的な地形に土地を造成し、さらに侵食の害が起きたり、崩壊が起きないようにしなくてはならない。

もちろんこれは、工事中に植生が失われた場合にも当てはまる。
大規模な工事の計画は常に建設・地質学者が行い、難しいケースでは土壌力学や岩石力学の専門家も参加する。しかしながら、そのように執り行われない土木工事もあり、プロジェクトを計画する人々が、製図机の上で法面の傾斜を決定してしまうこともある。こうした画一化は、かつて土壌を造成することが難しかったため、最小限に限られていた時代にも生まれた。失策（きつすぎる斜面勾配を選択してしまったこと）によって、何度も重大な被害が引き起こされてしまい（図255、294、295）、そのため、画一的に法面の角度を決定するよりも、個々のケース、つまり立地（材料、気候、水分の状況）に応じて、角度を選択するようになってきた。このことについては第一に熟慮したいと思う。

切土斜面や盛土斜面、または崩壊が起こって崩れた斜面が放置されたままである場合、その地の気候や、土壌に相応した勾配になるまで、その斜面は崩れていく。つまり自然の斜面勾配は、堆積角より常に小さくなる。

斜面全体が均一の土壌で積み上げられた場合にのみ、最終的な斜面全体の勾配も同じになる。理論的にはそうではあるが、自然界では物理的な力だけではなく、生物学的な力も左右する。そのため、土壌の結合に、植生が重要な要因となっている湿潤なチロル地方の気候では、たいてい『自然の斜面勾配』よりも、ずっと大きな勾配で形成される。実際の土木工事では、『自然な』斜面勾配よりも急な斜面を行わなければならないこともよくあり、これまでたいていは成功を収めている。

なぜ斜面は自然の斜面勾配よりも大きな勾配を保てるのだろうか？

斜面の安定は、様々な要因によって保たれている。中でも土壌の密度、水分含有量、構造（粒径分布、形態、成層）が重要である。盛土の場合はこれらの要因がさらに影響を及ぼすことがあるので、材料はよく選び乾燥したものや、骨材によって圧縮した土壌を使用したり、特別な圧縮機を使用する。切土斜面や自然の地滑り斜面では、このような補助手段を使用することはできない（しかし排水は可能）。

一般に知られているように、粘土質の土壌は、水が侵入すると簡単に滑り始めてしまう。それに対し、砂質の土壌は、乾燥するとさらさらと流れて斜面は平らになっていく。乾燥と湿潤の入れ替わり、激しくなればなるほど、そして頻繁になればなるほど、斜面は平らになっていく。こうした理由だけをとってみても、植物は土壌を覆い、土壌中の水の動きの調整を行うので、侵食の害をくい止める効果がある。その上植物は、土壌のそれぞれの部分を根系で活発に結び合わせる。この土壌を固める能力が、いかに効果的かということは、自然の再進入にまかせたままの、山崩れした急斜面を観察すると分かる。閉山した鉱山や自然に山崩れした箇所からも、その効果は観察できる。少なくとも大規模な斜面の中で、先駆植物が被害を受けたり、土砂を被ることがなくなって、進入できるような傾斜になるまで、侵食は進んでいく。たいていこの場所は斜面の下部にある。斜面の中で露出した部分は、植物が繁茂することで急速に小さくなり、再入植を妨害する力は急速に少なくなっていくので、急な斜面も植物で覆うことができる。斜面の最上部は、最も急な部分となり、自然の崩壊を発生させ

図294 以前の粘土採取場で斜面が急すぎたために起きた70年前の崩壊地。植物は自然発生的に進入した

図 295 以前、砂利採取場であったところで作られたこの斜面は、急すぎたため、安全な最終解決法が見つけられない

るきっかけとなることが多い（特に凍結による亀裂など！）。この様な崩壊は、崩壊部の縁の角が完全になくなるまで続く（図294、295）。

これらの観察から、実際の工事には次のような事が推論される：
1. 斜面は土木工事終了後すぐに緑化される限り、『自然の斜面勾配』より急なままにしておくことができる。大量の堆積土を移動するより、緑化工事をするコストの方が安いことが多い。

2. 斜面の理想的な形は角がないことである。斜面は下部も最上部も、平らに丸く造成しなければならない。
 実際、見込んだ持続植生によって、どれだけ急な傾斜まで安全と見なせるかは、詳細に決定することは難しい。基本的には一般化を行ってはならない。

私は以前、40度までの勾配の斜面では、緑化を成功させることができたと報告した。しかし、上記のような考え方において、この報告は全く誤解され、道路建設の際にできる斜面は、それまで通常行われていた 3:4（＝37度）の勾配ではなく、40度で行われるようになってしまった。

確実な数値は、近隣の土地で繰り返し斜面測定を行って算出する。その際、土壌の状態が均一であるか、水分の含有量が均一であるかに注意しなければならない。長年（百年以上）、地滑りの起きない斜面を測定すると、長期間にわたって作られた「自然の潜在的な斜面勾配」を簡単に知ることができる。とはいえ、正確な限界値は、地滑り斜面が確認できるときにのみ、知ることができる。当然の事ながら、そのような限界値で工事を行うことはないだろう。

その際前提となるのは、立地に堆積した基盤、または大量の均質な堆積材である。人工的に設置した斜面、特に表層土壌を客土した斜面は、この調査に含むことはできなかった。同様に明らかに水の侵入によって引き起こされた地滑りも調査には入れられない。

表層土壌の客土は、鉱物質の下層土との結びつきが不足してしまい、滑る層を形成してしまうので、地滑りの危険性は非常に高くなる。

地滑りの多くが、数十年後になって初めて起こるので、表層土壌を客土したこととの関連性が、多くの場合、見過ごされてしまう（アルベルト氏、1962）。原因はこのように二つの層が作られることだけではなく、よその立地から、人工的に客土した表層土壌層をつき貫けて、根が充分に張らないためでもある。自然の土壌の断面図を見ると、表層土壌層は、密接に鉱物性に富む下層土と混ざりあっている。そこでは植物の根は、表層度と下層土をよく結びつけている。人工的に客土した表層土壌では、そこで集中的に根が張るが、それらの根は更に深くへは突き進まない。その上、下層土との境目は、工事のためにたいてい固くなってしまっている。そのためその固くなった部分が、地滑り面となってしまう。こうした状態のために、毎年春には皿状の崩壊が観察される。

こうして表層土壌が滑るのを避けるためには、表層土壌の客土を全く止めてしまったり、立地で肥沃土が生長できるようにしたり、急斜面では客土量を厚さ数cm～10cmまでにおさえる（シヒテル（著者）、1965、マルティーニ氏、1967も参照のこと）。

水が侵入すると結果として、侵食や崩壊が起きるので、綿密に水を脇へ排出する準備作業が、重要な作業となる。しかしながら、山地の内部から水が大量に押し寄せたりして、予測できない大災害が起きることも多々ある。その結果、貝殻状の崩壊が起きる。その場合、植生の覆いは持ちこたえることはできない。それ故、何百年も前に作られた野原や、森に突然そのような大災害が起きても不思議なことではない（アルターラー氏、1968）。1878～1884年までには、大災害の起きた1965/66の年と同じように、このような現象が観察できた（特に東アルプスの南部で）。

潜在的な斜面勾配を決めるための考察にあたっては、原則として、まったく平らにするのが最善であることをまず頭に入れなければならない。また短期間の内に効果を発揮する緑化と組み合わせることが、最も持続する解決法であるということも、念頭に置くようにする。

斜面の勾配は、間接的にだが、覆っている植生に大きな影響を及ぼす。そのため、どんな標高においても、急斜面と平らな場所においては、全く異なるアソシエーション（群集）が現れる。その原因はほとんどが複雑な要因によるものだが、一部は気候的なものである。それと並んで、様々な勾配の斜面では、水分分配も異なるということが非常に重要であり、特に急斜面を大規模に崩したり、平坦な箇所に堆積を起こす時に作用する重力も、結局は重要である。急斜面とは反対に、平らな箇所で肥沃土や、表層土壌が多いのもそのせいである。

これらの事実は基本的に、修繕作業や再緑化の処置を始める前にすでに頭に入れ、熟考しておくべきであろう。

法面造成法

2.6.1 崩壊箇所や切土箇所の法面造成

伊語：sterro

前述したように、崩壊箇所の上部に残った土壌の角は、危険発生の原因であり、その下に位置する斜面にとっては、常に災害の源である。

概観

大まかには、緑化後、切土した部分と、そのまま残った地形との境目は、見分けがつかないようになっている必要がある。張り出した岩壁部分を『削り取って平らにすること』で行われる。その結果、崩壊ないし切土した箇所から、していない部分を結ぶ円弧の半径は、5m以上となる（図 296）。このようになっていない場所では、乾燥する層と、凍結する層ができ、結果として、更に貝殻状に崩壊が起きてしまう。このことはしばしば観察されているし、このために、道路脇の低い斜面でさえ、数十年にわたって草木で覆われないことがしばしばある。

例外的にのみ、崩壊部分や切土部分の縁を、機械で丸くくぼめることができる（傾斜が中程度の土地で大規模な土壌の移動が起きた場合）。たいていは望まれた形態にするには、手作業が必要であり、そのせいで重要な処置であるにも関わらず、そのままにされてしまうことが多い。

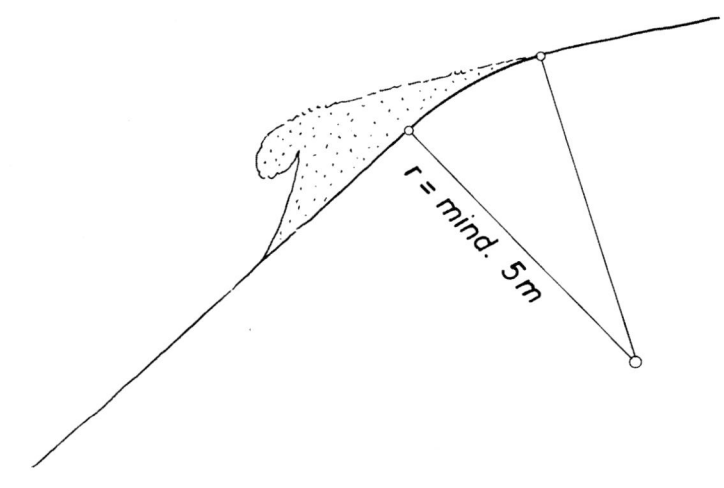

図296 崩壊部分や切土部分の縁の法面造成、図式

2.6.2 急斜面の緩斜面化

概観

もともとは手作業で斜面を緩やかにすることが、唯一可能な方法であった。スコップやツルハシを使って、土壌を崩して緩やかにするには、非常に費用がかかり、なかなかはかどらないため、以前はこうした傾斜を緩やかにする作業は、特にひどい場所に限ってのみ行われた。

爆破によって危険部分を切り離す作業は、決して大きな進歩をしなかった。というのは、土壌や砂利にボーリングする作業は、ボーリング機が引っかかって動かないため、下からしか行えないからである。さらにそのような土壌の中では、岩に空洞が多くあるため、うまく爆破できず、望んだ成功が得られないことが多い。軽いハンマーで削る（はつる）作業は、通常同じコストはかかってしまうが、範囲が限定された土地で、土壌が密な場合は、今日でもまだ最も経済的に行える緩斜面化の方法である。

放水による表面侵食

急斜面の緩斜面化に、水の力を使用することは重要な進歩であった。この方法は重要な長所を持っており、少なくとも土地が整地されていない山岳地の工事現場では、機械を使って作業を行うよりこの方法で行う。

一時的に高いところに置いた貯水容器から、すぐに連結できる管やPVCホースで水を導く。たいていこの貯水容器は、大きめの厚い容器で充分である。最後に高圧噴水のついている消防用ホースに接続する。水を吹きかけて急すぎる斜面を侵食させる。作業チームに危険がない限り、下から上へ向かって水を吹きかける。なぜなら、下部を洗掘すると、自然に大量の土が続いて落ちてくるからである。落ちた材料は、水分を多く含んでいるので、自然に堆積するのと、ほとんど同様な状態で堆積する。この方法は暴れ川保全工事だけではなく、金属鉱床の廃石を崩して、平らにするためにも良いことがわかった。

アペニンでは、バッドランド[67]（侵食による窪んだ形態）を造成するために、降水の引っ張り力を使用する。平坦にしたい尾根の上に作った溝に降水を導く。こうすることによって、降水が起こる度に尾根は低くなり、削られた土は溝や下に位置する谷部に堆積していく（図 297）。こうして望んでいる形態になるまで、この方法を繰り返す。

図297 降水を尾根上の溝に導くことによって、急すぎる斜面をなだらかにする方法。削られた土はバリケードの後ろの溝に堆積する
（写真：G. オルショーヴィ氏、ボン）

人工的に地滑りを起こして斜面をなだらかにする方法

地形や土壌状態が許す限り、人工的に大量の土を、水で飽和状態にして崩して、平らにすることができる。これには前もって、滑る層の土壌学的な調査と、必要な水の量の査定が行われる。その後、地滑りが起きるまで、滑る層とその隣の土壌の間にある、裂け目に水を入れていく。

スロヴェニアではこの方法で大した道具も使わず、数日の内に地滑りの危険のある急斜面の数千立方メートルの土壌がなだらかにされた。例えばマールブルクでは、ポンプで放水し、20分のうちに約3,400立方メートルの土壌が滑り落ちた（図 298）。

---

[67] 地表が無数のガリで刻まれ、細かいひだの入り組んだ水系の複雑な山地。

図298 ポンプで放水することによって、なだらかにされた急斜面
（215ページを参照のこと）（写真：J. ピンター氏、リューブリアーナ）

雪崩が始まるのと同様に、人工的に地滑りを起こす方法は、危険を伴うので、あらゆる安全措置が行われた場合にしか行ってはならない。

機械によって斜面をなだらかにする方法

性能の良い土木建築機械が開発されたことによって、過去20年間に土木建築界は、革命的な変化を遂げた。それまで想像もできなかった容積の土壌を片づける仕事が、これによってルーチンワークとなった。前述した危険な起伏をなくすという要求は、以前よりも容易に実現化されるようになった。そして最終的には、この発展は切土斜面や盛土した土壌の保全において、完全な転換を引き起こした。これらを保全するために、以前は基本的に壁を構築したが、今日では場所が不足している場合にだけ、そのような人工の構築物が作られるようになった。壁で保全を行う代わりに、大幅に生態工学的方法が進出し、様々な課題を解決していくようになった。

とはいっても、まだ不確実なところも多く、そのため一貫していないところもある。そこで、緑化工事の措置は行っても壁を断念する程までは思い切らず、実際に必要ない所や、邪魔でさえある場所でも壁が構築されている。

斜面をなだらかする際に出た土壌は、前もって作っておいた堆積場所や、斜面上に堆積させなければならない。これには前述したように、バリケード用の構造物と並んで、底部保全用床止め工、ガリ侵食地グラス枝敷き詰め工、矢来柵、枝基礎床工法、及び、テラスとグラス枝敷設工などの斜面構築物が使用できる。

機械で斜面造成ができれば、他の場所へ土砂を運搬することも可能である。その場合は、都合の良い堆積場所を選ぶことができる。都合の良い堆積場所とは、土砂が安全に堆積できるだけではなく、同時に、それによって地形改善される場所のことである。勿論、そのような場合には、土砂を薄く堆積して圧縮し、緑化工事を行ってその斜面を保全する。

費用

必要な土地造成作業の費用は、しばしば緑化工事の費用を上回る。しかしながら、継続的な効果を望むのであれば、欠くことのできないものである。あまりに費用を削りすぎると、斜面建築全体の成功が、無に帰してしまいかねない。

Literaturverzeichnis

文献目録

ここには本文中で引用された文献以外のものも記載されています。本文中では、人名をカタカナで表記し、年号を示してあります。うしろに「カタカナ人名対応表」をつけましたので、文献を探す際は参考にしてください。

ADAMOVICZ (1965). Choice of vegetation for forest reclamation after stowing sand mines. Materialy sympozjalne. B

AICHINGER, E. (1948). Die Pflanzensoziologie im Dienste der Forstwirtschaft (Berichte der forstw. Arbeitsgemeinschaft an der Hochsch. für Bodenkultur, Wien)

AICHINGER, E. (1967). Pflanzen als forstliche Standortanzeiger. Österr. Agrarverlag, Wien, 367 S.

ALBERT, H. (1962). Mutterbodenrutschungen an Böschungen. Grünverbau im Straßenbau. Kirschbaum-Verlag Bad Godesberg, 27–36

ALBERT, H. (1966). Erfahrungen mit Straßenbepflanzungen. Garten und Landschaft, S. 266

ALTHALER, J. (1966). Die Hochwasserschäden 1965 in Osttirol – Folgerungen für die Forstwirtschaft. Vortrag m. schriftl. Exposé. Forstverein für Tirol, Innsbruck

ALTHALER, J. (1968). Waldabbrüche – ein besonderes Gefahrenmoment der Südalpen. Manuskript-Vortrag Arbeitstagung für Hochlagenaufforstung am 17.10.1968 in Lienz

ALTPETER, W. (1960). Die Aufforstung des Haldengeländes der Röchlingschen Eisen- und Stahlwerke. Mitt. Deutsch. Dendrolog. Ges. 61, 87–91

ALTPETER, W. (1967). Die Begrünung der Schutthalden der Röchlingschen Eisen- und Stahlwerke Völklingen/Saar. Garten und Landschaft, 11, 362–366

ANDRE, F., LUMBE, CHR. (1961). Bodenchemische Untersuchungen auf der Halde Leoben-Donawitz. JUFRO-Exkursionsführer Forstschutz, 51–53. Forstl. Bund. Vers. Anst. Wien

ARENS, M. (1965). Der biologische Wasserbau an Schiffahrtskanälen. Der biologische Wasserbau. Verlag E. Ulmer, Stuttgart, 148–193

BAILY, W., REED, CRADDOCK, W., GEORGE, CROFT, A. R. (1947). „Watershead Management for Summer Flood Control in Utah"

BALLIK, K. H. (1970). Grundlagen zur Wahl zweckmäßiger Bodenabdeckverfahren in Fichtenverschulbeeten. Forstwiss. Centralbl., Hamburg, 89. Jgg.

BARTH, J. (1969). Grenzen der Wissenschaftsanwendung im Landschaftsbau. Landschaft und Stadt, 4, 177–179

BAUCH, W., LINKE, H. (1964). Verwendung von Weiden an Wasserläufen. Anleitung A 6, Ingenieurbiologische Bauweisen. Wasserwirtschaft u. Wassertechnik 6, 7, 19 S.

BAUM, E. U. (1962). Aufforstung von Wüsten. Chemiker-Ztg./Chem. Apparatur **86**, H. 6, S. 188

BAUMANN, H. (1962). Plastoponik – ein neues Kulturverfahren für aride Gebiete. Kunststoff-Rundschau, 9, 4, 169–175

BAUMANN, H. (1962). Kunstharzschaum zur Schaffung von Neuland. Der Plastverarbeiter, 4, **11**, 4 S.

BAUMANN, H. (1967). Kunstharzschaumstoff für die erdlose Pflanzenkultur. Gartenwelt **57**, H. 16

BAUMANN, H. (1967). Plastoponik. Schaumkunststoffe in der Agrarwirtschaft. Verlag A. Hüthig, Heidelberg, 170 S.

BAUMANN, H. (1962). Plastoponik – ein neues Kulturverfahren für aride Gebiete. Kunststoff-Rundschau, 4, 169–175

BAUMEISTER, W., BURRICHTER, E. (1954). Bedeutung des Schilfrohres als Uferschutzpflanze. Aichinger-Festschrift, II Bd.

BECK, G. (1969). Immissionsschutzpflanzungen. Neue Landschaft, 4, 163–173

BEDA, G. (1967). Bermen für die Aufforstung am Hang. Schweiz. Zeitschr. f. Forstwesen, 4, 215–233

BEGEMANN, W. (1971). Umweltschutz durch Gewässerpflege. DRW-Verlag, Stuttgart, 215 S.

BERNATZKY, A. (1968). Schutzpflanzungen zur Luftreinigung und Besserung der Umweltbedingungen. Baumzeitung, Frankfurt, 2, 3, 37–42

BERTHOLD, H. J. (1954). Erfahrungen bei der Aufforstung von Halden auf dem Gelände des westdeutschen Steinkohlenbergbaues. Forschung u. Beratg. Forstwirtsch. 1. Minist. f. Ernährung, Landw. u. Forsten des Landes Nordrhein-Westfalen, Düsseldorf, 1

BERTHOLD, H. J. (1957). Begrünung und Aufforstung von Halden im Ruhrgebiet. All. Forstzeitschr.

BERTHOLD, H. J. (1957). Die grünen Hügel des Reviers. Unser Wald. Frankfurt, 5

BIELFELDT, H., TAEUBNER, K. (1966). Wirtschaftliche Verfahren zur Befestigung von Böschungsflächen. Bitumen. Hamburg, **28**, H. 4, 116–118

BITTERLICH, W. (1950). Neuer Kulturbehelf für Forstsaaten. Österr. Forst- und Holzwirtschaft, 17

BITTERLICH, W. (1951). Ein weiterer Kulturbehelf für Forstsaaten. Österr. Forst- und Holzwirtschaft, 6, 93–94

BITTERLICH, W. (1951). Die Hohlstab-Verschulung. Österr. Forst- und Holzwirtschaft, 15

BITTERLICH, W. (1951). Zu den Versuchen mit „Pflocksaat". Allg. Forstztg., Wien, 62, 131

BITTERLICH, W. (1951). Hohlstäbe, die Ballenpflanzung für höchste Gebirgslagen. Allg. Forstztg. 62, 210–211

BITTERLICH, W. (1952). Hohlstabpflanzung von Lärche. Allg. Forstztg. 63, H. 21/22

BITTERLICH, W. (1953). Technische Vorschläge zur Wiederbewaldung des Hochgebirges. Allg. Forstztg., H. 13–14

BITTMANN, E. (1953). Das Schilf und seine Verwendung im Wasserbau. Angewandte Pflanzensoziologie, Herausgeber R. Tüxen, Zentralstelle für Vegetationskartierung

BITTMANN, E. (1956). Der biologische Uferschutz an den Bundeswasserstraßen unter besonderer Berücksichtigung der Verwendung von Röhricht. Neue Landschaft, 12, 202–206

BITTMANN, E. (1957). Die Bepflanzung von Wasserläufen, eine Aufgabe für den Landschaftsgärtner. Neue Landschaft, 4, 55–56

BITTMANN, E. (1958). Biologischer Wasserbau und Vegetationskartierung. Hilfe durch Grün, 6

BITTMANN, E. (1961). Rasengräser für Uferböschungen. HESA Informationsdienst, 3/3

BITTMANN, E. (1965). Grundlagen und Methoden des biologischen Wasserbaues. Der biologische Wasserbau. Verlag E. Ulmer, Stuttgart, 17–79

BITTMANN, E. (1970). Methoden der Ingenieurbiologie in Wasserbau und Gewässerschutz. Garten und Landschaft, 12, 433–434

BOCK, F., RICHTER, H. (1953). Die forstlich-biologischen und wirtschaftlichen Maßnahmen im Bereiche der Wildbachverbauung in Österreich. Zentralbl. f. d. ges. Forst- u. Holzwirtsch. 1, 72. Jg.

BOCK, F., RICHTER, H. (1954). Rückblick auf sieben Betriebsjahrzehnte der Wildbach- und Lawinenverbauung in Österreich. Allg. Forstztg. Wien, **65**, 23/24, 285–287

BOEKER, P. (1966). Einfache oder vielseitige Mischungen für die Ansaaten auf Böschungen und an Straßenrändern? Neue Landschaft, 5, 260–263

BOEKER, P. (1966). Rasen, Rasengräser und ihre Zuchtziele. Mitt. Ges. f. Rasenforschung, Bonn, 1, 4, 7–12

BOEKER, P. (1967). Zur Bedeutung der Herkunft bei der Verwendung von Fertigrasen (Rollrasen). Neue Landschaft, 6, 297–299

BOEKER, P. (1967). Rasenansaaten mit einer und mehreren Grasarten. SAFA, Bad Godesberg, 5, 15, 3–5

BOEKER, P. (1968). Rasen an Straßen und an Böschungen. Garten und Landschaft, 11, Werkblatt

BOEKER, P. (1970). Böschungsansaaten mit verschiedenen Mischungen. Rasen, 1, 1, 8–11

BOERNER, F. (1964). Vom Rasenersatz zur grünen Bodendecke. Pflanze und Garten, 14, H. 3, 74–77

BOGUSLAWSKI, D. (1964). Die Verwertung der Strohernten als Strohdüngung. Arbeiten der DLG. Frankfurt, 96, 60 S.

BOMMER, D. (1965). Möglichkeiten der Weideverbesserung. Gießener Beiträge zur Entwicklungsforschung, Reihe 1, Bd. 1, Weidewirtschaft in Trockengebieten. Fischer/Stuttgart, 115–126

BORNKAMM, R. (1962). Über die Rolle der Durchdringungsgeschwindigkeit bei Klein-Sukzessionen. Veröff. Gebot. Inst. Rübel, 37, 16–26

BORNKAMM, R. (1963). Erscheinungen der Konkurrenz zwischen höheren Pflanzen und ihre begriffliche Fassung. Ber. d. geobot. Inst. d. ETH Zürich, Stiftung Rübel, 34, 83–107

BOUVIER, R. J. (1966). Die Rekultivierung der Trockenzonen. Garten und Landschaft, 6, 195–202

BRANDECKER, H. (1971). Die Gestaltung von Böschungen in Lockermassen und in Fels. Forsch. ber. d. Forsch. Ges. f. Straßenwesen, Wien, 3, 59 S.

BRETZ, H. (1959). Die Straßenbepflanzung aus der Sicht des Kraftfahrers. Hilfe durch Grün, 8, 11–12

BRUCKNER, E., JAHN, R. (1932). Über Wurzelausbildung verschiedener Holzarten im Boden des ostthüringischen Buntsandsteingebietes. Tharandter forstl. Jahrbuch 83

BRÜNING (1963). Das I. Internationale Symposium zu Fragen der Rekultivierung von Kippen und Halden in der DDR. Zeitschr. für Landeskultur, 4, 2, 207–223

BUCHNER, A., JUNG, J., WEISSER, P., WILL, H. (1969). Anwendung und Wirkung des Bodenverbesserungsmittels Hygromull. Landw. Forschung. Bd. 22, H. 2, 93–99

BÜCHNER, G. (1965). Aktuelles über das Rasenprogramm von morgen. Neue Landschaft, 9, 384–387

BÜCHNER, G. (1966). Neue Begrünungsaspekte durch Hygromull. Das Gartenamt, 10, 475–476

BUCHWALD, K. (1952). Übersicht der wichtigsten Lebendbaumethoden an Flüssen und Bächen mit Kostenangaben im Vergleich zu den entsprechenden Befestigungsmethoden mit totem Material. Westdeutsches Innenministerium, Abt. für Straßen- und Wasserbau

BUCHWALD, K. (1954). Lebendverbauung von Steilhängen und Halden. Landwirtschaft. – Angewandte Wiss., 43, 13–35

BUCHWALD, K. (1956). Die Bedeutung pflanzensoziologischer und standortskundlicher Untersuchungen für die Anlage von Pflanzungen. Natur und Landschaft, H. 4, 31. Jg.

BUCHWALD, K., KUDER, G., MÜLLER, TH. (1956). Schutzpflanzungen steigern die Fruchtbarkeit. Pflanze und Garten, H. 7

BUCHWALD, K., ENGELHARDT, W. (1968). Handbuch für Landschaftspflege und Naturschutz. Bayerischer Landwirtschaftsverlag, München

BUCKHARDT, H. (1867). Säen und Pflanzen. Heft I, Hannover

BÜLOW, A. VON (1953). Windschutzfibel. Kurze Anleitung zur Knickanpflanzung und Ödlandaufforstung. Hitschmann, Wien V

Bundesministerium für Land- und Forstwirtschaft Wien (1965). Wasserbau in Österreich. Rückblick und Vorschau. Mehrjahresplan für den Schutzwasserbau, 225 S.

BÜNNING, E. (1939). Physiologie des Wachstums und der Bewegungen.

BÜNNING, E. (1943). Die Anpassung der Pflanzen an den jahres- und tagesperiodischen Wechsel der Außenbedingungen. Naturwissenschaften. 31

BÜNNING, E. (1951). Erbliche Jahresrhythmen bei Pflanzen. Umschau, H. 8

BÜSGEN, M. (1905). Studien über das Wurzelsystem einiger dikotyler Holzpflanzen. Flora 95, Ergänzungsband

CAPUTA, J. (1948). Untersuchungen über die Entwicklung einiger Gräser und Kleearten in Reinsaat und Mischung. Diss. Bern

CASPARI, F. (1956). Der Ruf nach Humus. Pflanze und Garten

CHMELAŘ, J. (1966). On the rooting capacities of Willows. Ukoly vedy v rozvoji lesního hospodářstvi. Univ. Agricult. Brno. Scientific Symposium, Faculty of Forestry. Englische Zusammenfassung eines Referates. 46–47

CHMELAŘ, J. (1967). Über die Wurzelungsfähigkeit der Weiden. Acta universitatis agriculturae. Brno. XXXVI, 265, 2, 142–151

CHMELAŘ, J. (1967). Index plantarum generis Salix in Arboreto Instituti cultarum. Instit. botan. forest. Universit. agricult. et silvicult. Brno, 15 21

CHMELAŘ, J. (1967). Taxonomische Probleme der Gattung Salix L. Rocznik Dendrologiczniy, Vol. XXI, Warszawa, 9, 129–133

CIESLAR, A. (1907). Die Bedeutung klimatischer Varietäten unserer Holzarten für den Waldbau. Centralbl. f. d. gesamte Forstwesen

CZELL, A., REDLICH, G. C. (1966). Die Beeinflussung des Gebrauchwertes von Junglärchen durch kombinierte Wurzel-Gründüngung (KWG). Centralbl. f. d. ges. Forstwesen, Wien, 83, 2, 65–84

CZELL, A. (1969). Rekultivierung stark steiniger Geländeabschnitte ohne Deck- und Festigungssubstanzen. Manuskript z. Abdruck im Centralbl. f. d. ges. Forstw., Wien

CZELL, A. (1969). Anlage eines Flugplatzrasens auf Lechschotter im Außerfern/Tirol. Garten und Landschaft. München, im Druck

CZELL, A. (1971). Rekultivierung stark steiniger Geländeabschnitte durch Begrünung ohne Deck- und Festigungssubstanzen als Vorbeugung gegen Erosion. Ztschr. f. Kulturtechnik u. Flurbereinigung, 12, 129–152

CZERMAK, H. (1944). Unsere heimischen Laubgehölze, ihre Vermehrung und Verwendung beim Fluß- und Straßenbau in der Steiermark. Pflanzenbiol. Stelle des Reichswasserwirtschaftsamtes Bruck/Mur.

DARMER, G. (1947). Hippophae rhamnoides (Sanddorn) als neues Züchtungsobjekt. Der Züchter, 13

DARMER, G., BRÜNING, E. (1954). Rekultivierungsversuche auf rohen Mittelmassenkippen. Bergbautechnik 4, H. 4, 193–198

DARMER, G. (1962). Der Ertragssteigerungsversuch als Kriterium der ökologischen Wirkung künstlicher Windhindernisse. Zeitschr. für Kulturtechnik u. Flurbereinigung, 21, 308–322

DARMER, G. (1963). Rekultivierung von Abraumflächen als ökologisches Problem und Anliegen der Landschaftspflege. Oikos. Vol. 14, Fasc. 2, Kopenhagen, 248–266

DARMER, G. (1964). Ökologische Voraussetzungen und Vorschläge für landschaftspflegerische Maßnahmen im Zuge landwirtschaftlicher Rekultivierung von Lößkippen des Braunkohlentagebaues. Neue Landschaft, 6, 3–11

DARMER, G. (1968). Zur Rekultivierung von Erdaufschlüssen. Das Gartenamt, 8, 372–376

DARMER, G. (1970). Anwendung von Gräsern und Kräutern zur Stabilisierung und Melioration steiler Kippenböschungen aus markasithaltigen Tertiärböden. Landschaft und Stadt, 4, 166–178

DARMER, G. (1971). Ökologisches Leitbild zur Rekultivierung schwieriger Standorte und Substrate des Tagebaues. Landschaft und Stadt, 3. Jg., 4, 174–180

DEMONTZEY, P., SECKENDORFF, A. (1880). Studien über die Arbeiten der Wiederbewaldung und Berasung der Gebirge. Carl Gerold Verlag, Wien, 379 S.

DENGLER, A. (1930). Waldbau auf ökologischer Grundlage

DESING, H. (1953). Klimatische Untersuchungen auf einer großen Blaike. Wetter und Leben, 5. Jg., H. 1/2

DIETRICHS, E., LINKE, H. (1963). Die Anwendung ingenieurbiologischer Bauweisen an Binnenwasserstraßen. Wasserwirtschaft-Wassertechnik. Berlin, 13, 3, 142–146

DIMPFLMEIER, R., SCHWAIGER, H. (1970). Böschungsbegrünung mit Gras- und Gehölzsamen. Allg. Forstztschr. München, 25,

DIN 18915. (1972). Landschaftsbau. Bodenarbeiten für vegetationstechnische Zwecke

DIN 18916. (1972). Landschaftsbau: Pflanzen und Pflanzarbeiten

DIN 18917. (1972). Landschaftsbau. Rasen

DIN 18918. (1972). Landschaftsbau, Sicherungsbauweisen. 10 S.

DIN 18919. (1972). Landschaftsbau. Unterhaltungsarbeiten bei Vegetationsflächen

DIN-Blatt 19657. (1965). Sicherungen an Gewässern, Deichen und Küstendünen, Richtlinien. Fachnormenausschuß Wasserwesen im DNA. 16 S.

DIN 19660. (1959). Richtlinien für Landschaftspflege und landwirtschaftlichen Wasserbau. Berlin, 6 S.

DONNER, J. (1967). Der Einfluß steigender Salzkonzentration der Bodenlösung auf das Wachstum, den Ertrag und den Stoffgehalt von sechs Gräsern. Zeitschr. f. Kulturtechnik u. Flurbereinigung. Berlin, 8, 3, 163–174

DÖRR, R. (1969). Zur Frage der Wurzelfestigkeit von Dichtungsmassen. Bitumen-Teere-Asphalte-Peche und verwandte Stoffe. Heidelberg, 10, 12, 20, 583–589

DRAGOGNA, G. (1968). Il contributo dell'Ingeneria biologica alla difesa del suolo. La difesa del suolo in Italia. Quaderni della Mendola, 2, 82–88

DRAGOGNA, G. (1969). I rinverdimenti della pista de sci. Natura e Montagna, Nr. 1, 41–46

DRAGOGNA, G. (1970). I rinverdimenti delle piste di sci. Neve international, XII, 1, 45–49

DRAGOGNA, G. (1970). Ingegneria biologica applicata: i risultati di nuovi metodi di consolidamento del terreno. Il frantoio, VIII, Nr. 9, 42–60

DRAGOGNA, G., SCHIECHTL, H. M. (1972). Erosionssicherung durch Mulchsaat im Bereich des Bozner Quarzporphyrs. Garten u. Landschaft, München, 1, Werkblatt, 1 S.

DRAPAL, O. (1957). Die Verwendung von Pappel und Weide außerhalb des Auwaldes. Allg. Forstzeitung, 68. Jg., H. 7/8

DRLIK, R. (1967). Grün auf Halden mit der schwedischen Methode WEGO. Uhli, 11, 390–392. (In tschechischer Sprache)

DRLIK, R. (1967). Rekultivierungsmaßnahmen im Steinkohlenrevier von Ostrava-Karvina. Bergakademie, 4, 212–215

DUILE, J. (1834). Über die Verbauung der Wildbäche in Gebirgsländern. Innsbruck

DUMLER, H. (1946). Beobachtung und Versuche über die Eignung von Tussilago farfara zur Begrünung von Blaiken und zur Bodenbindung. Vereinszeitschrift der Ing. der Wildbach- und Lawinenverbauung

DUTHWEILER, H. (1960). Sicherung und Begrünung von Erd- und Felsböschungen im Spessartabschnitt der Autobahn Frankfurt-Nürnberg. Gartenamt, 9, H. 4, 94–98 (7 Abb., 2 Tab.)

DUTHWEILER, H. (1967). Lebendbau an instabilen Böschungen. Erfahrungen und Vorschläge. Kirschbaum Verlag Bad Godesberg. Forschungsarbeiten aus dem Straßenwesen. Neue Folge, H. 70, 104 S.

DUTHWEILER, H. (1968). Spontane und eingebrachte Besiedelung instabiler Böschungen. Natur und Landschaft, 43, 3, 57–60

EHLERS, M. (1960). Baum und Strauch in der Gestaltung der deutschen Landschaft. Parey, Berlin u. Hamburg, 278 S.

EHRENBERG, P. (1953). Die Düngung unserer Felder und Grünflächen. Ulmer, Stuttgart, 176 S.

EHRENDORFER, F. (1967). Liste der Gefäßpflanzen Mitteleuropas. Inst. f. Systematische Botanik der Universität Graz, 253 S.

EISELE, CHR. (1962). Rasen, Gras und Grünflächen. P. Parey, 135 S.

EISELE, CHR. (1967). Extensivrasen – Magerrasen. Garten und Landschaft, 2, 46–47

EISELE, CHR. (1968). Sortenfragen bei Rasengräsern. Das Gartenamt, 10, 451–452

ELLENBERG, H. (1954). Über einige Fortschritte in der kausalen Vegetationskunde. Vegetatio, 5/6, 199–211

ELLENBERG, H. (1963). Vegetation Mitteleuropas mit den Alpen. Ulmer, Stuttgart, 943 S.

ELLENBERG, H. (1968). Wege der Geobotanik zum Verständnis der Pflanzendecke. Die Naturwissenschaften, 55, 10, 462–470

FABIJANOWSKI, J. (1950). Untersuchung über die Zusammensetzung zwischen Exposition, Relief, Mikroklima und Vegetation in der Fallätsche bei Zürich. Beiträge zur geobotan. Landesaufnahme der Schweiz, H. 29

FAO (1963). Soil Control Demonstration. Forestry Equipment Notes. Food and Agriculture Organization of the UN, Rom E. 35, 63, 2 S.

FEKETE, I. (1966). Rolle der Schutzwaldstreifen in der Verbesserung der natürlichen Gegebenheiten im tschechoslowakischen Teil der kleinen Tiefebene. Földrajzi Értesító. Budapest.

FISCHER, F. (1950). Die Jugendentwicklung von Lärchen verschiedener Herkunft auf verschiedenen Standorten. Mitt. d. Schweizer. Anst. f. d. Forstl. Versuchswesen, Zürich, XXVI, 2, 468–497

FISCHER, F., BEDE, J. (1961). Zur Frage der künstlichen Bestandesbegründung unter besonderer Berücksichtigung der Ballenpflanzverfahren. Mitt. Schweiz. Anst. Forstl. Versuchsw., 37, 419–457

FISCHER, M. (1966). Neues erfolgreiches Verfahren zur Befestigung und Begrünung steriler Öd- und Sandflächen unter Verwendung von Hygromull. Neue Landschaft, 11, 612–615

FISCHER, M. (1966). Ein neues erfolgreiches Verfahren zur Befestigung und Begrünung steriler Öd- und Sandflächen unter Verwendung von Hygromull. Garten und Landschaft, München, 12. Werkblatt, 4 S.

FISCHER, M. (1967). Die landschaftliche Eingliederung von Industrieanlagen. Beispiel BASF. Garten und Landschaft, 11, 351–357

FLURY, PH. (1931). Zur Frage der forstlichen Samenprovenienz. Schweiz. Zeitschrift f. Forstwesen.

FORSTER, P. (1963). Lawinenverbauung und Aufforstung im Allgäu. Allg. Forstzeitschr. München, 18, 604–606

FORSTER, P. (1964). Das Bitumulchverfahren. Wasser u. Boden, 16, H. 12, 406–408

FORSTER, P. (1964). Die Rolle des Bitumens in der Wiederbegrünung von Baustellen und Ödflächen. Bitumen-Teere-Asphalte-Peche und verwandte Stoffe, 2, 3 S.

FORSTER, P. (1964). Bitumenrasen – ein neues Begrünungsverfahren in der Bewährung. Bitumen, Hamburg, 5 S.

FRANK, E. (1966). Formen und Züchtung von Rasengräsern. Mitt. Ges. f. Rasenforschung, Bonn, 1, 4, 13–16

Frankenthal/Pfalz (1963). Plastoponik. Ergebnisse und Erfahrungen mit Plastsoil. Kurzber. v. Exper., 4 S.

FRECH, H. (1967). Grundlagen und Anwendungsbereiche der humuslosen Begrünung im Straßenbau. Manuskript. 29 S.

FREYENHAGEN, H. (1959). Kalkungsversuche bei Flecht- und Baumweiden. Der Wald braucht Kalk. Abhandl. aus Wiss. u. Praxis, Köln.

FRIEMER, W. (1970). Grün ist Trumpf. Verlag Friemer, Koblenz, 202 S.

FRITSCH, V., TAUBER, A. F. (1967). Geoelektrische Untersuchungen an Bergrutschzonen. Geofisica e Meteorologia. Genova. Vol. XVI, I/2, 19–23. (In deutscher Sprache)

FÜRST, H. v. (1907). Die Pflanzennachzucht im Walde. Berlin, Springer, 4. Aufl.

GABLESKE, R. (1971). Straßenverkehrslärm und Landschaftsplanung. Garten und Landschaft, 11. Werkblatt

GAHN, D. (1962). Wasserbau und Wasserwirtschaft in Bayern. Verlag Harbeke, München, 208 S.

GALL, H. (1953). Maßnahmen zum Schutze vor Winderosion unter besonderer Berücksichtigung Tiroler Verhältnisse. Die Bodenkultur, Wien. Fromme 7, 2, 173–178

GAMS, H. (1931). Klimatische Begrenzung der Pflanzenareale und die Verbreitung der hygrischen Kontinentalität in den Alpen. Zeitschr. der Gesellschaft für Erdkunde.

GAMS, H. (1939). Die Wahl zur künstlichen Berasung und Bebuschung von Bachbetten, Schutthängen und Straßenböschungen geeigneter Pflanzen des Alpengebietes

GAMS, H. (1940). Die natürliche und künstliche Begrünung von Fels- und Schutthängen in den Hochalpen. Forschungsarbeiten aus dem Straßenwesen, Berlin

GAMS, H. (1940). Klimaänderung und Versteppung in Mitteleuropa. Deutsche Wasserwirtschaft, 35. Jg., H. 5

GAMS, H. (1941). Die ökologischen und biozönotischen Voraussetzungen der Lebendverbauung. Forschungsdienst, Organ der deutschen Landwirtschaft, Bd. 12

GARDNER, F. E. (1930). The relationship between tree age and the rooting of cuttings. Die Beziehungen zwischen Alter des Baumes und der Wurzelentwicklung von Stecklingen

GARMHAUSEN, W. J. (1961). Mulching seeded areas. Publ. WKs, N. J., 91 (6) 1960, S. 100–102. Ref. in: Road Abstracts 28, H. 4, S. 83

GATTIKER, E. H. (1964). Die Pflanze als natürlicher Baustoff im Einsatz durch die Hydrosaat. Hoch- und Tiefbau, 43, 1200–1206, Zürich

GATTIKER, E. H. (1966). Die Art der Begrünung bestimmt den Unterhalt. Neue Landschaft, 10 550–555.

GATTIKER, E. H. (1969). Grünflächen und ihre Entwicklung längs der Nationalstraßen. Neue Zürcher Zeitung, 26. 6. 1969, Nr. 173, 49

GATTIKER, E. H. (1970). Erfahrungen aus Böschungsbau und Begrünung in der Ostschweiz. Rasen, 4, 108–112

GATTIKER, E. H. (1971). Skipistensanierung und Begrünung. Rasen-Turf-Gazon, 1, 14–17

GATTIKER, E. H. (1971). Extensiv-Grünflächen und ihre Entwicklung. Neue Landschaft, 12, 615–620

GEIGER, R. (1942). Das Klima der bodennahen Luftschicht. Die Wissenschaft, Braunschweig

GEISSDÖRFER, C. (1966). Der Landschaftsbau, ein fester Bestandteil der Straßen und Autobahnen. Fragen zur Hochschulausbildung auf dem Gebiet der Landespflege. Symposium Hannover, TH, 65–71

GEISSDÖRFER, G. (1967). Der Landschaftsbau, ein fester Bestandteil der Straßen und Autobahnen. Neue Landschaft, 7, 368–371

GERMER, R. (1959). Die alte Berghalde wird grün. Unser Wald, Nr. 8, 214–215

GLAHN, H. VON (1965). Der Begriff des Vegetationstyps im Rahmen eines allgemeinen naturwissenschaftlichen Typenbegriffes. Ber. Geobot. Inst. Rübel ETH Zürich, 36, 14–27

GLOOR, K. (1966). Merkblatt für die Pflanzung von Schilf, Glanzgras, Rohrkolben, aufrechtem Igelkolben und gelber Schwertlilie. Jahrbuch vom Zürichsee 1964–1966. 1–14

GRAFMÜLLER, F. (1970). Erosionsschutz und vegetationsfördernde Beeinflussung. Neue Landschaft, 3, 113–117

GRAU, F. V. (1956). Crownvetch Looks Like a geod bet te hold those reedside banks. Allis Chalmers Reporter magazine, 5/6, 9–11

GRAUSS, G. W., WOBST, W., GÄRTNER, G. (1934). Humusauflage und Bodendurchwurzelung im Eibenstocker Granitgebiet. Tharandter forstl. Jahrbuch, 65

GRILL, S. (1965). Wann ist die beste Rasenansaatzeit? Neue Landschaft, 9, 389–390

GROETZ, C. M. (1959). Fertigrasen. Gartenwelt 59, H. 19, S. 369

GUMPELMAYER, E. (1949). Die Bewurzelung von Stecklingen unter dem Einfluß von Heteroauxin im Jahresrhythmus aus »Phyton 1949«.

GÜNTSCHL, E. (1965). Wasserbau in Österreich. Bundesministerium für Land- und Forstwirtschaft, Wien, 228 S.

GÜNZEL, L. (1957). Über die Standortansprüche euro-amerikanischer Pappelsorten sowie der Graupappeln und Baumweiden. Allg. Forsttztg., 68. Jg., 7/8

GUTZWILLER, R. (1950). Beobachtungen über das Vorkommen von Weiden (Salices) in schweizerischen Flyschgebieten. Zeitschr. f. Forstwesen, Nr. 12

HACKETT, B. (1972). Landscape Development of Steep Slopes. Oriel Press Ltd. 32, Ridley Place, Newcastle upon Tyne NE1 8LH, Gb. 143 S.

HAIDEN, A. (1935). Bauerfahrungen über die Wildbachverbauung im Mittelpinzgau. Wasserwirtschaft und Technik, 1935, H. 1, 2, 3, 4, 7

HAMPEL, R. (1954). Statistik der Grünverbauung. Vereinszeitschr. der Dipl.-Ing. der Wildbachverbauung, H. 5

HAMPEL, R. (1954). Forschungsarbeiten und Versuche auf dem Gebiete der Wildbach- und Lawinenverbauung. Allg. Forsttztg., Wien, 65, 23/24, 288–290

HAMPEL, R. (1964). Aufgaben, Probleme und Leistungen der Wildbachverbauung in Tirol. Allg. Forsttztg., Wien, 21/22, 246–248

HANSEN, R. v. (1952). Pflanzenanweisung für landschaftliche Pflanzungen. Weihenstephan

HANSEN, R., ROEMER, L. (1967). Rasensaatmischungen für Grünflächen an Straßen in der freien Landschaft. Garten und Landschaft, 2. Werkblatt

HANSEN, R. (1967). Der Rasen heute – Fragen an die Garten- und Landschaftsarchitekten. Garten und Landschaft, 2, 37–38.

HARABIN, Z. (1967). Zusammenhang der Gestaltung von Wurzelsystemen auf Braunkohlenkippen mit den chemischen Eigenschaften des Felsmaterials. Referatensammlung des Intern. Symposiums über Rekultivierungen der durch den Bergbau beschädigten Böden. Prag, III, 81–87.

HÄRTEL, O., WINTER, P. (1934). Wildbach- und Lawinenverbauung. Verlag Carl Gerold, Wien, 316 S.

HÄRTEL, O. (1950). Die Lebendverbauung im Wasser- und Wildbachwesen. Zeitschr. des Österr. Ing. und Arch. Vereins, 11/12.

HARTH, H. (1970). Hydro-Saat Verfahren zur Böschungsbegrünung. Ceste in krajina, Ljubljana, 138–140

HARTMANN, F. (1951). Der Waldboden. Humusboden und Wurzeltypen als Standortanzeiger. Österr. Produktivitätszentrum, Wien

HARTWAGNER, H. (1954). Die Schmittenbach-Aufforstung bei Zell a. S., ihre Geschichte und ihre Auswirkung auf den Wasserabfluß. Allg. Forsttztg., Wien, 65, 23/24, 297–299

HASSENTEUFEL, W. (1950). Die Grünverbauung von Wildbächen. Österr. Wasserw., H. 12

HASSENTEUFEL, W. (1954). Die Bedeutung der Pflanzensoziologie für die Wildbach- und Lawinenverbauung. Festschrift Aichinger, I. Bd., Sonderdruck der „Angewandten Pflanzensoziologie"

HASSENTEUFEL, W. (1960). Wald und Lawinen auf der Innsbrucker Nordkette. Die Pyramide. Naturw. Zeitschr., Wien, 8, 2, 33–40

HAUENSTEIN, J. Ö. (1967). „ELMIRA"-Rollrasen auf Schaumstoff. Garten und Landschaft, 12. Werkblatt

HAZUK, A. (1967). Gestaltung der enzymatischen Aktivität von Versatz-Restlöchern. Referatensammlung des Intern. Symposiums über Rekultivierungen der durch d. Bergbau beschädigten Böden. Prag, III, 88–93

HEFT, L. (1967). Kühllagerung von Gehölzen und Stauden. Neue Landschaft, 4, 174–179

HEITMÜLLER, H. H. (1951/52). Untersuchungen über die Wirkung synthetischer Wuchsstoffe auf die Stecklingsbewurzelung bei Waldbäumen. Zeitschr. f. Forstgentik und Forstpflanzenzüchtung, 1. Bd., H. 4

HELDNER, G. (1962). Rasenaussaaten auf Kunststoff. Süddt. Erwerbsgärtner 16, Nr. 10, 259

HELDNER, G. (1962). Rasen auf Kunststoff. Dt. Gärtnerbörse 62, Nr. 6, 71

HELFERT, W. (1969). Neben Hopfen auch Fertigrasen. Neue Landschaft, 2, 57–60

HELFERT, W. (1969). Rasen ausgelegt. Neue Landschaft, 3, 110–111

HENNEBO, D. (1964). Unterrasenpflaster aus gelochten Ziegeln. Ziegelindustrie 17, Nr. 4, 125–126 (5 Abb., 6 Qu.).

HENRICH, J. (1924). Die Verbauung des Schesa-Tobels in Vorarlberg. Schweiz. Zeitschr. f. d. Forstwesen, 75, 2, 37–42 und 3, 69–76

HERBERG, M. (1923). Brettwurzeln auch bei Pyramidenpappeln. Mitt. der deutschen Dendrol. Gesellschaft

HERMANN, H. (1968). Containerpflanzen – ein Weg nach vorn. Neue Landschaft, 10, 472–475

HESE, E. (1910). Über die Wuchsformen der alpinen Geröllpflanzen. Beih. Bot. Zentralbl., 27/1910

HEUSOHN, R. (1928). Das Kultivieren von Kippen und Halden. Braunkohle 27, H. 44, 985–992

HEUSOHN, R. (1935). Praktische Kulturvorschläge für Kippen. Bruchfelder. Dünen und Ödländereien. Neudamm u. Berlin: J. Neumann.

HILF, H. H. (1927). Studien über die Wurzelausbreitung von Fichte, Buche und Kiefer in älteren Beständen auf Sandböden. Dissertation Eberswalde

HILF, H. H. (1959). Ein richtungsweisender Aufkalkungsversuch an Pappeln. Der Wald braucht Kalk. Abhandl. aus Wiss. u. Praxis, Köln

HILF, H. H. (1962). Ganzjährige Pflanzzeit für Douglasien-Topfballenpflanzen. Forstarchiv, 5, 93

HILLER, H. (1966). Beitrag zur Beurteilung und zur Verbesserung biologischer Methoden im Landeskulturbau. Dissertation an der Fakultät für Landbau der Technischen Universität Berlin. D 83, Nr. 206, 140 S.

HILLER, H. (1971). Untersuchungen über Keimung von 3 Rasengrässersorten unter dem Einfluß der Bodenerosionsschutzmittel Curasol AE und AH und Beobachtungen über das Erosionsschutzvermögen von Curasol AE bei Starkregen. Rasen-Turf-Gazon, 1, 21–24

HINTIKKA, V. (1972). Wind-Induced root movements in forest trees. Commun. instituti forestalis fennieae, 76, 2, 56

HIRSCH, A. (1965). Zweck und Ziel des biologischen Wasserbaues an den Bundeswasserstraßen. Der biol. Wasserbau an d. Bundeswasserstr. Ulmer/Stuttgart, 11–16

HOFMANN, A. (1936). La Sistemazione idraulico-forestale dei bacini montani. Unione tipografico torinense. Torino, 257 S.

HOFMANN, L. (1954). Aus dem Bauformenschatz der österreichischen Wildbachverbauung. Allg. Forsttztg., Wien, 65, 23/24, 305–311

HOFMANN, L. (1959). Praktische Erfahrungen beim Verschulen und Freipflanzen von Douglasien mit Torftöpfen. Allg. Forstzeitschr. 14, 175–176

HO LEE und HONG KWON LEE (1964). Studies on the new method for the fixation drifting sanddune. The Research Reports of the Office of Rural Revelopment. Bd. 7, 2, 79–89 (Koreanisch mit englischer Zusammenfassung)

HOLLWEG, E. G. (1952). Haldenbegrünung im Duisburger Raum. Garten und Landschaft, 7, 23–24

HOMUTH, O. (1961). Die Umwandlung von Vorwaldbeständen auf Hochhalden des Braunkohlenbergbaues dargestellt an Beispielen aus dem Revier der Braunschweigischen Kohlen-Bergwerke Helmstedt. Forst- u. Holzwirt 16, H. 24, 565–567

HOMUTH, O. (1965). Junger Wald auf jungen Böden. Braunschweigische Kohlenbergwerke Helmstedt. 18 S.

HOMUTH, O. (1968). Meliorierung, Begrünung und Bepflanzung von Endböschungen aus stark saurem toxischem Tertiärmaterial. Braunkohle, 2, 49–55

HORTON, J. S. (1949). Trees and Shrubs for Erosin Control in Southern California Mountains

HOUTERMANS (1953). Torftöpfe, eine neue forstliche Kulturmöglichkeit für schwierige Standorte? Allg. Forstzeitschr. 13, 160

HULL, W. X. (1946). The soil conservation way

HÜNIKEN, E. (1964). Das Bituspritverfahren, das Finn-Hydro-Seeder-Verfahren und andere Methoden der Fels- und Böschungsbegrünung. Neue Landschaft 9, H. 12, 369–372

INDERMAUR, R. (1964). Grünverbau im Straßenbau. Straße und Verkehr, Zürich, 11, 2 S.

INNENMINISTERIUM (westdeutsches) (1951). Lebendverbauung eines Flußufers durch Spreitlage, Faschinenwalze, Kolksicherung

INNENMINISTERIUM (westdeutsches) (1951). Merkblatt über die Verwendung von lebenden Weidenflechtenzäunen im Diagonalverband zur Befestigung von Rutsch- und Steinschlaghängen

INNENMINISTERIUM (westdeutsches) (1951). Merkblatt über die Verwendung von Weidenstecklingen zur Lebendverbauung

INSTITUT für Forstsamenkunde und Pflanzenzüchtung (1946). Merkblatt für die Ernte. Aufbewahrung und Aussaat der Früchte unserer wichtigsten Laubholzbäume (München)

JANSEN, H. (1969). Wuchs- und Hemmstoffe im Gartenbau. E. Ulmer, Stuttgart, 135 S.

JEHLY, A. (1964). Probleme der Wildbach- und Lawinenverbauung in Vorarlberg. Allg. Forstztg., Wien, 21/22, 248–249

JUGOVIZ, R. (1931). Aufforstung unter Anwendung von Setzlingen mit umschlossenen Ballen. Schw. z. Forstw., 61, 361–368

JUGOVIZ, R. (1944). Kurze praktische Anleitung zur Aufforstung mit ballenlosen Setzlingen (Selbstverlag des steirischen Forstvereins)

JUNACK, H. (1960). Die Ballenpflanzung von Nadelhölzern. Abb. Der Forst- und Holzwirt (Hannover), 15, 66–71

KALBHENN (1957). Probleme der Industriehalden im Saargebiet. Natur und Landschaft, 32, 1, 8–10

KALBHENN (1961). Die Aufforstungen der Röchlingschen Eisen- und Stahlwerke GmbH, Völklingen. Unser Wald, 7, 170–171

KAMMEYER, H. F. (1960). Begrünen von Spülhalden. Bergbautechnik 386–396

KARL, J. (1953). Bericht über die Erosionsforschung im Allgäu

KARL, J. (1954). Bericht über die Erosionsforschung im Hochallgäu

KARL, J. (1956). Wald und Erosion in den Trauchgauer Flyschbergen. Allg. Forstzeitschr. 37/38, 1956

KARL, J. (1961). Blaikenbildung auf Allgäuer Blumenbergen. Jahrb. d. Vereins z. Schutze d. Alpenpflanzen u. -tiere, 54–63

KEIM, F. D., BEADLE, G. W. (1927). Relation of time of seeding to root development and winter survival offal seeded grasses and legumes. Ecology Nr. 2

KELLER, E. (1937). Die bautechnische Anwendung und Durchführung der lebenden Verbauung. Wasserw. und Technik, H. 1/2

KELLER, E. (1938). Wildbachverbauung und Flußregulierung nach den Gesetzen der Natur. Deutsche Wasserwirtschaft, H. 6

KELLER, E. (1938). Lebende Verbauung im Flußbau. Centralbl. f. d. gesamte Forstwesen, H. 7/8

KELLER, TH. (1968). Die Wirkung einer Bodenabdeckung (Mulchung) im Forstpflanzgarten auf den Gaswechsel junger Fichten. Forstwiss. Centralblatt 87, 1, 1–8

KELLER, R. (1962). Gewässer und Wasserhaushalt des Festlandes. Teubner, Leipzig. 520 S.

KILIAN, W. (1961). Die Haldenaufforstungen in Leoben. JUFRO-Exkursionsführer. Forstschutz, 47–51. Forstl. Bundesvers.-Anstalt Wien

KIRCHNER, O., LÖW, E., SCHRÖTER, C. (1908). Lebensgeschichte der Blütenpflanzen Mitteleuropas, Bd. I

KIRWALD, E. (1950). Forstlicher Wasserhaushalt und Forstschutz gegen Wasserschäden

KIRWALD, E. (1951). Weidenanbau gegen Bodenerosion. Zur Behandlung der Weidenstecklinge. Forstarchiv 22, H. 11/12, S. 165–167

KIRWALD, E. (1958). Heilung von Bodenwunden. E. Ulmer, Stuttgart, 63 S.

KIRWALD, E. (1964). Gewässerpflege. Bayerischer Landwirtschaftsverlag München-Wien-Basel. 167 S.

KIRWALD, E. (1966). Buchbesprechung „Der biologische Wasserbau an Bundeswasserstraßen". Forstarchiv Hannover, 37, 4, 105–106

KIRWALD, E. (1969). Wasserhaushalt und Einzugsgebiet. 2 Bde. Vulkan-Verlag, Essen. 404 u. 86 S.

KIRWALD, E. (1971). Grenzen und Möglichkeiten der Vorbeugung vor Unwetterkatastrophen im alpinen Raum. Interpraevent, Klagenfurt, 263–281

KISSER, J. (1950). Grundsätzliche Gedanken zur Lebendverbauung. Österr. Wasserwirtschaft, 2. Jg., H. 12

KLAASSEN, H. (1967). Erfahrungen über die Verwendung von Gehölzen im Einflußbereich der chemischen Großindustrie. Garten und Landschaft, 11, 358–360

KLAPP, E. (1938). Wiese und Weide

KLAPP, E. (1957). Taschenbuch der Gräser. Parey/Berlin und Hamburg. 220 S.

KLAPP, E. (1965). Grünlandvegetation und Standort. Parey/Berlin und Hamburg. 383 S.

KLEIN, H. A. (1965). Der biologische Wasserbau an Tidegewässern und im Küstenbereich. Der biologische Wasserbau. Verlag E. Ulmer, Stuttgart, 194–245

KLEINE, H. D. (1963). Naturnaher Wasserbau bei Bächen und kleinen Flüssen. Natur und Landschaft, 10, 38, 145–151

KLEINE, H. D. (1969). Die Röhrichtwalze als Uferschutz. Wasser und Boden, 10, 288–289

KLEINE, H. D. (1969). Wenig bekannte Einzelheiten über die Cordonpflanzung. Landschaft und Stadt, 1. Jg., H. 2, 62–65

KNABE, W. (1964). Synthetische Schaumstoffe für Baumkulturen. Allg. Forstztg. 19, H. 20, 303–304

KNAPP, R. (1960). Die gegenseitige Beeinflussung von Pflanzen in natürlicher Vergesellschaftung. Angew. Botanik, 34, 179–191

KNAPP, R. (1965). Pflanzenarten-Zusammensetzung, Entwicklung und natürliche Produktivität der Weidevegetation in Trockengebieten in verschiedenen Klimabereichen der Erde. Gießener Beiträge z. Entwicklungsforschung, Reihe 1, Bd. 1. Fischer/Stuttgart, 71–98

KNAPP, R. (1961). Wirkungen von Behandlungen mit Gibberellinen und die Entwicklung von Pflanzen. Angewandte Botanik, 35, 221–258

KNÖPP, H., KOTHE, P. (1965). Die Bedeutung des biologischen Wasserbaues für Gewässerbiologie und Fischerei. Der biologische Wasserbau an den Bundeswasserstraßen. Ulmer, Stuttgart, 268–285

KÖHLER, W. (1970). Schutzpflanzung im Industrieballungsraum. Garten und Landschaft, 4, 113–114

KOSMAT, H. (1970). Anheben des Spurenelementspiegels in Boden und Pflanze durch Düngen mit Cu- und Mn-Fritten, Der Förderungsdienst, 18, 9, 304–307

KÖSTLER, J. N., BRÜCKNER, E., BIBELRIETHER, H. (1968). Die Wurzeln der Waldbäume. Paul Parey, 284 S.

KRAEBEL, CH. J. (1936). Erosion Control on Mountain roads

KRAPFENBAUER, A. (1963). Erfolgreiche Haldenaufforstung mit Grauerle als dienender Baumart. Allg. Forstztg. Wien, 74, 19/20, 217–220

KREUTZ, W. (1963). Windschutz als klimasteuerndes Element und Wirtschaftsfaktor. Beiträge zur Landschaftspflege. E. Ulmer, Stuttgart, 1, 251–273

KREUTZ, W. (1953). Der Windschutz. Methodik, Klima und Bodenabtrag. Hitschmann, Wien V

KRICKL, M. (1964). Beiträge zur Korbweidenkultur und ihre staatliche Förderung in Österreich. Zentralblatt für die gesamte Forst- und Holzwirtschaft, 70. Jg., H. 12

KRUEDENER-BECKER (1949). Atlas standortkennzeichnender Pflanzen.

KRUEDENER-BECKER (1940). Die Stammendenform und Wurzelwerk

KRUEDENER, A. v. (1951). Ingenieurbiologie

KRUEDENER, A. v. (1955). Forstliche Standortanzeiger. Neumann, Radebeul u. Berlin. 142 S.

KULLMANN, A. (1957). Über die Wurzelentwicklung und Bestockung von Stipa capillata und Molinia caerulea. Wiss. Zeitschr. d. Martin-Luther-Universität Halle-Wittenberg. Math.-Nat. VI/1, 167–176

KUONEN, V. (1965). Probleme des forstlichen Straßenbaues. Schweiz. Zeitschr. f. d. Forstwesen, 1, 12–25

KÜPPER, F. und ARENS, M. (1958). Schiffahrtskanäle in Westfalen. Hilfe durch Grün, 6

KÜPER, F. M. (1962). Natur- und Landschaftsschutz im Ingenieur-Wasserbau. Zeitschr. f. Kulturtechnik, 3, 3, 129–136

LACAZE, J. F. (1962). Elevage de Plants en godets de fibres cellulosiques. Notes Techniques Forest, No. 13

LAITAKARI, E. (1929). Das Wurzelsystem der Kiefer. Acta Forest. Fennica

LANDGREBE, H. (1959). Gedanken zum Entwerfen von Straßenpflanzungen. Hilfe durch Grün, 8, 47–50

LANGVAD, B. (1962). Agrostis Fioringras. HESA-Informationsdienst, 4/6, 1–12

LANDVAD, B. (1963). Wemulsion – ett bindemedel till hjälp anläggning av gräsytor pa mark med dalig stabilet och utsatt för vindoch vattenerosion. Weibulls Gräs tips. Landskrona/Schweden, Mai, 161

LANGVAD, B. (1963). Vara vägars gröna ytor. Ny metodik för anläggning av permanenta grönomraden och vägslänter i samband med vägbyggen. Weibulls Gräs tips. Mai 1963, Landskrona/Schweden, 121–138

LANGVAD, B. (1965). Die Grünflächen unserer Straßen. Neue Landschaft, 9, 390–393

LEK, H. A. A. VAN DER (1934). Over den inoloed der Knoppen op de Wortelvorming der stekken. Landbauwhoogeschool te Wageningen, Laboratorium voor Tuinbauw-plentensteelt, Nr. 23

LENZ, A. (1969). Die Anwendung ingenieurbiologischer Bauweisen an der Wasserstraße aus ökonomischer Sicht. Wiss. Z. Univ. Dresden, 18, 1, 177–180

LEIBUNDGUT, H., GRÜNIG, P. (1951). Vermehrungsversuche mit Weidenarten aus schweizerischen Flyschgebieten. Mitt. der Schweiz. Anstalt für das forstliche Versuchswesen, XXVII. Bd.

LEONARDI, S. (1966). Nuovi metodi di bioingegneria: le semine potenziate con copertura. Monti e Boschi. XVII, 3, 9–24

LERCHENMÜLLER, L. (1964). Landschaftspflege unter extremen Verhältnissen. Wundhangbegrünung im Hochgebirge. Garten und Landschaft 74, H. 12, 412–413

LIESE, J. (1926). Beiträge zur Kenntnis des Wurzelsystems der Kiefer (*Pinus silvestris*). Zeitschr. f. Forst- und Jagdwesen, 58

LIETH, H. (1958). Konkurrenz und Zuwanderung von Wiesenpflanzen. Zeitschr. Acker- u. Pflanzenbau, 106, 205–233

LINDEMANN (1952). Welche Faktoren beeinflussen die Stecklingsbewurzelung. Süddeutscher Erwerbsgärtner, 6. Jg., Nr. 15, 17, 19

LINKE, H. (1961). Ingenieurbiologische Bauweisen. Anleitung Nr. 4: Rasen als Bodenschutz im Erd- und Wasserbau. Wasserwirtschaft – Wassertechnik, H. 9, 456–463

LINKE, H. (1963). Ingenieurbiologische Bauweisen im Industriebau. Dt. Gartenarchitektur, H. 4, 89–91

LINKE, H. (1964). Rasenmatten – ein Baustoff zur Ufersicherung. Wasserwirtschaft – Wassertechnik. Berlin, 9, 269–270

LINKE, H. (1965). Ingenieurbiologische Bauweisen und ihre Wirkung (V). Dt. Gärtner-Post 17, 42, 8

LINKE, H. (1967). Ein neues Baumaterial: die Rasenmatte. Garten und Landschaft. 2. Werkblatt

LINKE, H. (1969). Die Ingenieurbiologie in der DDR und ihre Entwicklungstendenzen. Wiss. Z. d. Techn. Univ. Dresden, 18, 1, 143–149

LINKE, H., GOLTDAMMER, D., FRANKE, J. (1969). Maschinelle Flächenbegrünung und die Verwendung von Bindemitteln. Wiss. Z. d. Techn. Univ. Dresden, 18, 1, 173–175

LINKE, H. (1969). Maschinelle Begrünungsmethoden-Möglichkeiten und Grenzen. Die Straße, 9. Jg., 11, 546–549

LOHMEYER, W. (1960). Bericht über die Ansaatversuche auf den offenen Quarzsandhalden im Bergwerksgelände der Mechernicher Werke. Hilfe durch Grün, 9, 61–62

LOHMEYER, W. (1964). Über die künstliche Begrünung offener Quarzsandhalden im Bergbaugelände bei Mechernich. Angewandte Pflanzensoz. Stolzenau, 20, 61–71

LOHMEYER, W. (1968). Über die Ansaat niedrigbleibender Rasen an Straßen- und Autobahnen. Natur und Landschaft, 43, 3, 68–69

LOKVENC, T. (1964). Erfahrungen mit der Anwendung von Jiffy-Pots in der ČSSR. International Forst-Konferenz Nachod. ČSSR. okt. 1964, »Ballenpflanzungen«. Veröffentlicht durch Jiffy-Pot, Norwegen

LÖNS, E. (1965). Die Aufforstung von Kippen, Dämmen und Einschnitten am Mittellandkanal. Der biolog. Wasserbau an den Bundeswasserstraßen. Ulmer, Stuttgart, 246–261

LÖNS, E. (1965). Die Aufforstung von Kippen, Dämmen und Einschnitten am Mittellandkanal. Der biologische Wasserbau. E. Ulmer, Stuttgart, 246–261

LOETS (1960). Kostensparende Pflanzung von großen Nadelholzballen. Allg. Forstzeitschr. 10, 148–152

LORENZ, H. (1961). Wasserbau beim Straßenbau. Autobahnamt Nürnberg. Hektographiert. 8 S.

LOWIG (1966). Moderne Saatgutveredlung. Saatgutwirtschaft Stuttgart, 270–272

LUCHTERHANDT, J. (1966). Grünverbau. Bauverlag Wiesbaden/Berlin, 199 S.

LÜDTKE, H. (1965). Die Aufforstung von Spülfeldern, Kippen und Böschungen am Dortmund-Ems-Kanal. Der biologische Wasserbau. Verlag E. Ulmer, Stuttgart, 262–267

LUNDEGARDH, H. (1954). Klima und Boden in ihrer Wirkung auf das Pflanzenleben

LUSTIG, E (1950). Weidwerk und Grünverbauung auf neuen Wegen

LUSTIG, E. (1951). Biologische Sicherung von Wegtrassen. Allg. Forstztg., 62. Jg., Folge 3/4

LUSTIG, E. (1952). Verwendung biologischer Elemente im Steinkastenbau. Allg. Forstztg., 63. Jg., Folge 3/4

LÜRZER, F. VON (1943). Naturnahe Wildbachverbauung. Deutsche Wasserwirtschaft, H. 1, 23. Jg.

LÜRZER, F. VON (1951). Die Schutzwirkung des Waldes in Wildbach- und Lawinengebieten. Allg. Forstztg., 19/20

LUX, H. (1964). Die biologischen Grundlagen der Strandhaferpflanzung und Silbergrasansaat im Dünenbau. Angewandte Pflanzensoz. Stolzenau, 20, 5–53

LUX, H. (1966). Zur Ökologie des Strandhafers (*Ammophila arenaria*) unter besonderer Berücksichtigung seiner Verwendung im Dünenbau. Beiträge z. Landespflege. Ulmer, Stuttgart, 2, 1/2, 93–107

MAAS, K. (1958). Über die Möglichkeiten des naturnahen Ausbaues von Wasserläufen. Hilfe durch Grün, 6

MAAS, C. H. (1963). Neue Methoden für schnelle Rasenherstellung. Gartenamt 12, 4, 101; Neue Landschaft, 2, 35

MACHURA, L. (1970). Bäume an der Straße. Natur und Land, Wien, Sonderschriftenreihe, 1, 3–41

MACHURA, L. (1970). Der Bocksdorn als Schutz- und Leitgehölz an Straßen. Natur und Land, Wien, Sonderschriftenreihe, 1, 45–49

McLEAN, M. M. (1959). Experimental planting of Tubed Seedling. Ontario Dept. Lds. and For. Techn. Ser. Res. Rept., No. 39

MARKUS, H. K. (1965). Erosionskontrolle und Hangbegrünung. Der Straßenbau, 10, 725–727

MARKUS, H. K. (1966). Das Colloplex-Verfahren bei Erosionsbekämpfung und Begrünung. 4 S.

MARTINI, K. (1966). Versuchspflanzung auf einer Abraumhalde der chemischen Industrie. Neue Landschaft, 1, 19–21

MARTINI, K. (1967). Begrünung von Abraumhalden der chemischen Industrie. Neue Landschaft, 5, 236–239

MARTINI, K. (1967). Gedanken zur Verwendung von Mutterboden im Landschaftsbau. Neue Landschaft, 2, 63–65

MAZEK-FIALA (1952). Flugerdebekämpfung im Wiener Becken. Allg. Forstztg., Wien, 9/10

MAZEK-FIALA (1957). Erfahrungen mit der Pappel bei Windschutzaufforstungen. Allg. Forstztg., 68. Jg., H. 7/8

MAZEK-FIALA, K. (1967). 10 Jahre Bodenschutz in Niederösterreich. Die Bodenschutzmaßnahmen und ihre wirtschaftlichen Auswirkungen. Österr. Agrarverlag Wien, 119 S.

MEDICUS-WALLRAD, L. (1802). Forsthandbuch und Anleitung zur Deutschen Forstwirtschaft

MEISSNER, R. (1949). Die Aussichten der Lebendverbauung im Hochgebirge. Österr. allg. Forstztg., 60. Jg., Folge 11/12

MELDER, A. (1969). Chemische Mittel zur Wuchsbeeinflussung und Unkrautbekämpfung. Neue Landschaft, 2, 47–51

MELIN, E., NILSSON, H. (1950). Transfer of radioactive phosphorus to pine seedlings by means of mycorrhizal hyphae. Physiol. Plant, 3

MELIN, E., NILSSON, H. (1952). Transport of labelled nitrogen from ammonium source to pine seedlings through mycorrhizae mycelium. Svensk Bot. Tidskr., 46

MELIN, E., NILSSON, H. (1953). Transfer of labelled nitrogen from glutamic acid to pine seedlings through the mycelium of Boletus variegatus. Fr. Nature, 171

Ministero dell'Agricoltura e delle Foreste, Rom (1953). Ferite della montagna sanate con il bosco. La sistemazione idraulico-forestale dell'alto Tagliamento

MOLISCH, H. (1935). Das knospenlose Internodium als Steckling behandelt. Berichte der deutschen botanischen Gesellschaft, Bd. 53

MOLZAHN, G. (1960). Die Schnellbegrüner (Saaten zur schnellen Begrünung). HESA-Informationsdienst, 2/18

MOOSBRUGGER, WENZL (1960). Ennsregulierung, Entwicklung, Ausbau und Erhaltung. Festschrift 100 Jahre Ennsregulierung. Verlag Natur und Technik, Wien, 39–51

MOSER, M. (1951). Neue Einblicke in die Lebensgemeinschaft von Pilz und Baum. Die Umschau, 17

MOSER, M. (1956). Die Bedeutung der Mykorrhiza für Aufforstungen in Hochlagen. Forstw. Zentralbl., 11/12

MOSER, M. (1965). Künstliche Mykorrhiza-Impfung und Forstwirtschaft. Allg. Forstzeitschr., München, 1/2, 2 S.

MOUGIN, M. P. (1931). La Restauration des Alpes

MRASS, W., LOHNMEYER, W. (1966). Hochwasserbedingte Landschaftsschäden im Einzugsgebiet der Altenau und ihrer Nebenbäche. Schriftenreihe f. Landschaftspflege u. Naturschutz, Bad Godesberg, 1, 127–190

MÜLLER, G., PFEUFER, E. (1970). Betonzellenplatten und ihre Anwendung im Flußbau der DDR. Wasserwirtschaft u. Technik, Berlin, 20. Jg., 6, 203–209

MÜLLER, H. (1965). Die bg-Platte – eine Vereinigung von Beton und Rasen für grüne Straßen- und Böschungsbeläge. Straßenbau-Technik 20, H 22, 1768–1772

MÜNCHOW, H. (1967). Fertigrasen. Garten und Landschaft 77, Nr. 5, Beilage »Die Pflanze«

MUSSER, H. B., DUICH, J. M. (1958). Crownvetch occupies roadside slopes as grasses disappear. Science for the Farmer. Bd. V, 4

MYERS, F. (1957). Crownvetch controls erosion. The Indiana Farmers Guide. Huntington, Indiana USA, Sept. 1

NAUMANN, A. (1932). Zur Ökologie der Bewurzelung pontischer Stauden. Beihefte Botanisches Centralblatt, 49

NEELS, O. (1966). Die Unkrautbekämpfung in Rasenflächen. Neue Landschaft, 5, 278–282

NEUWINGER, I. (1969). Gefahrenzonen der Erosion in den Alpenländern. Ein Beitrag zur Erosionskontrolle. Allg. Forstztg. Wien, 80, 4, 81–85

NIEMANN, E. (1970). Ufervegetation und Gewässerpflege. WWT, 20, 10, 344–348

NIEMANN, E. (1971). Zieltypen und Behandlungsformen der Ufervegetation von Fließgewässern im Mittelgebirgs- und Hügellandraum der DDR. WWT, 21, 9, 310–316

NIESEL, A. (1967). Begrünung von Dächern. Garten und Landschaft, 12, 395–396

NORRIS, D. O. (1959). The role of Calcium and Magnesium in the nutrition of Rhizobium. Australian Journal of Agricultural Research. Vol. 10, 5, 651–698

NORRIS, D. O. (1963). A procelain bead method for storing Rhizobium. Commonwealth scientific and industrial research Organization. Oxford. XXXI, 123, 255–258

NORRIS, D. O. (1965). Rhizobium relationship in Legumes. Proc. IX, Sao Paolo, Brazil, Vol. 2, 1087–1092. (In englischer Sprache mit portugisischer Zusammenfassung)

NORRIS, D. O. (1965). Acid production by Rhizobium a unifying concept. Plant and soil, Vol. XXII, 2, 143–166

NORRIS, D. O. (1965). Legumes and the Rhizobium Symbiosis. The Empire Journal of experimental Agriculture. Oxford, XXIV, 96, 247–270

NOWAK, H. (1960). Ennsregulierung und Landschaftsgestaltung. Festschr. 100 Jahre Ennsregulierung. Verlag Natur und Technik, Wien, 123–126

OBERDORFER, E. (1967). Pflanzensoziologische Exkursionsflora für Süddeutschland und die angrenzenden Gebiete. E. Ulmer, Stuttgart, 987 S.

Önorm B 2241 (1963). Grünflächen, 8 S.

OLBRICH, A. (1953). Windschutzpflanzungen. Hitschmann, Wien V

OLSCHOWY, G., KÖHLER, H. (1955). Begrünen und Rekultivieren von extremen Standorten. Vorträge, Aussprachen und Ergebnisse d. Bundestagung f. Landschaftsanwälte vom 13.–15. 10. 1954 in Tübingen. Hiltrup: Landwirtschaftsverl. 1955, 135 S. (= Landwirtschaft – Angew. Wissenschaft, Nr. 43)

OLSCHOWY, G. (1955). Ödland braucht kein Unland bleiben. Land- und bauwirtschaftlicher Auswertungs- und Informationsdienst, Godesberg

OLSCHOWY, G., WIEPKING, H. FR. (1956). Landschaftspflege in Italien. Berichte über Studienreisen im Rahmen der Auslandshilfe der USA, Heft 109, AID

OLSCHOWY, G., KÖHLER, H. (1956). Anlage und Pflege von Pflanzungen in freier Landschaft. Vorträge, Aussprachen und Ergebnisse der Arbeitstagung in Geisenheim am Rhein 1956. BML, AID/Bonn

OLSCHOWY, G. (1956). Bepflanzung von Bachläufen und Gräben. Neue Landschaft, 12, 206–209

OLSCHOWY, G. (1957). Flurgehölze, Pflanzung, Pflege, Nutzung. AID, Bundesministerium für Ernährung, Landwirtschaft und Forsten, Bonn

OLSCHOWY, G. (1958). Gedanken zum Ausbau kleiner Wasserläufe. Hilfe durch Grün, 6

OLSCHOWY, G. (1958, 1959). Landschaftspflegerische Grundsätze für die Rekultivierung von Tagebaugebieten. Neue Landschaft 34 (1959), H. 3, 36–37

OLSCHOWY, G. (1959). Landschaftsgerechter Ausbau von Straßen und Wegen. Hilfe durch Grün, 8, 63–64

OLSCHOWY, G. (1960). Grundsätze der Landschaftspflege für den Abbau und die Rekultivierung von Tagebaugebieten. Hilfe durch Grün, H. 9, 7–9

OLSCHOWY, G. (1963). Bodenerosion und Bodenschutz auf tertiären Tonböden unter besonderer Berücksichtigung italienischer Erosionsgebiete. Beiträge zur Landespflege. E. Ulmer, Stuttgart, 1, 147–169

OLSCHOWY, G. (1965). Beton-Rasen-Platten auf Flugfeldern. Patent Nr. 519 704 vom 22. 2. 1952. Garten und Landschaft 75, H. 4, Werkblatt Nr. 4

OLSCHOWY, G. (1965). Die Vegetationskarte als Hilfsmittel des Landschaftsplanes. Das Gartenamt, 9, 402–404

OLSCHOWY, G. (1968). Zur Planung von Fernstraßen-Begrünungen. Natur und Landschaft, 43, 3, 60–64

OLSCHOWY, G. (1970). Gestaltung und Begründung von Abfallplätzen und extremen Standorten. Neue Landschaft, 1, 7–13

OLSCHOWY, G. (1972). Landschaft und Technik. Verlag Patzer, Hannover, 328 S.

OPPENHEIMER, H. R. (1957). Furthers Observations on roots penetrating into Rocks and their Structure. Bull. of the Research Council of Israel. Vol. 6, No. 1, 18–26

PAPESCH, E. (1963). Grünverbauung im Forstwegebau. Allg. Forstztg. Wien, 74, 128

PASSECKER, F. (1949). Die Vermehrung der Obstgehölze

PASSECKER, F. (1954). Die Entwicklungsphasen der Gehölzpflanzen und ihre praktische Bedeutung. Aichinger Festschrift, Bd. 1

PESCHL, G. (1959). Die Bepflanzung der Bundesstraße 12. Hilfe durch Grün, 8, 51–53

PEUCKER, H. (1967). Untersaaten bei Gehölzpflanzungen in der freien Landschaft. Neue Landschaft, 6, 308–309

PEUCKER, H. (1969). Zum Aufbau von Pflanzungen an Straßen. Neue Landschaft, 6, 274–276

PEUCKER, H. (1970). Verfahren zur mutterbodenlosen Begrünung. Neue Landschaft, 2, 69–70

PFLUG, W. (1962). Erfahrungen aus den verschiedenen Methoden der biologischen Hangsicherung. Grünverbau im Straßenbau. Kirschbaum-Verlag, Bad Godesberg, 8–26

PIETSCH, R. (1964). Pflanzensoziologische und ökologische Untersuchungen an Fußballsportrasen. Ztschr. f. Acker- und Pflanzenbau. Parey, **119**, 4, 347–369

PIETSCH, W. (1970). Ingenieurbiologie. Verlag W. Ernst, Berlin. 120 S.

PINTAR, J. (1970). Prometnice in prostorske razmere s posebnim poudarkom na stabilnosti in eroddibilnosti tal ter NJIH varstvu. In: Ceste in Krajina, 41–50. (In slovenischer Sprache)

POMPEJUS, G. (1970). Hygromull für den Garten und Landschaftsbau. Das Gartenamt, 9, 424–426

POSCH, A. (1964). Wildbachverbauung in den Lößgebieten von Niederösterreich. Allg. Forstztg. Wien, 21/22, 253–254

PRAXL, V. (1954). Verbauung und Begrünung von Moränenabbrüchen in Vorarlberg. Vereinszeitschr. der Dipl. Ing. der Wildbachverbauung, H. 5

PRAXL, V. (1961). Der Gallinabach und sein Einzugsgebiet. JUFRO-Exkursionsführer Waldbau. Forstl. Bundesvers. Anst. Wien, 87–96

PREISING, E. (959). Standörtliche Grundlagen für die Bepflanzung von Straßen und Wegen. Hilfe durch Grün, 8, 26–28

PRÜCKNER, R. (1947). Das kolksichere Uferdeckwerk. Zentralbl. für die gesamte Forst- und Holzwirtschaft, H. 3/4, 70. Jg.

PRÜCKNER, R. (1948). Die Technik der lebenden Verbauung und das Weidenproblem im Flußbau und in der Wildbachverbauung

PRÜCKNER, R. (1952). Wasserwirtschaft und Naturschutz. Allg. Forstztg. Wien, **63**, 17/18, 204–206

PRÜCKNER, R. (1965). Die Technik der Lebendverbauung. Österr. Agrarverlag Wien, 200 S.

PRÜCKNER, R. (1967). Sind Hochwasserkatastrophen vermeidbar? Interpraevent. Klagenfurt, 138–141

PRÜFERT (1959). Aufforstung von Jura-Steilhängen mit Hilfe von Torfkeilen. Allg. Forstzeitschr. 10, 212–214

QUARANTA FEDERICO (1965). Beton-Rasen-Platten auf Flugfeldern. Patent Nr. 519 704 vom 22.2.1952. Garten und Landschaft **75**, H. 4, Werkblatt Nr. 4

RAEDER-ROITZSCH, J. E. (1958). Der Einsatz von Asphalt zur Berasung entblößter Bodenflächen im Erdbau. Allg. Forstzeitschr. München, H. 26, 378–381

RAMOS, A. (1971). Landschaftsbau in Spanien. Landschaftsbau an der spanischen Autobahn Barcelona-französische Grenze. Neue Landschaft, 12, 612–615

RAINER, F. (1964). Befestigung kahler Straßenböschungen durch Grünverbauung. Gozdarskega vestnika. Ljubljana, 7/8, 193–204. (Slowenisch)

RASCHENDORFER, I. (1953). Stecklingsbewurzelung und Vegetationsrhythmus. Einige Versuche zur Grünverbauung in Rutschflächen. Forstw. Zentralbl. 72. Jg., H. 5/6

RASCHENDORFER, I. (1959). Blaikentypen in den Ostalpen. Kennzeichnung von Rutschflächen nach den Vegetationsstufen zum Zwecke der Grünverbauung. De Natura tiroliensi. Prenn-Festschrift. Univ. Verlag Wagner, Innsbruck

RAUH, W. (1938). Über die Verzweigung ausläuferbildender Sträucher mit besonderer Berücksichtigung ihrer Beziehungen zu den Stauden. Hercynia, H. 2

RAUH, W. (1939). Über Gesetzmäßigkeit der Verzweigung und deren Bedeutung für die Wuchsformen der Pflanzen. Mitt. der Deutschen Dendrol. Ges. 52/1939

REUTER (1904). Über die Erziehung von Ballenpflanzen auf künstlichem Wege. Forstw. Cbl. 26, 550–557

RICHARD, G. P., LES, T. L., BEITZNER, B. (1964). Neulandgewinnung durch Erdölprodukte. Umschau. Frankfurt, 21, 656–657

Richtlinien für Straßenbepflanzung (RPf). Forschungsgesellschaft f. d. Straßenwesen, Köln. Teil 1: Entwurf von Straßenpflanzungen (RPf1), 1960. Teil 2: Ausführung von Straßenpflanzungen (RPf2), 1964. Teil 3: Pflege und Nacharbeiten an Straßenpflanzungen (RPf3). 1969.

RICHTER (1967). Besseren Rasen durch bessere Rasengräser. Das Gartenamt, 7, 333–336

RICHTER, H. G. (1968). Rasen in Praxis und Forschung. Das Gartenamt, 11, 500–503

RIDEL, H. (1936). Bau und Leistungen des Wurzelholzes. Jahrb. f. wissensch. Botanik, H. 68

RIECKENBERG, F. (1959). Die Straßenbepflanzung als Verwaltungsaufgabe. Hilfe durch Grün, 8, 20–25

RIECKHOF, H. (1959). Der Straßenbaum in der Sicht der bäuerlichen Anlieger. Hilfe durch Grün, 8, 13–19

RIEBEN, E. (1969). Grundlagen und Praxis der Grünverbauung und der Böschungsbegrünung. In: Kurs über Wald- und Güterstraßenbau der ETH Zürich, 155–162

ROEBERS, F., LANGE, P. (1966). Die Qualität von Rasenflächen in Abhängigkeit von Aussaatmischung und Düngung. Neue Landschaft, 5, 249–260

ROEMER, L. (1964). Rasen in der Landschaftspflege. Neue Landschaft 9, Nr. 7, 212–214

ROEMER, L. (1966). Rasenmischungen an Straßen und Autobahnen. Mitt. Ges. f. Rasenforschung. Gießen, **1**, 1, 5–7

ROETHE, J. (1958). Erfahrungen bei der Begrünung von Asche-Halden. Garten und Landschaft, **68** 5, 132–133

ROHMEDER, E. (1941). Die Vermehrung von Pappeln durch Samen. Forstarchiv, H. 5/6

ROHMEDER, E. (1943). Keim- und Saatversuche mit Sanddorn. Forstwiss. Zentralbl. 11

ROHMEDER, E. (1964). Die Bedeutung der Samenherkunft für die Forstwirtschaft im Hochgebirge. In „Forstsamengewinnung und Pflanzenzucht für das Hochgebirge". BLV München, 17–35

RUBNER, K., REINHOLD, F. (1953). Das natürliche Waldbild Europas. Parey, Berlin

SACHS, W. (1959). Douglas-Pflanzung mit Torftöpfen. Forst- und Holzwirt, 5, 99–103

SACHS, E. (1966). Zur Frage der Aussaatmengen bei landwirtschaftlichen Feinsämereien. Saatgutwirtschaft/Stuttgart, 238–240

SAUER, G. (1964). Winterschäden an der Pflanzungen der Bundesautobahnen. Straße und Autobahn, 15, 2, 39–45

SAUER, G. (1966). Über den Einsatz chemischer Mittel zur Pflege von Grünflächen an Straßen. Neue Landschaft, 10, 3–11

SAUER, G. (1966). Kunstgriffe im Rasen. Mitt. Ges. f. Rasenforschung. Bonn, 1, 3, 10–19

SAUER, G. (1967). Über den Einsatz chemischer Mittel zur Pflege von Grünflächen an Straßen. Das Gartenamt, 3, 109–114

SAUER, G. (1967). Über Schäden an der Bepflanzung der Bundesfernstraßen durch Auftausalze. Nachrichten d. Deutsch. Pflanzenschutzd. Braunschweig, **19**, 6, 81–87

SAUER, G. (1968). Von der Grasnutzung zur chemischen Wuchshemmung auf Rasenflächen an Straßen. Natur und Landschaft, 43, 3, 54–56

SAUER, G. (1968). Rasenansaat ohne Mutterboden an Straßen. Natur und Landschaft, **43**, 3, 51–54

SAUER, G. (1968). Mutterbodenverwendung und mutterbodenlose Begrünung. Neue Landschaft, 1, 8–14

SAUER, G. (1971). Gehölzschäden durch Spritzung von Wuchsstoffen bei der Pflege von Rasenflächen an Straßen. Neue Landschaft, 6, 288–294

SAUER, G. (1971). Die Verjüngung von Mittelstreifenbepflanzungen durch Entnahme stärkerer Stämme. Neue Landschaft, 12, 620–626

SCHAARSCHMIDT, G., KONECNY, V. (1971). Der Einfluß von Bauweisen des Lebendbaues auf die Standsicherheit von Böschungen. Mitt. a. d. Inst. f. Verkehrswasserbau, Grundbau u. Bodenmechanik der TH Aaachen, H. H. 49, 90 S.

SCHAD, J. (1960). Begrünung von Flächen im Straßenbau, Schotter-Rasen, Bitumen-Rasen, Parkplatz-Rasen. Neue Landschaft, **5**, H. 2, 36–39

SCHAD, J. (1962). Verfahren und Einrichtung zur Begrünung im Anspritzverfahren. Grünverbau im Straßenbau. Kirschbaum-Verlag, Bad Godesberg, 54–56

SCHAD, J. (1962). Einsaaten auf Straßenböschungen. Grünverbau im Straßenbau. Kirschbaum-Verlag, Bad Godesberg, 37–45

SCHAD, J. (1964). Der Rasen im Straßenbau. Neue Landschaft, 9, Nr. 7, 215–216

SCHAUPETER, H. (1963). Die Hartrasen-Platte. Garten und Landschaft, **73**, 4, Werkblatt 2

SCHERER, H. (1967). Rund um den Rollrasen. Betrachtungen eines Praktikers. Neue Landschaft, 2, 54–62

SCHERER, H. (1967). Rollrasen und Begrünungsaufgaben. Mitt. Ges. f. Rasenforschung. Bernhausen, **2**, 3, 67–70

SCHERER, H. (1972). Rasensaat keimt besser in der „Rille". Neue Landschaft, 6, 329–333
SCHIECHTL, H. M. (1955). Bautypen-Benennung und Systematik bei der Grünverbauung. Allg. Forstztg., H. 21/22, 66. Jg.
SCHIECHTL, H. M. (1958). Grundlagen der Grünverbauung. Mitt. d. Forstl. Bund. Vers. Anst. Wien, H. 55, 273 S.
SCHIECHTL, H. M. (1962). Zwei neue Methoden der Grünverbauung zur Befestigung der Böschungen beim Bau der Brenner-Autobahn
SCHIECHTL, H. M. (1962). Einige ausgewählte Ergebnisse aus der Forschungsarbeit für Grünverbauung und über den heutigen Stand ihrer Anwendung in Österreich. Grünverbau im Straßenbau, Heft 51 d. Schriftenreihe Forschungsarbeiten aus dem Straßenwesen. Kirschbaum-Verlag, Bad Godesberg, 46–53
SCHIECHTL, H. M. (1963). Die heutige Technik der Grünverbauung beim Straßenbau in Österreich. Brücke und Straße. Verlag Wigankov, Berlin, 1, **15**, 3–9
SCHIECHTL, H. M. (1964). Die Saat auf Strohdeckschicht, eine Methode zur raschen Befestigung von Böschungen. Allg. Forstztg. Wien, 75, 5/6, 51–54
SCHIECHTL, H. M. (1965). Grundsätzliche Überlegungen zur Hangsicherung durch Grünverbau. Zeitschr. f. Kulturtechnik u. Flurbereinigung, 6, 3, 136–145
SCHIECHTL, H. M. (1965). Erfahrungen mit Decksaaten im Schweizerischen Straßenbau. Schweizer. Bauzeitung, 83, 24, 431–433
SCHIECHTL, H. M. (1965). Der jüngste Stand der Ingenieurbiologie im Forstwesen. Allg. Forstztg. Wien, 76, 11, 224–226
SCHIECHTL, H. M. (1966). Möglichkeiten und Probleme der Grünverbauung im Hochgebirge. Mitt. d. Österr. Alpenvereins, 21, 3/4, 39–41
SCHIECHTL, H. M. (1966). Ingenieurbiologie im Forstwesen. Schweizer. Zeitschr. f. Forstwesen, Zürich, 3/4, 176–185
SCHIECHTL, H. M. (1966). Sicherung von Hängen durch Grünverbauung. Garten und Landschaft, 6, 183–189
SCHIECHTL, H. M. (1967). Der Einsatz der Grünverbauung zur Haldenbegrünung. Garten und Landschaft, 9, 285–292
SCHIECHTL, H. M. (1967). Slope Rehabilitation through Bio-Engineering. Man's effect on California watersheds. Section III. Full report of the Institute of Ecology University of California at Davis, 94–122
SCHIECHTL, H. M. (1967). Wildgräser- und Wildkräutersaat in der Grünverbauung. Garten und Landschaft, 2, 48–53
SCHIECHTL, H. M. (1968). Die Bedeutung des Lebendverbaues, heute und morgen. Natur und Landschaft, 43, 10, 243–244
SCHIECHTL, H. M. (1969). Die Entwicklung der Ingenieurbiologie in Tirol. Beiträge zur Technikgeschichte Tirols. Ing. u. Arch. Verein. Innsbruck, H. 1, 18–22
SCHIECHTL, H. M. (1969). Die Bewährung der Heckenbuschlage und der Strohdecksaat zur Sicherung von Böschungen im Erdbau. Österr. Ingenieur-Zeitschr. 12, 6, 208–213
SCHIECHTL, H. M. (1970). Ingenieurbiologische Bauweisen zur Hangsicherung im Straßenbau. Ceste in krajina. Ljubljana, 131–137
SCHIECHTL, H. M. (1972). Die Rekultivierung mit ingenieurbiologischen Bauweisen. In: le cave in europa. Ed. P. E. I., Parma, 207–214
SCHIECHTL, H. M. (1971). Maßnahmen zur Erhaltung der alpinen Landschaft und zum Erosionsschutz in Österreich. In: Atti del Convegno internaz. di Madesimo. Ed.: Fondazione per i problemi montani dell'Arco Alpino, Milano, 69–93
SCHIECHTL, H. M. (1972). Die Begrünung von Ski-Abfahrten. Garten und Landschaft, München, Werkblatt 1, 3 S.
SCHIECHTL, H. M. (1972). Begrünungsarbeiten beim Bau der Brennerautobahn. In: Die Brenner Autobahn. Ed.: Tiroler Nachrichten, Innsbruck, 331–334
SCHINDLER, A. (1889). Die Wildbach- und Flußverbauung nach den Gesetzen der Natur
SCHLAEPPI, F. (1954). Die Vermehrung der Salweide durch Samen. Schweizerische Bienenzeitung, H. 5
SCHLÜTER, U. (1967). Über die Eignung einiger Weidenarten als lebender Baustoff für den Spreitlagenbau. Beiträge zur Landespflege. E. Ulmer, 3, 1, 54–64
SCHLÜTER, U. (1967). Erfahrungen mit einigen Weidenarten als lebende Baustoffe für Spreitlagen. Garten und Landschaft, 9, Werkblatt, 3 S.
SCHLÜTER, U. (1969). Anwendung biometrischer Methoden bei der Auswertung von Untersuchungen auf dem Gebiet des Lebendbaus. Landschaft und Stadt, 4, 159–162
SCHLÜTER, U. (1970). Die Bedeutung der Karte der heutigen potentiell natürlichen Vegetation für die Planung von Lebendbaumaßnahmen. Landschaft und Stadt, 2, 1, 32–40
SCHLÜTER, U. (1971). Lebendbau. Ingenieurbiologische Bauweisen und lebende Baustoffe. Callwey/München, 98 S.
SCHLÜTER, U. (1971). Versuche über die Eignung von Gehölzen als Heckenlagen zur Stabilisierung steiler Kippenböschungen aus saurem tertiärem Abraummaterial. Landschaft und Stadt, 1, 12–20
SCHLÜTER, U. (1971). Die Eignung von Holzarten für den Busch- und Heckenlagenbau. Landschaft und Stadt, Beiheft 6, 56 S.
SCHMID, W. (1966). Die Grünverbauung – ingenieurbiologische Maßnahme im modernen Straßenbau. Die neue Landschaft, 1, 21–23
SCHMID-VOGT, H. (1964). Forstsamengewinnung und Pflanzenzucht für das Hochgebirge. Bayer. Landw. Verlag, München, 248 S.
SCHNEIDER, J. (1959). Die Bepflanzungsnormen der Vereinigung Schweizerischer Straßenfachmänner. Hilfe durch Grün, 8, 42–43
SCHOEN, G. (1966). Landschaftsgestaltung und Bepflanzung auf Staudämmen. Am Beispiel des Sperrdammes der Biggetalsperre. Das Gartenamt, 7, 336–338
SCHRAUDENBACH, P. (1962). Die Beton-Gras-Platte. Garten und Landschaft, 72, H. 11 (Beilage aus der Gartentechnik), 3–4
SCHRAUDENBACH, P. (1963). Bankettbefestigung durch Beton-Gras-Platte. Garten und Landschaft, 73, H. 8, Werkblatt Nr. 8
SCHRAUDENBACH, P. (1968). Die „bg-Platte". Neue Landschaft, 8, 371–373
SCHREIBER, O. (1953). Preßballenpflanzung. Der Wald, 3, 18–25
SCHRODT, W. (1949). Erfahrungen mit der Lebendverbauung an der großen Erlauf in Trübenbach. Allg. Forstztg. 60. Jg., H. 21/22
SCHROETER, C. (1934). Übersicht über die Modifikationen der Fichte. Schweizerische Zeitschr. für Forstwesen, 2
SCHROETER, O. (1928). Das Pflanzenleben der Alpen
SCHULENBURG, A. F. (1954). Probleme und Provenienzfragen bei Vorwaldholzarten für die Neubewaldung von Ödlandboden. Ref. in Huitiéme congrés international de Botanique, Paris
SCHULENBURG, G. v. D. (1967). Erosionsschutz für leicht bewegliche Böden. Straßenbautechnik, 23, 3 S.
SCHURHAMMER, H. (1939). Über die Behandlung von Felsböschungen
SCHWAN, F. C. (1781). Grundriß der Forstwissenschaft zum Gebrauche dirigierender Forst- und Kameralbedienten, auch Privatguthsbesitzern. Mannerheim
SCHWARZ, H. (1953). Gehölzschutzanlagen im Flugerdegebiet des südlichen Wienerbeckens. Österr. Vierteljahresschr. für Forstwesen, H. 3/4
SCHWEIZER, E. W. (1967). Hydrosaat – eine neue Epoche in der Ansaat von Grünflächen. Anthos 6, H. 1, 42–44
SCHWEIZER, E. E. (1971). Einige Beobachtungen zum Problem der chemischen Wachstumshemmung von Intensiv-Rasen. Rasen-Turf-Gazon, 1, 30–32
Schweizerische Normenvereinigung (1959). SNV Normblatt 40671. Bepflanzung: Kulturerde-Humus-Kompost-Rasenziegel. 5 S.
Schweizerische Normenvereinigung (1961). SNV Normblatt 40672. Bepflanzung: Berasung. 6 S.
Schweizerische Normenvereinigung (1964). SNV Normblatt 40673. Bepflanzung: Schotterrasen. 2 S.
SECKENDORFF (1884). Verbauung der Wildbäche
SEIBERT, P. (1960). Naturnahe Querprofilgestaltung beim Ausbau von Wasserläufen. Natur und Land, 1, 2 S.
SEIBERT, P. (1962). Die pflanzensoziologische Karte als Grundlage für vorbeugende Maßnahmen an rutschgefährdeten Hängen des bayerischen Flyschgebietes. Mitt. ostalpin-dinar. pflanzensoz. Arbeitsgem. 2, 91–94
SEIBERT, P. (1963). Bibliographie der Arbeiten über das Zusammenwirken zwischen Pflanzensoziologie. Wasserwirtschaft und Wasserbau. Excerpta Botanica. Sectio B, 5, 81–102
SEIBERT, P. (1967). Die Bedeutung der natürlichen Ufervegetation. Deutsche Fassung von: Conservation des Eaux. Influence de la végétation naturelle de long des torrents, des vivières et des canaux en rapport avec l'aménagement des rives. Conseil de l'Europe. Sauvegarde de la nature et des Ressources naturelles. Strasbourg, 27 S.
SEIDEL, K. (1957). Wasserpflanzen nur lästige Schmarotzer? Umschau, 19

SEIDEL, K. (1966). Reinigung von Gewässern durch höhere Pflanzen. Die Naturwissenschaften, 53, 12

SEIDEL, K. (1967). Biologischer Schutz unserer Seen durch Pflanzen. Österreichs Fischerei, 20, 1

SEIDEL, K., SCHEFFER, F., KICKUTH, F., SCHLIMME, E. (1967). Aufnahme und Umwandlung organischer Stoffe durch die Flechtbinse. Das Gas- und Wasserfach, 108, 6

SEIFERT, A. (1938). Naturnäherer Wasserbau. Deutsche Wasserwirtschaft Nr. 12

SEIFERT, A. (1941). Im Zeitalter des Lebendigen

SEIFERT, A. (1941). Reise zu französischen Wasserstraßen. Deutsche Wasserwirtschaft Nr. 8

SEIFERT, A. (1958). Gewässer in ihrer Landschaft. Hilfe durch Grün, 6

SEIFERT, A. (1959). Vom Sinn der Straßenpflanzung. Hilfe durch Grün, 8, 54–58

SEIFERT, A. (1961). Strukturtechnische Gesichtspunkte beim Aufbau einer künstlichen Bodenkrume auf Quarzsand. Mitt. aus dem Leichtweiß-Institut f. Wasser- und Grundbau d. TH Braunschweig, H. 2. 79–91

SEIFERT, A. (1965). Industrie und Landschaft. Garten und Landschaft 75, 10, 350–352

SEIFERT, A. (1965). Landschaftsgestaltung an Wasserstraßen. Der biologische Wasserbau. Verlag E. Ulmer, Stuttgart, 286–297

SEIFERT, A. (1965). Naturferner und naturnaher Wasserbau. Aus „Wasserbedrohtes Lebenselement". Montana-Verlag, Zürich, 4 S.

SEIFERT, A. (1966). Die kommende deutsche Kulturlandschaft. Garten und Landschaft, 4, 4 S.

SEIFERT, A. (1967). Landschaftliche Eingliederung von Wasserkraftbauten. Neue Landschaft, 4, 51–52

SEIFERT, A. (1968). Die Aufforstung steiler Böschungen. Garten und Landschaft, 1. Werkblatt

SEIFERT, A. (1968). Ein Beispiel technischer Mutterbodenarbeit. Garten und Landschaft, 11. Werkblatt

SEIFERT, A. (1968). Gestaltung und Behandlung künstlicher Felsabbrüche. Garten und Landschaft, 1. Werkblatt

SEIFERT, A. (1970). Baumschnitt. Natur und Land. Sonderschriftenreihe, 1, 52–54

SEIFERT, A. (1970). Bäume im Wasser. Garten und Landschaft, 5, 152–153

SEIFERT, E. (1970). Zur Technologie einer kolloidchemischen Ergänzung extremer Bodensysteme. I. Teil: Mittl. Leichtweiß-Inst. f. Wasserbau und Grundbau an der TH Braunschweig, H. 25, 82 S., II. Teil, H. 27, 103 S.

SENN, G. (1922). Beobachtungen an einheimischen Brettwurzelbäumen. Berichte der schweizerischen Botanischen Gesellschaft, 30/31

SENN, G. (1923). Über die Ursachen der Brettwurzelbildung bei der Pyramidenpappel. Verhandl. Naturfr. Ges., Basel, Nr. 35

SHELL International Petroleum Company Limited. (1962). Bitumen emulsion for the control of road-side erosion in Australia. Shell Bitumen Review, 11, 12–13

SHELL (1962). Bitumen emulsion for promoting grass growth in Italy. Shell Bitumen Review, 11, 14–15

SIEBERT, A. (1952). Bodenerosion als Weltproblem. Umschaudienst d. Forschungsausschusses Landschaftspflege und Landschaftsgestaltung, Hannover, 7/8, 287 S.

SIEDE, E. (1960). Untersuchungen über die Pflanzengesellschaften im Flyschgebiet Oberbayerns. Landschaftspflege und Vegetationskunde, München, 2, 60 S.

SIEDLUNGSVERBAND Ruhrkohlenbezirk (1954). Die Schüttung und Begrünung von Halden. Reichsministerialblatt der landwirtschaftlichen Verwaltung 1939

SIEDLUNGSVERBAND Ruhrkohlenbezirk (1954). Umpflanzung von Halden. Reichsministerialblatt der landwirtschaftlichen Verwaltung 1939

SIEGRIST, R. (1913). Die Auenwälder der Aare

SIMMONS, P., ARMSTRONG, W. J. (1965). A new method of soil stabilisation. (Ein neues Verfahren zur Stabilisierung des Bodens.) Z. Pflanzenernährung, Düngung, Bodenkunde 110

SINCLAIR, J. G. (1922). Temperature of the soil and air in a desert. Monthly Weather Review, Nr. 50

SKAWINA, T., ZUBIKOWSKA-SKANIWONOWA, L., KAMIENCKI, F. (1967). Über die Kriterien bei Auswahl der Pflanzendecke für biologische Sicherung der Tagesbauböschungen. Referatensammlung des Intern. Symposiums über Rekultivierungen der durch den Bergbau beschädigten Böden. Prag, III, 339–352

SKAWINA, T., BOJARSKI, Z., KAMIENIECKI, F. (1967). Die Rolle der biologischen Sicherung in der Einschränkung geomorphologischer Prozesse auf Tagebauböschungen. Referatensammlung des Internat. Symposium über Rekultivierungen der durch den Bergbau beschädigten Böden. Prag, III, 17–24

SKIRDE, W. (1966). Entwicklung von Rasensaaten unter dem Einfluß von Schnitt und Düngung. Neue Landschaft, 5, 263–267

SKIRDE, W. (1967). Der Sortenwert von Rasengräsern. Garten und Landschaft, 2, 41–42

SKIRDE, W. (1968). Entwicklung, Stand und Ziele der Rasenforschung in Gießen. Das Gartenamt, 3, 104–107

SKIRDE, W. (1968). Artenkombination und Sortenfragen beim Aufbau von Mischungen für Zier- und Gebrauchsrasen. Das Gartenamt, 3, 85–91

SKIRDE, W. (1969). Rasen als Mittel des Landschaftsbaues. Neue Landschaft, 2, 51–54

SKIRDE, W. (1970). Ergebnisse zur Salztoleranz von Gräsersorten. Rasen, 1, 1, 12–14

SKIRDE, W. (1970). Untersuchungen zum Aufbau pflegearmer Ansaaten für Rasen an Straßen und Autobahnen. Rasen, 4, 94–100

SKIRDE, W. (1971). Entwicklung von Begrünungsansaaten auf extremen Standorten. Rasen-Turf-Gazon, 1, 6–11

SKIRDE, W. (1971). Entwicklung der Begrünungssaaten auf extremen Standorten. Rasen-Turf-Gazon, 2, 35–40

SKIRDE, W. (1971). Beobachtungen an Poa supina Schrad. Rasen-Turf-Gazon, 2, 58–62

SLAVONOVSKY, F. (1969). Die Entwicklung des Wurzelsystems von Festuca dominii im Laufe der Vegetationsperiode. Folia. Brno. X, 7, 3–76. (In tschechischer Sprache mit deutscher Zusammenfassung)

SLAVONOVSKY, F. (1970). Zähigkeit und Elastizität der Wurzeln von Festuca dominii als Klassifikatoren ihrer Festigungsbedeutung. Folia. Brno. XI, 3, 7–32

SLAVONOVSKY, F. (1971). Dynamik der mechanischen Eigenschaften der Wurzeln von Thymus angustifolius im Laufe einer Vegetationsperiode. Folia. Brno. XII, 2, 3–86

SLAVIKOVA, J. (1965). Die maximale Wurzelsaugkraft als ökologischer Faktor. Preslia (Praha), 37, 419–428

SOCHER, H. (1952). Die Wohlfahrtsaufforstungen im Burgenland. Allg. Forstztg. Wien, 9/10

SONNE, E., ESSELBORN, K. (1904). Elemente des Wasserbaues. Verlag W. Engelmann, Leipzig, 337 S.

STÄHLIN, A. (1970). Die Jährige Rispe, Poa annua, als Rasengras. Garten und Landschaft, 2, 44–45

STANEK, J. (1952). Technische Verbauung oder Grünverbauung. Zeitschr. des Vereins der Dipl. Ing. der Wildbachverbauung, H. 1

STANEK, J. (1954). Die Auswirkungen wirtschaftlicher Maßnahmen im Einzugsgebiete von Wildbächen auf den Wasser- und Geschiebehaushalt. Allg. Forstztg., 22/23

STÄRK, E. (1970). Böschungssicherung mit lebendem Baustoff. Ceste in krajina. Ljubljana, 141–145

STEINLE, W. (1959). Der Einfluß der Straßenbepflanzung auf die Umwelt. Hilfe durch Grün, 8, 8–10

STELLWAG-Carion, Pr. (1936). Eignungsprüfung bei Steckhölzern. Zentralbl. für die gesamte Forstwirtschaft, H. 7/8

STELLWAG-Carion, Fr. (1936). Lebende Verbauung. I. Teil. Pflanzenbauliche Belange. Wasserwirtschaft und Technik, H. 1/2

STERZINGER, H. (1964). Erste österreichische Erfahrungen mit der Böschungsbegrünung nach dem Verfahren von Ing. H. SCHIECHTL. Schweizer. Zeitschrift f. Vermessung, Kulturtechnik und Photogrammetrie, LXII, 1, 9–12, Winterthur

STINY, J. (1908). Berasung und Bebuschung des Ödlandes im Gebirge.

STINY, J. (1910). Die Muren

STINY, J. (1934). Die Begrünung von Böschungen und anderen technischen Ödflächen im Hochgebirge. Geologie und Bauwesen, H. 4

STINY, J. (1935/36). Die Geschwindigkeit des Rasenwanderns im Hochgebirge. Geologie und Bauwesen, H. 3

STINY, J. (1938). Über die Regelmäßigkeit der Wiederkehr von Rutschungen, Bergstürzen und Hochwasserschäden in Österreich. Geologie und Bauwesen, H. 1

STINY, J. (1938). Die Rutschgefährlichkeit des Baugeländes und seine Untersuchung. Geologie und Bauwesen, H. 4

STINY, J. (1939). Naturnahe Wildbachverbauung. Geologie und Bauwesen, H. 4

STINY, J. (1947). Die Zugfestigkeit von Pflanzenwurzeln. Durch den Verfasser übermittelte Separat-Abschrift

STOFFERS, A. L. (1963). Über die Beeinflussung einiger Gräser durch Überflutung. Acta Botan. Neerlandica, 12, 287–294

STRELE, G. (1932). Die Quellen der Geschiebeführung. Geologie und Bauwesen, H. 2

STRELE, G. (1950). Grundriß der Wildbach- und Lawinenverbauung. Verlag Springer, Wien, 340 S.

STRUNK, W. (1970). Beobachtungen an Flächen mit mutterbodenloser Begrünung. Neue Landschaft, 3, 105–113

SURBER, E. (1964). Ballenpflanzen – ein Mittel zur Dehnung und Verlagerung der Pflanzzeit. Kurzmitteilung Nr. 27. Eidgenössische Anstalt für das forstliche Versuchswesen, Zürich

TAEUBNER, K. (1970). Bituminöser Grünverbau auf Hangflächen und Böschungen. Neue Landschaft, 3, 122–123

TARCZEWSKI (1965). Binding and conservation of fine dust industrial dimps. Materialy Sympozjalne. B. Katowice

TAWARA, H. (1964). Begrünung von Straßenböschungen. Garten und Landschaft, 74, Werkblatt 11, 2 S.

THOMAS, M. (1959). Eingrünen von Straßen und Autobahnen-Einsaat, Pflanzung und Pflege. Hilfe durch Grün, 8, 32–37

TIDICK, F. (1965). Vegetation im Kunstschaum. Die neue Landschaft, 7, 271–275

TIDICK, F. (1965). Plastoponik – Pflanzungen im Kunstschaum. Das Gartenamt, 9, 407–409. Dt. Gärtnerbörse 65, 405

TIDICK, F. (1968). Schaum aus Kunststoff als Vegetationsmittel. Neue Landschaft, 4, 155–158

TOBÉRNÁ, V. (1967). Sukzession der Pflanzengesellschaften auf den Halden von Most. Referatensammlung des Intern. Symposiums über Rekultivierung der durch den Bergbau beschädigten Böden. Prag, III, 545–551

TRAUTMANN, W. (1968). Die Vegetationskarte als Grundlage für die Begrünung und die Beweissicherung im Straßenbau. Natur und Landschaft, 43, 3, 64–68

TRAUTMANN, W. (1972). Erste Ergebnisse von Rasenuntersuchungen an Dauerflächen der Bundesautobahnen. Rasen-Turf-Gazon, 1, 6–12

TROLL, C. (1963). Über Landschafts-Sukzession. Arbeiten zur Rheinischen Landeskunde. Bonn, 19, 1–8

TSCHANN, H. (1962). Betonfertigteile in der Wildbachverbauung. Fachblatt des Verbandes Österr. Betonsteinwerke, 8, 38, 2–6

TSCHERMAK, L. (1940). Gliederung des Waldes Tirols, Vorarlbergs und der Alpen Bayerns in natürliche Wuchsbezirke. Zentralbl. f. d. ges. Forstw. 66, 106–119

TÜXEN, R. (1960). Vegetations- und standortskundliche Grundlagen für Rekultivierungsmaßnahmen in Tagebaugebieten. Hilfe durch Grün, H. 9, und Natur und Landschaft 34 (1959), H. 3, 34–35

TÜXEN, R., LOHMEYER, W. (1961). Kritische Untersuchungen von Rasen an den Autobahnen der Bundesrepublik. Manuskript vervielfältigt

UNESCO-Komission, deutsche. (1969). Probleme der Nutzung und Erhaltung der Biosphäre. Köln, 198 S.

UPPSHALL, W. H. (1931). The propagation of apples by means of root cuttings (Die Vermehrung von Äpfeln mittels Wurzelstecklingen). Scientific Agriculture 1931. Ref. in Deutsche Landwirtschaftliche Rundschau, Bd. 9, 1932

VAAGE, T. (1964). Versuche mit Ballenpflanzen im Waldbau. Rückblick und neue Versuchsresultate. Ber. Internat. Forstkonferenz Nachold. ČSSR, 27–40

VALTÝNI, J. (1972). Stability of Vegetation-reinforced torrent beds. Acta instituti forestalis Zvolenensis. Bd. 3, 181–187

VANICEK, VL. (1967). Entwicklung und Wuchs der Vegetation auf Abladeplätzen für Abfallstoffe von Wärmekraftwerken. Referatensammlung des Intern. Symposiums über Rekultivierungen der durch den Bergbau beschädigten Böden. Prag, III, 552–556

VARESCHI, V. (1951). Über die Wettbewerbsspannung in einigen alpinen und tropischen Pflanzengesellschaften. Phyton, 3, 142–155

VATER (1927). Die Bewurzelung der Kiefer, Fichte, Buche. Tharandter forstliches Jahrbuch, 78

VIEITEZ, E., PEÑA, J. (1968). Seasonal Rhythm of Rooting of *Salix atrocinerea* cuttings. Physiologia Plantarum, Vol. 21, 544–555

VOGEL, G. (1966). Sandflugsicherung abgelagerter Bodenmassen durch Bitumen. Bitumen, Hamburg, 28, 4, 115–116

VOGEL, R. (1972). Fertigrasen-Rasenform der Zukunft. Neue Landschaft, 6, 333–335

VOLKS, O. H. (1938). Untersuchungen über das Verhalten der osmotischen Werte von Pflanzen aus steppenartigen Gesellschaften und lichten Wäldern des mainfränkischen Trockengebietes. Zeitschr. f. Botanik, Bd. 32

VOLKART, A. (1927). Die Berasung von Schutthalden im Tiefland und Hochgebirge. Mitt. der schweizerischen Zentralanstalt für das forstliche Versuchswesen, H. 2

VORREITH, M. (1928). Die Bedeutung der Erle für die Aufforstung steriler Böden. Allg. Forstztg. Wien, 14

VORREITH, M. (1929). Wiederaufforstung der sterilen Haldenlagen von Schwaz. Allg. Forstztg. Wien, 30 und 31

VORREITH, M. (1961). Die Pionierholzarten des Hochgebirges: Weißerlen-Alpenerlen-Latschen. Allg. Frostztg. Wien, 72, 11/12, 118–221

WAGNER, J. (1969). Maschinelle Begrünungs- und Anspitzverfahren. Der Rasenspezialist, 4, 52–55

WAGENHOFF, A. (1938). Untersuchung über die Entwicklung des Wurzelsystems der Kiefer auf diluvialen Sandböden. Zeitschr. für Forst- und Jagdwesen, 70

WAKSMANN, S. A. (1952). Soil mycrobiology

WALLNER, J. (1954). Die Gesundung unserer Flüsse durch Pflanzung und Lebendverbauung, besprochen am Beispiel des Main. Wasserwirtschaft, Stuttgart, 44, 6 und 7. Angewandte Pflanzensoz. Stolzenau, 8

WALLNER, J. (1965). Der biologische Wasserbau an den natürlichen und kanalisierten Binnenwasserstraßen. Der biologische Wasserbau. Verlag E. Ulmer, Stuttgart, 79–147

WALTER, H. (1948). Grundlagen der Pflanzenverbreitung. I. Teil: Standortlehre

WALTER-Lieth (1960). Klimadiagramm-Weltatlas. G. Fischer, Jena

WALTERS, J. (1961). The planting gun and bullet: A new tree-planting technique. Forestry chronicle 37 (2) 94–95, 107. Res. Note 33, Faculty of Forestry. U.B.C. Vancouver 8, B.C.

WALTERS, J. (1963). An important planting gun and bullet: A New tree-planting technique. Tree Planters' Notes. No. 57. Faculty of forestry. U.B.C. Vancouver 8, B.C.

WALTHER, K. (1964). Berasung von Trümmerschutt in Hamburg-Oejendorf. Angewandte Pflanzensoz. Stolzenau, 20, 54–60

WALTL, A. (1950). Der natürliche Flußbau. Österr. Wasserwirtschaft, Wien, 2, 12, 263–271

WALTL, A. (1951). Von der Wasserabwehr zur Wasserwirtschaft. Österr. Wasserwirtschaft Wien, 3, 12, 257–264

WALTL, A. (1948). Der natürliche Wasserbau an Bächen und Flüssen. Amt der OÖ. Landesregierung

WANG, F. (1903). Grundriß der Wildbachverbauung. Verlag S. Hirzel, Leipzig, 479 S.

WATSCHINGER, E., DRAGOGNA, G. (1968). Problematica della difesa del suolo: le sistemazioni elastiche. Monti e boschi, XIX, 6, 5–15

WEBER, A. (1953). Feld- und Laboratoriumsforschungen über die Bodenerosion in den Wäldern und die Methoden der Erosionsverhinderung in den USA. Die Studienreise, Österr. Produktivitätszentrum, Wien

WEBER, A. (1954). 70 Jahre Forsttechnisches System der Wildbach- und Lawinenverbauung in Österreich. Allg. Forstztg. Wien, 65, 23/24, 281–284

WECK, J. (1953). Ödlandaufforstung. Hitschmann, Wien V

WEINZIERL, H.: Kiesgrube und Landschaft. 3 Teile: 1961, 1962, 1964. Herausgegeben vom Bayer. Industrieverband Steine und Erden, München, 136 S.

WEINZIERL, H. (1965). Kiesgrube und Landschaft. Erfahrungen und Erfolge. Beispiele aus Bayern. Teil III. Bayer. Industrieverband Steine und Erden, 136 S.

WEINZIRL (1906). Der alpine Versuchsgarten auf der Sandlingalpe. Bundesanstalt für Pflanzenbau
WENTZ. F. (1969). Neue Methoden der Wundhangbegrünung. Versuche im Allgäu. Garten und Landschaft. 10. 2 S.
WERKMEISTER, H. F. (1963). Mudiriat Al-Tahrir – die neue ägyptische Provinz in der Wüste. Beiträge zur Landespflege. E. Ulmer, Stuttgart, 170–176
WERKMEISTER, E. (1966). Wüste bleibt nicht wüst. Garten und Landschaft, 6, 190–194
WERKMEISTER, H. F. (1966). Studien zur Wüstenrekultivierung in Ägypten. Beiträge zur Landespflege, 2, 1/2. Ulmer, Stuttgart, 53–92
WERMINGHAUSEN, B. (1965). Welche Bedeutung hat Styromull im Landschaftsgartenbau. Die neue Landschaft. 7, 275–279
WERMINGHAUSEN, B. (1967). Neue Möglichkeiten der Bodenverbesserung mit Hilfe von Schaumkunststoffen. Garten und Landschaft, 11, Werkblatt
WERMINGHAUSEN, B. (1968). Schaumstoffe für die Bodenverbesserung. Neue Landschaft, 4, 151–155
WERMINGHAUSEN, B. (1969). Kunststoff: moderner Baustoff. Neue Landschaft, 8, 366–369
WERNER, I. (1964). Rödven i skogslandskapet (Agrostis tenuis im Waldland). In schwedischer Sprache. Weibulls Gräs tips. Mai 1964. Landskrona/Schweden, 1981–2001
WERSICH, G. (1966). Rationalisierung von landschaftsgärtnerischen Arbeiten im Straßenbau. Neue Landschaft, 9, 492–496
WETTSTEIN, W. (1951). Erosionsbekämpfung durch Wiederbegrünung in Wildbachgebieten Vorarlbergs. Mitt. der Forstlichen Versuchsanstalt Mariabrunn. 47
WETTSTEIN, W. (1957). Baum-Schutzstreifen gegen Fabrikgase. Arbeitsgemeinschaft zur Förderung der Pappelkultur in Österreich, Wien, 56/II. 57–200
WIFLAND, W. u. K., KRAATZ, D. (1966). Synthetische Matten als modernes Bauelement im Küstenschutz. Der Tiefbau, Bertelsmann, 8, 9, 725–734
WIEPKING, H. F. (1963). Umgang mit Bäumen. Bayerischer Landwirtschaftsverlag München, 346 S.
WIESER, R. (1954). Die alten Edelrassen und ihre Bedeutung für die Waldwirtschaft im Hochgebirge. Mitt. und Informationen des Waldverbandes für Tirol. 6. Jg., H. 1–3, Innsbruck
WINGENROTH, A. (1967). Humuslose Begrünung von Erosionsschutzdämmen. Der Techniker, Hamburg, 20, 7/8, 27
WOESS, F. (1961). Probleme neuzeitlicher Bepflanzung an Straßen und Autobahnen. Die Bodenkultur, 12, 3, 260–274
WOHLENBERG, E. (1965). Deichbau und Deichpflege auf biologischer Grundlage. Die Küste. Küstenausschuß Nord- und Ostsee, 13, 73–103
WOLF, U. (1960). Rasenteppich in lfd. Meter fertig verlegt. Garten und Landschaft. 70, 2, 50
WOLF, U. (1961). Polymer mulch controls erosion. Engineering-News-Record, New York, 53
WOLF, U. (1961). Rasensoden – Rasenrollen schneiden. Gartenamt 10, 1, 21 und Neue Landschaft 6, 1, 19
WOLF, U. (1962). Feuerwehrwege („Hartrasenplatte"). Neue Landschaft 7, H. 8, 202–204
WOLF, U. (1963). Die Beton-Gras-Platte. Betonzeitung 29. H. 1, 44–45
WOLF, U. (1965). Rasenmischungen an Straßen und Autobahnen. Teil I u. II. Mitt. Ges. Rasenforsch. 1, 1, 5–7
WOLF, U. (1966). Rasen-Rasterstein DBGM. Garten und Landschaft 76, 9, 303–305
WOLF, U. (1967). Rasen – Rasterstein. Baumeister 64, Nr. 2, 216
WOLF, U. (1967). Hydrosaat – eine alte Methode in neuem Gewande. Schutz dem Walde. 182, 5
WRABER, M. (1968). Il ruolo degli studi vegetazionali nella sistemazione dei bacini montani. (Die Rolle der Vegetationsstudien zur Grünverbauung in Wildbachgebieten.) Accademia Italiana di Scienze forestali, Firenze, Vol. XVII, 275–289
WURZER, E. (1967). Schutzwasserbau und wasserwirtschaftliche Planung. Österr. Wasserwirtschaft, 19. 9/10, 186–194

ZACHAR, D. (1959). Einfluß der Wassererosion auf den Boden. Lesnicky Časopis, Prag, 5, 5, 324–340. (In slovakischer Sprache mit deutscher und russischer Zusammenfassung)
ZACHAR, D. (1964). Gesamtstaatliche Tagung über das Aufforsten der Nichtwaldböden in Piešťany. (In slovakischer Sprache mit deutscher, englischer und russischer Zusammenfassung.) Ustav vědeckotechnických informaci Lesnický Časopis, Prag, 10, 3, 221–230
ZACHAR, D. (1964). Auswertung der Forschungsarbeiten bei der Aufforstung verödeter Böden auf den Periská. Lesnický Časopis, Prag, 10, 3, 231–246. (In slovakischer Sprache mit deutscher, englischer und russischer Zusammenfassung)
ZACHAR, D. (1965). Zalesňovanie nelesných pod. (Die Aufforstung von Nichtholzböden). Slovenské vydavateľstvo podohospodárskej literatúry, Bratislava, 230 S. (In slovakischer Sprache mit deutscher und russischer Zusammenfassung)
ZACHAR, D. (1966). Auswertung der Aufforstung verödeter Flächen in der Umgebung von Podlavice bei Banská Bystrica. Vedecké Práce, Prag, VII. 67–92. (In slovakischer Sprache mit deutscher und russischer Zusammenfassung)
ZACHAR, D. (1970). Erózia pody (Bodenerosion). Slovenska Akadémia. Bratislava, 527 S. (In slovakischer Sprache mit deutscher, englischer, französischer und russischer Zusammenfassung)
ZALLINGER, F. (1779). Abhandlungen von den Überschwemmungen in Tyrol. Innsbruck
ZEDNIK, F. (1964). Waldbau gegen Versteppung und Erosion im Mittelmeerraum. Allg. Forstztg. Wien, 9/10, 93–95
ZIMMERMANN, F. (1965). Schlußbericht über ein neuartiges Verfahren zur Beschleunigung der luvseitigen Festlegung von Dünen im Küstenbereich. Leichtweiß-Institut f. Wasserbau u. Grundbau an der TH Braunschweig. 24 S.
ZIMMERMANN, SAXEN, SEIFERT (1966). Ein neuartiges Verfahren zur Beschleunigung der luvseitigen Festlegung von Dünen im Küstenbereich. Die Wasserwirtschaft, Stuttgart, 56. Jg., H. 12, 1–6
ZITZEWITZ, H. VON (1969). Chemie ersetzt Schafmaul und Sense. Neue Landschaft, 8, 389–390
ZÜRN, F. (1957). Der Graslandbau. G. Fromme. Wien/München, 71 S.

カタカナ人名対応表

◇印の付いているものは、文献目録に記載されているものではなく本文のみに登場する人物名です。

ア

アイゼーレ	Eisele Chr.
アイヒンガー	Aichinger
アルターラー	Althaler
アルベルト	Albert
◇アレクサンダー・フォン・フンボルト	Alexander von Humboldt
インダーマウアー	Indermauer
ヴァッチンガー	Watschinger
ヴァルター・リート	Walter-Lieth
ヴァルトル	Waltl
ヴァレスキ	Vareschi
ヴァング	Wang
ヴィアイテツ	Vieitez
◇ヴェーナー	Wehner
◇ヴェッター	Wetter
ヴェットシュタイン	Wetstein
◇ヴェント	Went
ヴォーレンベルク	Wohlenberg
ウプスハル	Uppshall
エーレンドルファー	Ehrendorfer
◇エットリ	Öttli
エレンベルク	Ellenberg
◇エンゲルハルト	Engelhardt
◇オーバーディンク	Overdijunk
オーバードルファー	Oberdorfer
オルショーヴィ	Olschowy

カ

カール	Karl
ガイスデルファー	Geisdörfer
ガッティカー	Gattiker
ガムス	Gams
ガルドナー	Gardner
キーアヴァルト	Kirwald
◇キーンバウム	Kienbaum
◇キックート	Kickuth
キルヒナー	Kirchner
◇クトゥリエー	Couturier
クナップ	Knapp
クメラール	Chmelar
クリックル	Krickl
クリューデナー	Kruedener
◇グリューニヒ	Grünig
クレーベル	Kraebel
グンペルマイヤー	Gumpelmayer
◇ゲーブル	Goebl
ケストラー	Köstler
ケラー	Keller
◇コックスヴォルト	Koxvold

サ

ザイデル	Seidel
ザイフェルト	Seifert
ザイベルト	Seibert
ザウアー	Sauer
ジアラス	Dziallas
◇ジークリスト	Siegrist
◇シェーデ	Schaede
◇シェファー	Scheffer
◇シェメル	Schemerl
シャート	Schad
◇シャウベルガー	Schauberger

サっづき

シュヴァーン	Schwan
◇シュヴァイガー	Schweiger
シュヴァルツ	Schwarz
◇シューベルト	Schubert
シューレンブルク	Schulenburg
シュタインレ	Steinle
◇シュタウダー	Stauder
シュテルヴァーク・カリオン	Stellwag-Carion
◇シュテルン	Stern
◇シュナイダー	Schneider
シュミット・フォークト	Schmidt-Vogt
シュライバー	Schreiber
シュリューター	Schlüter
◇シュリンメ	Schlimme
シュレーター	Schroeter
◇ショッパー	Schopper
スティニー	Stiny
スラヴィコーヴァ	Slavikova
スルバー	Surber
ゼッケンドルフ	Seckendorff
ゼン	Senn

タ

◇ダール	Dahl
◇ダグラス	Douglas
ダルマー	Darmer
チェルマック	Czermak
ツァッハー	Zacher
◇ツィースラー	Cieslar
ツィンマーマン	Zimmermann
ツェル	Czell
ツュルン	Zürn
ディンプフルマイアー	Dimpflmeier
デモンツェイ	Demontzey
デュイレェ	Duile
テュクセン	Tüxen
デングラー	Dengler
◇トイシャー	Teuscher
◇トゥーアマン	Thurmann
ドゥットヴァイラー	Duthweiler
ドゥムラー	Dumler
◇トーマス	Thomas
◇ドナウバウアー	Donaubauer
ドラゴーニャ	Doragogna

ナ

ニールス	Neels
◇ネーガー	Neger
◇ネーゲリ	Nägeli
ノイヴィンガー	Neuwinger
ノイマン	Neumann
ノリス	Norris

ハ

◇ハーナウセック	Hanausek
ハイデン	Haiden
ハイトミュラー	Heitmüller
◇バウディッシュ	Baudisch
パセッカー	Passecker
◇バッケン	Bakken
ハッセントイフェル	Hassenteufel

ハつづき

ハルトマン	Hartmann
ハンゼン	Hansen
ハンペル	Hampel
◇ビーベルリーター	Bibelriether
◇ピセック	Pisek
ビッターリッヒ	Bitterlich
ビットマン	Bittmann
ヒラー	Hiller
ヒルフ	Hilf
ヒンティッカ	Hintikka
◇ファイスト	Feist
◇ファルガー	Falger
フィッシャー	Fischer
ブーフヴァルト	Buchwald
◇フエック	Hueck
◇フォン・デア・レック	Von Der Lek
◇プフォイファー	Pfeufer
プフルーク	Pflug
ブニヒ	Bünnig
◇ブヨレアン	Bujorean
プライジング	Preising
◇プフォイファー	Pfeufer
プフルーク	Pflug
ブニヒ	Bünnig
◇ブヨレアン	Bujorean
プライジング	Preising
プラクスル	Praxl
◇フリーデル	Friedel
プリューフェルト	Prüfert
◇ブリュックナー	Brückner
プリュックナー	Prückner
◇ブルース	Bruce
フルーリー	Flury
ブルガー	Burger
◇プルッツァー 　・チェルヌスカ	Prutzer-Cernusca
ブレッツ	Bretz
ヘアベルク	Herberg
ベーゲマン	Begemann
ベーダ	Beda
◇ベーデ	Bede
◇ペーナ	Pena
◇ペーパー	Peper
◇ヘーマー	Hemer
ペシュル	Peschl
◇ヘス	Hess
ベッカー	Boeker
◇ベッサー	Besser
◇ペッツォルト	Petzold
◇ベルナール	Bernard
◇ベンツラー	Benzler
ホウタマンス	Houtermans
ホームト	Homuth
ボック	Bock
ホフマン	Hofmann
◇ホルツィンガー	Holzinger
ホルトン	Horton
ボルンカム	Bornkamm

マ

マクリーン	Mclean
マチューラ	Machura
マルティーニ	Martini
◇ミーエ	Miehe
ミュラー	Müller

マつづき

◇ミュンヒ	Münch
メーリン	Melin
モウガン	Mougin
モーザー	Moser
モーリッシュ	Molisch
◇モントリオール	Montreal

ヤ

◇ヤーン	Jahn
◇ユゴヴィッチ	Jugovic

ラ

ライナー	Rainer
ライブウントグート	Leibundgut
ラウ	Rauh
ラカーツェ	Lacaze
ラッシェンドルファー	Raschendorfer
ラントグレーベ	Landgrebe
リックホフ	Rickhof
リッケンベルク	Rickenberg
リヒター	Richter
リンケ	Linke
リンデマン	Lindemann
ルーブナー	Rubner
ルスティヒ	Lustig
ルフターハント	Luchterhandt
ルンデゴルト	Lundegardt
レヴィソーン	Lewisohn
◇レーヴ	Löw
◇レーボーゲン	Rehbogen
レーマー	Roemer
◇レッツ	Loets
ロイター	Reuter
◇ローゼンアウアー	Rosenauer
ローマイヤー	Lohmeyer
ローメダー	Rohmeder
ローレンツ	Lorenz

専門用語の解説

この解説は概ね著者（原書）の用語リストを翻訳しましたが、日本語の専門用語として必要と思われるものを訳者が手を入れ、五十音順に編集しなおしました。また、ドイツ語の専門用語で適切な訳語が見当たらないものについては、意味を表す語を載せ、斜体で示しました。

暴れ川　あばれがわ（Wildbach）
山岳地帯を大きい落差で流れ、流量が激しく上下する自然の流れ。一時的に水が流れなくなることや、洪水の際には砂利や砕石を流すこともある。

編み建材　あみけんざい（Flechtwerk）
柔軟でしなりやすい植物材を編んで作った建材の総称。

維持　いじ（Unterhaltung）
要求される技術的、エコロジー的な機能を維持できるように、個々の植物、植分、植生工に対して行なう養生処置。

移植実生苗　いしょくみしょうなえ（Verschulute Pflanzen）
一度、あるいは数回移植した、1～5年の実生苗。

犬走り　いぬばしり（Berme）
段やテラスの平らな部分。斜面や河岸に人工的に作られた平らな部分。もともとは水理工事の分野の用語であったが、土木工事にも取り入れられるようになった。

陰樹　いんじゅ（Schattengehölze）
強い被陰に耐える、あるいは強い被陰を好む木本植物。

乳母樹木　うばじゅもく（Ammenholzart, Ammengehölz）
この植物と一緒に成長する、他の植物の繁茂を促進するという特徴をもつ木本種。

エコグラフィー　えこぐらふぃー（Ökographie）
異なる立地タイプを測定した土地を地図上に表現する方法。

エコシステム　えこしすてむ（Ökosystem＝Biozönose）
一定の立地に生息する植物と動物の自然の関係。
ある一つの立地に生活する植物と動物全ての共同社会。お互いに与える影響を含む。

エコタイプ　えこたいぷ（Ökotype）
自然淘汰によって特別な立地条件に適合した植物種、地域種。

枝おろし　えだおろし（Auslichten）
植分の中で邪魔な木本やその枝を部分的、あるいは完全に除去してしまうこと。

エピトニー　えぴとにー（Epitonie）
低木において、偏って側芽が成長促進されること。グラウンドカバーの低木では、主枝の下部に形成された芽の成長が促進され、上部の芽の成長は減衰する。そのため低木は水平方向へ成長する。弓形の枝をもつ場合は、枝の上部に形成された芽が促進され、下部の芽の成長は減衰する；その結果、横へ広く、同時に上に向かっても成長する。（側芽再生力）

海洋性気候　かいようせいきこう（Ozeanisches Klima）
主に他の領域からの気流によって影響された気候で、降水量の多さ、頻度、適度な気温の上下によって特徴付けられている。

拡張根　かくちょうこん（Extensivwurzel）
遠く、深く伸びる根系。これは植物を支えるために深く根をおろす必要性があるか、地下水面が深いところにある場合に生じる。根の張った土壌は数立方メートルにもなり、これは根の量の何倍もの大きさである（例、*Petasites* フキの群落，*Salices* ヤナギ類の群落，*Epilobium* ヤナギラン類の群落など）。主根の先端の栄養分を取り入れる吸収根は、土壌中のずっと離れた所や深くにある。直根もこのグループに属する。

風構造物　かぜこうぞうぶつ（Verwehungsbau）
侵食防護、雪崩防護ならびに砂や雪が風によって飛び散るのを防ぐため、風制御の様々なタイプの建造物。建造物のタイプに応じて特定の場所に堆積するのを防いだり、堆積させたりすることができる。

河川流域　かせんりゅういき（Einzugsgebiet, Primeter）
任意に流域を区切った場合や川や海に流れ込むのではなく、湖に流れ込む場合に、広がる流出域を上（衛星）から測定した区域のこと。

株分け　かぶわけ（Horstteilung）
多年生草本植物の株を分割し、それぞれの部分を別々に移植して増殖する方法。

刈り込み　かりこみ（Mahd）
飼料用、根系形成促進、先に成長する種を切り、後から成長する種を促進する、草地を全般的に短く保つなどの目的ために、草本植物を刈ること。

ガリ侵食地　がりしんしょくち（Runsen）
岩山にできるカレン（墓石地形）とは別に、ゆるい土壌の表面流水によってできる深い細溝や溝を表す南ドイツの表現。

ガリ侵食保全施工　がりしんしょくほぜんせこう（Runstbauten）
河床保護や溝の陸地化を行う施工法。

間隙凍結　かんげきとうけつ（Spaltfrost）
岩や土壌の割れ目の水が凍り、膨張して生じる侵食。雪解けの時期になると固まっていた岩石や土壌が支えを失って谷部へ落ちる。落石の主な原因は、この間隙凍結である。間隙侵食の度合いは、氷点下になる頻度に依存している。

完成芝草、剥ぎ取り芝草、ロール芝草　かんせいしばくさ、はぎとりしばくさ、ろーるしばくさ（Fertigrasen, Schälrasen, Rollrasen）
自然の植分や人工的に播種・育成されたものから、機械によって切り出され、市場に出ている芝生のロールマットで、厚みが 2.5～4cm、幅0.3m、長さ1.5～2.0mのもの。

乾燥斜面　かんそうしゃめん（Trockenhang）
急傾斜、透水性、日照、水分供給不足によって、非常に乾燥した斜面。

貫通速度　かんつうそくど（Durchdringungsgeschwindigkeit）
様々な立地や気候の影響に関わらず、ほとんど変わらない植物の特殊な生長速度の性質。

間伐　かんばつ（Auslichten）
林分の中で生長不良な木本やその枝を部分的、あるいは完全に除去してしまうこと。

管理　かんり（Pflege）
植物の成長を促進するための措置で、完成までの管理と維持管理とがある。完成までの管理は、植物の成長を促進するための措置であり、維持管理は、必要とされる機能を維持するための措置である。

急傾斜法面　きゅうけいしゃのりめん（Steilböschung）
35°以上の傾斜の法面。

急斜面　きゅうしゃめん（Steilhang）
35°以上の傾斜の斜面。

共生植物　きょうせいしょくぶつ（Symbionten、Symbiose）
　他の植物と共生する植物。お互いの共生相手は、共生する植物から利益を受けているようである。例えば、共生者（菌根菌や根粒バクテリア）のない高等植物は、発育不全となったり、少なくとも成長が悪かったりする。そのため、条件の厳しい土地への植林や緑化工事では、菌根菌の接種を行うことによって、その都度、人工的に共生を導く。中には二つの植物間の複雑な共生関係もあり、この関係は全ての種について解明されてはおらず、常にお互いのパートナーを促進するとは限らない。また、寄生の段階を通ることもある。

強剪定　きょうせんてい（Stummeln）
　低木を植える際に、地際近くまで茎を思い切って刈り込むこと。

競争力　きょうそうりょく（Konkurrenzkraft）
　測定したり、定義付けしたりすることのできない複合的な力。そのため、これまで統一的な尺度はまとめられていない。原則的には「弱い」、「強い」、「同程度」の種類が区別される（比較成長力の項も参照のこと）。

局所播種　きょくしょはしゅ（Plätzsaat）
　木本の種子を準備された土地（多くが1m²以下）に播種すること。土地は地形に合わせて不規則に形成する。

極相　きょくそう（Klimax）
　気候風土によって決定される植生遷移の最終群落のこと。

切芝草　きりしばくさ（Rasensoden, Rasenziegel, Rasenplaggen）
　自然の土地か人工的な芝面から掘りとった、厚みおよそ5〜15cm、長さおよそ25〜40cmの正方形の芝草マット。

切土斜面　きりどしゃめん（Anschnittböschung）
　人工的に切土して作った斜面。

菌根菌　きんこんきん（Mykorrhizen）
　高等植物の根に共生し（たいていの針葉樹、多くの広葉樹）、また、たいていその植物の成長を促進させる下等植物（キノコ）。また、いわゆる根塊（Rhizotamnien）を作るために、高等植物の根にコロニーとなって住み着いているバクテリア。バクテリウム・ラディチコラ、リゾビウムや放線菌が使用される（例えば、ハンノキ、ヒッポファエ、マメ科植物）。未熟土壌に植林や緑化工事を行う時、多くの木本や多年生草本は、生物学的に死んだ土壌で成長を可能にしたり、促進するために、それらの菌根ないし共生するバクテリアを、人工的に接種しなければならない（接種の項も参照のこと）。

茎（稈）挿し木　くきさしき（Halmsteckling）
　草の茎（稈）を切り取って移植することによって増殖させる無性増殖法。例えばヨシなど。

草地　そうち（Rasen）
　草本植物によって覆われている植物社会。

クライマックス　くらいまっくす（Klimax）
　気候風土によって決定される植生遷移の最終群落のこと。

グラッス枝　ぐらっすえだ（Graß）
　萌芽力のない枝（針葉樹の小枝）。主にオーストリアで用いられる語。

グラッス枝工法　ぐらっすえだこうほう（Graßbau）
　萌芽力のない木本で、様々な長さの枝分かれした枝（小枝）を使用した全ての工法。主にオーストリアで用いられる語。

生物群集　せいぶつぐんしゅう（Biozönose）
　一定の立地に生息する植物と動物の自然の関係。（もう一方の生態系構成要素であるGeozönoseの対比用語）

高吸水植物　こうきゅうすいしょくぶつ（Wasserziehendes Gehölz）
　とくに大量の水を必要とし、大量に蒸散する木本植物で、それによって湿った立地を乾燥させることに役立つ。

勾配　こうばい（Gefälle）
　傾斜した線や面の長さに対する高さの割合（縦勾配、横勾配ともいう）。比例関係（例えば2：3）などと表記されたり、パーセンテージや度数（360度分割＝古い度数、または400度分割＝新しい度数）で表される。

高木林　こうぼくりん（Hochwald）
　背丈の高い、年数を経て隣接樹木の樹冠が閉じるほどになった、高木層中心の森林植分。高木林の目的は、第一に木材を利用することにある。輪伐期は木本の種類と立地によって異なり、だいたい60〜200年となる。

小枝、粗朶　こえだ、そだ（Reisig）
　太い方の端が7cmまでの皮付きの広葉樹や針葉樹の枝。萌芽力のない木本の小枝（粗朶）をオーストリアでは「グラッス」、それに対し萌芽力のあるものを「ブッシュ」と呼ぶ。

根芽、ルートシュート　こんが、るーとしゅーと（Wurzelbrut, Wurzelschößling, Wurzelsproß）
　根の芽から『芽を出す』ことによってつくられる新芽のこと。

根茎さし木　こんけいさしき（Rhizomsteckling）
　根茎を切り離し、挿し木することで、新しい植物を形成する無性増殖法。

根茎切り播き　こんけいきりまき（Rhizomhäksel）
　機械によって小さく刻んだ根茎を、地表面に播いてから、相応した量の土をかぶせることで根付き、新しい植物が形成される。

コンポスト　こんぽすと（Kompost）
　有機的な廃棄物に特定の処理をすることによって、得られる栄養分の豊富な土壌のこと。バクテリアによる分解と酵素によって微生物が豊富。小規模な場所（小菜園）や大規模な場所（造園業、種苗栽培園、農業、ゴミ処理工場での施設など）で製造される。コンポストの施肥は地力を保ち、状態が悪く、栄養分の乏しい土壌を改善するための最も価値の高い方法の一つである。

根瘤　こんりゅう（Rhizotamnien）
　放線菌によって太くなった根の小さい束。この太くなった根が、繰り返し二叉分岐していくと、コロニーのような塊根ができる。これはテニスボールの大きさにもなることがある。リゾタムニエンという表現は、ミーエ氏（1918）によって導入された。リゾタムニエン根瘤は、例えば*Alnus*ハンノキ属、*Casuarina*トキワギョリュウ属、*Elaegnus*グミ属、*Hippophae*属などでよく知られている。菌と寄生植物は共生関係にあり、両者がそれぞれパートナーから養分補給される利点がある。

催芽処理　さいがしょり（Stratifikation）
　種子の発芽力を保持するために、適当な媒体の中、特定の条件のもとに貯蔵すること。

細流侵食　さいりゅうしんしょく（Rillen/Rinnenerosion）
　水流の深さ、幅がそれぞれ10cm以下の細流が、流れの遅い部分に沈積した柔らかい土壌を削っていく。そこにはくっきりと流水の模様がみられる。雨裂侵食、リルエロージョンともいう。侵食面がその他の侵食基準面（溝や流路）と直接結び付く所は稀である。

細粒土壌　さいりゅうどじょう（Feinboden）
　大部分が細粒の物質（直径2mm以下）からなる土壌。

再緑化　さいりょっか（Rekultivierung）
　植物のない裸地（未熟土壌）を緑化することによって、再び結実をもたらすことに対する一般的な表現。

挿し木　さしき（Steckholz, Steckling, Steckrute）
　木本の一部を土壌にさして、増殖させる無性増殖法。枝ざし。

雑草木駆除　ざっそうぼくくじょ（Unkrautbekämpfung）
　望まない植物種をメカニカルな方法、あるいは化学的な方法で根絶すること。

産出地　さんしゅつち（Provenienz）
　種子の場合は収穫した立地、植物の場合は、厳密にいうと、収穫

した立地及び栽培苗圃の場所。

視覚誘導効果　しかくゆうどうこうか（Optische Leitwirkung）
　交通の安全性を高めるため、道路に植樹される植物の機能の一つ。

自然の植生ゾーニング　しぜんのしょくせいぞーにんぐ
（natürliche Vegetationszonation）
　自然の立地要因の違いによって、様々な植物群落が配置されていること。

自然の植生バランス　しぜんのしょくせいばらんす
（natürliches Gleichgewicht der Vegetation）
　ある特定の立地における、植生の安定した状態のことで、長い時間（草原の場合少なくとも10年、森林の場合その数倍から数百年）をかけて生じる。植物群落の自然のバランスは、淘汰が終わった後、立地の状況に応じて、生息する種の競争力に基づいて決定される。そのため立地が変化すると、バランスも崩れてしまう。こうした理由で、耕作地は、植生の自然なバランスがとれていることは稀であるか、あるいは短期間しか維持できない。

持続群落　じぞくぐんらく（Dauergesellschaft）
　気候の変化やその他の影響（放牧、火入れ、開墾）によって根本的に立地状況が変わらない限り、現時点の構成が継続的に保たれる植生。人工的な継続群落とは、時に、または常に人間が介入して、一定の望まれた状態を保っている群落のことをいう（例えば潜在的に森林地域である場所を芝草面とするなど）。

指標植物　しひょうしょくぶつ（Indikatorpflanze, Zeigerpflanze）
　自然植分の中で、特定の立地の特徴を示す植物種。

霜柱による侵食　しもばしらによるしんしょく（Kammeis）
　土壌中の毛細管状の空隙から、凍った水が出てくることによって起こる侵食の形態であり、たいてい非常に厚い霜柱の層が土壌の最上層を持ち上げてしまう。侵食土の剥削状況は、氷点下になる頻度、土壌湿度、凍結深度によって決定される。

斜面　しゃめん（Hang）
　自然にできた傾斜した土地で、上部と下部は、平地や急勾配によって区切られている。

集中根　しゅうちゅうこん（Intensivwurzel）
　主に太く短く、大量に枝分かれした根系。特に腐植土を必要とする植物に見られるが、表層土に栄養分と水が豊富に供給されると、深根型植物にも見られる。

小気候　しょうきこう（Kleinklima）
　小さな自然の空間、例えば一つの特定の斜面や、谷地などに特有の気候。

植生期　しょくせいき（Vegetationsperiode）
　植物の成長する時期。

植生保全工　しょくせいほぜんこう（Lebendverbauung）
　生態工学の一分野であり、生態工学的工法を水理工事において岸、法面、前方地、両岸の保全のために使用する。この表現はケラー氏（1937）によって「生きた素材利用の保全工事（lebende Verbauung）」として使用された。ドイツでは植生保全工（Lebendverbau）、植生工（Lebendbau）という表現に、全ての生態工学的工法を含んで理解されている（生態工学の項も参照のこと）。

植物社会学　しょくぶつしゃかいがく（Pflanzensoziologie）
　植物群集（アソシエーション）における、様々な植物の共生、及びそれらの分布についての学問。

植物遷移　しょくぶつせんい（Pflanzensukzession）
　先駆段階からクライマックスまでの植物群落の変遷。自然遷移：人の影響を受けない。人為遷移：人間の介入によって促進される。

植物の覆土　しょくぶつのふくど（Pflanzeneinschlag）
　乾燥や凍結から保護するために、根のついた植物を一時的に土の中に入れる（貯蔵する）こと。

植物リズム　しょくぶつりずむ（Vegetationsrhythmus）
　植物が成長する時期と休眠時期の入れ替わり。

侵食　しんしょく（Erosion）
　氷河（氷食）、水（浸食）、風（風食）によって陸が削られることを指す地形学的な概念。狭義では自然に起こる土壌の損失を指し、植被が取り除かれた場合や、植林が行われない場合に、集中度を増してしまい、農業や林業では収穫量が減ってしまう。土壌構造が変化することを侵食とする研究者もいる。（DIN19660も参照のこと）

侵食に対する抵抗力　しんしょくにたいするていこうりょく
（Erosionsresistenz）
　侵食が起きるとき、例えば土壌が削られること、土砂の堆積、その両者が交互に現れる場合、擦過、落石、土壌の移動、引っ張り応力がかかる場合や、圧力がかかる場合などに起きる、メカニカルな力に対する植物の抵抗力のこと。

新芽枝し木　しんめさしき（Sproßsteckling）
　植物から切り取った新芽を挿すことで増殖させる無性増殖法。例：サボテンなど

滑り面　すべりめん（Gleitschicht）
　傾斜した、たいてい透水しにくく、滑りやすい土壌層では、水分が飽和状態になると、その上の土壌層が地滑りを起こすこともある。雪で覆われた場合には、硬くなったり凍ってしまったり、あるいは粒状になった層と同様に、その上に積もった大量の雪が滑ってしまうことがある。

スリップ　すりっぷ（Schlipf）
　水が飽和して引き起こされる小さな規模の斜面崩壊。

生産率　せいさんりつ（Reproduktionsrate）
　収穫した種子と、播いた種子の比率。（種子生産率）

成熟土壌　せいじゅくどじょう（Gewachsener Boden）
　自然のままで、明らかに手を入れていない土壌のこと。

生態学　せいたいがく（Ökologie）
　ある生物とそれを取りまく環境との関係の学問体系。この関係は自然の立地を測定することによって解明され、実験に基づいて確認される。

生態工学　せいたいこうがく（Ingenieurbiologie）
　景観工事において、植物を構築材として使用するために、植物の特性や、構築物と結び付いて、植物がどの様な生態を示すかを研究する学問。生態工学という概念は、クリューデナー氏によって作られた。オーストリアとイタリアでは、生態工学は建築工学の一分野として理解されている。旧東ドイツの「生態工学的工法」（ingenieurbiologisches Bauweisen）ないし、旧西ドイツの「植栽工」「植生工」（Lebendbau、Lebendverbau）と同様に、応用自然科学の知識を生物工学的な課題のために使用できるようにした。

成長抑制　せいちょうよくせい（Wuchshemmung）
　化学合成物質を用いて、植物の成長を人工的に抑制すること。

接種　せっしゅ（Impfung）
　木本植物やマメ科植物に、通常それらと共生している菌根（菌根菌あるいはバクテリア）を人工的に接種する方法。木本植物は苗圃で接種されるか、露地植えされてから初めて接種される（方法については、例えばM. モーザー氏（1956）を参照）。
　マメ科植物の場合は、播種を行う前に培養したバクテリア（バクテリウム・ラディチコラ［リゾビウム］）を種子と混合することによって接種する。コンポストを作る際は、特にM. E. ブルース氏による速成コンポスト作成方法の場合は、生物学的に活性化するために、薬草パウダーを使用する。
　L. ホルツィンガー氏（ウィーン）の方法では、木屑や繊維をコンポ

ストにするために特別な培養バクテリアを使用する。

遷移 せんい（Sukzession）
立地の変化によって生じる植物群落の変遷。この変化は外的要因（山火事、気候変化、刈り込み、放牧、施肥など）、あるいは植物自体による要因（被陰をつくる、風の流れを上部へ導くこと、土壌の状態を改善するなど）によって起こる。
一次遷移は人間に依存せず、自然に引き起こされるもの。二次遷移は人間によって生じるものである。進行遷移はクライマックスに向かっていく連続であり、退行遷移はクライマックスから遠ざかっていくものである。

先駆植物 せんくしょくぶつ（Pionierpflanzen）
植生の発達しにくい立地ないし未熟土壌に発生し、後から生えてくる高い環境要求の植物のための準備をする植物種。

先駆段階 せんくだんかい（Initialstadium）
自然、あるいは人工的な植物群落の最初の若い段階のこと。

走出枝 そうしゅつし（Ausläufer, Stolonen）
節間が長く伸び、少量の葉をつけた地上、または地下の側芽。母株から少し離れたところに根を形成し、伸びた茎が枯れると独立した個体となる。

粗粒土壌 そりゅうどじょう（Grobboden）
大部分が粗粒の物質（直径2mm以上）からなる土壌。

堆積土壌 たいせきどじょう（Schüttboden）
堆積した土壌で、人工的に圧縮したものも圧縮していないものも含む。

大陸性気候 たいりくせいきこう（Kontinentales Klima）
海から遠い内陸部に位置したり、多くの連峰や山の中にあるため、または天候のもととなる気流に、影響されない側にあることで決定される気候。気温の上下が激しく、降水量が少ない、夏は暑く冬は寒いといった特徴がある。

単植 たんしょく（Einzelpflanzung）
ひとつの植栽穴や植栽地に、一個体の植物を使用すること。

地下水 ちかすい（Grundwasser）
地殻の空洞部分にまとまって貯まり、重力の影響だけを受けている水。

地下水面 ちかすいめん（Quellhorizont）
地下を流れたり地下で静止していて、法面や斜面から流れ出る水の水面。

地下茎 ちかけい（Rhizom）
多くの多年性草本の地下、及び地表面に成長する新芽。たいていは、水平方向に伸び、葉芽をもち、茎から根が出て、通常、太くなって備蓄物質を満たしている。

中高木林 ちゅうこうぼくりん（Mittelwald）
低木層と高木層の二つの層になった木本の植分で、下の層（低木層）は低木林状に利用し、更新させて（切り株状に切断して）、上の層（高木層）は採種や材木生産のために利用する。

直根 ちょっこん（Pfahlwurzel）
矢のように土中深く成長する主根。

抵抗力 ていこうりょく（Resistenz）
他からの影響に対する抵抗力。

低木林 ていぼくりん（Buschwald）
低い状態に留まる植分。

低層林 ていそうりん（Niederwald）
生殖能力を持つ前に刈り取られて利用される林分で、そのため、切り株状に切断することによって無性増殖する。

透水性 とうすいせい（Wasserdurchlässigkeit）
土壌の中の空隙部分で水の移動ができる性質のこと。土壌の細孔の量が大きくなればなるほど、透水性は高まる。

淘汰 とうた（Selektion）
抵抗力の小さい植物、または環境に対して要求の高い植物は、選り抜かれて消えていく。

導入木本種 どうにゅうもくほんしゅ（Gastholzart）
ある立地に自然発生的には現れない種類の木本だが、価値の高い特性をもっているために緑化工事に用いられる。

土壌水分 どじょうすいぶん（Bodenwasser）
降水時、水分を通しにくい層の上でときどき発生、重力にのみ従っている水。地下水とは別。

土壌断面 どじょうだんめん（Bodenprofil）
可視的な特徴や化学的な性質によって三層に重なって形成され、完全な断面構造を形成している土壌層（A層＝表土。柔らかく、有機物に富んでいる。B層＝下層土。C層＝底土、心土。鉱物質に富む、基になる材料。

土壌ペーハー反応 どじょうぺーはーはんのう（Bodenreaktion pH-Wert）
土壌水分の中に含まれる水素イオン濃度。pH値は酸性やアルカリ性の強さを表す。4.0 以下は非常に強い酸性；4.1〜6.4 は強酸性〜弱酸性；6.5〜7.4 は中性；7.5 以上はアルカリ性。

土地改良 とちかいりょう（Melioration）
一般に技術的、生物学的な手段によって立地を改善すること。

土地の耕起 とちのこうき（Vollumbruch）
鋤などを用いて完全に掘り起こすことによって、植物の培地を準備すること。

苗木 なえぎ（Heister）
通常土壌から出た幹が枝を出している活力のある木本の若い植物。

根挿し ねさし（Wurzelsteckling）
根の一部を切断して適した条件のもとに、土中に挿すことで増殖させる無性増殖法。

根回し植物 ねまわししょくぶつ（Ballenpflanze）
何度も移植を繰り返すため、根やその周りの土を、ジュートなどで結び合わせまとめられた植物。

法肩 のりかた（Böschungsschulter）
法面の上部で、平面につながっている肩部。

法尻 のりじり（Böschungfuß）
法面の下部。

法面 のりめん（Böschung）
人工的に作られた斜面。

バイオテクノロジー的な植物の特性 ばいおてくのろじーてきなしょくぶつのとくせい（Biotechinische Eignung einer Pflanze）
生物工学的工法の目的（植栽工）に有用な植物の特性。その特性は植物の構造、特定の工法への有用性、メカニカルな負荷に対する抵抗力、根の張り方によって異なる。

排水 はいすい（Dränung）
排水するために土壌地下に作られた、集・排水のための管のシステム。

バシトニー ばしとにー（Basitonie）
植物の地際の部分にある芽から力強い新芽を出して更新する力強い植物の特性。
バシトニーは低木状に成長する植物に特徴的である：このような成長のタイプに属する植物には本来の幹がない。（萌芽再生力）

比較成長量　ひかくせいちょうりょう（Wüchsigikeit, relative）
　比較成長量は、混合播種から育った、ある種の植物の乾燥重量を量り、もう一つの種と比較する。A種の乾燥重量／B種の乾燥重量で表す。多くの研究者は、比較成長量を『競争力』と同じ意味で用いているが、それと近似するものとする研究者もいる（ボルンカム氏、89ページ以下参照のこと）。

微気候　びきこう（Mikroklima）
　一つの斜面の中において、限られた領域の気候のことであり、例えば一本の木の下に生育する地表植生領域の気候など。

被覆植物種　ひふくしょくぶつしゅ（Deckfrucht）
　ゆっくりと成長する植物種を保護する目的で混植される、短期間で成長する一年生の草本種。

表層土壌　ひょうそうどじょう（Mutterboden）
　有機的な遺物が混入した微生物が豊富な土壌の最上層。

表層土壌の客土　ひょうそうどじょうのきゃくど
　　　　　　（Humusieren、Andecken von Mutterboden）
　緑化を始める前に、肥沃土のない未熟土壌に表層の土壌やコンポストを入れること。表層土壌を留めておくために、腐植土化を行う前に、斜面にはテラス状に段階を付けるか、少なくとも畝を立てておかねばならない。鉱物質に富む土壌に表層土壌を混ぜることができたらなお良い。表層土壌の質や量は条件に応じて選ばれる。

氷食　ひょうしょく（Glaziale Erosion）
　氷による侵食。氷河地域でない場合、とりわけ凍結による裂け目や霜柱が侵食の原因となる。

表面侵食　ひょうめんしんしょく（Denudation）
　自然に落下したり、土壌が動いたり雨食されることによって、急斜面や壁面の土壌が面状に損害を受けること。流水の影響を受けると、土地の状況や水の衝撃に応じて、平面状・層状・条溝状・細溝状・溝状の侵食や、斜面を上に向かって広がっていく亀裂が生じる。

表面水　ひょうめんすい（Oberflächenwasser）
　地表面に静止する水や流れる水のこと。

V字ガリ侵食地　ぶいじがりしんしょくち（Feilenrunse）
　斜面において水によって、深くえぐられてできた横断面が、V字状のルンゼ（崩壊地）。J. スティニー氏によって命名される（1910）。

風食　でふれーしょん（Deflation）
　風によって土壌が運び去られることで、風食地や強風の吹く土地ができる。特に、乾燥地域で土壌が保護されていないと顕著である。

吹きつけ工法　ふきつけこうほう（Anspritzverfahren, Naß-Saat）
　主に岩がちで、近付くことが不可能、あるいは難しい立地で、重機が到達できる場所のある場合行なわれる、緑化ための播種方法。この方法は種子、肥料、土壌改良材、安定剤、場合によってはマルチング材を混ぜ、水と一緒に吹き付けたり、ポンプで吸い出したりする。

複断面　ふくだんめん（Doppelprofil）
　水流を断面で見たとき、常時水が流れる低水敷部分と、片側あるいは両側の水深は深くないが、洪水時に氾濫する高水敷部分が、二重の構造になっていること。水理工事の概念。

ブッシュ材　ぶっしゅざい（Buschwerk, Buschmaterial）
　萌芽力のある木本の枝分かれした生きた枝材（小枝）。

ブッシュ（藪）　ぶっしゅ（やぶ）（Busch）
　幹が下部から枝分かれした木本、または多くの芽で成長する木本。亜低木＝芽の下部だけ木質化し、上部は草状のままで毎年枯れる植物。

ブッシュ工　ぶっしゅこう（Buschbau）
　枝分かれした様々な長さの藪状の枝を用いる工法。大部分は萌芽できる。

不定芽　ふていが（Adventivsproß）
蕾部分から発生した芽だけではなく、枝などの体組織から出た芽。

不定根　ふていこん（Adventivwurzel）
　根茎部分から発生した根だけではなく、枝などの体組織から出た根。

分布能力　ぶんぷのうりょく（Durchsetzungsfähigkeit）
　クナップ氏（1954）によると、ある一定の期間に植分内で一つの植物種が獲得することのできる平面量。

平面侵食　へいめんしんしょく（Flächenerosion）
　高く盛り上がっている地面の表面（例えば畝など）が自然に平らになること。

pH値　ぺーはーち（pH-Wert）
　酸性やアルカリ性の強さを表す。4.0 以下は非常に強い酸性；4.1〜6.4 は強酸性〜弱酸性；6.5〜7.4 は中性；7.5 以上はアルカリ性。

方位　ほうい（Exposition）
　開放部に対する土地の向き。特に斜面において。

崩壊斜面　ほうかいしゃめん（Rutschhang）
　下部が侵食されたため（＝山崩れ斜面）水が流入したり、あるいは過度の負担がかかって、部分的か全体が崩れた斜面（＝地滑り斜面）。

崩壊地　ほうかいち（Blaike, Rüfe, Riepe）
　山岳地帯で災害によって、むき出しになった植生のない崩壊斜面のこと。通常侵食の危険にさらされているので、大量の土砂が生じてしまう。

萌芽力　ほうがりょく（Ausschlagfähigkeit）
　比較的小さく切り出した材料（例えば挿し木、ストローン、根茎挿し木など）から、後から新しく根や芽を出すことのできる植物の特性。ここから独立した植物が成長していく。

崩落斜面　ほうらくしゃめん（Bruchhang）
　斜面や法面で強い緊張によって起きた土壌の崩壊。J. スティニー氏によって命名される（1910）（貝殻状の崩壊、皿状の崩壊）。

牧野過窒素群落　ぼくやかちっそぐんらく（Lägergesellschaft）
　牧野での牛馬が寝転ぶ場所の過窒素植物群落。

ポット植物　ぽっとしょくぶつ（Topfpflanze）
　ポットの中で成長した実生苗で、植栽するときにポットから取り出す（粘土質のポット）。または、ポットごと植栽する（ペーパーポット、木屑ポット、厚紙ポット、ピートポット、合成樹脂のポット）。

埋幹　まいかん（Setzstange）
　樹木状のヤナギやポプラの、まっすぐであまり枝別れしていない長さ1.5〜2.5mの頂芽のついた枝先で、萌芽力の良いものを土中に埋める無性増殖法（DIN18918も参照のこと）。

未熟土壌　みじゅくどじょう（Rohboden）
　生物のいない、多くが鉱物性の材料で構成される土壌。

未熟土壌生育植物　みじゅくどじょうせいいくしょくぶつ
　　　　　　（Rohbodenbesiedler）
　共生者（バクテリアやキノコ類）の力を借りるか、あるいはそれ自身の力で人工的な施肥を行わなくても、未熟土壌に育つことのできる植物。

実生の苗木　みしょうのなえぎ（Sämling）
　種子から発芽して生じた若い植物で移植されていない苗木。

水栽培　みずさいばい（Hydroponik）
　土のない容器の中で植物を栽培すること。栄養分は養分溶液から吸収する。

溝状侵食　みぞじょうしんしょく（Furchen-, Grabenerosion）

少なくとも 0.1mの幅、深さの侵食溝で、降雨に応じて混濁水をその地の侵食基準面に導く。侵食溝と侵食溝の間は、平面的に開削(起伏の平地化と水が流れる)されたり、幅と深さが1～2cmのリルエロージョン(雨裂侵食)ができる。

むかご　むかご（Brutknospe, Bulbille）
多くの植物に見られるタマネギ状、あるいは塊根状の貯蔵物質で満たされた芽。これは成熟すると、母体の植物から離れて、新しい植物となる。これは葉腋か花序に生じる。

無性増殖　むせいぞうしょく（Vegetative Vermehrung）
有性的な方法ではなく、無性増殖できる部分(枝、匍匐茎、むかごなど)を親の植物から切り離し、同じように成長させる繁殖法。

木本　もくほん（Baum）
通常、一つの芽(ひこばえ)から成長した樹木。

木本植物　もくほんしょくぶつ（Gehölz）
地上部の芽が木質化する植物。

木本の形質区分　もくほんのけいしつくぶん（Phasengliederung）
様々な発育段階にある成長した木本植物の形質区分。この区分は例えば葉の形から認識でき、特に無性増殖に利用する際に効果を持つ。つまり、幹の根元部分に出た芽を切り取ったものは、幹から遠いところの芽部分よりずっと良く活着する。

木本の剪定　もくほんのせんてい（Gehölzschnitt）
個々の植物を保護したり(成長促進)、特定の形にするため、あるいは特定の植物で植分を構成するために、植物の一部分あるいは全体を切ること。

盛土斜面　もりどしゃめん（Abtragsböschung）
人工的に土砂を盛土して作った斜面。

漏れ水　もれみず（Sickerwasser）
地下水とは呼べないような小さな土壌の穴から、下に向かって流れる水のこと。滴下水。

野外播種　やがいはしゅ（Freisaat, Freilandsaat）
木本の種子を苗圃・栽培園で播種するのではなく、野外現場に直接播種すること。

野生の実生苗　やせいのみしょうなえ（Wildling）
自然植分で育った若い植物。

野生の木本　やせいのもくほん（Wildgehölz）
自然の森の中に発生する広葉樹、または針葉樹。

陽樹　ようじゅ（Lichtgehölz）
木本植物の中で、幼樹から繁茂に大量の光を必要とする種類。ある程度被陰すると発育が不全となり、強い被陰では枯死してしまう。

落石　らくせき（Steinschlag）
岩がちな山岳地の急斜面や、崖でよく起こる岩盤剥離の形態。風化作用によって緩んだ岩の破片が、雪解けや過剰な水分が供給されると接合部から崩れ、自由落下、あるいは落下溝に落ちる。

落石植物　らくせきしょくぶつ（Steinschlagpflanze）
落石に対して抵抗力を持つ植物種のこと。

力学的形態　りきがくてきけいたい（Mechanomorphosen）
機械的な力の影響のために、通常とは違った成長をする植物の成長形態のこと。例：サーベル型、ハープ型

立地　りっち（Standort）
特定の植物または植物群落で区切られる生息空間。土壌や気候の状態、その土地の利用形態(例；放牧)、そこに生息する植物の二次的な効果によって特徴づけられる。

緑化　りょっか（Begrünung）
人工的に作る植生被覆の一般的な概念。通常、立地条件のあまり厳しくない所で行う。

緑化保全工事　りょっかほぜんこうじ（Grünverbauung）
ドイツでは Grünverbau または Lebendbau auf Hängen[斜面の緑化工]といわれている。生態工学の一分野で(そこを参照すること)、土木において生態工学的(生物工学的)工法を行うことで、法面、斜面、地滑り地帯などを安定化する。この表現はE. ルスティヒ氏(1950)によって造られた。ドイツでは、特に道路工事における緑化工事の用語として使用された。

緑肥　りょくひ（Gründüngung）
草本植物の持つ構築力によって土壌を改良すること。用いられる草本植物は、根で土壌をメカニカルに耕起したり、朽ちやすい部分を落としたり、キノコ類やバクテリアとの共生によって、土壌の栄養状態を改善する。

索 引

著者の索引の翻訳語を五十音順に並び替え、原語、ページを併記しました。ページ番号の後の「f」＝「および次のページ」、「ff」＝「次ページ以下」を表しています。

ア

秋に行う挿し木	Herbstpflanzung von Stecklingen	43
アグリコール、アルギネート、アルギヌーレ	Agricol. Alginate, Alginure	211
アスファルト・マルチング工法	Asphalt-Mulchverfahren	158
厚板と丸材の補強張り	Bohlen- und Stangenbeschlag (nicht lebend)	207
厚板の壁	Bohlenwand	196f
穴植え	Lochpflanzung	177
穴播種	Löchersaat	169
安定工法	Stabilbauweisen	83, 107
ERAマット	ERA-Saatmatte	188
生きた植物材利用の排水溝	Lebende Künette	142
生きた植物粗朶束埋め込み排水工法	Lebender Faschinendrän	140
生きた植物と籠を用いた床止め工法	Drahtschotterschwelle (lebend)	182
生きた植物による導流工	Lebendes Holzleitwerk	187
生きた植物による導流工	Steinkasten (lebend), lebende Krainerwand	187
生きた植物幹による排水工法	Lebender Stangendrän	142
生きた粗朶束の床止め工法	Lebende Faschinenschwelle	182
生きたブッシュの床止め工法	Lebende Buschschwelle	181
生きた編柵工	Flechtzaun (lebend)	107
生きていない材料を使用した編柵工	Flechtzaun (tot)	207
生きていない材料を使う枝伏せ工	Spreitlagenbau (tot), Rauhwehr, Totspreitlage	207
列状（生け垣状）植栽ブッシュ敷設工	Heckenbuschlage, Gemische Breitlage, Buschlage, Weidenquerschläge, Hedge-branch layering	124
維持	Pflege	94
維持管理	Erhaltung (Unterhaltung)	94
石積壁緑化	begrünte Trockenmauer	132
石積工やブロック積工	Stein- oder Blockschlichtung	132, 200
石詰め	Steinpackung, Steinstickung	205
石の護岸建造物への播種	Ansaaten in Uferdeckwerken aus Steinen	188
石の設置	Steinsatz	204
石の堆積（石入れ工事）	Steinschüttung	200
維持費用	Erhaltungskosten (Unterhaltungskosten)	106
移植した広葉樹の苗木	Stockloden	37
石を転がして注ぎ入れる方法	Rollierung, Steinberollung	205
石を使用したまくら木緑化工法	Steingrünschwelle	132
石を使用したまくら木緑化工法（英名）	Stone green prop	132
板塀柵	Bretterzaun	195
犬走り	Berme, Bermenbau	193, 212
ヴァッカー・プロダクトⅡ、Ⅳ	Wacker Produkt Ⅱ und Ⅳ	210
ヴェクスレント混合	Vägslänt-Mischung	80
ヴェゴ工法	WEGO-Verfahren	153
美しさ（美しさに応じた植物の選択）	Schönheit, Pflanzenwahl nach Schönheit	81
乳母樹木	Ammengehölze	75
埋め込み式蛇籠（植物は使用しない）	Drahtsenkwalze (nicht lebend)	205
埋め込み式粗朶束（埋め込み式粗朶束蛇籠）	Senkfaschine (Faschinensenkwalze)	205
HESAシードマット	HESA-Samenmatten	188
エコグラフィー	Ökographie	10
エコシステム	Ökosysteme	10
エコロジー的・技術的な効率	Ökologischer und techinischer Wirkungsgrad	83
エスビンダー（トール油製品）	ESSBINDER (Tallöll-Produkt)	210
枝基礎床工法	Astpackung	192

《ア行つづき》

枝伏せ工（生きた植物材を利用した）	Spreitlagenbau（lebend）, Weidenspreutgeflecht=Spreitlage	144, 188
枝マット	Astmatten	207
枝を入れたクライナー壁	Krainerwände mit Asteinlage	129
枝を挿入した籠積み工法	Drahtschotterbehälter mit Asteinlage	133
エルヴァノール	Elvanol	210
淵（深み）保護のための護岸構築物	Kolksicheres Uferdeckwerk	188
横断構造物（仏名）	Barrages vivants	180
覆いマット	Deckmatten zum Windschutz	209
大型穴植樹	Großlochpflanzung	178
帯状芝草	Sodenbänder	147

カ

解氷剤に対する抵抗力	Resistenz gegen Auftausalze	12
化学合成乳剤	Kunststoff-Emulsionen	210
化学薬品を用いた安定工法	Bodenstabilisierung durch Chemikalien	210
化学薬品を用いた雑草の成長抑制	Wuchshemmung bei Gräsern und Kräutern durch chemische Mittel	103
河岸粗朶束工	Uferfaschine	186
河岸粗朶束工	Uferfaschine	186
河岸の破損箇所を修繕するための植栽工	Lebendbauwerke zur Beseitigung von Schanstellen an Gewässern	189
河岸保護のための帯状構造物	Längswerke für den Uferschutz	183
拡張根型植物	Extensivwurzeler	68
籠積工（植物は使用しない）	tote Drahtschotterkörper	205
籠積み緑化工法	Begrünte Drahtschotterkörper	133
籠積み緑化工法（伊名）	Gabbione, gabion	133
風の通過用屋根	Düsendächer	212
カタリーン樹脂	Catalin-Resin	210
金網砂利マット（植物は使用しない）	Drahtschottermatte（nicht lebend）	206
株分け	Horstteilung	53, 170
壁	Mauern	200
ガリ侵食ブッシュ敷き詰め工法	Lebende Runsenausbuschung	136
刈り取り	Mahd	103
枯れ枝伏せ工	Totspreitlage	207
枯れ枝編柵、生きていない材料を使用した編柵工	Totflechtzaun	196, 207
潅水	Beregnung zum Windschutz	210
完成芝草	Fertigrasen	147
完成までの管理	Fertigstellungspflege	94
完成までの工法	Komplettierungsbauweisen	168
乾燥石壁	Trockensteinmauer	200
乾燥芝草（シードマット）	Trockenrasen（=Saatmatten）	167
乾燥播種	Trockensaaten	156
乾燥壁面	Trockenmauer	143
管理計画	Bewirtschaftungsplan	104
管理作業のスケジュール	Zeitplan für Pflegearbeiten	104
キーンバウム氏による枠型編柵	Kammerflechtwerk nach Kienbaum	108
機械によって斜面をなだらかにする方法	Maschineller Bodenabtrag	216
規格石の敷設	Belag mit Formsteinen	206
気候	Klima	11
技術的・エコロジー的な効率	Technischer und ökologischer Wirkungsgrad	83
技術的な補強工事	Stützbauten, technische	193
起伏付き基礎床工法	Rauhpackung	192
起伏の多い樹木、起伏の多い樹木の束を吊るす	Rauhbaum, Rauhbaumgehänge	204
急斜面の緩斜面化	Abflachen der Steilhänge	215
急速緑化	Schnellbegrünung	158
休眠状態の続いた種子	Überliegende Samen	14

《カ行つづき》

狭域適応種（生物学的に適応幅の狭い植物種）	Stenözische Arten (Pfanzenarten mit enger ökologischer Amplitude)	13
共生	Symbiose	75
局所播種	Plätzesaat	13,169
切り込み植樹法、またはV字切り込み植樹法	Spalt- oder Winkelpflanzung	176
切芝草条溝	Rasensodenrinne	139
切芝草施工（英名）	Rasenplaggen, Rasenplatten, Rasensoden, Rasenziegel	146
金属製まくら木緑化工法、枝を挿入する金属のクライナー壁	Metal green prop. Metall-Grünschwelle aus Fertigteilen, Metall-Krainerwand mit Asteinlagen	131
杭うちと矢来柵	Verpfählung und Palisaden（nicht lebend）	193
杭と結びつけ	Pfählen und Binden	103
杭の壁	Pfahlwand	206
杭の壁（呼び名）	WOLFsches Gehänge, Wolfbau	206
茎移植	Halmstecklingbesatz	184
茎（稈）挿し法	Halmsteckling	52
クライマックス	Klimax, Schlußvegetation,	82,84
クラゾール	Curasol	210
グラッス枝敷き詰め工法	Ausgrassung	203
グラッス枝敷き詰め工法（仏名）	Garnissage	203
グラッス枝敷設工	Grasslagenbau	194
クレーベル氏（1936）による Brush wattles	Brush wattles nach KRAEBEL	114
建築上の必要条件	Bauliche Erfordernisse	82
広域適応種（生態学的に適応幅の広い植物種）	Euryösische Arten (Pflanyenarten mit großerökologischer Amplitude)	12
鉱業採掘の廃石捨て場	Bergbauhalden	89
工事総費用に占める緑化工事の割合	Kostenanteil durch Grünverbauung an der Bausumme	106
格子ブッシュ工法	Buschbau-Gitterflechtwerk、Gitterbuschbauwerk	191
構造物を使った工法と植栽工のコスト比較	Kostenvergleich zwischen Hart- und Lebendbau	105
鉱物性肥料の施肥	Mineralische Düngung	95ff
鉱物性肥料のリスト	Mineralischer Dünger, Liste	98ff
荒野	Grasheiden	85ff
小枝の覆い（防風用）	Reisigabdeckung zum Windschutz	209
護岸工事	Uferbauten	200ff
護岸植栽	Uferschutzpflanzungen	189
護岸のための切芝草施工	Andecken von Fertigrasen zum Uferschutz	188
護岸を行わない岸への播種	Ansaat ungeschützter Ufer	189
コヘザール・アルギナート ＜S＞	Cohäsal-Alginat S	211
コンクリート製まくら木緑化工法（英名）	Cement green prop（Betongrünschwelle）	131
コンクリート製まくら木緑化工法、枝を挿入するコンクリート製クライナー壁	Betongrünschwellen, Beton-Krainerwand mit Asteinlage	131
コンクリート建材を使ったクライナー壁（コンクリート製クライナー壁）	Krainerwand aus Betonfertigteilen	131,196
根茎、根茎切り挿き、根茎挿し木	Rhizom, Rhizomhäcksel, Rhizomsteckling	50
根茎の挿し木	Pflanzung von Rhizom	170
コンビネーション緑肥法（肥料になる植物を播種し、畑を耕してすき込んでいく方法）	Kombinierete Wurzelgründüngung	101,152
根瘤	Rhizothamnien	75

サ

最終目標（最終植生）	Schlußvegetation	82
柵	Bestecke, Reisigzaun	209
柵（植物を使用しない）	Zäune（nicht lebend）	195ff
挿し木	Triebstecklinge	35
挿し木	Schnittlinge, Steckholz, Schößling	35ff,125
挿し木：形質による違い	Steckling:Phasendifferenzierung	37
挿し木実験	Stecklingsversuche	45ff
挿し木による増殖	Stecklingsvermehrung	35ff
挿し木の移植	Versetzen von Steckhölzern, Setzholz, Setzstange, Setzling	125, 188

《サ行つづき》

挿し木の移植(英名)	Hard wood cutting	125
挿し木の移植(伊名)	Talea(=Steckholz)	125
挿し木の植え込み方法	Einbringungsarten der Stecklinge	44
挿し木の植え込み方法	Stecklings-Einbringungsart	44
挿し木の大きさ	Stecklingsdichte	36
挿し木の大きさ	Stecklingsvolumen	36,43ff
挿し木の形態	Stecklingsform	36
挿し木の植物リズム	Vegetationsrhythmus bei Triebstecklingen	39
挿し木の増殖時期	Vermehrungszeit bei Stecklingen	39
挿し木の増殖時期	Pflanzzeit bei Stecklingen	39ff
挿し木の耐寒性	Frosthärte bei Steckhölzern	44
挿し木のための成長促進剤	Wuchsstoffe zur Stecklingsvermehrung	39
挿し木の適した栽培時期	günstige Anbauzeit bei Stecklingen	39
挿し穂の樹齢	Stecklingsalter	37
雑草の除去	Unkrautbekämpfung	103
撒播（＝平面播種）	Flächensaat, =Vollsaat	169
砂嚢を用いた壁	Sandsackmauer	200
様々なシートで補強したブッシュ敷設工（補強材を用いるバリエーション）	Buschlage mit Längseinlagen	119,121
皿播種＝局所播種	Tellersaat=Plätzsaat	169
山野の崩壊地	Bergwiesenblaiken	92
産業廃棄物のボタ山	Industriehalden	89
三枚板ドレーン	Dohlendrän(nicht lebend)	203
シードマット	Saatmatten	167,188
シードマット施工	Saatmatten verlegen	167
シードマット施工	Verlegen von Saatmatten	167
シードマット施工	Andecken von Saatmatten	188
視覚的な誘導効果	Optische Leitwirkung	83
敷石	Pflasterung, Steinpflaster	200, 206
市場で入手できる種子のリスト(表2)	Handelsaatgut(Liste, Tabelle 2)	14
市場で入手できる草本類の種子リスト	Liste von Handelsaatgut von Gräsern und Kräutern	14
自然植生の根の様子	Wurzelprofile natürlicher Vegetation	64ff
自然な斜面勾配	Natürlicher Böschungsneigungswinkel	213
支柱根	Stelzenform	62
芝草覆い植栽法	Plaggenpflanzung	179
芝草播種	Rasensaaten	149
芝草張り	Rasenverlegung, Sodenpflanzung	146
芝草張り(伊名)	Zolle	146
芝草張り(英名)	Prepared sod squares	146
芝草張り排水溝	Rasenrinne	139
芝草用格子状石	Rasengittersteine, Rasenrastersteine, Betonrasenplatten, Betongrasplatten	167
芝草用格子状石の施工	Verlegen von Rasengittersteinen	167
シヒテル・システム	System Schiechteln	158
シヒテル・システム®(伊名)	Gazonne bitume	158
シヒテル施工	Beschiechteln	158
シヒテル法	Schiechteln	157,158
蛇籠入り湿地芝草(＝ヨシを入れた蛇籠)	Sumpfrasenwalze	185
蛇籠粗朶束	Faschinenwalze（tot）	186
蛇籠ドレーン	Drahtschotterdrän（nicht lebend）	203
蛇籠を使用した生きたブッシュの床止め工法	Lebende Drahtschotterschwelle	182
斜面格子緑化法	Lebender Hangrost	135
斜面粗朶束埋め込み法(英名)	Slope fascines	114
斜面粗朶束埋め込み工法	Hangfaschinenbau	114
斜面のトラス(構脚)	Hangböcke	197
斜面の緑化工事	Grünverbauung von Hängen	107
砂利植栽	Schotterpflanzung	171
砂利で包んだ粗朶束＝粗朶束ドレーン	Kiesumhüllte Bündelfaschine = Faschinendrän	203

《サ行つづき》

砂利用芝草	Schotterrasen	35
砂利入り円筒状メッシュ（植物は使用しない）	Maschendrahtwalze（nicht lebend）	203
砂利を入れた籠積み工とまくら木緑化工法	Drahtschotter-Grünschwelle	133
シュヴァーブ緑化	Schwabbegrünung	157
集中根型植物	Intensivwurzler	68
柔軟性のある護岸構造物	Elastische Uferverbauung	204
種子配合	Samenmischungen	34,80
種子配合の選択	Auswahl von Rasenmischungen	34
初期植生、先駆植生	Erstvegetation, Initialvegetation	82,84-90
植栽穴用ボーリング機	Pflanzlochbohrer	177
植生休眠期（人工的に保つ場合）	Vegetationsruhe, Künstliche Verlängerung der	44
植生による補強施行	Stützbauten, lebende	129
植物社会学	Pflanzensoziologie	84
植物苗の品質	Pflanzenqualität	15
植物苗の覆土	Pflanzeneinschlag	15
植物苗の輸送	Pflanzentransport	15
植物による排水	Biotechnische Entwässerung（Ausführung）	138
植物の環境構築力	Aufbaukraft der Pflanze	74
植物の形質区分	Phasengliederung bei Pflanzen	37,49
植物の侵食に対する抵抗力	Erosionsresistenz von Pflanzen	69
植物の遷移	Pflanzensukzession	85-89
植物の色彩の華やかさ	Farbenpracht der Pflanzen	81
植物のメカニカルな負荷	Mechanische Beanspruchung von Pflanzen	55ff
植物リズム、年間リズム、一日のリズム	Vegetationsrhythmus, Jahres-, Tages-,	39ff
植物を育成する苗床の標高	Höhenlage der Anzuchtgärten	80
植物を使用したガリ侵食保全施行	Runstbauten, lebend	136ff
植物を使用した底部保全のための床止め工法	Lebende Sohlschwellen	181
植物を用いない排水工事	Entwässerungsbauten aus nicht lebenden Stoffen	200
人工的な地滑り	Auslösen von Gleitungen	215
人工的に地滑りを起こして斜面をなだらかにする方法	Künstliche Gleitung, Abtrag durch	215
人工的に作られた植生の根の様子	Wurzelprofile künstlicher Begrünung	70ff
侵食に対する抵抗力のある植物のリスト	Liste erosionsresistenter Pflanzenarten	63
侵食に強い品種	Erosionsresistente Arten	62
侵食のおそれ（立地判断のための表）	Erosionsgefahr, Beurteilung, Tabelle 1	11
滲透式排水溝	Sickergrabenbau	203
新芽挿し	Sproßsteckling	54
水酸化ケイ酸塩	Hydrosilikate	210
捨石工事	Steinwurf	205
スパイク編み	Spiekerzopf	186
生態学	Ökologie	10ff
生態学的な序列	Ökologische Reihen	11
生態学的な適応幅	Ökologische Amplitude	12
生態工学上の特性	Biotechnische Eignung	55
生態工学的な工事の計画	Planung ingenieurbiologischer Baumaßnahmen	82
成長形態	Wuchsformen	55
生長促進剤	Synthetische Wuchsstoffe	39
生長の速度	Wuchusgeschwindigkeit	75ff
生物工学的手法による排水	Biotechnische Entwässerung（allg.）	84
生物的要因	Biotische Faktoren	10
石材ドレーン、石材滲透法	Steindrän, Steinsickerung	203
雪害保護や雪崩防止のための構築物	Schnee- und Lawinenschutzbauten	211
雪上播種	Schneesaat	13
施肥	Düngung	94ff
セルロースエーテル	Zelluloseäther（Methylzellulose）	211
世話の要らない芝草	Pflegearmer Rasen	34,80,83
遷移、サクセッション	Sukzession	9
遷移の図式	Sukzessionsschemata	85-89
先駆植物植栽	Pionierpflanzung	171
先端に芽を付けた挿し木	Kopfsteckling	37
ソイル・セット	Soil set	210

《サ行つづき》

増殖力	Vermehrbarkeit	13
草本植物の播種実験	Saatversuche mit Gräsern und Kräutern	32ff
草本類の種子リスト	Saatgut, Liste von Gräsern und Kräutern	14
粗朶束埋め込み排水工	Faschinendrän	140
粗朶束基礎床工法	Packfaschinat. Astpackung	192
粗朶束工	Faschine	186
粗朶束工（斜面の粗朶束工）	Faschine (Hangfaschine)	114
粗朶束工	Wippe	186
粗朶束ドレーン	Faschinendrän (tot)	203
粗朶束マット	Faschinenmatten	207

タ

耐塩性	Salztoleranz	12
耐乾燥性	Dürreresistenz	12
堆積角	Schüttwinkel	213
楕円穴植樹	Langlochpflanzung	178
ダフラバリエーション	Dafra-Verfahren	153
たれた地下茎	Wuzelhänger	62
単一種の植分	Monokulturen	34
単純播種＝通常播種	Einfache Ansaat=Normalsaat	152
単純ヤナギ編み	einfacher Weidenzopf	186
弾力性のある品種(木本)	Elastische Holzarten	62
通常播種	Normalsaat	152
継ぎ目植樹工	Fugenbepflanzung	125,188
底部の保護と持ち上げのための横断構造物	Querwerke zur Sohlenfixierung und -hebung	180
ティローゼ	Tylose	211
凸凹敷石	Rauhpflaster	206
テラス形成	Terrassierung (taracing)	193
導流工としての緑化籠工	Drahtschotterkörper als Leitwerk	188
トール油製品	Tallöl-Produkte	210
土砂の堆積・侵食に対する抵抗力	Resistenz gegen Verschüttung und Erosion	61f
土砂の堆積に抵抗力のある植物リスト	Liste verschüttungsresisternter Pflanzenarten	61
土砂の堆積に対する抵抗力のある植物のリスト	Verschüttungsresistente Arten (Liste)	61
土砂を覆う植物	Schuttdecker	69
土砂を這う植物	Schuttüberkriecher	69
土壌安定剤のリスト	Liste bodenstabilisierender Mittel	210
土壌改良	Bodenverbesserung	74,94ff
土壌改良剤のリスト	Liste bodenverbessernder Mittel	96
土壌固定	Bodenbindung	74
土壌固定、土壌を固定する植物	Bodenfestigung, Bodenfestiger	64ff.74
土壌生物学的な活力	Bodenbiologische Aktivierung	95
土壌調査	Bodenuntersuchung	10
土壌の動き	Bodenbewegung	84
土壌の覆い	Bodenabdeckung zum Windschutz	209
土壌の耕作	Bodenbearbeitung	103
土壌の状態（立地判断のための表）	Bodenzustand (Tabelle 1)	11
土壌固定をするのに適した木本のリスト	Liste bodenfestigender Bäume	69
土地形成作業	Ausformungsarbeiten	213
土地の起伏	Relief	10
土中生物相の活動	Biologische Aktivierung	74f
土木における生態工学的工法	Ingenieurbiologische Bauweisen im Erdbau	107
取り木	Absenker	52

ナ

苗木敷設工	Heckenlage	116

《ナ行つづき》

苗木敷設工や列状植栽ブッシュ敷設工に適した木本のリスト	Liste für Heckenlagenbau und Heckenbuschlagenbau geeignete Gehölze	117
斜め編柵	Diagonalflechtzaun	107
根：芽と根の量の割合	Wurzeln:Verhältnis zwischen Trieb- und Wurzelvolumen	67
根株及び株の株分け植え付け	Wurzelstöcke und -horste, Pflanzung von	170
根挿し	Wurzelstecklinge	49
根の形状	Wurzelform	68
根の剪断強度	Scherfestigkeit	74
根の引っ張り強さ（強度）	Zugfestigkeit von Pflanzenwurzeln	55,73ff
根の分割	Wurzelstockteilung	53
根の量（表）	Wurzelmasse, Wurzelvolumen（Tabelle）	67
根の露出	Wurzelentblößung	62
根の割合（まとめ）	Bewurzelungsverhältnisse, Zusammenfassung	68
根鉢植栽	Ballenpflanzung	174
法尻石礫排水溝	Filterkeil	143
法面造成法	Abböschungsmethoden	215

ハ

ハーゼルトウヒ	Haselfichte, Spitzfichte	55
ハープ型	Harfenform	62
配合種子の播種量	Aussaatmengen bei Rasenmischungen	35
排水溝（植物を使用しない）	Wasserrinnen（nicht lebend）	200ff
吹き付け工法（英名）	Spraying method (=Naß-Saaten)	153
パイプドレーン	Rohrdrän	203
バクテリアと接種	Bakterienkulturen und -Impfung	75,101
バクテリアや菌根菌接種	Impfung mit Bakterien und Mykorrhizen	101
爆発させて山を崩す作業	Absprengen	215
挟み込み植樹	Klemmpflanzung	176
バシトニー	Basitonie	62
播種	Saat	13
播種－マルチング組合せ工法	Kombinierete Saat-Mulchverfahren	156
播種-マルチング工法	Saat-Mulchverfahren	156
発泡材	Schaumstoffe	96
発泡植栽	Schaumpflanzung, Plastoponik (Plastsoil). Pflanzung	179
発泡播種	Schaumsaat、Plastoponik (Plastsoil). Saat	166
はつり作業	Abschrämmen	215
春に行う挿し木	Frühlingspflanzung bei Stecklingen	43
繁殖（有性繁殖、無性繁殖）	Vermehrung, generative, vegetative	13
ハンノキの崩壊地	Erlenblaiken	90,92
ピート	Torf	96
比較成長量	Relative Wüchsigkeit	75
ヒグロムル法	Hygromull-Verfahren (=BASF-Verfahren)	154
ビツ芝草面	Biturasen	158
ビツ吹き付け工	Bitusprit	153
ビツマルチング	Bitumulchung	158
ビツミルク	Bitumulch	158
ビツメン	Bitumen	210
ビツメンを施した藁マルチング	bituminierte Strohmulchierung	158
ヒュルス BL801	HÜLS BL 801	210
表層土壌客土	Mutterbodenandeckung	94
表面保護工法	Deckbauweisen	83,144
肥料のリスト	Liste von Düngemitteln	96
広穴掘り植樹	Breitlochpflanzung	178
貧養芝草	Magerrasen	34,80,83
貧養芝草、自然の	Magerrasen, natürliche	34,80,83
ファストローザ法	Fastrosa-Verfahren	154,158

《ハ行つづき》

フィン工法	Finnverfahren	157
フォルストアルギン、アグリコール	FORSTALGIN=AGRICOL	211
深型穴植樹	Tieflochpflanzung	178
吹き溜まり柵	Verwehungsbau, Verwehungszaun	211
吹き付け工法	Anspritzverfahren, Nass-Saaten	153
吹きつけ工法	Hydrosaat(Hydroseed), Naß-Saat	153ff
腐植土無しの緑化	Humuslose Begrünung	158
ブッシュ敷き詰め工法	Ausbuschung	136
ブッシュ植樹	Büschelpflanzung	178
ブッシュドレーン	Buschdrän, Buschrigole	203
ブッシュ敷設工	Buschlagenbau, Breitlage, Weidenquerschläge	119
ブッシュ敷設工（英名）	Hedge layering	119
ブッシュや挿し木の貯蔵	Lagerung von Buschwerk und Stecklingen	44
ブッシュ工による横堤	Buschbautraverse	189
ブラシ状・くし状に配置した生きた植物の柵	Bürsten und Kämme（lebende）	183
ブラシ状・くし状に配置した生きた植物の柵	Lebende Bürsten und Kämme	183
プラスチックの柵	Plastikzaun	195
ブレヒト吹きつけ工法	BRECHTsches Naß-Staatverfahren	154
ブロック積工	Blockschlichtung	133
平面芝草	Flachrasen	146
平面播種＝撒播	Vollsaat=Flächensaat	169
ペーパーポット植栽	Paperpot-Pflanzung、Topfpflanzung	174
編柵工	Flechtzaun（Wattle fence）	107
編柵工（伊名）	Viminate	107
編柵による床止め工法	Lebende Flechtzaunschwelle	182
保安林	Bannwald	104
崩壊箇所や切土箇所の法面造成	Abböschung der Bruch- und Anschnittränder	215
崩壊箇所や切土箇所の法面造成（伊名）	Sterro	215
崩壊地	Blaike	84-92
萌芽力のある木本の運搬	Transport ausschlagfähiger Gehölzteile	44
萌芽力のある木本の切断方法	Schnittmethoden für Ausschlagfähige Gehölze	44
防眩	Blendschutz	83
放水による表面侵食	Abspülen	215
防雪壁	Kolktafel, Schneetriebwand	212
放線菌の共生	Strahlenpilz-Symbiose	75,102
法的な規則	Rechtliche Regelung	104
防風構造物	Windschutzbauten	209
防風柵	Windschutzzaun	209
放牧地	Weiderasen	35
崩落に対する抵抗力	Schurfresistenz	62
補強施行とガリ侵食保全施行のくみあわせ	Kombinierte Stütz- und Runstbauten	83,129
牧草地	Mähwiesen	35、85ff
牧羊	Schafweide	103
保護林	Schutzwald	104
干し草屑播種	Heublumensaat	150
補足工法	Ergänzungsbauweiesn	83,168
掘り取り芝草	Schälrasen	147
ポリビニルアルコール(PVA)	Polyvinyl-Alkohole(Polyviol)	210
ポンプ植物	Pumpende Pflanzenarten	138
ポンプ植物による排水	Entwässerung durch pumpende Pflanzenarten	138

マ

まくら木緑化工法	Grünschwellenbau	129
まくら木緑化工法（英名）	Green prop	129
マット芝草	Rasenmatten	139f
マット播種	Mattensaat	90,91
丸材ドレーン	toter Stangendrän	203

《マ行つづき》

丸太材の柵	Stangenzaun	196
丸太斜面	Knüppelrampe	207
マルチング	Mulchen, Mulching, Mulchierung	103
マルチング・スプレッダー	Mulchspreader	157
マルチング工法	Mulchverfahren	156
マルチング播種工法	Mulchsaaten	156
未熟土壌進入者（植物）	Rohbodenbesiedler	74
水辺での植物による保全工事	Lebendverbauung an Gewässern	180ff
水辺での生態工学的工法	Ingenieurbiologische Bauweisen im Wasserbau	180
溝工	Riefenbau	115
溝播種（＝畝間播種、列播種、縞状播種）	Rillensaat=Reihensaat, Furchensaat, Streifensaat	169
むかご	Brutknospen	52
無性繁殖	Vegetative vermehrung	13, 35ff
無性繁殖で増殖できる植物種	Vegetativ vermehebare Pflanzarten	45–55
無性繁殖で増殖できる植物種のリスト	Liste vegetativ vermehrbarer Pflanzenarten	53ff
メカニカルな力（抑制）	Mechanische Kräfte, Ausschaltung	84
メカニカルな負荷に対する抵抗力	Resistenz gegen mechanische Beanspruchung	55ff
メカニカルな負荷によって鉤型に成長する	Hakenbildung durch mechanische Beanspruchung	62
メチルセルロース	Methylzellulosen	211
芽と根の量の割合	Verhältnis zwischen Trieb- und Wurzelvolumen	67
メンテナンスフリー芝草	Extensivrasen	34, 83
木本の若い段階	Jugendphasen bei Gehölzen	37
木製のクライナー壁	Krainerwand aus Holz	129, 196
木製のまくら木緑化工法	Lebende Holzgrünschwelle	129
木製のまくら木緑化工法	Holzgrünschwelle（lebende）, Holz-Grünschwelle, Krainerwand mit Asteinlage	129, 187
木製のまくら木緑化工法（英名）	Wooden green prop	129
木本の枝打ち	Gehölzsschnitt	102
木本の生長経緯	Wuchsleistung bei Gehölzen, Lebenserwartung bei Gehölzen	76ff
木本の播種	Freisaat, Gehölzsaat	13, 168
木本の播種（伊名）	Semis a demeure	168
木本の古い形質	Altersphasen bei Gehölzen	37
盛土つぼ堀り植樹、もり土つぼ堀り穴植樹	Lochhügelpflanzung, Lochhügellochpflanzung	178

ヤ

野外における挿し木実験	Stecklingsversuche im Freiland	39
野生獣の被害の防止	Wildschadenverhütung	103
野生の実生苗	Wildlinge	13
ヤナギの切断に最も適した時期	Jahreszeit, günstigete, für Schnitt der Weiden	39
ヤナギの崩壊地	Weidenblaiken	84, 90
矢来柵（パリサーデ）工法（植物材を利用した）	Palisadenbau, Palisadenwand（lebend）	136
有害生物の駆除	Schädlingsbekämpfung	103
有機的なゴミの鋤込み	Einpflügen organischer Abfälle zum Windschutz	209
有機肥料のリスト	Organischer Dünger（Liste）	97
有性繁殖	Generative Vermehrung	13
雪の下降漸動に対する抵抗力	Resistenz gegen Kriechschnee	62
雪の柵	Schneezaun	211
雪の崩落	Schneeschurf	62
由来	Provinienz	79
ヨシの茎植え	Schilfhalmpflanzung	184
ヨシの柵	Schilfzaun	196
ヨシの植栽	Schilfpflanzung, Röhrichtpflanzung, Riedpflanzung	183
ヨシの地下茎と新芽植栽法	Rhizombesatz, Rhizom- und Sprößlingpflanzung von Röhricht	184
ヨシの根株移植	Röhricht-Ballenpflanzung, Ballenbesatz von Röhricht	183
ヨシの根鉢植栽	Schilfballenpflanzung, Schilfsodenpflanzung	183

《ヤ行つづき》
ヨシを入れた蛇籠	Röhrichtwalze	185
ヨシを用いた河岸保護	Uferschutz durch Ried und Rohr	183

ラ

落石に対する抵抗力	Steinschlagresistenz	63

《ラつづき》
落石に対する抵抗力のある植物のリスト	Liste steinschlagresistenter Pflanzenarten	63
落石防止ネット	Steinschlag-Schutzgitter	208
落石保護用構造物	Steinschlag-Schutzbauten	208
落石保護用捕獲壁	Fangwände zum Steinschlagschutz	208
力学的形態	Mechanomorphsen	55
立地でなされる自然な腐植土の成長	Humuswachstum am Standort, natürliches	74f,95
立地による根の形状	Abbhängigkeit der Wurzelform vom Standort	69
立地判断	Standortbeurteilung	10,83
硫化リグニン	Ligninsulfonate	210
緑化工事に最適な季節	Jahreszeit, günstigete für Begrünungsarbeiten	92
緑化工事によるコスト削減	Kosteneinsparung durch Grünverbauung	106
緑化工事の維持管理	Unterhaltspflege, Unterhaltung von Grünverbauungen	94
緑化工事の年間計画	Zeitplan für Grünverbauungsarbeiten	93
緑化工事の費用	Kosten der Grünverbauung	105
緑化工事の目的	Ziel der Grünverbauung	80
緑化シードマット	GRÜNLING-Samenmatte	188
緑化工事後の将来の利用法	Nutzeffekt der Begrünung	81
緑肥	Gründüngung	101
列状植栽法	Heckenpflanzung	116
ロール芝草	Rollrasen	147
ローレンツしによる底部に起伏をつけた排水溝	Rauhbettrinne nach LORENZ	201
路面の解氷剤を含む塩水の噴霧に対して抵抗力のある植物	Resistenz der Pflanzen gegen Besprühen mit Salzwasser einschließlich Auftausalze an Straßen	12

ワ

矮性芝草（世話の要らない）	Kurzrasen（Pflegearmer）	34,80
矮性低木	Zwergstrauchheiden	84ff
藁覆い上の播種	Saat auf Strohdeckschicht	158
藁覆い播種	Strohdecksaat	158
藁マルチングー播種工法	Strohmulch-Saatverfahren	158

植物名索引

本文に登場する植物名を、学名、ドイツ名、和名、科、登場するページ、登場する図の順に示しました。ドイツ名は原書に記載されているものです。

植物名	ドイツ名	和名	科	ページ	図
A					
Abies alba	Weißtanne	ヨーロッパモミ	マツ科	39,69	
Abieto-Fagetum		ヨーロッパモミーブナ群集		85,87,173	図84
Acer	Ahorn	カエデ	カエデ科	53,112	
Acer campestre	Feldahorn	コブカエデ	カエデ科	12,69,117	
Acer negundo	Eschenahorn	ネグンドカエデ	カエデ科	117	
Acer	Spitzahorn	プラタナスカエデ ＝Acer platanoides	カエデ科	12,69,138	
Acer platanoides		プラタナスカエデ	カエデ科		
Acer pseudoplatanus	Bergahorn	セイヨウカジカエデ	カエデ科	12,39,56,57,61,63,68,69,74,86,117,138	図37,図59,図95,図96
Acer saccharinum	Zuckerahorn	ギンヨウカエデ	カエデ科	117	
Achillea millefolium	gemeine Schafgarbe	セイヨウノコギリソウ	キク科	12,13,14,15,50,54,66,68,71,80,88,161	図21,図22,図56,図60,図181,図186
Achillea moschata	Mochus Schafgarbe	キバナノコギリソウ	キク科		図57,図66
Achnatherum calamagrostis ＝Lasiagrostis calamagrostis	Silber Rauhgras	ヒロハハネガヤ	イネ科	14,32,53,54,63,67,68,85	
Acorus calamus	Kalmus	ショウブ	サトイモ科	185	
Actinomycetum	Strahlenpilze	放線菌		102,124,169	
Adenostyles	Alpendost	ハゴロモギク属	キク科	74,75,139,170	
Adenostyles alliariae	Grauer Alpendost	ハゴロモギク	キク科	55,138	
Adenostyles glabra=alpina	Kahler Alpendost	ハゴロモギク	キク科	54,55,65,66-68,138	
Adenostyletum alliariae		ハゴロモギク群集		86	
Aegopodium podagraria	Geißfuß	エゾボウフウ	セリ科	64	
Aesculus hippocastanum	Roßkastanie	セイヨウトチノキ	トチノキ科	117,169	
Agropyron caninum	Hundsquecke	イブキカモジ	イネ科	12	
Agropyron intermedium		オオタチカモジグサ	イネ科		図193
Agropyron juniceum	Binsenquecke	カモジグサ	イネ科	12	
Agropyron littrale	Uferquecke	カモジグサ	イネ科	12	
Agropyron repens	Ackerquecke, kriechende Quecke	シバムギ	イネ科	12,14,15,73,170	図188,図189
Agropyron smithii	Smith-Quecke	カモジグサ	イネ科	12	
Agrostis alba=gigantea	weißes Straußgras	コヌカグサ	イネ科	12,16,17	図189
Agrostis canina	Hunds-Straußgras	ヒメヌカボ	イネ科	12,14,15,54	
Agrostis gigantea=alba	weißes Straußgras	オニヌカボ	イネ科	12,14,15	
Agrostis stolonifera agg.	Ausläufer-Straußgras, weißes Straußgras	ハイコヌカグサ	イネ科	12,16,17,71	図60,図189
Agrostis tenuis=vulgaris	rotes Straußgras	ヌカボ	イネ科	12,16,17,80	
Ailanthus glandulosa=altissima	Götterbaum	ニワウルシ	ニガキ科		図49
Ajuga pyramidalis	Pyramiden-Günsel	セイヨウキランソウ	シソ科	66	
Ajuga reptans	kriechender Günsel	セイヨウキランソウ	シソ科	49,61,117	
Alchemilla vulgaris agg.	gemeiner Frauenmantel	ハゴロモグサ	バラ科	66	
Alisma plantago-aquatica	Froschlöffel	オモダカ	オモダカ科	74	
Alnetum incanae	Grau-Erlenbestand	ヤマハンノキ群集		64,85,86,90,111,146	
Alnetum viridis	Grün-Erlenbestand	ミヤマハンノキ群集		86,87,90,102	
Alnus	Erle	ハンノキ属	カバノキ科	75,80,102,123	図20,図51,図66,図91,図92
Alnus barbata	Bart-Erle	バルバータハンノキ	カバノキ科	11,102,124	
Alnus glutinosa	Rot- oder Schwarzerle	ヨーロッパハンノキ	カバノキ科	11,12,13,61,62,69,74,75,102,117,138,174	図92

植物名	ドイツ名	和名	科	ページ	図
A つづき					
Alnus incana	Weiß- oder Grauerle	ヤマハンノキ	カバノキ科	11,12,13,37,41,46,49,54, 61,63,66,69,75,77,78,79, 87,102,103,117,124,138, 168,169,173	図12,図13,図14b, 図14c,図20,図22, 図51,図58,図59, 図61,図91,図92,図96, 図108,図128,図201, 図202
Alnus viridis	Grün- oder Alpen-Erle	ミヤマハンノキ	カバノキ科	11,12,13,39,42,46,61,62, 63,64,67,70,79,102,103, 117,124,168	図12,図13,図14c, 図52,図58,図66, 図96,図108,図201, 図202
Alopecurus bulbosus	Zwiebel -Fuchusschwanz	スズメノテッポウ	イネ科	12	
Alopecurus geniculatus	Knie-Fuchusschwanz	スズメノテッポウ	イネ科	12	
Alopecurus pratensis	Wiesen -Fuchusschwanz	オオスズメノテッポウ	イネ科	12,16,17	図189
Alopecrus utriculatus	scheidiger Fuchusschwanz	スズメノテッポウ	イネ科	12	
Amaranthus retroflexus	gemeiner Amarant	アオゲイトウ	ヒユ科	73	
Amelanchier ovalis	Fersenbirne	ザイフリボク	バラ科	11,13,14,42,46,88	図12,図14c
Ammophila arenaria	Strandhafer	オオハマガヤ	イネ科	12,52,211	図290
Ammophila baltica =arenaria × Calamagrostis epigeios	baltischer Strandhafer	バルチカオオハマガヤ	イネ科	12,52	
Anchusa capensis	Kap-Ochsenzunge	ウシノシタグサ （アフリカワスレナグサ）	ムラサキ科	33	
Andropogon gerardi	Gerards Bartgras	メリケンカルカヤ	イネ科	12	
Andropogon ischaemum =Bothriochloa ischaemum	gemeines Bartgras	メリケンカルカヤ	イネ科	88	
Andoropogon scoparius	Besen-Bartgras	メリケンカルカヤ	イネ科	12	
Angelica archangelica =Archangelica officinalis	Engelwurz	ヨーロッパシシウド	セリ科	138	
Angelica sylvestris	Wilde Brustwurz	ヨーロッパトウキ	セリ科	64,67,68,138	図53
Angelica verticillata	Quirl-Brustwurz	ヨーロッパトウキ	セリ科	138	
Anthericum ramosum	Zaunlilie	ケイビラン	ラン科	88	
Anthoxanthum odoratum	Rachgras	ハルガヤ	イネ科	12,16/17,80	
Anthyllis vulneraria	Wundklee, Tannenklee	モメンヅル	マメ科	12,14,16,17,32,62,67,68, 71,74,75	図60,図181,図184, 図191,図193
Anthyllis alpestris=vulneraria ssp. Alpestris Hegetschw.	Alpen-Wundklee	モメンヅル	マメ科	14,32,	
Aptenia cordifolia		ハナツルクサ（多肉植物）	ツルナ科	49,54	
Arctostaphyllos uva-ursi	gemeine Bärentraube	ウバウルシ （ウラシマツツジ類）	ツツジ科	14	
Arenaria serpyllifollia		ノミノツヅリ	ナデシコ科	150	
Arrhenatherum elatius	französ. Raygras, Glatthafer	オオカニツリ	イネ科	12,16,17	図187
Artemisia absinthium	echter Wermut	ニガヨモギ	キク科	13,14,32,50,54,68,74,87	図1,図21,図22
Artemisia campestris agg.	Feld-Beifuß	ノハラヨモギ	キク科	54,73,74,80	
Artemisia vulgaris	gemeiner Beifuß, gemeiner Wermut	オウシュウヨモギ	キク科	33,54,61,64,68,74	図2,図46
Arundo donax	Pfahlrohr, Riesenschilf	ダンチク	イネ科	54,55,129,134,184,196	
Aruncus sylvestris=vulgaris	Geißbart	ヤマブキショウマ	バラ科	50,54,63,64,67,68	図21,図22,図53, 図59
Astragalus onobrychis	Esparsetten Tragant	ゲンゲ	マメ科	88	
Athamanta cretensis agg.	Alpen-Augenwurz	ミヤマトウキ	セリ科	89	
Atriplex patula	Rutenmelde	ハマアカザ	アカザ科	73	
Atriplex halimus		ハマアカザ	アカザ科	50,54,74,170	図21,図22
Atropa belladonna	Tollkirsche	セイヨウハシリドコロ	ナス科	12,16,17	
Avena sativa	Saathafer	カラスムギ	イネ科	12,46,54,101,139,152, 161	
B					
Baccharis viminea		ヒイラギギク	キク科	46,54,115	
Baccarium radicicola		バッカリウム		54,129,170	

植物名	ドイツ名	和名	科	ページ	図
B つづき					
Berberis darwinii		セイヨウメギ	メギ科	11	
Berberis vulgaris	Sauerdorn	セイヨウメギ	メギ科	46,54,61,63,68,74,79,87,88,117,173,174	図13,図17,図44,図64
Betula pubescens	Flaumbirke	ヨーロッパシラカンバ	カバノキ科	13,57,61,63,69	図34
Betula pendula=verrcosa	Sandbirke, Weißbirke	シダレカンバ	カバノキ科	12,13,63,69,70,78,117,168,173	図58,図61,図96,図108,図201,図202
Betula verrcosa	Warzenbirke	ベルコーサシラカンバ	カバノキ科	70,78	図62
Biscutella laevigata	Brillenschötchen	セイヨウガラシ	アブラナ科	13,67,68	図54
Blechnum spicant	Rippenfarn	シシガシラ	シシガシラ科	66	
Bouteloua curtipendula	Gras	モスキートグラス(アゼガヤモドキ)	イネ科	12	
Bouteloua gracilis	Gras	モスキートグラス(アゼガヤモドキ)	イネ科	12	
Brachypodium rupestre	Fiederzwecke	ヤマカモジグサ	イネ科	12,18,19,64,87,88	
Brachypodium sylvaticum	Waldzwecke	ヤマカモジグサ	イネ科	12	
Briza media	Zittergras	ヒメコバンソウ	イネ科	12	
Bromion erecti		スズメノチャヒキ群団		85,97	
Bromus commutatus =racemosus var. commutatus	verwechselte Trespe	ムクゲチャヒキ	イネ科	12	
Bromus erectus	aufrechte Trespe	スズメノチャヒキ	イネ科	12,18,19,80,88	
Bromus inermis	wehrlose Trespe	スズメノチャヒキ	イネ科	12,18,19	図187,図193
Bromus mollis=hordeaceus	Gerstentrespe, weiche Trespe	ハマチャヒキ	イネ科	12,18,19	図188
Bromus racemosus	Traubentrespe	スズメノチャヒキ	イネ科	12	
Bromus tectorum	Dachtrespe	スズメノチャヒキ	イネ科	12	
Buchloe dactyloides	Gras	バッファローグラス	イネ科	12	
Buphthalmum salicifolium	Rindsauge	トウカセン	キク科	65,67,68	図54
C					
Calamagrostis arundinacea	Rohr-Reitgras	ノガリヤス	イネ科	11,12	
Calamagrostis epigeios	Land-Reitgras	ヤマアワ	イネ科	63,64,67,68,86	図53
Calamagrostis lanceolata	lanzettliches Reitgras	ノガリヤス	イネ科	11	
Calamagrostis pseudophragmites	Schilff-Reitgras	ホツスガヤ	イネ科	11	
Calamagrostis varia	buntes Reitgras	ノガリヤス	イネ科	11,12,14,32,65,66,67,68,85	図54,図55
Calamagrostis villosa	wolliges Reitgras	イワノガリヤス	イネ科	11,14,32,66,67,68,87	図56
Calamintha alpina	Alpen-Steinquendel	ミヤマトウバナ	シソ科	65,67,68	図54
Calla palustris	Sumpf-Drachenwurz	ヒメカユウ	サトイモ科	185	
Calluna vulgaris	Besenheide	カルーナ(ハイデ草、ギョリュウモドキ)	ツツジ科	14	
Callunetum	Besenheidebestand	カルーナ群集		85	
Campanula cochleariifolia =pusilla	zierliche Glochkenblume	アオイロイワギキョウ	キキョウ科	61,62,65,89,150	図45,図54
Campanula persicifolia	Waldglockenblume	ヒナギキョウ	キキョウ科	64,67,68	図53
Campanula pusilla =cochleariifolia	zierliche Glochkenblume	ホタルブクロ(ヒメシャジン)	キキョウ科	65,67,68	
Campanula rotundifolia	rundblättrige Glockenblume	イワシャジン	キキョウ科	65	
Campanula trachelium	Nessel-Glockenblume	ホタルブクロ	キキョウ科	73	
Campylium protensum	Moos	コガネハイゴケ	ヤナギゴケ科	65	
Capsella bursa-pastoris	Hirtentäschel	ナズナ	アブラナ科	73	
Caragana arborescens		オオムレスズメ	マメ科	12,117	
Cardamine impatiens	Spring-Schaumkraut	タネツケバナ	アブラナ科	64,65,67,68	図53
Carduus defloratus	abgeblühte Distel	ヒレアザミ	キク科	65,67,68,74	
Carex acutiformis	Sumpfsegge	アクティフォルミススゲ	カヤツリグサ科	184,185	
Carex alba	weiße Segge	アルバスゲ	カヤツリグサ科	65	
Carex arearia	Sandsegge	アレアリアスゲ	カヤツリグサ科	12	
Carex flacca=glauca	schlaffe Segge	フラカスゲ	カヤツリグサ科	66,67,68,89	図53
Carex gracilis	zierliche Segge	グラシリススゲ	カヤツリグサ科	184,185	
Carex humilis	niedrige Segge	ヒカゲスゲ	カヤツリグサ科	88	
Carex leporina	Hasensegge	レポリナスゲ	カヤツリグサ科	64	

植物名	ドイツ名	和名	科	ページ	図
C つづき					
Carex ornithopoda	Vogelfuß Segge	オルニトポダスゲ	カヤツリグサ科	65	
Carex sempervirens	immergrüne Segge	センペルビレンススゲ	カヤツリグサ科	68	
Caricetum curvulae	Krummseggenrasen	クルブラ・スゲ群集		89	
Caricetum firmae	Polseterseggenrasen	フィルマ・スゲ群集		89	
Carlina acaulis	Silberdistel, Eberwurz	シルバーアザミ	キク科	87	
Carpinus betulus	Hainbuche, Weißbuche	セイヨウイヌシデ	カバノキ科	12,69,117	
Carpobrotus	Mittagsblume	ツルナ属（多肉植物）	ツルナ科	170	図 29
Carpobrotus edule		バヤク菊（多肉植物）	ツルナ科	49,54	
Carpobrotus acinaciforme		短剣菊（多肉植物）	ツルナ科	49,54	
Carthamus tinctorius	Färber-Saflor	トゲアザミ	キク科	33	
Castanea sativa=veska	Edelkastanie	ヨーロッパグリ	ブナ科	117,169	
Casuarina	Kasuarine	トキワギョリュウ属	モクマオウ科	124	
Catabrosa aquatica	Quellgras	ヌマカゼクサ	イネ科	12	
Ceanotus	Säckelblume	ケアノツス属	クロウメモドキ科	124	
Centaurea jacea	gemeine Flockenblume	ヤグルマアザミ	キク科	87	図 181
Centaurea maculosa	gefleckte Flockenblume	ヤグルマギク	キク科	88	
Centaurea scabiosa	Skabiosen-Flockenblume	ヤグルマギク	キク科	87	
Ceratonia siliqua	Johannisbrotbaum	イナゴマメ	マメ科	169	
Cerinthe glabra	Alpen-Wachsblume	キバナルリソウ	ムラサキ科	33,75	図 3
Cheiranthus allionii	Goldlack	アラセイトウ	アブラナ科	33	
Chrysanthemum alpinum	Alpen-Wucherblume	欧州ミヤマギク	キク科	14,89	
Chrysanthemum atratum =Leucanthemum atratum	schwarze Wucherblume	欧州キク	キク科	89	
Chrysanthemum leucanthemum =Leucanthemum vulgare agg.	Marguerite, gemeine Wucherblume	欧州キク	キク科	12,18,19,32	図 181
Cicerbita alpina	Alpen-Milchlattich	アルプスニガナ	キク科	75,138	
Cichorium intybus	Wegwarte	キクニガナ	キク科	87	
Cirsium arvense	Acker-Kratzdistel	アザミ	キク科	67,68	
Clematis vitalba	Waldrebe	センニンソウ	キンポウゲ科	11,13,68,74,117,174	図 108
Colutea arborescens	Blasenstrauch	ブラダーセンナ（ボウコウマメ）	マメ科	88	
Comptonia	Komptonie	コンプトニア属	ヤマモモ科	124	
Convolvulus arvensis	Ackerwinde	セイヨウヒルガオ	ヒルガオ科	73	
Cornus alba	weißer Hartriegel	シロミズキ	ミズキ科	117	
Cornus mas	Kornelkirsche, Drindlstrauch	セイヨウサンシュユ	ミズキ科	14,88,117	
Cornus sanginea	gemeiner Hartriegel	ミズキ	ミズキ科	11,12,14,63,68,79,88,117,174	図 65,図 96
Coronilla emerus	Strauch-Kronwicke	タマザキフジ	マメ科	13,88	
Coronilla varia	bunte Kronenwicke	タマザキフジ	マメ科	12,18/19,74,88	
Coriaria	Gerberstrauch	ドクウツギ	ドクウツギ科	124	
Coryletum, thermophiles	warmes Haselgebüsch	セイヨウハシバミ群集		87,88	
Corylus avellana	Haselnuß	セイヨウハシバミ	カバノキ科	11,12,46,49,54,57,60,62,63,79,117,173	図 12,図 14c,図 20,図 22,図 36,図 49,図 64,図 96,図 108,図 201,図 202
Corynephorus canescens	Silbergras	コリネフォルスガヤ	イネ科	12,42,80	
Cotinus coggygria	Perückenstrauch	ハグマノキ	ウルシ科	88	
Cotoneaster acutifolius		トガリバベニシタン	バラ科	117	
Cotoneaster intergerrimus	Echte Zwergmispel	ベニシタン	バラ科	88	
Cotoneaster multiflorus		ベニシタン	バラ科	117	
Cotoneaster tomentosus	filzige Zwergmispel	ベニシタン	バラ科	88	
Crataegus monogyna	Weißdorn	セイヨウサンザシ	バラ科	11,12,14,61,79,87,88,112,117,173	図 65
Crataegus oxyacantha	Weißdorn	セイヨウサンザシ	バラ科	12,112	
Ctenidium molluscum	Quellmoos	クシノハゴケ（蘚苔類）	ハイゴケ科		
Crepis aurea		フタマタタンポポ	キク科	150	
Curveletum=Caricetum curvulae	Krummseggenrasen	クルブラ・スゲ群集		85	
Cynanchum vincetoxicum =Vincetoxcum officinale	Schwalbwurz	カモメヅル	ガガイモ科	13,50,54,67,68,69,71,85,88	図 21,図 22,図 24,図 60

植物名	ドイツ名	和名	科	ページ	図
C つづき					
Cynodon dactylon	Hundszahn, Bermudagras	ギョウギシバ	イネ科	12,18,19,53,54,80	図193
Cynoglossum amabile	schöne Hundszunge	オオルリソウ	ムラサキ科	34	
Cynosurus cristatus	gemeines oder Wiesen-Kammgras	クシガヤ	イネ科	12,18,19,80	図189
D					
Dactylis glomerata	Knaulgras	カモガヤ	イネ科	12,13,20,21,150	図181,図188
Dactylis hispanica	spanisches Knaulgras	カモガヤ	イネ科	80	
Deschampsia caespitosa	Rasenschmiele	ヒロハノコメススキ	イネ科	12,20,21,66-68,86,87,189	図56,図189
Deschampsia flexuosa	Drahtschmiele	コメススキ	イネ科	12,13,20/21,80	図189
Dianthus carthusianorum	Karthäuserelke	カワラナデシコ	ナデシコ科	88	
Dianthus sylvestris	Steinnelke	カワラナデシコ	ナデシコ科	88	
Dicranum scoparium	Sichelmoos	カモジゴケ(蘚苔類)	シッポゴケ科	65,66	
Dispyma crassifolium		デスピーマ(多肉植物)	ツルナ科	49,54	
Doronicum grandiflorum	großblütige Gemswurz	ウサギギク	キク科	14,32	
Dorycnium germanicum	deutscher Backenklee	クルマバゲンゲ	マメ科	13,33,62,67,68,74,85,88	
Douglasia	Douglastanne	ダグラスマツ(Pseudotsuga トガサワラ属)	マツ科	39	
Drosanthemum floribundum		ドロサンテムム(美光)(多肉植物)	ツルナ科	49,54	
Drosanthemum hispidum		ドロサンテムム(花弥生)(多肉植物)	ツルナ科	49,54	
Dryas octopetala	Silberwurz	チョウノスケソウ	バラ科	14,46,67,68,74,76,85,89	
E					
Elaeagnus angustifolia	Ölweide	ヤナギバグミ	グミ科	12,124	
Elymus arenarius	Sand-Haargras	ハマニンニク	イネ科	12	
Elymus canadensis	kanadisches Haargras	ハマニンニク	イネ科	12	
Elynetum	Nacktriet-Rasen	ヒゲハリスゲ群集(Elyna bellardii の群集)		89	
Empetrum	Krähenbeere	ガンコウラン属	ガンコウラン科	14	
Epilobium angustifolium	schmalblättriges Weidenröschen	ヤナギラン	アカバナ科	62,64,67,68,74,75	図52,図53
Epilobium fleischeri	Fleischers Weidenröschen	アカバナ	アカバナ科	89	
Epilobium montanum	Berg-Weidenröschen	アカバナ	アカバナ科	64	
Epilobium palustre	Sumpf-Weidenröschen	アカバナ	アカバナ科	64	
Equisetum arvense	Ackerschachtelhalm	スギナ(羊歯植物)	トクサ科	67,68	図54
Equisetum variegatum	bunter Schahatelhalm	チシマヒメドクサ(羊歯植物)	トクサ科		図181
Eragostis capillaris	feines Liebesgras	スズメガヤ	イネ科	53,54,171	
Eragostis cylindrica	rundes Liebesgras	スズメガヤ	イネ科	53,54,171	
Eragostis minor=poaeoides	kleines Liebesgras	コスズメガヤ	イネ科	12	
Eragostis pilosa	behaartes Liebesgras	ムラサキニワホコリ	イネ科	12	
Erica carnea	Schneeheide	エリカ(独名ハイデ、英名ヒース)	ツツジ科	67,85	
Erycetum	Schneeheise-Bestand	エリカ群集		85	
Eryngium alpinum		アルプスルリソウ(エリンギウム)		150	
Eryngium campestre	Feld-Mannstreu	エリンギウム	セリ科		図193
Eucalyptus		ユーカリノキ属	フトモモ科	49	
Euphorbia cyparissias	Zypresseen-Wolfsmilch	トウダイグサ	トウダイグサ科	62,65,67,68,87	図57
Evonymus europaeus	Pfaffenhütchen	セイヨウマユミ	ニシキギ科	11,88,117	
F					
Fagetum	Buchenwald	ヨーロッパブナ群集		87	
Fagus sylvatica	Rotbuche	ヨーロッパブナ	ブナ科	12,39,62,63,69	
Festuca arundinacea	Rohrschwingel	トールフェスク(オニウシノケグサ)	イネ科	12,20/21	
Festuca capillata=tenifolia	Feinschwingel	フェスク(ウシノケグサ類)	イネ科	12,20,21,80	

植物名	ドイツ名	和名	科	ページ	図
F つづき					
Festuca duriuscula	Hartschwingel, Blauschwingel	コウライウシノケグサ	イネ科	12,10,21	
Festuca gigantea	Riesenschwingel	オウシュウトボシガラ	イネ科	64	
Festuca glauca	Blauschwingel	フェスク(ウシノケグサ類)	イネ科	12	
Festuca octoflora	achtblütiger Schwingel	フェスク(ウシノケグサ類)	イネ科	12	
Festuca ovina	Schafschwingel	ウシノケグサ	イネ科	12,20/21,64,67,68,80,95	図188
Festuca pratensis	Wiesenschwingel	フェスク(ウシノケグサ類)	イネ科	12,20,21	図187
Festuca pseudovina	Scheinschwingel	フェスク(ウシノケグサ類)	イネ科	88	
Festuca rubra	Rotschwingel	オオウシノケグサ	イネ科	12,22/23,80,150	図181,図188
Festuca rubra ssp.commutata		オオウシノケグサ	イネ科	22/23,80	
Festuca rubra ssp.eurubra		オオウシノケグサ	イネ科	22/23,80	
Festuca rubra ssp.litoralis	Strandschwingel	オオウシノケグサ	イネ科	12	
Festuca sulcata	gefruchter Schwingel	フェスク(ウシノケグサ類)	イネ科	12,80	
Festuca tenuifolia=capillata	Feinschwingel	フェスク(ウシノケグサ類)	イネ科	80,12,20,21	
Festuca trachyphylla =duriuscula	Hartschwingel	フェスク(ウシノケグサ類)	イネ科	80	
Festuca valesiaca =Festuca ovina-valesiaca	Walliser Schwingel	フェスク(ウシノケグサ類)	イネ科	12,80,88	
Festuca violacea	Violetter Schwingel	フェスク(ウシノケグサ類)	イネ科	14,32	
Filipendula ulmaria	Mädesüß	シモツケソウ	バラ科		図227
Firmetum=Caricetum firmae	Plsterseggen-Bestand	フィルマ・スゲ群集		85	
Forsythia suspensa	Goldflieder	レンギョウ	モクセイ科	49,54	
Fragaria cesca	Wald-Erdbeere	クロウメドキ	クロウメドキ科	12,53,64,65,67,68,79	図65
Frangula alnus =Rhamnus frangula	Faulbaum	クロウメドキ	クロウメドキ科	46,63,77,138	
Fraxinus excelsior	gemeine Esche	セイヨウトネリコ	セクセイ科	12,62,63,67,69,74,78,86, 117,123,138,173	図61,図95,図96, 図108,図141,図201, 図202
Fraxinus ornus	Blumenesche, Mannaesche	セイヨウトネリコ	セクセイ科	88,117	
G					
Galeopsis tetrahit	gemeiner Hohlzahn	チシマオドリコソウ	セクセイ科	66	
Galium helveticum	schweizerisches Labklaut	ヤエムグラ	アカネ科	89	
Galium mollugo agg.	gemeines Labkraut	ヤエムグラ	アカネ科	12,161	図181
Galium pumilum	Zwerg-Labklaut	ヤエムグラ	アカネ科	65,66,67,68	
Genista sagittalis	geflügelter Geißklee, Flügelginster	ヒトツバエニシダ	マメ科	12	
Geranium robertianum	Ruprechtskraut	フウロソウ	フウロソウ科	64,67,68	図53,図54
Geum montanum	Berg-Petersbart, Nelkenwurz	ダイコンソウ	バラ科	66	
Ginkgo biloba	Ginkobaum	イチョウ	イチョウ科	37	
Globularia cordifolia	herzblättrige Kugelblume	グロブラリア	ウルップソウ科	67,68,69,89	
Glyceria maxima	Wasserschwaden	ドジョウツナギ	イネ科	184,185	
Glyceria pilicata	gefaltetes Süßgras	ドジョウツナギ	イネ科	12	
Gnaphalium norvegium	norweigisches Ruhrkraut	ウスユキソウ	キク科	66,67,68	図56
Gypsophila repens	Gipskraut	コゴメナデシコ	ナデシコ科	33,62,63,67,68,74,89	図4
H					
Hedysarum hedysaroides =obscurum	dunkler Süßklee	イワオウギ	マメ科	74	
Herpotrichia nigra	Schneeschütte, Schüttepilz	ヘリポツリチア菌		14,80	
Hieracium alpinum	Alpen-Habichtskraut	アルプスコウゾリナ	キク科	89	
Hieracium aurantiacum	orangerotes -Habichtskraut	コウリンタンポポ	キク科	67	
Hieracium inthybaceum	bleiches Habichtskraut	ヤナギタンポポ	キク科	61,67,68	図45,図47
Hieracium murorum	Waldhabichtskraut	ヤナギタンポポ	キク科	13,64,68	

植物名	ドイツ名	和名	科	ページ	図
H つづき					
Hieracium staticifolium	Strandnelken-Habichtskraut	コウリンタンポポ	キク科	62,64,65,67,68,85,86	図53,図54
Hippocrepis comosa	Hufeisenklee	モメンヅル	マメ科	12,62,65-68,74	図54
Hippophae rhamnoides	Sanddorn	ホソバグミ	グミ科	11,12,13,14,15,37,39,46,49,63,68,76,79,85,88,102,116,117,173,174	図12,図14c,図60,図65,図93,図96,図102,図108,図201,図202
Holcus lanatus	wolliges Honiggras	シラゲガヤ	イネ科	12,22/23	
Holcus mollis	weiches Honiggras	シラゲガヤ	イネ科	12,22/23	
Homogyne alpina	Alpenlattich, Brandlattig	アルペンギク	キク科	66	
Hordeum nodosum	knotige Gereste	ヘルジウムグラス	イネ科	12	
Hutchinsia alpina	Alpen-Gemskresse			89	
Hyoseris eadiata		アザミタンポポ	キク科		図193
I					
Iris pseudacorus	Wasserschwertlilie	キショウブ	アヤメ科	185	図227
J					
Juglans regia	Walnuß	テウチグルミ	クルミ科		
Juncus gerardi	Gerards Binse	イグサ	イグサ科	12	
Juniperus	Wacholder	ビャクシン属	ヒノキ科	87,88	図36
Juniperus communis	gemeiner Wacholder	セイヨウビャクシン	ヒノキ科	11,46,57,61,63,173	図36
Juniperus nana	Bergwacholder	ハイビャクシン	ヒノキ科	63	
K					
Koeleria cristata=pyramidalis	eichte Kammschmiele	ミノボロ	イネ科	12	
Koeleria gracilis	zarte Kammschmiele	コメススキ	イネ科	88	
L					
Laburnum alpinum	Alpen-Goldregen	キングサリ	マメ科	54,62,138	
Laburnum anagyroides	gemeiner Goldregen	キバナフジ	マメ科	54,88	
Lamium maculatum		オドリコソウ	シソ科	139	
Lampranthus roseus		マツバギク（多肉植物）	ツルナ科	49,54	
Lampranthus zeyheri		マツバギク（多肉植物）	ツルナ科	49,54	
Larix europaea=decidua	Lärche	ヨーロッパカラマツ	マツ科	12,39,66,69-71,80,101,123,169,173	図58,図60,図61,図201,図202
Larix laricina	amerikanische Lärche	ヨーロッパカラマツ	マツ科	39	
Laserpitium latifolium	breitblättriges Laserkraut	ヤブジラミ	セリ科	55,61,67,68,74	図46
Laserpitium panax=halleri	gefiedertes Lasekraut	ヤブジラミ	セリ科	55	
Laserpitum siler	Berglaserkraut	ヤブジラミ	セリ科	55	
Lasiagrostis calamagrostis =Achnatherum calamagrostis	Silber-Reitgras	ヒロハハネガヤ	イネ科	13	
Lathyrus pratensis	Wiesen-Platterbse	レンリソウ	マメ科	12	
Lathyrus sylvestris	Wald-Platterbse	レンリソウ	マメ科	12,33,62,63,68,74	図5,図6
Leguminosen	Hülsenfrüchtler	マメ科植物	マメ科	101,152,165	
Leontodon hispidus	krauser Löwenzahn	タンポポモドキ	キク科	65,67,68	
Leontodon incanus	grauer Löwenzahn	タンポポモドキ	キク科	13,67,68	図54
Leonurus sibiricus	sibirischer Löwenschwanz	メハジキ	シソ科	34	
Leucanthenmum	Marguerite	ハマギク	キク科	161	
Ligusticum mutellina	Mutterwurz	マルバトウキ	セリ科	14,32	
Ligustrum vulgare	Rainweide, Liguster	セイヨウイボタ	モクセイ科	11,12,14,46,54,63,68,71,74,79,87,88,117,174	図13,図27,図44,図60,図65
Linaria alpina	Alpen-Leinkraut	アルプスウンラン	ゴマノハグサ科	65,67,68,89	
Linum catharticum	Purgier-Lein	アマ	マメ科	65	
Lippia repens	kriechende Lippie	イワダレソウ	クマツヅラ科	53,54,171	

植物名	ドイツ名	和名	科	ページ	図
L つづき					
Lolium italicum	italienisches Raygras, welsches Weidelgras	ドクムギ	イネ科	12,22,23	図187,図193
Lolium perenne	englisches Raygras, deutsches Weidelgras	ホソムギ	イネ科	12,22,23	図181,図187
Lonicera alpigena	Alpen-Heckenkirsche	スイカズラ	スイカズラ科	14	
Lonicera caerulea	blaue Heckenkirsche	スイカズラ	スイカズラ科	14	
Lonicera nigra	schwarze Heckenkirsche	スイカズラ	スイカズラ科	14	
Lonicera xylosteum	gemeine Heckenkirsche	スイカズラ	スイカズラ科	11,12,14,63,68,79,88,117	図65
Lotus corniculatus	Hornschotenklee	セイヨウミヤコグサ	マメ科	12,13,22,23,62-68,71,74,75,80,87,95	図54,図61,図184,図191
Lotus uliginosus	Sumpf-Schottenklee	セイヨウミヤコグサ	マメ科	12,24,25,75	
Lupinus albus	weiße Lupine, Futterlupine	ルピナス(ノボリフジ)	マメ科	12,24,25	
Lupinus luteus	gelbe Lupine, Bitterlupine	ルピナス	マメ科	12,24,25,75	
Lupinus polyphyllus=perenne	Dauerlupine	ルピナス	マメ科	12,24,25,75,161	図169,図183
Luzula albida=nemorosa	Buschsimse	スズメノヤリ	イネ科	66,67,68	
Luzula nemorosa=albida	Buschsimse	スズメノヤリ	イネ科	12,13,64	図56
Lycium halimifolium	Bocksdorn	ナガバクコ	ナス科	12,49,54,117	
M					
Malva mauritania	mauritanische Malva	ゼニアオイ	アオイ科	34	
Matricaria chamomilla	echte Kamille	カミツレ	キク科		図181
Matthiola bicornis	griechscher Gemsbart	アラセイトウ	アブラナ科	34	
Medicago arborea		ウマゴヤシ	マメ科	54	
Medicago falcata	Sichelklee	ウマゴヤシ	マメ科	12,24/25,74	
Medicago lupulina	Hopfenklee	コメツブウマゴヤシ	マメ科	12,24/25,74,75,161,183	図183
Medicago sativa	Luzerne	ムラサキウマゴヤシ	マメ科	12,24/25,72,73,74,75	図181,図183
Melandrium album=Silene alba	weiße Nachtnelke	ヒロハノマンテマ	ナデシコ科	12	
Melica ciliata	gewimpertes Perlgras	コメガヤ	イネ科	12	
Melilotus albus	Bokharaklee, Riesenhonigklee	シロバナシナガワハギ	マメ科	12,24,25,72,74,75,95,161	図184,図191,図193
Melilotus caeruleus	Brotklee	シナガワハギ	マメ科	34,161	図184,図191
Melilotus officinalis	Bokharaklee, Riesenhonigklee	シナガワハギ	マメ科	12,26,27,74,75,95,161	図184,図191,図193
Mentha aquatica	Wasseminze	ミント	シソ科	74	
Mesembryanthemum	Mittagsblume	マツバギク	キク科	54	
Mesobremetum		中湿ウマノチャヒキ群集		87,160	
Molinia caerulea	Pfeifengras	ムーアグラス(ヌマガヤ)	イネ科	12,87	
Mühlenbergia cuspidata	borstige Mühlenbergie	ネズミガヤ	イネ科	12	
Myrica	Gagelstrauch	ヤチヤナギ	ヤマモモ科	124	
Myricaria germanica	deutsche Tamariske	ドイツギョリュウ	タマリカ科	12,41,46,54,63,79	図14b,図64
N					
Nardetum strictae	Bürstlingsrasen	ナルドスグラス群集		85,89	
Nardus stricta	Bürstling	ナルドスグラス	イネ科	66	
Nerium oleander	Oleander	セイヨウキョウチクトウ	キョウチクトウ科	134	
O					
Ononis spinosa	Hauhechel	ハリモクシュク	マメ科	13,87	
Onobrychis sativa=viciaefolia	Espersette	イガマメ	マメ科	12,26,27,71,72,74,75,161	図60,図181,図183,図191,図193
Opuntia ficus-indica	Feigenblattkaktus	ウチワサボテン(多肉植物)	サボテン科	49,54,170	図19
Origanum vulgare	Dost	オレガノ	シソ科	33	
Ostrya carpinifolia	Hopfenbuche	セイヨウアサダ	カバノキ科	88	
Oxyria digyna	Alpen-Säuerling	ジンヨウスイバ	クデ科	55,62,74,89	

植物名	ドイツ名	和名	科	ページ	図
P					
Panicum scribnerianum	Hirse	ヌカキビ	イネ科	12	
Panicum wilcpxianum	Hirse	ヌカキビ	イネ科	12	
Parnassia palustris	Hezblatt	ウメバチソウ	キンポウゲ科	66,67,68	図55
Paspalum dilatatum		スズメノヒエ	イネ科	53,54	図28
Paspalum notatum	Gras	アメリカスズメノヒエ	イネ科	171	
Paspalum stoloniferum	Gras	スズメノヒエ	イネ科	54,171	
Paulownia tomentosa	Paulowine	キリ	ゴマノハグサ科	37	
Pennisetum clandestinum	Kikuju-Gras	チカラシバ	イネ科	53,54,171	
Petasites	Pestwurz	フキ属	キク科	11,74,75,138,139	
Petasites albus	weiße Pestwurz	フキ	キク科	11,50,54,64,67,68,86, 138,170	図52,図53
Petasites hybridus=officinalis	gemeine Pestwurz	フキ	キク科	11,54,138	
Petasites paradoxus=niveus	Schnee-Pestwurz	フキ	キク科	33,43,50,52,54,62,63,65, 67,68,71,86,138,170	図7,図22,図23,図24, 図25,図54,図60
Petasites paradoxi	Schnee-Pestwurzgesellschaft	フキ	キク科	85,86	
Phacelia tanacetifolia	Phacelia, Büschelblume	ハゼリソウ	ハゼリソウ科	26,27,101	
Phacidium infestans	Pilz	ファシジウム菌		14,80	
Phalaris arundinacea	Rohr-Glanzgras, Havel-Mielitz	クサヨシ	イネ科	12,26,27,183,184	図226,図227
Phleum nodosum	Knoten-Lieschgras	アワガエリ	イネ科	80	
Phleum phleoides=boehmeri	echtes Lieschgras	アワガエリ	イネ科	12	
Phleum pratense	Wiesen-Lieschgras	アワガエリ	イネ科	12,26,27	図181,図187
Phragmites communis	Schilf	ヨシ	イネ科	12,54,138,139,170,183, 184,185	図143,図223,図287
Phragmitetum	Schilfbestand	ヨシ群集		139	
Physostegia virginiana	Drachenkopf	ハナトラノオ	シソ科	34	
Phytheuma betonicifolium	Betonika-Rapunzel	シデシャジン(＝Phyteuma)	キキョウ科	64	
Picea abies=excelsa	Fichte	ドイツトウヒ(＝excelsa)	マツ科		
Picea excelsa=abies	Fichte	ドイツトウヒ	マツ科	39,55,61,64,66,69,173, 174	図30,図31,図224
Piceetum montanum	montaner Fichtenwald	山地ドイツトウヒ群集		64,87,160	
Piceetum subalpinum	subalpiner Fichtenwald	亜高山ドイツトウヒ群集		66	
Pimpinella major		オオミツバグサ	セリ科		図181
Pimpinella saxifraga	Triften-Bibernelle	ミツバグサ	セリ科	12,26,27,80	図186
Pinetum mugi calcicolum	Legföhrenbestand auf Kalk	ハイマツ群集		84,85	図34,図273
Pinetum silvestris	Erika-Föhrenwald	オウシュウアカマツ群集		12,87,88,169,172	
Pinetum uncinatae	Spirkenwald	アンシナータ・マツ群集		65	
Pinus	Kiefern	マツ属	マツ科	102,123,127	図31,図33,図61, 図80,図81
Pinus cembra	Zirbe	シモフリマツ	マツ科	69	
Pinus halepensis	Aleppokiefer	アレッポマツ	マツ科		図211
Pinus mugo	Legföhre, Latsche	ハイマツ	マツ科	62,63,66,103	図34,図273
Pinus nigra	Schwarzkiefer	オウシュウクロマツ	マツ科	69	
Pinus sylvestris	Weißkiefer, Rotföhre	オウシュウアカマツ	マツ科	12,39,55,69,71,87,88, 169,173	図31-33,図60,図61, 図201,図202
Pinus uncinata	Spirke, aufrechte Berkföhre	アンシナータ・マツ	マツ科	13,55,56,61	図34,図35
Pipularis glutinosa		ピプラリス		46,54	
Pistacia terebinthus	Terpentinstrauch	トクノウコウ	ウルシ科	88	
Pisum sativum	Futtererbse, Saaterbse	エンドウ	マメ科	26,27,75,101	図191
Plantago major	Breitwegerich	セイヨウオオバコ	オオバコ科	12	
Plantago media	mittlerer Wegerich	オオバコ	オオバコ科	12,26,27,67,73	図186,図193
Plantago lanceolata	Spitzwegerich	ヘラオオバコ	オオバコ科	12,73	
Platanus	Platane	プラタナス	スズカケノキ科	37	
Pleurozium schreberi	Schrebers Astmoos	タチハイゴケ(蘇苔類)	ヤナギゴケ科	66	
Poa alpina var. vivipara	lebendgebärendes Rispengras	ミヤマイチゴツナギ	イネ科	52	
Poa annua	einjährige Rispe(ngras)	スズメノカタビラ	イネ科	12,26,27,80	図188
Poa bulbosa	Knöllchen-Rispe	ムカゴイチゴツナギ	イネ科	52	

植物名	ドイツ名	和名	科	ページ	図
P つづき					
Poa chaixii	Waldrispe	イチゴツナギ	イネ科	12	
Poa compressa	Plattrispe	コイチゴツナギ	イネ科	12,28,29,80	
Poa nemoralis	Hainrispe	タチイチゴツナギ	イネ科	12,28,29,64,66,図188	図188
Poa palustris	Sumpfrispe	ヌマイチゴツナギ	イネ科	12,28,29	
Poa pratensis	Wiesenrispe(ngras)	ナガハグサ	イネ科	12,28,29,80,150	図188
Poa trivialis	gemeine Rispe(gras)	オオスズメノカタビラ	イネ科	12,28,29	図188
Polygala vulgaris	gemeine Kreuzblume	ヒメハギ	ヒメハギ科	66	
Polygonum cuspidatum	Spitzknöterich	イヌタデ	タデ科	55	
Polygonum equisetiforme		イヌタデ	タデ科	166	図193
Polygonum sachalinense	Sachalin-Knöterich	イヌタデ	タデ科	55	
Polygonum viviparum	Brutknöterich	イヌタデ	タデ科	52	
Polytrichum communis	gemeines Frauenhaarmoos	ウマスギゴケ(蘇苔類)	スギゴケ科	66	
Polytrichum juniperinum	Wacholder-Bürstenmoos	スギゴケ(蘇苔類)	スギゴケ科	64,66	
Populus	Pappel	ポプラ属	ヤナギ科	123,124,138	図94
Populus alba	Siberpappel	ウラジロハコヤナギ	ヤナギ科	117	
Poplus balsamifera	Balsampappel	ポプラ	ヤナギ科	46	
Populus canescens	Graupappel	ポプラ	ヤナギ科	117	
Populus nigra	Schwarzpappel	ヨーロッパクロヤマナラシ	ヤナギ科	12,37,49,68,70,73,74,117,173	図13,図22,図26,図59,図94,図96,図108,図127,
Populus pyramidalis	Pyramidenpappel	ポプラ	ヤナギ科	39,42,46	図12,図14c
Populus tremula	Zitterpappel, Aspe	ヨーロッパヤマナラシ	ヤナギ科	39,46,49,63,68,69,70,86,103,117	図13,図22,図58,図96,図121
Potentilla caulescens	langstengeliges Fingerkraut	キジムシロ	バラ科	68	
Potentilla erecta	Tormentill	タチキジムシロ	バラ科	64,66,67,68	図56
Potentilla verna	Frühlingsfingerkraut	キジムシロ	バラ科	87	
Poterium sanguisorba	kleiner Wiesenknopf	ワレモコウ	バラ科	12,72,80,139	図193
Prunella grandiflora	großblütige Braunelle	ウツボグサ	シソ科	65,67,68	
Prunella vulgaris	gemeine Braunelle	ウツボグサ	シソ科	12	
Prunus avium	Vogelkirsche	セイヨウサクランボ	バラ科		図108
Prunus cerasifera		スモモ	バラ科	117	
Prunus insititia	Pflaumenbaum	セイヨウサクランボ	バラ科		
Prunus mahaleb	Steinweichsel, türkische Weichsel	セイヨウサクランボ	バラ科	14,88,117	
Prunus padus	Traubenkirsche	エゾノウワミズザクラ	バラ科	14,63,78,117,138,173	図59,図61,図95,図96
Prunus serotina		アメリカクロミザクラ	バラ科	12,117	
Prunus spinosa	Schlehedorn, Schwarzdorn	クロトゲザクラ	バラ科	11,14,61,74,88,117,173	図36
Puccinellia distans	Salzgras, Salzschwaden	チシマドジョウツナギ	イネ科	12,28,29,80	
Puccinellia maritima	Strand-Salzschwaden	チシマドジョウツナギ	イネ科	12	
Pueraria japonica	Kudzu, Puerrarie	クズ	マメ科	49,54	
Pueraria thunbergiana	Kudzu, Puerrarie	クズ	マメ科	49,54	
Q					
Quercetum pubescentis	Flaumeichenwald	シロミズナラ群集		88,169	
Quercus petraea=sessiliflora	Traubeneiche	ペトレア・ミズナラ	ブナ科	69,117,169	
Quercus robur	Stieleiche	ヨーロッパミズナラ	ブナ科	69,117,169	図96,図108,117,169
Quercus rubra		アカミズナラ	ブナ科	117,169	
R					
Raphanus sativus	Siletta	ダイコン	アブラナ科	101	
Rhamnus cathartica	gemeiner Kreuzdorn	クロウメモドキ	クロウメモドキ科	11,14,68,79,87,88,117,173	図64,図96,図201,図202
Rhamnus frangula =Frangula alnus	Faulbaum	クロウメモドキ	クロウメモドキ科	11,14	
Rhamnus saxatilis	Felsen-Kreuzdorn	クロウメモドキ	クロウメモドキ科	14	
Rhizobium		リゾビウム(根粒菌)		101,102	

植物名	ドイツ名	和名	科	ページ	図
R つづき					
Rhododendro-Vaccinietum	Alpen-Beerenheide	シャクナゲーコケモモ群集		86	
Rhododendretum ferruginei	Alpenrosenheide	ベニバナシャクナゲ群集		87	
Rhododendretum hirsuti	Wimperalpenrosenheide	ヒルスータ・シャクナゲ群集		89	
Rhus typhina	Essigbaum	ヌルデ	ウルシ科	117	
Rhytidiadelphus triquetrus	Kranzmoos	フサゴケ(蘇苔類)	ハイゴケ科	66	
Ribes alpinum	Alpenjohannisbeere	ミヤマスグリ	ユキノシタ科	12	
Ribes petraeum	Felsen-Johannisbeere	スグリ	ユキノシタ科	46	
Robinia pseudoacacia	Robinie	ハリエンジュ	マメ科	12,75,89,127	
Rorippa sylvestris	wilde Sumpfkresse	イヌガラシ	アブラナ科	170	
Rosa canina	Hundsrose	カニーナバラ	バラ科	11,12,55,68,87,88,117	
Rosa campestris=arevensis	Feldrose	カンペストリス・バラ	バラ科	74	
Rosa pendulina	Bergrose	アルペンローズ	バラ科	13,55,74	
Rosa rubiginosa=eglanteria	Weinrose	ルビギノーザバラ	バラ科	55,74,87,88,117,174	
Rosa rugosa	Apfelrose	ハマナス	バラ科	12,117	
Rubus caesius	bereifte Bromberre	キイチゴ	バラ科	55,74	
Rubus fruticosus agg.	Brombeere	セイヨウヤブイチゴ	バラ科	12,55	
Rubus idaeus	Himbeere	ミヤマウラジロイチゴ	バラ科	13,49,54,61,63,64,66,67, 68,74	図20,図22,図47, 図53,54,図59
Rubus saxatilis	Steinbeere	キイチゴ	バラ科	55,62,68,74	
Rumex acetosella	kleiner Sauerampfer	ヒメスイバ	タデ科	62,64,66,68,139	図53,図56
Rumex arifolius	Ampfer	スイバ	タデ科	138,139	
Rumex conglomeratus	Knäuel-Ampfer	イトダマギシギシ	タデ科	73	
Rumex scutatus	Schild-Ampfer	タテガタスイバ	タデ科	33,55,62,63,67,68,74,89, 138,139	図57
Ruscus aculeatus	stechender Mäusedorn	ナギイカダ	ミズキ科	81	
S					
Sagina linnaei=saginoides	Felsen-Mastkraut	ツメクサ	ツメクサ科	64	
Salicetum	Weidenbestand	ヤナギ群集		62,90,110,129,139,142, 146	
Salicetum eleagni	Grauweidenbestand	エレアグニ・ヤナギ群集		85,86	
Salicetum mixtum	Misch-Weidenbestand	ミクスツム・ヤナギ群集		85,86	
Salicornia stricta	Salzqueller	アッケシソウ	アカザ	12	
Salix	Weide	ヤナギ類	ヤナギ科	74,102,123,128,138	図128
Salix adenophylla	drüsenblättrige Weide	ヤナギ類	ヤナギ科	47,54	図18
Salix aegyptiaca	ägyptische Weide	ヤナギ類	ヤナギ科	47,54	図18
Salix alba	Silberweide	セイヨウシロヤナギ	ヤナギ科	11,44,54,68,70,76,111	図12,図13,図108, 図121,図127
Salix alba var. vitellina	Dotterweide	ヤナギ類	ヤナギ科	47,54	図13,図18
Salix alpina	Alpenweide	アルペンヤナギ類	ヤナギ科	11	
Salix amygdalina		ヤナギ類	ヤナギ科		図18,図52
Salix appendiculata	Großblattweide, breit- oder großblätterige Weide	ヤナギ類	ヤナギ科	11,37,40,42,46,47,54,58, 62,63,64,66,67,69,79,85, 86,136,173	図12,図13,図14a, 図14c,図39,図66, 図108
Salix arbuscula	Bäumchenweide	ヤナギ類	ヤナギ科	47	
Salix arbusculoides	Bäumchenweide -ähnliche Weide	ヤナギ類	ヤナギ科	47	図18
Salix argentinensis	argentinische Weide	ヤナギ類	ヤナギ科	47,54	図18
Salix atrocinerea		ヤナギ類	ヤナギ科	49,54	
Salix aurita	Ohrweide	ヤナギ類	ヤナギ科	11,12,36,46,47,54,146	図12,図13,図18
Salix babylonica	Trauerweide, babylonische Weide	シダレヤナギ	ヤナギ科	47,55	図18
Salix bakko		バッコヤナギ	ヤナギ科	47	図18
Salix bebbiana		ヤナギ類	ヤナギ科	47	
Salix breviserrata	kurzgesägte Weide	ヤナギ類	ヤナギ科	11,13,46,54	図13
Salix caesia	blaugrüne Weide	ヤナギ類	ヤナギ科	54	図13
Salix candida	weiße Weide	シラゲヤナギ	ヤナギ科	47	
Salix caspica	kaspische Weide	カスピヤナギ	ヤナギ科	46,47,55	図18,46,47,55
Salix caprea	Salweide	カプレア・ヤナギ	ヤナギ科	11,12,37,39,42,46,47,49, 54,63,64,76,117,173	図12,図13,図14c, 図18,図20,図59, 図96,図108

植物名	ドイツ名	和名	科	ページ	図
S つづき					
Salix cinerea	Aschweide	シネレア・ヤナギ	ヤナギ科	11,46,47,54,73,146	図13,図18
Salix cordata	Herzweide	ヤナギ類	ヤナギ科	47,54	図18
Salix dahurica	sibirische Weide	シベリヤヤナギ	ヤナギ科	47,55	図18
Salix daphnoides	Reifweide	ムラサキヤナギ	ヤナギ科	11,36,40,44,46,47,54,63,76,78,111	図12,図13,図14a,図18,図63,図108,図121
Salix dasyclados	Bandstock-Weide	ヤナギ類	ヤナギ科	46,47,55,73	図13,図18
Salix discolor	verschiedenfarbige Weide	ニシキヤナギ	ヤナギ科	47	図18
Salix east lansing		ヤナギ類	ヤナギ科	47,55	図18
Salix elaeagnos ssp. angustifolia		ヤナギ類	ヤナギ科	46,47	46,47
Salix elaeagnos = S. incana	Grauweide	シロヤナギ	ヤナギ科	11,12,36,39,41,44,46,47,54,57,59,60,61,62,63,67,71,73,76,78,85,111,128,136,173,174	図12,図13,図14b,図18,図40,図41-43,図48,図60 図63,図92,図108,図121
Salix elegantissima	zierliche Weide	ヤナギ類	ヤナギ科	47,55	図18
Salix eurasiamericana		ヤナギ類	ヤナギ科	47,55	図18
Salix exigua		コゴメヤナギ	ヤナギ科	49	
Salix foetida	duftende Bäumchenweide	ヤナギ類	ヤナギ科	11,56,63,86	図13
Salix fragilis	Bruchweide	フラギリス・ヤナギ	ヤナギ科	11,39,46,47,54,73	図12,図13,図18
Salix glabra	Glattweide	ヤナギ類	ヤナギ科	11,13,,40,46,47,54,63,67,85	図12,図13,図14a,図18,図108
Salix glaucosericea	seidenhaarige Weide	ヤナギ類	ヤナギ科	11,46,54	図13
Salix grandifolia=appendiculata	großblätrige Weide	オオバヤナギ類	ヤナギ科	47	47
Salix hastata	spießblättrige Weide	ホコガタヤナギ	ヤナギ科	11,44,46,47,54,63,73,86	図13,図18
Salix hegetschweileri =phylicifolia, =bicolor	myrtenblättrige Weide	ヤナギ類	ヤナギ科	11,46,54,73,86	図12,図13
Salix helvetica	Schweizer Weide	スイスヤナギ	ヤナギ科	11,13,42,46,54,63,73,79,86	図12,図13,図14c,図66
Salix helvetica var. marrubiifolia		スイスヤナギ	ヤナギ科	46	
Salix herbacea	krautige Weide	クサヤナギ	ヤナギ科	11,75	
Salix hindsiana		ヤナギ類	ヤナギ科	46,54	
Salix interior		ヤナギ類	ヤナギ科	47,49,55	図18
Salix japonica	japanische Weide	シバヤナギ	ヤナギ科	47	図18
Salix kangensis		ヤナギ類	ヤナギ科	47,55	図18
Salix laevigata		ケナシヤナギ	ヤナギ科	46,54	
Salix laggeri=pubschens	Flaumweide	ヤナギ類	ヤナギ科	11,46,55,76	図13
Salix lanceolata	lanzettliche Weide	ヤナギ類	ヤナギ科	47,55	図18
Salix lapponum	Lappland-Weide	ヤナギ類	ヤナギ科	47	図18
Salix lasiandra		ヤナギ類	ヤナギ科	47	図18
Salix lasiogyne		ヤナギ類	ヤナギ科	47,55	図18
Salix lasiolepis		ヤナギ類	ヤナギ科	46,47,54	図18
Salix lemonii		ヤナギ類	ヤナギ科	46,54	
Salix longifolia	langblättrige Weide	ヤナギ類	ヤナギ科	49	
Salix lucida	Glanzweide	ルシダ・ヤナギ	ヤナギ科	47,55	
Salix lutea	gelbe Weide	ヤナギ類	ヤナギ科	47	図18
Salix mackenziana		ヤナギ類	ヤナギ科	47,55	
Salix matsudana		ヤナギ類	ヤナギ科	47,55	図18
Salix matsudana var. tortuosa		ウンリュウヤナギ	ヤナギ科	47	
Salix medemii		ヤナギ類	ヤナギ科	47	図18
Salix microstachya	kleinnährige Weide	ヤナギ類	ヤナギ科	47	図18
Salix mielichhoferi	Mielichhofers Weide	ヤナギ類	ヤナギ科	11,42,44,46,54,69,78	図13,図14c,図58,図63,図108
Salix missourensis	Missouri-Weide	ヤナギ類	ヤナギ科	47	図18
Salix myricabeana		ヤナギ類	ヤナギ科	47	図18
Salix myricoides=americana		ヤナギ類	ヤナギ科	47,55	図18
Salix myrtilloides	Heidelbeer-Weide	ヤナギ類	ヤナギ科	11	

植物名	ドイツ名	和名	科	ページ	図
S つづき					
Salix nicholsonii		ヤナギ類	ヤナギ科		図 18
Salix nigricans	schwarzwerdende Weide	クロヤナギ	ヤナギ科	11,12,36,40,41,44,46,54, 57,61,63,64,67,69,71,78, 128,136,173	図 11,図 12,図 13, 図 14a,図 14b,図 38, 図 48,図 58,図 59,図 60, 図 63,図 108,図 121, 図 127
Salix nigricans cortinifolia		クロヤナギ	ヤナギ科	47	
Salix ottawa		ヤナギ類	ヤナギ科	47	図 18
Salix oxycarpa		ヤナギ類	ヤナギ科	47	図 18
Salix pentandra=laurifolia	Lohbeer-Weide	ペンタンドラ・ヤナギ	ヤナギ科	11,39,41,46,47,54,76,78	図 12,図 13,図 14b, 図 18,図 63
Salix petiolaris		ヤナギ類	ヤナギ科	47	図 18
Salix pipera		ヤナギ類	ヤナギ科	47,55	
Salix plantifolia		ヤナギ類	ヤナギ科	47	図 18
Salix pseudomonticola		ヤナギ類	ヤナギ科	47	図 18
Salix purpurea	Purpurweide	コリヤナギ	ヤナギ科	11,12,36,39,40,43,44,46, 47,57,59,62,63,67,71,76, 78,85,86,109,111,125, 128	図 9,図 10,図 12, 図 13,図 14a,図 15, 図 16,図 18,図 38-40, 図 60,図 76,図 108, 図 109,図 122,図 127
Salix purpurea ssp. lambertiana	Lamberts Weide	コリヤナギ類	ヤナギ科	11,46,54,59,61,71,124,1 73,174	図 48,図 63,図 108. 図 121
Salix purpurea ssp. purpurea	Steinweide	コリヤナギ類	ヤナギ科	11,46,54,66,71,110,136, 173	図 108,図 121
Salix repens	Kriechweide	ヤナギ類	ヤナギ科	46,54	図 13
Salix repens ssp. rosmarinifolia	Rosmarinweide	ヤナギ類	ヤナギ科	11,47	図 18
Salix reticulata	Netzadrige Weide	ヤナギ類	ヤナギ科	11,46,55	図 13
Salix retusa	stumpfblättrige Weide	ヤナギ類	ヤナギ科	11,55,76,89	
Salix rigida	steife Weide	リギダヤナギ	ヤナギ科	47,55	図 18
Salix rossica	russische Weide	ヤナギ類	ヤナギ科	47	図 18
Salix rubens=alba × fragilis		ヤナギ類	ヤナギ科	11,40,54,71	図 13,図 14a,図 59
Salix salviaefolia		ヤナギ類	ヤナギ科	47,55	
Salix schraderiana		ヤナギ類	ヤナギ科	47	図 18
Salix schweinii		ヤナギ類	ヤナギ科		図 18
Salix sendaica		ヤナギ類	ヤナギ科	47	図 18
Salix sericea		ヤナギ類	ヤナギ科	47	図 18
Salix serpyllifolia	Quendelweide, quendelblättrige Weide	ヤナギ類	ヤナギ科	11,46,55,76,79,134	図 13,図 66
Salix silesiaca	schlesische Weide	ヤナギ類	ヤナギ科	46,47	図 13,図 18
Salix sirakawensis		ヤナギ類	ヤナギ科	47	図 18
Salix sitchensis		ヤナギ類	ヤナギ科	47,55	図 18
Salix smithiana		ヤナギ類	ヤナギ科	117	
Salix speciosa		ヤナギ類	ヤナギ科	47,55	
Salix satarkeana	bleiche Weide	ヤナギ類	ヤナギ科	46,55,73	図 13
Salix sugayana		ヤナギ類	ヤナギ科	47,55	図 18
Salix tardiinundata		ヤナギ類	ヤナギ科	49	
Salix tenuifolia		ヤナギ類	ヤナギ科	47,55	図 18
Salix tetrasperma		ヤナギ類	ヤナギ科	47,55	
Salix tokyo		トウキョウヤナギ類	ヤナギ科	47	図 18
Salix triandra	Mandelweide	ヤナギ類	ヤナギ科	11,47,54,68,69,146,173	図 13,図 18,図 58,図 59, 図 108,図 121,図 127
Salix turanica		ヤナギ類	ヤナギ科	47,55	
Salix viminalis	Harfweide, Korbweide, Bandweide	タイリクキヌヤナギ	ヤナギ科	11,46,47,54,146,173	図 13,図 18,図 108, 図 121
Salix waldsteiniana	Waldsteins Weide, Ost-Bäumchenweide	ヤナギ類	ヤナギ科	11,13,41,44,46,54,63,66, 79,85	図 12,図 13,図 14b, 図 66
Salvia glutinosa	kelbiger Salbei	アキギリ	シソ科	33	図 8
Salvia officinalis	gebräuchlicher Salbei	アキギリ	シソ科	34	
Salvia pratensis	Wiesensalbei	アキギリ	シソ科	88	

植物名	ドイツ名	和名	科	ページ	図
S つづき					
Salvia verticillata	Salbei	アキギリ	シソ科	88	
Sambucus ebulus	Giftholunder	セイヨウニワトコ	スイカズラ科	12,39	図20
Sambucus glauca	blaugrüner Holunder	セイヨウシロニワトコ	スイカズラ科	12,50,54	図21,図22
Sambucus nigra	schwarzer Holunder	セイヨウクロニワトコ	スイカズラ科	46,54	
Sambucus racemosa	Trauben Holunder	セイヨウニワトコ	スイカズラ科	11,12,14,55,63,79,117,138,173	図65,79,図96
Sanguisorba minor =Poterium sanguisorba		オランダワレモコウ	バラ科	11,12,14,55,61,63,117,138,173	図58,図96
Saponaria ocymoides	kleines Seifenkraut	サボンソウ	ナデシコ科	67,68,150	
Satureja alpina	Alpenquendel	キダチハッカ(セポリー)	シソ科	89	
Saxifraga aizoides	bewimperter Steinbrech	クモマグサ	ユキノシタ科	66,67,68,89	図55
Saxifraga mutata	rotgelber Steinbrech	クモマグサ	ユキノシタ科	65,67,68	図54
Scabiosa columbaria	Tauben-Skabiose	マツムシソウ	マツムシソウ科	12,88	
Scapania nemorosa	Moos	ヒシャクゴケ(蘚苔類)	ヒシャクゴケ科	64	
Schenopelectus lacustris	Teichbinse	フトイ	カヤツリグサ科	74,183,185	
Scripus lacustris	Teichsimse	スズメノヤリ	イグサ科	12	
Scripus maritimus	Meersimse	スズメノヤリ	イグサ科	12	
Scolymus hispanicus	Gokddistel	キバナアザミ	キク科		図193
Senecio carniolicus	Krainer Greiskraut	キオン	キク科	67,68	図57
Senecio fuchsii	Fuchs´s Greiskraut	キオン	キク科	64,67,68	図53
Sesleria caerulea=varia	Blaugras	コウボウ	イネ科	14,32	
Sesleria varia	Blaugras	コウボウ	イネ科	12,14,32,65,67,68,69,85,89,181	図54,図181
Seslerio-Semperviretum	Blaugrashalde	コウボウ-レンゲ群集		85,89	
Setaria viridis	grüne Borstenhirse	エノコログサ	イネ科	12	
Shepherdia	Sheperdie	シェペルデア(＝Shepherdia？)	グミ科	124	
Silene alba	weiße Nachtnelke	ヒロハノマンテマ	ナデシコ科	67,68	図193
Silene nutans	nickendes Leimkraut	マンテマ	ナデシコ科	12,150	
Silene rupestris	Felsen-Leimkraut	マンテマ	ナデシコ科	87,89	
Silene vulgaris	gemeines Leimkraut	シラタマソウ	ナデシコ科	12,33,,62,63,65,66-68,74,85,86	図54,図55
Solanum dulcamara	bittersüßer Nachtschatten	イヌホオズキ	ナス科	67,68	
Solanum nigrum	schwarzer Nachtschatten	イヌホオズキ	ナス科	57,67,73,166	図193
Solidago virgaurea	echte Goldrute	アキノキリンソウ	キク科	12	
Sonchus asper	Gänsedistel	オニノゲシ	キク科		図193
Sonchus oleraceus		ノゲシ	キク科		図193
Sorbus aria	Mehlbeere	ナナカマド	バラ科	13,14,39,42,46,63,117	図12,図14c,図193
Sorbus aucuparia	Eberesche, Vogelbeere	セイヨウナナカマド	バラ科	14,39,63,70,78,102,117,173	図34,図58,図59,図61,図95,図96,図108,図201,図202
Sorbus torminalis	Elsbeere	ナナカマド	バラ科	88	
Spartina pectinata	Gras	スパルティナグラス	イネ科	12	
Spartina townsendii	Schlickgras	スパルティナグラス	イネ科	12	
Spergula pilifera		オオツメクサ(＝Sagina)	ナデシコ科	54,171	
Sporolobus cryptandrus	Gras	ネズミノオ	イネ科	12	
Sporolobus heterolepis	Gras	ネズミノオ	イネ科	12	
Stenotaphrum secundatum	Sankt Augstiner Gras	イヌシバ	イネ科	53,54,171	
Stipa capillata	Haarpfrieme	ハネガヤ	イネ科	12,88	
Stipa pennata	Federpfrieme, Federgras	ナガホハネガヤ	イネ科	12	
Stipa spartea		ハネガヤ	イネ科	12	
Syllibum marianum	Mariendistel	シリビウム			図193
Symphoricarpos albus laevigatus	Schneebeere	セッコウボク	スイカズラ科	12	
Syringa vulgaris	Flieder	ライラック	モクセイ科	117	
T					
Tamarix	Tamariske	タマリスク(ギョリュウ)	ギョウリュウ科	11, 134, 129(群集)	
Tamarix africana	afrikanische Tamariske	アフリカタマリスク	ギョウリュウ科	49,54	

植物名	ドイツ名	和名	科	ページ	図
T つづき					
Tamarix articulata	gegliederte Tamariske	タマリスク	ギョウリュウ科	49,54	
Tamarix gallica	französische Tamariske	タマリスク	ギョウリュウ科	49,54,61	
Tamarix parviflora	armblütige Tamariske	タマリスク	ギョウリュウ科	49,54	
Taraxacum officinale	Löwenzahn	セイヨウタンポポ	キク科	12,67,68,73	
Taxodium distichum	Sumpfzypresse	ヌマスギ	スギ科	37	
Teucrium chamaedrys	echter Gamander	ニガクサ	シソ科	33,67,85,88	
Teucrium montanum	Berg-Gamander	ニガクサ	シソ科	62,67,68,85	
Thlaspi rotundifolium	rundblättriges Täschelkraut	グンバイナズナ	アブラナ科	89	
Thuja	Lebensbaum	クロベ属	ヒノキ科	37	
Thymus serpyllum agg.	Quendelbaum, Thymianquendel	ヨウシュイブキジャコウソウ	シソ科	13,62,65,67,68,85,88	図54
Thymus vulgaris	echter Thymian	タイム	シソ科	34	
Tilia cordata	Winterlinde	コバノシナノキ	シナノキ科	69,117	
Tofieldia calyculata	Kelch-Liliensimse	チシマゼキショウ	ユリ科	65	
Tortella inclinata	Moos	ヨリイトゴケ(蘚苔類)	センボンゴケ科	65	
Tortula muralis	Moos	ネジレゴケ(蘚苔類)	センボンゴケ科	66	
Tragus racemosus	traubiges Klettengras	トラガス(イガグラス)	イネ科	12	
Trifolium alexandrinum	Alxandrinerklee	セイヨウツメクサ	マメ科	12	
Trifolium alpestre	Hügelklee	セイヨウツメクサ	マメ科	11,12	
Trifolium alpinum	Alpenklee	セイヨウミヤマツメクサ	マメ科	11,12	
Trifolium badium	Braunklee, Goldklee	セイヨウツメクサ	マメ科	11,12,32,62,86,89	
Trifolium dubium	kleiner Klee	コメツブツメクサ	マメ科	11,12,30,31,75	
Trifolium hybridum	Schwedenklee, Bastardklee	タチオランダゲンゲ	マメ科	11,12,30,31,63,71,74,75,138	図60,図184
Trifolium incarnatum	Inkarnatklee	ベニバナツメクサ	マメ科	11,12,75	図186,図191
Trifolium medium	mittlerer Klee	オオバノアカツメクサ	マメ科	11,12	
Trifolium minus=dubium	kleiner Klee	セイヨウツメクサ	マメ科	11,12,80	図186
Trifolium montanum	Bergklee	セイヨウヤマツメクサ	マメ科	11,12	
Trifolium pallescens	verblassender Klee	セイヨウツメクサ	マメ科	11,62,74,89	
Trifolium pratense	Rotklee	アカツメクサ	マメ科	11,12,13,30,31,73,75,138	図181,図184,図193
Trifolium repens	Weißklee	シロツメクサ	マメ科	11,12,13,30,31,67,71,72,74,75,80,138,	図57,図60,図181,図185
Trifolium rubens	Purpurklee	セイヨウアカツメクサ	マメ科	11	
Trifolium thalii	Thals Klee	セイヨウツメクサ	マメ科	11	
Trisetetum flavescentis	Goldhaferwiese	カニツリグサ群集		89,149	
Trisetum distichophyllum	zweizeiliger Grannenhafer	セイヨウカニツリグサ	イネ科	12,32,66,67,68,74,85,86,89	図55
Trisetum flavescens	Goldhafer	カニツリグサ	イネ科	12,30,31	図181,図188
Tunica saxifraga	Steinbrech-Felsennelke	サクシフラガナデシコ	ナデシコ科	88	
Tussilago farfara	Huflattich	フキタンポポ	キク科	13,50,,61-64,66-68,74,75,86,87,89,138,170	図22,図53,図55
Typha angustifolia, latifolia	schmal- und breitblättriger Rohrkolben	ヒメガマ	ガマ科	183	
U					
Ulmus	Ulme, Rüster	ニレ属	ニレ科	112	
Ulmus glabra	Bergulme	セイヨウハルニレ	ニレ科	12,39,69,117,138	図108
Ulmus minor	Feldulme	セイヨウハルニレ	ニレ科	12,39,69,88	
Ulmus laevis	Flatterulme	セイヨウハルニレ	ニレ科	69	
Urtica dioica	Brennessel	エゾイラクサ	イラクサ科	12,55,67,68	
V					
Vaccinium myrtillus	Heidelbeere	コケモモ	ツツジ科	14	
Vaccinium vitis-idaea	Preißelbeere	コケモモ	ツツジ科	14	
Valeriana saxatilis	Felsen-Baldrian	カノコソウ	オミナエシ科	67,68	
Valeriana tripteris	Dreiblatt-Baldrian	カノコソウ	オミナエシ科	62,67,68	
Verbascum thapsiforme	großblütige Königskerze	ビロードモウズイカ	ゴマノハグサ科	34	
Verbena pulchella	schöne Verbene	クマツヅラ	クマツヅラ科	54,171	

植物名	ドイツ名	和名	科	ページ	図
V つづき					
Veronica latifolia	breitblättriger Ehrenpreise	クワガタソウ	クマツヅラ科	12,64	
Viburnum lantana	wolliger Schneeball	ガマズミ	スイカズラ科	11,13,14,63,67,71,79,88, 117,173,174	図60,図64,図201, 図202
Viburnum opulus	gemeiner Schneeball	セイヨウカンボク	スイカズラ科	11,14,63,79,117,138	図96,図201
Vicia	Wicken	ソラマメ属	マメ科	101	
Vicia faba	Puffbohne	ソラマメ	マメ科	12	
Vicia pannonica	ungarische Wicke	クサフジ	マメ科	12	
Vicia sativa	Sommerwicke, Saatwicke	オオヤハズエンドウ	マメ科	12,74	
Vicia villosa	Zottelwicke, Winterwicke	ビロードクサフジ	マメ科	12,30,31,75,191	図185,図191
X					
Xerobrometum	Trespen-Trockenrasen	乾燥ウマノチャヒキ群集		88	

植物名に関しては以下の文献を参考にさせていただきました。

参考文献
1. 原色牧野植物大図鑑、牧野　富太郎、北隆館、1982
2. 原色日本植物図鑑・木本編Ⅰ：北村　四郎・村田　源、保育社、1982
3. 原色日本植物図鑑・木本編Ⅱ：北村　四郎・村田　源、保育社、1981
4. 原色日本植物図鑑・草本編Ⅰ：北村　四郎・村田　源、保育社、1986
5. 原色日本植物図鑑・草本編Ⅱ：北村　四郎・村田　源、保育社、1987
6. 原色日本蘚苔類図鑑：服部　新佐・岩月　善之助・水谷　正美、保育社、1972
7. 日本の樹木（山渓カラー名鑑）：林　弥栄（編・解説）、山と渓谷社、1985
8. 日本帰化植物図鑑：長田　武正、北隆館、1972
9. 世界有用植物辞典：堀田　満・緒方　健・新田　あや・星川　清親・山崎　耕宇、平凡社、1989
10. 日本植生便覧：宮脇　昭・奥田　重俊・望月　陸夫、至文堂、1978
11. 園芸植物大事典全3巻：塚本　洋太郎他、小学館、1994
12. Oleg Polunin and B.E.Smythies : Flowers of South-West Europeafield guide. Oxford University Press. 1973
13. Oleg Polunin : BLV Bestimmungsbuch Pflanzen Europas. BLV. München. 1971
14. Werner Rothmaler : Exkursionsflora für die Gebiete der DDR und der BRD. Gefäßpflanzen. Volk und Wissen Volkseigener Verlag. Berlin. 1972
15. Erich Oberdorfer : Pflanzensoziologishe Exkursionsflora. Verlag EugenUlmer. Stuttgart. 1979
16. August Garcke : Illustrierte Flora Deutchland und angrenzende Gebiete. Verlag Parl Parey. Berlin und Hamburg. 1972

本リストの作成においては、先に記載した出版物の他に、Web上で公開されている植物属名や図鑑等の検索システムを活用させていただきました。訳者の力不足のため、出版されている図鑑から探しきれなかったものについて、多数参考にさせていただきました、ここにお礼申しあげます。
確認できたものについて、タイトル・著者名(敬称は略させていただきます)・URLを記載いたします。

ハイパー植物図鑑、安藤　敏夫、星　岳彦監修
　　　　http://www.fb.u-tokai.ac.jp/WWW/hoshi/plant/plant.html
植物属名検索システム、東海大学　星　研究室
　　　　http://w3.fb.u-tokai.ac.jp/pname/search.htm
Gooの樹木図鑑、岡野　健
　　　　http://www005.upp.so-net.ne.jp/goostake/GOO/SCNAMEK1.HTM
フラボンの山野草と高山植物の世界　電脳植物目録、大嶋　敏昭
　　　　http://www.alpine-plants-jp.com/
　　　　http://www.alpine-plants-jp.com/botanical_name/kensaku_index.htm
植物学名対照DataBase、岡本　茂治
　　　　http://www.vector.co.jp/soft/data/edu/se062135.html
植物和名・学名検索
　　　　http://www.bg.s.u-tokyo.ac.jp/PHPtest/findname.html
東北大学植物園のヤナギ園とヤナギ科植物の系統保存について
　　　　http://www.tech.sci.tohoku.ac.jp/activ/proceed/h12/a-4.htm

著者並びに翻訳者、監修者、制作者紹介

著　者

Hugo　Meinhard　Schiechtl　《フーゴー・マインハルト・シヒテル》
1922～2002

オーストリア・インスブルク大学で植物学・地質学を学び、生態工学者として国際的にも活躍、その先駆的役割を果した。
ヨーロッパ各地の暴れ川の近自然的改修工事や土砂崩れ、雪崩防止工事に多くの業績を残した。著書は多数有り邦訳されているのもある。辛らつな批評家でもあり「真」「善」「美」を希求した芸術家でもあった。博士の描いた絵はインスブルック大学での新任教授の任命式に記念品として授与されていた。

翻訳書：『河川・法面工法にみる工学的生物学の実践』三浦裕二・藤井和 訳　髙橋裕 監修　彰国社 1997

翻　訳

伊藤　直美　（いとう　なおみ）　　　　　千葉県習志野市在住
　獨協大学外国語学科ドイツ語学専攻　博士前期課程修了　緑化工学会会員

Peter　Mathae　（ペーター・マテー）　長野県諏訪郡原村在住
　1959年オーストリア・シュタイアーマルク州生　1984年ウイーン大学大学院修士課程日本学科終了。1985～1989年埼玉大学講師、1989年オーストリア・TEAM 7社製の無垢の木製家具の輸入を始める。'96年自然の住まい株式会社設立。現在はTEAM 7社の木製家具の輸入販売とオーストリア・トーマ社の冬期の新月の時期に伐採した木材を使用した住宅造りの普及活動を実施。日本でも冬期の新月期に伐採した木材を使った建物を造ることを勧めている。TEAM7JAPAN(株)、自然の住まい(株)各社の代表取締役を務める。

監修者

佐々木　寧　（ささき　やすし）　　　　神奈川県秦野市在住
　1946年青森県生　弘前大学卒　横浜国立大学環境科学研究センター及び西ドイツ理論応用植物学研究所研究員を経て現在埼玉大学工学部建設工学科教授　専門は植生工学

編集並びに編集協力者

(社)日本造園建設業協会　愛知県支部	1972年設立	支部長	髙村　芳樹
愛知県緑地工事工業協同組合	1947年設立	理事長	堀田　弘
(社)愛知県造園建設業協会　名古屋支部	1975年設立	支部長	今井　郁文
NPO法人　土・水・緑研究所	2002年設立	理事長	小川　克郎

本書についてのお問い合せは〒454-0911 名古屋市中川区高畑2-228 愛知県緑地工事工業協同組合事務局堀田和裕まで
TEL.052-363-1461・FAX.052-363-1471・E-mail arkkk 15 @ jasmine. ocn. ne. jp

発刊に寄せて

　環境問題は大変多様であるが、環境を専攻する学生の中では地球温暖化、ゴミ処理と並んで河川環境に高い関心が寄せられている。特に大都市出身者は河川環境に最も関心を持っている。何故であろうか？

　まず第一は、地球温暖化、砂漠化、オゾンホールといった地球規模では第一級の環境問題は概念として理解し得ても実感がないことである。

　第二は、学生が実感できるほどに、我が国の河川の自然破壊が急速に進行していることである。

　子供の頃自分の家の近くで水浴びをしたり、ホタルを見たりできたのに、今の子供たちはそれが出来ないのがかわいそうだ、とまだ２０歳の学生が言う。

　我が国でも１９９０年代に入って河川管理の在り方に自然環境が組み込まれた。それから１０年が経過し、国の施策として多自然型の河川改修工事が着々と進められてきた。学生を連れてあちこちの改修工事現場を見て回ったが、残念ながら自然科学者としては、それらの多くは箱庭的であり、真の河川再自然化とは言い難い。改修は堤防と堤防に挟まれた河川の部分に限定されており、河川環境にとっては大変重要な河畔環境は手付かずである。

　何処の河川でも同じであろうが、河川工事の重要な視点は洪水防災であろう。この為の河川の構造と自然環境の調和が、河川再自然化の根幹に無ければならない。この避けては通れない難題を、諸外国ではどのように解決してきたかを知ろうとしてドイツ、オーストリアの河川再自然化工法に辿り着いた。そしてこれらの国での河川改修の数世紀にも及ぶ長い歴史とその再自然化への数十年にわたる努力を知ることになった。そうした河川再自然化の中核には生態学が置かれていた。環境意識では現在世界で最も進んでいると言われるヨーロッパでの、こうした科学の中心的役割を果してこられたのが本書の著者フーゴー・マインハルト・シヒテル博士である。読まれてお分かりのように、博士はご自分の学問分野である植物生態学の眩博な知識を土台として河川緑化・植栽工事、生態工学的河川改修工法、緑化工事の管理と費用まで、生態工学的河川再自然化工法について広範に論じておられる。

　こうした著者の永年にわたっての研究内容は、今正に、我が国の河川再自然化を推進する者にとって学ばなければならないことであると思われる。本書の訳出が我が国の自然環境再生への環境政策、諸活動や学生の教育、研究にとって時宜に適ったものであると思う次第である。

　残念ながら博士は先年他界されたが、私達が本書を通じて博士の自然再生への深い想いに接することができるのは大変幸いであると思う。

平成16年7月

名古屋産業大学教授　名古屋大学名誉教授

ＮＰＯ法人　土・水・緑　研究所　理事長

理学博士　小川　克郎

あとがき

　本書は今流行の最新技術を駆使した緑化工法の解説書ではない。むしろ内容的には30年以上前の古い資料の集大成と言えるものである。今日敢えてこれを取り上げ翻訳したのは、植物の世界が早々容易に変化し進化するものではなく、人間も、またその文化も早々容易に変化し進化するものではないと考えるが故である。

　昨今観光立国の重要性が唱えられ「美しい国づくり」が言われるようになった。環境省による「自然再生法」や国土交通省による「景観緑三法」の公布もその一例である。これらの法案の目指すところは、大都市圏での都市再開発のみならず、国土の自然環境の維持・復元、地域の伝統文化や伝統的文化景観の保存を通じて、地方経済の活性化と観光立国の実を挙げんとすることにある。この目的達成のために樹木、芝等の所謂「緑」に期待される役割は極めて大きく、私達造園業界が担うべき義務と責任も重く且つ大きい。

　しかしここで言う「緑」が、遺伝子操作により創り出された「より多くの二酸化炭素を吸収する植物」や「より乾燥した所でも生育可能な植物」等のマスコミ受けする新種の開発・利用によってつくられたものであってはならない。今最も重要なことは地域の気候風土の中で、古来より自生してきた固有の植物の能力と特性を正当に再評価・再認識することであり、その上で各種の植物の合理的な活用法を検討することである。

　残念ながら現実の社会ではヒートアイランド現象緩和のため屋上緑化・壁面緑化等の特殊緑化技術の開発が進む一方、日頃慣れ親しんだ近郊の雑木林や溜池の消滅は止まらず、中山間地の過疎化に伴なう手入れ不良の植林地は日々増加している。「国土の均衡ある発展」という言葉とは全く逆の現象が多発しているのである。特に最近の工事現場では品質管理の徹底と電子化が進み、机上の設計がそのまま全国各地で通用するようになった。結果、今や作業担当者自身が「風景を創る喜びと感動」を忘れつつある。

　本書で紹介されている多くの工法は極めて実際的、現場主義的、地域主義的であり、最新の科学技術に傾倒しがちな我々に大きな示唆を与えてくれる。発行後三十年の年月に耐え、今なお本書が輝きを失わないのはこうした点からも大いに頷ける。

　愛知県では平成17年3月末から半年間、「愛・地球博」と銘打った2005年日本国際博覧会が開催されるが、会場内の緑化作業は言うまでもなく博覧会終了後においてもその成果を活用しつつ、故郷愛知の山河の美しい風景を創り出すために造園業界に何ができるかを考えたい。それが植物に触れることを生業とし、職業を通じて社会に貢献したいと願ってきた我々造園人の社会的使命であり、責任であると思う。最新技術に溺れず、過去の経験に縛られず、眼前の自然の営みの正確な観察を通じて造園業の未来と県土の「あるべき姿」を想いたい。

　本書の読者の方々と共に愛知県のみならず日本の国土の美しい風景を考え、再生・創造することができれば幸いである。

平成16年7月
(社)日本造園建設業協会愛知県支部
支部長　高村　芳樹

製作後記

　日々進化するコンピュータ、日進月歩の建設技術。作業現場へ出る時間もなくひたすらパソコンに向かってキーボードを叩き続ける建設技術者。コンピュータ制御の最新の土木技術は今や「不可能」という言葉も「世紀の難工事」といった泥まみれの現実も忘れさせ、パソコンや鉄、コンクリートを「万能の武器」「永遠の存在」と錯覚させているかのようです。

　一方遅ればせながら日本でも観光立国の旗の下「美しい国づくり」が提唱され、様々な建設工事において景観への配慮、生物多様性や生態系への負荷の低減に注意が払われるようになりました。最近公布された「自然再生法」」や「景観緑三法」等はその表れでもあります。

　しかし最新式の技術も何れ陳腐化し、鉄やコンクリートも時の経過と共に必ず劣化します。如何なる技術の進歩もこれを止めることはできません。また数値化された情報と劣化する鉄やコンクリートに過剰に依存した工法のみで「美しい国」を創ることはできません。「美しい国づくり」とは、単にパソコンでデーターを集めて解析し、高度な技術で資材を組立て表面を磨き上げれば可能となるものではなく、生物としての人間の「生命(いのち)の営み」に共鳴するはずのものだからです。その意味では、世代交代しつつ生き続ける植物こそ、その主役となるべき存在ですがこのことは私達が永遠に続く自然の営みに対する真摯な態度と生命への畏敬の念を持ち続けることを要求されることでもあります。

　著者のシヒテル博士は1950年代から生態工学者として先駆的な業績を残してこられた方です。博士の著作は数多く、'90年以降でも Handbuch für naturnahen　Erdbau(近自然土木工事ハンドブック・1992)、Handbuch für naturnahen Wasserbau(近自然河川工事ハンドブック・1994)等ありますが、本書はそれらの原点となった本です。本書を貫く思想の背景には、郷土の美しい景観に対する熱い眼差しと、地形・地質への正確な理解、そこに生育する多くの植物に対する精緻な観察があります。写真や挿絵、図版等の本書の豊富な内容はシヒテル博士が植物に対する深い知識と高い洞察力をもち、同時に「真」「善」「美」を希求した芸術家であったことを物語っています。感性を磨き、時流に流されず、地道な研究と実践を積み重ねることが「美しい国づくり」のための最も確実で最短の道であることを本書は訓えています。発刊後30余年を経て今なおオーストリア、ドイツ、スイスを中心に、多くの国々の工事現場で本書の工法が活用されていることによってもそのことは証明されています。

　勿論言うまでもなく本書はオーストリア・チロル地方の自然環境や社会制度を前提に記載されており、日本で個々の工法をそのまま採用する時には問題が発生します。それは近年ドイツ語圏から導入されたビオトープや近自然河川工法等の考え方が表面的に模倣され、結果として「似て非なる」、或いは「似ても似つかぬ」事例が多々生じたのと同種の問題です。その理由の一つが国家の諸政策相互間の整合性の問題であり、他の一つが工事の発注、施工、検査等の社会制度の相違です。つまりビオトープも近自然河川工法も単なる生態系保護や洪水対策ではなく、農産物の過剰生産対策としての政治的側面を持ち、また工事発注に関しては出来高精算の請負制ではなく、個々の作業員の個別評価を基準とした常用精算方式であることです。官庁においても毎年の新卒者の定期採用はなく、2～3年での定期的な人事移動もありません。そのため役所の内部に工事に関する数多くのノウハウが蓄積されています。こうした社会制度や発注形態における彼我の差異を充分認識した上で、本書が美しい国土の再生と創造のために日々奮闘する建設技術者の方々とって参考になれば幸いです。

原書の入手は1975年秋、私が横浜国立大学環境科学研究センター植生学研究室での研修を終えて名古屋へ帰った直後のことです。ドイツ語が理解出来ないながらも内容に興味をもち、南山大学独文科助手(当時)の山田やす子氏(現皇學館大学助教授)に翻訳を依頼したのが始まりでした。3年後、大方の訳は終ったもののワープロもパソコンもない時代で、また個人的な立場での依頼であったため資金も不足し校正も清書も出来ぬまま放置せざるを得ませんでした。20年後の1995年5月、ドイツの河川改修工事の実情をビデオ映像化すべく渡欧した折、友人の紹介でオーストリア・インスブルック市在住のシヒテル博士のご自宅を訪ねたことが再度の挑戦の始まりとなりました。特に日本では工事現場管理での電子化の必要性が唱えられ始め、時として現場監督が現場で自在に対応できない時代の到来が予測されたことも本書の翻訳を急がせました。著者のシヒテル博士は去る2002年6月に逝去され、翻訳の完成をご報告することはできませんでしたが、奥様のアグネス夫人からの祝辞を頂けたことが慰めでした。

　本書の刊行に際してお世話になりました多くの方々のご理解ご協力に御礼申し上げます。9年に渡り翻訳の労を担ってくださった伊藤直美、ペーター・マテーの両氏、監修者として大変お世話になりました埼玉大学教授佐々木 寧氏のご協力に深く感謝申し上げます。伊藤、マテーの両氏は、幾度かオーストリアへ赴き、著者のシヒテル博士に面談し、不明な点を確認されるなど献身的な努力をして下さいました。お二人のご尽力なくして本書の完成はあり得ませんでした。またシヒテル博士にお会いするに際してお世話頂いたオーストリア・ブラウナウ在住のカイザー・スエーダー氏と浜松市在住の藤田正裕氏のお力添えに御礼申し上げます。殊に私の何かと勝手なお願いをお聞き届け下さった藤田さんには感謝の言葉もありません。本書の出版を引き受けて下さった築地書館(株)社長土井二郎氏にも御礼申し上げます。そうそう売れる筈もない専門書を評価して下さったご好意は忘れません。

　なお本書は(社)日本造園建設業協会愛知県支部、(社)愛知県造園建設業協会名古屋支部、愛知県緑地工事工業協同組合、NPO法人土・水・緑研究所の造園関連4団体の協同事業として制作されましたが、面倒な諸事務の処理をお引き受け頂きました(社)日本造園建設業協会愛知県支部事務局長赤崎幹男氏、(社)愛知県造園建設業協会名古屋支部長今井郁文氏始めご支援頂きました諸団体及び会員各位他、関係者の皆様に厚く御礼申し上げる次第です。

　末尾ながら1972年4月から'75年3月までの3年間、多大なご教示を賜わりました横浜国立大学名誉教授宮脇 昭先生に心より厚く御礼申し上げます。私の人生で最も価値ある、想い出深い3年間でした。先生のご教示がなければ本書の刊行を見ることはありませんでした。翻訳が完了した今、あらためてそう思います。有難うございました。

平成16年7月
愛知県緑地工事工業協同組合
事務局　堀田 和裕

　本書は1973年発行のHugo Meinhard Schiechtl博士の著書《 Sicherungsarbeiten im Landschaftsbau －Grundlagen Lebende Baustoffe Methoden － 》の全訳本です。本書の表題を直訳すれば『景観建設における保全作業 － 生きた建築材料を使う工法の基礎 － 』となりますが、ここでは『生態工学の基礎 － 生きた建築材料を使う土木工事 － 』としました。なお本書中の文章や写真、図版等は全て原書と同一の頁、位置に配列してあります。

生態工学の基礎
― 生きた建築材料を使う土木工事 ―
2004年10月16日

著　　　者	フーゴー・マインハルト・シヒテル
訳　　　者	伊藤 直美 ＋ ペーター・マテー
監　　　修	佐々木 寧
製　　　作	(社)日本造園建設業協会愛知県支部
	愛知県緑地工事工業協同組合
製　作　協　力	(社)愛知県造園建設業協会名古屋支部
	NPO法人 土・水・緑 研究所
発　行　者	土井 二郎
発　行　所	築地書館株式会社
	東京都中央区築地7-4-4-201 〒104-0045
	Tel. 03-3542-3731 Fax. 03-3541-5799
	http://www.Tsukiji-shokan.Co.jp/
印　刷・製　本	株式会社伊藤印刷所
装　　　丁	吉野　愛

本書の複写、コピーを禁じます。

(c) Hugo Meinhard Schiechtl 2004 Printed in Japan
ISBN4-8067-1296-5 C0051

この用紙は再生紙（古紙配合率 100％）を使用しています。